高等学校电子与电气工程及自动化专业“十三五”规划教材

工程测试与过程控制系统

主　编　王　新　王书茂　杨为民
副主编　潘娜娜　李爱钦　李　花
参　编　朱霄霄　袁丰田　修　霞
主　审　邬齐斌

西安电子科技大学出版社

内容简介

本书结合过程生产工业特点，综合应用工程测试、控制理论以及自动化仪表和计算机等控制工程知识，全面反映了传统的和近二十年来出现的各类过程控制系统与工程测试技术，重点讲述它们的工作原理、结构特点、设计方法和应用中的技术问题。全书分为工程测试技术、简单控制系统、常用复杂控制系统、先进控制系统和过程控制系统的应用等五部分。本书内容丰富、取材新颖、结构严谨、系统性强，且充分体现了理论和实际密切联系、重在应用的原则。

本书可作为高等院校自动化、电气工程及自动化、测控技术与仪器、机电一体化、机械电子工程、过程装备与控制工程、化学工程以及相近专业的教材。书中内容以模块化形式展现，兼顾了研究生、本科生等不同层次学生学习的要求。本书亦可作为相关专业的工程技术人员的参考用书。

图书在版编目(CIP)数据

工程测试与过程控制系统/王新，王书茂，杨为民主编. —西安：西安电子科技大学出版社，2017.9
ISBN 978-7-5606-4559-9

Ⅰ. ①工… Ⅱ. ①王… ②王… ③杨… Ⅲ. ①工程测试 ②过程控制 Ⅳ. ①TB22 ②TP273

中国版本图书馆 CIP 数据核字(2017)第 111768 号

策　　划　毛红兵
责任编辑　王　静　毛红兵
出版发行　西安电子科技大学出版社(西安市太白南路 2 号)
电　　话　(029)88242885　88201467　　邮　　编　710071
网　　址　www.xduph.com　　电子邮箱　xdupfxb001@163.com
经　　销　新华书店
印刷单位　陕西天意印务有限责任公司
版　　次　2017 年 12 月第 1 版　2017 年 12 月第 1 次印刷
开　　本　787 毫米×1092 毫米　1/16　印　张　20
字　　数　475 千字
印　　数　1～3000 册
定　　价　45.00 元
ISBN 978-7-5606-4559-9/TB

XDUP 4851001-1

前　言

"工程测试与过程控制系统"是自动化类专业一门密切联系生产实际的技术性课程，是综合性、应用性很强的一门主干课程。在工程技术领域，工程研究、产品开发、生产监督、质量控制和性能实验等，都离不开测试技术。特别是近代，自动控制技术已越来越多地运用测试技术、测试装置，工程测试已成为控制系统的重要组成部分。

在自动控制领域中，过程控制现在已经由一个相对独立的学科向机械工程、物联网工程、航天航空等学科渗透，因此本书在保留《过程控制系统与工程》(西安电子科技大学出版社，杨为民、邬齐斌主编)一书中的过程控制方案的分析、设计等主要章节(第2～5章)内容的基础上，增加了工程测试(第1章)的内容。这部分内容除了介绍过程控制测量技术外，还从工程测试的传感器技术、信号调理技术的基本原理入手，将工程测试技术向机械工程、电子信息工程方向进行扩展。这一方面是测控技术发展的要求，另一方面也为各学科间的融合提供了一个相互学习的通道。

在工程技术中，广泛应用的自动控制技术也和测试技术有着密切的关系。测试装置是自动控制系统中的感觉器官和信息来源。测试技术是进行各种科学实验研究和生产过程参数检测等必不可少的手段，通过测试可以揭示事物的内在联系和发展规律，从而推动科学技术的发展。科学技术的发展历史表明，科学上的很多新发现和突破都是以测试为基础的。过程控制技术的发展与工程测试技术密切相关，对确保自动化系统的正常运行起着重要作用。

在自动控制领域中，工程测试技术、控制技术、计算机技术是该领域科技发展的基石。要想在一本书中把这些内容全包括进去是不现实的，因此，本书的定位是介绍基本的工程测试技术与控制方案设计、分析。本书的基础是自动控制理论、工程测试、自动化仪表和计算机控制技术等方面的知识。

本书第1章主要介绍如何提高测量精度和测量的自动化程度，以便于信息的传输、记录、分析和处理，以及各种常见物理量测量传感器的工作原理和工程应用。

第2章和第3章为常规控制系统，它们是过程控制的基础，也是应用最广泛的系统，着重叙述了过程特性、控制系统结构和工作原理、PID控制规律、控制系统的整定和投运以及各类过程控制的方案设计和分析方法。

第4章介绍了近三十年来开发出来的已趋成熟、经济效益显著、应用前景看好的先进的控制系统，包括状态反馈控制、内模控制、简化模型预测控制、预测控制和多变量解耦控制，着重介绍了它们的工作原理、控制算法、关键技术和应用实例。此部分内容丰富、取材新颖、结构严谨、系统性强，且充分体现了现代控制理论和实际工程应用的密切联系。此部分可单独作为"现代控制理论"的研究生课程。

第5章以三个典型控制系统为例，介绍如何结合过程本身的特点，正确、合理地制定控制方案，其内容是前4章的综合应用。

本书深入浅出，既讲清基本概念，又力求反映近年来测控领域的新发展。由于书中内容较多，我们采用模块化的编写方式。在讲授本课程时，可以按章来组合，例如：第 1 章“工程测试技术”，可作为机电、信息工程类专业学生重点学习的测控知识；第 3 章“常用复杂控制系统”可以单独构成“先进控制技术”课，作为研究生课程单独开设。

在编写本书的过程中，得到了邬齐斌教授的指导和关心，他认真审阅了全书，提出了详细修改意见，陈为等老师为本书的编写也做了大量的工作，在此向他们表示诚挚的感谢。为了方便教学，本书配有电子教案，需要者可发电子邮件(yangweimina@.163.com)来索取。

由于作者水平有限，缺点和不足之处在所难免，恳请读者批评指正。

编　者

2017 年 6 月

目　　录

绪　论

一、工程测试与过程控制概述

在科学实验和工业生产过程中，为及时了解工艺过程、生产过程的情况，需要对反映实验或生产对象特征的压力、力矩、应变、位移、速度、加速度、温度、流量、液位、浓度、重量等物理量进行测量。近代自动控制技术已越来越多地运用测试技术，测试装置已成为控制系统的重要组成部分。

过程工业包括炼油、化工、冶金、电力、轻工、医药、核能等工业部门，是国民经济的支柱产业。过程工业加工的物料一般是不可数的连续介质，其加工方式也多是连续的工艺过程。控制的任务就是要实现生产过程的自动化，这对于过程的平稳操作和高效生产起着不可估量的作用，同时它也是改善操作人员的工作条件和保护环境的重要手段。

与其他控制系统相比较，过程控制有以下特点：

(1) 控制对象(即过程)往往具有非线性、时变、分布参数、时滞、变量相互关联和不确定性等特点，数学模型较复杂。

(2) 干扰较多。不仅有来自环境的外部干扰，也有来自对象内部的负荷干扰，甚至还有测量和控制装置的噪声干扰等。

(3) 控制方案具有多样性。同一被控过程因所受扰动的不同，可能有完全不同的方案，而同一方案又可能适用于不同的过程。

从以上特点看，过程控制是一门研究前景广阔、富有挑战性的科学。

二、过程控制的发展简史

纵向来看，过程控制技术进步源于三大动力：一是控制理论的进展，新的理论和概念的创新为应用技术打下了坚实的基础；二是过程工艺技术的进步，它为过程控制的发展提出了新的挑战；三是工程测试、自动化仪表和控制装置不断地更新完善，使过程控制技术获得了强有力的硬件支持。

早在 20 世纪 40 年代前后，过程控制尚处于黑箱时期，人们对过程本身知之甚少，仅根据生产工业的需要选配仪表和凭经验进行控制，那时的过程控制与其说是一门科学不如说是一门技艺，我们把这一阶段称为仪表化阶段。

20 世纪四五十年代，以频率法和根轨迹法为核心的经典控制理论引入过程控制工程，人们开始认识到过程控制的关键是要了解被控对象，于是一门研究过程动态行为的过程动态学开始兴起。由于当时工业生产过程的操作与管理相对简单，因而普遍将测量与控制功能合在一起，对所谓基地式仪表实行按岗位的分散操作，主要关心的是控制系统的闭环稳定性问题。

进入 20 世纪 50 年代后，以状态空间方法和最优控制为标志的现代控制理论取得了长足的进步，而且在航空、航天和制导领域取得了辉煌的成就。代表性的成果有极大值原理、动态规划和随机滤波。但是在过程控制领域，这些成果并没有发挥出作用，倒是现代控制理论的一些思想，如状态的可控性、可观性等观念备受关注。这时期为适应车间级集中化控制需要，单元组合仪表得到了充分应用。

20世纪70年代开始，过程工业逐渐向大型化、单机组、精细化和追求高的经济效益方向发展，需要解决大规模复杂系统的控制，讲究分解和协调、多级递阶优化控制或分散控制的大系统理论已移植到过程控制，代替单元组合仪表和直接数字控制计算机的集散系统(DCS)和可编程控制器(PLC)已经广泛用于过程工业，同时在过程控制理论上也有了很大的突破，一些基于现代控制理论又符合过程特点的新型控制方法，如预测控制、推断控制、多变量解耦控制等先进控制策略被源源不断地开发出来，创造出了巨大的经济效益。

20世纪80年代开始，过程控制技术向综合自动化方向发展，集计算机技术、显示技术、控制技术和通信技术(即4C)于一身的计算机集成过程系统(CIPS)、计算机集成制造系统(CIMS)和现场总线技术，正逐步走向实用化。以市场需求为导向，以全局优化为目标，将常规控制、先进控制、过程优化、生产调度和经营决策等多种功能组合在一起的智能化系统，已成为主流发展方向，它必将极大地推动过程工业跃上新的高峰。

进入21世纪后，科学技术的进步将人类社会推向了信息时代，测控技术的同步发展，渗透到社会的各行各业，在很大程度上反映着一个国家的经济和科学技术的发展水平。在工程技术领域中，工程研究、产品开发、生产监督、质量控制和性能实验等，都离不开测控技术。广泛应用的自动控制技术也和测试技术有着密切的关系，测试装置是自动控制系统中的感觉器官和信息来源，对确保自动化系统的正常运行起着重要作用。

三、工程测试与过程控制课程设置的目的和学习方法

工程测试与过程控制是一门密切联系生产实际的技术性课程，是综合性、应用性很强的课程，它的基础是自动控制理论、化工(热工)过程及装备、自动化仪表和计算机控制技术等知识。

通过本课程的学习，学生能应用控制理论和工程处理方法，学会和掌握过程控制系统控制方案的分析、设计和工程实施及工程测试技术的应用。

测试技术是进行各种科学实验研究和生产过程参数检测等的必不可少的手段。通过测试可以揭示事物的内在联系和发展规律，从而推动科学技术的发展。科学技术的发展历史表明，科学上很多新的发现和突破都是以测试为基础的，过程控制技术的发展与工业测试技术密切相关。

作为工程测试与过程控制的教材，本书的第1章主要介绍如何提高测量精度和测量的自动化程度，以便于信息的传输、记录、分析和处理，以及各种常见物理量测量传感器的工作原理和工程应用。第2章和第3章为常规控制系统，它们是过程控制的基础，也是应用最广泛的系统，着重叙述了过程特性、控制系统结构、工作原理、PID控制规律、控制系统的整定和投运以及各类过程控制的方案设计和分析方法。由于自动化专业设置有计算机控制技术课程，计算机控制系统内容就不再引入。第4章重点介绍了近三十年来开发出来的先进的控制系统，包括状态反馈控制、内模控制、简化模型预测控制、预测控制和多变量解耦控制，着重介绍了它们的工作原理、控制算法、关键技术和应用实例。考虑到这些系统比较复杂，为方便学习和今后的应用，本书对其进行了较为详细的介绍。本书第5章以三个典型控制系统为例，介绍如何结合过程本身的特点，正确、合理地制定控制方案，其内容是前4章的综合应用。

作为一门工程技术性很强的专业课程，学生应当抓住课堂授课、实验教学、课程设计和生产实习这四个环节，努力做到理论联系实际，举一反三，提高自己的分析、设计和投运过程控制系统的能力。

第 1 章　工程测试技术

测试技术是进行各种科学实验研究和生产过程参数检测等的必不可少的手段，它起着类似人的感觉器官的作用。通过测试可以揭示事物的内在联系和发展规律，从而推动科学技术的发展。科学技术的发展历史表明，科学上很多新的发现和突破都是以测试为基础的。同时，其他领域科学技术的发展和进步又为测试提供了新的方法和装备，促进了测试技术的发展。

1.1　测试技术的基本概念及应用

测试技术是实验科学的一部分，主要研究各种物理量的测量原理和测量信号的分析处理方法。

在工程技术领域中，工程研究、产品开发、生产监督、质量控制和性能实验等，都离不开测试技术。在工程技术中，广泛应用的自动控制技术也和测试技术有着密切的关系。测试装置是自动控制系统中的感觉器官和信息来源，对确保自动化系统的正常运行起着重要作用。

测试技术几乎涉及任何一项工程领域，如生物、海洋、气象、地质、通信以及机械、电子等工程，都离不开测试与信息处理。

1.1.1　测试技术的基本概念

1. 测试系统组成

简单的测试系统可以只有一个模块，如图 1.1－1 所示的玻璃管温度计。它直接将被测对象温度的变化转化为温度计液面示值，这中间没有电量的转换和分析处理电路，很简单，但测量精度低，同时也很难实现测量自动化。

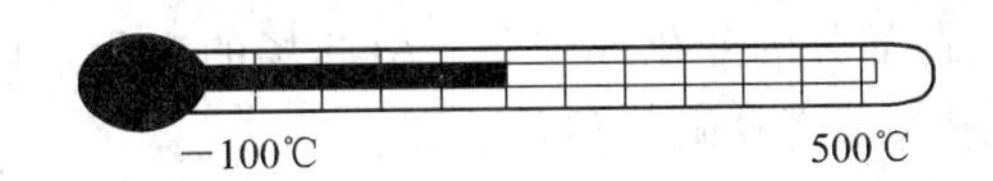

图 1.1－1　温度计

为提高测量精度，增加信号传输、处理、存储、显示的灵活性和提高测试系统的自动化程度，以利于和其他控制环节一起构成自动化测控系统，在测试中通常先将被测对象输出的物理量转换为电量，然后再根据需要对变换后的电信号进行处理，最后以适当的形式显示、输出，如图 1.1－2 所示。

一般来说，测试系统由传感器、中间变换装置和显示、记录装置三部分组成。测试过程中，传感器将反映被测对象特性的物理量(如压力、加速度、温度等)检出并转换为电量，

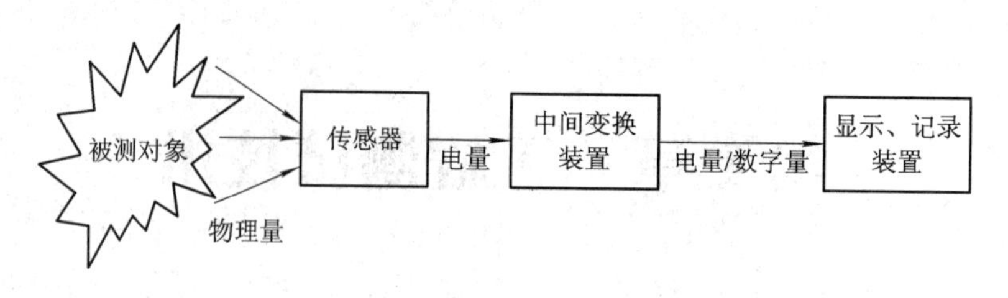

图 1.1－2　测量系统

然后传输给中间变换装置；中间变换装置对接收到的电信号用硬件电路进行分析处理或经A/D变换后用软件进行计算，再将处理结果以电信号或数字信号的方式传输给显示、记录装置；最后由显示、记录装置将测量结果显示出来，提供给观察者或其他自动控制装置。

根据测试任务复杂程度的不同，测试系统中传感器、中间变换装置和显示及记录装置等每个环节又可由多个模块组成。例如，图 1.1－3 所示的机床轴承故障监测系统中的中间变换装置就由带通滤波器、A/D 信号采集卡和计算机中的 FFT 分析软件三部分组成。测试系统中传感器为加速度计，它负责将机床轴承振动信号转换为电信号；带通滤波器用于滤除传感器测量信号中的高、低频干扰信号和对信号进行放大；A/D 信号采集卡用于对放大后的测量信号进行采样，将其转换为数字量；FFT(快速傅里叶变换)分析软件则对转换后的数字信号进行 FFT 变换，计算出信号的频谱；最后由计算机显示器对频谱进行显示。另外，测试系统的测量分析结果还可以和生产过程相连，当机床振动信号超标时发出报警信号，防止产生废品。

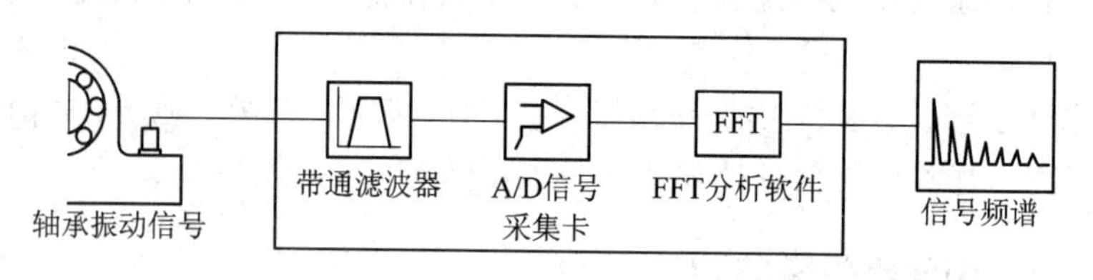

图 1.1－3　轴承振动信号测量

2. 传感器方面

传感器是测试、控制系统中对信息敏感的检测部件，它感受被测信息并输出与其成一定比例关系的物理量(信号)，以满足系统对信息传输、处理、记录、显示和控制的要求。

早期发展的传感器是利用物理学的电场、磁场、力场等定律所构成的“结构型”传感器，其基本特征是以其结构部分的变化或变化后引起场的变化来反映待测量(力、位移等)的变化。如图 1.1－4 所示为可变磁阻位移传感器。

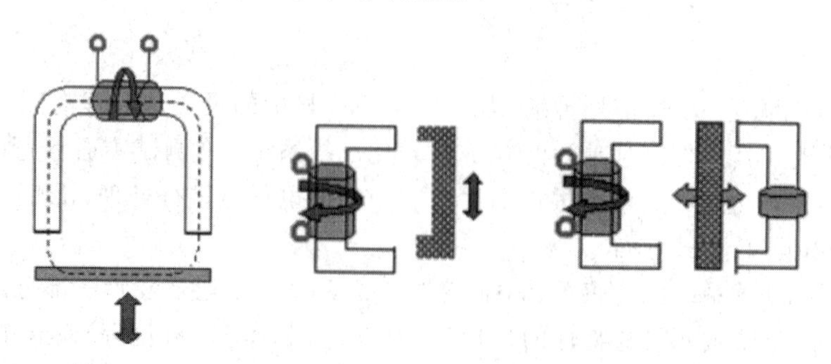

图 1.1－4　可变磁阻位移传感器

利用物质特性构成的传感器称为“物性型”传感器或“物性型”敏感元件。新的物理、化学、生物效应用于物性型传感器是传感技术的重要发展方向之一。每一种新的物理效应的应用，都会出现一种新型的敏感元件，能测量某种新的参数。例如，除常见的力敏、压敏、光敏、磁敏材料之外，还有声敏、湿敏、色敏、气敏、味敏、化学敏、射线敏材料等。新材料与新元件的应用，有力地推动了传感器的发展，因为物性型敏感元件依赖于敏感功能材料。被开发的敏感功能材料有半导体、电介质(晶体或陶瓷)、高分子合成材料、磁性材料、超导材料、光导纤维、液晶、生物功能材料、凝胶、稀土金属等，如图 1.1－5 所示是一种新型光纤温度传感器。

测试技术正在向多功能、集成化、智能化方向发展。进行快变参数动态测量是自动化过程控制系统中的重要一环，其主要支柱是微电子与计算机技术。传感器与微计算机结合，产生了智能传感器。智能传感器能自动选择量程和增益，自动校准与实时校准，进行非线性校正、漂移误差补偿和复杂的计算处理，完成自动故障监控和过载保护等。图 1.1－6 所示是 HP 公司生产的加速度信号测量传感器芯片。

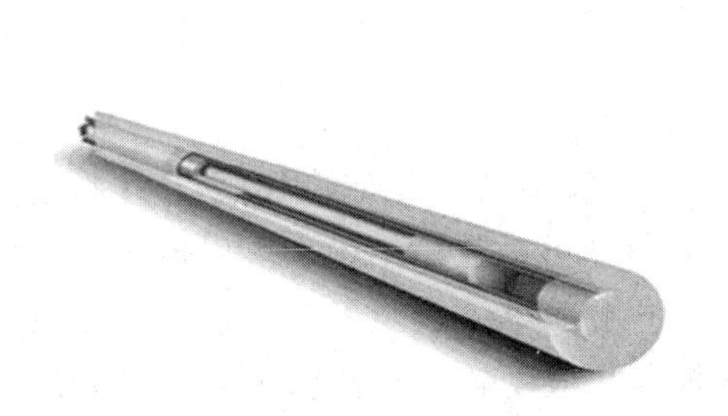

图 1.1－5　新型光纤温度传感器

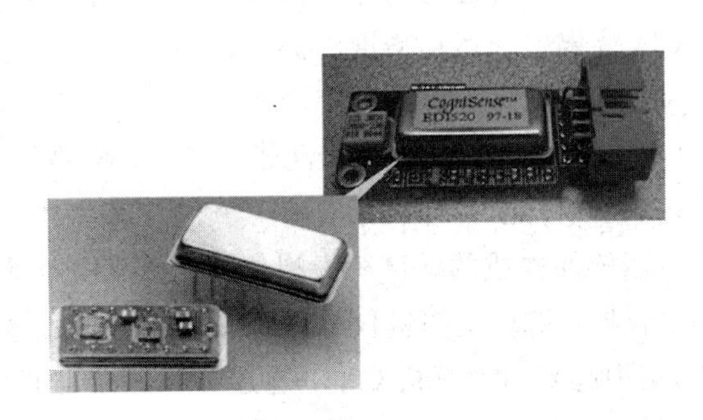

图 1.1－6　HP 公司生产的加速度信号测量传感器芯片

3. 测量信号处理方面

20 世纪 50 年代以前，信号分析技术主要采用的是模拟分析方法，进入 20 世纪 50 年代，大型通用数字计算机在信号分析中有了实际应用。当时曾经争论过模拟与数字分析方法的优缺点，争论的焦点是运算速度、精度与经济性。

进入 20 世纪 60 年代，人造卫星、宇航探测及通信、雷达技术的发展，对信号分析的速度、分辨能力提出了更高的要求。1965 年，美国库利(J. W. Cooley)和图基(J. W. Tukey)提出了快速傅里叶变换(Fast Fourier Transform，FFT)计算方法，使计算离散傅里叶变换(Discrete Fourier Transform，DFT)的复数乘法次数从 N^2 减少到 $N\ \mathrm{lb}N$ 次，从而大大减少了计算量。这一方法促进了数字信号处理的发展，使其获得了更广泛的应用。因为卷积可以利用 DFT 来计算，故 FFT 算法也可用正比于 $N\ \mathrm{lb}N$ 的运算次数来计算卷积，而卷积运算在电子计算机科学和其他一些领域都有着广泛应用。

20 世纪 70 年代以后，大规模集成电路的发展以及微型机的应用，使信号分析技术具备了广阔的发展前景，许多新的算法不断出现。例如，1968 年美国雷德(C. M. Rader)提出数论变换 FFT 算法(Number theoretic transforms FFT，简称 NFFT)；1976 年美国威诺格兰德(S. Winograd)提出了一种傅里叶变换算法(Winograd Fourier Transform Algorithm，简称 WFTA)，用它计算 DFT 所需的乘法次数仅为 FFT 算法乘法次数的 1/3；1977 年法国努斯鲍默(H. J. Nussbaumer)提出了一种多项式变换傅里叶变换算法(Polynomial transform Fourier Transform Algorithm，简称 PFTA)，结合使用 FFT 和 WFTA 方法，在采样点数较大时，较之 FFT 算法快 3 倍左右。上述几种方法与 DFT 方法比较：当采样点 $N=1000$ 时，DFT 算法需计算乘法 200 万次；FFT 算法为 1.4 万次；NFFT 算法为 0.8 万次；WFTA 算法为 0.35 万次；PFTA 算法为 0.3 万次。

此外，数字信号处理(DSP)芯片是近年来出现的一种用于快速处理信号的器件。它的出现，简化了信号处理系统的结构，提高了运算速度，加快了信号处理的实时能力，有很大影响。美国 Texas 公司 1986 年推出的 TMS320C25 芯片，运算速度达 1000 万次每秒，用其进行 1024 复数点 FFT 运算，只需 14 ms 便可完成。这一进展，在图像处理、语言处理、谱分析、振动噪声和生物医学信号的处理方面，有很广泛的应用前景。

目前信号分析技术的发展目标是：

(1) 在线实时能力的进一步提高；

(2) 分辨力和运算精度的提高；

(3) 扩大和发展新的专用功能；

(4) 专用机结构小型化，性能标准化，价格低廉。

进入 20 世纪 90 年代后，随着个人计算机价格的大幅度降低，出现了用 PC＋仪器板卡＋应用软件构成的计算机虚拟仪器。虚拟仪器采用计算机开放体系结构来取代传统的单机测量仪器，将传统测量仪器中的公共部分(如电源、操作面板、显示屏幕、通信总线和 CPU)集中起来与计算机共享，通过计算机仪器扩展板卡和应用软件在计算机上实现多种物理测量仪器。虚拟仪器的突出优点是与计算机技术结合，仪器就是计算机，主机供货渠道多、价格低、维修费用低，并能进行升级换代；虚拟仪器功能由软件确定，不必担心仪器是否能永远保持出厂时既定的功能模式，用户可以根据实际生产环境变化的需要，通过更换应用软件来拓展虚拟仪器功能，适应科研、生产的需要；另外，虚拟仪器能与计算机的文件存储、数据库、网络通信等功能相结合，具有很大的灵活性和拓展空间。在现代网络化、计算机化的生产、制造环境中，虚拟仪器更能适应现代制造业复杂、多变的应用需求，能更迅速、更经济、更灵活地解决工业生产、新产品实验中的测试问题。

1.1.2 工程测试技术的工程应用

近代自动控制技术已越来越多地运用测试技术，测试装置已成为控制系统的重要组成部分。下面介绍几个典型的应用领域。

1. 工业设备测试应用

在汽车、机床等设备和电机、发动机等零部件出厂时，必须对其性能质量进行测量和出厂检验，如图 1.1－7 所示。

图 1.1－8 是汽车制造厂发动机测试系统原理框图，发动机测量参数包括润滑油温度、冷却水温度、润滑油压力、燃油压力以及每分钟的转速等。通过对抽取的发动机进行彻底的测试，工程师可以了解产品的质量。

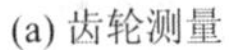

(a) 齿轮测量

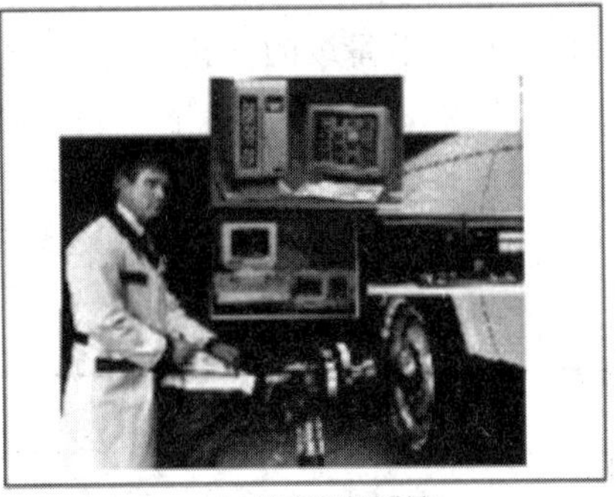

(b) 汽车扭矩测量

图 1.1-7　产品质量测量

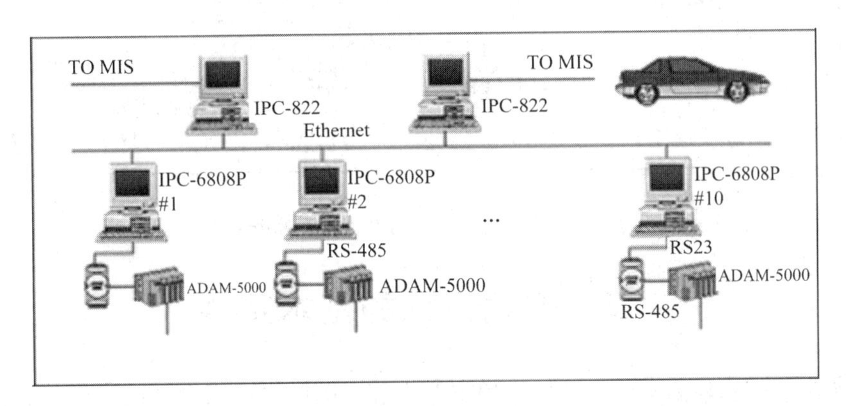

图 1.1-8　汽车发动机测试系统

2. 生产过程运行状态监控系统

在电力、冶金、石化、化工等众多行业中，某些关键设备的工作状态关系到整个生产线正常流程，如：汽轮机、燃气轮机、水轮机、发电机、电机、压缩机、风机、泵、变速箱等。对这些关键设备运行状态实施24小时实时动态监测，可以及时、准确地掌握它们的变化趋势，为工程技术人员提供详细、全面的机组信息，这也是实现设备事后维修或定期维修向预测维修转变的基础，如图1.1-9所示。国内外大量实践表明，机组某些重要测点的

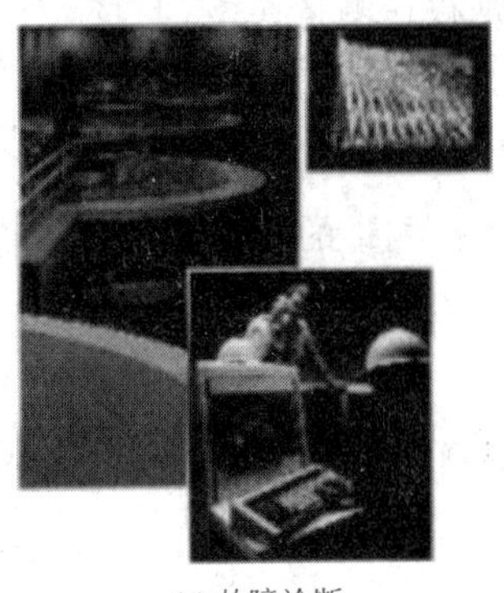

(a) 故障诊断

(b) 石化行业

图 1.1-9　设备运行监控系统

振动信号非常真实地反映了机组的运行状态。由于机组绝大部分故障都有一个渐进发展的过程，通过监测振动总量级的变化过程，完全可以及时预测设备的故障的发生。结合其他综合监测信息(温度、压力、流量等)，运用精密故障诊断技术甚至可以分析出故障发生的位置，为设备维修提供可靠依据，使因设备故障维修带来的损失降到最低程度。

图 1.1-10 是某火力发电厂 30 MW 汽轮发电机组的计算机设备运行状态监测系统原理框图。

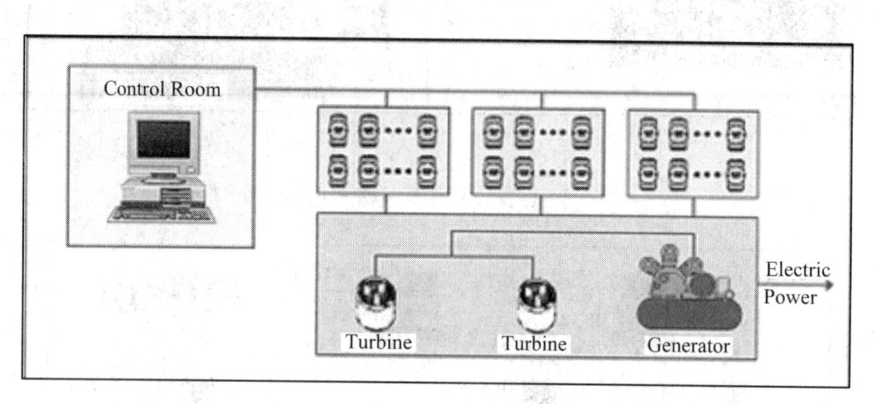

图 1.1-10　汽轮发电机组运行状态监测系统原理框图

1.2　测试系统的基本特性

在工业生产过程中，为了正确地指导生产操作，保证生产安全，提高产品质量和实现生产过程自动化，一项必不可少的工作是准确而及时地检测出生产过程中的各个参数。同时，对被测量进行测量时，测量的可靠性也是至关重要的，而且不同场合对测量结果可靠性的要求也不相同。本章将主要介绍有关测量过程的误差分析与测量装置的性能指标。

1.2.1　测量过程与测量误差

测量过程实质上是将被测参数与其相应的测量单位进行比较的过程。在测量过程中，由于所使用的测量工具本身不够准确，测量方法不十分完善，外界干扰的影响等，造成被测量的测得值与真实值不一致，因而测量中总是存在测量误差。

测量误差通常有三种表示方法，即绝对误差、相对误差与引用误差。

1. 绝对误差

绝对误差 Δ，在理论上是指仪表指示值 x 和被测量的真值 L 之间的差值，可表示为

$$\Delta = x - L \tag{1.2-1}$$

2. 相对误差

相对误差 y，等于某一点的绝对误差与被测真值的百分比，可表示为

$$y = \frac{\Delta}{L} \times 100\% \tag{1.2-2}$$

3. 引用误差

引用误差 γ，等于测量装置的示值绝对误差与其测量量程的百分比，可表示为

$$\gamma = \frac{\Delta}{\text{测量范围上限值} - \text{测量范围下限值}} \times 100\% \qquad (1.2-3)$$

1.2.2　测量装置的性能指标

一台仪表性能的优劣，在工程上可用如下指标来衡量。

1. 精确度(简称精度)

任何测量过程都存在一定的误差，因此使用测量仪表时必须知道该仪表的精度等级，以便估计测量结果与真实值的差距。

仪表的精度等级不仅与绝对误差有关，而且还与仪表的测量范围(即量程)有关。因此工业上经常将绝对误差 Δ_{max}(指测量范围内的各点中绝对误差的最大值 Δ_{max})折合成仪表测量范围的百分数表示，称为相对百分误差 δ，即

$$\delta = \frac{\Delta_{max}}{\text{测量范围上限值} - \text{测量范围下限值}} \times 100\% \qquad (1.2-4)$$

根据仪表的使用要求，规定一个在正常情况下的允许的最大误差，这个允许的最大误差就叫允许误差 $\delta_{允}$。允许误差一般用相对百分误差来表示，即

$$\delta_{允} = \frac{\pm \Delta_{max}}{\text{测量范围上限值} - \text{测量范围下限值}} \times 100\% \qquad (1.2-5)$$

国家用这一算法来统一规定仪表的精确度(精度)等级，仪表的 $\delta_{允}$ 越大，表示它的精确度越低；反之，仪表的 $\delta_{允}$ 越小，表示它的精确度越高。

将仪表的允许相对百分误差的“±”号及“%”号去掉，便可以用来确定仪表的精确度等级。目前，我国生产的仪表常用的精确度等级有 0.005，0.02，0.05，0.1，0.2，0.4，0.5，1.0，1.5，2.5，4.0 等。为了进一步说明如何确定仪表的精度等级，下面举两个例子。

【例 1.2-1】 某台测温仪表的测温范围为 200～700℃，校验该表时得到的最大绝对误差为+4℃，试确定该仪表的精度等级。

解　该仪表的允许误差为

$$\delta_{允} = \frac{+4}{700-200} \times 100\% = +0.8\%$$

如果去掉该仪表的 $\delta_{允}$“+”号与“%”号，其数字为 0.8。由于国家规定的精度等级中没有 0.8 级仪表，同时该仪表的误差超过了 0.5 级仪表允许的最大误差，所以这台测温仪表的精度等级为 1.0 级。

【例 1.2-2】 某台测温仪表的测温范围为 200～700℃。根据工艺要求，温度指示值最大绝对误差不允许超过+4℃，试确定该仪表的精度等级。

解　该仪表的允许误差为

$$\delta_{允} = \frac{+4}{700-200} \times 100\% = +0.8\%$$

如果去掉该仪表的 $\delta_{允}$“+”号与“%”号去掉，其数值介于 0.5～1.0 间。如果选择精度等级为 1.0 的仪表，其 $\delta_{允}$ 为+1.0%，Δ_{max} 为+5℃，超过了工艺要求的+4℃的最大误差要求，所以这台测温仪表的精度等级应选为 0.5 级才能满足工艺的要求。

仪表精度等级是衡量仪表质量优劣的重要指标之一。表示精度等级的数值越小，就表征该仪表的精度等级越高，也说明该仪表的精确度越高。0.05 级以上的仪表，常用来作为

标准表；工业现场用的测量仪表，其精度大多是 0.5 级以下的。

2. 变差

变差是指在外界条件不变的情况下，用同一仪表对被测量在仪表全部测量范围内进行正反行程；加载与卸载过程中，同一输入量条件下两输出量的最大偏差值与标称测量范围的百分比，如图 1.2-1 所示，用公式表示如下：

$$R=\frac{\text{最大绝对差值}}{\text{测量范围的上限值}-\text{测量范围的下限值}}=\frac{\Delta h_{max}}{y_{max}-y_{min}}\times 100\% \qquad (1.2-6)$$

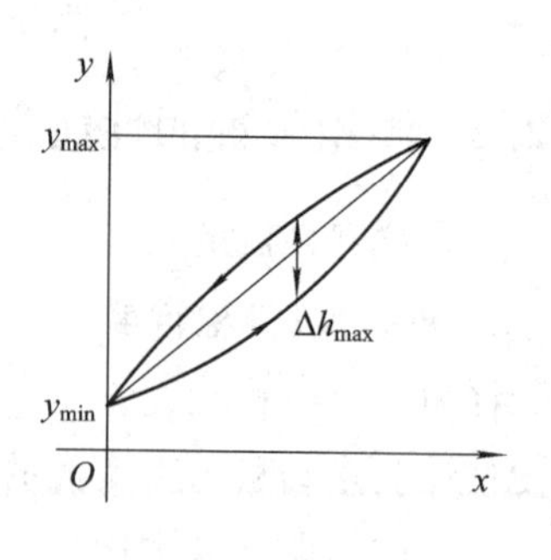

图 1.2-1 测量仪表的变差

3. 灵敏度与灵敏限

灵敏度表示测仪表对被测量变化的反应能力，是指单位输入量所引起的输出量的大小，用公式表示如下：

$$s=\frac{\Delta y}{\Delta x} \qquad (1.2-7)$$

式中，s 为仪表的灵敏度；Δy 为仪表指针的线位移或角位移；Δx 为被测参数的测量值。

4. 线性度

线性度是指测量装置的标定曲线与其理想的拟合直线的最大不重合程度，如图 1.2-2 所示，用公式表示如下：

$$L=\frac{|B|}{y_{max}-y_{min}}\times 100\% \qquad (1.2-8)$$

式中，L 为线性度；$|B|$ 为校准曲线对于理论直线的最大偏差绝对值。

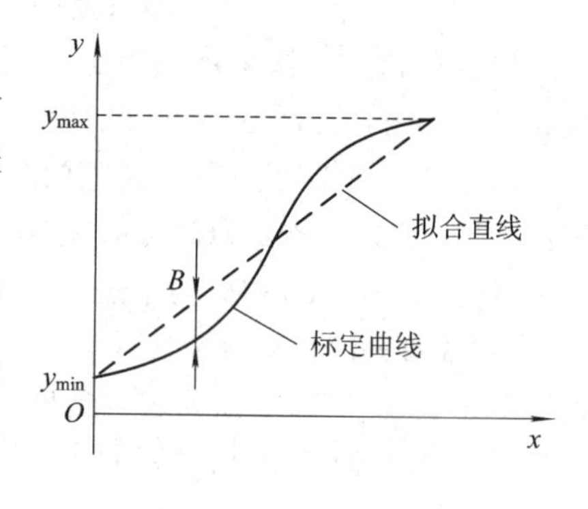

图 1.2-2 线性度示意图

5. 分辨力与分辨率

(1) 分辨力：有效地辨别输入量最小变化的能力。

(2) 分辨率：分辨力与整个测量范围的百分比。

6. 稳定度和漂移

(1) 稳定度：测量装置在规定条件下保持其测量恒定不变的能力。

(2) 漂移：测量装置的特性随时间的缓慢变化过程。

(3) 点漂：在规定条件下，对一个恒定的输入在规定时间内的输出变化。

(4) 零点漂移(零漂)：标称范围最低值处的点漂，称为零点漂移，简称零漂。

1.2.3 误差的分类

1. 系统误差

系统误差：在相同测量条件下，对同一物理量进行多次测量的过程中保持定值或按一定可循规律变化的误差。

原因：仪器不准确；测量方法不完善；读数方法不正确。系统误差可通过实验的方法找出，并予以消除或减小。

2. 随机误差

随机误差：在相同条件下多次测量同一物理量时，误差的大小和符号没有任何变化规律的误差。

原因：存在一些微小因素，且无法控制。对于随机误差，就个体而言无规律可循，但其总体却服从统计规律。

3. 粗大误差

粗大误差：明显偏离测得值的误差。

原因：由于测量者粗心大意或操作不当而造成的人为误差。在数据处理时，应按一定的依据判定后予以消除。

1.2.4　误差的估计和处理

从工程测试中可知，测量数据中含有系统误差、随机误差与粗大误差。它们的性质不同，对测量结果的影响及处理方法也不同。

1. 随机误差

设在排除系统误差的条件下，对其真值为 μ 的被测量 x 进行 n 次等精度测量，测量的结果为 x_1，x_2，x_3，…，x_n，则其随机误差为

$$\Delta_i = x_i - \mu \tag{1.2-9}$$

随机误差 Δ_i 的正态概率密度函数为

$$P(\Delta) = \frac{1}{\sigma\sqrt{2\pi}} e^{-\frac{\Delta^2}{2\sigma^2}} \tag{1.2-10}$$

式中，σ 为误差平方和的均方根，称为标准偏差，即

$$\sigma = \lim_{n\to\infty}\sqrt{\frac{1}{n}\sum_{i=1}^{n}{\Delta_i}^2} \tag{1.2-11}$$

随机误差的概率分布曲线如图 1.2-3 所示。

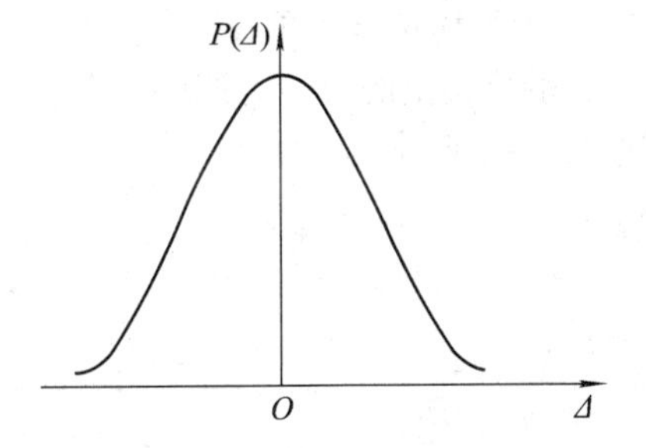

图 1.2-3　测量误差及其分布

由图可见，随机误差的特性是对称性、有界性、单峰性、抵偿性。

2. 算术平均值与残差

(1) 算术平均值用公式表示为

$$\bar{x} = \frac{1}{n}\sum_{i=1}^{n} x_i \tag{1.2-12}$$

式中，当 $n\to\infty$ 时，$\bar{x}=\mu$，称 $\bar{x}$ 为 μ 的无偏估计。

(2) 残差。工程上常用残差来代替随机误差，用 v_i 来表示：

$$v_i = x_i - \bar{x} \tag{1.2-13}$$

(3) 测量列的标准差：

$$\hat{\sigma} = \sqrt{\frac{1}{n-1}\sum_{i=1}^{n} v_i^2} \tag{1.2-14}$$

式(1.2-14)称为贝赛尔(Bassel)公式。可见当 $n=1$ 时，σ 不定，所以一次测量数据是不可靠的。

(4) 算术平均值的标准差：

$$\hat{\sigma} = \sqrt{\frac{1}{n-1}\sum_{i=1}^{n} v_i^{\,2}} \qquad (1.2-15)$$

式中，$\hat{\sigma}$ 是测量列 x_i 的标准差；$\hat{\sigma}_{\bar{x}}$ 是测量列算术平均值 $\bar{x}$ 的标准差，如图 1.2-4 所示。

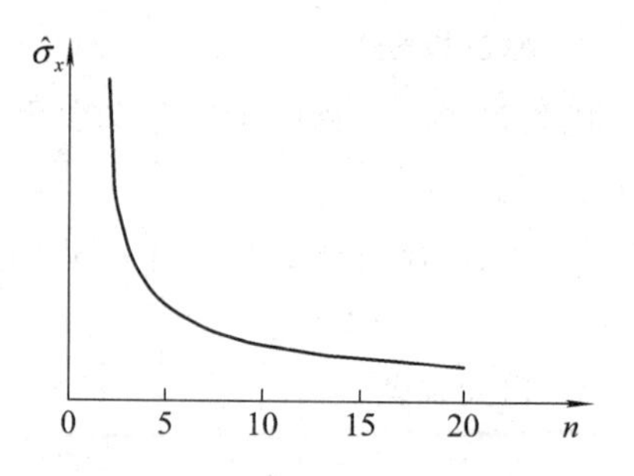

图 1.2-4 测量结果的标准差与测量次数的关系

(5) 间接测量误差的传递。直接测量被测参数称为直接测量法；由若干个直接测量参数计算而得到的参数称为间接测量法。间接测量误差一般是直接测量误差的微分函数。

① 单测量参数的间接测量误差：

$$\Delta y = f'(x)\Delta x \qquad (1.2-16)$$

② 多测量参数的间接测量误差：

$$\Delta y = \sum_{i=1}^{n}\left|\frac{\partial f}{\partial x_i}\Delta x_i\right| \qquad (1.2-17)$$

3. 系统误差

系统误差是对同一被测量进行无限多次重复测量时，测量值中含有固定不变或按一定规律变化的误差，前者为恒值系统误差，后者为变值系统误差。系统误差不具有抵偿性，用重复测量也难以发现。系统误差比随机误差对测量精度的影响更大，在工程测量中应特别注意。

1) 系统误差的类型

系统误差的类型有线性变化型、非线性变化型、不变型、复杂规律型、周期变化型，如图 1.2-5 所示。

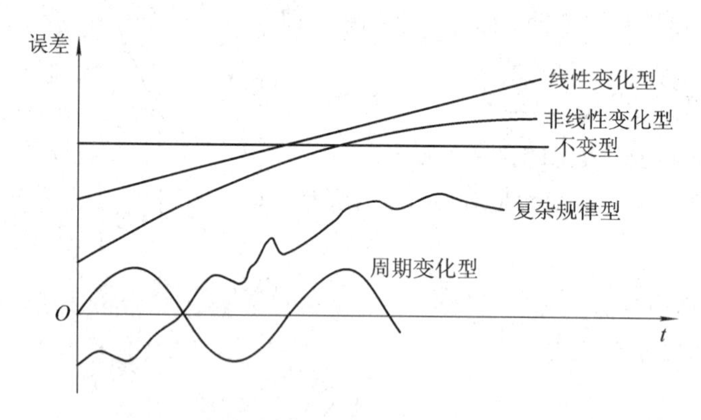

图 1.2-5 系统误差的特征曲线

2) 系统误差的发现

(1) 试验对比法：改变产生系统误差的条件进行不同条件下的测量，以发现系统误差。

(2) 代替法：用标准物理量代替被测物理量进行测试，求出测试结果与标准量的差值，即为系统误差。

(3) 残差观察法：若有测量列 $x_1, x_2, x_3, \cdots, x_n$，存在系统误差列 $\varepsilon_1, \varepsilon_2, \varepsilon_3, \cdots, \varepsilon_n$，则定义残差为

$$v_i = \varepsilon_i - \bar{\varepsilon} \tag{1.2-18}$$

其中

$$\bar{\varepsilon} = \frac{1}{n}\sum_{i=1}^{n}\varepsilon_i$$

据此可根据测量列的剩余误差列表或作图观察，以判断有无系统误差。图1.2-6所示为常见的四种剩余误差趋势图。

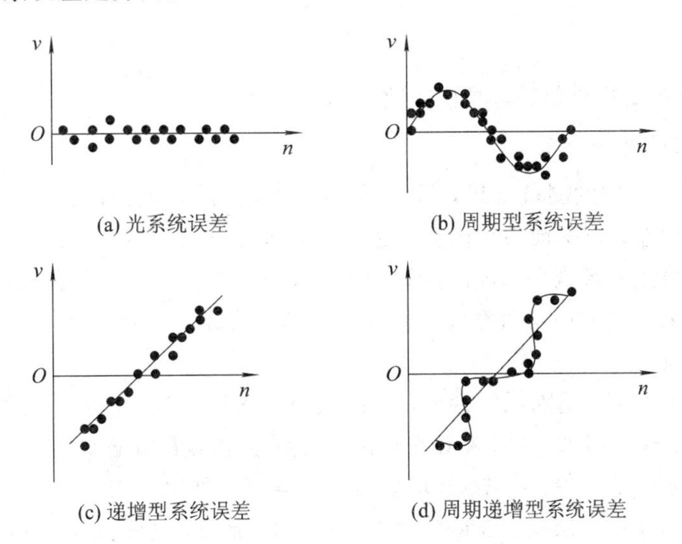

图1.2-6　四种常见的剩余误差趋势图

(4) 阿贝-赫梅特判据：

$$\left|\sum_{i=1}^{n-1} v_i v_{i+1}\right| > \sqrt{n-1} \cdot \sigma^2 \tag{1.2-19}$$

若测量列满足上式，则可判断该测量列存在周期性系统误差。

(5) 正态分布检验法。若测量列不满足下式，则考虑含有系统误差。

$$\delta = \frac{\sum_{i=1}^{n}(x_i - \bar{x})}{n} = 0.9979\sigma \tag{1.2-20}$$

式中，δ为算术平均误差。

3) 系统误差的减小和消除

(1) 从产生误差的根源上消除系统误差。

(2) 用修正方法消除系统误差。

(3) 不变系统误差消除。

① 抵消法：对被测物理量进行两次适当的测量，使两次测量结果所产生的系统误差大小相等、方向相反，取两次测量的平均值。

② 交换法(对换法)：根据系统误差产生的原因，将某些条件交换，以消除系统误差。

(4) 线性型系统误差消除法——对称法。

将测量对称安排，取各对称点两次读数的平均值作为修正值，以消除系统误差。

(5) 周期性系统误差消除法——半周期法。

采用每隔半个周期测量一次，两次读数的平均值作为测量值，以消除周期性系统误差。

4. 粗大误差

(1) 3σ 准则(莱依特准则)：若 $|x_i-\bar{x}|\geqslant 3\sigma(n>10)$，则认为该 x_i 为粗大误差，予以消除。

(2) 格拉布斯(Grubbs)准则：

$$\frac{|x_i-\bar{x}|}{\hat{\sigma}}>G_{n\alpha} \tag{1.2-21}$$

式中，$G_{n\alpha}$ 为格拉布斯临界值，与测量次数 n 和显著度 α 有关。

5. 测量结果的处理步骤

为了寻求一个合理的测量结果，需要对这些数据按前述理论进行分析处理，剔除粗大误差，修正系统误差，正确地表达随机误差。其处理步骤可归纳如下：

(1) 判断与修正系统误差。设测量值列为 x_1，x_2，x_3，…，x_n，可根据系统误差的发现方法，首先判断测量值列中是否存在系统误差。如果发现了系统误差，则可用修正方法修正之，消除其影响。

(2) 求算术平均值。消除系统误差后，按式(1.2－12)求出各测量值的算数平均值 $\bar{x}$。

(3) 求残差。按式(1.2－13)求出各测量值的算数平均值的偏差 v_i。

(4) 求标准差的估计值。根据式(1.2－14)计算测量列单次测量的标准误差。

(5) 判断与剔除粗大误差。根据粗大误差的判断准则，判断测量值列是否存在粗大误差，并将含有粗大误差的测量值剔除，然后重新按上述(2)～(4)步计算，直至不包含粗大误差为止。

(6) 求算术平均值的标准误差。根据式(1.2－15)计算测量列算术平均值的标准差。

(7) 测量结果的表达。测量结果的表达方法有多种，一般的工程测量中，对等精度直接测量结果的表达式用其算术平均值，并附加误差估计值表示，即

$$x=\bar{x}\pm K\hat{\sigma}_{\bar{x}} \tag{1.2-22}$$

式中，K 为置信度参数。

置信度是表征测量数据或结果最可信赖程度的一个参数，一般用置信概率来表示。工程测量中，一般选用 $K=2$，其置信概率为 0.9545。

1.3 传感器及工程应用

1.3.1 电阻式传感器

传感器是能感受规定的被测量并按照一定规律，将非电量转换成与之有确定对应关系的电量或电参量的装置。

电阻式传感器是一种把被测量转换为电阻变化的传感器，有电位器式和电阻应变片式两类。

1. 电位器式传感器

电位器式传感器的工作原理基于电阻阻值的改变，即通过改变电位器触头 B 位置，把位移转换为电阻阻值的变化，如图 1.3－1、图 1.3－2 所示。

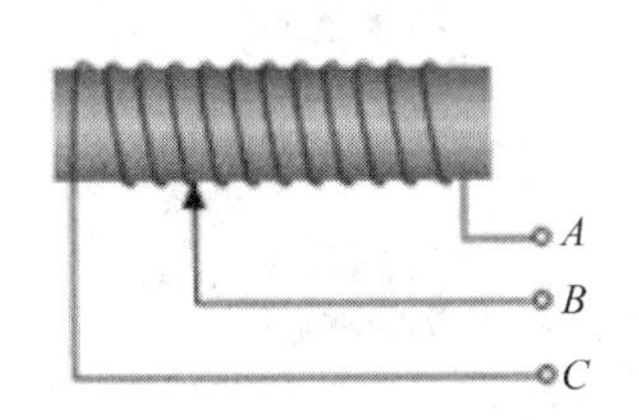

图 1.3－1　直线位移型变阻式传感器

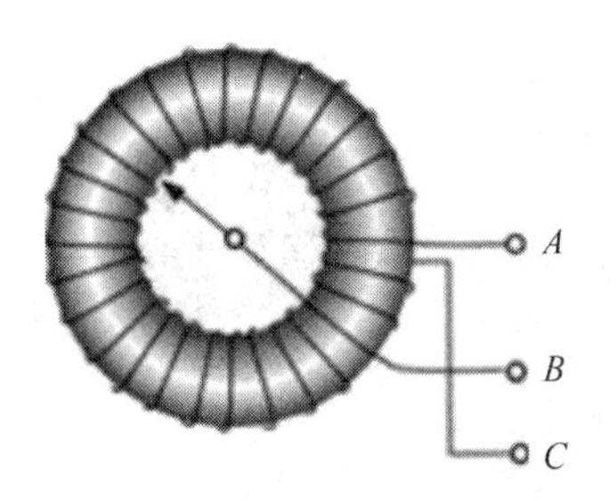

图 1.3－2　角位移型变阻式传感器

传感器灵敏度 s 用公式表示为

$$s=\frac{\overline{BC}}{\overline{AC}} \tag{1.3-1}$$

式中，$\overline{AC}$为变阻式传感器的总电阻值；$\overline{BC}$为变阻式传感器的触头变动阻值。

电位器式传感器经常应用在分压电路上，如图 1.3－3 所示。其优点是结构简单、性能稳定、使用方便；缺点：分辨力不高、噪声大。其适用于测量变化缓慢的低频、大位移信号。

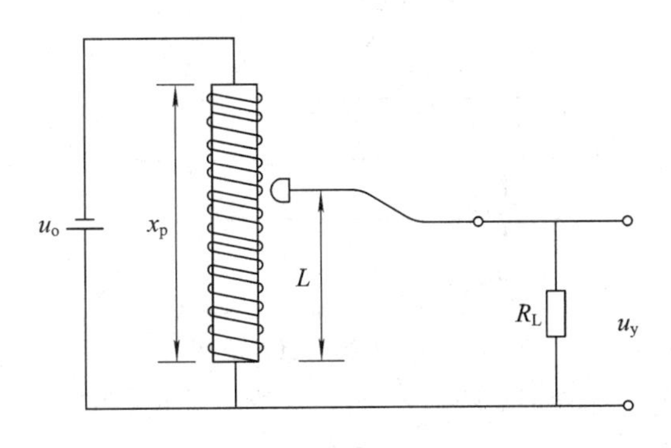

图 1.3－3　电阻分压电路

2. 电阻应变片式传感器

电阻应变片式传感器的工作原理基于电阻应变效应，即导体在外界作用下产生机械变形(拉伸或压缩)时，其电阻值相应发生变化。电阻应变片式传感器用于测量应变、力、位移、扭矩及加速度等物理量。它的特点是体积小、动态响应快、测量精确度高、结构简单。目前广泛使用的是金属电阻应变片及半导体应变片两类。

1) 金属电阻应变片

金属电阻应变片品种繁多，形式多样，常见的有丝式电阻应变片和箔式电阻应变片。

金属电阻应变片的大体结构基本相同，如图 1.3－4、图 1.3－5 所示。

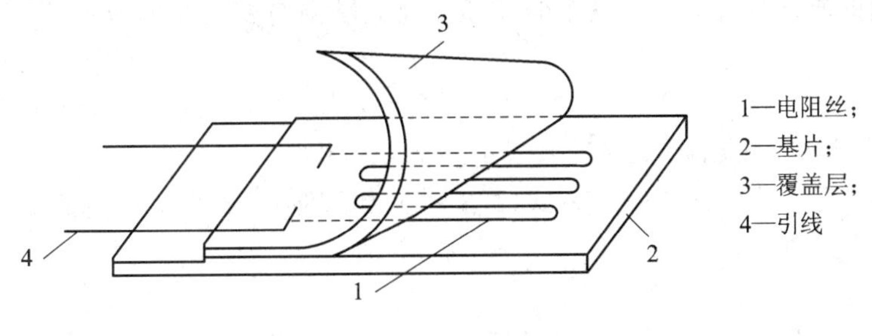

图 1.3－4　丝式电阻应变片

图 1.3-5　箔式电阻应变片

电阻应变效应是指金属导体的电阻值会随其所受的机械变形而发生改变。如图 1.3-6 所示，一根金属电阻丝，在其未受力时，原始电阻值为

$$R=\frac{\rho l}{A} \tag{1.3-2}$$

式中，ρ 为电阻丝的电阻率；l 为电阻丝的长度；A 为电阻丝的截面积。

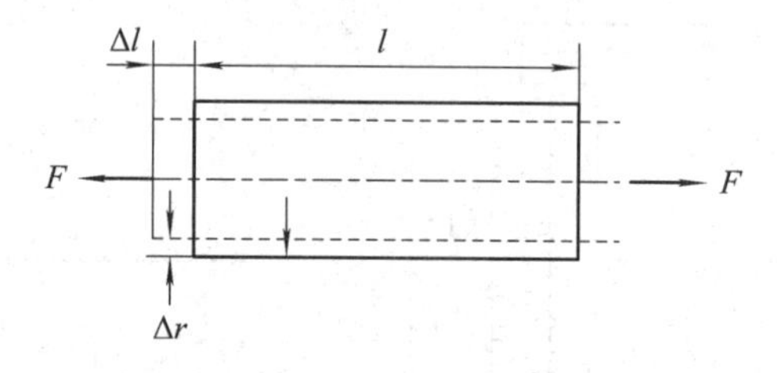

图 1.3-6　金属电阻丝应变效应

当电阻丝受到拉力 F 作用时，将伸长 Δl，横截面积相应减少 ΔA，电阻率因材料发生变形等因素影响而变化 $\Delta\rho$，从而引起电阻变化 ΔR，通过对式(1.3-2)进行全微分，得到电阻的相对变化量为

$$\frac{\mathrm{d}R}{R}=\frac{\mathrm{d}l}{l}-\frac{\mathrm{d}A}{A}+\frac{\mathrm{d}\rho}{\rho} \tag{1.3-3}$$

式中，$\frac{\mathrm{d}l}{l}$为长度的相对变化量，用应变 ε 表示；$\frac{\mathrm{d}A}{A}$为圆形电阻丝的截面积相对变化量，设 r 为电阻丝的半径，微分后可得 $\mathrm{d}A=2\pi r\mathrm{d}r$，则

$$\frac{\mathrm{d}A}{A}=2\,\frac{\mathrm{d}r}{r} \tag{1.3-4}$$

由材料力学可知，在弹性范围内，金属丝受拉力时，沿轴向伸长，沿径向缩短，令 $\mathrm{d}l/l=\varepsilon$ 为金属电阻丝的轴向应变，$\mathrm{d}r/r$ 为径向应变，那么轴向应变与径向应变的关系可表示为

$$\frac{\mathrm{d}r}{r}=-\mu\,\frac{\mathrm{d}l}{l}=-\mu\varepsilon \tag{1.3-5}$$

式中，μ 为电阻丝材料的泊松比，负号表示应变方向相反。

将式(1.3-4)、式(1.3-5)代入式(1.3-2)，可得到压电效应表达式：

$$\frac{\mathrm{d}R}{R}=\varepsilon+2\mu\varepsilon+\frac{\mathrm{d}\rho}{\rho}=(1+2\mu)\varepsilon+\frac{\mathrm{d}\rho}{\rho} \tag{1.3-6}$$

单位应变引起的电阻值变化称为电阻丝的灵敏系数 S。其表达式为

$$S=\frac{\frac{dR}{R}}{\varepsilon}=1+2\mu+\frac{\frac{d\rho}{\rho}}{\varepsilon} \tag{1.3-7}$$

对金属材料来说，电阻丝灵敏系数表达式中，应变片受力后材料几何尺寸的变化，即$1+2\mu$，要远大于材料的电阻率的变化，即$(d\rho/\rho)/\varepsilon$。所以金属丝$d\rho/\rho$的影响可忽略不计，即起主要作用的是应变效应。大量实验证明，在电阻丝拉伸极限内，电阻的相对变化与应变片成正比，即S为常数。

2）半导体应变片

半导体应变片的工作原理基于半导体材料的压阻效应。半导体材料的电阻率ρ随作用应力的变化而发生变化的现象称为压阻效应。

式(1.3-6)中的$d\rho/\rho$为半导体应变片的电阻率相对变化量，其值与半导体敏感元件在轴向所受的应变力有关，其关系为

$$\frac{d\rho}{\rho}=\pi\sigma=\pi E\varepsilon \tag{1.3-8}$$

式中，σ为半导体材料的应变力；π为压阻系数；E为弹性模量；ε为半导体材料的应变。

将式(1.3-8)代入式(1.3-6)中得到压电效应表达式：

$$\frac{dR}{R}=(\pi E+1+2\mu)\varepsilon \tag{1.3-9}$$

半导体应变电阻变化的主要因素是压电效应，结构如图 1.3-7 所示。实验证明，πE比$1+2\mu$大上百倍，所以$1+2\mu$可以忽略，式(1.3-9)可以近似写成：

$$\frac{dR}{R}=\pi E\varepsilon=\pi\sigma \tag{1.3-10}$$

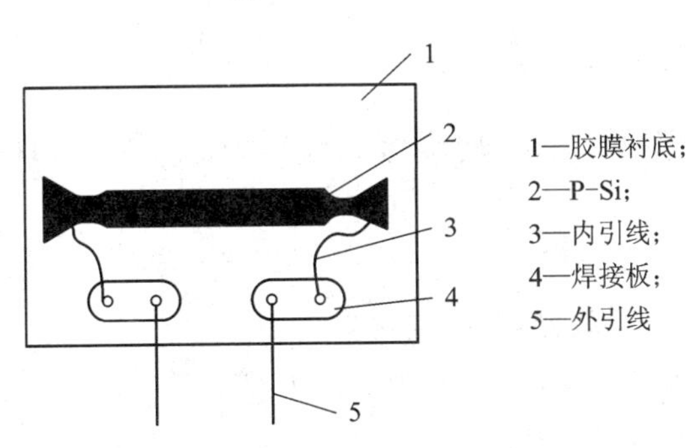

图 1.3-7　半导体应变片

金属电阻应变片与半导体应变片的主要区别是，金属电阻应变片是利用导体形变引起电阻的变化，而半导体应变片是利用半导体电阻率变化引起电阻的变化。半导体应变片的灵敏系数比金属丝高，但半导体材料的温度系数大，应变时非线性比较严重，使它的应用范围受到一定的限制。

3）应变片测量电路

应变片测量电路，如图 1.3-8 所示。输出电压U与应变成线性关系，设$R_1=R_2=R_3=R_4=R$时，有

$$U=\frac{1}{4}\frac{\Delta R}{R}E=\frac{1}{4}\pi\sigma E \tag{1.3-11}$$

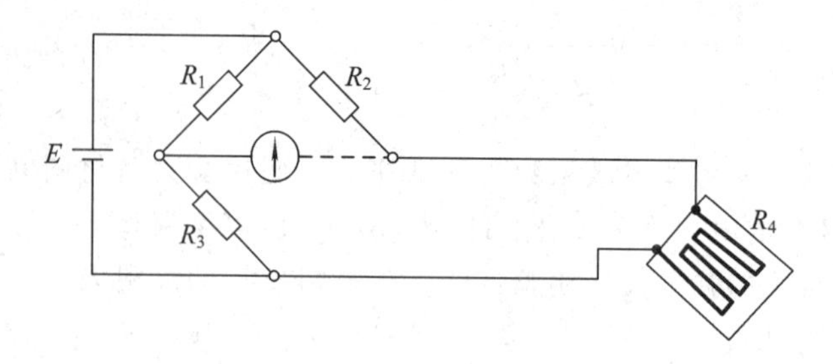

图 1.3-8 电桥测量应变原理图

4）电阻应变式传感器的应用

【例 1.3-1】 测力。重力 F 通过悬臂梁转化结构变形，再通过应变片转化为电量输出，如图 1.3-9 所示。

【例 1.3-2】 振动式地音入侵探测器，如图 1.3-10 所示。

其适合于金库、仓库、古建筑的防范，挖墙、打洞、爆破等破坏行为均可被及时发现。

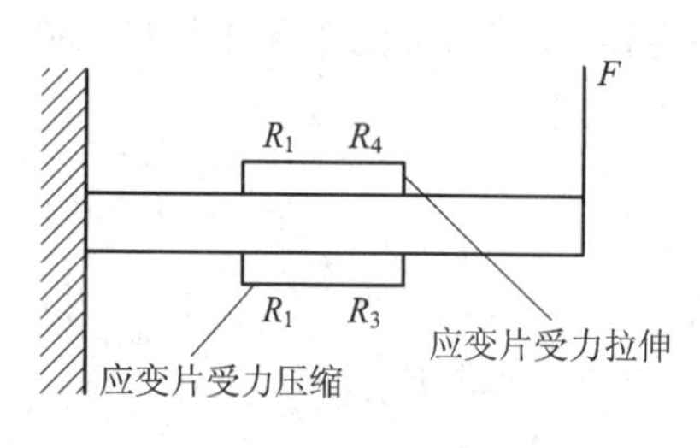

图 1.3-9 悬臂梁式传感器

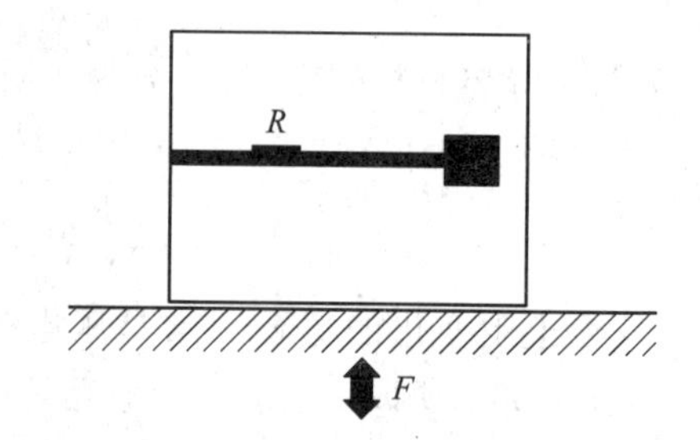

图 1.3-10 振动式地音入侵探测器

1.3.2 电感式传感器

电感式传感器是把被测量转换为电感量变化的一种装置，有自感式、互感式和电涡流式传感器。

1. 自感式传感器

自感式传感器是利用线圈自感量的变化来实现测量的，其基本原理如图 1.3-11 所示。它由线圈、铁芯和衔铁三部分组成。

铁芯和衔铁由导磁材料制成，在铁芯和衔铁之间有气隙，气隙厚度为 δ。当被测量 x 变化时，使衔铁产生位移，通过 δ、A_0 的改变来实现磁阻的改变，从而达到改变电感的目的。电感可用下式表示：

$$L = \frac{w^2}{R_m} = \frac{w^2 \mu_0 A_0}{2\delta} \qquad (1.3-12)$$

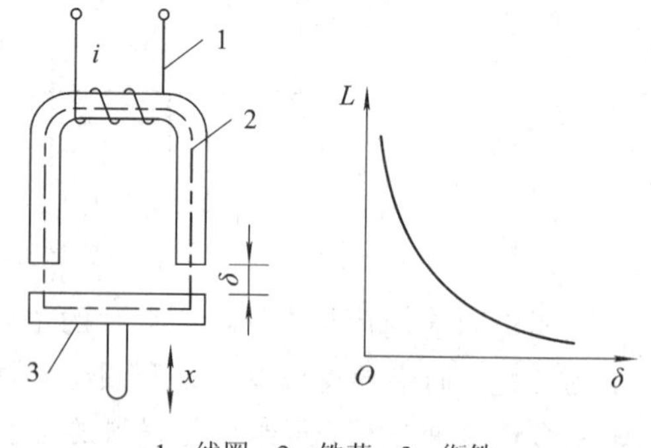

1—线圈；2—铁芯；3—衔铁

图 1.3-11 自感式传感器基本原理

式中，δ 为气隙厚度；w 为线圈的匝数；A_0 为气隙的截面积；μ_0 为空气的磁导率，R_m 为磁路的总磁阻。

自感式传感器的典型结构，如图 1.3-12 所示。

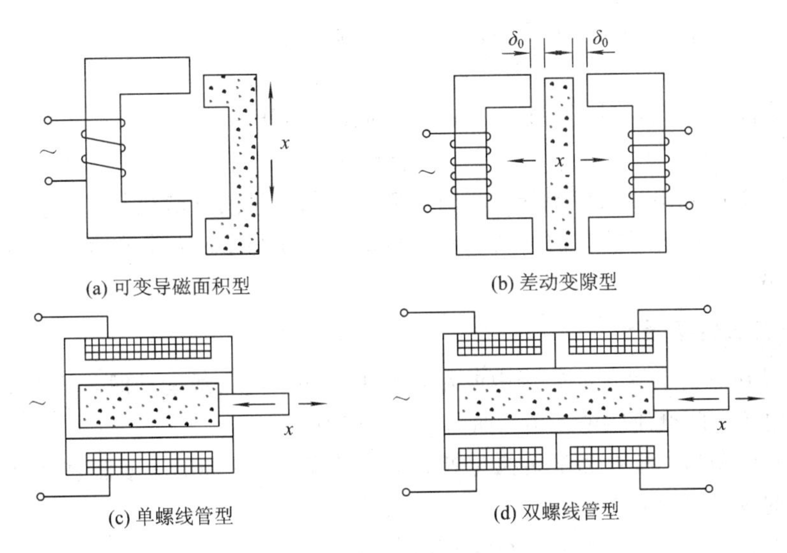

图 1.3－12　自感式传感器的典型结构

2. 互感式传感器

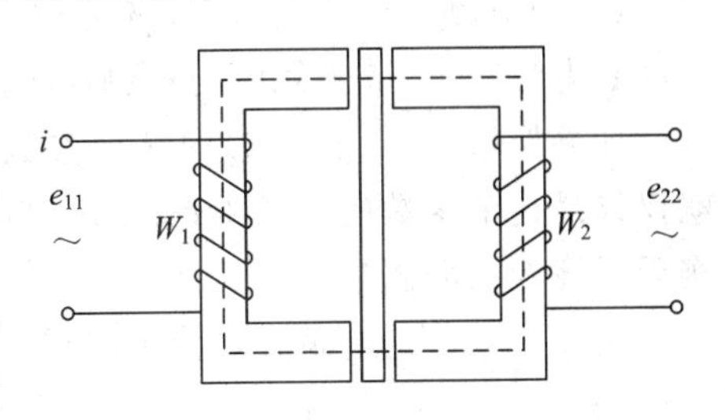

图 1.3－13　互感现象

互感式传感器的工作原理是利用电磁感应中的互感现象，如图 1.3－13 所示，将被测位移量转换成线圈互感量的变化。

把被测的非电量变化转换为线圈互感变化的传感器称为互感式传感器。这种传感器是根据变压器的基本原理制成的，并且次级绕组用差动形式连接，故称差动变压器式传感器。

差动式传感器结构形式较多，有变隙式、变面积式和螺线管式等，图 1.3－14 所示为螺线管式差动变压器传感器的结构示意图。

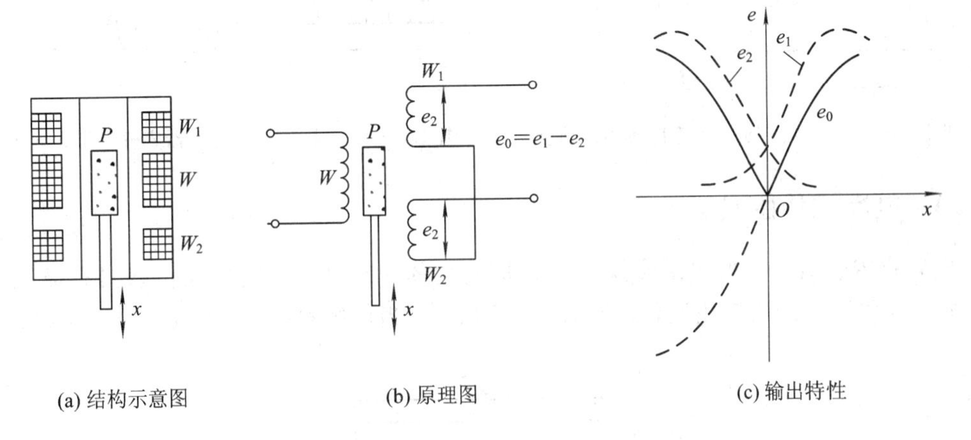

图 1.3－14　螺线管式差动变压器传感器的结构示意图

螺线管式差动变压器传感器的基本特性分下面三种情况进行分析：

(1) 活动衔铁 p 处于中间位置时，由于 $e_1=e_2$，因而输出电压 $e_0=0$。

$$e_0=e_1-e_2=0$$

（2）活动衔铁 p 上移时，由于 $e_1>e_2$，因而输出电压 $e_0>0$。

$$e_0=e_1-e_2>0$$

（3）活动衔铁 p 上移时，由于 $e_1<e_2$，因而输出电压 $e_0<0$。

$$e_0=e_1-e_2<0$$

差动变压器的输出是交流电压，若用交流表测量，只能反映衔铁位移的大小，不能反映移动的方向。为了达到能识别移动方向的目的，实际测量时，常常采用差动整流电路和相敏检波电路。

3. 电涡流式传感器

块状金属导体置于变化的磁场中或在磁场中作切割磁力线运动时，导体内将产生呈漩涡状的感应电流，此电流叫电涡流，如图 1.3-15 所示。

利用电涡流效应，将被测量转换为等效阻抗的变化。线圈的等效阻抗 Z 因产生电涡流而发生变化的现象可表示为

$$Z=f(\rho,\ \mu,\ r,\ f,\ \delta) \tag{1.3-13}$$

其中：ρ 为被测导体的电阻率；μ 为被测导体的磁导率；r 为线圈与被测导体的尺寸因子；f 为激磁电流频率；δ 为线圈与被测导体间的距离。

如果保持式(1.3-13)中其他参数不变，而只改变其中一个参数，传感器线圈阻抗 Z 就仅仅是这个参数的单值函数。通过与传感器配用的测量电路测出阻抗 Z 的变化量，即可实现对该参数的测量。

图 1.3-16 是电涡流式传感器在零件计数中的应用。

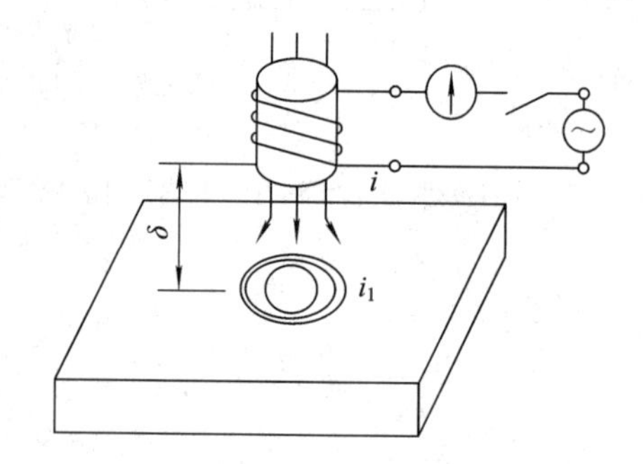

图 1.3-15　高频反射式涡轮传感器原理图

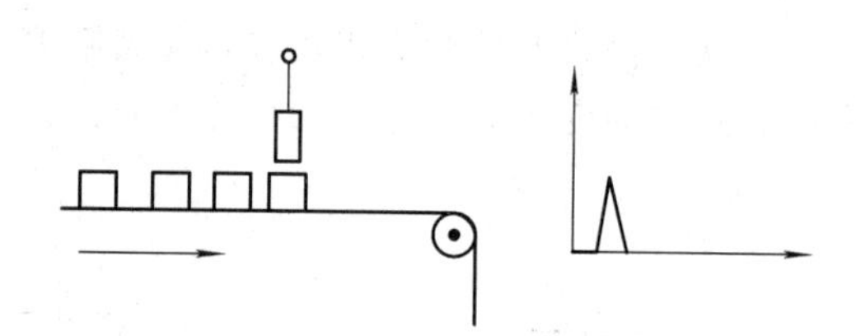

图 1.3-16　电涡流式传感器零件计数的原理图

1.3.3　电容式传感器

电容式传感器是把被测量转换为电容量变化的一种装置。电容式传感器有极距变化型、面积变化型和介质变化型，如图 1.3-17 所示。当传感器的 d、A 或 ε 发生变化时，都

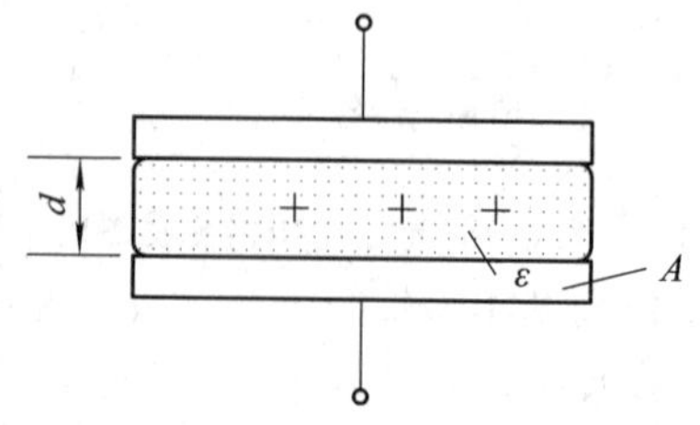

图 1.3-17　电容式传感器示意图

会引起电容的变化。平行板电容器电容量值可表示为

$$C=\frac{\varepsilon A}{d}=\frac{\varepsilon_0\varepsilon_r A}{d} \tag{1.3-14}$$

其中：d 为两平行板之间的距离；A 为两平行板所覆盖的面积；ε 为电容极板间介质的介电常数，$\varepsilon=\varepsilon_0\varepsilon_r$，其中 ε_0 为真空介电常数，ε_r 为极板间介电的相对介电常数。

1. 极距变化型

变极距型电容式传感器的原理是当传感器的 ε 和 A 为常数，初始极距为 d 时，由式(1.3-14)可知，电容量与电容器极板间距离发生了变化，如图 1.3-18 所示，也可用来测量微小的线位移，但传感器的输出特性不是线性关系，如图 1.3-19 所示。

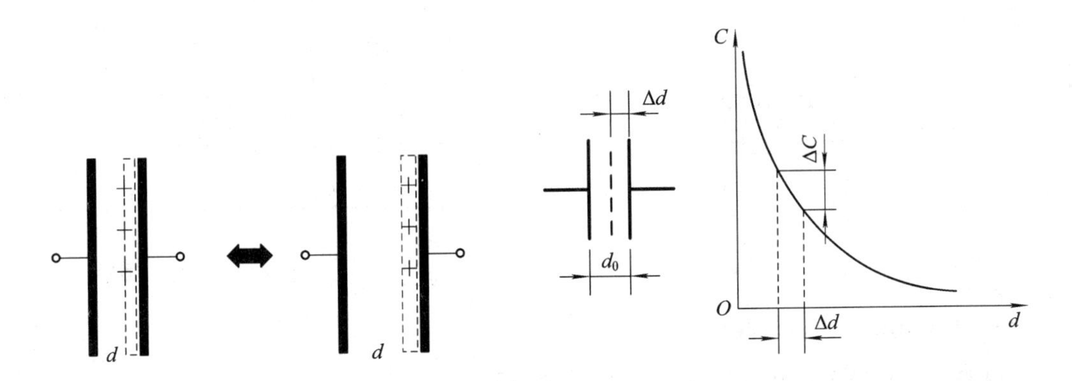

图 1.3-18　变极距型电容式传感器　　图 1.3-19　变极距型电容式传感器输出特性

2. 面积变化型

图 1.3-20 是面积变化型电容式传感器原理结构图。被测量通过动极板移动引起两极板有效覆盖面积 A 改变，从而得到电容量的改变。面积变化型电容式传感器有角位移型、平面线位移型、柱体线位移型，主要用途是测量较大线位移或角位移。其优点是输出与输入成线性关系；缺点是灵敏度较低。

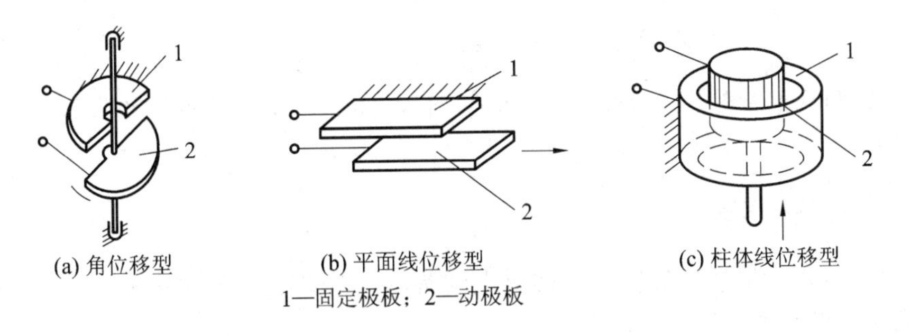

图 1.3-20　面积变化型电容式传感器

3. 介质变化型

图 1.3-21 是介质变化型电容式传感器的一种常用结构形式。图中两平行电极固定不动，介质层以不同深度插入电容器中，从而改变两种介质的极板覆盖面积，使传感器总电

容量发生变化。

图 1.3-22 是介质变化型电容式传感器(电容式液位计)测量液位高低的结构原理图。电容量的变化与电介质系数 ε_1 的液位高度 x 成线性关系。

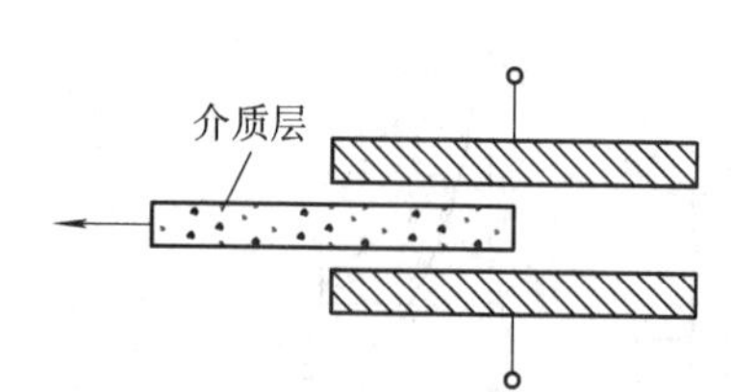

图 1.3-21　介质变化型电容式传感器

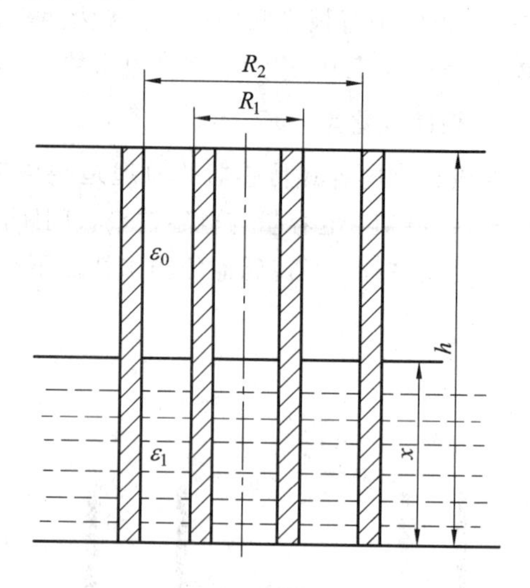

图 1.3-22　电容式液位计原理图

4. 电容式传感器的测量电路

电容式传感器中，电容值以及电容变化值都十分微小，必须借助于测量电路才能检出这一微小电容增量，并将其转换成与其成单值函数关系的电压、电流或者频率。

利用运算放大器的放大倍数非常大、输入阻抗很高的特点，其可以作为电容式传感器比较理想的测量电路，如图 1.3-23 所示。

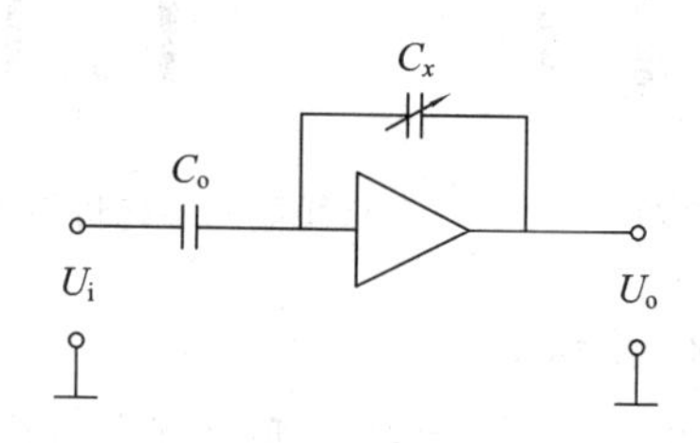

图 1.3-23　运算放大器式电路原理图

输出电压用公式表示为

$$U_o=-U_i\frac{C_o}{C_x}=-U_i\frac{C_o d}{\varepsilon_0\varepsilon_r A} \tag{1.3-15}$$

其中，ε_0 为真空介电常数，ε_r 为极板间介电的相对介电常数，A 为两极板有效覆盖面积，d 为初始间距。

1.3.4　磁电式传感器

磁电式传感器是把被测量转换为感应电动势的一种装置，有电磁电感式(动圈式、磁阻式)传感器和霍尔式传感器。

1. 电磁电感应式传感器

(1) 动圈式。工作原理：线圈在磁场中运动时切割磁力线而产生感应电动势，如图 1.3-24、图 1.3-25 所示。

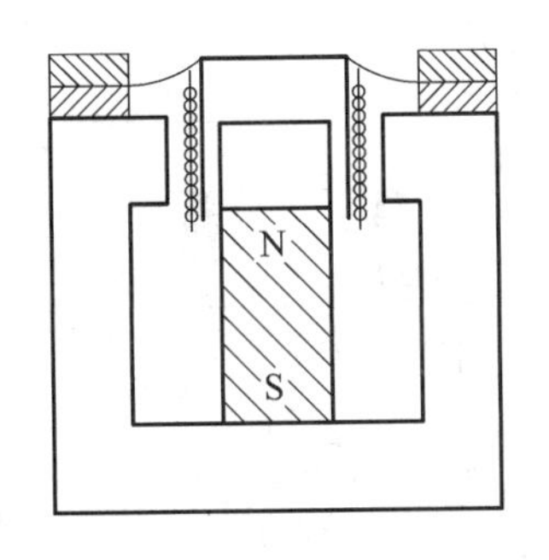

图 1.3-24 动圈式磁电传感器(线速度型)

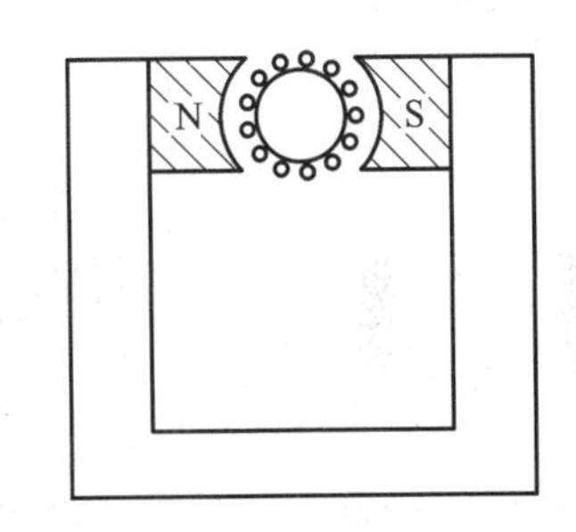

图 1.3-25 动圈式磁电传感器(角速度型)

(2) 磁阻式。磁阻式磁电传感器工作原理图如图 1.3-26 所示，由永久磁铁及缠绕其上的线圈组成。工作原理：线圈与磁铁不动，由运动着的物体改变磁路的磁阻，引起磁力线的增强或减弱，使线圈产生感应电动势。

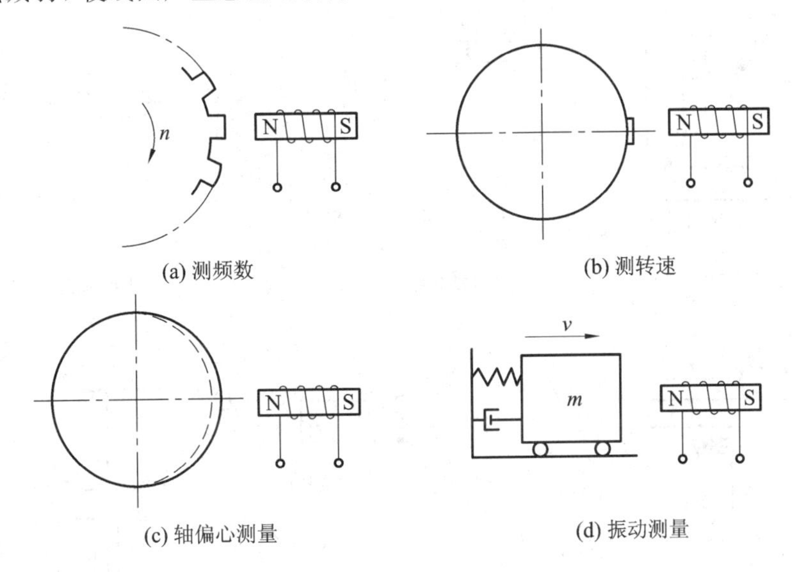

图 1.3-26 磁阻式磁电传感器工作原理图

2. 霍尔式传感器

霍尔式传感器是基于霍尔效应的一种传感器，如图 1.3-27 所示。霍尔效应是置于磁场 B 中的静止载流导体 I，当它的电流方向与磁场方向不一致时，载流导体上垂直于电流和磁场的方向上将产生电动势，该电动势称为霍尔电动势，$V_H=KIB$(K 称为霍尔片的灵敏度)。

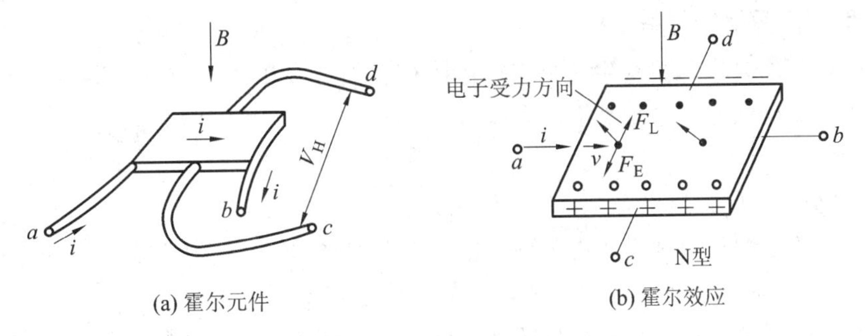

图 1.3-27 霍尔元件及霍尔效应原理

（1）霍尔元件基本结构，如图 1.3－28、图 1.3－29 所示。

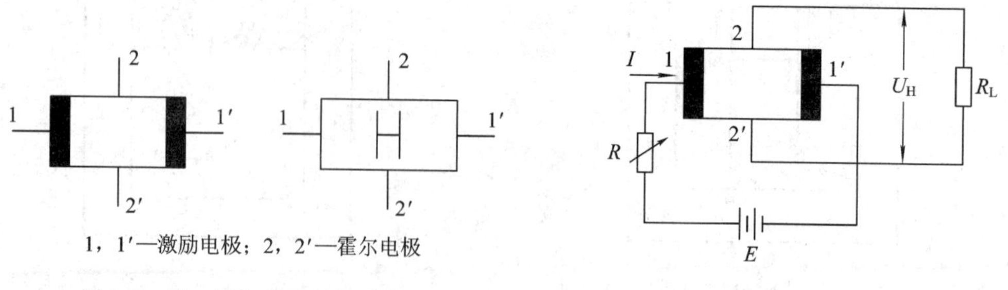

图 1.3－28　霍尔元件的两种符号

图 1.3－29　霍尔元件基本测量电路

（2）霍尔元件在工程测量中的应用，如图 1.3－30 所示。

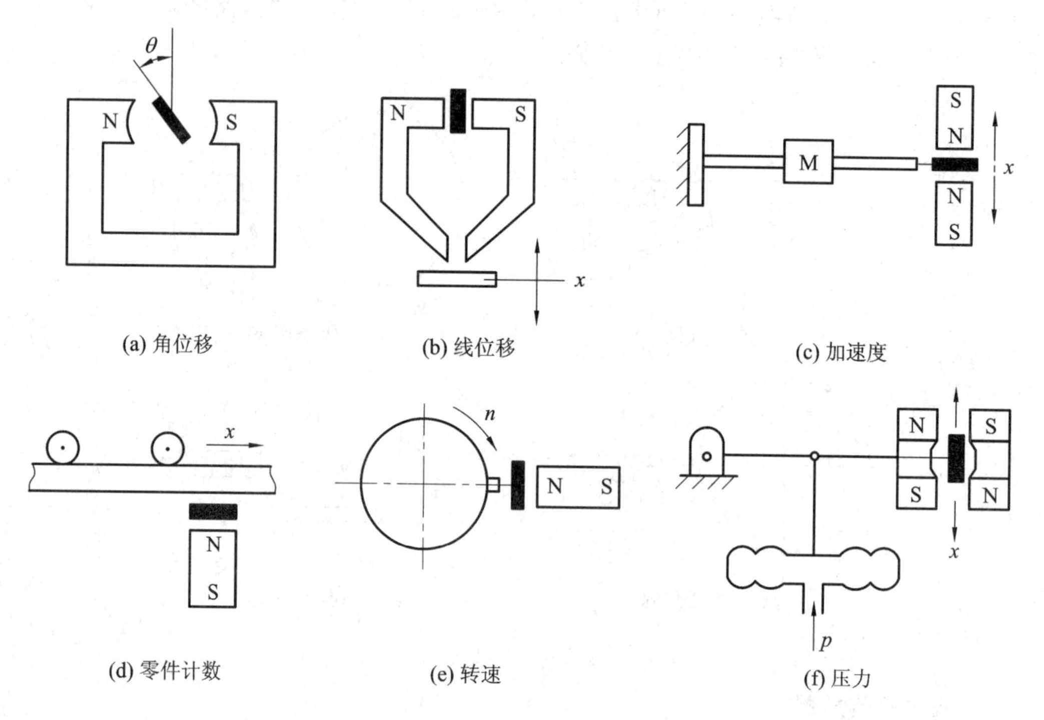

图 1.3－30　霍尔元件在工程测量中的应用图例

1.3.5　压电式传感器

1. 压电效应与压电材料

某些物质在外力作用下发生变形，并且在其表面上会出现电荷，若将外力去掉，它们又重新回到不带电状态，这种现象称为压电效应。压电效应可表示为

$$q = DF \tag{1.3-16}$$

其中：q 为电荷量；D 为压电系数；F 为作用力。

具有压电效应的材料称为压电材料，包括石英晶体（SiO_2）、钛酸钡（$BaTiO_3$）、锆钛酸铅（PZT）等。第一种是单晶体，后两种是多晶体压电陶瓷。

石英的压电系数不高，但强度及稳定性好；压电陶瓷的压电系数比石英高数百倍。

2. 工作原理

压力式传感器的基本原理就是利用压电材料的压电效应这个特性。压力传感器中的压电元件，按其受力和变形方式不同，有厚度变形、长度变形、体积变形和厚度剪切变形等几种形式，如图1.3－31所示。

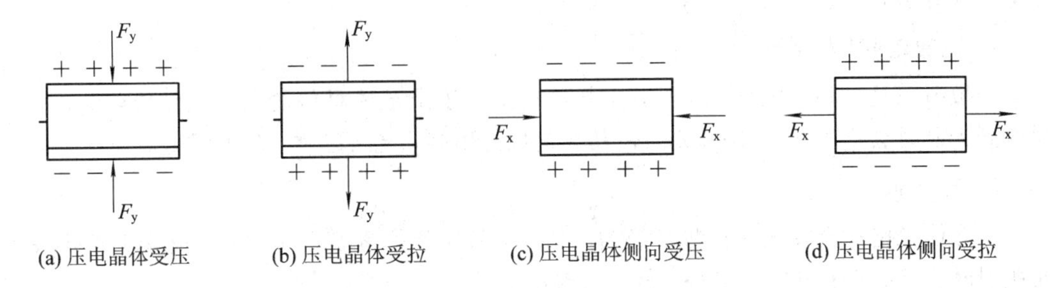

图1.3－31　压电效应模型

3. 压电式传感器的测量电路

压电式传感器可以看作是电荷发生器，它又是一个电容器，如图1.3－32所示。

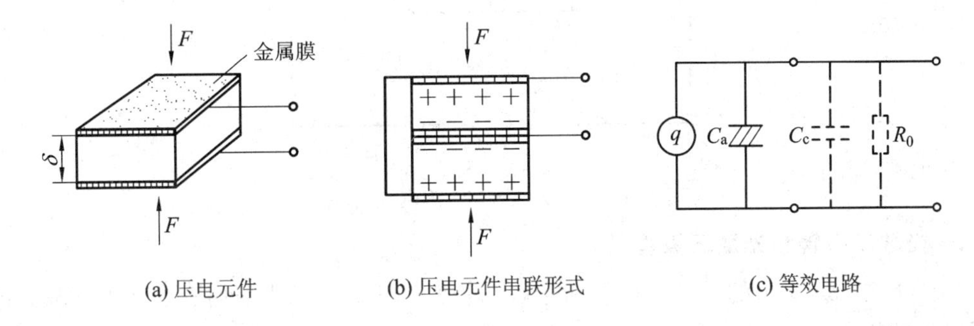

图1.3－32　压电传感器的等效电路

压电式传感器本身内阻很高，而且输出能量较小，因此它的测量电路通常需要接入一个高输入阻抗前置放大器，如图1.3－33所示。

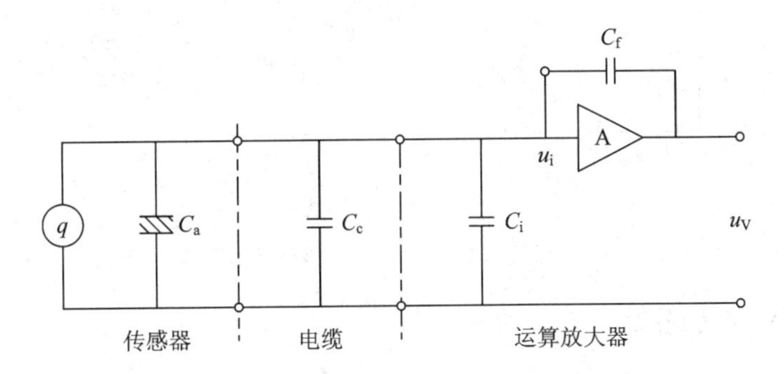

图1.3－33　电荷放大器等效电路

压电式传感器的电荷放大器的输出电压为

$$u_r = -\frac{q}{C_f} \tag{1.3-17}$$

其中：u_r为电荷放大器的输出电压；q为压电式传感器的电荷量；C_f为电荷放大电路的反馈

电容值。

1.3.6 光电式传感器

光电式传感器是将光信号转换为电信号的器件，其主要利用光电效应，有光敏电阻、光电池和光敏管(光敏二极管、光敏三极管)等。

1. 光敏电阻(光导管)

光敏电阻是一种光电导元件，其工作原理是基于半导体材料的内光电效应，半导体材料受到光照时会产生电子-空穴对，使其导电性能增强，光线越强，阻值越低。

2. 光电池

半导体光电池直接把光信号转换为电信号，其工作原理基于阻挡层光电效应，即受到光照射时，产生一定方向的电势，是一种电源，如图 1.3－34 所示。

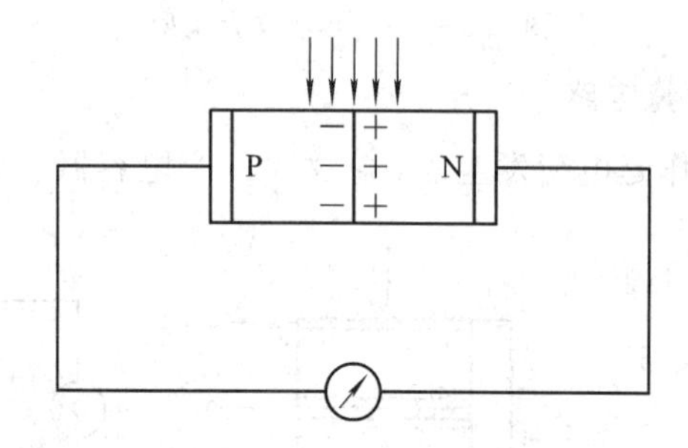

图 1.3－34 光电池的工作原理示意图

3. 光敏二极管和光敏三极管

如图 1.3－35 所示的光敏二极管和光敏三极管，具有在无光照时截止、不导通，受光照后导通的特点。

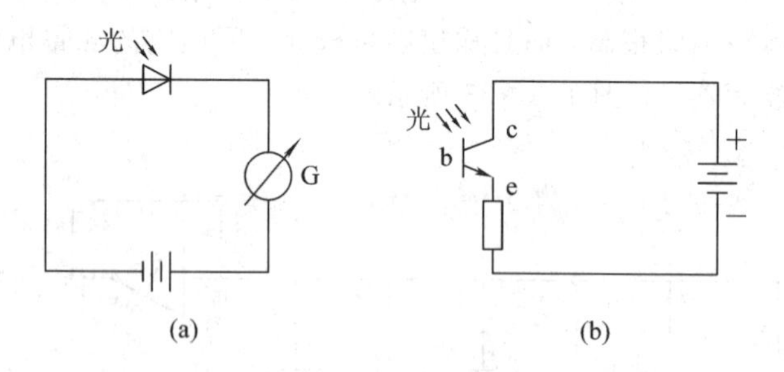

图 1.3－35 光敏二极管和光敏三极管工作原理示意图

1.3.7 半导体式传感器

半导体材料具有对光、热、力、磁、湿度、气体等物理量敏感的特性。因此可以组成气敏传感器、湿敏传感器、色敏传感器、CCD 图像传感器和半导体热敏电阻等。它们的共同特点是结构简单、体积小、重量轻；功耗低、安全可靠、寿命长；响应快；易于集成。

1. 气敏传感器

气敏传感器是利用气敏半导体材料，如氧化锡、氧化锰，当它们吸收了气体烟雾，如一氧化碳、醇等时，电阻发生变化，从而使气敏元件电阻值随被测气体的浓度改变而变化，如图 1.3－36 所示。

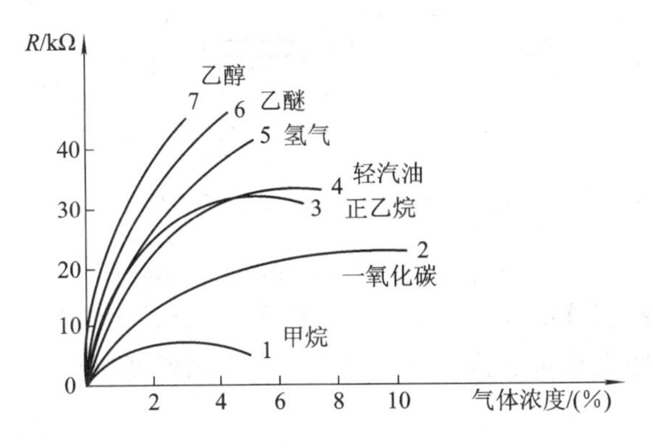

图 1.3－36　气敏器件阻值与浓度关系

半导体气敏传感器由于具有灵敏度高、响应时间和恢复时间快、使用寿命长以及成本低等优点，从而得到广泛的应用。其用途可分为气体泄漏报警、自动测试等。

2. 湿敏传感器

湿敏传感器是能够感受外界湿度变化，并通过器件材料的物理或化学性质变化，将湿度转换成有用信号的器件。当有水分子附着其表面时，它的阻值大幅下降，从而实现对湿度的测量。图 1.3－37、图 1.3－38 所示为常用的半导瓷湿敏电阻。

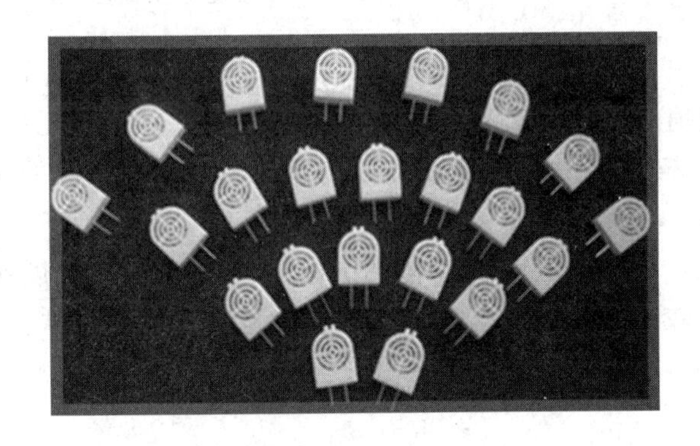

图 1.3－37　湿敏电阻 CHR－01

图 1.3－38　湿敏电阻 CHR－02

3. 色敏传感器

物体的颜色是由照射物体的光源和物体本身的光谱反射率决定的。在光源一定的条件下，物体的颜色取决于反射的光谱（波长），能测定物体反射的波长，就可以测定物体的颜色。

4. CCD 图像传感器

CCD 图像传感器是利用 MOS(Metal Oxide Semiconductor)光敏元的结构在半导体（P 型硅）基片上形成一种氧化物（如二氧化硅），在氧化物上再沉积一层金属电极，以此形成一个金属-氧化物-半导体结构元 (MOS)，如图 1.3－39 所示。

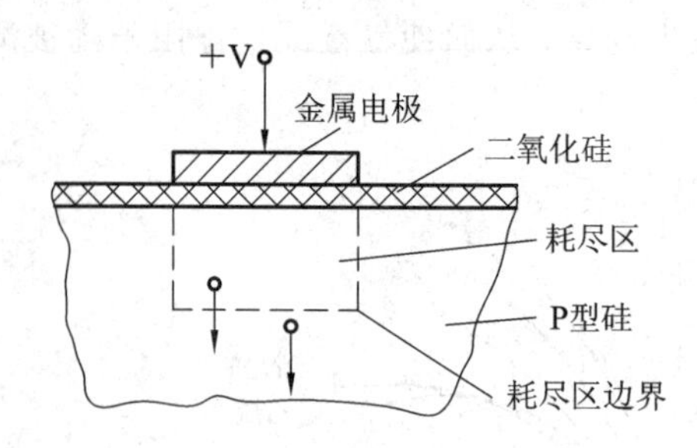

图 1.3-39 MOS 光敏元的结构

在半导体硅片上按线阵或面阵排列 MOS 单元，如果照射在这些光敏元上的是一幅明暗起伏的图像，则这些光敏元上就会感生出一幅与光照强度相对应的光生电荷图像，如图 1.3-40 和图 1.3-41 所示。

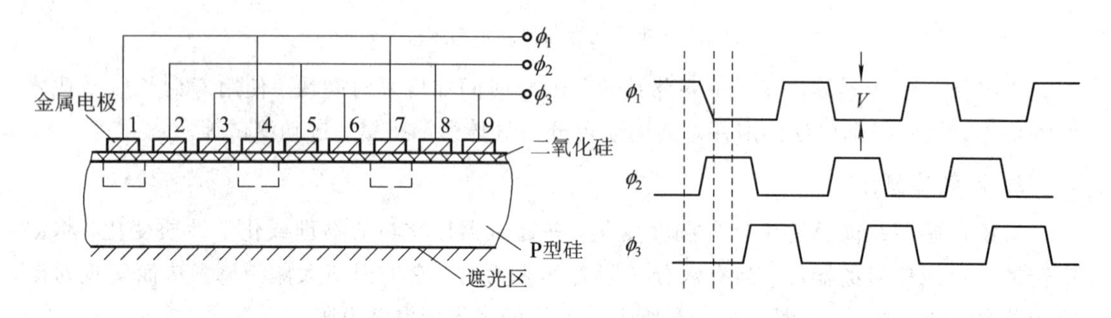

图 1.3-40 读出液位寄存器结构图　　图 1.3-41 读出液位寄存器波形图

5. 半导体热敏电阻

半导体热敏电阻是利用半导体的阻值随温度显著变化这一特性制成的一种热敏元件。它是由某些金属氧化物(主要是钴、锰、镍等氧化物)，根据产品性能不同，采用不同的比例配方，经高温烧结而成的。

半导体热敏电阻与金属热电阻相比，具有灵敏度高、体积小、热惯性小、响应速度快等优点，但目前它存在互换性和稳定性较差，非线性严重，且不能在高温下使用的缺点，所以限制了其应用领域。

1) 热敏电阻的分类

半导体热敏电阻包括正温度系数(PTC)、负温度系数(NTC)、临界温度系数(CTR)等几类。其外形结构和电路符号如图 1.3-42 所示。

(1) PTC 半导体热敏电阻：当温度超过某一数值时，其组值朝正的方向快速变化。它主要用于彩电消磁、各种电器设备的过热保护、发热源的定温控制等。

(2) NTC 半导体热敏电阻：具有很高的负电阻温度系数，广泛地用在自动控制及电子线路的热补偿线路中，特别适合－100～300℃温度范围内的测量。

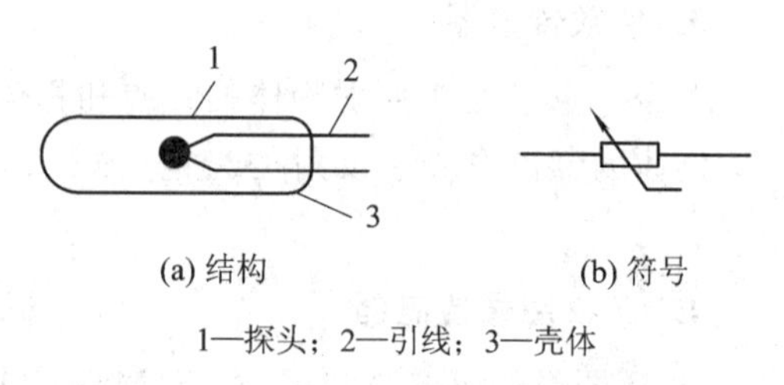

1—探头；2—引线；3—壳体

图 1.3-42 热敏电阻的结构和符号

(3) CTR 半导体热敏电阻：在某个温度值上，电阻值急剧变化。它主要用来制作温度开关。

2) NTC 热敏电阻的温度特性

NTC 热敏电阻是一种金属氧化物的半导体，它具有负电阻温度系数，温度上升时，阻值下降。在工作温度范围内，应在微小工作电流条件下，使之不存在自身加热现象，此时的阻值与温度关系近似符合指数函数关系，如图 1.3-43 所示。

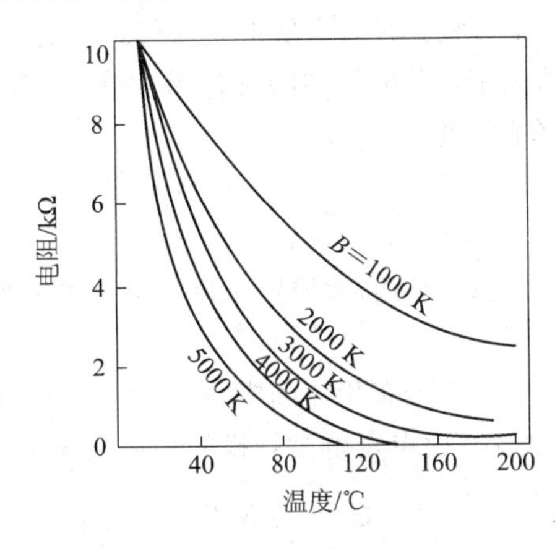

图 1.3-43　热敏电阻的电阻-温度特性

3) 线性补偿

当设备电路由于温度引起电路总阻值变高时，一般都串联 NTC 热敏电阻来进行温度自动补偿。但由于热电阻的非线性会影响电路的动态特性，所以一般将 NTC 热敏电阻串联一个温度系数小的锰铜电阻，然后工作在 $T_1 \sim T_2$ 近似线性段，以克服非线性影响，如图 1.3-44 所示。

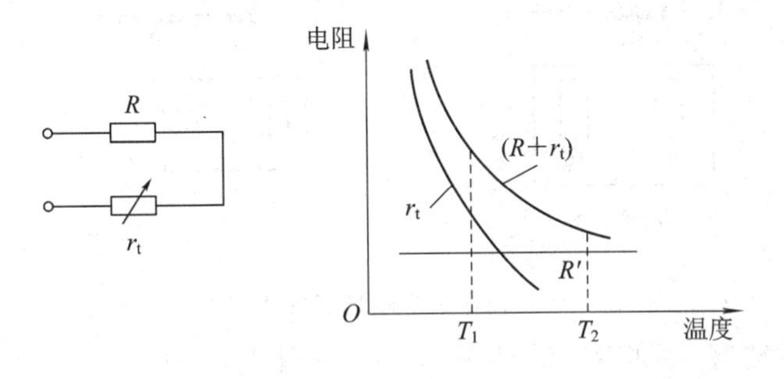

图 1.3-44　热敏电阻与固定电阻串联的电阻-温度特性曲线

1.3.8　机械工程测试技术应用

1. 力和转矩的测量

力和力矩是重要的机械工程参数，在机械测试中占有很大比例。通过力和力矩的测量，可以分析零部件或构件的受力状况和工作状态，验证设计计算的正确性等。因此，对发展机械设计理论，保证机器的安全运行，实现自动检测、自动控制等都具有重要意义。

1）力的测量

力的测量，是指通过测量某弹性元件在被测力作用下某弹性元件的变形或应变来进行的。其测量基础是弹性元件的弹性变形和作用力成正比。电阻应变片式是力测量中应用最为广泛的一种，它利用黏在弹性元件上的应变片变形转换成电阻的变化，经电桥电路转换为电压或电流，由信号调理装置放大输出为标准的模拟信号(4～20 mA 或 1～5 V)。

(1) 拉(压)力的测量。

图 1.3-45 所示为简支梁弹性元件，测量不同载荷时应变片的排列和组桥方案。

为测量试件所受压力的大小，在试件中间部位沿主应力方向贴一应变片 R_1，R_1 接入相邻桥臂组成测定力 P 的单臂式电桥电路。

试件所受力 P 为

$$P = \sigma A = E\varepsilon A \tag{1.3-18}$$

式中，σ 为贴片部位的轴向应力；A 为贴片位置试件的截面积；E 为试件材料的弹性；ε 为贴片部位的应变值。

将应变片黏在弹性体外壁应力分布均匀的中间，如图 1.3-45(a)所示。只要测出应变 ε 值的大小就可以测得力的大小。由单臂电桥转换的输出电压为

$$U = \frac{1}{4}K\varepsilon E \tag{1.3-19}$$

式中，ε 为机械应变；K 为应变片的灵敏系数；E 为供桥电压。

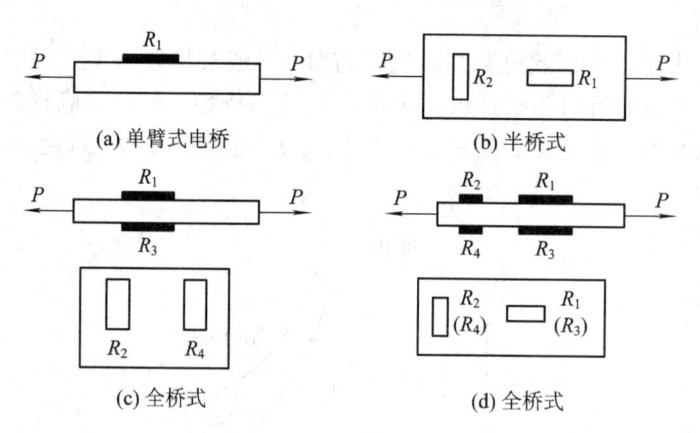

图 1.3-45　拉(压)力测量应变片布置示意图

为了提高电桥输出，可将 R_1 与 R_2 贴于同一试件上，如图 1.3-45(b)所示。由于 R_1 的方向垂直于作用力的方向，因此感受的应变是 P 作用方向的 $-\mu$ 倍(μ 为泊松比)，这样由 R_1、R_2 组成的半桥，其输出为

$$U = \frac{1}{4}K\varepsilon E(1+\mu) \tag{1.3-20}$$

式中，ε 为机械应变；K 为应变片的灵敏系数；E 为供桥电压；μ 为泊松比。

如果将 4 枚应变片组成全桥测量，如图 1.3-45(c)所示，其输出为

$$U = \frac{1}{2}K\varepsilon E \tag{1.3-21}$$

再将 4 枚应变片重改贴片方向，可组成全桥测量，如图 1.3-45(d)所示，其输出为

$$U = \frac{1}{2}K\varepsilon E(1+\mu) \tag{1.3-22}$$

式中，ε 为机械应变；K 为应变片的灵敏系数；E 为供桥电压；μ 为泊松比。

(2) 弯曲载荷的测量。由于上述两种布片和接桥方式，不能排除弯曲载荷的影响。图1.3-46所示可实现弯曲载荷的测量。

弯曲载荷可表示为

$$M = W\sigma = WE\varepsilon \tag{1.3-23}$$

式中，W 为试件的抗弯截面系数；σ 为贴片部位的轴向应力；E 为试件材料的弹性模量；ε 为贴片部位的应变值。

如图1.3-46所示，只要测出应变值 ε 的大小，便可求出弯曲载荷 M。

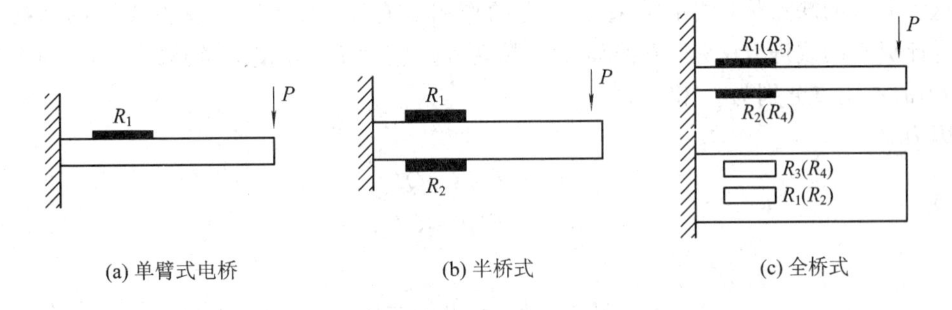

图1.3-46　弯曲载荷测量应变片布置示意图

(3) 拉(压)弯联合作用时力的测量，如图1.3-47所示。

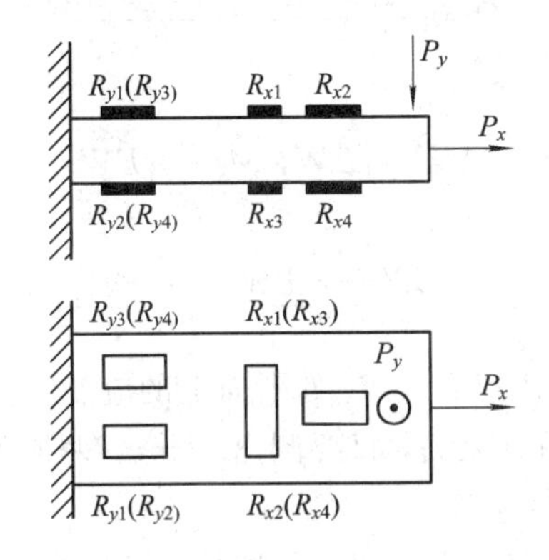

图1.3-47　拉(压)弯联合测量应变片位置示意图

(4) 剪力的测量。由于剪力不能引起应变片阻值的变化，故不能用应变片直接测量。但剪力可以引起正应变的变化，而应变片可以测量正应变，所以应变片可以间接测量剪力。

在一悬臂梁上作用一力 P，作用点为 L 的截面上，贴一应变片 R，如图1.3-48所示。

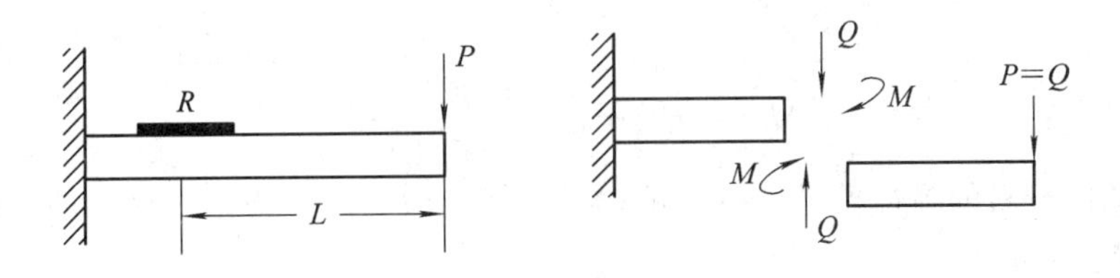

图1.3-48　剪力分析

力 P 引起的各截面的横剪力 Q 是相等的，即 $Q=P$。此断面的弯矩 M 为

$$M = PL = QL \tag{1.3-24}$$

由材料力学知，

$$M = E\varepsilon W \tag{1.3-25}$$

其中，E 为试件材料的弹性模量；ε 为该断面上的应变值；W 为抗弯截面系数。

因此
$$M = QL = E\varepsilon W$$

则
$$Q = \frac{E\varepsilon W}{L}$$

所以，只要用应变片将该断面的应变 ε 值测出，即可求出横剪力 Q。由此证明了用测量应变值的方法来测量剪力，成为可能。

这种方法的缺点是，测量结果与 P 力的作用点有关，而不是真正意义上的纯剪力测量。为此提出的改进方法是，在悬臂梁上贴两片应变片 R_1 与 R_2，设其距 P 力(即等于横剪力 Q)的作用点分别为 l_1 和 l_2。

因为

$$M_1 = Pl_1 = Ql_1 \tag{1.3-26}$$

$$M_2 = Pl_2 = Ql_2 \tag{1.3-27}$$

所以

$$M_1 - M_2 = Q(l_1 - l_2) \tag{1.3-28}$$

又

$$Q = \frac{M_1 - M_2}{l_1 - l_2} = \frac{M_1 - M_2}{a}$$

且

$$M_1 = \varepsilon_1 EW,\ M_2 = \varepsilon_2 EW$$

则

$$Q = \frac{\varepsilon_1 EW - \varepsilon_2 EW}{l_1 - l_2} = \frac{\varepsilon_1 - \varepsilon_2}{a}EW \tag{1.3-29}$$

式中，ε_1、ε_1 分别为距 P 力作用点 l_1 和 l_2 处断面上的应变值。

由此可见，Q 与 P 的作用点无关，只要测出 $\varepsilon_1-\varepsilon_2$(两断面处的应变差)，便可求出剪力 Q。

(5) 圆轴扭转时横断面上剪应力和扭矩的测量。当圆轴受纯扭矩时，在与轴线成 45°的夹角上作用着主应力。其绝对值等于轴的横断面上的最大剪应力 $\tau_{\max}$，即

$$\sigma_1 = -\sigma_3,\ \sigma_1 = \tau_{\max}$$

$$\tau_{\max} = |\sigma| = \left|\frac{E\varepsilon}{1+\mu}\right| \tag{1.3-30}$$

而扭矩为

$$M_K = \tau_{\max} W_p = \left|\frac{E\varepsilon}{1+\mu}\right| W_p \tag{1.3-31}$$

式中，E 为试件材料的弹性模量，kg/cm^2；ε 为所测应变值；μ 为试件材料的泊松比；W_p 为抗扭截面系数，cm^2。

图 1.3-49 为环力式传感器示意图。

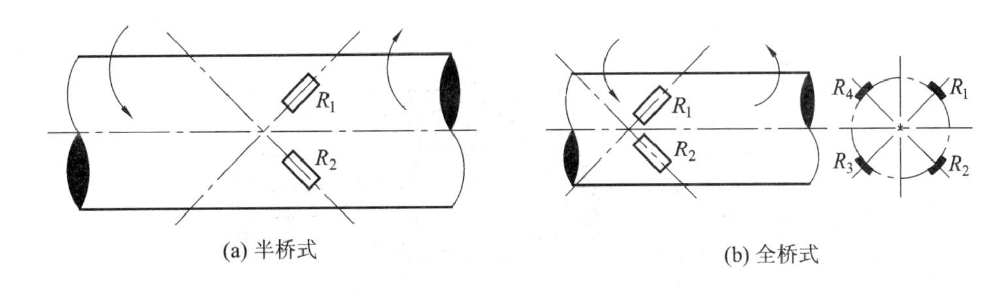

图 1.3-49 环力式传感器示意图

(6) 测力传感器的应用举例。

在食品工业中常用电子料斗秤，如图 1.3-50(a)所示。料斗秤一般是由三个(或四个)荷重传感器支撑料斗进行重量检测。由于轮辐式传感器具有灵敏度高、线性及重复性好、高度低、抗偏载等优点而常被采用。三个传感器通常串联，如图 1.3-49(b)所示。其总输出为三个电桥的输出电压之和。在传感器电桥中，R_T 为承受拉伸应变，R_C 为承受压缩应变，两者方向垂直，故有较高的灵敏度。

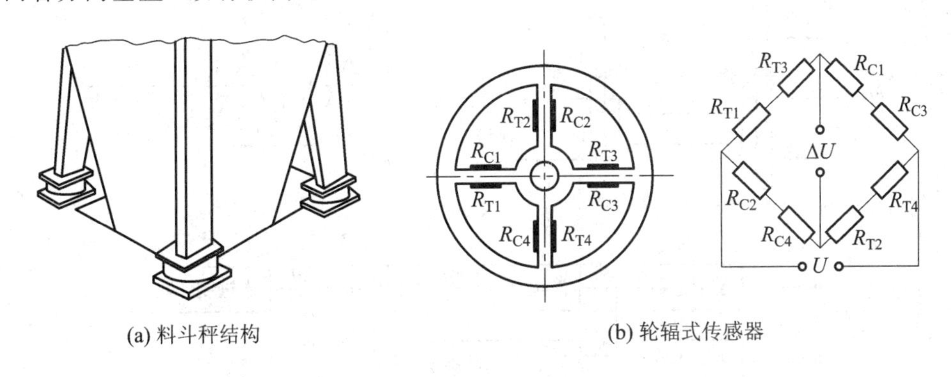

图 1.3-50 料斗秤

2) 转矩测量

(1) 用电阻应变片测量转矩。根据材料力学理论，在圆轴受扭转时，沿其表面与母线成 45°角的方向，产生最大的拉、压应力 $\sigma_1=-\sigma_2$(相应的应变为 $\varepsilon_1=-\varepsilon_2$)，其数值与圆截面上最大剪应力 τ_{max} 相等，据此可导出扭矩 M_k。利用弹性元件在传递转矩时所产生的变形测量转矩，如图 1.3-51 所示。扭矩传感器如图 1.3-52 所示，是将电阻应变片直接贴在轴上，并利用集流环进行转矩测量的一种装置。这种测量方法优点是测量精度高，适应性广；缺点是信噪比较差，转速也受到限制。

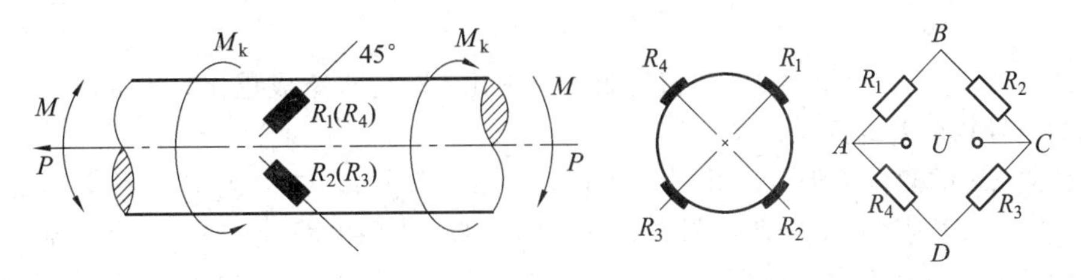

图 1.3-51 用电阻应变片测量扭矩

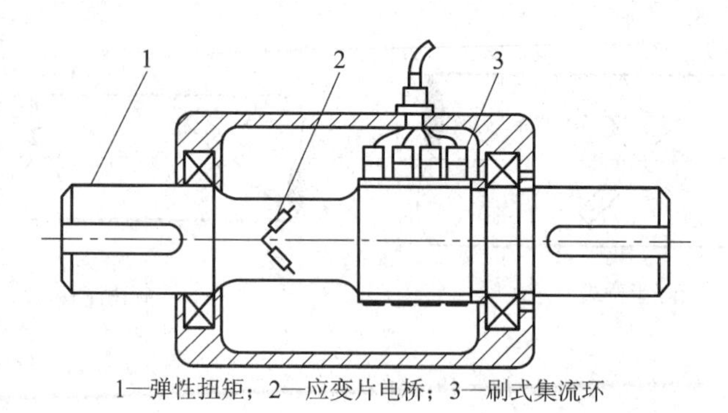

1—弹性扭矩；2—应变片电桥；3—刷式集流环

图 1.3-52　扭矩传感器

(2) 相位转矩测量装置。该装置是通过传感器将转矩转换为相位差，然后用相位计检测相位差而得到转矩，图 1.3-53(a)所示为相位转矩测量装置及原理示意图。

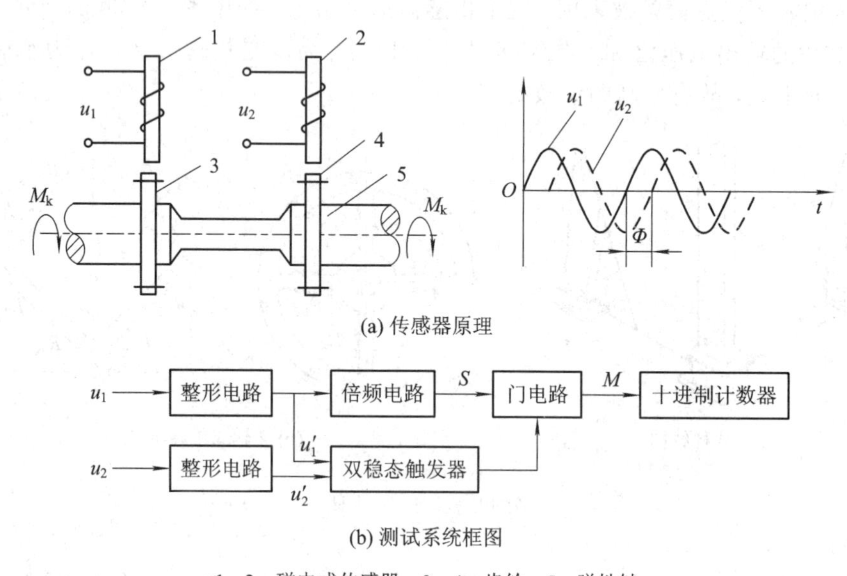

(a) 传感器原理

(b) 测试系统框图

1、2—磁电式传感器；3、4—齿轮；5—弹性轴

图 1.3-53　相位转矩测量装置及原理示意图

该装置采用两个完全相同的磁电式传感器及齿轮。当弹性轴空转时，由于传感器的磁铁与齿轮之间的磁阻随气隙交替变化，产生了两个相同幅值和频率，初始相位差 φ 的感应电势为 u_1 和 u_2；当弹性轴传递转矩时，就产生相应的扭转角 α，两个传感器的感应电势因扭矩而附加一个相位差 $\Delta\varphi$，设齿轮的齿数为 Z，则有

$$\Delta\varphi = Z \cdot \alpha \tag{1.3-32}$$

由式(1.3-32)可见，相位差 $\Delta\varphi$ 与扭转角 α 成正比，即与转矩成正比，从而将转矩的测量转变为对信号相位差的测量。

相位差 $\Delta\varphi$ 的测量原理，如图 1.3-53(b)所示。信号 u_1 和 u_2 经过整形变为矩形脉冲信号 u_1' 和 u_2'，分别经过双稳态触发器去控制门电路。当门电路开启时，与弹性轴扭转角 α 成正比的倍频信号 S 被送入十进制计数器计数，其显示数 N 与 u_1 和 u_2 的相位差关系为

$$\Delta\varphi = \frac{2\pi}{k}N \tag{1.3-33}$$

式中，k为倍频电路的倍频。

该装置使用优点是测量范围大(1 N·m至数千牛·米)、工作可靠、稳定性好、抗干扰能力强、测量精度高。

2. 位移的测量

位移是指物体或其某一部分的位置对参照点产生的偏移量。按测量对象分类，有线位移测量(指测量对象在直线方向上的)；角位移测量(指测量对象转动的角度)。按传感器输出方式分类，有模拟式位移传感器(利用传感器的结构变化，将位移量的变化转变成模拟电量的变化)；数字式位移传感器(将位移量的变化直接转变成数字电量来计量)。

1) 变阻式位移测量

变阻式位移传感器的检测电路有半桥式(电位计式)和全桥式。图1.3-54(a)所示为半桥式电路的原理图，R是传感器的总电阻，指示器为电压表，其读数值为

$$V=\frac{R_1}{\dfrac{R_1R_2}{R_g}+R}u \tag{1.3-34}$$

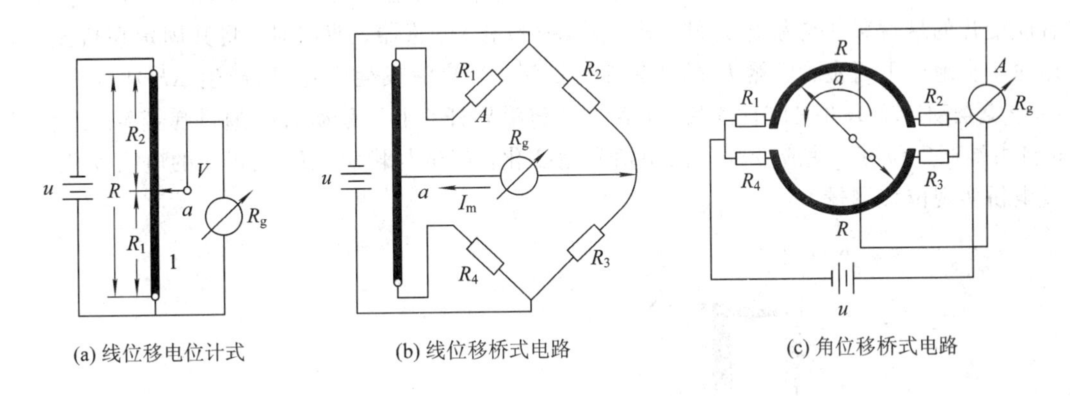

(a) 线位移电位计式　(b) 线位移桥式电路　(c) 角位移桥式电路

图1.3-54　变阻式位移传感器原理图

图1.3-54(b)、(c)是桥式电路，在图(b)中，设各桥臂电阻值相同，即均为$R_1=R_2=R_3=R_4$，则当触头移动时，其中一臂电阻变化为$R+\Delta R$，另一臂为$R-\Delta R$，则电流表的电流为

$$I_g=I_u\frac{\Delta R}{2(R_g+R)-\dfrac{\Delta R^2}{2R}} \tag{1.3-35}$$

式(1.3-35)表示I_g与ΔR为非线性关系，但一般$R\gg\Delta R$，$R\gg R_g$，故

$$I_g\approx I_u\frac{\Delta R}{2R}=I_u\alpha \tag{1.3-36}$$

显然，随α值变化，线性范围不同，如图1.3-55所示。

图1.3-56为变阻式位移传感器构成的浮子油量表的原理示意图。浮子随液面上、下移动，带动电刷在弧形电阻上移动，使电桥产生与油量对应的电流输出。

这种位移传感器的结构简单，不需要放大器，直接接入记录仪进行指示，但测量精度低，工作频率低，常用于大位移(可达100 mm以上)的低频测量。

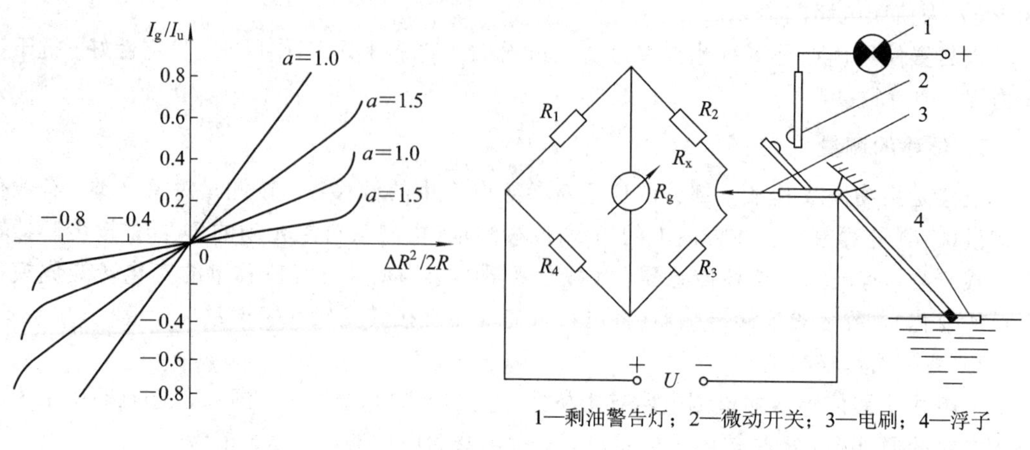

图 1.3-55 $\frac{\Delta R^2}{2R}$对线性范围的影响

图 1.3-56 浮子式油量表的原理图

2）应变片位移测量原理

利用电阻应变片及弹性元件可以方便地组成各种用途的位移传感器。图 1.3-57 为贴有应变片的悬臂梁作为敏感元件，构成耕深(位移)传感器。使用时，将其固定在机架上，地轮 1 在地面上行走，显然 H 的变化即为耕深。当耕深发生变化(即产生 ΔH)时，杠杆 2 绕 O 点摆动。杆 2、3 是刚性连接，故滑块 9 将沿导杆 8 上下移动 Δh，通过弹簧 5 使悬臂梁 6 自由端产生位移，使应变片 7 的阻值发生变化，产生与耕深 ΔH 成正比的电阻变化，通过电桥实现位移测量。

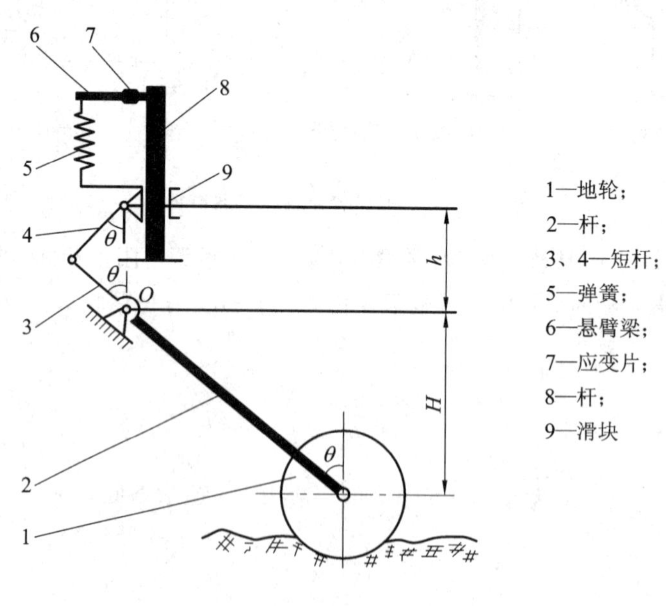

图 1.3-57 耕深传感器原理

3. 电感式位移测量原理

位移测量是电感式传感器最主要的用途。将电感式传感器接成差动式传感器可以提高灵敏度，改善线性度。如图 1.3-58 所示的是差动螺管式电感位移传感器。

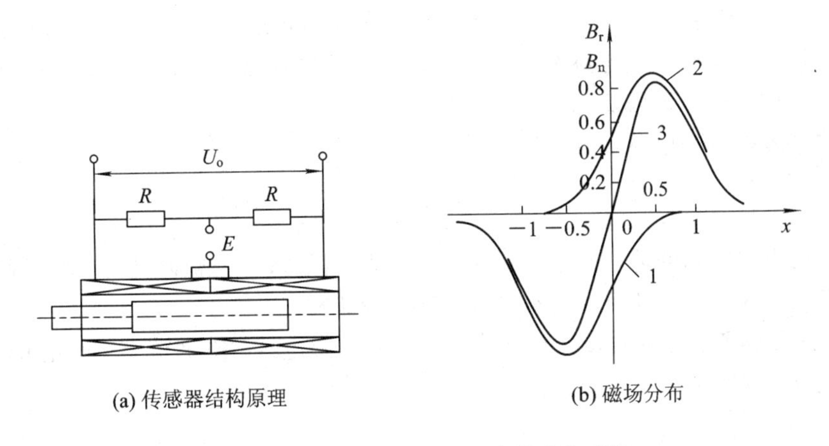

(a) 传感器结构原理　　(b) 磁场分布

图 1.3-58　差动螺管式电感位移传感器

根据电磁原理得

$$x_1 = \omega(L_0 - \Delta L)$$

$$x_2 = \omega(L_0 + \Delta L)$$

$$E = \frac{U_0}{2L_0}\Delta L \tag{1.3-37}$$

即电桥的输出电压与电感的增量 ΔL 呈线性关系。图 1.3-58(b)是该传感器线圈轴上的磁场分布，曲线 1、2 是单个线圈的轴上磁场分布，曲线 3 是差动线圈的轴上磁场分布，可见，曲线 3 在一定范围内具有良好的线性度。

差动电感式位移传感器的一个应用实例是电感式侧厚仪，如图 1.3-59 所示。被测带材 2 在上、下测量滚轮 1 和 3 之间通过。开始工作前，首先调节顶杆 4 到给定的厚度值(由度盘 5 读出)。当被测带材厚度偏离给定厚度时，上测量滚轮 3 将带动杆 4 上、下移动，经杠杆 7 将位移传递给衔铁 6。由于衔铁偏离平衡位置，使 L_1、L_2 发生变化，厚度偏差由指示仪表示出。因此被测带材的厚度是度盘 5 的读数(给定值)与指示仪表的示值(偏差值)之和。

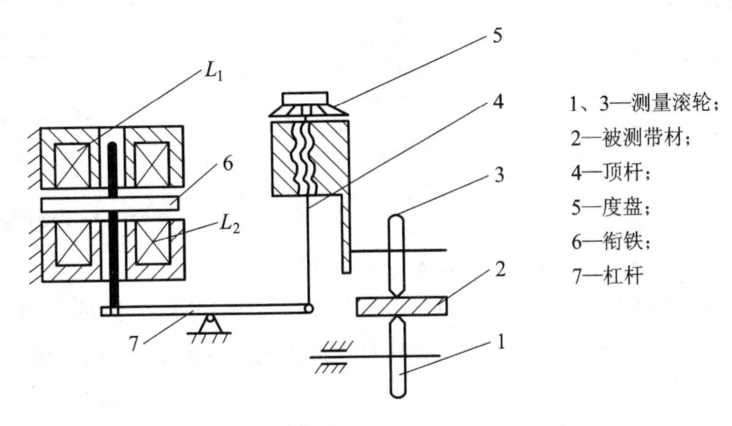

图 1.3-59　差动电感式测厚仪

4. 速度测量

1) 角速度测量

角速度(转速)以旋转体每分钟内的转数来表示，单位为 r/min。

(1) 计数式。转速测量装置由电子计数式频率计和转速传感器组成。传感器的作用是把被测旋转体的转动转换为电脉冲信号，再利用电子计数器进行计数。其工作原理：对传感器的电脉冲信号进行计数而得到被测转速。

转速传感器输出的电脉冲数为

$$N = \frac{Znt}{60} \tag{1.3-38}$$

式中，N 为输出的电脉冲数；Z 为传感器的倍频数(齿数)；n 为被测转速；t 为测量时间。可见，当 Z 一定时，单位时间内的脉冲数与转速成正比。

(2) 转速传感器。常用的转速传感器有开关式、磁电式、电涡流式、光电式、电容式、霍尔式等几种，如图 1.3-60 所示。

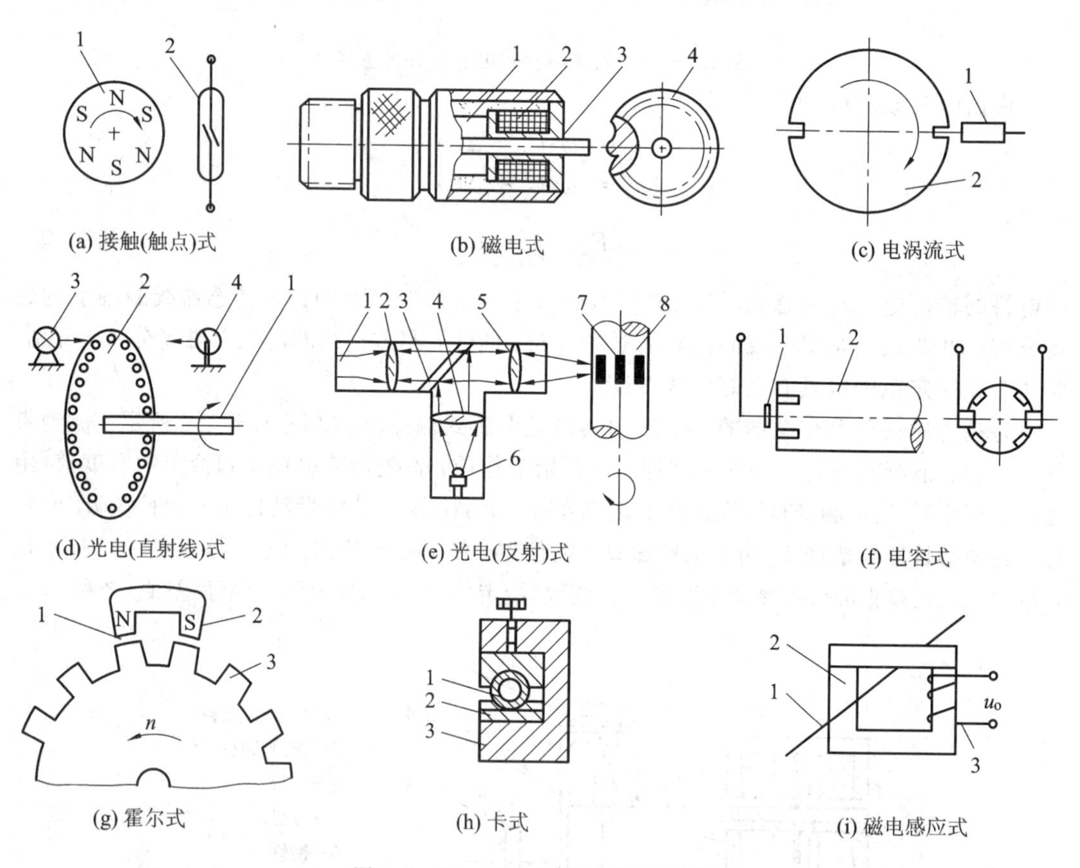

图 1.3-60 转速传感器原理示意图

(3) 电子计数式频率计。图 1.3-61 所示为电子计数式频率计的原理框图。被测转速信号经过放大、整形，成为前沿陡峭的矩形脉冲，送到计数器的输入端。另一方面，为了适应不同转速量程的测量需要，对来自石英晶体振荡器的标准频率信号，经时基分频器多级十分频后，得到不同的标准时间脉冲，并可以通过时间开关 BK 进行选择，送入控制电路，经过编码形成控制指令以控制计数门，选通被测转速脉冲信号进入十进制计数电路进行计数和显示。由式(1.3-38)可知，若选时基信号满足 $Zt=60$，则显示数字即为转速。

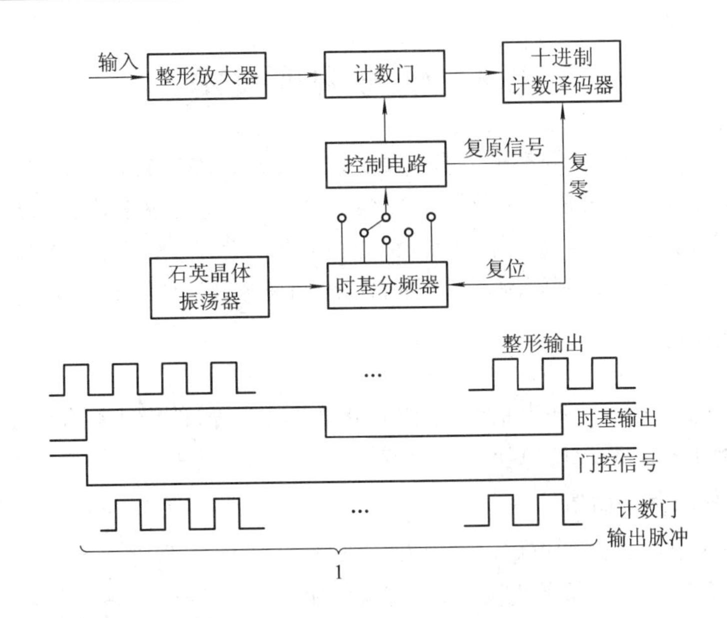

图 1.3－61　计数式频率计原理框图

2）线速度测量

线速度分为小位移和大位移线速度。定距离时差测量法测速为大位移线速度测量。

如图 1.3－62 所示，在距离为 L 的两端各设置一个光电传感器。当被测物体以速度 v 通过第一个传感器时，因遮断光线而输出信号，触发脉冲计数器计数，到第二个传感器时停止计数。由两传感器的间距 L、计数脉冲周期 T、脉冲个数 N，即可求出物体的平均运动速度：

$$v=\frac{L}{NT} \tag{1.3-39}$$

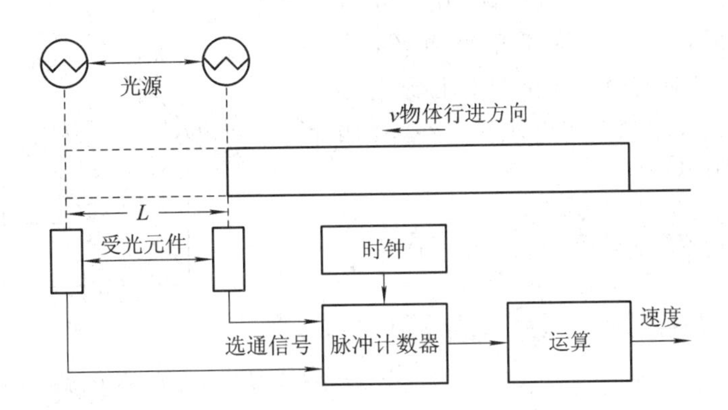

图 1.3－62　定距离时差测速示意图

激光车速测量装置便是采用这种原理测速的。由于激光具有很强的方向性和较大的能量，因而可将激光源和接收元件分别置于道路两侧，当车辆通过时阻断激光照射，控制脉冲计数器计数。

1.4　信号调理技术

一般传感器输出的电信号都很微弱，大多数不能直接输送到显示、记录或分析仪器中去，需要进一步放大，有的还要进行阻抗变换。同时，有些传感器输出的是电信号中混杂有干扰噪声，需要去掉噪声，提高信噪比。另外在某些场合，为便于信号的远距离传输，还需要对传感器测量信号进行调制解调处理。因此信号调理的目的是便于信号的传输与处理。

1.4.1　电桥电路

电桥的作用是检测出某些电信号(电阻、电感、电容等)的微小变化，使这些电信号的变化借助于电桥转换为相应的电压或电流的变化输出。同时可进行测量电路的零点调节。

1. 直流电桥及其平衡条件

如图 1.4-1 所示的电桥电路，其中 U 为电源电压；R_1、R_2、R_3 及 R_4 为桥臂电阻，U_{BD} 为电桥输出电压。

$$U_{BD} = U\left(\frac{R_1}{R_1+R_2} - \frac{R_4}{R_3+R_4}\right) \tag{1.4-1}$$

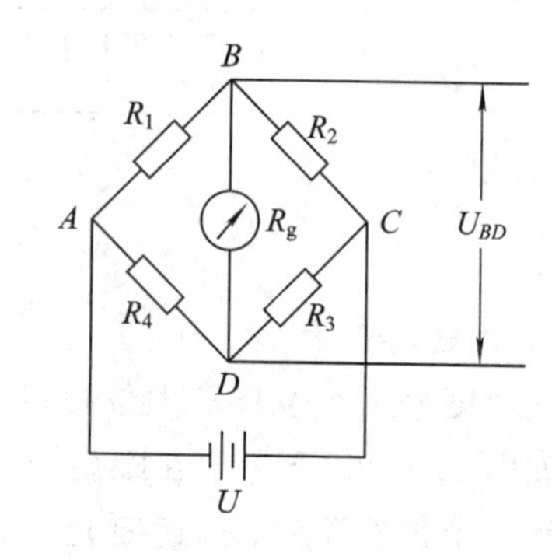

图 1.4-1　直流电桥电路图

当电桥平衡时，$U_{BD}=0$，则有

$$R_1R_3 = R_2R_4 \tag{1.4-2}$$

式(1.4-2)为电桥平衡的条件。这说明要使电桥平衡，其相对两臂电阻的乘积应相等，或相邻两臂电阻的比值应相等。

2. 不平衡直流电桥的工作原理

若将电阻应变片 R_1 接入电桥臂，R_2、R_3 及 R_4 为电桥固定电阻，这就构成了单臂电桥，如图 1.4-2 所示。当受应变时，若应变电阻变化 ΔR_1，其他桥臂固定不变，电桥输出电压 $U_{BD}\neq 0$，则电桥不平衡，输出电压为

$$U_{BD} = U\left(\frac{R_1+\Delta R_1}{R_1+\Delta R_1+R_2} - \frac{R_4}{R_3+R_4}\right) = U\frac{R_4\Delta R_1}{(R_1+\Delta R_1+R_2)(R_3+R_4)} \tag{1.4-3}$$

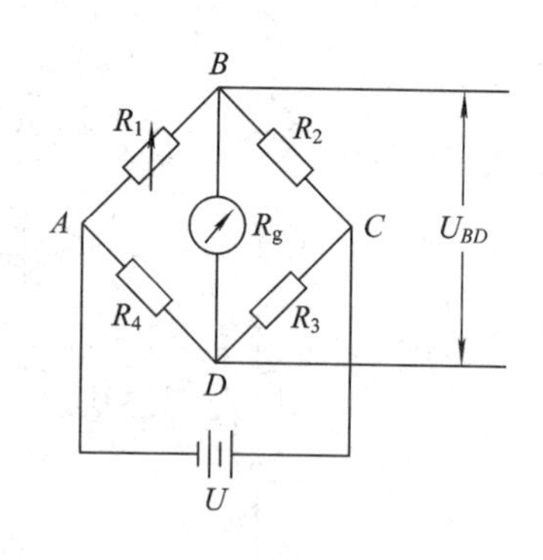

图 1.4-2　不平衡直流电桥(单臂电桥)

上式中，由于 $\Delta R_1 \ll R_1$，设 $R_1=R_2$，$R_3=R_4$，则

$$U_{BD} = \frac{1}{4}\frac{\Delta R_1}{R_1}U \tag{1.4-4}$$

为了减小和克服非线性误差，常采用差动电桥，在传感器上安装两个应变片，一个受拉应变(阻值增加)，一个受压应变(阻值减少)，接入电桥相邻桥臂，构成半桥差动电路，如图 1.4-3(a)所示。该电桥输出电压为

$$U_{BD}=U\left(\frac{R_1+\Delta R_1}{R_1+\Delta R_1+R_2-\Delta R_2}-\frac{R_4}{R_3+R_4}\right) \tag{1.4-5}$$

若 $\Delta R_1=\Delta R_2$，$R_1=R_2$，$R_3=R_4$，则得

$$U_{BD}=\frac{1}{2}\frac{\Delta R_1}{R_1}U \tag{1.4-6}$$

由式(1.4－6)可知，U_{BD} 与 $\Delta R/R$ 成线性关系，即差动电桥无非线性误差，而且电桥的输出电压为单臂电桥工作时的两倍，即灵敏度提高了两倍，同时还具有温度补偿作用。

若将电桥四臂接入四片应变片，如图 1.4－3(b)所示。两个受拉应变，两个受压应变，将两个应变符号相同的接入相对桥臂，构成全桥差动电路，如图 1.4－3(b)所示。若 $\Delta R_1=\Delta R_2=\Delta R_3=\Delta R_4$，且 $R_1=R_2=R_3=R_4$，则

$$U_{BD}=\frac{\Delta R_1}{R_1}U \tag{1.4-7}$$

从式(1.4－7)看出，此时全桥差动电路不仅没有非线性误差，而且输出电压为单臂电桥工作的四倍，同时仍具有温度补偿作用。

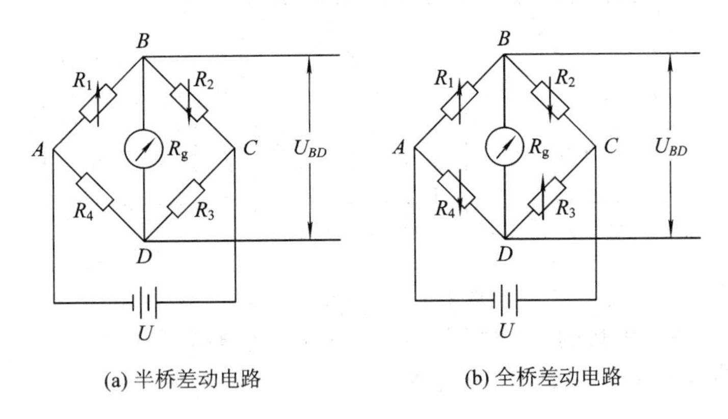

(a) 半桥差动电路　　(b) 全桥差动电路

图 1.4－3　差动电路

3. 交流电桥及其平衡条件

交流电桥采用交流激励电压。电桥的四个臂可为电感、电容组成电感电桥和电容电桥，如图 1.4－4 所示。

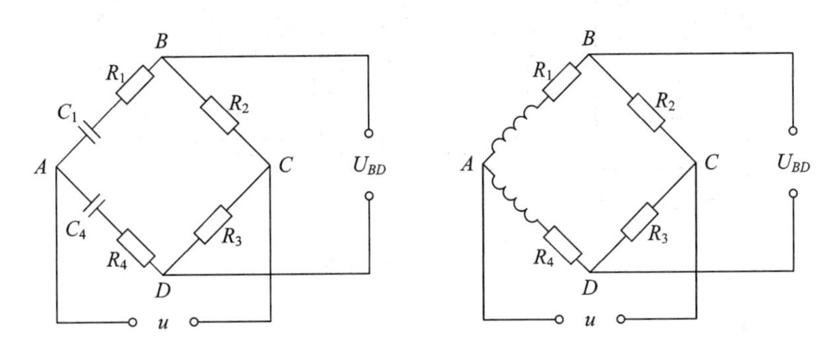

图 1.4－4　电容电桥和电感电桥

交流电桥的平衡条件：

$$Z_1Z_3=Z_2Z_4 \tag{1.4-8}$$

其中，Z 为复阻抗。

4. 等臂电桥的应用特性

由式(1.4－1)可以看出，电桥的桥臂阻值变化对电桥输出电压的影响有如下规律：

(1) 如果相邻两桥臂电阻同向变化，即两电阻的阻值同时增大或同时减小，所产生的输出电压的变化将相互抵消。

(2) 如果相邻两桥臂电阻反向变化，即两电阻的阻值一个增大一个减小，所产生的输出电压的变化将相互叠加。

上述性质称为电桥的和差特性，很好地掌握和利用该特性对于建立性能良好而且实用的电桥测量电路具有重要意义。

5. 多个电桥的串、并联

(1) 电桥的串联。电桥的串联如图 1.4－5 所示，可获得较高的输出电压，即提高灵敏度，但串联连接的各电桥需要独立的供桥电源，增加了系统的复杂性。

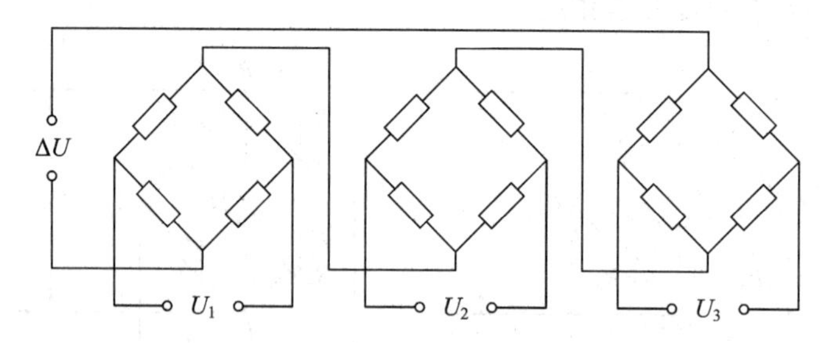

图 1.4－5　电桥的串联

(2) 电桥的并联。电桥的并联如图 1.4－6 所示，各电桥可共用一个供桥电源，但对各电桥输出阻抗和灵敏度的一致性要求较高。

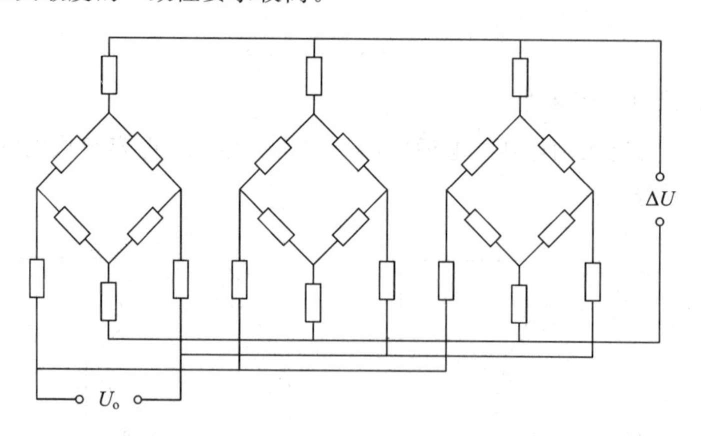

图 1.4－6　电桥的并联

1.4.2　信号放大

用放大器对微小信号进行线性放大，以适应后续电路的进一步处理。常用的放大器有运算放大器、电荷放大器。

1. 运算放大器

1) 运算放大器的基本概念

运算放大器是一种具有高放大倍数、带深度负反馈的多级直接耦合放大器，其电路符号如图 1.4－7 所示。

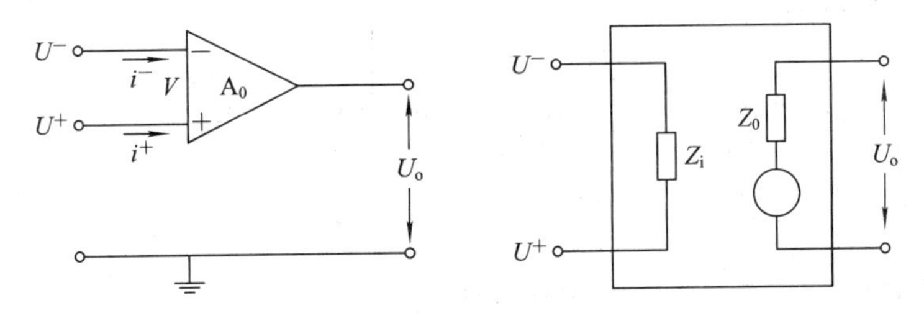

图 1.4－7　运算放大器的电路符号和等效电路

运算放大器的主要性能参数为

(1) 开环差模电压放大倍数 A_o：它是运算放大器不加外部反馈时的输出电压与输入电压之比。

(2) 输入失调电压 U_{os}：当实际电路不完全对称时，输入为零而输出不为零。将不为零的输出电压换算到输入端，就称为输入失调电压。

(3) 共模抑制比(CMRR)：共模抑制比是指差模放大倍数与共模放大倍数之比。差模信号是两个信号的大小相等、极性相反的输入信号；共模信号是两个信号的大小相等、极性相同的输入信号。一般情况下，差模信号是放大器的输入信号，而共模信号是干扰(如温漂、电源电压波动等)产生的。因此 CMRR 越大，输出的共模信号越小，放大器的性能就越好。

由上述可见，理想运算放大器的性能参数应当是：

(1) 开环差模放大倍数 $A_d=\infty$；

(2) 输入阻抗 $Z_i=\infty$，输出阻抗 $Z_o=0$；

(3) 共模抑制比 CMRR$=\infty$；

(4) 输入失调电压 $U_{os}=0$；

(5) 频带宽度 $W_B=\infty$。一般实际的运算放大器近似地看成理想运算放大器，不会引起明显的误差。

2) 运算放大器的三种基本接法

(1) 反向输入运算放大器：如图 1.4－8(a)所示，信号由反向端输入，输出与输入信号反相位。因同名端接地，反向输入端处于虚地工作状态，故两输入端间几乎不存在共模电压。差模放大倍数 $A_d \approx R_f/R_1$(可调整此比例，改变差模放大倍数)。输入电阻小($R_i \approx R_1$)，这是因为电压并联反馈使输入电流增大，所以输入电阻减小。

(2) 同向输入运算放大器：如图 1.4－8(b)所示，信号由同向端输入，输出与输入信号同相位。差模放大倍数 $A_d \approx 1+R_f/R_1$(可调整此比例，改变差模放大倍数)。共模信号与输入信号相近，远大于差模信号。输入电阻很大($R_i \approx 1+A_0\dfrac{R_1}{R_1+R_f}$)，这是因为电压串联反馈使输入电流减小，所以输入电阻增大。

(3) 差动输入运算放大器：如图 1.4－8(c)，在满足电阻匹配条件 $R_1=R_2$，$R_f=R_p$时，差模放大倍数 $A_d\approx1+R_f/R_1$，共模放大倍数为 0。输入电阻 $R_i=2R$，因受 R_f的限制，R_1不可能取很大的值，故输入电阻小，只能用在信号源内阻比 R_1 小得多的场合。

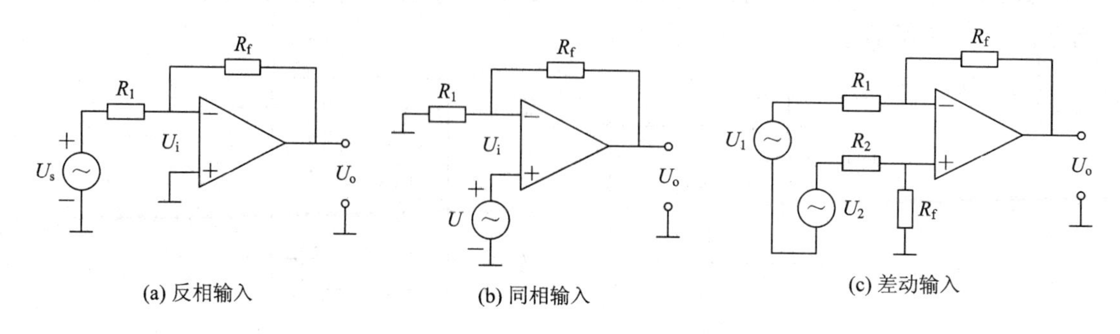

图 1.4－8 运算放大器的基本接法

2. 测量放大器的典型应用

如图 1.4－9 所示是一种较典型的仪表放大器的电路原理图，可用于应变片电桥输出信号的放大。

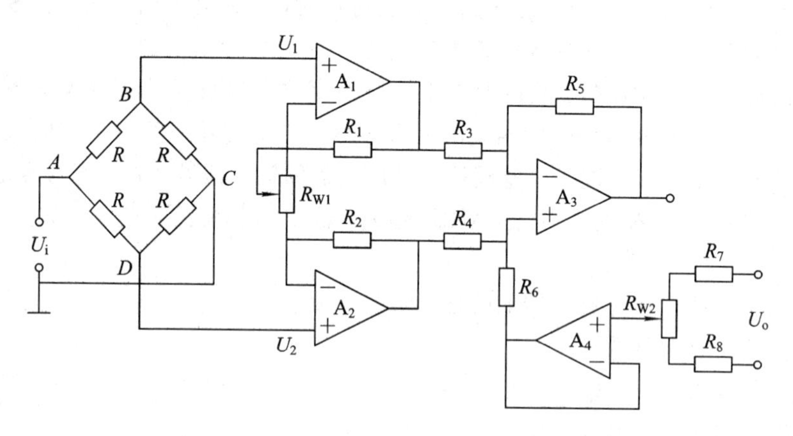

图 1.4－9 仪表放大器的电路原理图

设电桥为等臂电桥($R_1=R_2=R_3=R_4=R$)，单臂工作，产生 ΔR 的电阻变化，则差模信号电压 U_d为输入信号电压之差的平均值，即

$$U_d=\frac{1}{2}(U_1-U_2)=\frac{1}{2}\Delta U\approx\frac{1}{2}\frac{U}{4}\frac{\Delta R}{R}=\frac{U}{8}\frac{\Delta R}{R} \tag{1.4-9}$$

共模信号电压 U_c为输入信号电压之和的平均值，即

$$U_c=\frac{1}{2}(U_1+U_2)=\frac{U}{2}\left(\frac{R}{2R+\Delta R}+\frac{1}{2}\right)\approx\frac{U}{2} \tag{1.4-10}$$

可见，差模电压与 $\Delta R/R$ 成正比，是有用信号电压。而共模电压决定于供桥电压 U 的大小，故该放大器的两输入端对地均有很高的共模电压，其值可达 $U/2$。这就要求该放大器不仅具有较高的差模放大倍数，而且具有很强的共模抑制能力。为了不影响电桥的工作，该放大器还应有很高的输入阻抗。

由图 1.4－9 可见，该放大器由四个运算放大器组成。输入级的 A_1 和 A_2 均为同相放大器，故具有输入阻抗高的特点(>10 MΩ)。其差模放大倍数为 $A_d=1+2R_1/W_1$；第二级

差动放大器 A_3 将输入级的双端输出转换为单端输出；A_1、A_2、A_3 的电路总增益为 $A_d=(1+2R_1/W_1)R_5/R_3$；A_4 为一电压跟随器，作为缓冲级，通过 R_6 给 A_4 的同相端加一稳定的参考电压，以适应不同负载的要求；合理选配电阻 $R_1\sim R_6$，使电路达到对称时，可得到较理想的共模抑制比 CMRR；电位器 W_1 用于增益调节，W_2 用于输出零位调节。

3. 电荷放大器

电荷放大器是一种具有反馈电容、输入电阻极高的高增益放大器。它把电荷信号转换为电压信号，以供后续电路作输入信号使用。

1）电荷放大器的工作原理

当电荷放大器与压电式传感器配用时，其电路原理如图 1.4-10(a)所示。q 为压电式传感器等效电荷源；C_p 为传感器电容；R_p 为传感器漏电阻；C_c 为连接电缆等效电容；C_i 与 R_i 分别为运算放大器的输入电容和电阻；C_f 与 R_f 分别为运算放大器的反馈电容和电阻；A 为理想运算放大器的开环放大倍数。

如图 1.4-10(b)所示的等效电路，因为 $C_i'=C_p+C_c+C_i$，而 C_f 折合到输入端相当于一个容量为 $(A+1)C_f$ 的电容。一般地，$A\gg1$，故 $(A+1)C_f\gg C_i'$。因为

$$u_o=-Au_i \tag{1.4-11}$$

$$q=C_i'u_i+C_f(u_i-u_o) \tag{1.4-12}$$

所以

$$u_i\approx\frac{q}{AC_f} \tag{1.4-13}$$

$$u_o=-Au_i=\frac{q}{AC_f} \tag{1.4-14}$$

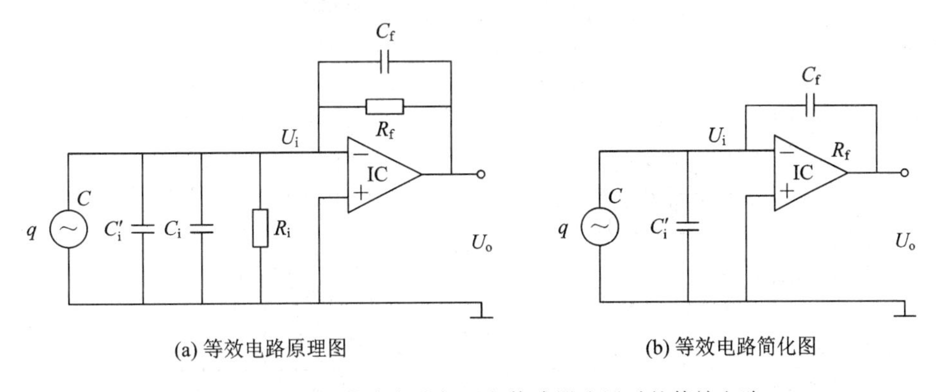

图 1.4-10　电荷放大器与压电传感器连用时的等效电路

2）电荷放大器的组成

常用的电荷放大器的组成方框图如图 1.4-11 所示。

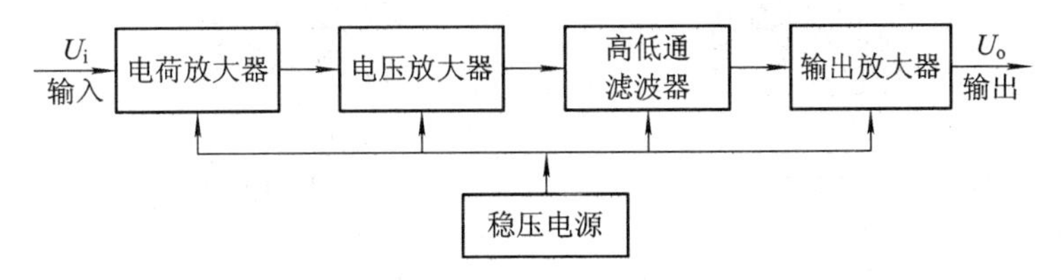

图 1.4-11　电荷放大器的组成方框图

1.4.3 信号调制与解调

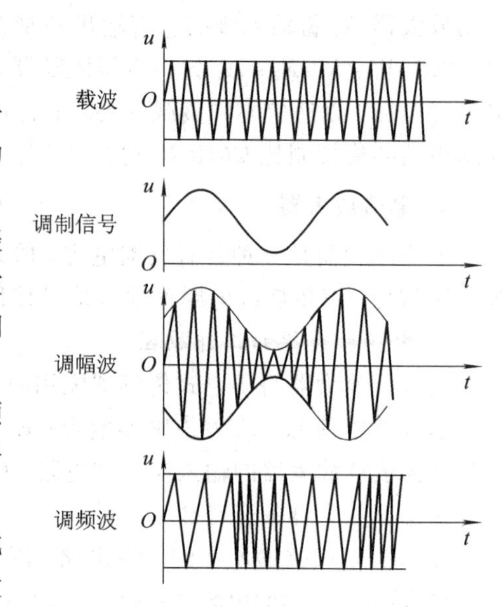

图 1.4－12　载波、调制信号及已调波（调幅波、调频波）

调制是指利用某种低频信号来控制或改变一高频振荡信号的某个参数（幅值、频率或相位）的过程。当被控制的量是高频振荡信号的幅值时，称为幅值调制，即调幅；当被控制的量是高频振荡信号的频率时，称为频率调制，即调频；当被控制的量是高频振荡信号的相位时，称为相位调制，即调相。

解调是从已调制波信号中恢复出原有的低频调制信号的过程。调制与解调是一对相反的信号变换过程，在工程上常一起使用。

在调制与解调技术中，高频振荡信号称为载波，控制高频振荡的低频信号为调制信号，经过调制后得到的高频振荡信号为已调制波（调幅波、调频波），如图 1.4－12 所示。

1. 调幅与解调

调幅是将载波与调制信号相乘，使载波的幅值随调制信号的变化而变化，如图 1.4－13 所示。

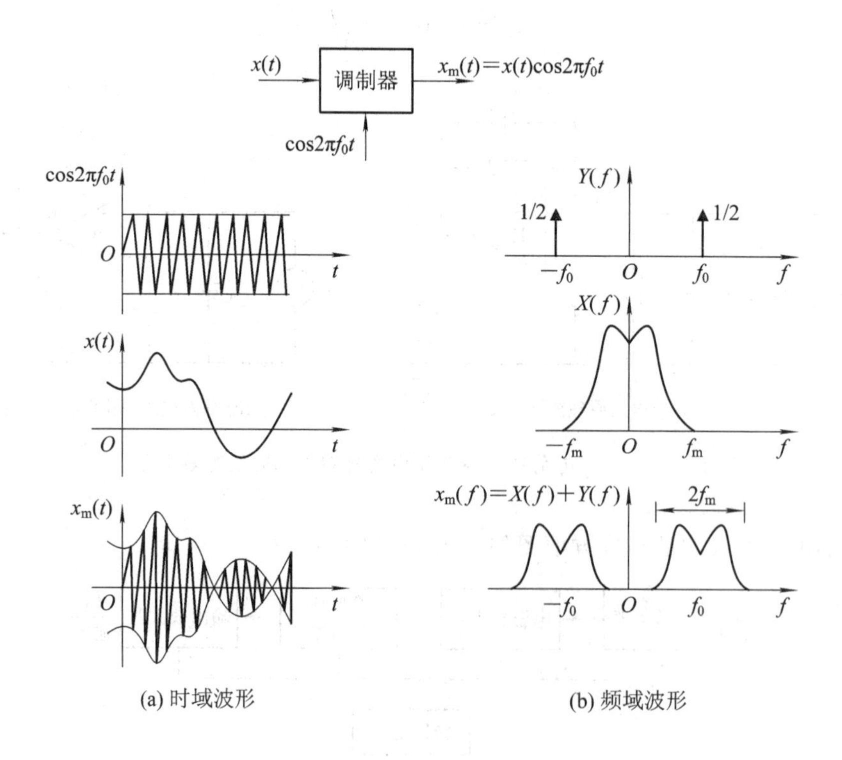

图 1.4－13　调制过程

解调就是通过适当电路恢复原调制信号的形状和极性，实现这一过程常用的方法主要有整流检波和相敏检波。

（1）整流检波。整流检波又叫作包络检波，是另一种简单的解调方法。其原理是：对调制信号偏置一个直流分量 A，使偏置后的信号具有正电压值，如图 1.4－14(a)所示，则该信号作调幅后得到的已调制波 $x_m(t)$的包络线将具有原信号形状。对条幅波 $x_m(t)$做简单的全波或半波整流，再滤波便可恢复原调制信号，信号在整流滤波之后仍需准确地减去所加的偏置直流电压 A。

上述整流解调方法关键是准确加、减偏置电压。若所加偏置电压未能使调制信号电压位于零点的同一侧，那么在调幅后便不能简单地通过整流滤波来恢复信号，如图 1.4－14(b)所示。采用相敏检波可解决这一问题。

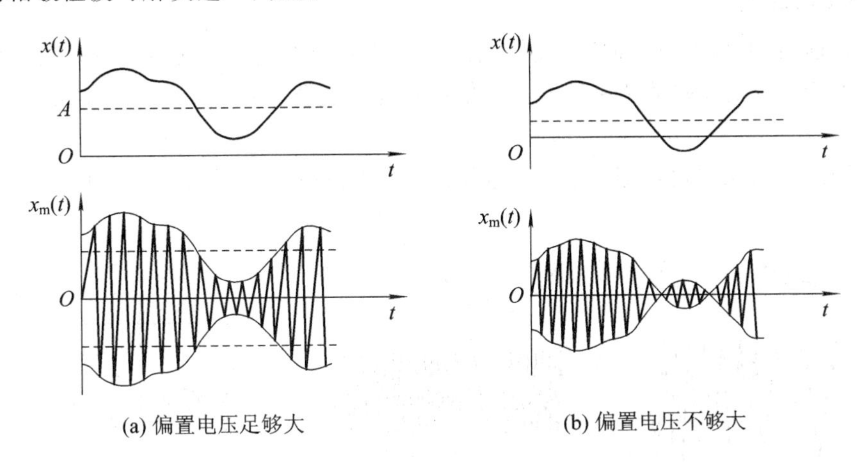

(a) 偏置电压足够大　　(b) 偏置电压不够大

图 1.4－14　调制信号加偏置的调幅波

（2）相敏检波。相敏检波也叫相敏解调，其特点是可以鉴别调制信号的极性，如图 1.4－15 所示。

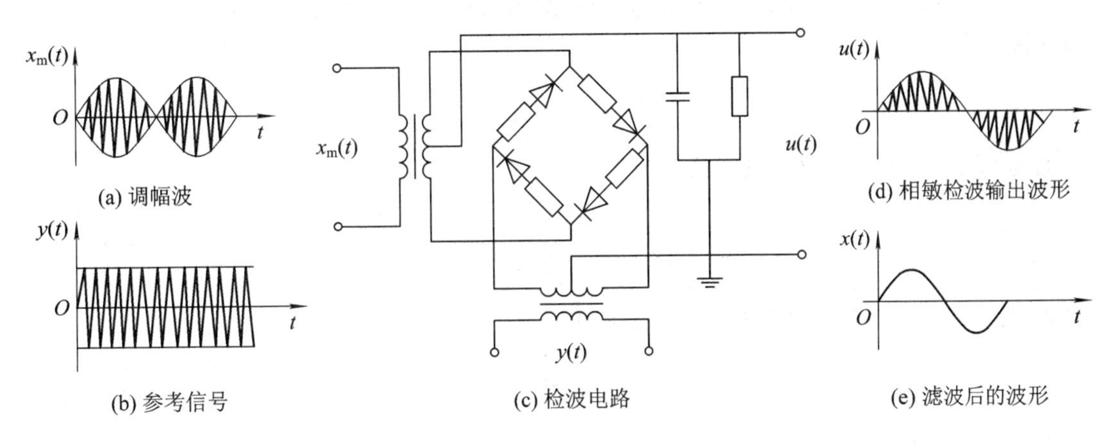

(a) 调幅波　(b) 参考信号　(c) 检波电路　(d) 相敏检波输出波形　(e) 滤波后的波形

图 1.4－15　相敏检波

相敏检波可应用在电感式传感器的测量电路中，如图 1.4－16 所示。

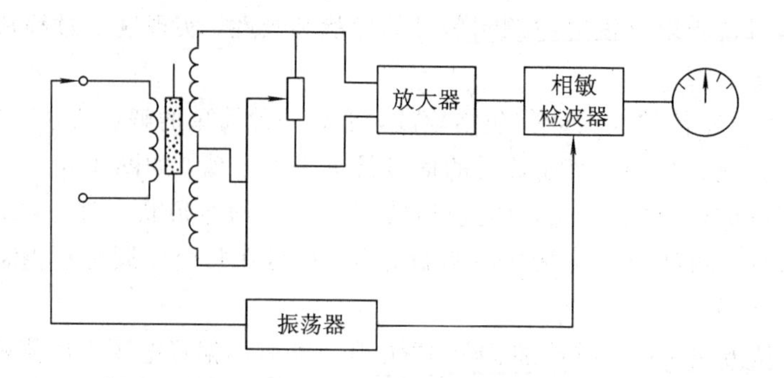

图 1.4－16　差动相敏检波电路工作原理

2．调频与解调

调频是通过调制信号的幅值变化控制或调节载波频率变化的过程。在调频过程中，载波的幅值不变，只是频率随调制信号的幅值成正比例变化，如图 1.4－17 所示。

1）调频方法

频率调制一般用振荡电路来实现，常用的 LC 振荡电路如图 1.4－18 所示。

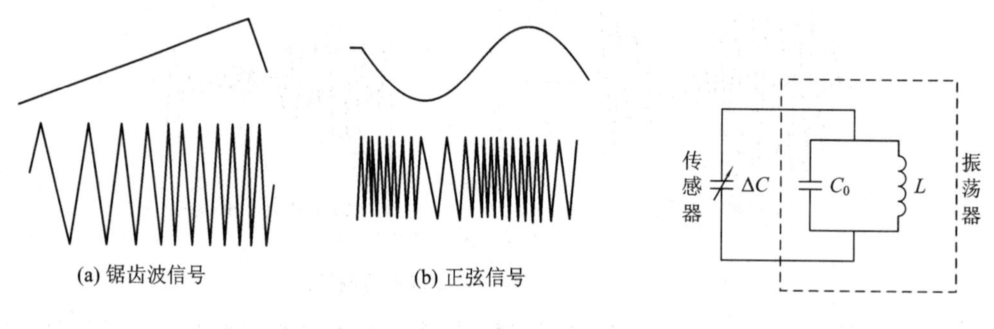

图 1.4－17　调频波与调制信号幅值的关系　　图 1.4－18　LC 振荡电路

(1) LC 振荡电路调频法。把被测量的变化(ΔC 或 ΔL)直接转换为振荡频率的变化，用公式表示为

$$f_0=\frac{1}{2\pi\sqrt{LC_0}} \tag{1.4-15}$$

若电容 C_0 的变化量为 ΔC，则上式变为

$$f=\frac{1}{2\pi\sqrt{LC_0\left(1+\frac{\Delta C}{C_0}\right)}}=f_0\frac{1}{\sqrt{1+\frac{\Delta C}{C_0}}} \tag{1.4-16}$$

将式(1.4－16)按泰勒级数展开并忽略高阶项，得

$$f=f_0\left(1-\frac{\Delta C}{2C_0}\right)=f_0-\Delta f \tag{1.4-17}$$

式中：$\Delta f=f_0\dfrac{\Delta C}{C_0}$。

由式(1.4－17)看出振荡频率 f 与电容 C 的变化量呈线性关系，这种调频方法称为直接调频法。

(2) 用压控振荡器实现调频。压控振荡器就是利用调制信号 u_x 的幅值来控制其振荡频率，使振荡频率随控制电压呈线性变化，从而达到频率调制的目的，如图 1.4-19 所示。

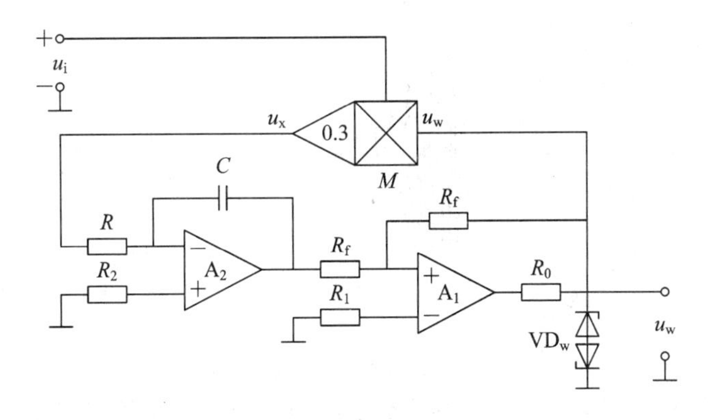

图 1.4-19　压控振荡器

图 1.4-19 中，运算放大器 A_1 为正反馈连接，其输入电压受稳压管的钳制，为$\pm u_w$。M 为一乘法器，u_i为一恒值电压。开始时，设放大器 A_1 输出处于$+u_w$，则乘法器 M 输出 u_x也为正，积分器 A_2 的输出电压将线性下降。当该电压下降至低于$-u_w$时，放大器 A_1 翻转，其输出将变为$-u_w$。此时乘法器 M 输出，亦即积分器 A_2 的输出电压上升到$+u_w$时，放大器 A_1 又翻转，输出变为$+u_w$，如此反复。

由此可见，在常值电压 u_i作用下，积分器 A_2 将输出频率一定的三角波，而 A_1 又输出相同频率的方波电压 u_w。由于此定值方波电压 u_w是乘法器 M 的一个输入，因此改变 u_i可线性地改变乘法器 M 的输出 u_x，这样将改变积分器 A_2 的输出电压由$-u_w$充至$+u_w$所需时间，从而使振荡器的振荡频率与输入电压 u_i成正比。即改变输入电压 u_i的值便可达到控制振荡器振荡频率的目的。

2）解调方法

对调频波的解调也称为鉴频，鉴频的原理是将调频信号频率变化相应地复原为原来电压幅值的变化。如图 1.4-20、图 1.4-21 为常用的振幅鉴频电路原理图。

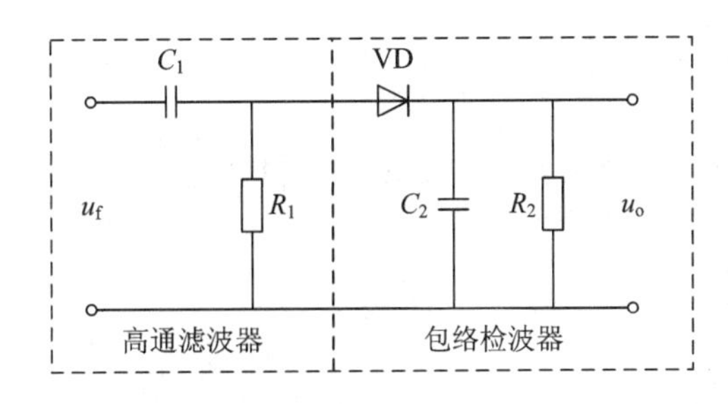

图 1.4-20　鉴频器电路

图 1.4-21(a)为高通滤波器幅频特性 $H(f)$，从 $H(f)$的过渡带可以看到，随输入信号频率的不同，输出的信号的幅值便不同。通常在幅频特性的过渡带上选择一段接近直线的工作范围来实现频率与电压的转换，并将调频信号的载波频率 f_0 设置在这段线性区的中点附近。由于调频信号 u_f经过高通滤波后变换为 u_a。而 u_a则成为随调制信号 $x(t)$变化的“调幅”信号，其包络形状正比于调制信号 $x(t)$，但频率仍与调频信号 u_f保持一致。该信号通过二极管整流检波器检出包络线信号 u_o，即可恢复出反映被测量变化的调制信号 $x(t)$。

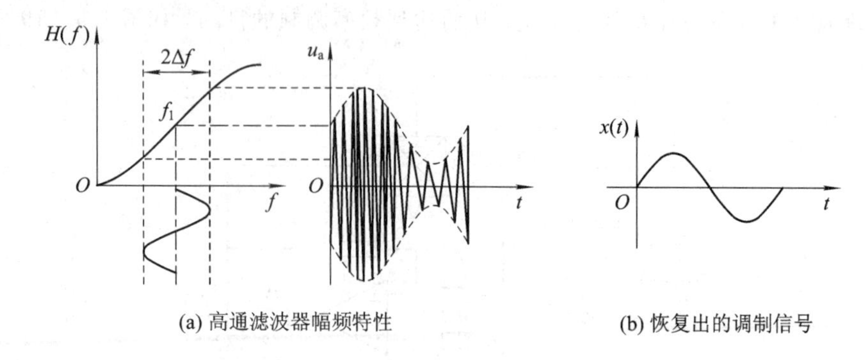

(a) 高通滤波器幅频特性　　(b) 恢复出的调制信号

图 1.4-21　频率-电压特性曲线

频率调制的最大优点在于它的抗干扰能力强，因为调频依据是频率变化原理，所以调频电路的信噪比高。

图 1.4-22、图 1.4-23 为鉴频传感器的调频电路的工作原理方框图。

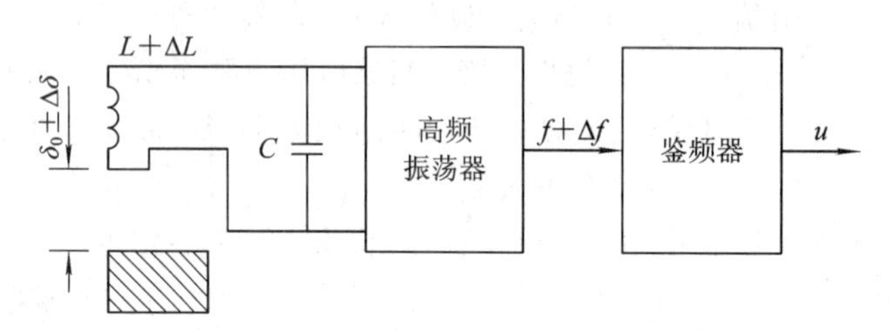

图 1.4-22　调频电路工作原理(一)

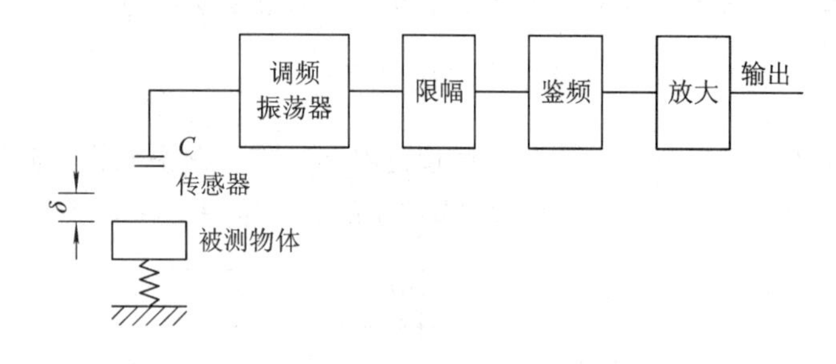

图 1.4-23　调频电路工作原理(二)

1.4.4　信号变换与滤波

1. 信号变换

传感器检测出的变量往往在数值与形式上不满足要求，这时就需要采用信号变换技术。

(1) 电压/电流(V/I)变换，如图 1.4-24 所示为 0～10 V / 0～10 mA 变换器。

对于 V/I 变换，不仅要求输出电流与输入电压具有线性关系，而且要求输出电流受负载电阻的影响不超过允许值，即变换器具有恒流特性。因此 V/I 变换器具有深度电流负反馈。

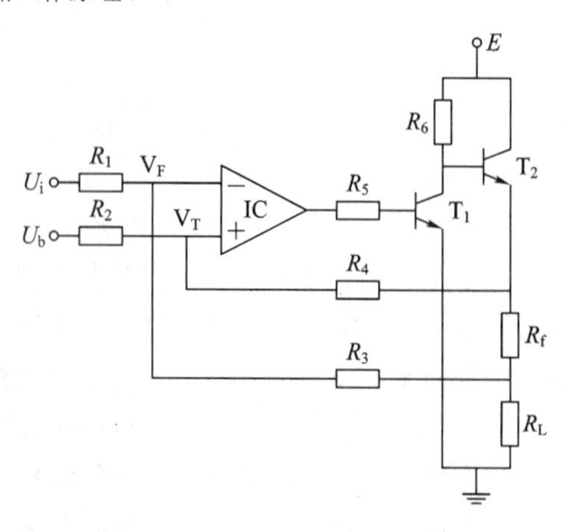

图 1.4-24　V/I 变换器原理图

图中，T_1 为倒相放大级，T_2 为电流输出级，R_f为反馈电阻，R_L为负载电阻，V_b是偏置电压。考虑运算放大器的开环增益及其输入电阻足够大，且 $R_3 \gg R_L$，根据叠加定理可导出变换器的输出电流 I_o 与输入电压 V_i的关系为

$$I_o = \frac{R_4}{R_2 R_f}(U_i - U_b) \tag{1.4-18}$$

(2) 电流/电压(I/V)变换，如图 1.4-25 所示为 0～10 mA/0～10 V 变换器。

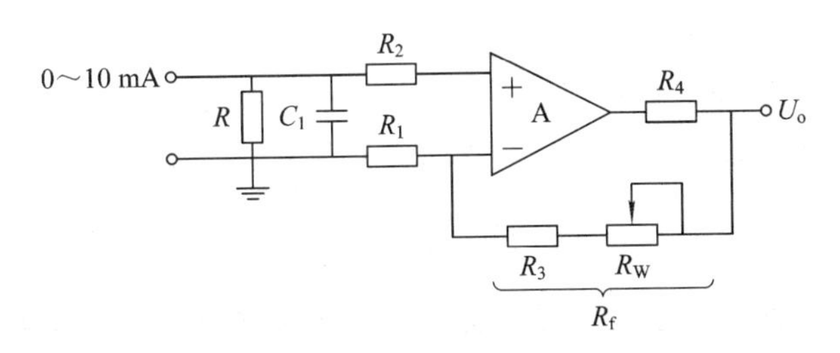

图 1.4-25　I/V 变换器原理图

I/V 变换用于将输入电流转换为与之成线性关系的电压信号，要求输出端具有较好的负载性能，即当负载在一定范围内变化时，输出电压的变化不超过允许值。因此，I/V 变换器的特点是具有深度电压负反馈。变换器的输出电压 U_o 与输入电流 I_i的关系为

$$U_o = I_i R\left(1 + \frac{R_f}{R_1}\right) \tag{1.4-19}$$

式(1.4-19)说明，U_o 只与 R、R_1、R_f有关，而与运放参数及负载无关，说明它具有较好的负载性能。

2. 信号滤波

滤波器是一种选频装置，可以使信号中特定频率成分通过，而极大地衰减其他频率成分。根据滤波器的选频方式，一般可分为低通滤波器、高通滤波器、带通滤波器以及带阻滤波器四种类型，如图 1.4-26 所示。

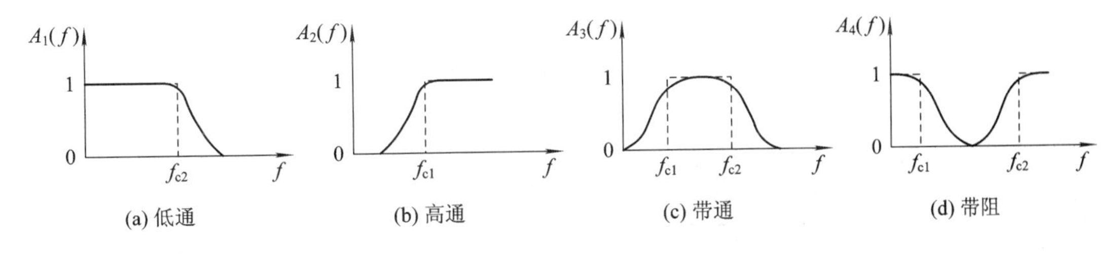

图 1.4-26　不同滤波器的幅频特性

(1) 低通滤波器：从 0 到截止频率 f_{c2}，幅频特性平直，该段范围称为同频带，信号中低于 f_{c2}的频率成分允许通过，高于 f_{c2}的频率成分则衰减。

(2) 高通滤波器：滤波器通频带为从截止频率 f_{c1} 至∞，信号中高于 f_{c1} 的频率成分可不受衰减地通过，而低于 f_{c1} 的频率成分则衰减。

(3) 带通滤波器：它的通频带为 f_{c1} 至 f_{c2}，信号中高于下截止频率 f_{c1} 而低于上截止频率 f_{c2} 的频带成分可以通过，而其他频率成分被衰减。

(4) 带阻滤波器：与带通滤波器相反，其阻带在 f_{c1} 至 f_{c2} 之间，在高于下截止频率 f_{c1}

而低于上截止频率 f_{c2} 的频带成分被衰减，而其他频率成分可通过。

上述四种类型滤波器的特性互相联系。高通滤波器可用低通滤波器作负反馈回路来实现，所以高通滤波器的频率响应函数为

$$|H_2(f)| = 1 - |H_1(f)| \tag{1.4-20}$$

其中，$H_1(f)$ 为低通滤波器相应的频响函数。

带通滤波器为低通和高通的组合，而带阻滤波器可以由带通滤波器作负反馈来获得。

1）*RC* 高、低通滤波器

（1）*RC* 低通滤波器。*RC* 低通滤波器如图 1.4-27 所示，是一个电阻 *R* 和一个电容 *C* 组成的单级低通滤波器，输入信号为 u_i，输出信号为 u_o。该滤波器的幅频特性为

$$A(\omega) = \frac{1}{\sqrt{1 + (\omega RC)^2}} \tag{1.4-21}$$

式(1.4-21)表示滤波器输出信号与输入信号的幅值比 $A(\omega)$ 与角频率 ω 的关系。当 $\omega \ll \omega_c$ 时，信号几乎不受衰减地通过滤波器，$\omega = 0$ 时，$A(\omega) = 1$。因此，在 $\omega \ll \omega_c$ 的情况下，*RC* 低通滤波器可以看成一个理想滤波器。

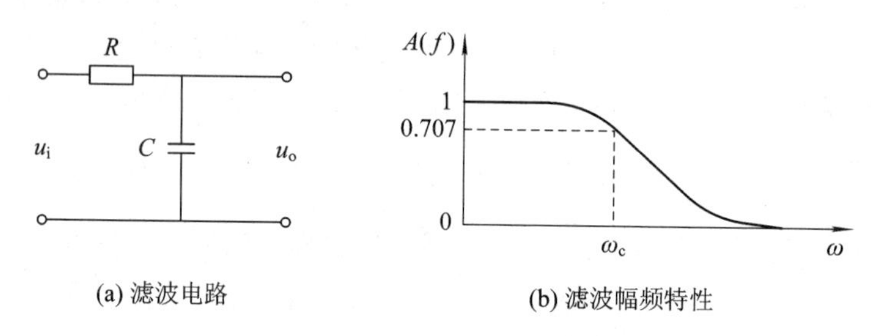

图 1.4-27　*RC* 低通滤波器

（2）*RC* 高通滤波器。高通滤波器的主要作用是削弱低频干扰信号，例如车辆振动测试中，使用高通滤波器大大削弱车辆晃动等低频信号。如图 1.4-28 所示的电路，其截止频率为 $\omega_c = 1/(RC)$，在截止频率点信号幅值也衰减到 0.707。当 $\omega \gg \omega_c$ 时，$A(\omega) = 1$ 信号通过。

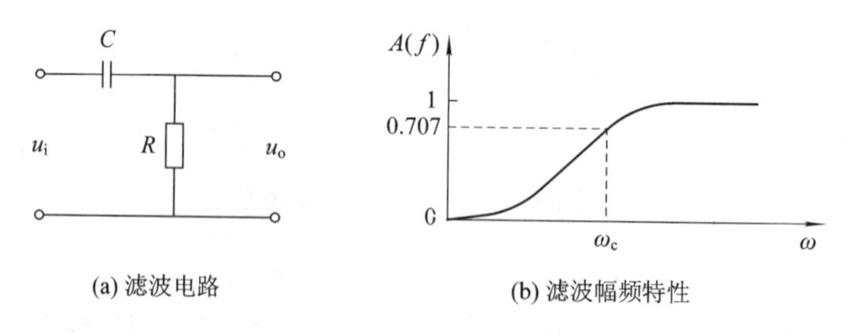

图 1.4-28　*RC* 高通滤波器

2）有源 *RC* 高、低通滤波器

由集成运算放大器和 *RC* 网络构成的有源滤波和无源滤波器相比，其优点是：有源 *RC* 滤波器在通带内信号不仅没有衰减，还可以有一定的增益；在阻带内，其阻抗频率特性随频率急剧改变，故选频性能好；输入阻抗高，输出阻抗低，不需要阻抗匹配，输入和输出之间有良好的隔离；网络内电容器容量很小，故体积小，性能稳定。

(1) 有源 RC 低通滤波器。如图 1.4－29 所示的有源二阶 RC 低通滤波器，是一种带有负反馈的放大器。在运放的反馈电路中接入高通滤波器，是为了增大衰减频率特性曲线的陡度；在滤波器的输入端又接入 RC 低通滤波器。

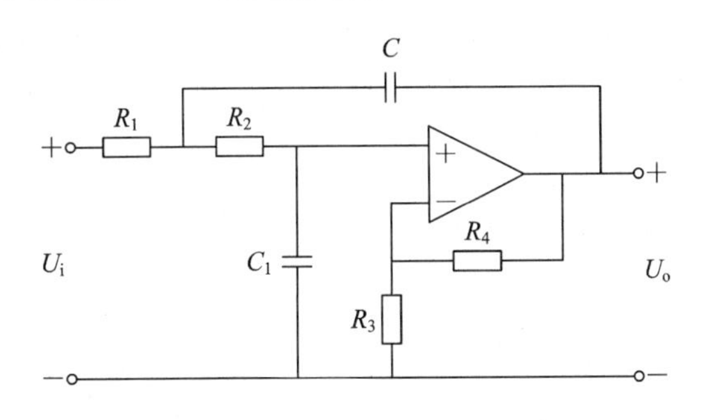

图 1.4－29　有源 RC 低通滤波器

(2) 有源 RC 高通滤波器。如图 1.4－30 所示的有源二阶 RC 高通滤波器，在运放的反馈电路中接入低通滤波器，是为了增大衰减频率特性曲线的陡度；在滤波器的输入端又接入 RC 高通滤波器。

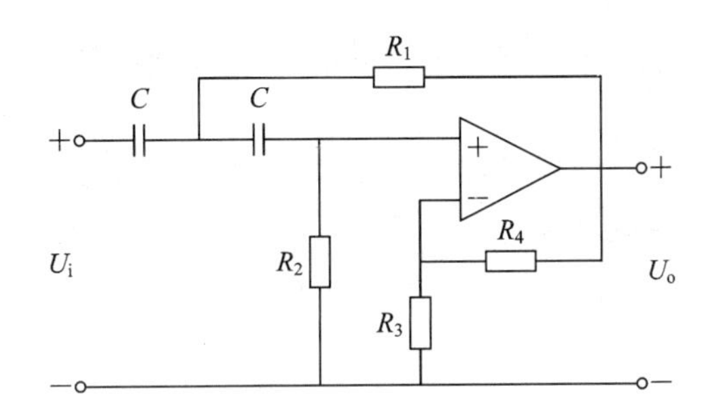

图 1.4－30　有源 RC 高通滤波器

3) RC 有源带阻和带通滤波器

(1) 带阻滤波器。带阻滤波器是让一个特定频带外的所有其他频率信号通过的一种滤波器。将双 T 型 RC 网络和运放相连，构成带阻滤波器，如图 1.4－31(a)所示。T 型 RC 网络是一个选频电路，设 T 型网络的谐振角频率为 ω_0，则当输入信号 u_i 的频率 ω 满足 $\omega=$

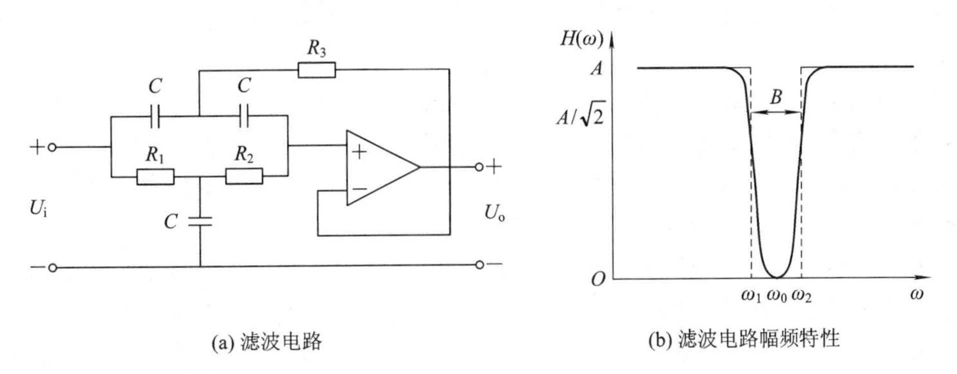

(a) 滤波电路　(b) 滤波电路幅频特性

图 1.4－31　带阻滤波器及其高频特性

$\omega_0=1/(RC)$条件时，输出信号为 $u_o=0$。从图 1.4－31(b)可看出，被阻止的频带是以 ω_0 为中心，其宽带为 B。阻带就是被衰减的频带，频谱的其余部分就是通带。带阻滤波器可用两个截止频率点 ω_1 和 ω_2 来表示。截止频率点定义为 $A(\omega)=1/\sqrt{2}=0.707$ 处的频率。

(2) 带通滤波器。带通滤波器让通带内频率的信号通过，其他频率的信号则被衰减。如图 1.4－32 所示，接在运放同相输入端的两个电阻 R 和两个电容 C 构成 RC 串-并联选频网络。可以证明，当输入信号 $\omega=\omega_0=1/(RC)$时，输出的电压幅值最大。

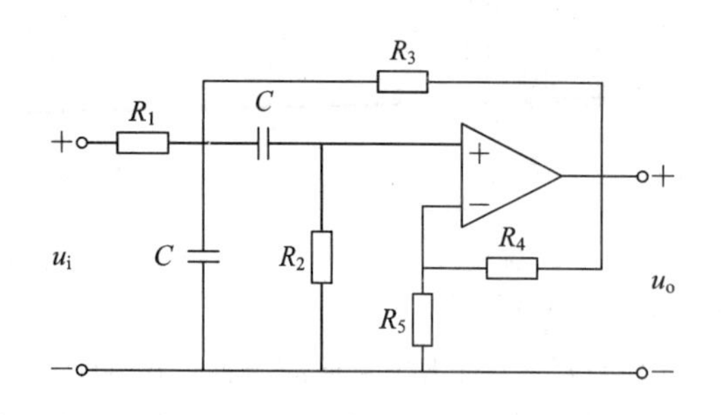

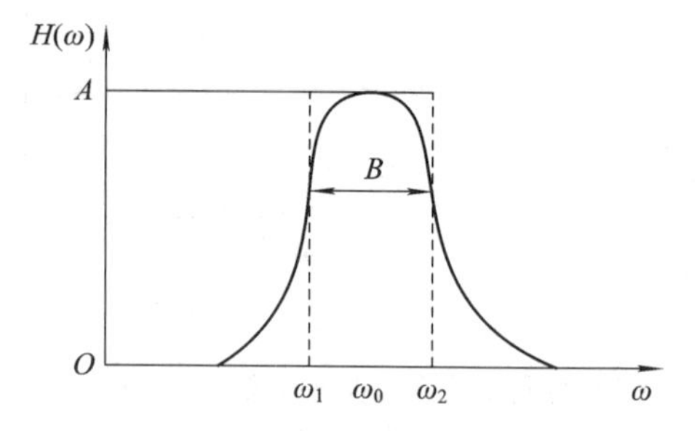

图 1.4－32　带通滤波器

1.5　过程控制检测技术

在生产过程及工程测试中，为了对各种工业参数(如压力、温度、流量、物位等)进行检测与控制，首先要把这些参数转换成便于传送的信息，这就要用到各种传感器，把传感器与其他装置组合在一起，组成一个检测系统或调节系统，完成对工业参数的检测与控制。

1.5.1　温度测量

温度是表示物体冷热程度的物理量，是生产过程和科学实验中普遍而重要的参数之一，温度的检测与控制是确保生产过程优质、高产、低耗、安全的一项重要技术。

1. 测温方法及分类

温度概念的建立以及温度的测量都是以热平衡为基础的，当冷热程度不同的物体接触后必然要进行热交换，最终达到热平衡时，它们具有相同的温度，可以定出被测物体的温度数值。

温度的测量方法，通常分为接触式与非接触式两类。

接触式测温方法是使温度敏感元件和被测介质相接触，当被测介质与感温元件达到热平衡时，温度敏感元件与被测介质的温度相等。接触式温度传感器具有结构简单、工作可靠、精度高、稳定性好、价格低廉等优点，是目前应用最多的一类。

非接触式测温方法是应用物体的热辐射能量随温度的变化而变化的原理。物体辐射能的大小与温度有关，并且以电磁波的形式向四周辐射，选择合适的接收检测装置，实现温度的测量。非接触式温度传感器可测高温、腐蚀、有毒、运动物体及固体、液体表面的温度，不干扰被测温度场，无滞后，但测量精度低，使用不方便。

各类温度监测方法构成的温度计及测温范围，如表 1.5－1 所示。

表1.5-1　温度检测方法及其测温范围

测温方式	类别	原　理	典型仪表	测温范围/℃
接触式测温	膨胀类	利用液体、气体的热膨胀及物质的蒸汽压变化	玻璃液体温度计	−100～600
			压力式温度计	−100～500
		利用两种金属的热膨胀差	双金属温度计	−80～600
	热电类	利用热电效应	热电偶	−200～1800
	电阻类	固体材料的电阻随温度而变化	铂热电阻	−260～850
			热敏电阻	−50～300
	其他电学类	半导体器件的温度效应	集成温度传感器	−50～150
		晶体的固有频率随温度而变化	石英晶体温度计	−50～120
	光纤类	利用光纤的温度特性测温或作为传光介质	光纤温度传感器	−50～400
			光纤辐射温度计	200～4000
非接触式测温	辐射类	用普朗克定律	光电高温计	800～3200
			辐射传感器	400～2000
			比色温度计	500～3200

2. 热电式传感器

热电式传感器是将温度变化转换为电量或电参量变化的器件。

1）常用热电阻

热电阻是将温度变化转换为电阻值变化的热电式传感器，有金属热电阻和半导体热敏电阻。

热电阻温度计由热电阻温度传感器、连接导线和显示仪表等组成。工业上使用最多的是铂热电阻与铜热电阻。

（1）铂热电阻。铂热电阻的特点是精度高、稳定性好、性能可靠，所以在温度传感器中得到了广泛的应用。

铂热电阻的特性方程为

在−200～0℃的温度范围内，有

$$R_t = R_0(1 + At + Bt^2 + Ct^3) \tag{1.5-1}$$

在0～850℃的温度范围内，有

$$R_t = R_0(1 + At + Bt^2) \tag{1.5-2}$$

式中：R_t和R_0为铂热电阻分别在t℃和0℃时的电阻值；A、B、C是参数。

这些参数规定为$A=3.9083\times10^{-3}$/℃，$B=-5.775\times10^{-7}$/℃，$C=-4.183\times10^{-12}$/℃。

从上式看出，热电阻在温度t时的阻值与0℃时的阻值R_0有关。目前我国规定工业用铂热电阻有$R_0=10\ \Omega$和$R_0=100\ \Omega$两种，它们的分度号分别为Pt_{10}和Pt_{100}，其中Pt_{100}比较常用。铂热电阻不同分度号亦有相应分度表，即$R_t\sim t$的关系表，这样在实际测量中，只要测得热电阻的阻值R_t，便可从分度表上查出对应的温度值。Pt_{100}的分度表见表1.5-2。

表 1.5-2　铂电阻分度表

分度号：Pt_{100}　　　　$R_0 = 100\ \Omega$

温度/℃	0	10	20	30	40	50	60	70	80	90
−200	18.94									
−100	60.25	56.19	52.11	48.00	43.87	39.71	35.53	31.32	27.08	22.80
0	100.00	96.09	92.16	88.22	84.27	80.31	76.33	72.33	68.33	64.30
0	100.00	103.09	107.79	111.67	115.54	119.40	123.24	127.07	130.89	134.70
100	138.50	142.29	146.06	149.82	153.58	157.31	161.04	164.76	168.46	172.16
200	175.84	179.51	183.17	186.82	190.45	194.07	197.69	201.29	204.88	208.45
300	212.02	215.57	219.12	222.65	226.17	229.67	233.17	236.65	240.13	243.59
400	247.04	250.48	253.90	257.32	260.72	264.11	267.49	270.86	274.22	277.56
500	280.90	284.22	287.53	290.83	294.11	297.39	300.65	303.91	307.15	310.38
600	313.59	316.80	319.99	323.18	326.35	329.51	332.66	335.79	338.92	342.03
700	345.13	348.22	351.30	354.37	357.37	360.47	363.50	366.52	369.53	372.52
800	375，51	378.48	381.45	384.40	387.34	390.26				

(2) 铜热电阻。由于铂是贵重金属，因此，在一些测量精度要求不高且温度较低的场合，可采用铜热电阻进行测温，它的测量范围为−50～150℃。铜热电阻在其测量范围内的电阻值与温度关系几乎是线性的，可近似地表示为

$$R_t = R_0(1 + \alpha t) \tag{1.5-3}$$

式中：α 为铜电阻的电阻温度系数，取 $\alpha = 4.28 \times 10^{-3}$/℃；$R_0 = 50\ \Omega$ 分度号为 Cu_{50}、$R_0 = 100\ \Omega$ 分度号为 Cu_{100}。

用热电阻测温时，测量电路常采用电桥电路，热电阻 R_t 与电桥电路的连接线可能很长，因而连接导线电阻 r 因环境变化引起的电阻变化量较大，两线制的连接方法，对测量结果有较大的影响，如图 1.5-1(a)所示。热电阻的连线方式工业上常采用三线制接法如图 1.5-1(b)所示，将热电阻的连接导线电阻分布在相邻的两个桥臂中，可以减小连接导线电阻变化对测量结果的影响，测量误差小。

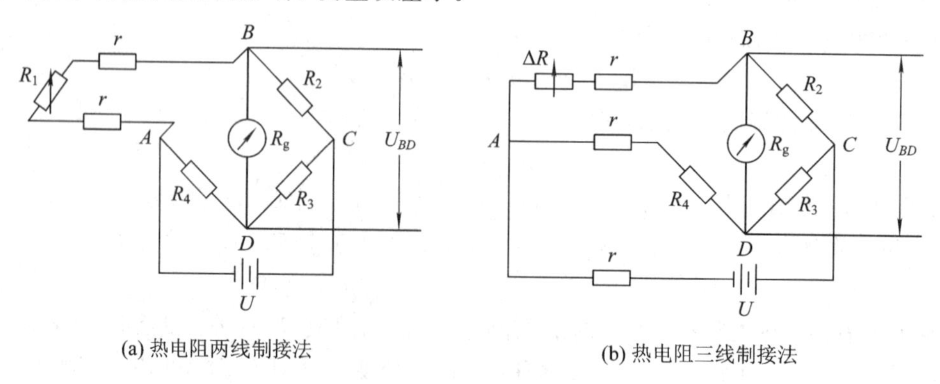

图 1.5-1　热电阻连线方式

2) 热电偶

热电偶是将温度变化转换为电势变化的热电式传感器。热电偶就是此类工业上广泛应

用的温度传感器。它具有结构简单，使用方便，准确度高，热惯性小，稳定性及复现性好，温度测量范围宽，适于信号的远传、自动记录和集中控制等优点，与热电阻一起在温度测量中占有重要的位置。

(1) 热电偶的测温原理。基于热电效应，即将两种不同材料的导体 A 和 B 串接成一个测温闭合回路，当两个接点温度不同时，在回路中就会产生热电势，如图1.5-2所示，此现象称为热电效应。

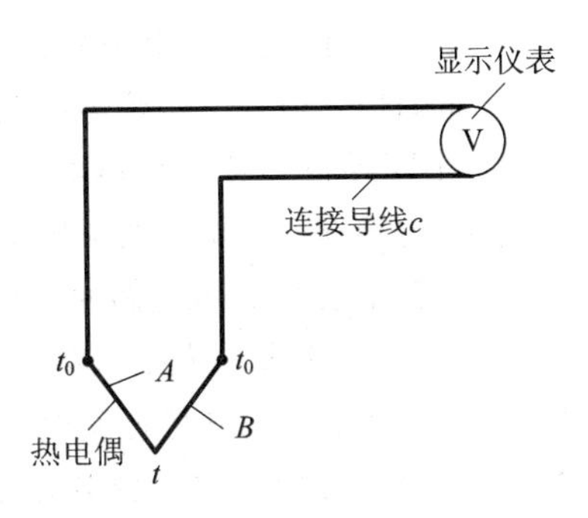

图1.5-2　热电偶测温系统简图

① 接触电势。当两种电子密度不同的导体或半导体材料相互接触时，就会发生自由电子扩散现象，自由电子从电子密度高的导体流向电子密度低的导体。比如图1.5-2中热电偶 A 材料密度大于 B 材料，则会有一部分电子从 A 材料扩散到 B，使得 A 失去电子而带正电，B 获得电子而带负电，最终形成一个固定的接触电势，其关系式为

$$E_{AB}(T)=\frac{KT}{e}\ln\frac{N_A(T)}{N_B(T)} \tag{1.5-4}$$

式中，$N_A(T)$和 $N_B(T)$为材料 A 和 B 在温度 T 时的电子密度；e 为单位电荷，4.802×10^{-10}为绝对静电单位；K 为玻耳兹曼常数，1.38×10^{-23} J/℃；T 为材料温度，K。

② 温差电势。温差电势是由于同一种导体或半导体其两端温度不同而产生的一种电动势。由于温度梯度的存在，改变了电子的能量分布，温度较高的一端电子具有较高的能量，其电子将向温度较低的一端迁移，于是在材料两端之间形成一个由高端指向低端的静电场。电子的迁移力和静电场力达到平衡时所形成的电位差叫作温差电势。温差电势的方向是由低温端指向高温端，其大小与材料两端温度和材料性质有关。如果 $T>T_0$，则温差电势为

$$E(T,T_0)=\frac{K}{e}\int_{T_0}^{T}\frac{1}{N}\mathrm{d}(N\cdot t) \tag{1.5-5}$$

式中，N 为材料的电子密度，是温度的函数；T、T_0 为材料两端的绝对温度；t 为沿材料长度方向的温度分布。

在图1.5-3所示的热电偶回路中，设 $T>T_0$，$N_A>N_B$，因此闭合回路中存在两个接触电势 $E_{AB}(T)$和$E_{AB}(T_0)$，两个温差电势 $E_A(T,T_0)$和 $E_B(T,T_0)$。闭合回路中产生的总电势应为接触电势和温差电势的代数和，即

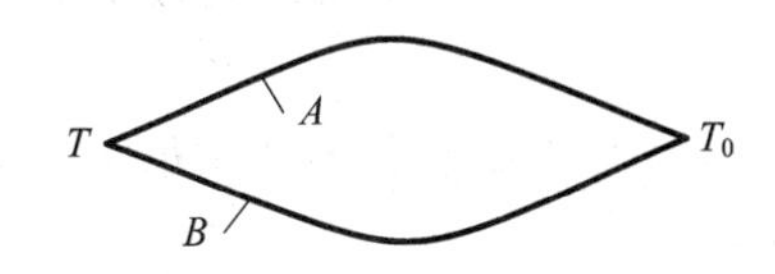

图1.5-3　热电偶回路

$$E_{AB}(T,T_0)=E_{AB}(T)+E_B(T,T_0)-E_{AB}(T_0)-E_A(T,T_0) \tag{1.5-6}$$

在总热电势中，温差电势比接触电势少很多，可忽略不计，则热电偶的热电势可表示为

$$E_{AB}(T,T_0)=E_{AB}(T)-E_{AB}(T_0) \tag{1.5-7}$$

对于已选定的热电偶，当参考端温度 T_0 恒定时，$E_{AB}(T_0)=C$ 为常数，则总电势就只与温度 T 成单值函数关系，即

$$E_{AB}(T,T_0)=E_{AB}(T)-C=f(T) \tag{1.5-8}$$

式(1.5－8)在实际测量中是很有用的，即只要测出 $E_{AB}(T, T_0)$ 的大小，就能得到被测温度 T，这利用了热电偶测温原理。下面再引述几个常用的热电偶定律。

(2) 热电偶的基本定律。

① 均质导体定律：由一种均质导体组成的闭合回路，不论导体的横截面积、长度以及温度分布如何，均不产生热电动势。

② 中间导体定律：在热电偶回路中接入第三种材料的导体，只要其两端的温度相等，该导体的接入就不会影响热电偶回路的总热电动势。

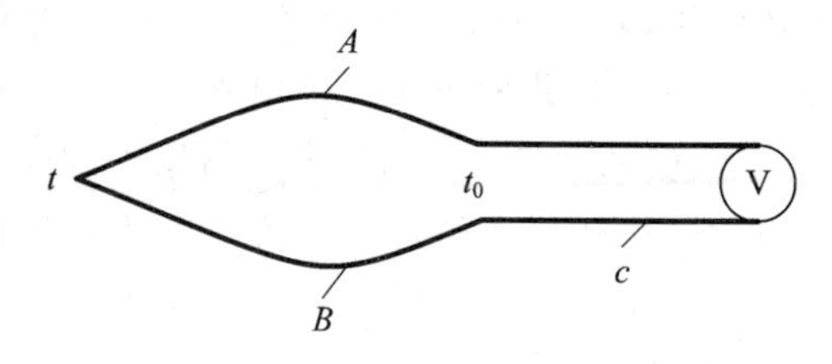

图 1.5－4 具有三种导体的热电偶回路

如图 1.5－4 所示为接入第三种导体热电偶回路形式，由于温差电势可忽略不计，则回路中的总电势等于各接点的接触电势之和，即

$$E_{ABC}(t, t_0) = e_{AB}(t) + e_{BC}(t_0) + e_{CA}(t_0) \tag{1.5-9}$$

当 $t=t_0$ 时，有

$$e_{BC}(t_0) + e_{CA}(t_0) = -e_{AB}(t_0) \tag{1.5-10}$$

将式(1.5－10)代入到式(1.5－9)中得

$$E_{ABC}(t, t_0) = e_{AB}(t) - e_{AB}(t_0) = E_{AB}(t, t_0) \tag{1.5-11}$$

上式表明，接入第三种导体后，并不影响热电偶回路的总热电势。这样可以用导线从热电偶冷端引出，并接到温度显示仪表或控制仪表，组成相应的温度测量或控制回路。

③ 中间温度定律：在热电偶测温回路中，测量端的温度为 t，连接导线各端点的温度分别为 t_c 和 t_0，如图 1.5－4 所示。此时的热电偶 AB 的热电势 $E_{AB}(t, t_0)$ 等于热电偶 AB 在接点温度 t、t_c 和 t_c、t_0 时的热电势 $E_{AB}(t, t_c)$ 和 $E_{AB}(t, t_0)$ 的代数和，即

$$E_{AB}(t, t_0) = E_{AB}(t, t_c) + E_{AB}(t_c, t_0) \tag{1.5-12}$$

在实际热电偶测温回路中，利用热电偶这一性质，可对参考温度不为 0℃ 的热电势进行修正。另外根据这个定律，可以连接与热电偶特性相近的导体 A' 和 B'，将热电偶冷端延伸到温度恒定的地方，这就为热电偶回路中应用补偿导线提供了理论根据。

④ 参考电极定律：两种导体 A、B 分别与参考电极 C 组成热电偶，如果它们所产生的热电动势为已知，A 和 B 两极配对后的热电动势可用下式求得：

$$E_{AB}(t, t_0) = E_{AC}(t, t_0) + E_{CB}(t, t_0) \tag{1.5-13}$$

由于铂的物理化学性质稳定，人们多采用铂作为参考电极，这样大大地简化了热电偶的选配工作。

(3) 热电偶的类型。理论上讲，任何两种不同材料的导体都可以组成热电偶，但为了准确可靠地测量温度，对组成热电偶的材料必须经过严格的选择。工程上用于热电偶的材料应满足以下条件：热电势变化尽量大，热电势与温度关系尽量接近线性关系，物理、化学性能稳定，易加工，复现性好，便于成批生产，有良好的互换性。

国际电工委员会(IEC)向世界各国推荐了 8 种标准化热电偶。目前工业上常用的四种标准化热电偶，即分度号为 S 的，铂铑$_{10}$—铂；分度号为 B 的，铂铑$_{30}$—铂铑$_6$；分度号为 K 的镍铬—镍硅和分度号为 E 的镍铬—铜镍(我国通常称为镍铬—康铜)热电偶。分度表见表 1.5－3 至表 1.5－6。

表 1.5－3　S 型(铂铑$_{30}$—铂铑)热电偶分度表

分度号：S　　　　　　　　　　　　　　　　　　　　(参考端温度为 0℃)

温度/℃	0	10	20	30	40	50	60	70	80	90
0	0.000	0.055	0.113	0.173	0.235	0.299	0.365	0.432	0.502	0.573
100	0.645	0.719	0.795	0.872	0.950	1.029	1.109	1.190	1.273	1.356
200	1.440	1.525	1.611	1.698	1.785	1.873	1.962	2.051	2.141	2.232
300	2.323	2.414	2.506	2.599	2.692	2.786	2.880	2.974	3.069	3.164
400	3.260	3.356	3.452	3.549	3.645	3.743	3.840	3.938	4.036	4.135
500	4.234	4.333	4.432	4.532	4.632	4.732	4.832	4.933	5.034	5.136
600	5.237	5.339	5.442	5.544	5.648	5.751	5.855	5.960	6.064	6.169
700	6.274	6.380	6.486	6.592	6.699	6.805	6.913	7.020	7.128	7.236
800	7.345	7.454	7.563	7.672	7.782	7.892	8.003	8.114	8.225	8.336
900	8.448	8.560	8.673	8.786	8.899	9.012	9.126	9.240	9.335	9.470
1000	9.585	9.700	9.816	9.932	10.048	10.165	10.282	10.400	10.517	10.635
1100	10.754	10.872	10.991	11.110	11.229	11.348	11.467	11.587	11.707	11.827
1200	11.947	12.067	12.188	12.308	12.429	12.550	12.671	12.792	12.913	13.034
1300	13.155	13.276	13.397	13.519	13.640	13.761	13.883	14.004	14.125	14.247
1400	14.368	14.489	14.610	14.731	14.852	14.973	15.094	15.215	15.336	15.456
1500	15.576	15.817	15.817	15.937	16.057	16.176	16.296	16.415	16.534	16.653
1600	16.771	17.008	17.008	17.125	17.245	17.360	17.477	17.594	17.711	17.826

表 1.5－4　B 型(铂铑$_{30}$—铂铑$_{6}$)热电偶分度表

分度号：B　　　　　　　　　　　　　　　　　　　　(参考端温度为 0℃)

温度/℃	0	10	20	30	40	50	60	70	80	90
0	−0.000	−0.002	−0.003	−0.002	0.000	0.002	0.006	0.011	0.017	0.025
100	0.033	0.043	0.053	0.065	0.078	0.092	0.107	0.123	0.140	0.159
200	0.178	0.199	0.220	0.243	0.266	0.291	0.317	0.344	0.372	0.401
300	0.431	0.462	0.494	0.527	0.561	0.596	0.632	0.669	0.707	0.746
400	0.786	0.827	0.870	0.913	0.957	1.002	1.048	1.095	1.143	1.192
500	1.241	1.292	1.344	1.397	1.450	1.505	1.560	1.617	1.674	1.732
600	1.791	1.851	1.912	1.974	2.036	2.100	2.164	2.230	2.296	2.363
700	2.430	2.499	2.569	2.639	2.710	2.782	2.855	2.928	3.003	3.078
800	3.154	3.231	3.308	3.387	3.446	3.546	3.626	3.708	3.790	3.873
900	3.957	4.041	4.126	4.212	4.298	4.386	4.474	4.562	4.652	4.742
1000	4.833	4.924	5.016	5.109	5.202	5.297	5.391	5.487	5.583	5.680
1100	5.777	5.875	5.973	6.073	6.172	6.273	6.374	6.475	6.577	6.680
1200	6.783	6.887	6.991	7.096	7.202	7.308	7.414	7.521	7.628	7.736
1300	7.845	7.953	8.063	8.172	8.283	8.393	8.504	8.616	8.727	8.839
1400	8.952	9.065	9.178	9.291	9.405	9.519	9.634	9.784	9.863	9.979
1500	10.094	10.210	10.325	10.441	10.558	10.674	10.790	10.907	11.024	11.141
1600	11.257	11.374	11.491	11.608	11.725	11.842	11.595	12.076	12.193	12.310
1700	12.426	12.543	12.659	12.776	12.892	13.008	13.124	13.239	13.354	13.470
1800	13.585									

表 1.5-5 K 型(镍铬—镍硅)热电偶分度表

分度号：K

（参考端温度为 0℃）

温度/℃	0	10	20	30	40	50	60	70	80	90
−0	−0.000	−0.392	−0.777	−1.156	1.527	−1.889	−2.243	−2.586	−2.920	−3.242
+0	0.000	0.397	0.798	1.203	1.611	2.022	2.436	2.850	3.266	3.681
100	4.095	4.508	4.919	5.327	5.733	6.137	6.539	6.939	7.338	7.737
200	8.137	8.537	8.938	9.341	9.745	10.151	10.560	10.969	11.381	11.793
300	12.207	12.623	13.039	13.456	13.874	14.292	14.712	15.132	15.552	15.974
400	16.395	16.818	17.241	17.664	18.088	18.513	18.938	19.363	19.788	20.214
500	20.640	21.066	21.493	21.919	22.346	22.772	23.198	23.624	24.050	24.476
600	24.902	25.327	25.751	26.176	26.599	27.022	27.445	27.867	28.288	28.709
700	29.128	29.547	29.965	30.383	30.799	31.214	31.629	32.042	32.455	32.866
800	33.277	33.686	34.095	34.502	34.909	35.314	35.718	36.121	36.524	36.925
900	37.325	37.724	38.122	38.519	38.915	39.310	39.703	40.096	40.488	40.897
1000	41.269	41.657	42.045	42.432	42.817	43.202	43.585	43.968	44.349	44.729
1100	45.108	45.486	45.863	46.238	46.612	46.985	47.356	47.726	48.095	48.462
1200	48.828	49.192	49.555	49.916	50.276	50.633	50.990	51.344	51.697	52.049
1300	52.398									

表 1.5-6 E 型(镍铬—铜镍)热电偶分度表

分度号：E

（参考端温度为 0℃）

温度/℃	0	10	20	30	40	50	60	70	80	90
−0	−0.000	−0.581	−1.151	−1.709	−2.254	−2.787	−3.306	−3.811	−4.301	−4.777
+0	0.000	0.591	1.192	1.801	2.419	3.047	3.683	4.329	4.983	5.646
100	6.317	6.996	7.633	8.377	9.078	9.787	10.501	11.222	11.949	12.681
200	13.419	14.161	14.909	15.661	16.417	17.178	17.942	18.710	19.481	20.256
300	21.033	21.814	22.597	23.383	24.171	24.961	25.754	26.549	27.345	28.143
400	28.943	29.744	30.546	31.350	32.155	32.960	33.767	34.574	35.382	36.190
500	36.999	37.808	38.617	39.426	40.236	41.045	41.853	42.662	43.470	44.278
600	45.085	45.891	46.697	47.502	48.306	49.109	49.911	50.713	51.513	52.312
700	53.110	53.907	54.703	55.498	56.291	57.083	57.873	58.663	59.451	60.237
800	61.022									

(4) 热电偶的冷端补偿。根据热电偶的测温原理，$E_{AB}(t, t_0)=E_{AB}(t)-E_{AB}(t_0)$的关系式可看出，只有当参比端温度 t_0 稳定不变且已知时，才能得到热电势 E 和被测温度 t 的单值函数关系。此外，实际使用的热电偶分度表中电势和温度的对应值是以 $t_0=0℃$ 为基础的，但在实际测温时由于环境和现场条件等原因，参比端温度往往不稳定，也不一定恰好等于 0℃，因此需要对热电偶冷端温度进行处理。常用的方法有冰点法、计算法、冷端补偿器法、补偿导线法。

① 冰点法。冰点法是一种精度最高的处理方法，可以使 t_0 稳定地维持在 0℃，其实施方法是将碎冰和纯水的混合物放在保温瓶中，再把细玻璃试管插入冰水混合物中，在试管底部注入适量的油类或水银，热电偶的参比端就插到试管底部，满足 $t_0=0$℃ 的要求。

② 计算法。根据热电偶的中间温度定律公式，得

$$E_{AB}(t, 0) = E_{AB}(t, t_0) + E_{AB}(t_0, 0) \tag{1.5-14}$$

式中，根据参比端所处的已知稳定温度 t_0 去查热电偶分度表得到的热电势 $E_{AB}(t_0, 0)$，然后根据所测得的热电势 $E_{AB}(t, t_0)$二者之和，再去查热电偶分度表 $E_{AB}(t, t_0)$，即可得到被测量的实际温度 t。

【例 1.5-1】 用镍铬—镍硅热电偶测量加热炉温度。已知冷端温度 $t_0=30$℃，测得热电势 $E_{AB}(t, t_0)$为 33.29 mV，求加热炉温度。

解　查镍铬—镍硅热电偶分度表得 $E(30, 0)=1.203$ mV。由式(1.5-14)可得

$$\begin{aligned} E_{AB}(t, 0) &= E_{AB}(t, t_0) + E_{AB}(t_0, 0) = 33.29 + 1.203 \\ &= 34.493 \text{ mV} \end{aligned}$$

由镍铬—镍硅热电偶分度表查得 $t=829.5$℃。

③ 冷端补偿器法(补偿电桥法)。补偿电桥法是利用不平衡电桥产生的不平衡电压 U_{AB} 作为补偿信号，自动补偿热电偶测量过程中因冷端温度不为 0℃或变化而引起热电势的变化值，如图 1.5-5 所示。补偿电桥与热电偶冷端处于同一环境，当冷端温度变化引起的热电势 $E_{AB}(t, t_0)$变化时，由于补偿桥路的铜电阻 r_{cu}的阻值随冷端温度变化而变化，适当选择桥臂电阻和桥路电流，就可以使电桥产生的不平衡电压 U_{AB} 由于冷端温度 t_0 变化引起热电势变化，从而达到自动补偿的目的。

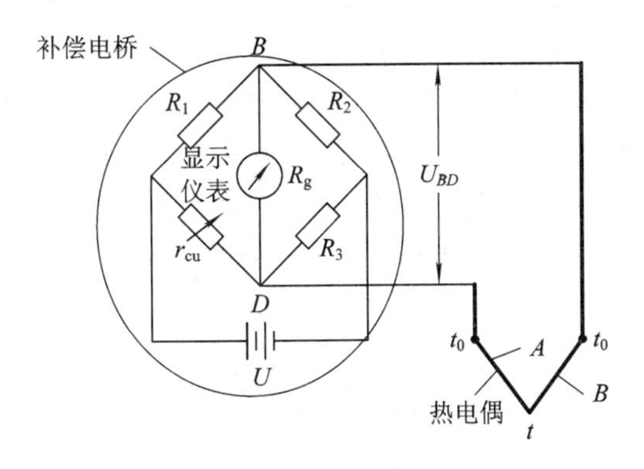

图 1.5-5　补偿电桥

(5) 热电偶的补偿导线。由于热电偶的长度有限，在实际测温时，热电偶的冷端一般离热源较近，冷端温度波动较大，需要把冷端温度延伸到温度变化较小的地方；另外，热电偶输出的电势信号也需要远距离传输到控制室里，进行显示或控制。热电偶的导线通常为 350～2000 mm，需用导线将热电偶的冷端延伸出来。工程中采用一种补偿导线，它通常由两种不同性质的导线制成，也有正、负极，而且在 0～100℃温度范围内，补偿导线和所配的热电偶具有相同的热电特性。只是将热电偶的冷端温度延伸到温度变化较小或基本稳定的地方，它没有温度补偿的作用，不能解决冷端温度不为 0℃的问题。

常用热电偶的补偿导线列于表 1.5-7 中。

表 1.5-7　常用补偿导线

补偿导线型号	配用的热电偶分度号	补偿导线		补偿导线颜色	
		正极	负极	正极	负极
SC	S(铂铑$_{10}$—铂)	SPC(铜)	SNC(铜镍)	红	绿
KC	K(镍铬—镍硅)	KPC(铜)	KNC(铜镍)	红	蓝
KX	K(镍铬—镍硅)	KPX(镍铬)	KNX(镍硅)	红	黑
EX	E(镍铬—铜镍)	EPC(镍铬)	ENX(铜镍)	红	棕
JX	J(铁—铜镍)	JPC(铁)	JNX(铜镍)	红	紫
TX	T(铜—铜镍)	TPX(铜)	TNX(铜镍)	红	白

1.5.2　压力测量

压力测量是工业生产过程中一种常见而又重要的检测参数，正确测量和控制压力对保证生产工艺过程的安全性和经济性有着重要的意义。

1. 压力的概念及单位

1）压力的表示方法

工程技术上所称的“压力”实质上就是物理学里的“压强”，定义为均匀而垂直作用于单位面积上的力，其表达式为

$$P=\frac{F}{A} \tag{1.5-15}$$

式中：P 为压力；F 为作用力；A 为作用面积。

压力有三种表示方法，即绝对压力、表压力、负压力或真空度，它们的关系如图 1.5-6 所示。绝对压力是以绝对零压为基准的，而表压力、负压力或真空度都是以当地大气压为基准的。工程上所用的压力，大多为表压。表压即为绝对压力与大气压力之差：

$$P_{表压}=P_{绝对压力}-P_{大气压力} \tag{1.5-16}$$

当被测压力低于大气压时，一般用负压或真空度来表示，它是大气压力与绝对压力之差，即：

$$P_{真空度}=P_{大气压力}-P_{绝对压力} \tag{1.5-17}$$

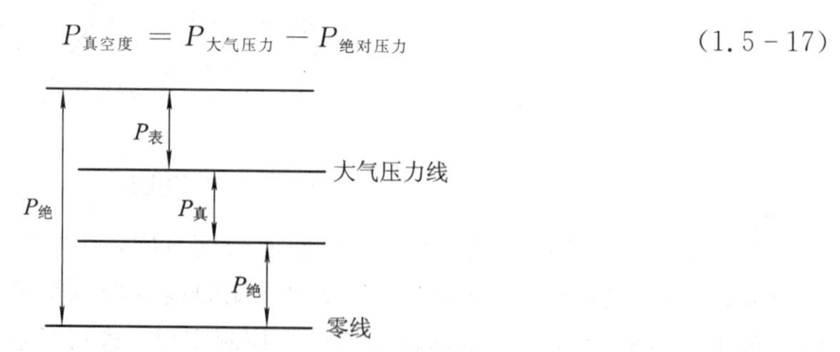

图 1.5-6　绝对压力、表压力、负压力(真空度)的关系图

2）压力单位

在国际单位制(SI)中，压力的基本单位是帕斯卡(简称帕，用符号 Pa 表示)，它的定义是：1 牛顿力垂直均匀地作用在 1 平方米面积上形成的压力为 1“帕斯卡”。

过去采用的压力单位“工程大气压(即 kgf/cm^2)”、“毫米汞柱”(即 mmHg)、“毫米水

柱”(即 mmH_2O)、物理大气压(即 atm)等均改为法定计量单位帕，其换算关系如下：

$$1\ kgf/cm^2 = 0.9807 \times 10^5\ Pa$$

$$1\ mmH_2O = 0.9807 \times 10\ Pa$$

$$1\ mmHg = 1.333 \times 10^2\ Pa$$

$$1\ atm = 1.013\ 25 \times 10^5\ Pa$$

3) 压力检测方法

(1) 弹性力平衡法。弹性力平衡法利用弹性元件受压力作用发生变形而产生的弹性力与被测压力相平衡的原理，将压力转换为位移，测出弹性元件变形的位移大小就可以测出被测压力。例如，弹簧管压力计、波纹管压力计等应用最为广泛。

(2) 重力平衡法。重力平衡法有液柱式和活塞式。重力平衡法利用一定高度的工作液体产生的重力或砝码的重量与被测压力相平衡的原理来检测压力。例如，U 形管压力计、单管压力计，结构简单读数直观，活塞式压力计是一种标准型压力测量仪器。

(3) 机械力平衡法。机械力平衡法，其原理是将被测压力经转换元件转移成一个集中力，用外力与之平衡，通过测得平衡时的外力来得到被测压力。该法主要用在压力或压力变送器中，精度较高，但结构复杂。

(4) 物性测量平衡法。物性测量平衡法基于敏感元件在压力的作用下某些物理特性的发生与压力成确定关系变化的原理，将被测压力直接转换成电量进行测量。如压电式、振弦式和应变片式、电容式、光纤式和电离式真空计等。

2. 弹性式压力计

弹性式压力计以弹性元件受力产生的弹性变形为测量基础，具有测量范围宽、结构简单、价格便宜、使用方便等优点，在工业中的应用十分广泛。

1) 弹性元件

弹性元件是一种简单可靠的测压敏感元件。随着测压范围的不同，所用弹性元件形式也不一样。常用的几种弹性元件，如图 1.5－7 所示。其中波纹膜片和波纹管多用于测微压和低压，单圈和多圈弹簧管可用于测高、中、低压和真空度。

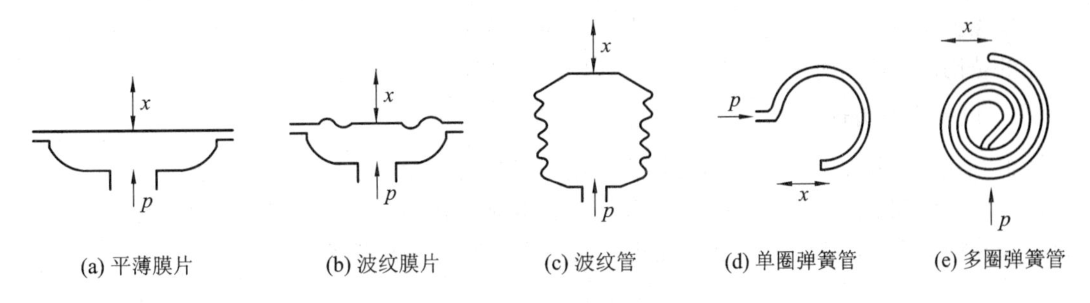

图 1.5－7　弹性元件示意图

2) 弹簧管压力表

弹簧管压力表应用广泛。弹簧管压力表中压力敏感元件是弹簧管。弹簧管的横截面呈非圆形(椭圆形或扁形，长轴为 a，短轴为 b)，弯成圆弧形的空心管子，如图 1.5－8 所示。管子的一端封闭，作为位移输出端；另一端为开口，为被测压力输入端。

弹簧管的作用原理：当开口端通入被测压力后，非圆横截面在压力 p 作用下将趋向圆形，并使弹簧管有伸直的趋势而产生力矩，其结果使弹簧管的自由端由 B 移至 B' 而产生位移，弹簧管的中心角减小 $\Delta\theta$，如图 1.5－8 中虚线所示。

由弹簧管组成的弹簧管压力计，当被测压力由固定端接头 9 引入时，使弹簧管自由端产生位移，拉杆 2 带动扇形齿轮 3 逆时针偏转，使与中心齿轮同轴的指针顺时针偏转，并在刻度标尺上指示出被测压力值。通过调整螺钉可以改变拉杆与扇形齿轮的接合点位置，从而改变放大比，调整仪表的量程。直接改变指针套在转动轴上的角度，就可以调整仪表的机械零点，如图 1.5－9 所示。

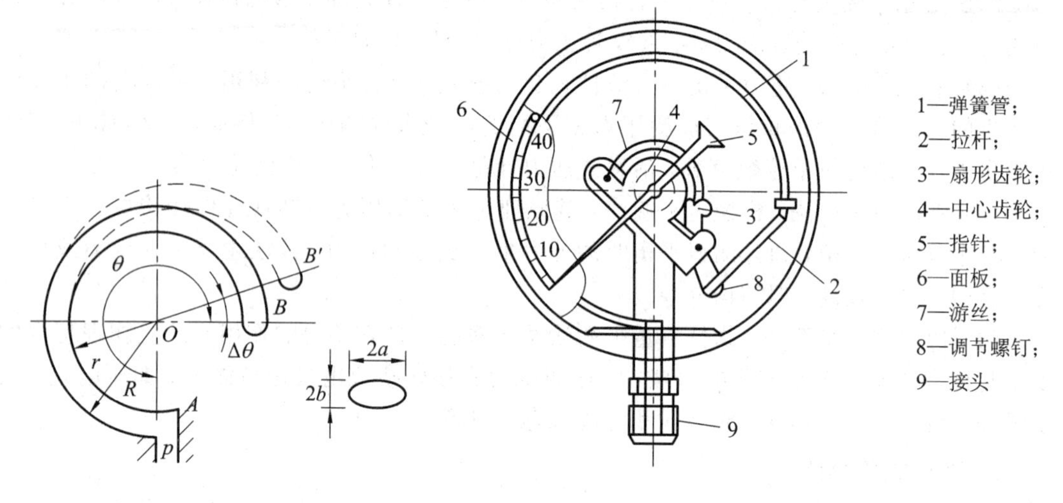

图 1.5－8 单圈弹簧管结构

图 1.5－9 弹簧管压力计

弹簧管压力计常用材料有磷青铜、锡青铜、合金钢和不锈钢等，适用于不同的压力范围和被测介质。一般 $p<19.62$ MPa 时，采用磷青铜和锡青铜；$p>19.62$ MPa，则采用合金钢和不锈钢。在选用弹簧管压力计时，还必须考虑被测介质的化学特性，测量氨气压力必须采用不锈钢材料，而不能采用铜质材料。测量氧气压力时，严禁沾有油脂，以确保安全生产。

单圈弹簧管压力表如附加电接点装置，即可做成电接点压力表。当被测量压力偏离给定点的范围时，可及时发出报警信号及远传信号到控制装置，实现连锁和自动控制。

3. 电气式压力计

电气式压力计是一种能将压力转换成电信号进行传输及显示的仪表。电气式压力计一般由压力传感器、测量电路和信号处理装置所组成。常用的信号处理装置有指示仪、记录仪以及控制器等。图 1.5－10 所示是电气式压力计的组成方框图。

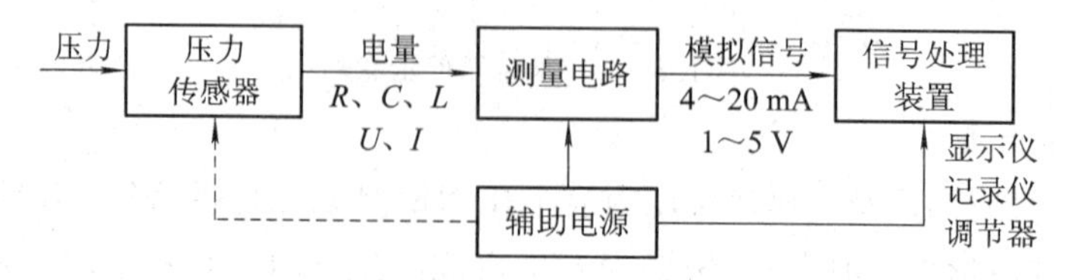

图 1.5－10 电气式压力计的组成方框图

压力传感器的作用是把压力信号检测出来，一般为电量参数(R、L、C、U、I)，通过测量电路转换成标准模拟信号时，压力传感器又称为压力变送器。

下面简单介绍霍尔片式、压阻式压力传感器和电容式压力传感器。

1) 霍尔片式压力传感器

霍尔片式压力传感器属于位移式压力传感器。它利用霍尔效应，把压力作用所产生的弹性元件的位移转变成电势信号，实现压力信号的远传。

(1) 霍尔效应。如图 1.5－11 所示，一块半导体(如锗)材料制成的薄片，在外加磁场 B 的作用下，当有电流 I 流过时(Y 轴方向)，运动电子受洛伦磁力的作用而偏向一侧，使该侧形成电子的积累，它对立的侧面由于电子浓度下降，出现正电荷。这样，在两侧面间形成了一个电场，产生的电场力将阻碍电子的继续偏移。运动电子在受洛伦磁力的同时，又受电场力的作用，最后当这两个力作用相等时，电子的积累达到动态平衡，这时两侧之间建立的电场，称为霍尔电场，相应的电压称为霍尔电势(X 轴方向)，该半导体器件称为霍尔片，上述这种现象称霍尔效应。

图 1.5－11 霍尔电势可表示为

$$U_{\mathrm{H}} = R_{\mathrm{H}} IB \tag{1.5-18}$$

式中，R_{H}为霍尔常数；B 为磁场强度；I 为通过磁场的电流强度。

由此式可知，当霍尔材料及其结构尺寸确定后，R_{H}为常数。霍尔电势 U 的大小与 IB 成正比。

(2) 霍尔片式压力传感器结构。如果选定了霍尔元件，并使电流保持恒定，则在非均匀磁场中，霍尔元件所处的位置不同所受的磁感应强度也将不同，这样就可得到与位移成比例的霍尔电势，实现位移-电势的线性转换。

将霍尔元件与弹簧管配合，就组成霍尔片式压力传感器，如图 1.5－12 所示。被测压力由弹簧管 1 的固定端引入，弹簧管的自由端与霍尔片 3 相连，在霍尔片的上、下方垂直安放两对磁极，使霍尔片处于两对磁极形成的非均匀磁场中。霍尔片的四个端面引出四根导线，其中与磁钢两相平行的两根导线和直流稳压电源相连接，另两根导线用来输出信号。

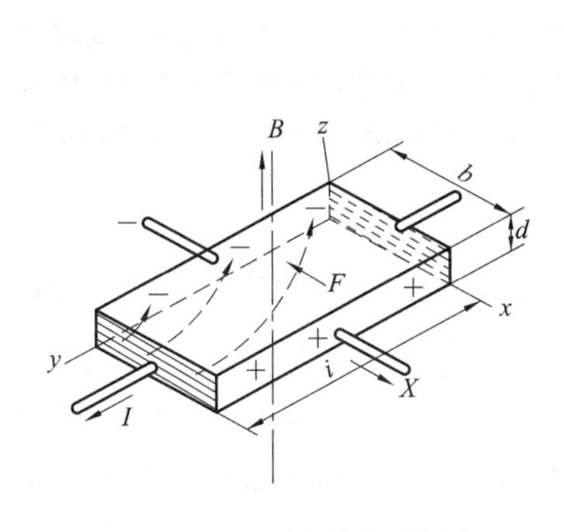

图 1.5－11　霍尔效应示意图

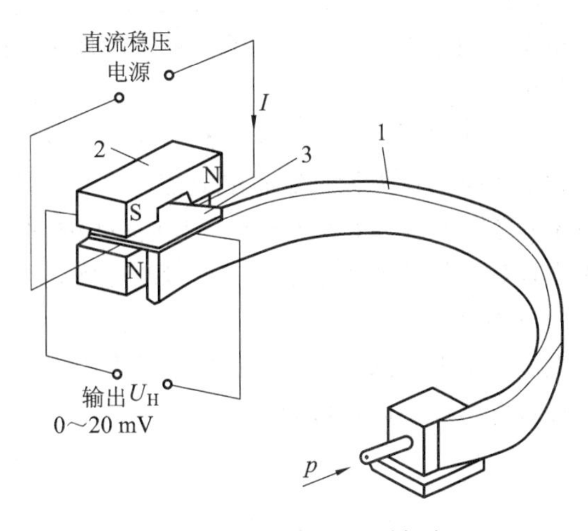

1—弹簧管；2—磁钢；3—霍尔片

图 1.5－12　霍尔片式压力传感器结构原理

当引入被测压力后，在被测压力作用下，弹簧管自由端产生位移，因而改变了霍尔片在非均匀磁场中的位置，使所产生的霍尔电势与被测压力成正比。利用这一电势即可实现远距离显示和自动控制。

2）压阻式压力传感器

压阻式压力传感器的压力敏感元件是压阻元件，它是基于压阻效应工作的。所谓压阻元件，实际上就是指在半导体材料的基片上用集成电路工艺制成的扩散电阻，当它受外力作用时，其阻值由于电阻率的变化而改变。扩散电阻正常工作时需依附于弹性元件，常用的是单晶硅膜片。

图 1.5－13 是压阻式压力传感器的结构示意图。压阻芯片采用周边固定的硅杯结构，封装在外壳内。在一块圆形的单晶硅膜片上，布置四个扩散电阻，两片位于受压应力区，另外两片位于受拉应力区，它们组成一个全桥测量电路。硅膜片用一个圆形硅杯固定，两边有两个压力腔，一个是和被测压力相连接的高压腔，另一个是低压腔，接参考压力，通常和大气相通。当存在压差时，膜片产生变形，使两对电阻的阻值发生变化，电桥失去平衡，其输出电压反映膜片两边承受的压差大小。

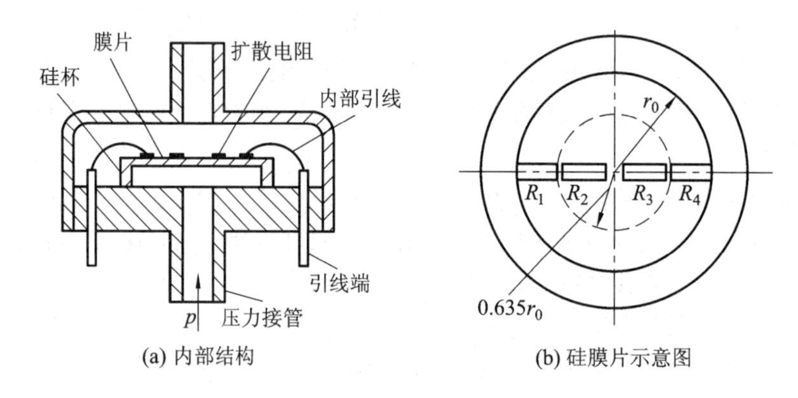

图 1.5－13　压阻式压力传感器的结构示意图

压阻式压力传感器的主要优点是体积小，结构比较简单，动态响应也好，灵敏度高，能测出十几帕斯卡的微压。它是一种比较理想，目前发展较为迅速和应用较为广泛的一种压力传感器。

这种传感器测量准确度受到非线性和温度的影响，从而影响压阻系数的大小。现在出现的智能压阻式压力传感器利用微处理器对非线性和温度进行补偿，它利用大规模集成电路技术，将传感器与微处理器集成在同一块硅片上，兼有信号检测、处理、记忆等功能，从而大大提高了传感器的稳定性和测量准确度。

3）电容式压力传感器

电容式压力传感器是通过弹性膜片位移引起电容量的变化从而测出压力(或差压)的。平行极板电容器的电容量为

$$C=\frac{\varepsilon S}{d} \tag{1.5-19}$$

式中，C 为平行极板间的电容量；ε 为平行极板间的介电常数；S 为平行极板间的面积；d 为平行极板间的距离。

由式(1.5－19)可知，只要保持式中任何两个参数为常数，电容就是另一个参数的函数。故电容变换器有变间隙式、变面积式和变介电常数式三种。电容式压力(差压)传感器采用变间隙式，如图1.5－14所示。

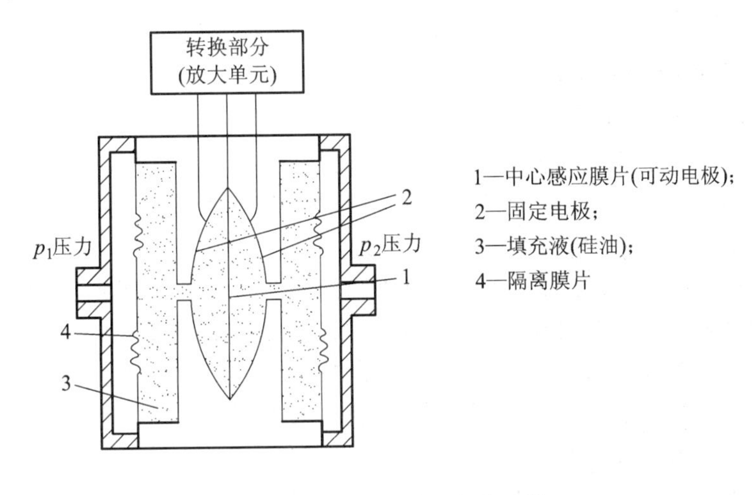

图1.5－14　电容式压力传感器

中心感应膜片为压感元件，它由弹性稳定性好的特殊合金薄片(如哈氏合金、蒙耐尔合金等)制成，作为差动电容的活动电极。它在压差作用下，可左右移动约0.1 mm的距离。在弹性膜片左右各有两个用玻璃绝缘体磨成的球形凹面，采用真空镀膜法在其表面上镀一层金属薄膜，作为差动电容的固定极板。弹性膜片位于两固定极板中央。它与固定极板构成两个小室，称为δ室，两δ室结构对称。金属薄膜和弹性膜片都接有输出引线。δ室通过孔与自己一侧的隔离膜片腔室连通，δ室和隔离腔室内都充有硅油。

当被测压力作用于左右隔离膜片时，通过内充的硅油传递压力在弹性膜片上产生与左、右δ室的压力差成正比的微小位移Δd，引起弹性膜片与两侧固定电极间电容产生差动变化。差动变化的两电容C_L(低压侧电容)、C_H(高压侧电容)由引线接到电容测量电路。

电容式压力传感器的压力与电容的转换关系：

设测量膜片在压差Δp的作用下移动距离Δd，由于位移很小，可近似认为Δd与Δp成比例关系，即

$$\Delta d = K_1 \Delta p \tag{1.5-20}$$

式中，K_1为比例系数。

在无压力作用时，左、右两个固定极板间的距离为d_0，则在压力作用下，左、右两边固定极板距离分别为$d_0+\Delta d$和$d_0-\Delta d$，则其电容的变化量为

$$C_1 = \frac{K_2}{d_0 + \Delta d} \tag{1.5-21}$$

$$C_2 = \frac{K_2}{d_0 - \Delta d} \tag{1.5-22}$$

式中，K_2是由电容极板面积S和介质介电系数ε决定的常数，$K_2=\varepsilon S/(4\pi)$。如果Δd的变化量很小，能满足$d_0^2-\Delta d^2 \approx d_0^2$，则电容的变化量为

$$\Delta C = C_2 - C_1 = K_3 \Delta p \tag{1.5-23}$$

式中，ΔC 为电容的变化量；K_3 为比例系数，$K_3=2K_1K_2/d_0^2$。

由式(1.5-23)可得，压差 Δp 与 ΔC 成正比例。将电容的变化通过转换电路，输出与测量压力成正比的4～20 mA标准直流模拟信号。由于电容式压力传感器无机械传动结构，因而具有高精度、高稳定性、高可靠性的特点，精度等级可达0.2，使用非常普遍。

4. 压力传感器的选用与安装

1）压力传感器的选用

在工业生产中，对压力传感器进行选型，确定检测点与安装等是非常重要的，传感器选用的基本原则是依据实际工艺生产过程对压力测量所要求的工艺指标、测压范围、允许误差、介质特性及生产安全等因素，要经济合理，使用方便。

对弹性式压力传感器，要保证弹性元件在弹性变形的安全范围内可靠的工作，在选择传感器量程时必须留有足够的余地。一般在被测压力较稳定的情况下，最大压力值应不超过满量程的3/4；在被测压力波动较大的情况下，最大压力值应不超过满量程的2/3。为了保证测量精度，被测压力最小值应不低于全量程的1/3。

下面通过一个例子来说明压力表的选用。

【例1.5-2】 某台往复式压缩机的出口压力范围为25～28 MPa，测量误差不得大于1 MPa。工艺上要求就地观察，并能进行高低限报警，试正确选用一台压力表，指出型号、精度与测量范围。

解　由于往复式压缩机的出口压力脉动较大，所以选择仪表的上限值为

$$p_1=p_{\max}\times 2=28\times 2=56\ \text{MPa}$$

根据就地观察及能进行高低限报警的要求，测量范围为0～60 MPa。由于25/60＞1/3，故被测压力的最小值不低于满量程的1/3，这是允许的。

另外，根据测量误差要求，可算得允许误差为

$$\delta_{\text{允许}}=\frac{1}{60}\times 100\%=1.67\%$$

所以要选的压力表精度等级为1.5。

根据以上计算结果查产品目录，确定选择的压力表为YX－150型电接点压力表，测量范围为0～60 MPa，精度等级为1.5级。

2）压力传感器的安装

传感器测量结果的准确性，不仅与传感器本身的精度等级有关，而且还与传感器的安装、使用是否正确有关。

压力检测点应选在能准确及时地反映被测压力的真实情况处。因此，取压点不能处于流束紊乱的地方，即要选在管道的直线部分，离局部阻力较远的地方。

测量高温蒸汽压力时，应装回形冷凝液管或冷凝器，以防止高温蒸汽与测压元件直接接触，如图1.5-15(a)所示。

测量腐蚀、高黏度、有结晶等介质时，应加装充有中性介质的隔离罐，如图1.5-15(b)所示。隔离罐内的隔离液应选择沸点高、凝固点低、化学与物理性能稳定的液体，如甘油、乙醇等。

压力传感器安装高度应与取压点相同或相近。对于图1.5-16所示情况，压力表的指示值要比管道内的实际压力高，应对取压管道的液柱附加的压力误差进行修正。

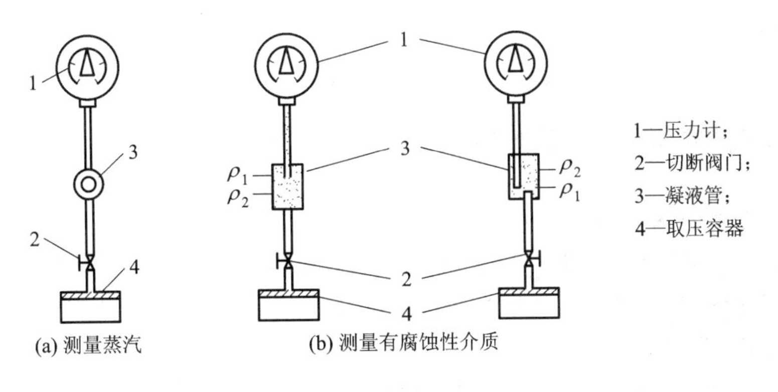

图 1.5-15　测量高温、腐蚀介质压力表安装示意图

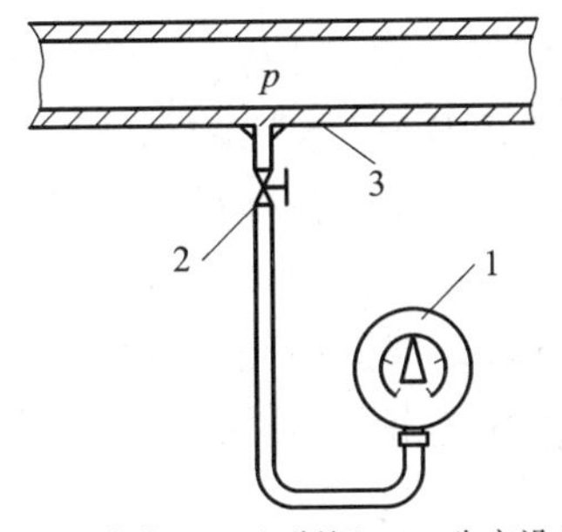

图 1.5-16　压力表位于生产设备下的安装示意图

1.5.3　流量测量

流量是工业生产中的一个重要参数。工业生产过程中，很多原料、半成品、成品都是以流体状态出现的。流体的流量就成为决定产品成分和质量的关键，也是生产成本核算和合理使用能源的重要依据。因此流量的测量和控制是生产过程自动化的重要环节。

1. 流量概述

单位时间内流过管道某一截面的流体数量，称为瞬时流量。瞬时流量有体积流量和质量流量之分。而在某一段时间间隔内流过管道某一截面的流体量的总和，即瞬时流量在某一段时间内的累积值，称为总量或累积流量。

工程上讲的流量常指瞬时流量，瞬时流量有体积流量和质量流量之分。

1）体积流量

单位时间内通过某截面的流体的体积，单位为 m^3/s。根据定义，体积流量可用下式表示：

$$q_v = \int_A v\mathrm{d}A \tag{1.5-24}$$

式中，v 为截面 A 中某一面积元 $\mathrm{d}A$ 上的流速。

如果流体在该截面上的流速处处相等，则体积流量可写成

$$q_v = vA \tag{1.5-25}$$

2）质量流量

质量流量是单位时间内通过某截面的流体的质量，单位为 kg/s。根据定义，质量流量

可用下式表示：

$$q_m = \int_A \rho v \mathrm{d}A \tag{1.5-26}$$

如果流体在该截面上的流速处处相等，则质量流量可写成

$$q_m = \rho v A \tag{1.5-27}$$

流体的密度受流体的工作状态(如温度、压力)的影响。对于液体，压力变化对密度的影响非常小，一般可以忽略不计。温度对密度的影响要大一些，一般温度每变化10℃时，液体密度的变化约在1%以内，所以当温度变化不是很大，测量准确度要求不是很高的情况下，往往也可以忽略不计。

对于气体，密度受温度、压力变化影响较大，如在常温常压附近，温度每变化10℃，密度变化约为3%；压力每变化10 kPa，密度约变化3%。因此在测量气体流量时，必须同时测量流体的温度和压力。为了便于比较，常将在工作状态下测得的体积流量换算成标准状态下(温度为20℃，压力为101 325 Pa)的体积流量，用符号q_{VN}表示，单位符号为Nm^3/s。

生产过程中各种流体的性质各不相同，流体的工作状态及流体的黏度、腐蚀性、导电性也不同，很难用一种原理或方法测量不同流体的流量。尤其工业生产过程，其情况复杂，某些场合的流体是高温、高压，有时是气液两相或液固两相的混合流体。所以，目前流量测量的方法很多，测量原理和流量传感器(或称流量计)也各不相同，从测量方法上一般可分为以下三大类。

(1) 速度式。速度式流量传感器大多是通过测量流体在管路内已知截面流过的流速大小来实现流量测量的。它是利用管道中流量敏感元件(如孔板、转子、涡轮、靶子、非线性物体等)把流体的流速变换成压差、位移、转速、冲力、频率等对应的信号来间接测量流量的。差压式、转子、涡轮、电磁、旋涡和超声波等流量传感器都属于此类。

(2) 容积式。容积式流量传感器是根据已知容积的容室在单位时间内所排出流体的次数来测量流体的瞬时流量和总量的。常用的有椭圆齿轮、旋转活塞式和刮板等流量传感器。

(3) 质量式。质量式流量传感器有两种：一种是根据质量流量与体积流量的关系，测出体积流量再乘被测流体的密度的间接质量流量传感器，如工程上常用的采取温度、压力自动补偿的补偿式质量流量传感器；另一种是直接测量流体质量流量的直接式质量流量传感器，如热式、惯性力式、动量矩式等质量流量传感器。直接法测量具有不受流体的压力、温度、黏度等变化影响的优点，是一种正在发展中的质量流量传感器。

下面主要介绍差压式流量计和转子流量计，并简述几种其他类型的流量计。

2. 差压式流量计

差压式(也称节流式)流量计是基于流体流动的节流原理，利用流体流经节流装置时产生的压力差而实现流量测量的。

差压式流量计通常是由能将被测流量转换成压差信号的节流装置和能将此压差转换成对应的流量值显示出来的差压计以及显示仪表所组成。

1) 节流装置

节流装置是差压式流量传感器的流量敏感检测元件，是安装在流体流动的管道中的阻力元件。常用的节流元件有孔板、喷嘴、文丘里管。它们的结构形式、相对尺寸、技术要

求、管道条件和安装要求等均已标准化，故又称标准节流元件，如图 1.5－17 所示。在加工制造和安装方面，以孔板为最简单，喷嘴次之，文丘里管最复杂。造价高低也与此相对应。实际上，在一般场合下，以采用孔板为最多，孔板最简单又最为典型，加工制造方便，在工业生产过程中常被采用，但当要求压力损失较小时，可采用喷嘴、文丘里管等。

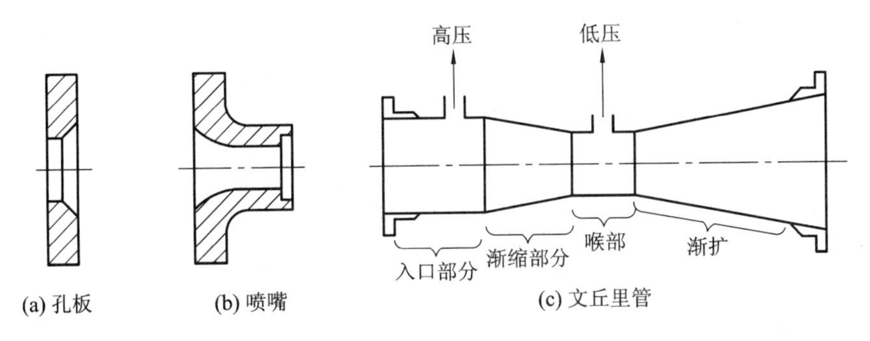

图 1.5－17　标准节流元件

标准节流装置按照规定的技术要求和试验数据来设计、加工、安装，无需检测和标定，可以直接投产使用，并可保证流量测量的精度。

2）节流装置测量原理与流量基本方程式

在管道中流动的流体具有动压能和静压能，在一定条件下这两种形式的能量可以相互转换，但参加转换的能量总和不变。用节流元件测量流量时，流体流过节流装置前动压能（即流速 v）增加，静压能 p 要减小，因此流体流过节流装置后产生压力差 Δp（$\Delta p = p_1 - p_2$），且流过的流量越大，节流装置前后的压差也越大，流量与压差之间存在一定关系，这就是差压式流量传感器测量原理。

图 1.5－18 为孔板节流件前后流速和压力分布情况。

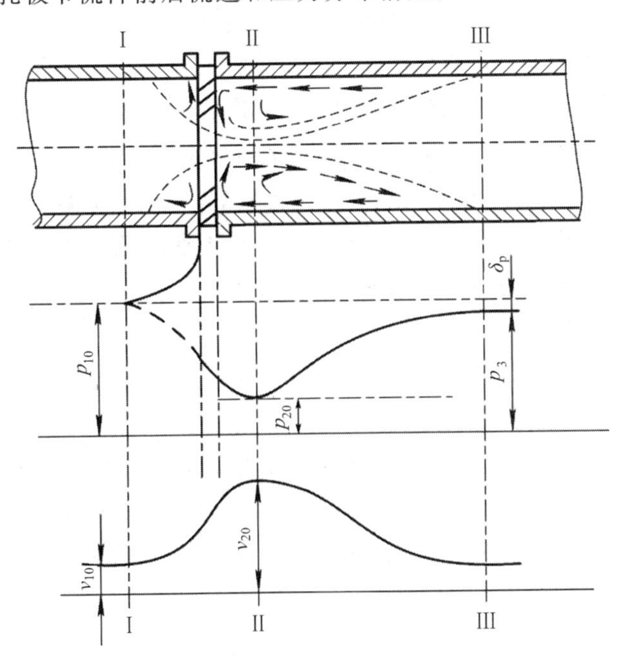

图 1.5－18　节流件前后流速和压力分布情况

图 1.5－18 中，实线表示管壁上的静压沿轴线方向的变化曲线，虚线表示管道轴线上流体静压沿轴线分布曲线。Ⅰ～Ⅱ段表示流体流过孔板前已经开始收缩，流体随着流束的缩小，流速增大，而流体压力减小。由于惯性的作用，流束通过孔板后还将继续收缩，直到在节流件后Ⅱ～Ⅱ处达到最小流束截面，这时流体的平均流速达到最大值。流体压力随着流束的缩小及流速的增加而降低，直到达到最小值。而后流束逐渐扩大，在管道Ⅲ～Ⅲ处又充满整个管道，流体的速度也恢复到孔板前的流速，流体的压力又随流束的扩张而升高，最后恢复到一个稍低于原管中的压力。

要准确测量出截面Ⅰ、Ⅱ处的压力 p_{10}、p_{20} 是有困难的，因为产生最低静压力 p_{20} 的截面Ⅱ的位置随着流速的不同会改变。因此是在孔板前后的管壁上选择两个固定的取压点，来测量流体在节流装置前后的压力变化。因而所测得的压差与流量之间的关系，与测压点及测压方式的选择是紧密相关的。

另外，差压式测流量会造成流体压力损失 δ_p，原因是由于孔板前后涡流的形成以及流体的沿程摩擦，使得流体的一部分机械能不可逆地变成了热能，散失在流体内。如采用喷嘴或文丘里管等节流件可大大减小流体的压力损失。

3）流量方程式

流量方程式是阐明流量与压差之间定量关系的基本流量公式。它是根据流体力学中的伯努利方程和流体连续性方程式推导而得的，即

$$q_v = \alpha\varepsilon F_0\sqrt{\frac{2}{\rho_1}\Delta p} \tag{1.5-28}$$

$$q_m = \alpha\varepsilon F_0\sqrt{2\rho_1\Delta p} \tag{1.5-29}$$

式中，α 为流量系数，它与节流装置的结构形式、取压方式、孔口截面积与管道截面积之比 m、雷诺数 Re、孔口边缘锐度、管壁粗糙等因素有关；ε 为膨胀校正系数，它与孔板前后压力的相对变化量、介质的等熵指数、孔口截面积与管道截面积之比等因素有关，应用时应查阅有关手册而得，但对不可压缩的液体来说，常取 $\varepsilon=1$；F_0 为节流装置的开口截面积；Δp 为节流装置的开孔截面积；ρ_1 为节流装置前的流体密度。

上述流量方程式中，流量-压差关系虽然比较简单，但流量系数 α 却是一个影响因素复杂、变化范围较大的重要参数，也是节流式流量计能否准确测量流量的关键所在。对于标准节流装置，查阅有关手册便可计算出流量系数 α 值。

4）差压式流量检测系统

差压式流量检测系统由节流装置、差压引压导管及差压计或差压变送器等组成。图 1.5－19 所示为一个差压式流量检测系统的结构示意图。

由流量方程式(1.5－28)、式(1.5－29)可以看出，流量与压力差 Δp 的平方根成正比。所以，用这种流量计测量流量时，如果不加开方器，流量标尺刻度是不均匀的。起始部分刻度很密，后来逐渐变疏。因此用差压法测流量时，被测流量值不应该接近于仪表的下限值，否则误差将会很大。

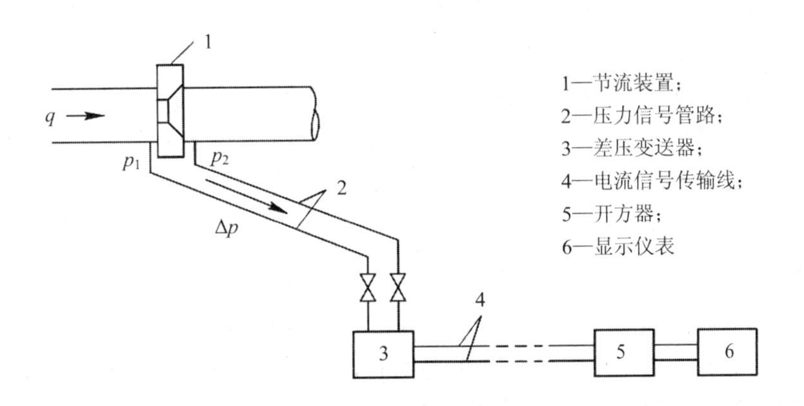

图 1.5－19　差压式流量检测系统结构示意图

3. 电磁流量计

电磁流量计是根据法拉第电磁感应定律来测量导电性液体的体积流量的。如图 1.5－20 所示，在磁场中安置一段不导磁、不导电的管道，管道外面安装一对磁极，当有一定电导率的流体在管道中流动时就切割磁力线。与金属导体在磁场中的运动一样，在导体(流动介质)的两端也会产生感应电动势，由设置在管道上的电极导出。感应电势的方向由右手定则判断，大小与磁感应强度、管径大小、流体流速大小有关，即

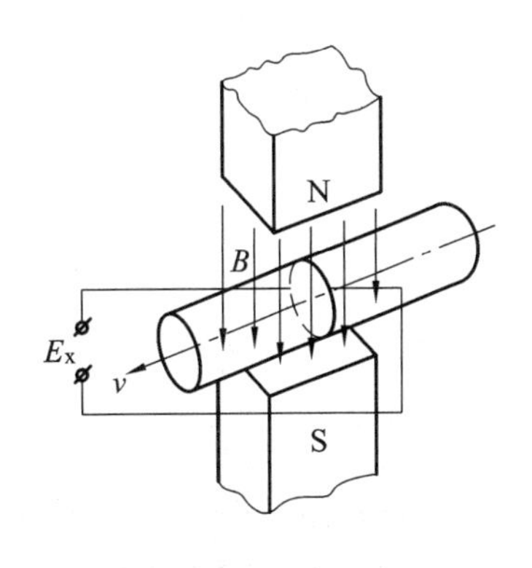

图 1.5－20　电磁流量传感器原理

$$E_x = BDv \qquad (1.5-30)$$

式中，B 为磁感应强度(T)；D 为管道内径，相当于垂直切割磁力线的导体长度(m)；v 为导体的运动速度，即流体的流速(m/s)；E_x 为感应电动势(V)。

体积流量与流体流速的关系为

$$q_v = \frac{1}{4}\pi D^2 v \qquad (1.5-31)$$

将式(1.5－30)代入式(1.5－31)，可得

$$E_a = \frac{4B}{\pi D}q_v = Kq_v \qquad (1.5-32)$$

式中，K 为仪表常数，$K=4B/(\pi D)$。

磁感应强度 B 及管道内径 D 固定不变，则 K 为常数，两电极间的感应电动势 E_x 与流量 q_v 成线性关系，便可通过测量感应电动势 E_x 来间接测量被测流体的流量 q_v 值。

电磁流量计产生的感应电动势信号是很微小的，需通过电磁流量转换器来显示流量。常用的电磁流量转换器能把传感器的输出感应电动势信号放大并转换成标准电流(0～10 mA 或 4～20 mA)信号或一定频率的脉冲信号，配合单元组合仪表或计算机对流量进行显示、记录、运算、报警和控制等。

电磁流量计只能测量导电介质的流体流量。它适用于测量各种腐蚀性酸、碱、盐溶液，固体颗粒悬浮物，黏性介质(如泥浆、纸浆、化学纤维、矿浆)等溶液；也可用于各种有卫生

要求的医药、食品等部门的流量测量(如血浆、牛奶、果汁、卤水、酒类等)，还可用于大型管道自来水和污水处理厂流量测量以及脉动流量测量等。

电磁流量计用来测量导电液体的流量时，要求导电率不小于水的导电率，不能测量气体、蒸汽及石油制品等的流量，否则要引入高放大倍数的放大器，会造成测量系统很复杂、成本高，并且易受外界电磁场的干扰。使用中要注意维护，防止电极与管道间绝缘的破坏。安装时要远离一切磁源，不能有振动。

4. 涡轮流量计

涡轮流量计类似于叶轮式水表，是一种速度式流量传感器。图 1.5 - 21 为涡轮流量计的结构示意图。它是在管道中安装一个可自由转动的叶轮，流体流过叶轮使叶轮旋转，流量越大，流速越高，则动能越大，叶轮转速也越高。测量出叶轮的转速或频率，就可确定流过管道的流体流量和总量。

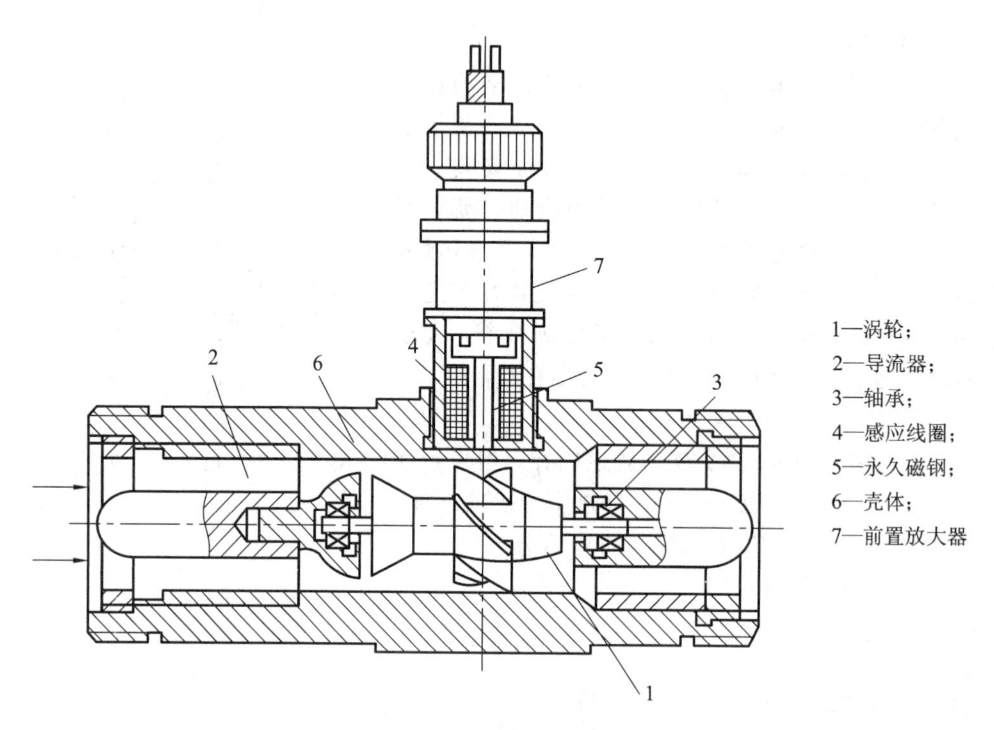

图 1.5 - 21 涡轮流量计结构示意图

图 1.5 - 21 涡轮外壳 6 的一侧有由永久磁钢 5 和感应线圈 4 构成的磁电转换装置。流体经过导流器 2 进入涡轮流量计后，作用于涡轮叶片上推动涡轮旋转，流速越高旋转越快。涡轮旋转时，如叶轮上的叶片总数为 z，涡轮旋转时，其高导磁性的叶片扫过磁场，使磁路的磁阻发生周期性变化，线圈中的磁通量也随之变化，感应产生脉冲电势的频率 f 与涡轮的转速成正比。涡轮流量计输出的电脉冲信号经前置放大后，送入数字频率计，以指示和累积流量。

如果涡轮上叶片总数为 z，则线圈输出脉冲频率为 f，则瞬时体积流量为

$$q_v = Kf \tag{1.5 - 33}$$

式中，K 为仪表常数。

涡轮流量计具有安装方便、精度高(可达0.1级)、反应快、刻度线性及量程宽等特点，此外，还具有信号易远传、便于数字显示、可直接与计算机配合进行流量计算和控制等优点。它广泛应用于石油、化工、电力等工业，气象仪器和水文仪器中也常用涡轮测风速和水速。

5. 漩涡流量计

漩涡流量计是利用有规则的漩涡剥离现象来测量流体流量的仪表。目前应用的有两种：一种是应用自然振荡的卡曼漩涡列原理；另一种是应用强迫振荡的漩涡旋进原理。应用振荡原理的流量传感器，前者称为卡曼涡街流量计(或涡街流量计)，后者称为旋进漩涡流量计。涡街流量计应用相对较多，这里只介绍这种流量计。

在流体的流动方向上放置一个非流线型的物体(如圆柱体等)，物体的下游两侧有时会交替出现漩涡，如图1.5－22所示。物体后面两排平行但不对称的漩涡列称为卡曼涡列(也称为涡街)。漩涡的频率一般是不稳定的，实验表明，只有当两列漩涡的间距 h 与同列中相邻漩涡的间距 l 满足 $h/l=0.281$(对于圆柱体)条件时，卡曼涡列才是稳定的。并且每一列漩涡产生的频率 f 与流速 v、圆柱体直径 d 的关系为

$$f = S_t \frac{v}{d} \tag{1.5-34}$$

式中，f 为单侧旋涡产生的频率，Hz；v 为流体平均流速，m/s；d 为圆柱体直径，m；S_t 为斯特罗哈尔系数，是个无量纲的系数。

由式(1.5－29)可知，当 S_t 近似为常数时，旋涡产生的频率 f 与平均流速 v 成正比，测得 f 即可求得体积流量 q_v。

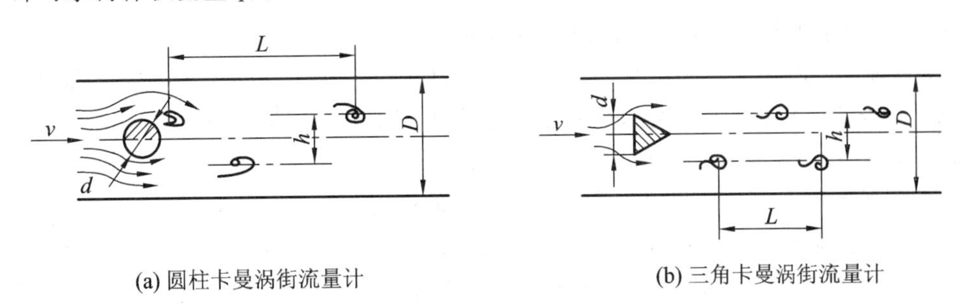

图1.5－22　卡曼涡街流量计

旋涡频率检测元件一般是附在漩涡发生体上。圆柱体旋涡发生体如图1.5－23所示，采用铂热电阻丝检测法。铂热电阻丝在圆柱体的空腔内，把铂热电阻丝用电流加热到比流体温度高出某个温度，流体通过铂热电阻丝时，带走它的热量，从而改变它的电阻值，此电阻值的变化与发出漩涡的频率相对应，即由此便可检测出与流速成比例的频率。

三角柱漩涡发生体的漩涡频率检测原理图如图1.5－24所示。埋在三角柱正面的两只热敏电阻与其他两只固定电阻构成一个电桥，电桥通以恒定电流使热敏电阻的温度升高。由于产生漩涡处的流速较大，使热敏电阻的温度降低，阻值改变，电桥输出信号。随着漩涡交替产生，电桥输出一系列与漩涡发生频率相对应的电压脉冲。

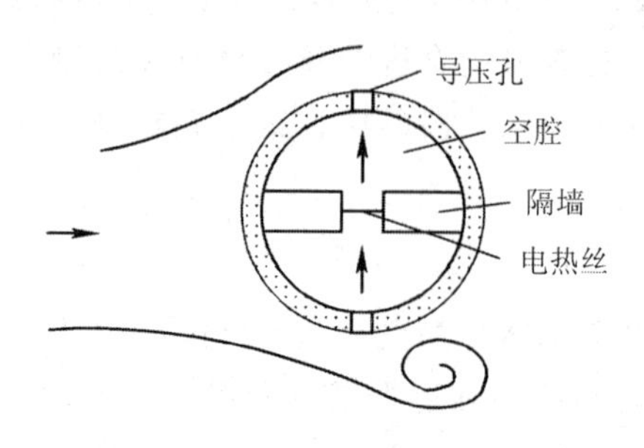

图 1.5-23　圆柱体旋涡检测原理图

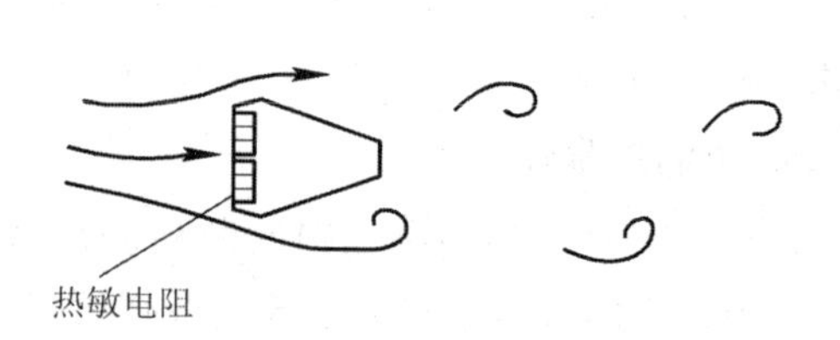

图 1.5-24　三角柱旋涡发生体的漩涡频率检测原理图

漩涡式流量计在管道内没有可动部件，使用寿命长，线性测量范围宽，几乎不受温度、压力、密度、黏度等变化的影响，压力损失小，传感器的输出是与体积流量成比例的脉冲信号，这种传感器对气体、液体均适用。

6. 质量流量计

在工业生产和产品交易中，物料平衡、热平衡以及储存、经济核算等常常需要用到质量流量，因此在测量工作中，常常将已测出的体积流量乘以密度换算成质量流量。而对于相同体积的流体，在不同温度、压力下，其密度是不同的，尤其对于气体流体，这就给质量流量的测量带来了麻烦，有时甚至难以达到测量的要求。这时便希望直接用质量流量计来测量质量流量，无需进行换算，这将有利于提高流量测量的准确度。

质量流量计直接测量单位时间内所流过的介质的质量，即质量流量 M。质量流量计大致分为两类：

(1) 直接式：即传感器直接反映出质量流量。

(2) 推导式：即基于质量流量的方程式，通过运算得出与质量流量有关的输出信号。用体积流量传感器和其他传感器及运算器的组合来测量质量流量。

1) 直接式质量流量计——科里奥利质量流量计

科里奥利质量流量计是利用流体在直线运动的同时，处于一个旋转系中，产生与质量流量成正比的科里奥利力而制成的一种直接式质量流量计。

当质量为 m 的质点在对 P 轴作角速度为 ω 旋转的管道内移动时，如图 1.5-25 所示，质点具有两个分量的加速度及相应的加速度力：

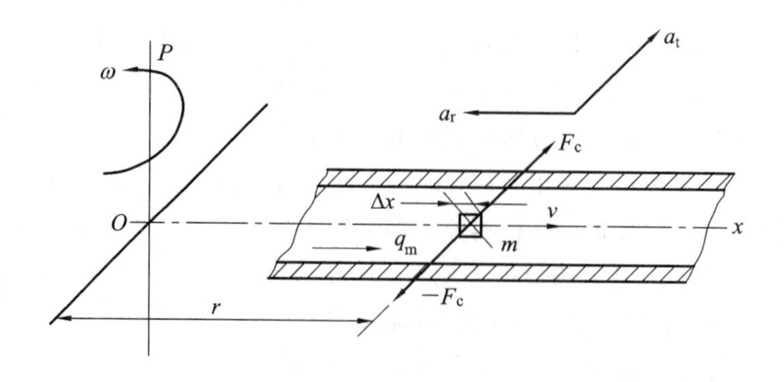

图 1.5-25　科里奥利力分析图

(1) 法向加速度：即向心加速度 a_r，其量值为 $2\omega r$，方向朝向 P 轴。

(2) 切向加速度：即科里奥利加速度 a_t，其量值为 $2\omega v$，方向与 a_r 垂直。由于复合运动，在质点的 a_t 方向上作用着科里奥利力为 $2\omega vm$，而管道对质点作用着一个反向力，其值为 $-2\omega vm$。

当密度为 ρ 的流体以恒定速度 v 在管道内流动时，任何一段长度为 Δx 的管道都受到一个大小为 ΔF_c 的切向科里奥利力，即

$$\Delta F_c = 2\omega v\rho A\Delta x \tag{1.5-35}$$

式中，A 为管道的流通内截面积。

因为质量流量 $q_m=\rho vA$，所以

$$\Delta F_c = 2\omega q_m\Delta x \tag{1.5-36}$$

基于上式，如直接或间接测量在旋转管道中流动流体所产生的科里奥利力就可以测得质量流量，这就是科里奥利质量流量计的工作原理。

然而，通过旋转运动产生科里奥利力实现起来比较困难，目前的传感器均采用振动的方式来产生，图 1.5-26 是科里奥利质量流量计结构原理图。流量传感器的测量管道是两根两端固定平行的 U 形管，在两个固定点的中间位置由驱动器施加产生振动的激励能量，在管内流动的流体产生科里奥利力，使测量管两侧产生方向相反的挠曲。位于 U 形管的两个直管管端的两个检测器用光学或电磁学方法检测挠曲量以求得质量流量。

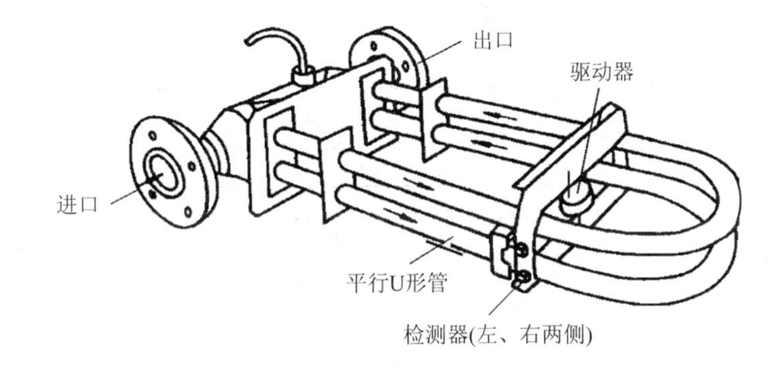

图 1.5-26　科里奥利质量流量计结构原理图

当管道充满流体时，流体也成为转动系的组成部分，流体密度不同，管道的振动频率会因此而有所改变，而密度与频率有一个固定的非线性关系，因此科里奥利质量流量计也可测量流体密度。

2) 推导式质量流量计

推导式质量流量计实际上是由多个传感器组合而成的质量流量测量系统，根据传感器的输出信号间接推导出流体的质量流量。组合方式主要有以下几种。

(1) 差压式流量传感器与密度传感器组合方式。

如图 1.5-27 所示，差压式流量传感器的输出信号是差压信号，它正比于 ρq_v^2，与密度传感器的输出信号进行乘法运算后再开方，即可得到质量流量，即

$$\sqrt{K_1\rho q_v^2 K_2\rho} = \sqrt{K_1K_2\rho}q_v = Kq_m \tag{1.5-37}$$

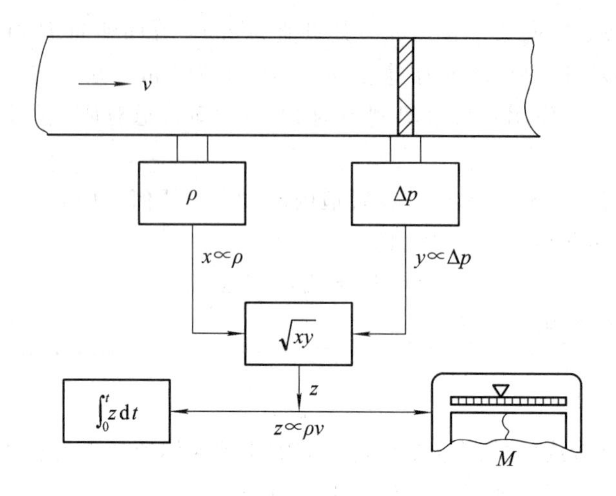

图 1.5－27　差压式流量传感器与密度传感器组合方式

(2) 体积流量传感器与密度流量传感器组合方式。

如图 1.5－28 所示，能直接用来测量管道中的体积流量 q_v的传感器有电磁流量传感器、涡轮流量传感器、超声波流量传感器等，利用这些传感器的输出信号与密度传感器的输出信号进行乘法运算即可得到质量流量，即

$$K_1 q_v K_2 \rho = K q_m \tag{1.5-38}$$

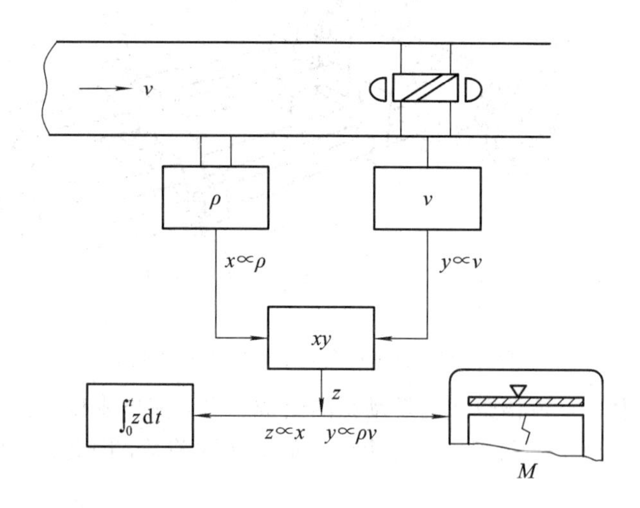

图 1.5－28　体积流量传感器与密度流量传感器组合方式

(3) 差压式流量传感器与体积式流量传感器组合方式。

差压式流量传感器的输出差压信号 Δp 与 ρq_v^2成正比，而体积流量传感器输出信号与 q_v成正比，将这两个传感器的输出信号进行除法运算也可得到质量流量，如图 1.5－29 所示，即

$$\frac{K_1 \rho q_v^2}{K_2 q_v} = k q_m \tag{1.5-39}$$

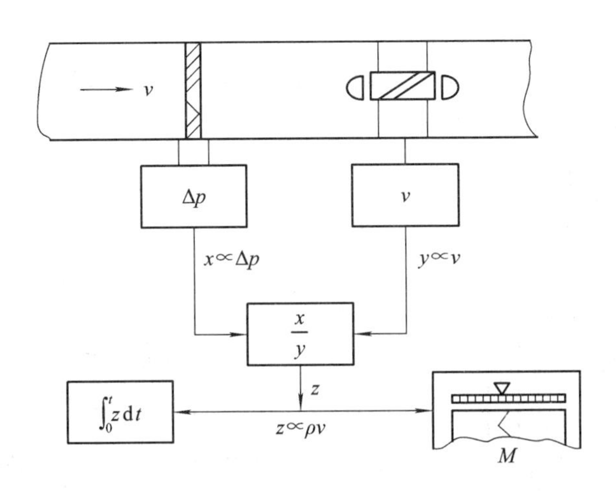

图 1.5-29 差压式流量传感器与体积式流量传感器组合方式

1.5.4 液位测量

1. 液位概述

液位是指各种容器设备中液体介质液面的高低、两种不溶液体介质的分界面的高低和固体粉末状颗粒物料的堆积高度等的总称。根据具体用途，它可分为液位、界位、料位等传感器。工业上，通过物位测量能正确获取各种容器和设备中所储物质的体积量和质量，能迅速正确反映某一特定基准面上物料的相对变化，监视或连续控制容器设备中的介质物位，或对物位上、下极限位置进行报警。

液位传感器种类较多，按其工作原理可分为下列几种类型：

(1) 直读式。它根据流体的连通性原理来测量液位。

(2) 浮力式。它根据浮子高度随液位高低而改变或液体对浸沉在其中的浮筒(或称沉筒)的浮力随液位高度变化而变化的原理来测量液位。前者称为恒浮力式，后者称为变浮力式。

(3) 差压式。它根据液柱或物料堆积高度变化对某点上产生的静(差)压力的变化的原理测量物位。

(4) 电学式。它根据把物位变化转换成各种电量变化的原理来测量物位。

(5) 核辐射式。它根据同位素射线的核辐射透过物料时，其强度随物质层的厚度变化而变化的原理来测量液位。

(6) 声学式。它根据物位变化引起的声阻抗和反射距离变化来测量物位。

(7) 其他形式，如微波式、激光式、射流式、光纤维式传感器等。

2. 液位计

1) 浮力式液位计

最原始的浮力式液位传感器，是将一个浮子置于液体中，它受到浮力的作用漂浮在液面上，当液面变化时，浮子随之同步移动，其位置就反映了液面的高低。水塔里的水位常用这种方法指示，图 1.5-30 是水塔水位测量示意图。液面上的浮子由绳索经滑轮与塔外的重锤相连，重锤上的指针位置便可反映水位。但与直观印象相反，标尺下端代表水位高度，若使指针动作方向与水位变化方向一致，应增加滑轮数目，但会引起摩擦阻力增加，误差也会增大。

把浮子换成浮球，测量位置从容器内移到容器外，用杠杆直接连接浮球，可直接显示罐内液位的变化，如图 1.5-31 所示。

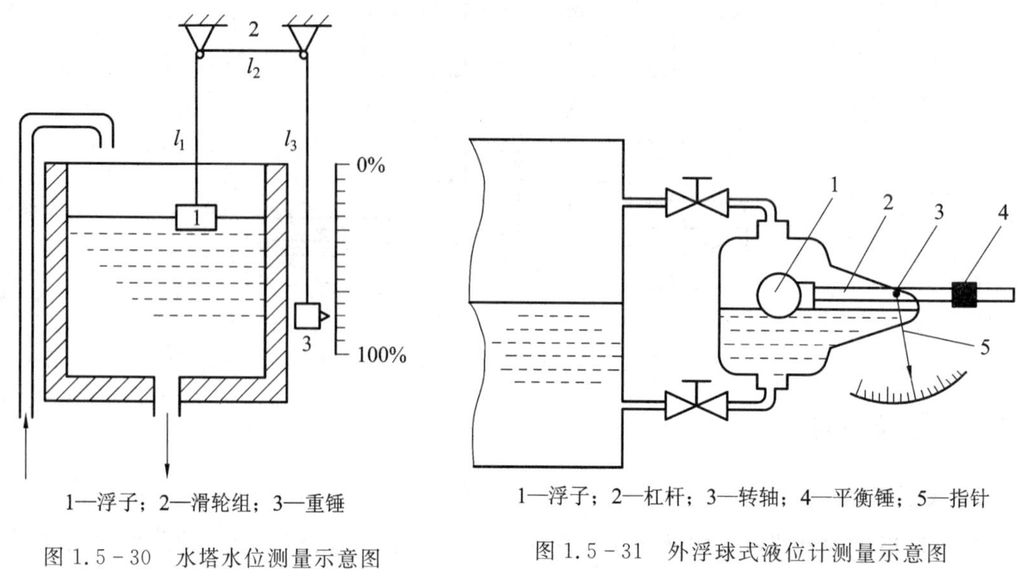

图 1.5-30　水塔水位测量示意图

图 1.5-31　外浮球式液位计测量示意图

2）*差压式液位计*

差压式液位计是基于液位高度变化时，由液柱产生的静压也随之变化的原理来检测液位的。利用压力或差压传感器测量静压的大小，可以很方便地测量液位，而且能输出标准电流信号，这种传感器习惯上称为变送器，这里主要讨论液位测量原理。

（1）工作原理。

对于上端与大气相通的敞口容器，利用压力传感器（或压力表）直接测量底部某点压力，如图 1.5-32 所示。通过引压导管把容器底部静压与测压传感器连接，当压力传感器与容器底部处在同一水平线时，由压力表的压力指示值可直接显示出液位的高度。压力与液位的关系为

$$H = \frac{p}{\rho g} \tag{1.5-40}$$

式中，H 为液位高度(m)；ρ 为液体的密度(kg/m^3)；g 为重力加速度(m/s^2)；p 为容器底部的压力(Pa)。

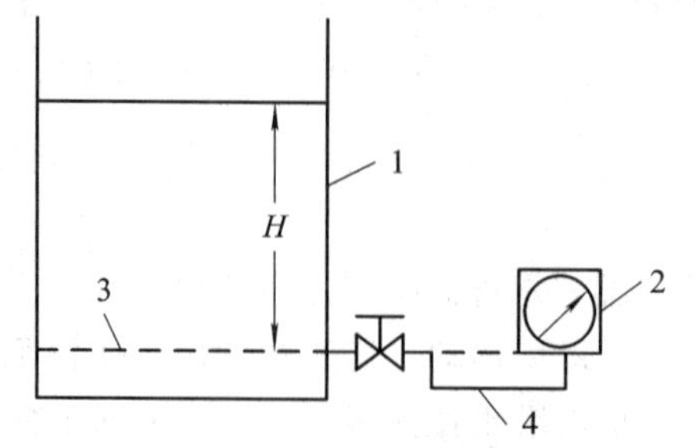

图 1.5-32　压力式液位计测量示意图

(2) 零点迁移问题。

① 无迁移。如果压力传感器与容器底部不在相同高度处，导压管内的液柱压力必须用零点迁移方法解决。对于上端与大气隔绝的闭口容器，容器上部空间与大气压力大多不等，所以在工业生产中普遍采用差压变送器来测量液位，如图1.5-33所示。

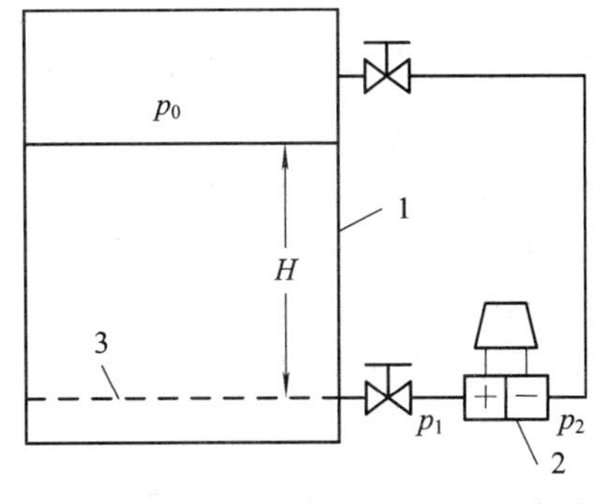

1—容器；2—差压变送器；3—零位液面

图1.5-33　差压液位变送器原理图

由式(1.5-33)可知，被测液位 H 与差压 Δp 成正比。但这种情况只限于上部空间为干燥气体，而且压力传感器与容器底部在同一高度时。

$$p_1 = p_0 + H\rho g \tag{1.5-41}$$

$$p_2 = p_0 \tag{1.5-42}$$

因此可得

$$\Delta p = p_1 - p_2 = H\rho g \tag{1.5-43}$$

式中，Δp 为容器底部差压(Pa)；p_1 为差压变送器正压室压力；p_2 为差压变送器负压室压力。

通常，被测介质的密度是已知的。差压变送器测得的差压与液位高度成正比。这样就把测量液位高度转换为测量压差的问题了。即当液位高度 $H=0$ 时，差压变送器作用在正、负压室的压力相等，测得的差压 $\Delta p=0$，输出的标准模拟电流信号 $I_o=4$ mA。这属于"无迁移"情况。

假如容器上部为蒸汽或其他可冷凝成液态的气体，则 p_2 的导压管里必然会形成液柱，这部分的液柱压力必须被补偿掉，也就是必须要对差压变送器进行零点迁移。零点迁移分为正迁移与负迁移。

② 负迁移。工业生产中，经常为了防止容器内液体和气体进入变送器而造成管线腐蚀，并保持负压室的液柱高度恒定，在变送器正、负压室与取压点之间分别装有隔离罐，并充以隔离液，如图1.5-34所示。

若被测介质密度为 ρ_1，隔离液密度为 ρ_2(通常 $\rho_2>\rho_1$)，这时正、负压室的压力分别为

$$p_1 = h_1\rho_2 g + H\rho_1 g + p_0 \tag{1.5-44}$$

$$p_2 = h_2\rho_2 g + p_0 \tag{1.5-45}$$

正、负压室间的压差为

$$\begin{aligned}\Delta p &= p_1 - p_2 \\ &= H\rho_1 g - (h_2 - h_1)\rho_2 g\end{aligned} \tag{1.5-46}$$

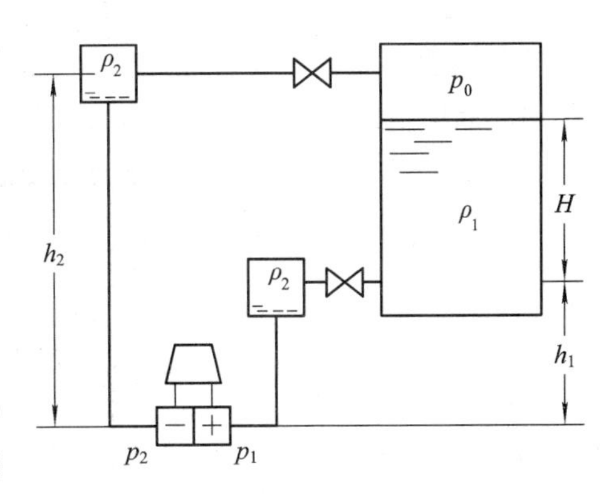

图1.5-34　负迁移示意图

从式(1.5-46)看出，当液位高度 $H=0$ 时，差压变送器作用在正、负压室的压力不相等，测得的差压 $\Delta p\neq0$，输出的标准模拟电流信号 $I_o<4$ mA，这属于"负迁移"情况。

为了使变送器的输出能正确反映出液位的数值，必须设法抵消固定压差 $(h_2-h_1)\rho_2 g$ 的作用，当液位高度 $H=0$ 时，变送器的输出 I_o 仍然回到4 mA。要采用调节变送器上的

迁移弹簧，以抵消固定压差$(h_2-h_1)\rho_2 g$的作用。其实质上是改变变送器的零点，使变送器输出的起始值与被测量起始点相对应。

迁移的同时改变了测量范围的上、下限，相当测量范围的平移，它不改变量程的大小。例如，某差压变送器的测量范围为0～5000 Pa，当压差由0变化到5000 Pa时，变送器的输出将由4 mA变化到20 mA，这是无迁移的情况，如图1.5－35中曲线a所示。

当负迁移时，设液位高度$H=0$，固定压差(迁移量)为$\Delta p=-(h_2-h_1)\rho_2 g=2000$ Pa，这时变送器输出应为4 mA；当H为最大值时，$\Delta p=H\rho_1 g-(h_2-h_1)\rho_2 g=5000-2000=3000$ Pa，这时变送器输出应为20 mA，负迁移曲线如图1.5－35中曲线b所示。

③ 正迁移。由于工作条件不同，有时会出现正迁移的情况，如图1.5－36所示。当$P_2=P_0$时，

$$\Delta p = p_1 - p_2 = H\rho g + h\rho g \tag{1.5-47}$$

从式(1.5－47)可看出，当液位高度$H=0$时，差压变送器作用在正、负压室的压力不相等，测得的差压$\Delta p\neq 0$，输出的标准模拟电流信号$I_o>4$ mA，这属于“正迁移”情况。差压变送器的输出和输入压差间的关系，就如同1.5－35中曲线c所示。

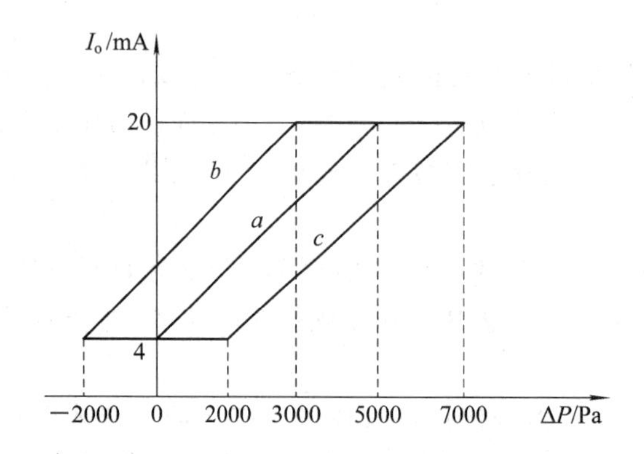

图1.5－35　差压变送器的正、负迁移示意图

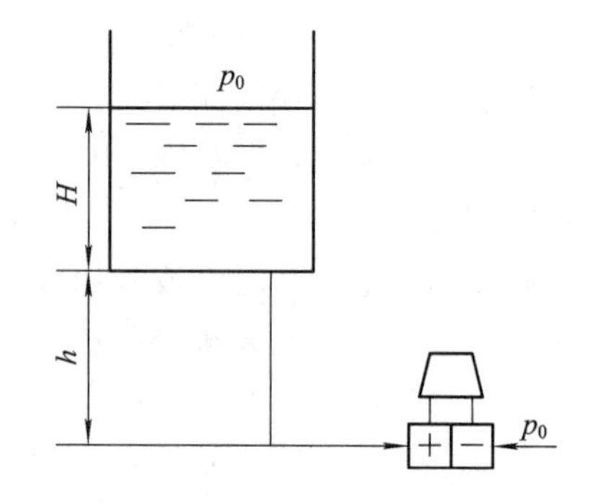

图1.5－36　正迁移示意图

3) 用法兰式差压变送器测量液位

为了解决测量具有腐蚀性或含有结晶颗粒以及黏度大、易凝固等液体液位时引压管线被腐蚀、被堵塞的问题，应使用法兰式差压变送器，如图1.5－37所示。

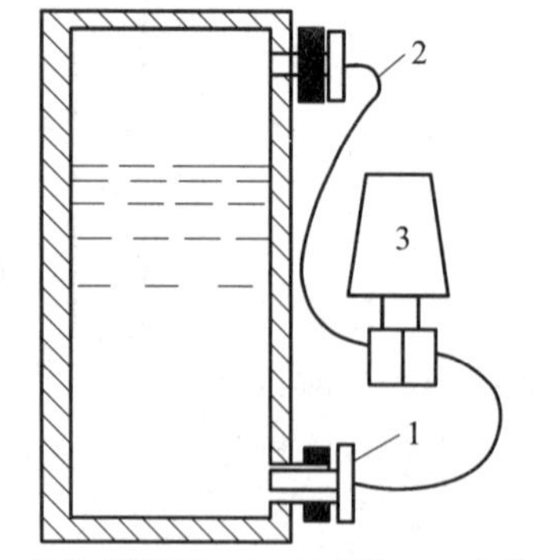

1—法兰式测量头；2—毛细管；3—变送器

图1.5－37　法兰式差压变送器测量液位示意图

法兰式差压变送器按其结构形式分为单法兰式、双法兰式，如图 1.5－38 和图 1.5－39 所示。

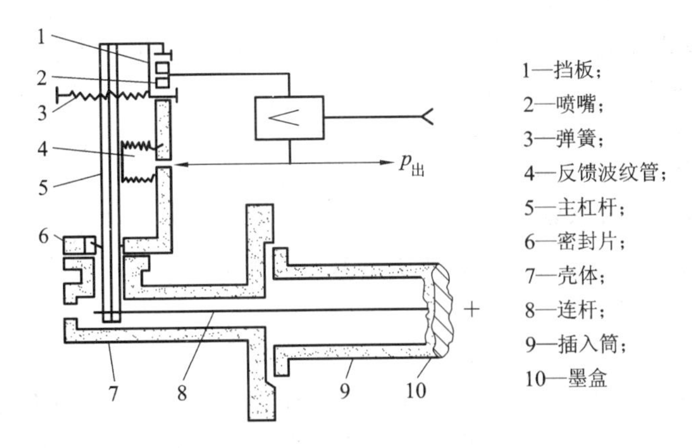

图 1.5－38　单法兰插入式差压变送器

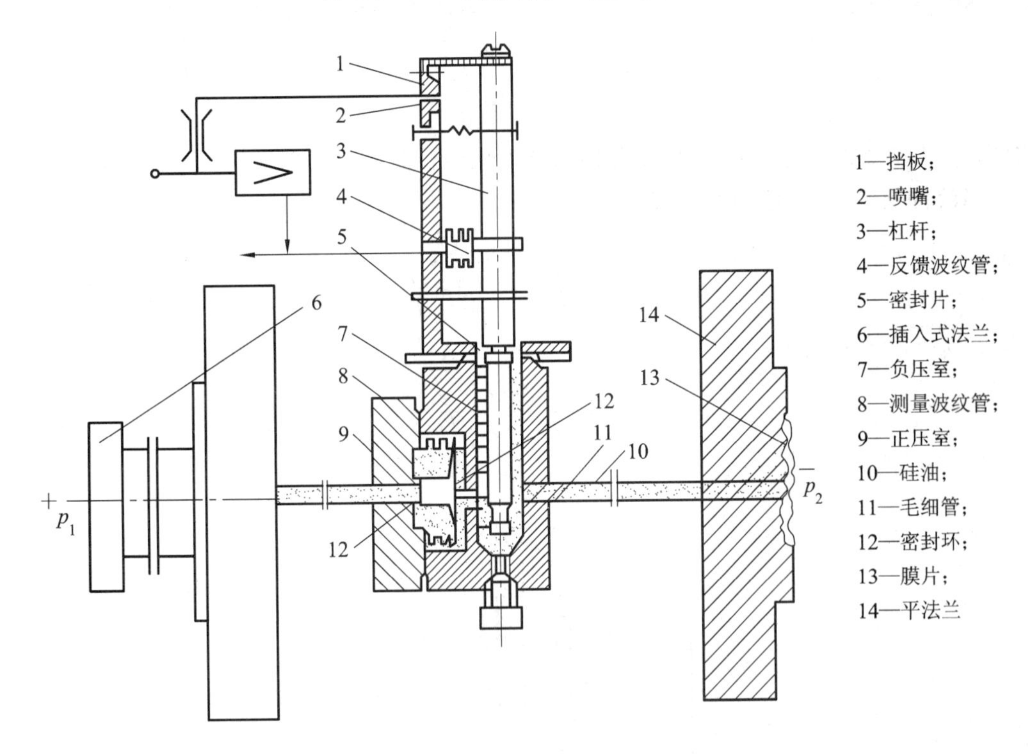

图 1.5－39　双法兰式差压变送器

3. 其他物位计

1）电容式物位计

在电容器的极板之间，充以不同的介质时，电容量的大小也有所不同。电容式物位计是通过测量电容量的变化来检测液位、料位和两种不同液体的分界面的。

图 1.5－40 是由两个同轴圆柱极板 1、2 组成的电容器，在两圆筒间充以介电系数为 ε 的介质时，两圆筒间的电容量表达式为

$$C=\frac{2\pi\varepsilon L}{\ln\dfrac{D}{d}} \tag{1.5-48}$$

式中，L 为两极板相互遮盖部分的长度；ε 为中间介质的介电系数；D、d 分别为外电极内径及内电极外径。

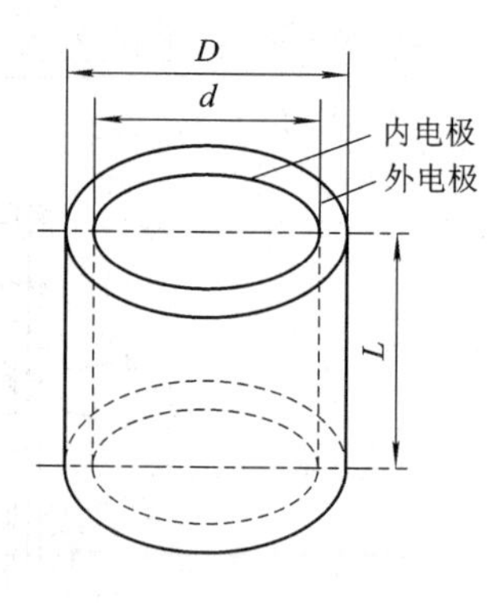

图 1.5-40　电容器的组成

当 D 和 d 一定时，电容量 C 的大小与极板的长度 L 和介质的介电常数 ε 的乘积成比例。电容量的变化与液位高度 H 成正比。这样，将电容传感器(探头)插入被测物料中，电极浸入物料中的深度随物位高低变化，必然引起其电容量的变化，从而可检测出物位。

2）液位的检测

对非导电介质液位测量的电容式液位传感器原理图如图 1.5-41 所示。它在内电极 1 和一个与它相绝缘的同轴金属套筒做的外电极 2 上开很多小孔 4，使介质能流进电极之间，内、外电极用绝缘套 3 绝缘。当液位为零时，仪表调整至零点，其零点的电容为

$$C_0=\frac{2\pi\varepsilon_0 L}{\ln\dfrac{D}{d}} \tag{1.5-49}$$

式中，ε_0 为空气的介电系数；D、d 分别为外电极内径及内电极外径。

当液位上升为 H 时，电容量变为

$$C=\frac{2\pi\varepsilon H}{\ln\dfrac{D}{d}}+\frac{2\pi\varepsilon_0(L-H)}{\ln\dfrac{D}{d}} \tag{1.5-50}$$

电容量为

$$C_x=C-C_0=\frac{2\pi(\varepsilon-\varepsilon_0)H}{\ln\dfrac{D}{d}}=KH \tag{1.5-51}$$

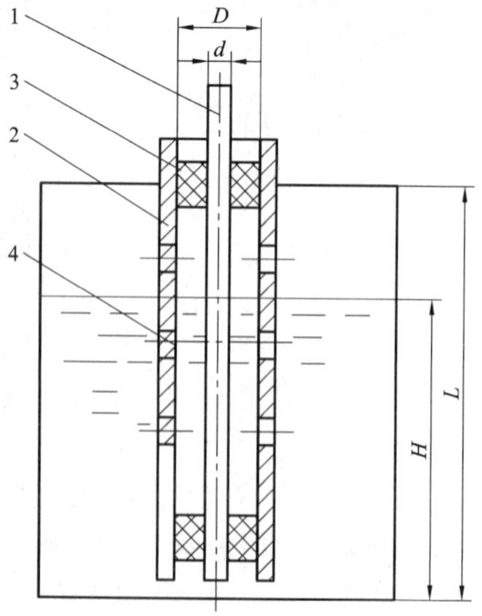

1—内电极；2—外电极；3—绝缘套；4—流通小孔

图 1.5-41　非导电介质液位测量的电容式液位传感器原理图

因此，电容量的变化与液位高度 H 成正比。该法利用被测介质的介电系数 ε 与空气介电系数 ε_0 不等的原理进行工作，$(\varepsilon-\varepsilon_0)$ 值越大，仪表越灵敏。电容器两极间的距离越小，仪表越灵敏。

3）料位的检测

用电容法可以测量固体块状颗粒体及粉料的料位，但由于固体间磨损较大，容易“滞留”，可用电极棒及容器壁组成电容器的两极来测量非导电固体料位。

图 1.5－42 所示为用金属电极棒插入容器来测量料位的示意图。电容量变化与料位升降的关系为

$$C_x = \frac{2\pi(\varepsilon-\varepsilon_0)H}{\ln\dfrac{D}{d}} \tag{1.5-52}$$

式中，ε、ε_0 分别为物料和空气的介电系数；D、d 分别为外电极内径及内电极外径。

电容物位计的传感部分结构简单、使用方便，但需借助较复杂的电子线路，同时应注意介质浓度、温度变化时，其介电系数也发生变化。

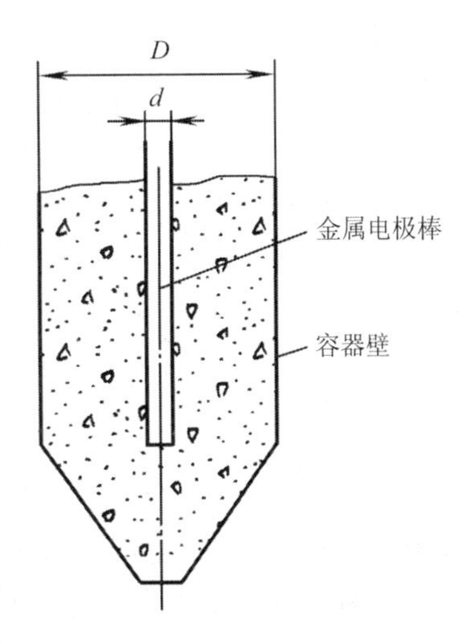

图 1.5－42　料位检测示意图

4）核辐射物位计

放射性同位素的辐射线射入一定厚度的介质时，部分粒子因克服阻力与碰撞动能消耗被吸收，另一部分粒子则透过介质。射线的透射强度随着通过介质层厚度的增加而减弱，入射强度为 I_0 的放射源，随介质厚度增加，其强度呈指数规律衰减，具体关系为

$$I = I_0 e^{-\mu H} \tag{1.5-53}$$

式中，μ 为介质对放射线的吸收系数；H 为介电层的厚度；I 为穿过介质后的射线强度。

不同介质吸收辐射的能力是不一样的。一般来说，固体吸收能力最强，液体次之，其他最弱。当放射源被选定后，被测介质不变时，I_0 与 μ 都为常数，则介质的高度 H 就可以被射线强度 I 反映出来。

核辐射物位计(见图 1.5－43)的突出特点是能够透过钢板等各种物质，可以完全不接触物质，其适用于高温、高压容器、强腐蚀、剧毒、有爆炸性、黏滞性、易结晶或沸腾状态的介质的物位测量，还可以用于高温融熔金属的液位的测量。核辐射物位计可在高温、烟雾等环境下工作，但由于放射线对人体有害，使用范围受到了一些限制。

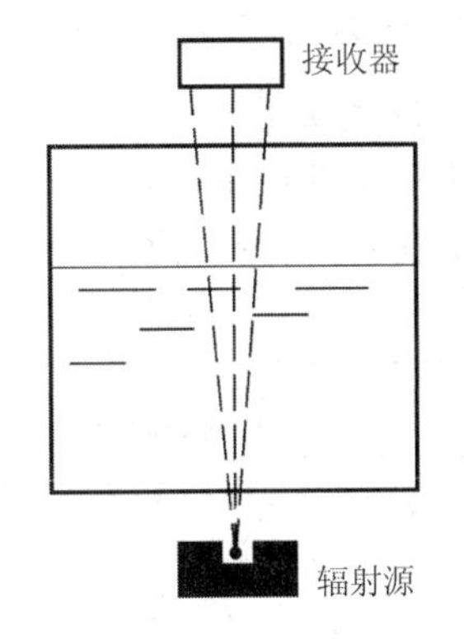

图 1.5－43　核辐射物位计示意图

5）称重式液罐计量仪

在石油化工中，有许多大型储罐，由于高度与直径都很大，即使液位变化 1～2 mm，质量也会有几百公斤的差别，所以液位的测量要求很准确。称重式液罐计量仪，既能将液位测得很准，又能反映出罐中真实的质量储量，如图 1.5－44 所示。

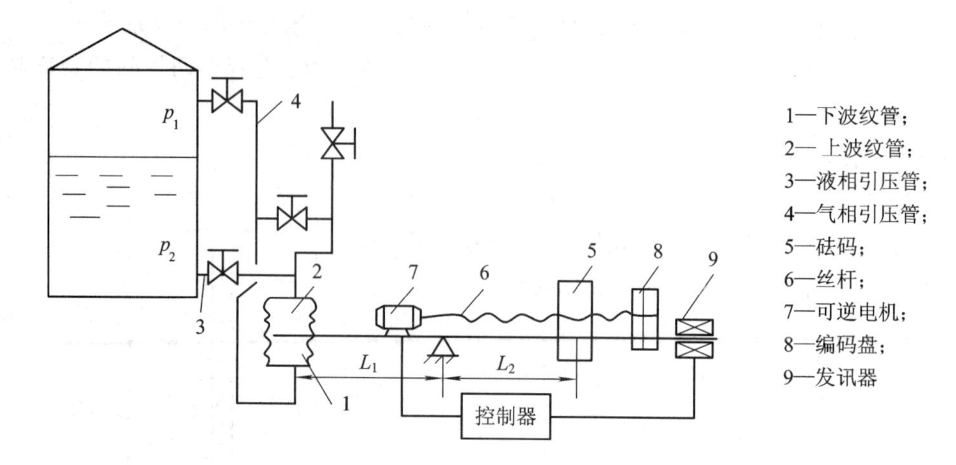

图 1.5-44 称重式液罐计量仪

称重式液罐计量仪根据天平原理设计，罐顶压力 p_1 与罐底压力 p_2 分别引至下波纹管 1 和上波纹管 2，两波纹管的有效面积 A 相等。差压引入两波纹管，产生总的作用力，作用于杠杆系统，使杠杆失去平衡，于是通过发讯器、控制器，接通电机线路，使可逆电机旋转，并通过丝杠带动砝码 5 移动，直至由砝码作用于杠杆的力矩与测量力矩平衡时，电机才停止转动。由于砝码移动距离与丝杠转动圈数成比例，丝杠转动时，经减速带动编码盘 8 转动，因此编码盘的位置与砝码位置是对应的，编码盘发出编码信号到显示仪表，经译码和逻辑运算后用数字显示出来。

称重式液罐计量仪是按天平平衡原理工作的，因此具有很高的精度和灵敏度。同时，测量的输出信号可以用数字仪表直接显示，同时，与计算机连用，进行数据处理或控制。

1.5.5 成分测量

1. 热导式气体传感器

热传导是同一物体各部分之间或互相接触的两物体之间传热的一种方式，物质导热能力的强弱用导热系数表示。不同物质的导热能力是不一样的，一般来说，固体和液体的导热系数比较大，而气体的导热系数比较小。表 1.5-8 为一些常见气体的导热系数。

表 1.5-8 常见气体的导热系数

气体名称	0℃时的导热系数 λ_0/W/(m·K)	0℃时的相对导热系数 $\frac{\lambda_0}{\lambda_{a0}}$	气体名称	0℃时的导热系数 λ_0/W/(m·K)	0℃时的相对导热系数 $\frac{\lambda_0}{\lambda_{a0}}$
氢气	0.1741	7.130	一氧化碳	0.0235	0.964
甲烷	0.0322	1.318	氨气	0.0219	0.897
氧气	0.0247	1.013	氩气	0.0161	0.658
空气	0.0244	1.000	二氧化碳	0.0150	0.614
氮气	0.0244	0.998	二氧化硫	0.0084	0.344

对于多组分组成的混合气体，随着组分含量的不同，其导热能力将会发生变化。如混合气体中各组分彼此之间无相互作用，实验证明，混合气体的导热系数 λ 可近似用下式表示：

$$\lambda = \lambda_1 C_1 + \lambda_2 C_2 + \cdots + \lambda_n C_n = \sum_{i=1}^{n} \lambda_i C_i \tag{1.5-54}$$

式中，λ_i 为混合气体中第 i 组分的导热系数；C_i 为混合气体中第 i 组分的体积百分含量。若混合气体中只有两个组分，则待测组分的含量与混合气体的导热系数之间的关系可写为

$$C_1 = \frac{\lambda - \lambda_2}{\lambda_1 - \lambda_2} \tag{1.5-55}$$

上式表明，两种气体组分的导热系数差异越大，测量的灵敏度越高。

但对于多组分($i>2$)的混合气体，由于各组分的含量都是未知的，因此应用式(1.5-55)时，还应满足两个条件：除待测组分外，其余组分的导热系数相等或接近；待测组分的导热系数与其余组分的导热系数应有显著的差异。

在实际测量中，对于不能满足以上条件的多组分混合气体，可以采取预处理方法。如分析烟气中的 CO_2 含量，已知烟气的组分有 CO_2、N_2、CO、SO_2、H_2、O_2 及水蒸气等。其中 SO_2、H_2 的导热系数与其他背景组分的导热系数相差太大，其存在会严重影响测量结果，一般称之为干扰气体，应在预处理时去除干扰组分，则剩余的背景气体导热系数相近，并与被测气体 CO_2 的导热系数有显著差别，这样就可用热导法分析烟气中的 CO_2 含量。

应当指出，即使是同一种气体导热系数也不是固定不变的，气体的导热系数随着温度的升高而增大。

2. 热导检测器

热导检测器是把混合气体导热系数的变化转换成电阻值变化的部件，它是热导传感器的核心部件，又称为热导池。

图1.5-45所示为热导池的结构示意图。热导池是金属制成的圆柱形气室，气室的侧壁上开有分析气体的进、出口，气室中央装有一根细的铂或钨热电阻丝。热丝通以电流后产生热量，并向四周散热，当热导池内通入待分析气体时，电阻丝上产生的热量主要通过气体进行传导。热平衡时，即电阻丝所产生的热量与通过气体热传导散失的热量相等时，热丝的电阻值也稳定在某一值。电阻的大小与所分析混合气体的导热系数 λ 存在对应关系。气体的导热系数越大，说明导热散热条件越好。热平衡时热电阻丝的温度越低，电阻值也越小。这就把气体的导热系数的变化转换成了热丝电阻值的变化。

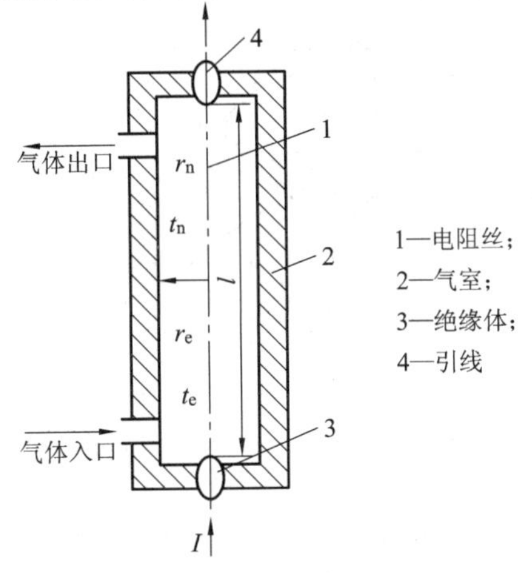

图1.5-45　热导池的结构示意图

根据分析气体流过检测器的方式不同，热导检测器的结构可以分为直通式、扩散式和对流扩散式。图 1.5－46 为热导检测器的结构图。图 1.5－46(a)为扩散式结构，其特点是反应缓慢，滞后较大，但受气体流量波动影响较小；图 1.5－46(b)为目前常用的对流扩散式结构，气体由主气路扩散到气室中，然后由支气路排出，这种结构可以使气流具有一定速度，并且气体不产生倒流。

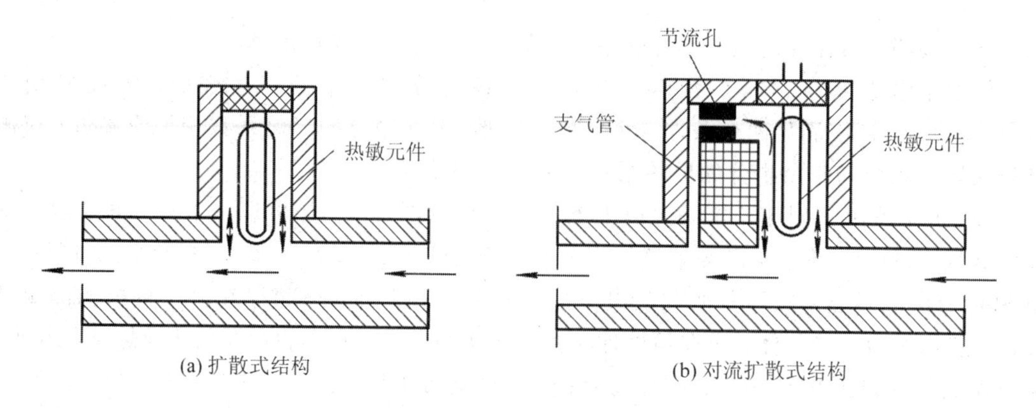

图 1.5－46　热导检测器的结构图

3. 测量电路

热导式气体传感器采用不平衡电桥电路测量电阻的变化。电桥电路有单电桥电路和双电桥电路之分。

图 1.5－47 为热导式气体传感器中常用的电路是单电桥测量电路。电桥由四个热导池组成，每个热导池的电阻丝作为电桥的一个桥臂电阻。R_1、R_3 的热导池称为测量热导池，通以被测气体；R_2、R_4 的热导池称为参比热导池，气室内充以测量的下限气体。当通过测量热导池的被测组分含量为下限时，由于四个热导池的散热条件相同，四个桥臂电阻相等，因此电桥输出为零。当通过测量热导池的被测组分含量发生变化时，R_1、R_3 电阻值将发生变化，电桥失去平衡，其输出信号的大小反映了被测组分的含量。

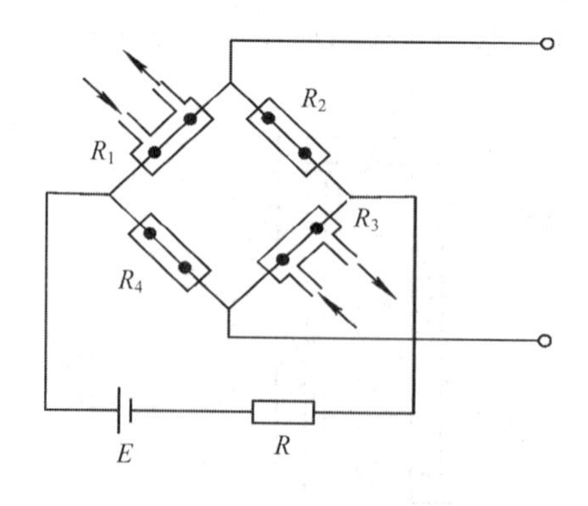

图 1.5－47　单电桥测量电路

单电桥的结构简单，但输出对电源电压以及环境温度的波动比较敏感。采用双电桥电路可以较好地解决电桥的输出对电源电压以及环境温度的波动比较敏感的问题。图

1.5-48是热导式气体传感器中使用的双电桥测量电路原理图。Ⅰ为测量电桥，它与单电桥电路相同，其输出的不平衡电压的大小反映了被测组分的含量。Ⅱ为参比电桥，R_5、R_7的热导池中密封着测量上限的气体，R_6、R_8的热导池中密封着测量下限的气体，其输出的电压是一固定值。电桥采用交流供电电源，变压器的副边供电的两个电桥的电压是相等的。u_{cd}与滑线电阻A、C间的电压u_{AC}之差Δu加在放大器输入端，信号经放大后驱动可逆电机，带动滑线电阻滑触点C向平衡点方向移动，当时，系统达到平衡，平衡点C的位置反映了混合气体中被测组分的含量。

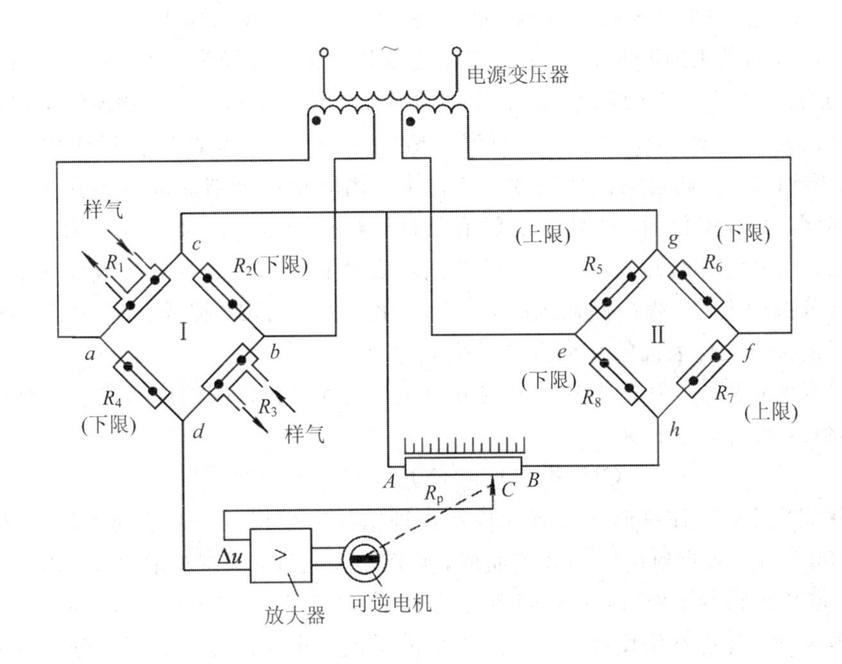

图1.5-48　双电桥测量电路

4. 接触燃烧式气体传感器

接触燃烧式气体传感器是煤矿瓦斯检测的主要传感器，这种传感器的应用对减少和避免矿井瓦斯爆炸事故，保障煤矿安全生产有重要的作用。

1）基本工作原理

当易燃气体(低于LEL(下限爆炸浓度))接触这种被催化物覆盖的传感器表面时，会发生氧化反应而燃烧，故得名接触燃烧式传感器，也可称为催化燃烧式传感器。传感器工作温度在高温区，目的是使氧化作用加强。气体燃烧时释放出热量，导致铂丝温度升高，使铂丝的电阻阻值发生变化。将铂丝电阻放在一个电桥电路中，测量电桥的输出电压，即可得出气体的浓度。

接触燃烧式传感器由加热器、催化剂和热量感受器三要素组成。它有两种形式：一种是用裸铂金丝作气体成分传感器件，催化剂涂在铂丝表面，铂丝线圈本身既是加热器，又是催化剂，同时又是热量感受器；另一种是载体作为气体成分传感器，催化剂涂于载体上，铂丝线圈不起催化作用，而仅起加热和热量感受器的作用。

目前广泛应用的接触燃烧式传感器是第二种结构形式，气敏元件主要由铂丝、载体和催化剂组成，如图 1.5-49 所示。

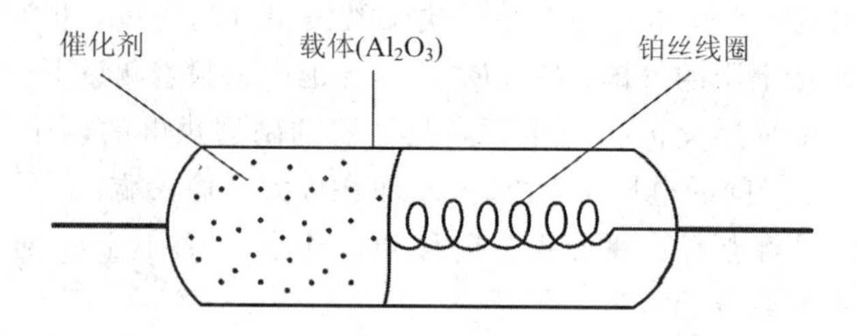

图 1.5-49　接触燃烧式传感器气敏元件结构示意图

铂丝螺旋线圈是用纯度 99.999%的铂丝绕成的，线圈直径为 0.007～0.25 mm，20℃时的阻值约为 5～8 Ω。铂丝螺旋线圈的作用是通以工作电流后，将传感器的工作温度加热到瓦斯氧化的起始温度(450℃左右)。对温度敏感的铂丝，当瓦斯氧化反应放热使温度升高时，其阻值增大，以此检测瓦斯的浓度。载体是用氧化铝烧结而成的多孔晶状体，用来掩盖铂丝线圈，承载催化剂。载体本身没有活性，对检测输出信号没有影响，其作用是保护铂丝线圈，消除铂丝的升华，保证铂丝的热稳定性和机械稳定性，承载催化剂，使催化剂形成高度分散的表面，提高催化剂的效用。催化剂多采用铂、钯或其他过渡金属氧化物，其作用是促使接触元件表面的瓦斯气体发生氧化反应。

在催化剂的作用下，瓦斯中的主要成分沼气与氧气在较低的温度下发生强烈的氧化反应(无焰燃烧)，反应化学式为

$$CH_4 + 2O_2 = CO_2 + 2H_2O + Q$$

在实际应用中，往往将催化传感元件和物理结构完全相同的补偿元件放入隔爆罩内，如图 1.5-50 所示。隔爆罩由铜粉烧结而成，其作用是隔爆，限制扩散气流，以削弱气体的流热效应。催化传感器工作时，在隔爆罩内的燃烧室与外界大气中的 CH_4、CO_2、O_2、H_2O(水蒸气)等四种气体存在浓度差，因而产生扩散运动。外界大气中的沼气分子(CH_4)和氧气分子(O_2)一起经隔爆冶金罩扩散进入燃烧室，氧化反应的生成物 CO_2 和 H_2O(水蒸气)经隔爆冶金罩扩散溢出燃烧室。热反应生成的高温气体 CO_2 和 H_2O 通过铜粉末冶金隔爆罩传递出较多的热量，使得扩散到大气中的气体温度低于引燃瓦丝的最低温度，确保传感器的安全检测。

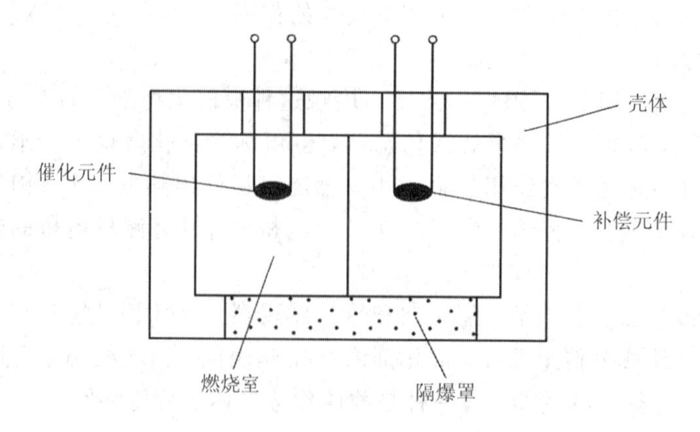

图 1.5-50　接触燃烧式传感器的结构示意图

如果气体温度低，而且是完全燃烧时，有

$$\Delta R=\alpha\Delta T=\frac{\alpha\Delta H}{C}=\frac{a\cdot\alpha\cdot m\cdot Q}{C} \tag{1.5-56}$$

式中，ΔR 为气体传感器的阻值变化；α 为气体传感器的电阻温度系数；ΔT 为气体燃烧引起的温度上升值；ΔH 为气体燃烧所产生的热量；C 为气体传感器的热容量；m 为气体浓度；Q 为气体的分子燃烧热；a 为常数。

确定气体传感器的材料、形状和结构以后，若被测气体的种类固定，则传感器的电阻变化与被测气体浓度成正比，即 $\Delta R=\alpha\cdot k\cdot m$。

2）测量电路

接触燃烧式气体传感器的测量电路如图1.5-51所示，测量电路是个电桥电路。气体敏感元件被置于可通入被测气体的气室中，温度补偿元件的参数与催化敏感元件相同，并与催化敏感元件保持在同一温度，但不接触被测气体，放置在与催化敏感元件相邻的桥臂上，以消除周围环境温度、电源电压等变化带来的影响。

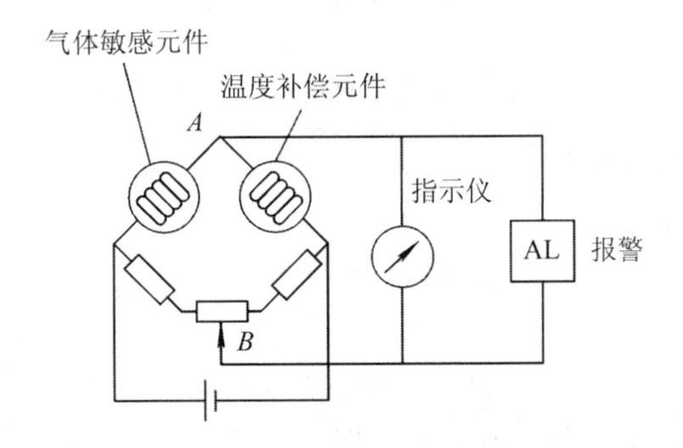

图1.5-51　接触燃烧式气体传感器的测量电路

接触燃烧式气体传感器可产生正比于易燃气体浓度的线性输出，测量范围高达100% LEL。在测量时，周围的氧浓度要大于10%，以支持易燃气体的敏感反应。这种传感器可以检测空气中的许多种气体或汽化物，包括甲烷、乙炔及氢气等，但是它只能测量一种易燃气体总体或混合气体是否存在，而不能分辨其中单独的化学成分。实际中，应用接触燃烧式气体传感器时，人们感兴趣的是易燃危险气体是否存在，检测是否可靠，而不管其气体内部成分如何。

接触燃烧式传感器具有响应时间短、重复性好和精度高，并且不受周围温度和湿度变化的影响等优点。接触燃烧式气体传感器不适宜高浓度（>LEL）易燃气体的检测，因为这类传感器在高浓度下会产生过热现象，使氧化作用效果变差。另外，传感器元件容易被硅化物、硫化物和氯化物所腐蚀，在氧化铝表面造成不易消除的破坏。

5. 氧化锆氧气传感器

1）检测原理

氧化锆（ZrO_2）是一种具有氧离子导电性的固体电解质。纯净的氧化锆一般是不导电的，但当它掺入一定量（通常为15%）的氧化钙CaO（或氧化钇 Y_2O_3）作为氧化剂，并经高温焙烧后，就变为稳定的氧化锆材料，这时被二价的钙或三价的钇置换，同时产生氧离子空穴，空穴的多少与掺杂量有关，在较高的温度下，就变成了良好的氧离子导体。

氧化锆氧气传感器测量氧含量是基于固体电解质产生的浓差电势来测量的，其基本结构如图 1.5－52 所示。在一块掺杂 ZrO_2 电解质的两侧分别涂敷一层多孔性铂电极，当两侧气体的氧分压不同时，由于氧离子进入固态电解质，氧离子从氧分压高的一侧向氧分压低的一侧迁移，结果使得氧分压高的一侧铂电极带正电，而氧分压低的一侧铂电极带负电，因而在两个铂电极之间构成了一个氧浓差电池。此浓差电池的氧浓差电势在温度一定时只与两侧气体中的氧含量有关。

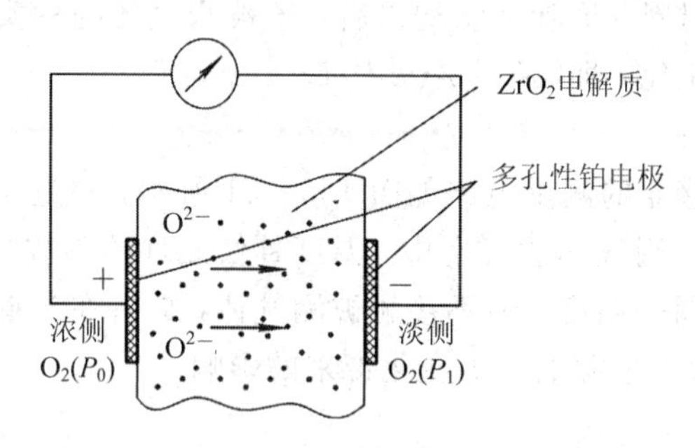

图 1.5－52　氧化锆氧气传感器原理示意图

在电极上发生的电化学反应如下：

电池正极：

$$O_2(P_0)+4e \rightarrow 2O^{2-}$$

电池负极：

$$2O^{2-} \rightarrow O_2(P_1)+4e$$

浓差电势的大小可由能斯特方程表示，即

$$E=\frac{RT}{nF}\ln\frac{P_0}{P_1} \tag{1.5-57}$$

式中，R 为理想气体常数；T 为氧化锆固态电解质温度；n 为参加反应的电子数（$n=4$）；F 为法拉第常数；P_0 为参比气体的氧分压；P_1 为待测气体的氧分压。

根据道尔顿分压定律，有

$$\frac{P_0}{P_1}=\frac{C_0}{C_1} \tag{1.5-58}$$

式中，C_0 为参比气体中的氧含量；C_1 为待测气体中的氧含量。

因此式（1.5－57）可写为

$$E=\frac{RT}{nF}\ln\frac{C_0}{C_1} \tag{1.5-59}$$

由上式可知，若温度 T 保持某一定值，并选定一种已知氧浓度的气体作参比气体（一般都选用空气），即若一侧气体的氧含量已知（如空气中的氧含量为常数），则另一侧气体的氧含量（如锅炉烟气或汽车排气中的氧含量）就可以用氧浓度差电势表示，测出浓度差电势，便可知道被测气体中的氧含量。如温度改变，即使气体中氧含量不变，输出的氧浓度差电势也要改变，所以氧化锆氧气传感器均设有恒温装置，以保证测量的准确度。

2）氧化锆氧气传感器的探头

图 1.5－53 为检测烟气的氧化锆氧气传感器探头的结构示意图。氧化锆探头的主要部

件是氧化锆管，它是用氧化锆固体电解质材料做成一端封闭的管状结构，内、外电极采用多孔铂，电极引线采用铂丝制成。被测气体（如烟气）经陶瓷过滤器后流经氧化锆管的外部，参比气体（空气）从探头的另一头进入氧化锆管的内部。氧化锆管的工作温度在650～850℃之间，并且测量时温度需恒定，所以在氧化锆管的外围装有加热电阻丝，管内部还装有热电偶，用来检测管内温度，并通过温度控制器调整加热丝电流的大小，使氧化锆的温度恒定。

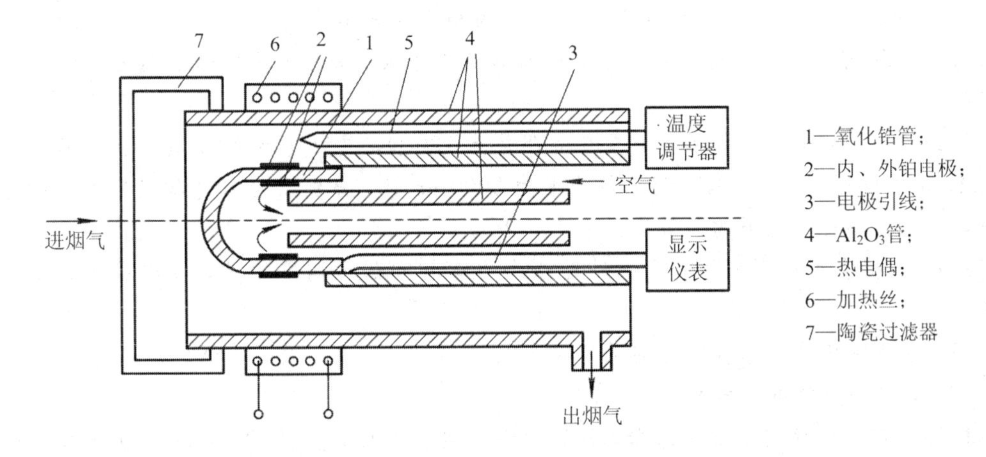

图1.5-53　氧化锆氧气传感器探头的结构示意图

氧化锆氧气传感器输出的氧浓度差电势与被测气体氧浓度之间为对数关系，而且氧化锆电介质浓度差电池的内阻很大，所以对后续的测量电路有特别的要求，不仅要进行放大，而且要求输入阻抗要高，还要具有非线性补偿的功能。

思考题与习题

1.1　将一台灵敏度为40 pC/kPa的压电式力传感器与一台灵敏度调整到0.226 mV/pC的电荷放大器相连，其总灵敏度是多少？

1.2　求周期信号 $x(t)=0.5\cos 10t+0.2\cos(100t-45°)$ 通过传递函数 $H(s)=1/(0.005s+1)$ 的装置后所得到的稳态响应。

1.3　想用一个一阶系统做100 Hz的正弦信号测量，如要求限制振幅误差在5%以内，那么时间常数应取为多少？

1.4　何为测量误差？测量误差的表示方法主要有哪几种？

1.5　某台具有线性关系的温度变送器，其测温范围为0～200℃，变送器的输出为4～20 mA。对这台温度变送器进行校验，得到下列数据：

输入信号	标准温度/℃	0	50	100	150	200
输出信号/mA	正行程读数 $x_{正}$	4	8	12.01	16.01	20
	反行程读数 $x_{反}$	4.02	8.10	12.10	16.09	20.01

试根据以上校验数据确定该仪表的变差、准确度等级与线性度。

1.6　某台测温仪表的测温范围为200～1000℃，工艺上要求测温误差不能大于±5℃，试确定应选仪表的准确度等级。

1.7 如果某反应器最大压力为0.6 MPa，允许最大绝对误差为±0.02 MPa。现用一台测量范围为0～1.6 MPa，准确度为1.5级的压力表来进行测量，问能否符合工艺上的误差要求？若采用一台测量范围为0～1.0 MPa，准确度为1.5级的压力表，问能否符合误差要求？试说明其理由。

1.8 什么是金属材料的应变效应？什么是半导体材料的压阻效应？

1.9 比较金属丝应变片和半导体应变片的相同点和不同点。

1.10 什么是直流电桥？若按不同的桥臂工作方式，分哪几种？各自的输出电压如何计算？

1.11 有一电桥，已知工作臂应变片阻值为120 Ω，灵敏度$K=2$，其余桥臂阻值也为120 Ω，供桥电压为3 V，当应变片的应变为2000 $\mu\varepsilon$时，分别求出单臂和双臂电桥的输出电压，并比较两种情况下的灵敏度。

1.12 拟在等截面积的悬梁上粘贴四个完全相同的电阻应变片，并组成差动全电桥电路，试问：

(1) 四个应变片应怎样粘贴在悬臂梁上？

(2) 画出相应的电桥电路。

1.13 有一应变式测力传感器，弹性元件为实心圆柱，直径$D=2$ cm。在圆柱上贴四片应变片(阻值相同、灵敏度$K=2.0$)，组成全桥电路，供桥电压为6 V。材料弹性模量$E=2\times107$ N/cm^2，泊松比$\mu=0.3$，力$P=1000$ N。

(1) 画出应变片在圆柱上的贴片位置以及相应的桥路。

(2) 求各应变片的应变，电阻相对变化量。

(3) 求桥路的输出电压。

(4) 能否进行温度补偿？

1.14 何为电感式传感器？电感式传感器分哪几类？各有何特点？

1.15 根据工作原理可将电容式传感器分为哪几种类型？

1.16 简述变磁通和恒磁通式磁电传感器的工作原理。

1.17 光电效应有哪几种？相对应的光电器件各有哪些？

1.18 什么叫湿敏电阻？湿敏电阻有哪些类型？各有什么特点？

1.19 简述气敏元件的工作原理。

1.20 试述热电阻温度计测温原理，常用热电阻的种类。R_0各为多少？

1.21 热电偶的热电特性与哪些因素有关？

1.22 常用的热电偶有哪几种？所用的补偿导线是什么？为什么要使用补偿导线？

1.23 用热电偶测温时，为什么要进行冷端温度补偿？其补偿的方法有哪几种？

1.24 试述热电偶温度计、热电阻温度计各包括哪些元件和仪表，输入、输出信号各是什么。

1.25 用K热电偶测设备的温度，测得的热电势为20 mV，冷端(室温)为25℃，求设备温度。如果改为E热电偶测设备的温度，相同条件下，E热电势值为多少？

1.26 现用一只镍铬-镍硅热电偶测量温度，其冷端为30℃，显示仪表机械零点在0℃时，指示值为400℃，则认为设备温度为430℃，对不对？为什么？正确值是多少？

1.27　用分度号S热电偶测温时，计算时错用了K热电偶的分度表，查得的温度为140℃，问实际温度为多少？

1.28　为什么一般工业的压力计做成测量表压或真空度，而不做成测量绝对压力的形式？

1.29　作为感受元件的弹簧元件有哪几种？各有何特点？

1.30　霍尔片式压力计是如何利用霍尔效应实现压力测量的？

1.31　电容式压力计的工作原理是什么？

1.32　某差压式流量计的流量刻度上限为320 m^3/h，差压上限为2500 Pa。当仪表指针指在160 m^3/h时，求相应的差压是多少（流量计不带开方器）？

1.33　用标准孔板节流装置配DDZ—Ⅲ型电动差压变送器(带开方器)，测量某管道的流量，差压变送器最大的差压对应的流量为320 m^3/h，输出电流为4～20 mA。试求当变送器输出电流为16 mA时，实际流过管道的流量是多少？

1.34　某储罐内的压力变化范围为12～15 MPa，要求远传显示，试选择一台DDZ—Ⅱ型压力变送器（包括准确度等级和量程）。如果压力由12 MPa变化到15 MPa，问这时压力变送器的输出变化了多少？如果附加迁移机构，问是否可以提高仪表的准确度和灵敏度？试举例说明之。

1.35　用差压传感器测量物位时，为什么会产生零点迁移的问题？如何进行零点迁移？试举例说明。

1.36　测量某管道蒸汽压力，压力表低于取压口8 m，如题图1.36所示，已知压力表表示值p=6 MPa，当温度为60℃时，冷凝水的密度为985.4 kg/m^3，求蒸汽管道内的实际压力及压力表低于取压口所引起的相对误差及迁移量。

1.37　用一台双法兰式差压变送器测量某容器的液位，如题图1.37所示。已知被测液位的变化范围为0～3 m，被测介质密度ρ=900 kg/m^3，毛细管内工作介质密度ρ_0=950 kg/m^3。变送器的安装尺寸为h_1=1 m，h_2=4 m。求变送器的测量范围，并判断零点迁移方向，计算迁移量，当法兰式差压变送器的安装位置升高或降低时，问对测量有何影响？

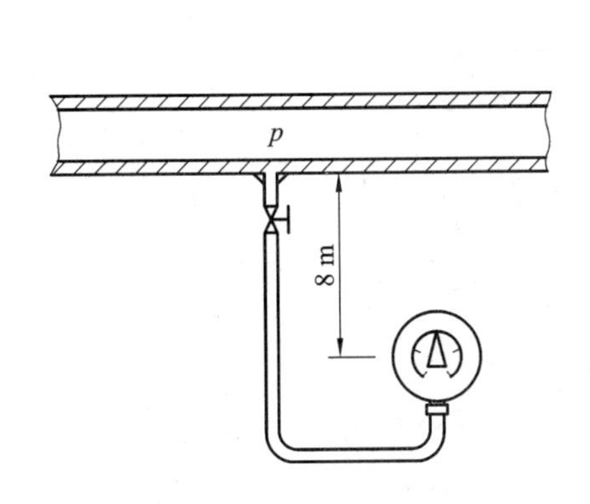

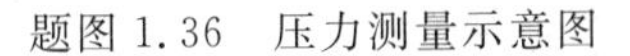
题图1.36　压力测量示意图

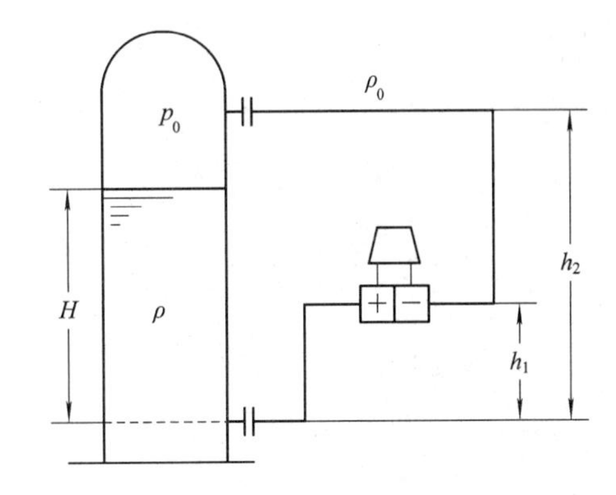

题图1.37　双法兰式差压变送器测量液位示意图

1.38　用单法兰电动差压变送器来测量敞口罐中硫酸的密度，利用溢流来保持罐内液位H恒为1 m，如题图1.38所示。已知差压变送器的输出信号为0～10 mA，硫酸的最小

和最大密度分别为 $\rho_{min}=1.32(g/cm^3)$，$\rho_{max}=1.82(g/cm^3)$。要求：

(1) 计算差压变送器的测量范围；

(2) 如加迁移装置，请计算迁移量；

(3) 如不加迁移装置，可在负压侧加装水恒压器（如题图 1.38 中虚线所示），以抵消正压室附加压力的影响，请计算出水恒压器所需高度 h。

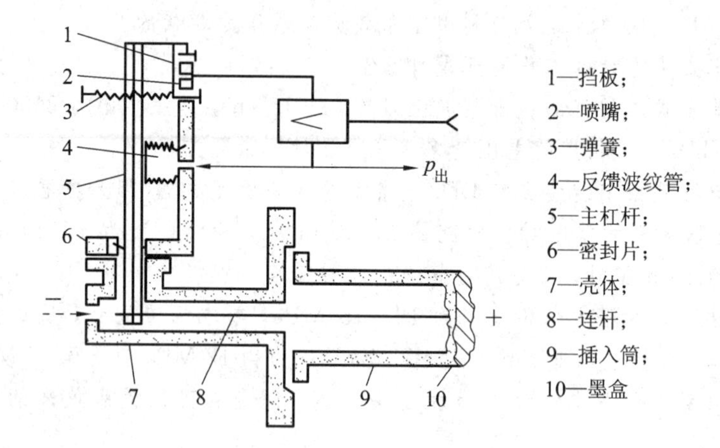

题图 1.38　单法兰电动差压变送器测量液位示意图

第 2 章　简单控制系统

简单控制系统是指单回路控制系统，是最基本、结构最简单的一种控制系统，具有相当广泛的适应性。在计算机控制已占主流地位的今天，这类控制仍占 70%以上。

简单控制系统虽然结构简单，却能解决生产过程中的大量控制问题，同时也是复杂控制系统的基础。掌握单回路系统的分析和设计方法，将会给复杂控制系统的分析和研究提供很大的方便。

2.1　简单控制系统结构组成及控制指标

2.1.1　简单控制系统结构组成

简单控制系统由四个基本部分组成，即被控对象（简称对象）、测量变送装置、控制器（亦称调节器）和控制阀（亦称调节阀）。有时为了分析问题方便起见，把控制阀、被控对象和测量变送装置合在一起，称为广义对象。

液位控制系统的结构原理图如图 2.1－1 所示，控制要求是维持水槽液位 L 不变。为了控制液位，选择相应的变送器、控制器和控制阀，组成液位控制系统（即简单控制系统）。

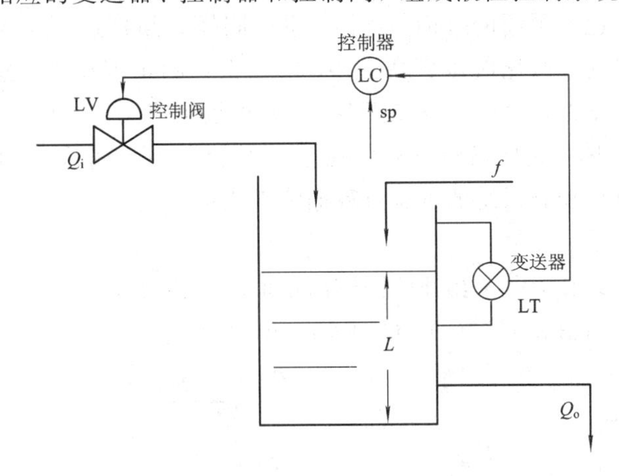

图 2.1－1　液位控制系统的结构原理图

假定图 2.1－1 中所示是一个中间储水槽，在平衡状态下（$Q_i=Q_o$），如果输入流量端存有干扰 f，使输入总流量（Q_i+f）增大，于是液位 L 上升。随着 L 的上升，控制器将感受到偏差（给定与测量的比较值），从而使控制器输出，将控制阀关小，使输入流量 Q_i 减小，液位 L 将下降到给定值，达到新的平衡。

对于图 2.1－1 所示的液位控制系统，可以画出它的方框图，如图 2.1－2 所示。

从以上的液位控制系统工作过程可看出：在该系统中存在着一条从系统输出端引向输

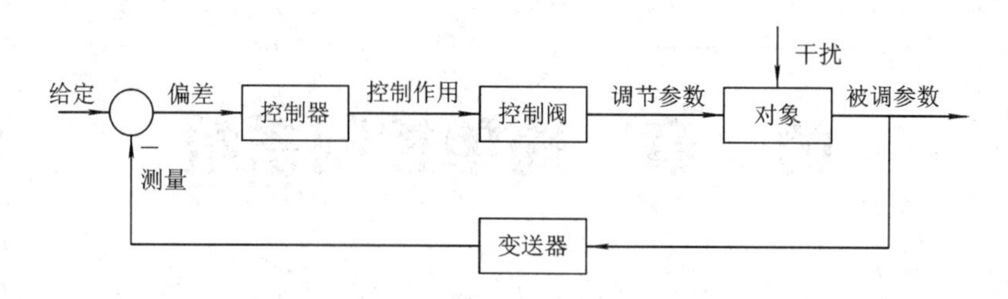

图 2.1-2 液位控制系统方框图

入端的反馈线，也就是说，该系统中的控制器是根据被控变量的测量值与给定值的偏差来进行控制的。控制作用是纠正偏差的，所以负反馈是简单控制系统的一个特点。

简单控制系统根据其被控变量的不同，可以分为温度控制系统、压力控制系统、流量控制系统、液位控制系统等。虽然这些控制系统名称不同，但是它们都具有相同的方框图和结构。从组成方块图上看，此类控制系统由一个测量变送装置、一个控制器、一个控制阀和相应的被控对象组成，并形成一个负反馈回路，因此简单控制系统也常称为单回路控制系统。

2.1.2 简单控制系统的控制指标

对每一个控制回路来说，在设定值发生变化或系统受到扰动作用后，被控变量应该平稳、迅速和准确地趋近或恢复到设定值。因此，通常在稳定性、快速性和准确性三个方面提出各种单项控制指标，把它们适当地组合起来，也可提出综合性指标。

1. 控制系统过渡过程单项指标

控制系统按其输入方式不同，可分为随动系统与定值系统。随动系统与定值系统控制要求有相同的一面，也有不同的一面。例如，系统同样必须稳定，但定值系统的衰减比可以低一些，随动系统的衰减比应该更高一些，随动系统的重点在于跟踪，要跟得稳、跟得快、跟得准；定值系统的关键在一个“定”字上，要求输出值又稳又快又准。

控制系统的主要单项指标指标包括衰减比、超调量(最大偏差)、余差、调节时间和振荡周期。这些指标可从控制系统的过渡过程曲线上求取。

1）衰减比 n

在欠阻尼振荡系统中，两个相邻的同方向幅值之比称为衰减比 n，前一幅值作为分子，后一幅值作为分母。如图 2.1-3(a)、(b)中 $n=B/B'$。

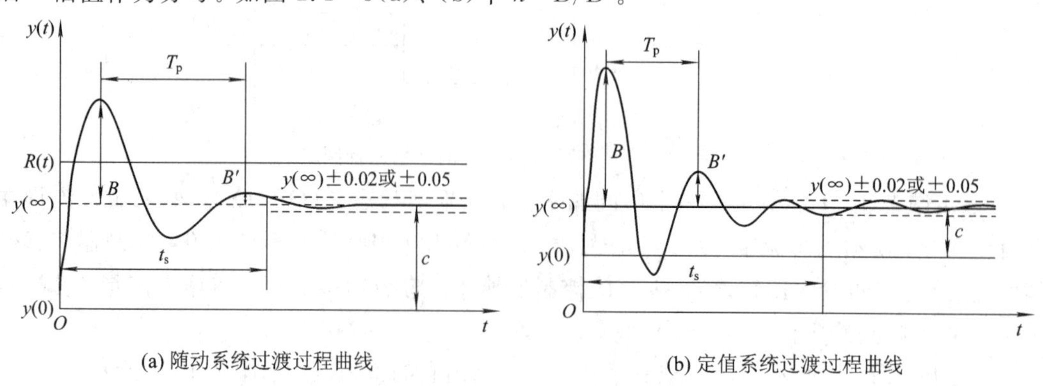

图 2.1-3 控制系统阶跃响应过渡过程曲线

衰减比 n 是衡量系统稳定性的指标，$n\leqslant 1$ 时，系统振荡，这是不允许的。为保持足够的稳定性，定值系统的衰减比以取 $n=4$ 为宜；对随动系统，取 $n=10:1$ 为宜，或采用阻尼系数 $\xi\geqslant 1(B'=0)$的形式。

2）超调量 σ 与最大偏差 A

在随动系统（见图 2.1-4 所示）中，σ 是一个反映超调情况，也是衡量稳定程度的指标。设被控变量的最终稳定值为 c，最大瞬态偏差为 B，则超调量 σ 的表达式为

$$\sigma=\frac{B-c}{c}\times 100\%$$

在定值控制系统中，最终稳态值是 0 或是很小的数值，仍用 σ 作为指标来衡量系统的超调不合适了，通常改用最大偏差 A 作为指标，反映系统偏离给定值的最大量。

$$A=|B+c|$$

3）余差 c

系统的最终的稳态值 $y(\infty)$与给定值 R 之差，称为余差。因为 $e(\infty)=R-y(\infty)$，在定值情况下，$R=0$，因此 $e(\infty)=-y(\infty)=c$，余差 c 是反映控制精度的一个稳态指标。

4）恢复时间 t_s和振荡周期 T_p

过渡过程要绝对地达到新的稳态，需要无限长的时间，然而要进入稳态值附近±5%或±2%以内区域，并保持在该区域之内，需要的时间是有限的，这一时间称为恢复时间 t_s。恢复时间是反映控制系统快速性的一个指标。

过渡过程同向两波峰之间的间隔时间称为振荡周期 T_p，其倒数叫振荡频率。在衰减比相同的情况下，振荡周期与恢复时间成正比，因此希望振荡周期短一些为好。

【例 2.1-1】 某化学反应器，工艺规定操作温度为(200±10)℃，考虑安全因素，调节过程中温度值最大变化不得超过 15℃。现设计运行的温度定值调节系统，在最大阶跃干扰作用下的过渡过程曲线如图 2.1-4 所示，试求该系统的过渡过程品质指标（最大偏差、超调量、余差、衰减比和振荡周期），并求该调节系统是否满足工艺要求。

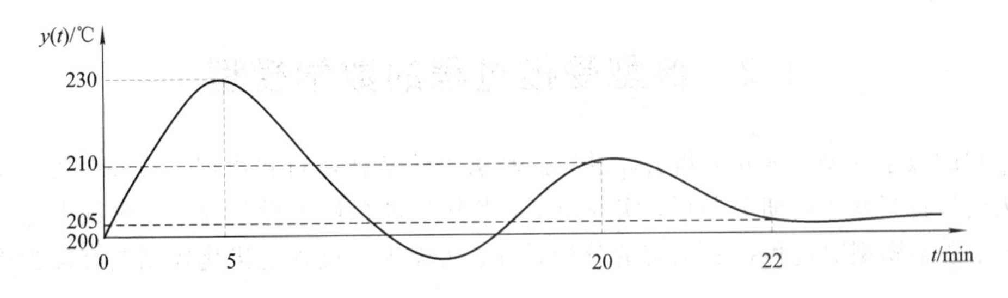

图 2.1-4　最大阶跃干扰作用下的过渡过程曲线

解　最大偏差：　$A=230-200=30℃$

余差：　$c=205-200=5℃$

衰减比：　$n=\dfrac{B}{B'}=\dfrac{230-205}{210-205}=\dfrac{5}{1}$

振荡周期：　$T_p=20-5=15\ \text{min}$

过渡时间（调节时间）：　$t_s=22\ \text{min}$

由于工艺规定操作温度为(200±10)℃，考虑安全因素，调节过程中温度瞬态值最大不得超过 15℃，而该调节系统最大偏差 A 高达 30℃，远远大于 15℃，因此这个控制系统

不满足工艺要求。

2. 控制系统过渡过程综合性指标

以上列举的都是单项控制指标，人们还时常用误差积分指标衡量控制系统性能的优良程度。它是过渡过程中被控量偏离新的稳态值的误差沿时间轴的积分，无论是误差幅度大还是时间拖长，都会使误差积分增大，因此它是一类综合性指标。综合性指标往往采用积分鉴定的形式：

$$J = \int_0^{\infty} f(e,\ t)\mathrm{d}t$$

一般说来，过渡过程中动态偏差越大，或是恢复时间越长，则控制品质越差，上式中的 J 值也越大。

但不宜直接用动态偏差 e 作为 $f(e,\ t)$ 函数，否则正、负偏差将相互抵消。通常采用以下形式：

(1) 平方误差积分准则(Integral of Squared Error criterion，ISE)。

$$f(e,\ t) = e,\ J = \int_0^{\infty} e^2(t)\mathrm{d}t \rightarrow \min$$

(2) 绝对误差积分准则(Integral of Absolute value of Error criterion，IAE)。

$$f(e,\ t) = |e|,\ J = \int_0^{\infty} |e(t)|\mathrm{d}t \rightarrow \min$$

(3) 时间乘绝对误差积分准则(Integral of Time multiplied by the Absolute value of Error criterion，ITAE)。

$$f(e,\ t) = |e|t,\ J = \int_0^{\infty} t|e(t)\mathrm{d}t| \rightarrow \min$$

对于存在余差的系统，e 不会最终趋于零，有 $e(\infty)$ 存在，上面三种形式的积分鉴定值 J 都将成为无穷大，无从进行比较。此时可用 $e(t)-e(\infty)=-[c(t)-c(\infty)]$ 作为误差项代入。

2.2 典型受控过程的数学模型

过程的数学模型，是分析和设计过程控制系统的基础资料和依据。要对现代日益复杂和庞大的被控过程进行研究分析，实施控制，尤其是进行最优设计时，必须首先建立其数学模型。数学模型对过程控制系统的分析设计、实现生产过程的优化控制具有极为重要的意义。

本节主要介绍几种常见简单过程特性，然后列出由它们组成的一些实际典型过程。

2.2.1 纯滞后过程的建模

某些过程在输入变量改变后，输出变量并不立即改变，而要经过一段时间后才反映出来。纯滞后就是指在输入量变化后，看不到系统对其响应的这段时间。

当物质或能量沿着一条特定的路径传输时，就会出现纯滞后。路径的长度和运动速度是决定纯滞后大小的两个因素。因此纯滞后也称为传输滞后。纯滞后一般不单独出现，同时不存在纯滞后的生产过程也很少。任何与控制系统设计有关的技术都会涉及纯滞后问题。

图 2.2-1 所示是一个传送纯滞后例子。从阀门动作到重量发生变化，这中间的纯滞后 τ 等于阀和压力传感器之间的距离 L 除以传送带的运动速度 v，即

$$\tau = \frac{L}{v} \tag{2.2-1}$$

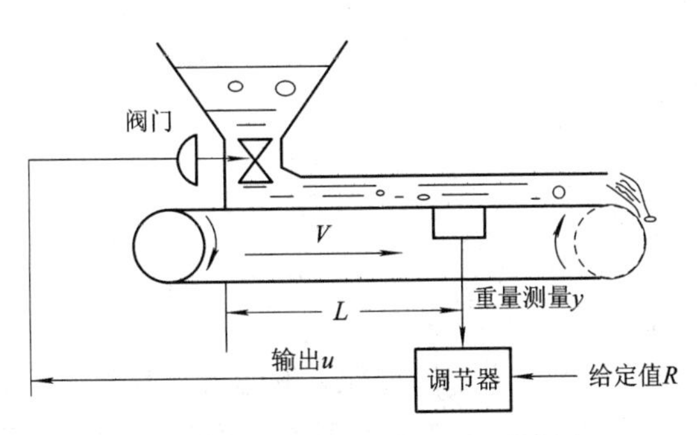

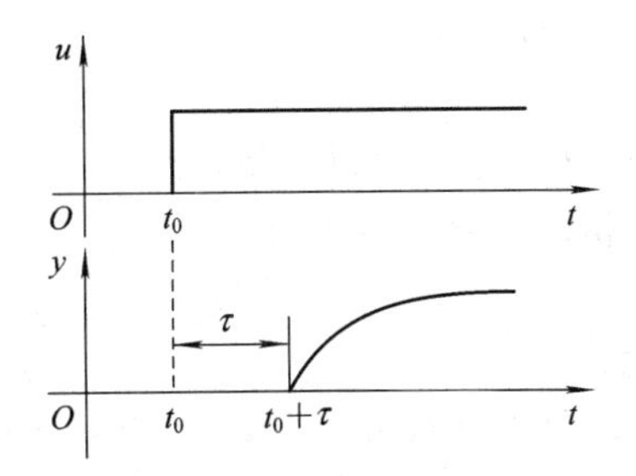

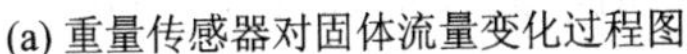

(a) 重量传感器对固体流量变化过程图　　(b) 阀门开度u使重量测量y纯滞后过程图

图 2.2-1　纯滞后过程示意图

纯滞后环节的传递函数为

$$G(s) = \mathrm{e}^{-\tau s} \tag{2.2-2}$$

相应的频率特性为

$$G(\mathrm{j}\omega) = \mathrm{e}^{-\mathrm{j}\omega\tau} \tag{2.2-3}$$

纯滞后环节幅频特性对系统无影响，相频特性对系统的影响随频率增加而增加。

2.2.2　单容过程的建模

所谓单容过程，是指只有一个储蓄容量的过程，容量是储存物质(或能量)的地方，其作用就像流入量和流出量之间的缓冲器。单容过程又可分为自平衡单容过程与无自平衡单容过程。由于不同的物理背景的若干过程都遵循同一变化规律，因此单容过程可代表一类过程。

1. 无自平衡单容过程

典型无自平衡单容过程如图 2.2-2 所示。

在图 2.2-2 中，Q_i 为储槽的流入量，Q_o 为储槽输出流量，其中定量泵排出的流量 Q_o 在任何情况下都保持不变，即与液位 h 大小无关。

根据动态物料平衡关系，即

单位时间容积的累积量变化＝输入流量－输出流量

故有

$$\frac{\mathrm{d}V}{\mathrm{d}t} = Q_i - Q_o \tag{2.2-4}$$

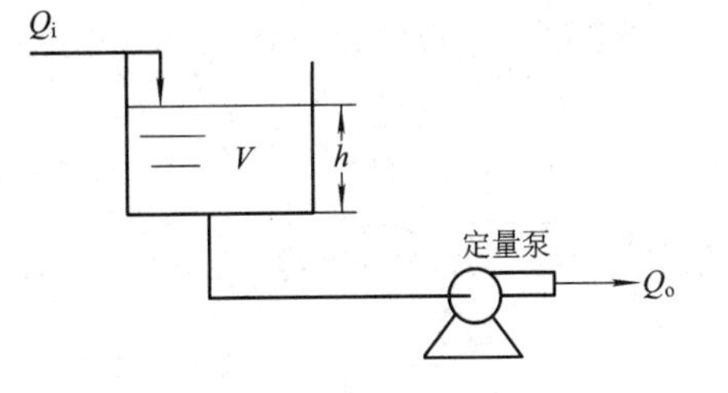

图 2.2-2　无自平衡单容过程

将 $V=A$(截面积)h(液面)代入上式得

$$A\frac{\mathrm{d}h}{\mathrm{d}t} = Q_i - Q_o \tag{2.2-5}$$

拉氏变换式 $AsH(s)=Q_i(s)-Q_o(s)$，$Q_o(t)$ 为常量，其增量为 0，即 $\Delta Q_o=0$，$Q_o(s)=$

0，则

$$G(s)=\frac{H(s)}{Q_i(s)}=\frac{1}{As} \tag{2.2-6}$$

其中，A 为积分时间常数。

写成一般形式：

$$G(s)=\frac{1}{Ts} \tag{2.2-7}$$

式中，T 为积分时间常数。

相应的频率特性为

$$G(j\omega)=\frac{1}{jT\omega}=-\frac{1}{T\omega}j \tag{2.2-8}$$

无自平衡过程特点是在阶跃扰动作用下，被控量会不断变化，不能由自身平衡，我们称这种过程为无自平衡能力的过程，简称无自衡过程。无自衡过程在没有自动控制系统情况下，不允许设备长时间没人看管，应设置自动控制系统。

2. 有自平衡单容过程

如图 2.2-3 所示的过程，液位的增加很自然地会使流出量增加，这种作用将力图恢复平衡，称自平衡。

我们知道，液位 h 与输出流量 Q_o 之间的静态特性为非线性关系：

$$Q_o=a\sqrt{h} \tag{2.2-9}$$

式中，a 为比例系数(与手动阀开度有关)。

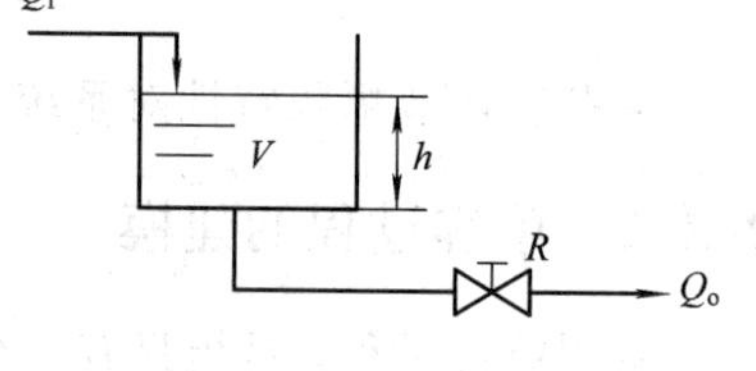

图 2.2-3　自平衡单容过程

假定调节系统为定值控制，液位设定值基本不变，则由在工作点附近的线性化处理，可得

$$\Delta Q_o=\frac{a}{2\sqrt{h_o}}\Delta h \tag{2.2-10}$$

式中　ΔQ_o——Q_o 的变化量；

Δh——h 的变化量；

h_o——h 在工作点的取值。

因为 $\frac{dV}{dt}=Q_i-Q_o$，$V=Ah$，并设 $\frac{a}{2\sqrt{h_o}}=\frac{1}{R}$，则

$$A\frac{dh}{dt}=Q_i-R\Delta h \tag{2.2-11}$$

取拉氏变换 $sAH(s)=Q_i-RH(s)$，有自平衡过程的传递函数为

$$G(s)=\frac{H(s)}{Q_i(s)}=\frac{R}{ARs+1} \tag{2.2-12}$$

写成一般形式：

$$G(s)=\frac{k}{Ts+1}\text{(一阶惯性环节)} \tag{2.2-13}$$

式中，$R=k$(放大系数)，$AR=T$(时间常数)。

其频率特性为

$$G(s)=\frac{k}{\sqrt{1+(T\omega)^2}}e^{j\varphi} \tag{2.2-14}$$

$\varphi=-\arctan T\omega$，具有低通滤波器的作用。

2.2.3　多容过程的建模

在过程控制中，多容过程是指有多个储蓄容量的过程，多容过程可分为有相互影响的多容过程和无相互影响的多容过程。双容过程是最简单的多容过程，下面以双容过程为例，分析多容过程的数学模型。

1. 无相互影响的双容过程

无相互影响的双容过程如图 2.2-4 所示。储槽 1 与储槽 2 之间没有串联的管路，两容器的流出阀均为手动阀门，流量 Q_1 只与储槽 1 的液位 h_1 有关，与储槽 2 的液位 h_2 无关。储槽 2 的液位也不会影响储槽 1 的液位，两容器无相互影响。

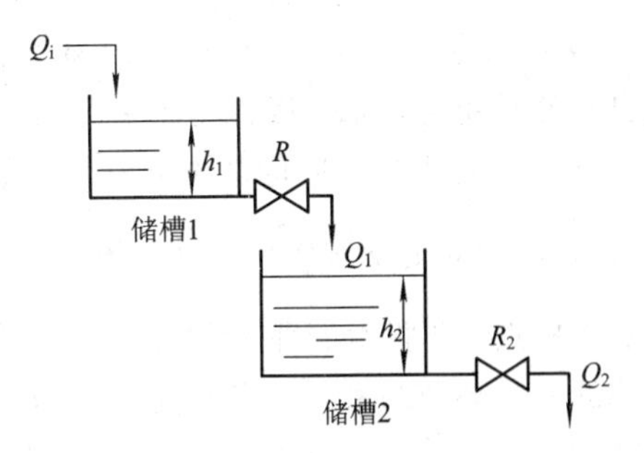

图 2.2-4　没有相互影响双容过程

由于两容器的流出阀均为手动阀门，故有非线性方程：

$$Q_1=\alpha_1\sqrt{h_1} \tag{2.2-15}$$

$$Q_2=\alpha_2\sqrt{h_2} \tag{2.2-16}$$

其中，α_1、α_2 分别为储槽 1 和储槽 2 的比例系数，与手动阀开度有关。

过程的原始数学模型为

$$\begin{cases}\dfrac{dV_1}{dt}=Q_i-Q_1\\[2mm]\dfrac{dV_2}{dt}=Q_1-Q_2\end{cases} \tag{2.2-17}$$

令储槽 1、储槽 2 相应的线性化液阻分别为 R_1 和 R_2：

$$R_1=\frac{2\sqrt{h_{1o}}}{\alpha_1} \tag{2.2-18}$$

$$R_2=\frac{2\sqrt{h_{2o}}}{\alpha_2} \tag{2.2-19}$$

其中，h_{1o} 为储槽 1 的初始液位，h_{2o} 为储槽 2 的初始液位。

则有过程传递函数：

$$\frac{H_2(s)}{Q_1(s)}=\frac{R_2}{A_2R_2s+1} \tag{2.2-20}$$

$$\frac{H_1(s)}{Q_i(s)}=\frac{R_1}{A_1R_1s+1} \tag{2.2-21}$$

其中，A_1、A_2 表示储槽的横截面积，R_1、R_2 表示储槽的液阻。

而由式(2.2-15)可以推出：

$$\frac{Q_1(s)}{h_1(s)}=\frac{1}{R_1} \tag{2.2-22}$$

因此有

$$\frac{Q_1(s)}{Q_i(s)}=\frac{Q_1(s)}{H_1(s)}\frac{H_1(s)}{Q_i(s)}=\frac{1}{A_1R_1s+1} \tag{2.2-23}$$

令时间常数 $T_1=A_1R_1$ 和 $T_2=A_2R_2$，$R_2=k$，综合式(2.2-20)和式(2.2-23)，最终可得该过程的传递函数为

$$\frac{H_2(s)}{Q_i(s)}=\frac{H_2(s)}{Q_1(s)}\cdot\frac{Q_1(s)}{Q_i(s)}=\frac{1}{A_1R_1s+1}\cdot\frac{R_2}{A_2R_2s+1}\text{（相当于两个二阶环节串联）}$$

则

$$G(s)=\frac{H_i(s)}{Q_i(s)}=\frac{k}{(T_1s+1)(T_2s+1)}=\frac{k}{T_1T_2s^2+(T_1+T_2)s+1}$$

由上述分析可知，该过程传递函数为二阶惯性环节，相当于两个具有稳定趋势的一阶自平衡系统的串联，因此也是一个具有自平衡能力的过程。其中，时间常数的大小决定了系统反应的快慢，时间常数越小，系统对输入的反应越快；反之，若时间常数较大(即容器面积较大)，则反应较慢。由于该过程为两个一阶环节的串联，两个极点 $-\frac{1}{T_1}$、$-\frac{1}{T_2}$ 为负实数极点、非振荡自平衡过程。过程等效时间常数 $T>\max(T_1, T_2)$，故总体反应要较单一的一阶环节慢得多。因此通常可用一阶惯性环节加纯滞后来近似无相互影响的多容系统。

2. 具有相互影响的双容过程

图 2.2-5 所示的两个储槽之间有一串连在一起的管路，管路的流量 Q_1 不仅与储槽 1 的液位 h_1 有关，也与储槽 2 的液位 h_2 有关。所以不仅储槽 1 的液位会影响储槽 2 的液位，储槽 2 的液位也会影响储槽 1 的液位，两储槽相互影响。

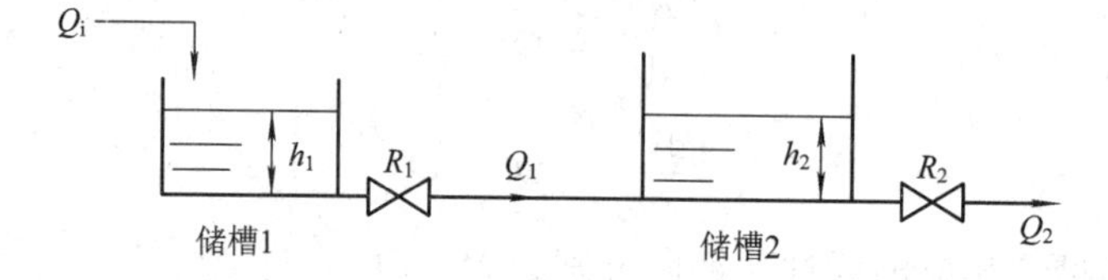

图 2.2-5　有相互影响两储槽

两储槽的液位和流出量之间都为非线性关系，有

$$\begin{cases}Q_1=\alpha_1\sqrt{h_1-h_2}\\ Q_2=\alpha_2\sqrt{h_2}\end{cases} \tag{2.2-24}$$

则有

$$\begin{cases}Q_1=\dfrac{h_1-h_2}{R_1}\\ Q_2=\dfrac{h_2}{R_2}\end{cases} \tag{2.2-25}$$

$$Q_i=ku \tag{2.2-26}$$

如此有过程的数学描述：

$$A_1\frac{\mathrm{d}h_1}{\mathrm{d}t}=Q_i-Q_1=ku-\frac{h_1-h_2}{R_1} \tag{2.2-27}$$

$$A_2\frac{\mathrm{d}h_2}{\mathrm{d}t}=Q_1-Q_2=\frac{h_1}{R_1}-\left(\frac{R_1+R_2}{R_1R_2}\right)h_2 \tag{2.2-28}$$

令 $T_1=A_1R_1$，$T_2=A_2R_2$，经整理有

$$T_1\frac{\mathrm{d}h_1}{\mathrm{d}t}=kuR_1-h_1+h_2 \tag{2.2-29}$$

$$T_2\frac{\mathrm{d}h_2}{\mathrm{d}t}=\frac{R_2}{R_1}h_1-\frac{(R_1+R_2)}{R_1}h_2 \tag{2.2-30}$$

得出 h_1 与 t 的关系如下：

$$\frac{\mathrm{d}h_1}{\mathrm{d}t}=\frac{R_1}{T_1R_2}\left(kuR_2-h_2+T_2\frac{\mathrm{d}h_2}{\mathrm{d}t}\right) \tag{2.2-31}$$

对式(2.2-30)求导，再代入式(2.2-31)有

$$T_1T_2\frac{\mathrm{d}^2h_2}{\mathrm{d}t^2}+(T_1+T_2+A_1R_2)\frac{\mathrm{d}h_2}{\mathrm{d}t}+h_2=kR_2u \tag{2.2-32}$$

用类似的方法可推出 h_1 与 u 的关系。最后导出储槽 1、储槽 2 的过程传递函数 $G_1(s)$、$G_2(s)$分别为

$$G_1(s)=\frac{H_1(s)}{u(s)}=\frac{k[T_2R_1s+(R_1+R_2)]}{T_1T_2s^2+(T_1+T_2+A_1R_2)s+1} \tag{2.2-33}$$

$$G_2(s)=\frac{H_2(s)}{u(s)}=\frac{kR_2}{T_1T_2s^2+(T_1+T_2+A_1R_2)s+1} \tag{2.2-34}$$

可见，两个环节都是二阶的，因此得出如下结论：

(1) 液位 H_1对输入流量 Q_i的响应不再是一阶过程，而是二阶过程。

(2) H_2对流量 Q_i的响应 s 项多了 A_1R_2项，可理解为相互影响因子，其大小指明了相互影响的程度。

对于式(2.2-34)很容易求得传递函数的两个极点：

$$P_{1,2}=\frac{-(T_1+T_2+A_1R_2)\pm\sqrt{(T_1+T_2+A_1R_2)^2-4T_1T_2}}{2T_1T_2} \tag{2.2-35}$$

由于$(T_1+T_1+A_1R_2)^2>4T_1T_2$，则 $P_{1,2}$为两个不同的实根，表明两个相互影响的容积可等效为两个不相互影响的容积，不过时间常数需校正。

另外，假定两个储槽具有相同的时间常数($T_1=T_2=T$)，那么式(2.2-35)为

$$\frac{P_1}{P_2}=\frac{-(2T+A_1R_2)+\sqrt{(A_1{}^2R_2{}^2+4TA_1R_1)}}{-(2T+A_1R_2)-\sqrt{A_1{}^2R_2{}^2+4TA_1R_1}}\neq1 \tag{2.2-36}$$

因此可见，相互影响是改变了两个储槽的等效时间常数比例。一个储槽的反应变得快，而另一个却变慢了。由于时间响应主要受慢的储槽的牵制，所以存在相互影响时的时间响应要比无相互影响时显得缓慢(见图 2.2-6)。

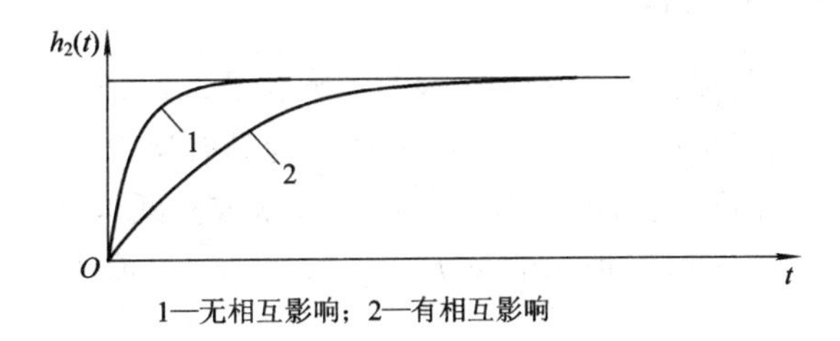

1—无相互影响；2—有相互影响

图 2.2-6　液位储槽的阶跃响应

3. 多容过程

没有相互影响的多容过程变化特点，是可表示为由 N 个一阶环节组成(串联)的系统，如图 2.2-7 所示。

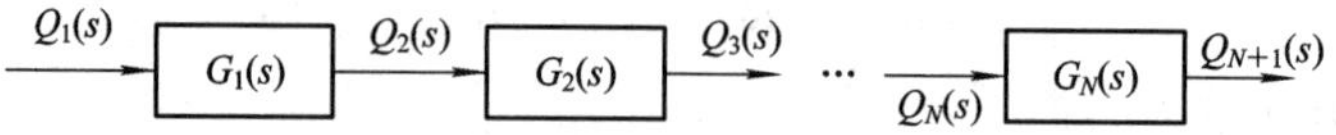

图 2.2-7　没有相互影响的多容过程信号框图

设图中：

$$G_1(s)=\frac{Q_2(s)}{Q_1(s)}=\frac{k_1}{T_1 s+1},\ G_2(s)=\frac{Q_3(s)}{Q_2(s)}=\frac{k_2}{T_2 s+1},\ G_N(s)=\frac{Q_{N+1}(s)}{Q_N(s)}=\frac{k_N}{T_N s+1}$$

设 $T_1=T_2=\cdots=T_N$，则整个过程的传递函数为

$$G(s)=G_1(s)\cdot G_2(s)\cdots G_N(s)=\frac{k_1}{T_1 s+1}\cdot\frac{k_2}{T_2 s+1}\cdots\frac{k_N}{T_N s+1} \tag{2.2-37}$$

由时间常数相同、容积相等而又没有相互影响的若干个一阶惯性环节组成的过程，随着 N 的增加，它的时间响应越来越接近一阶环节加时间滞后的过程 $G(s)=\frac{k\mathrm{e}^{-\tau s}}{Ts+1}$，如图 2.2-8 所示。

对于若干个时间常数相同、容积相等而又相互影响的环节组成的多容过程，它的时滞可以分解为无相互影响的几个时滞，其中的一个时间常数较大，其余的很小。较大的那个成为主导作用的时间常数，而较小的几个结合在一起，等效成一个纯滞后。因此对于无相互影响的多容过程，均可用 $G(s)=\frac{k\mathrm{e}^{-\tau s}}{Ts+1}$ 来近似。这就是工业过程基本都用 $G(s)=\frac{k\mathrm{e}^{-\tau s}}{Ts+1}$ 表示过程特性的原因。

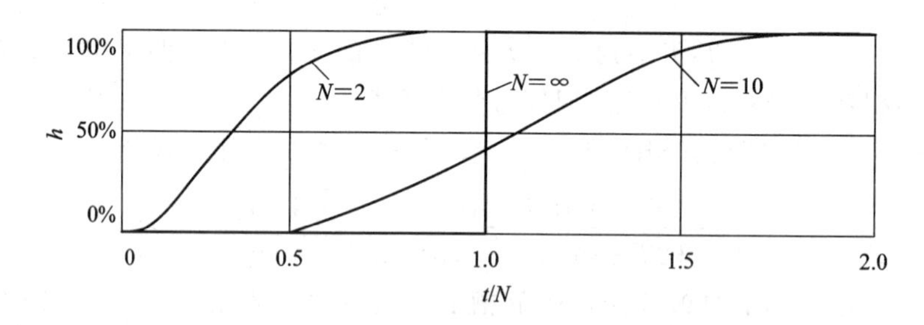

图 2.2-8　无相互影响的多容过程阶跃响应图

2.2.4　具有反向响应的过程

某些过程的动态响应与以前讨论的会有很大差异。图 2.2-9 表示的过程即是如此。其阶跃响应在初始情况与最终情况方向相反。我们称它为具有反向响应的过程。

图 2.2-9 表示一个锅炉汽包简图。如果供给的冷水成阶跃地增加，汽包内沸腾水的总体积乃至液位会呈现图 2.2-9(b)所示的 $y(t)=y_1(t)+y_2(t)$ 曲线变化。这种品质是两种相反影响的结果。

(1) 冷水的增加引起汽包内水的沸腾突然减弱，水中的气泡迅速减少，导致水位下降。

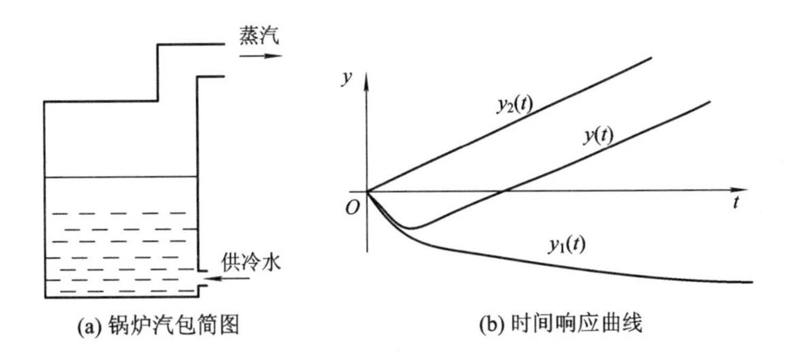

图 2.2-9　具有反向响应的过程

设由此导致的液位响应应为一阶时滞特性(见图 2.2-9(b)曲线 $y_1(t)$)，即

$$\frac{Y_1(s)}{Q(s)}=G_1(s)=\frac{-k_1}{T_1s+1} \tag{2.2-38}$$

(2) 当燃料量不变时，假定蒸汽量也基本恒定，则液位应随进水量的增加而增加，并呈积分响应(见图 2.2-9(b)曲线 $y_2(t)$)，汽包内水位 h 应随冷水加入量而增大，即

$$\frac{Y_2(s)}{Q(s)}=G_2(s)=\frac{k_2}{s} \tag{2.2-39}$$

(3) 两种相反作用的结果，总特性为

$$\frac{Y(s)}{Q(s)}=G(s)=\frac{k_2}{s}-\frac{k_1}{T_1s+1}=\frac{(k_2T_1-k_1)s+k_2}{s(T_1s+1)} \tag{2.2-40}$$

从上式看出：当 $k_2T_1<k_1$ 时，在响应初期，$\frac{-k_1}{T_1s+1}$ 占主导，过程呈反向响应；当 $k_2T_1>k_1$ 时，过程没有反向特性。当过程呈反向特性时，传递函数总具有一个正的零点 $Z=\frac{-k_2}{k_2T_1-k_1}>0$，传递函数存在正实部零点的过程属于非最小相位过程，较难控制，因此锅炉汽包水位的控制应考虑采用特殊方法(如后面讲多冲量控制系统)。

2.2.5　不稳定过程

工业过程中，还存在具有不稳定特性的过程，主要发生在化学反应过程中。化学反应过程有强烈的热效应。如吸热反应过程，随着温度的升高，反应速度将会加快。与此同时，吸收热量也增加，其结果使温度回降。所以对于温度的变化，具有内部负反馈，整个过程的特性是稳定的，它具有与一般自平衡对象相同的特性。当温度 T 受干扰增大时，吸热量 Q 也相应增大，从而使反应温度 T 减小，恢复到给定值；而对于放热反应的反应温度 T 的变化，由于反应器内部存在正反馈，因而反应温度是不稳定的，即温度 T 受干扰增大时，放热量 Q 也相应增大，从而使反应温度 T 更大，不能恢复到给定值，为开环不稳定系统。

如传递函数

$$G(s)=\frac{|k|}{|T|s-1} \tag{2.2-41}$$

就表示了一个不稳定过程。式中，$|k|$、$|T|$ 表示绝对值，它总是正的。过程的极点具有正实部。过程的阶跃响应(见图 2.2-10)属于开环不稳定系统，因此在从事化学反应器的控制时，必须意识到这一点。

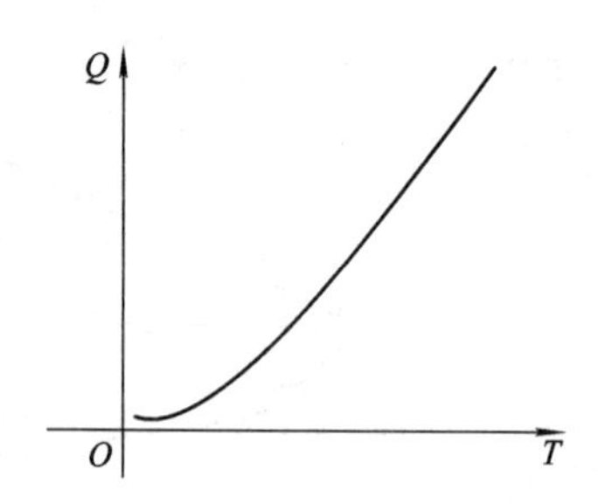

图 2.2-10　不稳定过程的阶跃响应曲线

2.3　被控变量与操纵变量的选择

2.3.1　被控变量的选择

被控变量的选择是控制系统设计的核心问题，选择的正确与否，会直接关系到生产的稳定操作、产品产量和质量的提高以及生产安全与劳动条件的改善等。如果被控变量选择不当，不论采用何种控制仪表，组成什么样的控制系统，都不能达到预期的控制效果，满足不了生产的控制要求。为此，自控设计人员必须深入生产实际，进行调查研究，只有在熟悉生产工艺的基础上才能正确地选择被控变量。

对于以温度、压力、流量、液位为操作指标的生产过程，就选择温度、压力、流量、液位作为被控变量，这是很容易理解的，也无需多加讨论。

质量指标是产品质量的直接反映，因此，选择质量指标作为被控变量应是首先要考虑的。

采用质量指标作为被控变量，必然涉及产品成分或物性参数(如密度、黏度等)的测量问题，这就需要用到成分分析仪表和物性参数测量仪表。有关成分和物理参数的测量问题，目前国内外尚未得到很好的解决。一是因为产品品种类型很不齐全，致使有些成分或物性参数目前尚无法实现在线测量和变送；二是这些仪表，特别是成分分析仪表具有较严重的测量滞后，不能及时地反映产品质量变化的情况。

当直接选择质量指标作为被控变量比较困难或不可能时，可以选择一种间接的指标作为被控变量。但是必须注意，所选用的间接指标必须与直接指标有单值的对应关系，并且还需具有一定变化灵敏度，即随着产品质量的变化，间接指标必须有足够大的变化。

以苯、甲苯二元系统的精馏为例，如图 2.3-1 所示。在气、液两相并存时，塔顶易挥发组分的浓度 x_D、温度 T_d和压力 p 三者之间有着如下函数关系：

$$x_D = f(T_d, p) \qquad (2.3-1)$$

这里 x_D是直接反映塔顶产品纯度的，是直接的质量指标。如果用成分分析仪表可以解决，那么，就可以选择塔顶易挥发组分的浓度 x_D作为被控变量，组成成分控制系统。如果用成分分析仪表不好解决，或因成分测量滞后太大，控制效果差，达不到质量要求，则可以考虑选择一间接指标参数：塔顶温度 T_d或塔压 p 作为被控变量，组成相应的控制系统。

在考虑选择 T_d或 p 其中之一作为被控变量时是有条件的。由式(2.3-1)可看出，它是一个二元函数，即 x_D与 T_d及 p 都有关。只有当 T_d或 p 有一个不变时，式(2.3-1)才可简化成一元函数关系。

即当 p 一定时：

$$x_D = f_1(T_d) \qquad (2.3-2)$$

当 T_d一定时：

$$x_D = f_2(p) \qquad (2.3-3)$$

总之，对于某个给定的工艺过程，应选择哪几个工艺参数为受控变量的方法有以下几种：

(1) 采用直接参数法。即以工艺参数为受控变量(最好为温度 T、压力 p、流量 F、液位 L 四大参数)。

(2) 间接参数法。原选定的受控变量受检测仪表的约束，要寻找与受控变量有单一的线性函数关系的间接参数作为受控变量。如蒸馏塔组分 x_D的检测控制，一般用温度代替，但压力(塔压)必须恒定，即 $x_D=f(T)$。

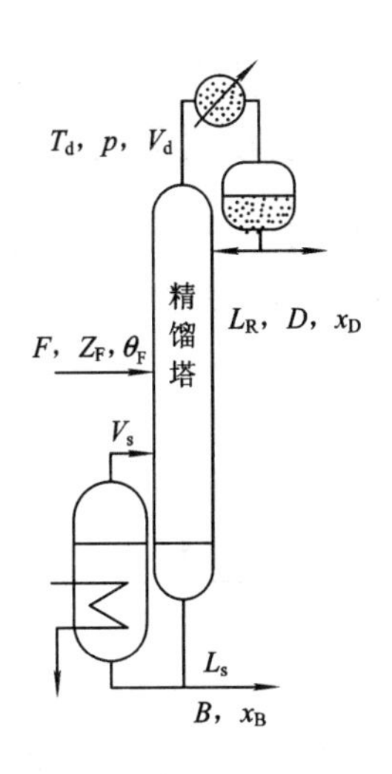

图 2.3-1　简单精馏过程示意图

(3) 一个设备多个受控变量应以自由度分析，找出独立变量。

$$F=C-P+2$$

其中，C 为组分数，P 为相数。

【例 2.3-1】 饱和蒸汽 $C=1$，$P=2$，则自由度 $F=1-2+2=1$，蒸汽质量受控变量选 1 个(T 或 P)。

过热蒸汽 $C=1$，$P=1$，则自由度 $F=1-1+2=2$，受控变量则选 2 个(T、P)。

2.3.2　操纵变量的选择

为了正确地选择操纵变量，首先要研究对象的特征。

我们知道被控变量是被控对象的一个输出。影响被控的外部因素则是被控对象的输入。现在的任务是在影响被控变量的诸多输入中，选择其中某一个可控性良好的输入量作为操纵变量。而其他未被选中的输入量，则称为系统的干扰。因此对操纵变量的选择应注意：

(1) 工艺的合理性。不能选工艺流程的主物料量(除非有中间储槽)为调节参数，应选辅助(侧线)物料，如换热器，只能选载热体为调节量，而不能选物料加入量为调节参数，因后者在调节过程中会引起生产波动。

(2) 对受控变量有明显的影响作用，即要求其放大倍数 k 大，时间常数 T 小，反应快速。

2.4　过程可控程度分析

过程可控程度指的是对过程进行控制的难易程度。在工业过程生产中，不同过程的特性参数(指 k、T、τ)差异极大，所以控制难易程度的差异也非常之大。在控制中之所以有各种简繁不同的方案，除了因控制精度要求不同外，主要是由过程可控程度的差异引起的。

本节介绍一种度量过程可控程度的指标 $k_m\omega_c$。k_m、ω_c都是过程在纯比例控制下，系统达到临界振荡时的参数。

2.4.1　度量过程可控程度(简称可控性)的指标 $k_m\omega_c$的导出

为便于比较，假定控制器为纯比例，在相同的干扰作用下采用最佳整定，参数整定目标 $n=4:1$，如图 2.4-1 所示为二阶系统方框图。

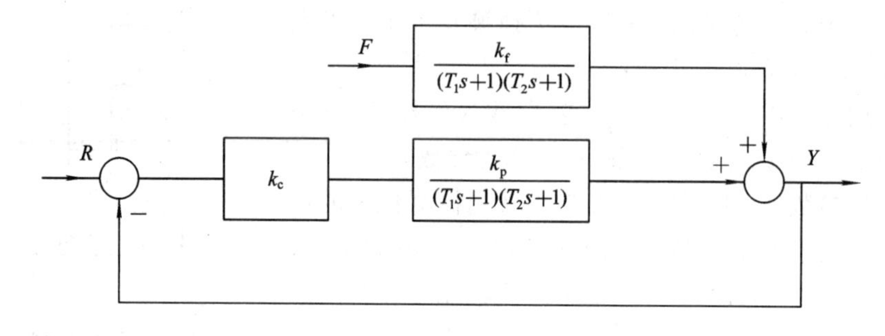

图 2.4-1　二阶系统方块图

其传递函数为

$$\frac{Y(s)}{F(s)}=\frac{k_f}{(T_1s+1)(T_2s+1)+k_ck_p} \tag{2.4-1}$$

当 $n=4:1$ 时，有

$$Y_{max}\approx 1.5\frac{k_f}{1+k_ck_p}=1.5\frac{k_f}{1+k}e \tag{2.4-2}$$

式中　k_f——干扰通道的静态增益；

k_c——调节器放大倍数；

k_p——被控对象放大系数；

$k=k_ck_p$——开环系统总的静态增益。

绝对误差积分准则(IAE)指标：

$$J=\int_0^\infty |e|\ \mathrm{d}t \tag{2.4-3}$$

由于工作周期也是系统过程的品质指标，则引入 $T_s\left(\frac{2\pi}{T_s}=\omega\right)$，则式(2.4-3)写成

$$\frac{\int|e|\mathrm{d}t\quad(\mathrm{I})}{\int|e|\mathrm{d}t\quad(\mathrm{II})}\approx\frac{1.5\frac{k_f}{1+k}\cdot\frac{1}{\omega}\quad(\mathrm{I})}{1.5\frac{k_f}{1+k}\cdot\frac{1}{\omega}\quad(\mathrm{II})} \tag{2.4-4}$$

式中，k、ω 分别为 $n=4$ 衰减振荡时的开环静态增益和工作频率。

需指出，式(2.4-4)等号两边均为分式形式，其分子中的 k、ω、k_f等变量值表示在“情况Ⅰ”下的取值，而分母中的 k、ω、k_f等变量值表示在“情况Ⅱ”下的取值。两者是不相同的。

因为 $n=4$ 衰减振荡时的工作频率 ω 比临界频率 ω_c约小 10%～30%，两者有一定的比例关系，所以两个工作频率之比又可近似地用两个临界频率 ω_c之比来度量。上式可修改为

$$\frac{\int|e|\mathrm{d}t\quad(\mathrm{I})}{\int|e|\mathrm{d}t\quad(\mathrm{II})}\approx\frac{1.5\frac{k_f}{1+k}\cdot\frac{1}{\omega_c}\quad(\mathrm{I})}{1.5\frac{k_f}{1+k}\cdot\frac{1}{\omega_c}\quad(\mathrm{II})} \tag{2.4-5}$$

对上式，由于 k_f 相同(相同的干扰)，所以分式中的 k_f 可消去。这样：

$$\frac{\int|e|\,\mathrm{d}t \quad (\mathrm{I})}{\int|e|\,\mathrm{d}t \quad (\mathrm{II})}=\frac{(1+k)\omega_c \quad (\mathrm{II})}{(1+k)\omega_c \quad (\mathrm{I})} \tag{2.4-6}$$

若系统没有较大的纯滞后或分布参数，一般 k 值大于10，这样上式中的“1”可以忽略。化简得

$$\frac{\int|e|\,\mathrm{d}t \quad (\mathrm{I})}{\int|e|\,\mathrm{d}t \quad (\mathrm{II})}=\frac{k_m\omega_c \quad (\mathrm{II})}{k_m\omega_c \quad (\mathrm{I})} \tag{2.4-7}$$

设 k_m、ω_c 都是过程在纯比例控制下，系统达到振荡时的参数。此式说明，$\int|e|\,\mathrm{d}t$ 与 $k_m\omega_c$ 成反比，即控制系统的 $k_m\omega_c$ 越大，质量越好。

2.4.2　广义对象时间常数 T 和纯滞后系数 τ 对可控程度 $k_m\omega_c$ 的影响

1. 以三阶过程为例，分析时间常数 T 对可控程度的影响

$$GH(s)=\frac{1}{(T_1s+1)(T_2s+1)(T_3s+1)}$$

令 $T_1>T_2>T_3$，与一般单回路系统的广义对象传递函数类似，T_1 可看成对象时间常数，最大；T_2 可看成控制阀时间常数，次之；T_3 可看成对检测变送时间常数，最小。表2.4-1为时间常数 T 变化对 $k_m\omega_c$ 的影响。

表2.4-1　T_1、T_2、T_3 不同变化下的 ω_c、k_m 与 $k_m\omega_c$

r_1	r_2	r_3	ω_c	k_m	$k_m w_c$
20	5	2	0.368	19.313	7.107
10	5	2	0.413	12.645	5.222
5	5	2	0.490	9.804	4.804
10	10	2	0.332	14.431	4.791
10	6	2	0.388	12.850	4.985
10	2	2	0.591	14.386	8.491
10	5	5	0.283	9.011	2.550
10	5	3	0.346	10.373	3.589
10	5	1	0.566	19.823	11.219

由表得出结论：

(1) T_1 增大，T_2、T_3 不变，k_m 及 $k_m\omega_c$ 增大，质量好；

(2) T_3 减小，T_1、T_2 不变，ω_c 及 $k_m\omega_c$ 增大，质量好；

(3) T_2 存在极值点 T_2^*，当 $T_2>T_2^*$ 或 $T_2<T_2^*$ 时，k_m 及 $k_m\omega_c$ 增大。

利用MATLAB仿真得到不同时间常数 T_1、T_2、T_3 的过渡过程仿真实验曲线，也可得

到同样的结论，如图 2.4-2 所示。

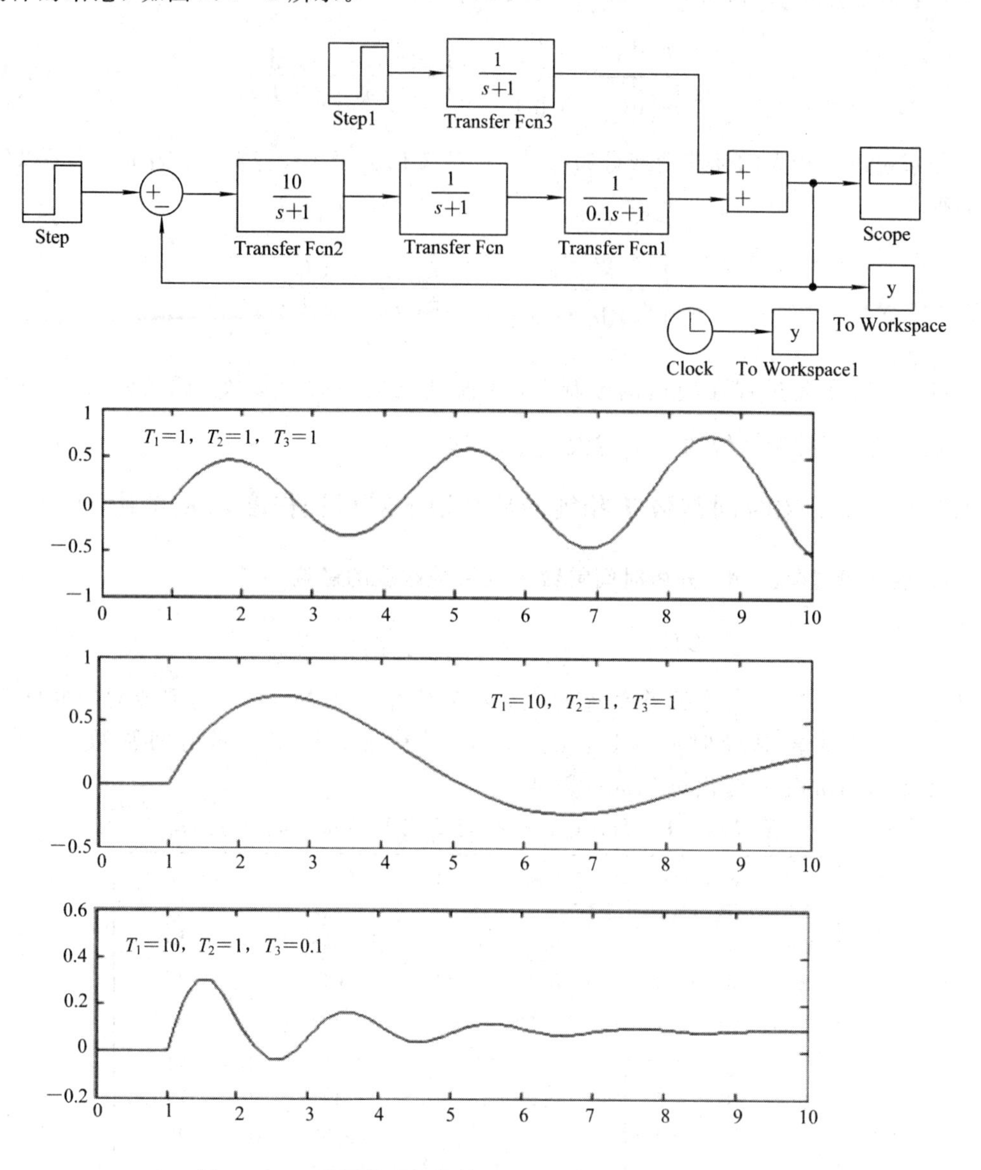

图 2.4-2　不同的时间常数 T 的过渡过程仿真实验曲线

从图 2.4-2 的真实验曲线看出：

（1）T_1增大与 T_2减小时，将拉开第一时间常数与第二时间常数之间的距离，则 $k_m\omega_c$增大，控制系统由不稳定变稳定，调节质量变好。

（2）当最小时间常数 T_3减小，$k_m\omega_c$增大，控制系统质量不但稳定而且最大偏差减小，调节时间缩短，调节质量更好。

2. 分析纯滞后对系统可控性的影响

纯滞后 $G(s)=e^{-\tau s}$的频率特性为$|G(j\omega)|=1$，$\varphi=-\tau\omega$，纯滞后 τ 的加入总是使 ω_c减小，k_m减小，$k_m\omega_c$减小，如图 2.4-3 所示。

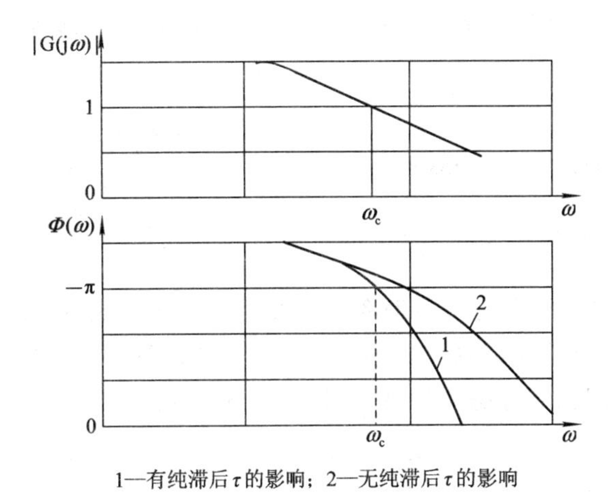

图 2.4-3　用频率特性表示纯滞后对系统可控性的影响

2.5　广义对象各环节对可控程度的影响

如图 2.5-1 所示为线性单回路控制系统。

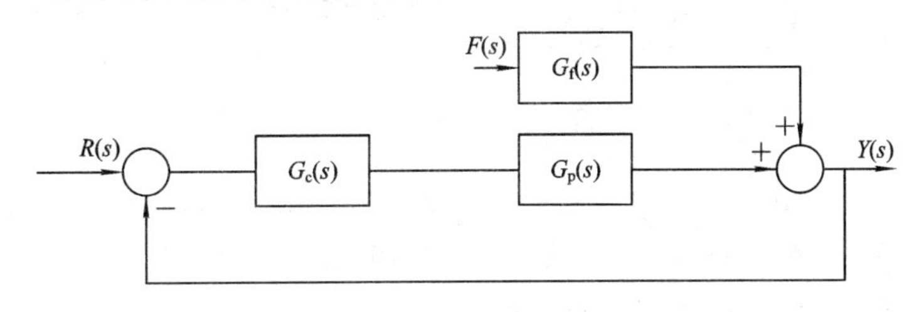

图 2.5-1　线性单回路控制系统

2.5.1　干扰通道特性 $G_f(s)$对控制质量的影响

设干扰通道传递函数：

$$G_f(s) = \frac{k_f}{T_f s + 1} e^{-\tau_f s}$$

其中，k_f、T_f、τ_f分别为干扰通道传递函数 $G_f(s)$的放大倍数、时间常数、纯滞后 3 个特性指标。

1. 干扰通道的放大倍数 k_f对控制质量的影响

所研究的系统方框图如图 2.5-1 所示。

由图 2.5-1 可直接求出在干扰作用下的闭环传递函数为

$$\frac{Y(s)}{F(s)} = \frac{G_f(s)}{1 + G_c(s)G_p(s)} \tag{2.5-1}$$

由式(2.5-1)可得

$$Y(s) = \frac{G_f(s)}{1 + G_c(s)G_p(s)} F(s) \tag{2.5-2}$$

令　$G_f(s) = \dfrac{k_f}{1 + T_f}$，$G_p(s) = \dfrac{k_0}{(T_{01}s+1)(T_{02}s+1)}$，$G_c(s) = k_c$

并假定 $f(t)$ 为单位阶跃干扰，则 $F(s)=1/s$。将各环节传递函数代入式(2.5-2)，并运用终值定理可得

$$y(\infty)=\lim_{s\to 0}s\cdot Y(s)=\lim_{s\to 0}s\cdot\frac{1}{s}\cdot\frac{\dfrac{k_f}{1+T_f s}}{1+k_c\cdot\dfrac{k_0}{(T_{01}s+1)(T_{02}s+1)}}=\frac{k_f}{1+k_c k_0} \tag{2.5-3}$$

式中，$k_c k_0$ 为控制器放大倍数与被控对象放大倍数的乘积，称为该系统的开环放大倍数。对于定值系统，$y(\infty)$ 即系统的余差。由式(2.5-3)可以看出，干扰通道的放大倍数越大，系统的余差也越大，即控制静态质量越差(见图 2.5-2)。

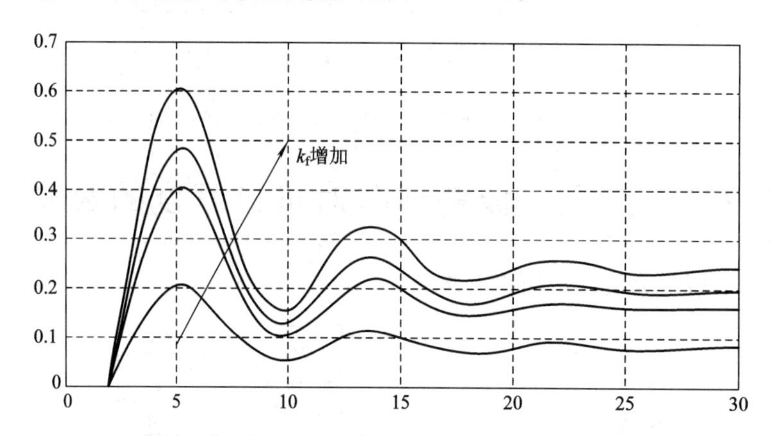

图 2.5-2　干扰通道放大倍数变化对控制质量的影响

结论：k_f 增大时，$k_m\omega_c$ 将减小，干扰造成的影响大。

2. 干扰通道的时间常数 T_f 对控制质量的影响

为了研究问题方便起见，令图 2.5-1 中的各环节放大倍数均为 1，这样系统在干扰作用下的闭环传递函数应为

$$\frac{Y(s)}{F(s)}=\frac{\dfrac{1}{T_f s+1}}{1+G_c(s)G_p(s)}=\frac{1}{T_f}\cdot\frac{1}{\left(s+\dfrac{1}{T_f}\right)[1+G_c(s)G_p(s)]} \tag{2.5-4}$$

系统的特征方程为

$$\left(s+\frac{1}{T_f}\right)[1+G_c(s)G_0(s)]=0 \tag{2.5-5}$$

由式(2.5-5)可知，当干扰通道为一阶惯性环节时，与干扰通道为放大环节相比，系统的特征方程发生了变化，表现在根平面的负实轴上增加了一个附加极点 $1/T_f$。这个附加极点的存在，除了会影响过渡过程时间外，还会影响到过渡过程的幅值，使其减小到$1/T_f$，这样过渡过程的最大动态偏差也将随之减小。这对提高系统的品质是有利的，而且随着 T_f 的增大，控制过程的品质亦会提高。

如果干扰通道阶次增加，例如，干扰通道传递函数为两阶，那么，就有两个时间常数 T_{f1} 及 T_{f2}。按照根平面的分析，系统将增加两个附加极点 $-1/T_{f1}$ 及 $-1/T_{f2}$，这样过渡过程的幅值将缩小 $T_{f1}\cdot T_{f2}$ 倍。因此控制质量将进一步得到提高(见图 2.5-3)。

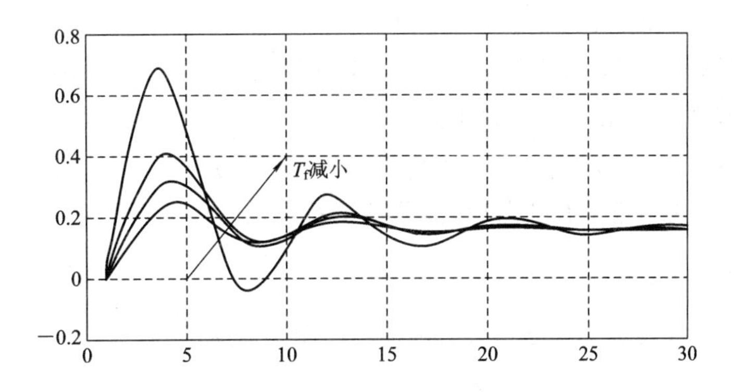

图 2.5－3　干扰通道时间常数变化对控制质量的影响

结论：T_f增大，对扰动起滤波作用，T_f增大使系统受干扰作用缓慢。

有了上面的分析作基础，讨论干扰从不同位置进入系统对被控变量的影响就不困难了。图 2.5－4 所示为 F_1、F_2及 F_3从不同的位置进入系统，如果干扰的幅值和形式都是相同的，显然，它们对控制质量的影响程度依次为 F_1最大，F_2次之，而 F_3为最小。下面用图 2.5－5 来分析此结论。

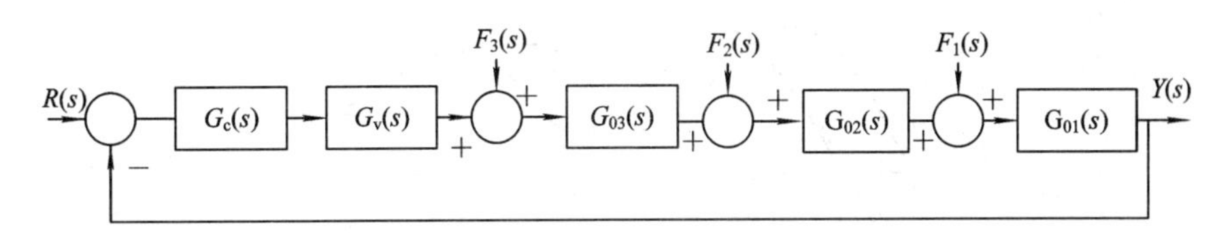

图 2.5－4　干扰进入系统位置图

由图 2.5－5 可看出，F_3对 Y 的影响依次要经过 $G_{03}(s)$、$G_{02}(s)$、$G_{01}(s)$三个环节，如果每一个环节都是一阶惯性环节，则对干扰信号 F_3进行了三次滤波，它对被控变量的影响会削弱得多，对被控变量的实际影响就会很小。而 F_1只经过一个环节 $G_{01}(s)$就影响到 Y，它的影响被削弱的较少，因此它对被控变量影响最大。

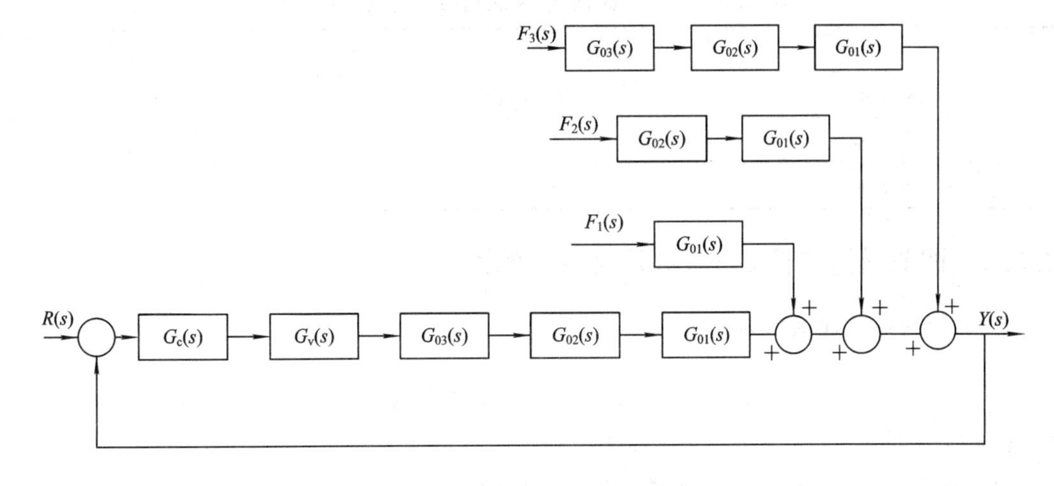

图 2.5－5　干扰进入位置图等效方框图

由上述分析可得出如下结论：干扰通道的时间常数越大，个数越多，或者说干扰进入系统的位置越远离被控变量而靠近控制阀，干扰对被控变量的影响就越小，系统的质量则越高。

3. 干扰通道的纯滞后 τ_f 对控制质量的影响

在上面分析干扰通道时间常数对被控变量影响时，没有考虑到干扰通道具有纯滞后的问题，如果考虑干扰通道具有纯滞后 τ_f，那么干扰通道的传递函数为

$$G_f'(s)=\frac{k_f e^{-\tau s}}{Ts+1}=G_f(s)e^{-\tau s} \tag{2.5-6}$$

这样将式(2.5-1)改写成干扰通道具有纯滞后的闭环传递函数：

$$\frac{Y_\tau(s)}{F(s)}=\frac{G_f(s)e^{-\tau s}}{1+G_c(s)G_p(s)} \tag{2.5-7}$$

求取式(2.5-1)与式(2.5-7)在干扰作用下的过渡过程 $y(t)$ 与 $y_\tau(t)$。由控制理论中的滞后定理可以得出 $y(t)$、$y_\tau(t)$ 之间的关系为

$$y_\tau(t)=y(t-\tau_f)$$

如图 2.5-6 所示。

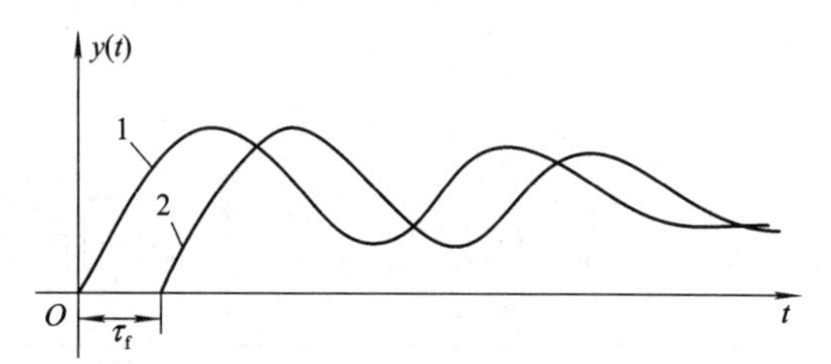

1—无纯滞后 τ_f 的影响；2—有纯滞后 τ_f 的影响

图 2.5-6 干扰通道纯滞后的影响

结论：干扰通道具有纯滞后 τ_f 对系统质量无影响(指反馈系统，前馈系统 $\tau_f<\tau_p$，无法实现补偿模型)，只是将响应推迟一段时间。

总结：干扰通道特性对控制质量的影响，如表 2.5-1 所示。

表 2.5-1 干扰通道特性对控制质量的影响

特性参数	对静态质量的影响	对动态质量的影响
k_f 增加	余差增加	无影响
T_f 增加	无影响	过渡过程时间减小，震荡幅值减小
τ_f 增加	无影响	无影响

2.5.2 调节通道特性 $G_p(s)$ 对控制质量的影响

设调节通道传递函数为

$$G_p(s)=\frac{k_0}{(T_{01}s+1)(T_{02}s+1)}$$

讨论 $G_p(s)$ 中的 k_0、T_0、τ_0 三个特性指标。

1. 调节通道的放大倍数 k_0 对控制质量的影响

放大倍数 k_0 对控制质量的影响要从静态和动态两个方面进行分析。从静态方面分析，

由式(2.5-3)可以看出，控制系统的余差与干扰通道放大倍数成正比，与调节通道的放大倍数成反比，因此当 k_c、k_f 不变时，调节通道的放大倍数越大，调节系统的余差越小。

放大倍数 k_0 的变化不但会影响控制系统的静态控制质量，同时对系统的动态控制质量也会产生影响。对一个控制系统来说，在一定的稳定程度(即一定的衰减比)下，系统的开环放大倍数是一个常数，即控制器放大倍数 k_c 与广义对象调节通道放大倍数 k_0 的乘积。也就是说，特定的系统衰减比必须与控制器放大倍数 k_0 乘积的某特定数值对应。在一定衰减要求之下，k_0 减小，k_c 必须增大；k_0 增大，k_c 必须减小。同时，由于控制器与广义对象相串联，$k=k_ck_0$ 是定值，因此从系统的稳定性来讲，k_0 的大小对控制质量无影响。

2. 调节通道的时间常数 T_0 对控制质量的影响

由图 2.5-1 可得出单回路控制系统的特征方程为

$$1+G_c(s)G_p(s)=0 \tag{2.5-8}$$

为了便于分析起见，令 $G_c(s)=k_c$，$G_p(s)=\dfrac{k_0}{(T_{01}s+1)(T_{02}s+1)}$，将 $G_c(s)$、$G_p(s)$ 代入式(2.5-8)得到

$$T_{01}T_{02}s^2+(T_{01}+T_{02})s+1+k_ck_0=0 \tag{2.5-9}$$

将式(2.5-9)化为标准二阶系统($s^2+2\zeta\omega_n s+\omega_n^2=0$)形式，得

$$s^2+\frac{T_{01}+T_{02}}{T_{01}T_{02}}s+\frac{1+k_ck_0}{T_{01}T_{02}}=0$$

于是可得

$$\omega_0^2=\frac{1+k_ck_0}{T_{01}T_{02}},\ 2\zeta\omega_0=\frac{T_{01}+T_{02}}{T_{01}T_{02}} \tag{2.5-10}$$

由式(2.5-10)可求得

$$\omega_0=\sqrt{\frac{1+k_ck_0}{T_{01}T_{02}}},\ \zeta=\frac{T_{01}+T_{02}}{2\sqrt{T_{01}T_{02}(1+k_ck_0)}} \tag{2.5-11}$$

这里 ω_0 为系统的自然振荡频率。根据控制原理可知，系统工作频率 ω_β 与其自然振荡频率 ω_0 有如下关系

$$\omega_\beta=\sqrt{1-\zeta^2}\,\omega_0 \tag{2.5-12}$$

由式(2.5-12)可看出，在 ζ 不变的情况下，ω_0 与 ω_β 成正比，即

$$\omega_\beta\propto\sqrt{\frac{1+k_ck_0}{T_{01}T_{02}}} \tag{2.5-13}$$

从式(2.5-13)关系可知，不论 T_{01}、T_{02} 哪一个增大，都将会导致系统的工作频率降低。而系统工作频率越低，控制速度越慢。这就是说，调节通道的时间常数 T_0 越大，系统的工作频率越低，控制速度越慢。这样就不能及时地克服干扰的影响，因而，系统的控制质量会变差。

但调节通道的时间常数也不是越小越好。时间常数太小，系统的工作频率过高，系统将变得过于灵敏，反而会影响控制系统的控制品质，会使系统的稳定性下降(见图 2.5-7)。大多数流量控制系统的流量记录曲线波动的都比较厉害，这是由于流量对象时间常数比较小的原因所致。

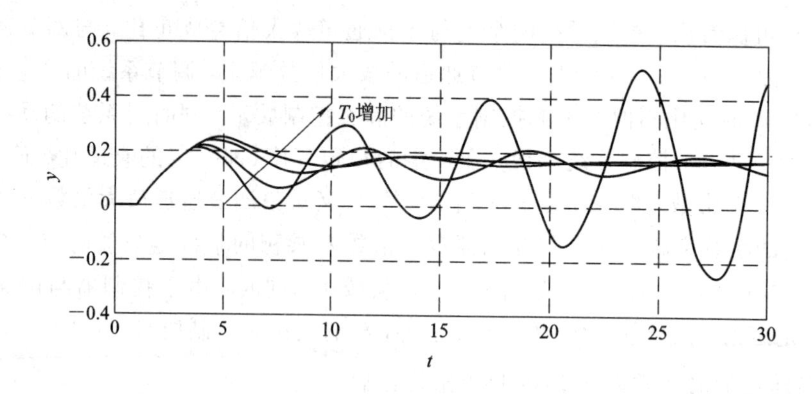

图 2.5－7　调节通道时间常数变化对控制质量的影响

3. 调节通道的纯滞后 τ_0 的影响

调节通道纯滞后对控制质量的影响可用图 2.5－8 加以说明。

图中的曲线 C 是没有控制作用时系统在干扰作用下的反应曲线。如果 τ_0 为变送器的灵敏度，那么，当调节通道没有纯滞后时，调节作用从 t_1 时刻开始就对干扰起抑制作用，控制曲线为 D。如果调节通道存在纯滞后 τ_0 时，调节作用从 $t_1+\tau_0$ 时刻才开始对干扰起抑制作用，而在此之前，系统由于得不到及时控制，因而被控变量只能任由干扰作用影响而不断上升(或下降)，其控制曲线为 E。显然，与调节通道没有纯滞后的情况相比，此时的动态偏差将增大，系统的质量将变差。

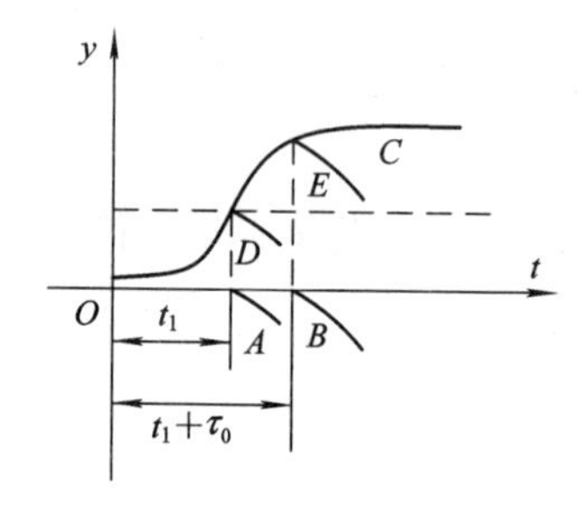

图 2.5－8　纯滞后影响示意图

同时，因为纯滞后的存在，使得控制器不能及时获得控制作用效果的反馈信息，因而控制器不能根据反馈信息来调整自己的输出，当需要增加控制作用时，会使控制作用增加的太多，而一旦需要减少控制作用时，则又会使控制作用减少得太多，控制器出现失控现象，从而导致系统的振荡，使系统的稳定性降低。因此，控制系统纯滞后的存在会大大地恶化系统的调节质量，甚至会出现不稳定情况。因此，工程实践中应当尽量避免调节通道出现纯滞后。

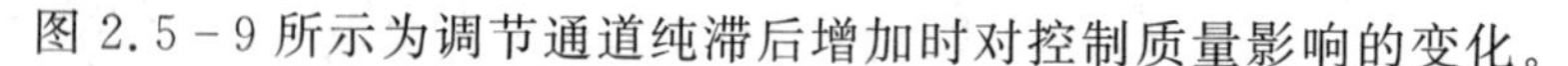
图 2.5－9 所示为调节通道纯滞后增加时对控制质量影响的变化。

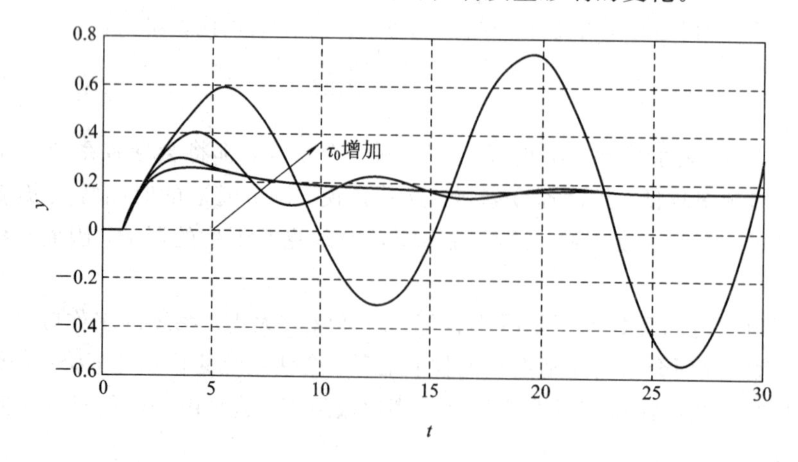

图 2.5－9　调节通道纯滞后对控制质量的影响

总结：调节通道特性对控制质量的影响如表 2.5 - 2 所示。

表 2.5 - 2　调节通道特性对控制质量的影响

特性参数	对静态质量的影响	对动态质量的影响
k_0增加	余差减小(稳定前提下)	系统趋向于振荡
T_0增加	无影响	过渡过程时间增加，系统频率变慢
τ_0增加	无影响	稳定程度大大降低

2.6　检测变送环节

检测变送环节的任务是对被控变量或其他有关参数做正确测量，并将它转换成统一信号如(4～20 mA)，测量变送环节的传递函数可表示为

$$G_m(s)=\frac{k_m}{T_m s+1}e^{-\tau_m s} \tag{2.6-1}$$

一般测量变送环节的 $\tau_m \to 0$，T_m较小，为简化分析，有时也假设 $T_m \to 0$ ，这样当 $k_m=1$ 时，可将控制系统看成单位反馈系统(控制理论中经常这样描述)。

在过程控制系统分析中，检测变送需要注意两点：

(1) 测量变送环节的 k_m。

$$k_m=\frac{\text{变送器输出范围}}{\text{测量范围}} \tag{2.6-2}$$

因变送器采用模拟单元组合仪表，输出范围为定值(如 4～20 mA)，则 k_m与测量范围成反比，k_m越大，测量范围越小，测量精度越高。

(2) 变送器的输出值与测量值的关系。

线性变送时：

$$p_{\text{变送器输出值}}=\frac{\text{测量值的变化}}{\text{测量值的范围}}(p_{\text{变送器输出最大值}}-p_{\text{变送器输出最小值}})+p_{\text{变送器输出最小值}} \tag{2.6-3}$$

非线性变送(差压法测流量)时：

$$p_{\text{变送器输出值}}=\left(\frac{\text{测量值的变化}}{\text{测量值的范围}}\right)^2(p_{\text{变送器输出最大值}}-p_{\text{变送器输出最小值}})+p_{\text{变送器输出最小值}} \tag{2.6-4}$$

例如，压力变送器测量范围是 0～100 kPa，当压力测量值为 40 kPa 时，对应的变送器输出为

$$p=\frac{(40-0)\text{kPa}}{(100-0)\text{kPa}}(20\text{ mA}-4\text{ mA})+4\text{ mA}=10.4\text{ mA}$$

1. 关于测量误差

(1) 仪表本身误差。k_m增大可减小测量误差，但调节系统稳定性受影响，应与 k_c 配合使用。

(2) 安装不当引入误差。例如，流量测量中，孔板装反；直管道不够；差压计引压管线有气泡等安装问题引起测量误差。

（3）测量的动态误差。例如，温度测温元件，应尽量减小 T_m、k_m，成分分析应尽量减少 τ_m。

2. 测量信号的处理

（1）对呈周期性的脉动信号需进行低通滤波。

（2）对测量噪声需进行滤波。

（3）线性化处理。

2.7 执行器环节

2.7.1 执行器概述

执行器是过程计算机控制系统中的一个重要组成部分。它的作用是接收控制器送来的控制信号，改变被控介质的流量，从而将被控变量维持在所要求的数值上或一定的范围内。

执行器的动作是由控制器的输出信号通过各种执行机构来实现的。执行器由执行机构与调节机构构成，在用电信号作为控制信号的控制系统中，目前广泛应用以下三种控制方式，如图 2.7－1 所示。

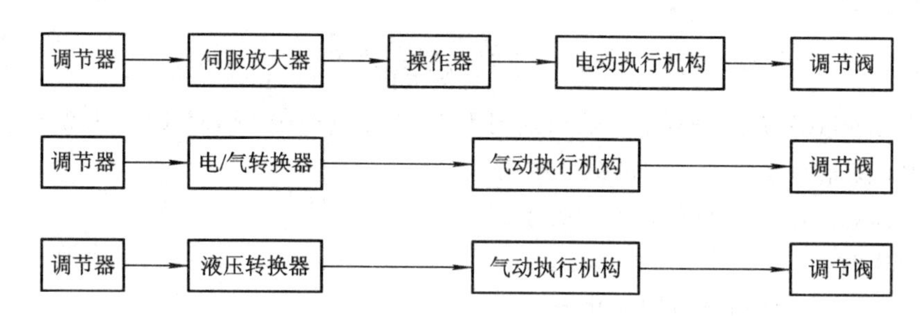

图 2.7－1　执行器的构成及控制方式

执行器有各种不同的分类方法，其分类如下：

（1）按动力能源分类：分为气动执行器、电动执行器、液动执行器。气动执行器利用压缩空气作为能源，其特点是结构简单、动作可靠、平稳、输出推力较大、维修方便、防火防爆，而且价格较低；它可以方便地与气动仪表配套使用，即使是采用电动仪表或计算机控制时，只要经过电/气转换器或电/气阀门定位器，将电信号转换为 0.02～0.1 MPa 的标准气压信号，仍然可用气动执行器。

（2）按动作极性分类：分为正作用执行器和反作用执行器。

（3）按动作行程分类：分为角行程执行器和直行程执行器。

（4）按动作特性分类：分为比例式执行器和积分式执行器。

在自控系统中，为使执行机构的输出满足一定的精度要求，在控制原理上常采用负反馈闭环控制系统，将执行机构的位置输出作为反馈信号，和电动控制器的输出信号作比较，将其差值经过放大，用于驱动和控制执行机构的动作，使执行机构向消除差值的方向运动，最终使执行机构的位置输出和电动控制器的输出信号成线性关系。

在应用气动执行机构的场合中，采用电/气转换器和气动执行机构配套时，由于是开环控制系统，只能用于控制精度要求不高的场合。当精度要求较高时，一般都采用电/气阀门定位器和气动执行机构相配套，执行机构的输出位移通过凸轮杠杆反馈到阀门定位器内，利用负反馈的工作原理，大大提高了气动控制阀的位置精度。因此，目前在自控系统中应用的气动控制阀大多数都与阀门定位器配套使用。

智能电动执行器将伺服放大器与操作器转换成数字电路，而智能执行器则将所有的环节集成，信号通过现场总线由变送器或操作站发来，可以取代控制器。

由于石油、化工等过程工业中的安全问题，所以大量使用的是气动执行器。下面主要介绍气动执行器的特性及应用。

2.7.2　气动执行器

气动执行器又称为气动控制阀，由气动执行机构和控制阀(控制机构)组成，如图 2.7－2 所示。执行器上有标尺，用以指示执行器的动作行程。

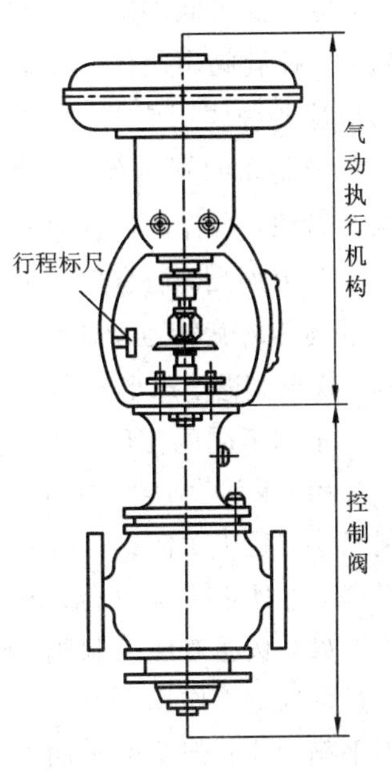

图 2.7－2　气动执行器

1. 气动执行机构

常见的气动执行机构有薄膜式和活塞式两大类。其中薄膜式执行机构最为常用，它可以用作一般控制阀的推动装置，组成气动薄膜式执行器。气动薄膜式执行机构的信号压力 p 作用于膜片，使其变形，带动膜片上的推杆移动，使阀芯产生位移，从而改变阀的开度。它的结构简单，价格便宜，维修方便，应用广泛。气动活塞执行机构使活塞在气缸中移动产生推力。显然，活塞式的输出力度远大于薄膜式，因此，薄膜式适用于输出力较小、精度较高的场合；活塞式适用于输出力较大的场合，如大口径、高压降控制或蝶阀的推动装置。除有薄膜式和活塞式之外，还有一种长行程执行机构，它的行程长、转矩大，适于输出角位移和大力矩的场合。气动执行机构接收的信号标准为 0.02～0.1 MPa。

气动薄膜执行机构输出的位移 L 与信号压力 p 的关系为

$$L=\frac{A}{K}p \tag{2.7-1}$$

式中，A 为波纹膜片的有效面积，K 为弹簧的刚度。推杆受压移动，使弹簧受压，当弹簧的反作用力与推杆的作用力相等时，输出的位移 L 与信号压力 p 成正比。执行机构的输出(即推杆输出的位移)也称行程。气动薄膜执行机构的行程规格有 10 mm、16 mm、25 mm、60 mm、100 mm。气动薄膜执行机构的输入、输出特性是非线性的，且存在正、反行程的变差。实际应用中常用上阀门定位器，可减小一部分误差。

气动薄膜执行机构有正作用和反作用两种形式。当来自控制器或阀门定位器的信号压力增大时，阀杆向下动作的叫正作用执行机构(ZMA 型)；当信号压力增大时，阀杆向上动作的叫反作用执行机构(ZMB 型)。正作用执行机构的信号压力通入波纹膜片上方的薄膜气室；反作用执行机构的信号压力通入波纹膜片下方的薄膜气室。通过更换个别零件，两者就能互相改装。

气动活塞执行机构的主要部件为气缸、活塞、推杆，气缸内活塞随气缸内两侧压差的变化而移动。其特性有两位式和比例式两种。两位式根据输入活塞两侧操作压力的大小，活塞从高压侧被推向低压侧。比例式是在两位式基础上加以阀门定位器，使推杆位移和信号压力成比例关系。

2. 控制机构

控制机构即控制阀，实际上是一个局部阻力可以改变的节流元件，通过阀杆上部与执行机构相连，下部与阀芯相连。由于阀芯在阀体内移动，改变了阀芯与阀座之间的流通面积，即改变了阀的阻力系数，被控介质的流量也就相应地改变，从而达到控制工艺参数的目的。控制阀由阀体、阀座、阀芯、阀杆、上下阀盖等组成。控制阀直接与被控介质接触，为适应各种使用要求，阀芯、阀体的结构、材料各不相同。

控制阀的阀芯有直行程阀芯与角行程阀芯。常见的直行程阀芯有：平板形阀芯，具有快开特性，可作两位控制；柱塞型阀芯，可上下倒装，以实现正反调节；窗口形阀芯，有合流型与分流型，适宜作三通阀；多级阀芯，将几个阀芯串联，起逐级降压作用。角行程阀芯通过阀芯的旋转运动改变其与阀座间的流通截面。常见的角行程阀芯形式有偏心旋转阀芯、蝶形阀芯、球形阀芯。

根据不同的使用要求，控制阀的结构形式很多，如图 2.7－3 所示，主要有以下几种：

(1) 直通单座控制阀。这种阀的阀体内只有一个阀芯与阀座。其特点是结构简单，泄漏量小，易于关闭，甚至完全切断。但是在压差大的时候，流体对阀芯上下作用的推力不平衡，这种不平衡力会影响阀芯的移动。这种阀一般用于小口径、低压差的场合。

(2) 直通双座控制阀。阀体内有两个阀芯和阀座，这是最常用的一种类型。由于流体流过的时候，作用在上、下两个阀芯上的推力方向相反而大小相近，可以互相抵消，所以不平衡力小。但是由于加工的限制，上、下两个阀芯与阀座不易保证同时密闭，因此泄漏量较大。根据阀芯与阀座的相对位置，这种阀可分为正作用式与反作用式(或称正装与反装)两种形式。当阀体直立，阀杆下移时，阀芯与阀座间的流通面积减小的称为正作用式。如果将阀芯倒装，则当阀杆下移时，阀芯与阀座间的流通面积增大，称为反作用式。

(3) 隔膜控制阀。它采用耐腐蚀衬里的阀体和隔膜。隔膜控制阀结构简单、流阻小、流通能力比同口径的其他种类的阀要大。由于介质用隔膜与外界隔离，故无填料，介质也不会泄漏。这种阀耐腐蚀性强，适用于强酸、强碱等腐蚀性介质的控制，也能用于高黏度及悬浮颗粒状介质的控制。

(4) 三通控制阀。三通控制阀共有三个出入口与工艺管道连接。其流通方式有合流(两种介质混合成一路)型和分流(一种介质分成两路)型两种。这种阀可以用来代替两个直通阀，适用于配比控制与旁路控制。

(5) 角形控制阀。角形控制阀的两个接管成直角形，一般为底进侧出。这种阀的流路简单、阻力较小，适用于现场管道要求直角连接，介质为高黏度、高压差和含有少量悬浮物和固体颗粒的场合。

(6) 套筒式控制阀。套筒式控制阀又名笼式阀，它的阀体与一般的直通单座阀相似。笼式阀内有一个圆柱形套筒(笼子)。套筒壁上有几个不同形状的孔(窗口)，利用套筒导向，阀芯在套筒内上下移动，由于这种移动改变了笼子的节流孔面积，就形成了各种特性，并实现流量控制。笼式阀的可调比大、振动小、不平衡力小、结构简单、套筒互换性好，更换不同的套筒(窗口形状不同)即可得到不同的流量特性，阀内部件所受的气蚀小、噪声小，是一种性能优良的阀，特别适用于要求噪声低及压差较大的场合，但不适用高温、高黏度及含有固体颗粒的液体。

(7) 蝶阀。蝶阀又名翻板阀。蝶阀具有结构简单、重量轻、价格便宜、流阻极小的优点，但泄漏量大，适用于大口径、大流量、低压差的场合，也可以用于含少量纤维或悬浮颗粒状介质的控制。

(8) 球阀。球阀的阀芯和阀体都呈球形，转动阀芯使其与阀体处于不同的相对位置时，就具有不同的流通面积，以达到流量控制的目的。

(9) 凸轮挠曲阀。凸轮挠曲阀又名偏心旋转阀。它的阀芯呈扇形球面状，与挠曲臂及轴套一起铸成，固定在转动轴上。凸轮挠曲阀的挠曲臂在压力作用下会产生挠曲变形，使阀芯球面与阀座密封圈紧密接触，密封性好。同时它的重量轻、体积小、安装方便，适用于高黏度或带有悬浮物的介质流量控制。

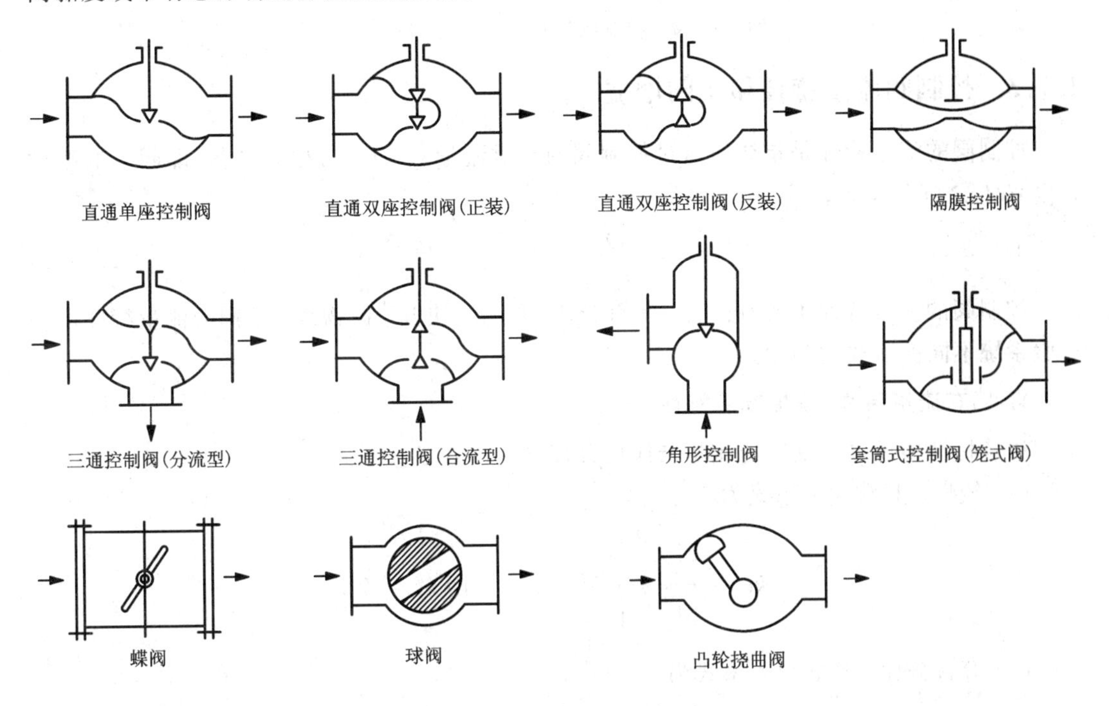

图 2.7-3　控制阀的结构形式

除以上所介绍的阀以外，还有一些特殊的控制阀。例如小流量阀适用于小流量的精密控制，超高压阀适用于高静压、高压差的场合。同时有的控制阀，其特性不过零(即都有泄漏)，为此，常接入截止阀。

3. 控制阀口径的选择

控制阀正常开度处于 15%～85%之间。开度大于 90%(阀选小了)，系统处于失控状态，非线性区；开度小于 10%(阀选大了)，系统处于小开度状态，易振荡，同时易造成阀芯与阀座的碰撞，使调节阀损坏。

阀口径大小由流通能力 C 决定（C 值具体计算由“自控工程设计”课讲）。

C 值的定义：阀前后压差为 0.1 MPa，介质密度为 1 g/cm^3 时通过阀门的流体的质量流量。

4. 确定控制阀的气开与气关形式

控制阀气开与气关形式选择依据：控制阀失灵（膜头信号断开）时，阀门所处位置能保证正常安全生产。

控制阀气开与气关结构示意图如图 2.7-4 所示。

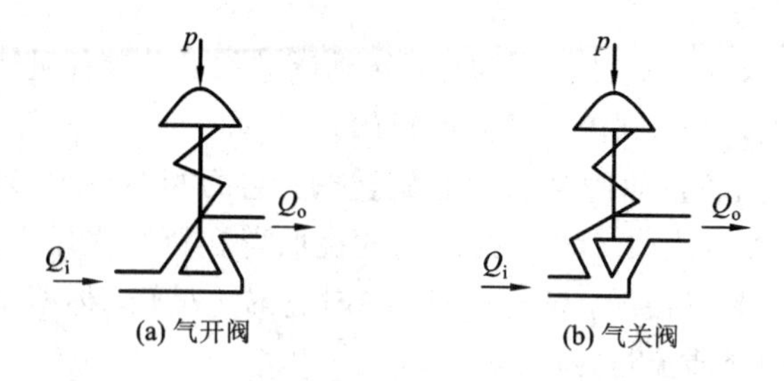

图 2.7-4　控制阀气开与气关结构示意图

2.7.3　控制阀流量特性和阀门增益

控制阀的流量特性是指介质流过控制阀的相对流量 Q/Q_{max} 与相对位移（即阀芯的相对开度）l/L 之间的关系，即

$$\frac{Q}{Q_{max}} = f\left(\frac{l}{L}\right) \tag{2.7-2}$$

控制阀的流量特性主要有四种：等百分比、线性、快开、抛物线。不同的流量特性用来克服系统不同的非线性问题。

1. 固有流量特性（理想流量特性）

流量特性指通过控制阀的流量与阀门开度之间的数学关系式。

（1）线性。其数学关系式为

$$k_v = \frac{d\left(\frac{Q}{Q_{max}}\right)}{d\left(\frac{l}{L}\right)} = C, \qquad \text{即 } k_v = C$$

（2）等百分比。其数学关系式为

$$k_v = \frac{d\left(\frac{Q}{Q_{max}}\right)}{d\left(\frac{l}{L}\right)} = C\left(\frac{Q}{Q_{max}}\right), \qquad \text{即 } k_v \propto Q$$

（3）快开。其数学关系式为

$$k_v = \frac{d\left(\frac{Q}{Q_{max}}\right)}{d\left(\frac{l}{L}\right)} = C\left(\frac{Q}{Q_{max}}\right)^{-1}, \qquad \text{即 } k_v \propto \frac{1}{Q}$$

（4）抛物线。其数学关系式为

$$k_v=\frac{d\left(\frac{Q}{Q_{max}}\right)}{d\left(\frac{l}{L}\right)}=C\left(\frac{Q}{Q_{max}}\right)^{\frac{1}{2}},\qquad 即\ k_v\propto\sqrt{Q}$$

式中，k_v为调节阀静态增益；C 为常数。

等百分比、线性、快开、抛物线阀流量特性曲线斜率为 k_v，如图 2.7－5 所示。

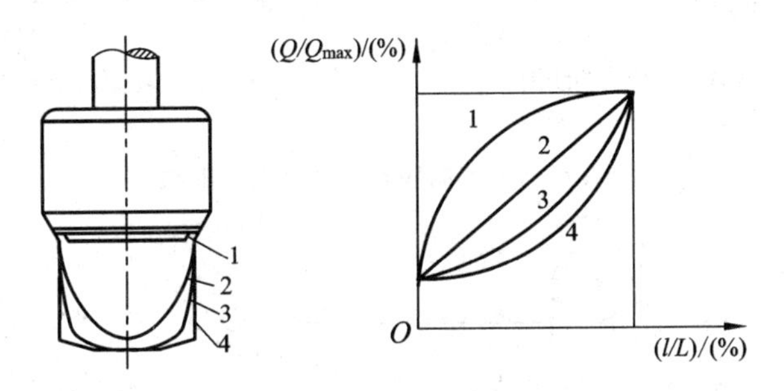

1—快开；2—线性；3—抛物线；4—等百分比

图 2.7－5　理想流量特性

由于控制阀阀开度变化时，阀前后的压差 ΔP 会变化，从而流量 q 也会变。为方便分析，称阀前后的压差不随阀的开度变化的流量特性为理想流量特性；阀前后的压差随阀的开度变化的流量特性为工作流量特性。如图 2.7－5 所示，不同的阀芯形状，具有不同的理想流量特性：

(1) 线性流量特性。虽为线性特性，但小开度时，流量相对变化值大、灵敏度高、控制作用强、易产生振荡；大开度时，流量相对变化值小、灵敏度低、控制作用弱、控制缓慢。

(2) 等百分比流量特性。放大倍数随流量增大而增大，所以，开度较小时，控制缓和平稳；大开度时，控制灵敏、有效。

(3) 抛物线流量特性。在抛物线流量特性中，有一种修正抛物线流量特性，这是为了弥补直线特性在小开度时调节性能差的缺点，在抛物线特性基础上衍生出来的。它在相对位移 30％及相对流量 20％以下为抛物线特性，在以上范围为线性特性。

(4) 快开流量特性。快开特性的阀芯是平板形的。它的有效位移一般是阀座的 1/4，位移再大时，阀的流通面积就不再增大，失去了控制作用。快开阀适用于迅速启闭的切断阀或双位控制系统。

2. 安装流量特性(工作流量特性)

由于通过控制阀流量变化引起阻力变化，从而使得阀上压降也发生相应的变化，此时的流量特性称为安装流量特性或工作流量特性。

当阀门前后 Δp_v 变小时(即阻力 Δp_R 变大时)，控制阀的流量特性发生畸变(见图 2.7－6)。畸变程度用 s 值来表示，各量间关系见图 2.7－7。

$$s=\frac{控制阀全开时阀两端压差}{系统恒定的总压差}=\frac{\Delta p_v}{p_{总}}$$

$s>0.6$，基本无畸变。畸变规律是：

(1) 特性曲线总是向左上方畸变，线性阀接近快开，等百分比阀接近线性。

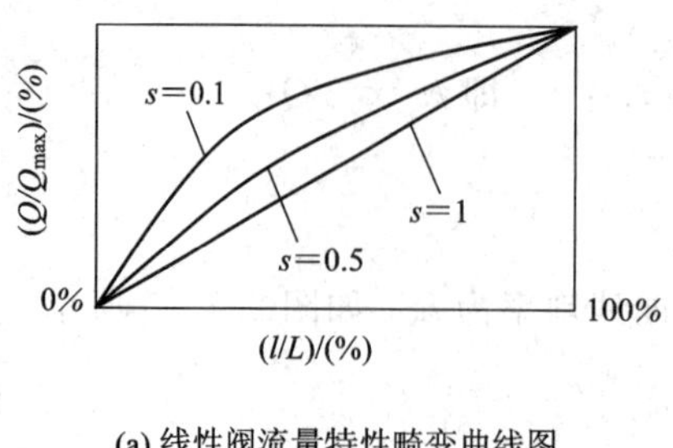

(a) 线性阀流量特性畸变曲线图

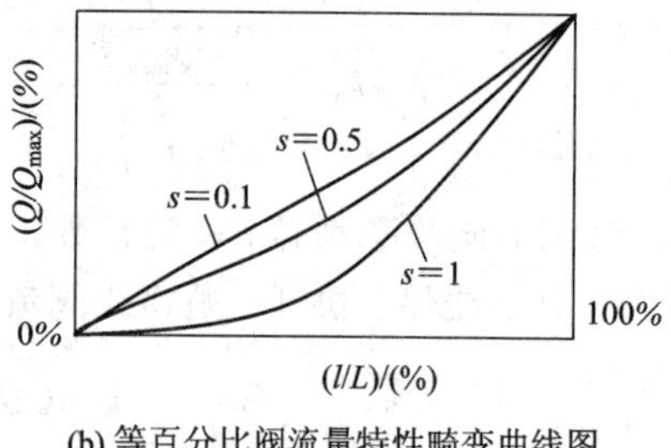

(b) 等百分比阀流量特性畸变曲线图

图 2.7-6　控制阀流量特性畸变曲线图

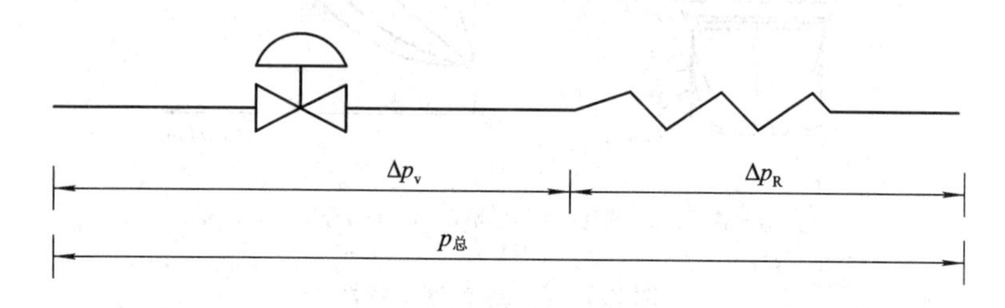

图 2.7-7　具有串联阻力的控制阀的工作流量特性图

(2) s 值越小，畸变越严重。

(3) 畸变后，最小流量变大，使可调比 $R=Q_{max}/Q_{min}$ 变小。

在实际生产中，控制阀阀前后压差总是变化的，如控制阀一般与工艺设备并用，也与管道串联或并联。压差因阻力损失变化而变化，致使理想流量特性畸变为工作流量特性。综合串、并联管道的情况，可得如下结论：

串、并联管道都会使阀的理想流量特性发生畸变，串联管道的影响尤为严重；

串、并联管道都会使控制阀的可调范围降低，并联管道尤为严重；

串联管道使系统总流量减少，并联管道使系统总流量增加；

串、并联管道会使控制阀的放大系数减小，即输入信号变化引起的流量变化值减少。

2.7.4　电/气转换器和电/气阀门定位器

在实际系统中，电与气两种信号常是混合使用的，这样可以取长补短，因而有各种电/气转换器及气/电转换器把电信号(0～10 mA DC 或 4～20 mA DC)与气信号(0.02～0.1 MPa)进行转换。电/气转换器可以把电动变送器送来的信号变为气信号，送到气动控制器或气动显示仪表；也可把电动控制器的输出信号变为气信号去驱动气动控制阀，这样，常用的电/气阀门定位器具有电/气转换器和气动阀门定位器两种作用。

电/气转换器简化原理如图 2.7-8 所示。它基于力矩平衡的工作原理。输入信号为电动控制系统的标准信号 4～20 mA 或 0～10 mA，转换为 0.02～0.1 MPa 气动信号再驱动气动执行器。电流流过线圈产生电磁场，电磁场将可动铁心磁化，磁化铁心在永久磁钢中受力，相对于支点产生力矩，带动铁心上的挡板动作，从而改变喷嘴挡板间的间隙，喷嘴挡板可变气阻发生改变，使图中气阻与喷嘴挡板机构的分压系数发生变化，有气压信号 P_B 输出，P_B 通过功率放大器放大，输出气动执行器的标准气信号。输出气信号通过波纹管相对于支点给铁心加一个反力矩，信号力矩与反力矩相等时，铁心绕支点旋转的角度达到平衡。

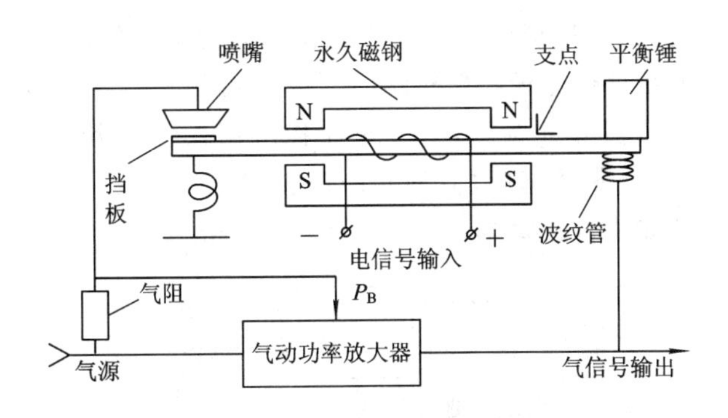

图 2.7-8 电/气转换器简化原理

电/气阀门定位器具有电/气转换器与阀门定位器的双重功能，它接收电动控制器输出的 4～20 mA 直流电流信号，输出 0.02～0.1 MPa 或 0.04～0.2 MPa(大功率)气动信号驱动执行机构。由于电/气阀门定位器具有追踪定位的反馈功能，电信号的输入与执行机构的位移输出之间的线性关系比较好，从而保证控制阀的正确定位。

电/气阀门定位器原理如图 2.7-9 所示。来自控制器或输出式安全栅的 4～20 mA 直流电流信号送入输入绕组，使杠杆极化，极化杠杆在永久磁钢中受力，对应于杠杆支点产生一个电磁力矩，杠杆逆时针旋转。杠杆上的挡板靠近喷嘴，使放大器背压升高，放大后的气压作用在执行机构上，使执行机构的输出阀杆下移。阀杆的位移通过反馈拉杆转换为反馈轴与反馈压板间的角位移，以量程调节件为支点，作用于反馈弹簧。反馈弹簧对应于杠杆支点产生一个反馈力矩，当反馈力矩与电磁力矩平衡时，阀杆就稳定在某一位置，从而实现了阀杆位移与输入信号电流之间的线性关系。普通定位器的定位精度约为全行程的 20%，显然还不够高。目前，国外一些大公司(如西门子、费希尔-罗斯蒙特等)相继推出了智能型电/气阀门定位器，使定位精度优于全行程的 0.5%，且符合现场总线标准，同时，其他性能也有所提高。

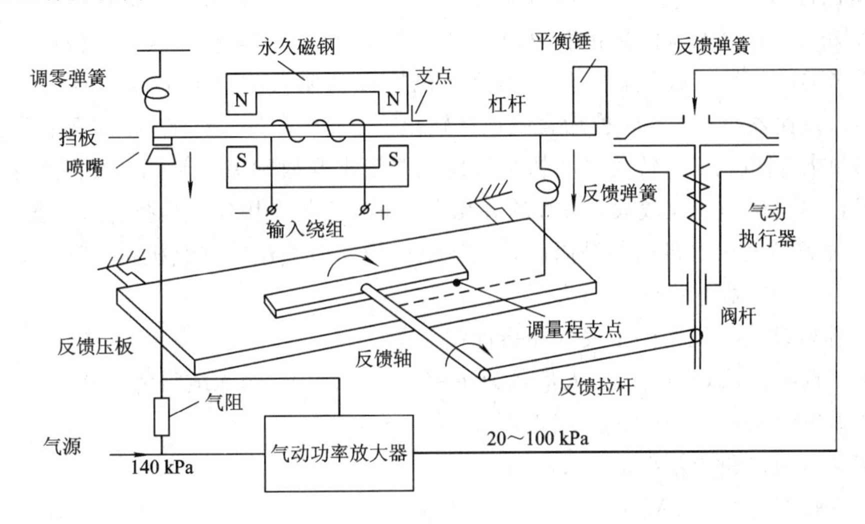

图 2.7-9 电/气阀门定位器原理

智能型电/气阀门定位器的构成如图 2.7-10 所示。它以微处理器为核心，采用的是数字定位技术，即将从控制器传来的控制信号(4～20 mA)转换成数字信号后送入微处理器，同时将阀门开度信号也通过 A/D 转换后反馈回微处理器，微处理器将这两个数字信号按照预先设定的性能、关系进行比较，判断阀门开度是否与控制信号相匹配（即阀杆是否移动到位）。如果正好匹配，即偏差为零，系统处于稳定状态，则切断气源，即使两阀（可以是电磁阀或压电阀）均处于切断状态（只有通和断两种状态），否则，应根据偏差的大小和类别（正偏差或负偏差）决定两阀的动作，从而使阀芯准确定位。

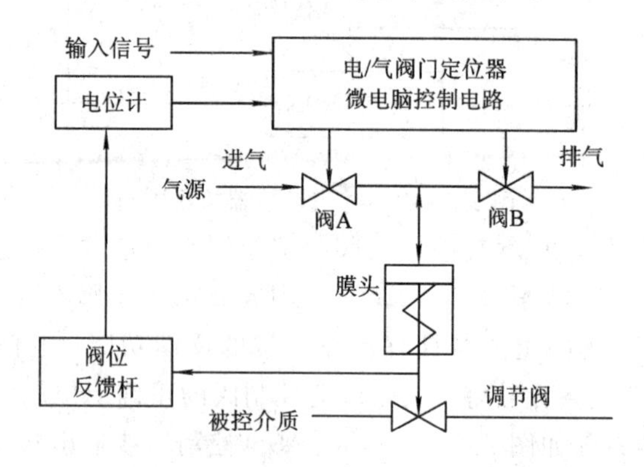

图 2.7-10　智能型电/气阀门定位器的构成

智能型电/气阀门定位器的先进性在于：控制精度高、能耗低、调整方便、可任意选择流量阀的流量特性、故障报警，并通过接口与其他现场总线用户实现通信。

2.7.5　电动执行器

电动执行器和气动执行器一样，是控制系统中的一个重要部分。它接收来自控制器的 4～20 mA 或 0～10 mA 直流电流信号，并将其转换成相应的角位移或直行程位移，去操纵阀门、挡板等控制机构，以实现自动控制。

电动执行器有角行程、直行程和多转式等类型。角行程电动执行机构以电动机为动力元件，将输入的直流电流信号转换为相应的角位移（0°～90°），这种执行机构适用于操纵蝶阀、挡板之类的旋转式控制阀。直行程执行机构接收输入的直流电流信号后使电动机转动，然后经减速器减速，并转换为直线位移输出，去操纵单座、双座、三通等各种控制阀和其他直线式控制机构。多转式电动执行机构主要用来开启和关闭闸阀、截止阀等多转式阀门，由于它的电机功率比较大，最大的有几十千瓦，一般多用做就地操作和遥控。

这三种类型的执行机构都是以两相交流电机为动力的位置伺服机构，三者电气原理完全相同，只是减速器不一样。

角行程电动执行机构的主要性能指标：

（1）三端隔离输入通道，输入信号为 4～20 mA(DC)，输入电阻为 250Ω；

（2）输出力矩：40、100、250、600、1000 N·m；

（3）基本误差和变差小于±1.5%；

（4）灵敏度为 240 μA。

电动执行器主要由伺服放大器和执行机构组成，中间可以串接操作器，如图 2.7-11 所示。伺服放大器接收控制器发来的控制信号（1～3 路），将其同电动执行机构输出位移的反馈信号 I_f 进行比较，若存在偏差，则差值经过功率放大后，驱动两相伺服电机转动。再经减速器减速，带动输出轴改变转角 θ。若差值为正，则伺服电机正转，输出轴转角增大；若差值为负，则伺服电机反转，输出轴转角减小。当差值为零时，伺服放大器输出信号让电机停转，此时输出轴就稳定在与该输入信号相对应的转角位置上。这种位置式反馈结构可使输入电流与输出位移的线性关系较好。

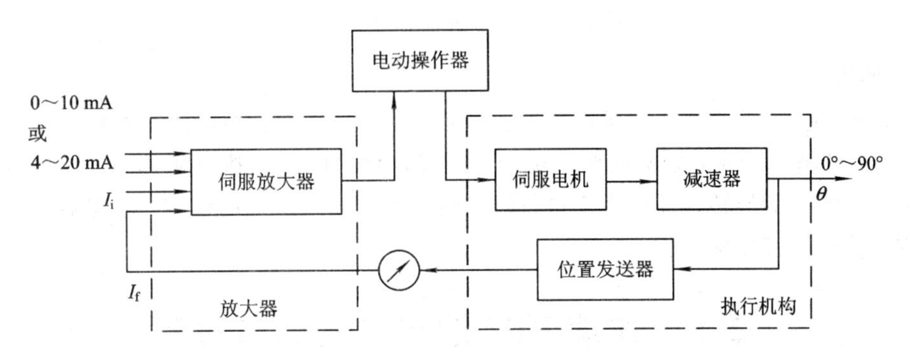

图 2.7－11　电动执行器

电动执行机构不仅可以与控制器配合实现自动控制，还可通过操纵器实现控制系统的自动控制和手动控制的相互切换。当操纵器的切换开关置于手动操作位置时，由正、反操作按钮直接控制电机的电源，以实现执行机构输出轴的正转或反转，进行遥控手动操作。

1. 伺服电机

伺服电机是电动控制阀的动力部件，其作用是将伺服放大器输出的电功率转换成机械转矩。伺服电机实际上是一个二相电容异步电机，由一个用冲槽硅钢片叠成的定子和鼠笼转子组成，定子上均匀分布着两个匝数、线径相同而相隔 90°角的定子绕组 W_1 和 W_2。

2. 伺服放大器

伺服放大器工作原理如图 2.7－12 所示。伺服放大器主要包括放大器和两组可控硅交流开关Ⅰ和Ⅱ。放大器的作用是将输入信号和反馈信号进行比较，得到差值信号，并根据差值的极性和大小，控制可控硅交流开关Ⅰ、Ⅱ的导通或截止。可控硅交流开关Ⅰ、Ⅱ用来接通伺服电机的交流电源，分别控制伺服电机的正、反转或停止不转。

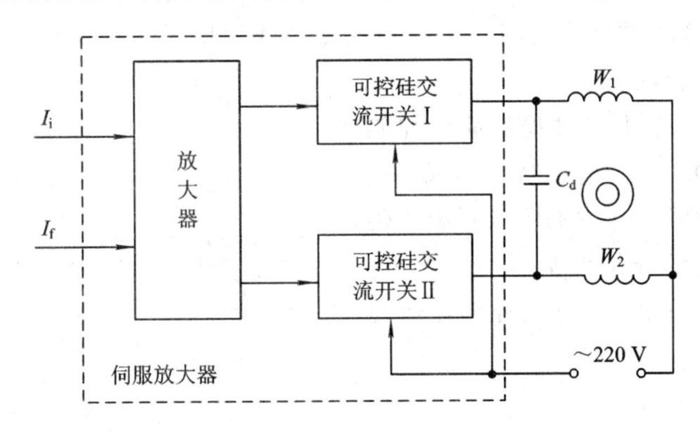

图 2.7－12　伺服放大器工作原理

3. 位置发送器

位置发送器的作用是将电动执行机构输出轴的位移线性地转换成反馈信号，反馈到伺服放大器的输入端。

位置发送器通常包括位移检测元件和转换电路两部分。位移检测元件用于将电动执行机构输出轴的位移转换成毫伏或电阻等信号，常用的位移检测元件有差动变压器、塑料薄膜电位器和位移传感器等；转换电路用于将位移检测元件输出信号转换成伺服放大器所要求的输入信号，如 0～10 mA 或 4～20 mA 直流电流信号。

4. 减速器

减速器的作用是将伺服电机高转速、小力矩的输出功率转换成执行机构输出轴的低转速、大力矩的输出功率，以推动调节机构。在直行程式的电动执行机构中，减速器还起到将伺服电机转子的旋转运动转变为执行机构输出轴的直线运动的作用。减速器一般由机械齿轮或齿轮与皮带轮构成。

2.8　连续 PID 控制及其调节过程

当构成一个控制系统的被控对象、检测变送环节和控制阀都确定之后，控制器参数就是决定控制系统控制质量的唯一因素。控制系统的控制质量包括系统的稳定性、系统的静态误差和系统的动态误差三方面。下面主要就控制器参数的整定、对控制系统的过渡过程曲线的影响进行分析。

2.8.1　基本概念

多年以来，过程控制中，按偏差的比例(P)、积分(I)和微分(D)进行控制的(PID)控制器(亦称 PID 调节器)是应用最为广泛的自动控制器。它具有原理简单，易于实现，鲁棒性强和使用面广等优点。

PID 控制是一种负反馈控制。在介绍它以前，有必要明确什么是负反馈，以及如何才能体现负反馈的效果。

在反馈控制系统中，自动控制器和被控对象等构成一个闭合回路。在连接成闭合回路时，可能出现两种情况：正反馈和负反馈。正反馈的作用是加剧被控对象流入量、流出量的不平衡，从而导致控制系统的不稳定；负反馈的作用则是缓解对象中的不平衡，这样才能达到自动控制的目的。

图 2.8-1 是一个生产过程的简单控制系统方框图，其中 $G_p(s)$ 是包括控制阀、被控对象和测量变送元件在内的广义对象的传递函数；虚线框内部分是控制器 $G_c(s)$。注意，按仪表制造业的规定，进入控制器运算部分的偏差信号 e 定义为

$$e = y - r \qquad (2.8-1)$$

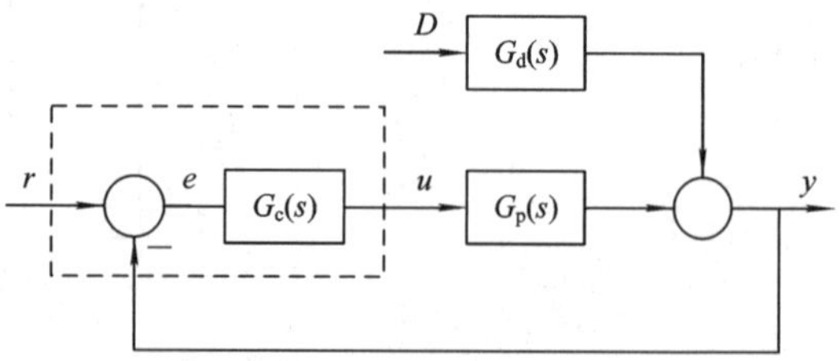

图 2.8-1　生产过程的简单控制系统方框图

式中，r 为设定值，y 为被测量的实测值。

为了适应不同被控对象实现负反馈控制的需要，工业控制器都设置有正、反作用开关，以便根据需要将控制器置于正作用或者反作用方式。所谓正作用方式，是指控制器的

输出信号 u 随着被控变量 y 的增大而增大，此时称整个控制器的增益为“+”。在反作用方式下，u 随着被控变量 y 的增大而减小，此时称整个控制器的增益为“−”。这样负反馈控制就可以通过正确选定控制器的作用方式来实现。

假定被控对象是一个加热过程，即利用蒸汽加热某种介质使之自动保持在某一设定温度。如果蒸汽控制阀的开度随着 u 的加大而加大，那么就广义被控对象看，显然介质温度 y 将会随着信号 u 的加大而升高。如果介质温度 y 降低了，自动控制器就应加大其输出信号 u，才能起负反馈控制作用，因此控制器应置于反作用工作方式下。

反之，如果被控对象是一个冷却过程，并假定冷却剂控制阀的开度随着 u 信号的加大而加大，那么被冷却介质温度将随着信号 u 的加大而降低。在这个应用中，控制器应置于正作用工作方式下。

此外，控制器的正、反作用也可以借助控制系统方框图加以确定。当控制系统中包含很多串联环节时，这个方法更为简便。在方框图中，各个环节的增益有正、负区别(当环节的输入增加，输出也增加定义为正；反之为负)。负反馈要求闭合回路上所有环节(包括控制器的运算部分在内)的增益之乘积是正数。图 2.8-2 中画出了上述加热器温度控制系统方框图，其中 k_p、k_v 及 k_m 分别代表被控过程、控制阀和测量变送装置的增益，k_c 代表控制器运算部分的增益，μ 为控制阀的开度，y_m 为被调量 y 的测量值。注意，控制器置于正作用方式下时，k_c 为负，反之 k_c 为正。在本例中，k、k_v 及 k_m 都是正数，因此负反馈要求 k_c 为正，即要求控制器置于反作用方式下。

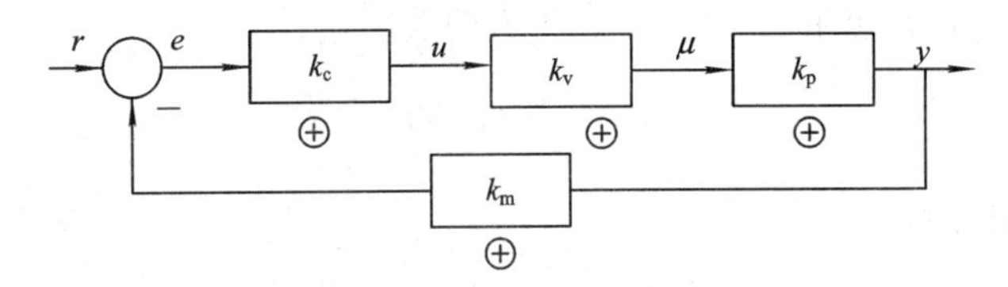

图 2.8-2　加热器控制系统方框图

下面分别讨论 PID 控制中的各种调节规律。

2.8.2　比例调节

1. 比例调节规律

在比例(P)调节中，控制器的输出信号 u 与偏差信号 e 成比例，即

$$u = k_c e \tag{2.8-2}$$

式中，k_c 称为放大倍数(视情况可设置为正或负)。

需要注意的是，上式中的控制器输出 u 实际上是对其起始值 u_0 的增量，因此，当偏差 e 为零因而 u 为零时，并不意味着控制器没有输出，它只说明此时有 $u=u_0$，u_0 的大小是可以通过调整控制器的工作点加以改变的。

在工业上所使用的控制器，习惯上采用比例度 δ(也称比例带)，而不用放大倍数 k_c 来衡量比例控制作用的强弱。

所谓比例度，就是指控制器输入的相对变化量与相应的输出的相对变化量之比的百分数，用式子表示：

$$\delta = \frac{\dfrac{e}{x_{\max} - x_{\min}}}{\dfrac{u}{u_{\max} - u_{\min}}} \times 100\% \tag{2.8-3}$$

式中，e 为控制器的输入变化量(即偏差)；u 为相应于偏差为 e 时的控制器输出变化量；$x_{\max}-x_{\min}$ 为仪表的量程；$u_{\max}-u_{\min}$ 为控制器输出的工作范围。

δ 具有重要的物理意义。如果 u 直接代表控制阀开度的变化量，那么从式(2.8-3)可以看出，δ 代表控制阀的开度改变100%，即从全关到全开时所需的被调量的变化范围。只有当调节量处于这个范围以内时，控制阀的开度(变化)才与偏差呈比例。超出这个比例度以外，控制阀已处于全关或全开的状态，此时控制器的输入与输出已不再保持比例关系，而控制器也暂时失去控制作用了。

实际上，控制器的比例度 δ 习惯用它相对于被调量测量仪表的量程的百分数表示。例如，若测量仪表的量程为100℃，则 $\delta=50\%$ 就表示被调量需要改变50℃才能使控制阀从全关到全开。

那么比例度 δ 与放大倍数增益 k_c 是什么关系呢？可将式(2.8-3)改写一下，写成：

$$\delta = \frac{e}{u}\left(\frac{u_{\max} - u_{\min}}{x_{\max} - x_{\min}}\right) \times 100\% = \frac{1}{k_c}\left(\frac{u_{\max} - u_{\min}}{x_{\max} - x_{\min}}\right) \times 100\% = \frac{k}{k_c} \times 100\% \tag{2.8-4}$$

对于一个控制器来说，k 是固定常数，特别是对于单元组合仪表，控制器的输入信号是由变送器来的，而控制器与变送器的输出信号都是统一的标准信号，因此常数 $k=1$。所以在单元组合仪表中，比例度就和放大倍数 k_c 互为倒数关系，即

$$\delta = \frac{1}{k_c} \times 100\% \tag{2.8-5}$$

2. 比例调节的特点

比例控制作用是最基本的，也是最主要的控制规律。它能比较迅速地克服干扰。比例控制作用适合干扰变化幅度小、自衡能力强、对象滞后较小、控制质量要求不高的场合。

比例调节的显著特点就是有差调节。

工业过程在运行中经常会发生负荷变化。所谓负荷，是指物料流或能量流的大小。处于自动控制下的被控过程在进入稳态后，流入量与流出量之间总是达到平衡的，因此，人们常常根据控制阀的开度来衡量前负荷的大小。

如果采用比例调节，则在负荷扰动下的调节过程结束后，被测量不可能与设定值完全相等，它们之间一定有残差。下面举例说明。图2.8-3是一个水加热的出口水温控制系统。在这个控制系统中，热水的温度 θ 是由传感器 θ_T 获取信号并送到控制器 θ_C 的，控制器控制加热蒸汽的控制阀开度以保持出口水温恒定，加热器的热负荷既决定于热水流量 Q，也决定于热水温度 θ。假定现在采用比例控制器，并将控制阀开度 μ 直接视为控制器的输出。图2.8-4中的直线1是比例控制器的静特性，即控制阀开度随水温变化的情况。水温越高，控制器应把控制阀开得越小，因此它在图中是左高右低的直线，比例度越大，则直线斜率越大。图中曲线2和3分别代表加热器在不同的热水流量下的静特性。它们表示加热器在没有控制器控制时，在不同热水流量下稳态出口水温与控制阀开度之间的关系，可以通过单独对加热器进行一系列实验得到。直线1与曲线2的交点 O 代表在热水流量为 Q_0，业已投入自动控制并假定控制系统是稳定的情况下，最终要达到的稳态运行点，那时

的出口水温度为 θ_0，控制阀开度为 μ_0。如果假定 θ_0 就是水温的设定值(这可以通过调整控制器的工作点做到)，从这个运行点开始，如果热水流量减少为 Q_1，那么在调节过程结束后，新的稳态运行点将移到直线1和曲线3的交点 A。这就出现了被调量残差 $\theta_A-\theta_0$，它是由比例调节规律所决定的。不难看出，残差既随着流量变化幅度也随着比例度的加大而加大。

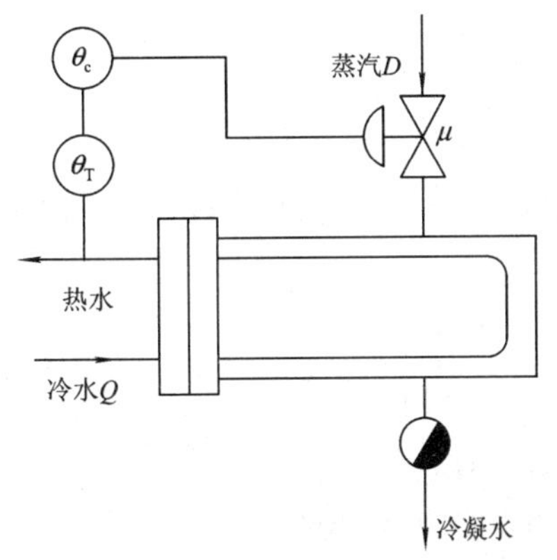

图 2.8-3　加热器出口水温控制系统

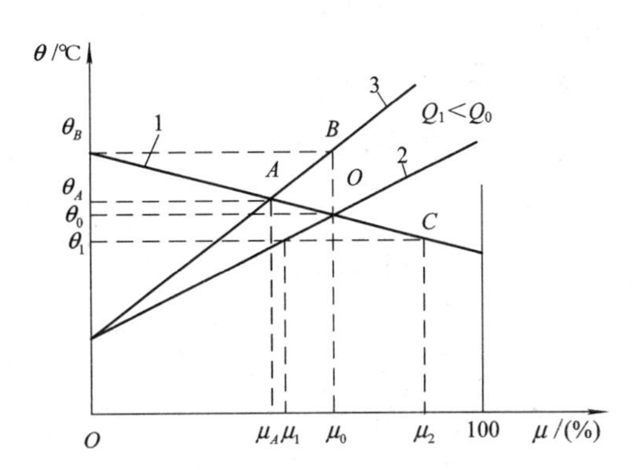

图 2.8-4　比例调节的有差调节示意图

比例控制器虽然不能准确保持被调量恒定，但效果还是比不加自动控制的好，从图2.8-3中可见，从运行点 O 开始，如果不进行自动控制，那么热水流量减小为 Q_1 后，水温将根据其自平衡特性一直上升到 θ_B 为止。

从热量平衡观点看，在加热器中，蒸汽带入的热量是流入量，热水带走的热量是流出量。在稳态下，流出量与流入量保持平衡。无论是热水流量还是热水温度的改变，都意味着流出量的改变，此时必须相应地改变流入量才能重建平衡关系。因此，蒸汽控制阀开度必须有相应的改变。从比例控制器看，这就要求水温必须有残差。

加热器是具有自平衡特性的工业过程，另有一类过程则不具有自平衡特性，工业锅炉的水位控制就是一个典型例子。这种非自平衡过程本身没有所谓的静特性，但仍可以根据流入、流出量的平衡关系进行无残差的分析。为了保持水位的稳定，给水量必须与蒸汽负荷取得平衡。一旦失去平衡关系，水位就会一直变化。因此当蒸汽负荷改变后，给水控制阀开度必须有相应的改变，才能保持水位稳定。如果采用比例控制器，这就意味着在新的稳态下，水位必须有残差。还应注意到，水位设定值的改变不会影响锅炉的蒸汽负荷，因此在这种情况下，水位也不会有残差。

3. 比例调节对于调节过程的影响

一个比例控制系统，由于对象特性的不同与比例控制器的比例度的不同，往往会得到各种不同的过渡过程形式。一般来说，对象特性因受工艺设备的限制，是不能任意改变的。那么如何通过改变比例度来获得我们所希望的过渡过程形式呢？这就要分析比例度 δ 的大小对过渡过程的影响。

比例度变化对过渡过程的影响如图2.8-5所示。

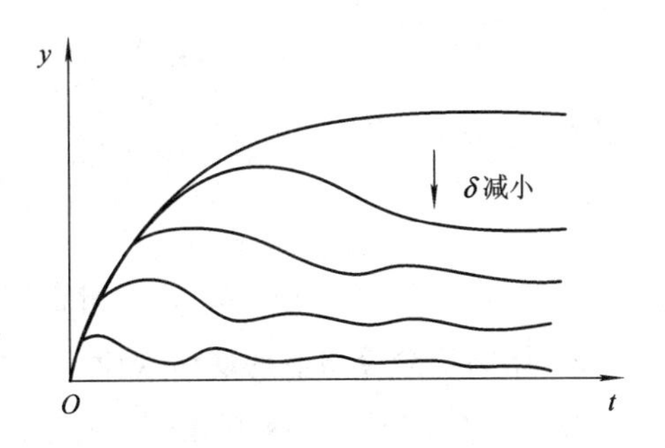

图 2.8-5　比例度变化对过渡过程的影响

如前所述，比例度对余差的影响是：比例度 δ 越大，放大倍数 k_c 越小，由于 $u=k_c e$，要获得同样的控制作用，所需的偏差就越大，因此同样的负荷变化下，控制过程终了时的余差就越大，最大偏差增大，调节周期增长，稳定性增加；反之，最大偏差减小，调节周期缩短，稳定性变差，余差也随着减少。

2.8.3 比例积分调节

1. 积分调节的特点

在积分调节中，控制器的输出信号的变化速度 $\mathrm{d}u/\mathrm{d}t$ 与偏差信号 e 成正比，即

$$\frac{\mathrm{d}u}{\mathrm{d}t}=S_0 e=\frac{1}{T_i}e \tag{2.8-6}$$

或

$$u=S_0\int_0^t e\mathrm{d}t \tag{2.8-7}$$

式中，S_0 称为积分速度；T_i 称为积分时间。上式表明，控制器的输出与偏差信号的积分成正比。

积分调节的特点是无差调节，与比例调节的有差调节形成鲜明对比，如图 2.8-6 所示。式(2.8-7)表明，只有当被调量偏差 e 为零时，积分控制器的输出才会保持不变。然而与此同时，控制器的输出却可以停在任何数值上。这意味着被控对象在负荷扰动下的调节过程结束后，被调量没有残差，而控制阀则可以停在新的负荷所要求的开度上。

采用积分调节的控制系统，其控制阀开度与当时被调量的数值本身没有直接关系，因此积分调节也称浮动调节。

积分调节的另一特点是它的稳定作用比比例调节差，对于同一个被控对象，采用积分调节时，其调节过程的进行总比采用比例调节时缓慢，表现在振荡频率较低。把它们各自在稳定边界上的振荡频率加以比较就可以知道，在稳定边界上若采用比例调节，则被控对象须提供 180°相角滞后。而采用积分调节，则被控对象只需提供 90°相角滞后。这说明了为什么用积分调节取代比例调节就会降低系统的稳定性。

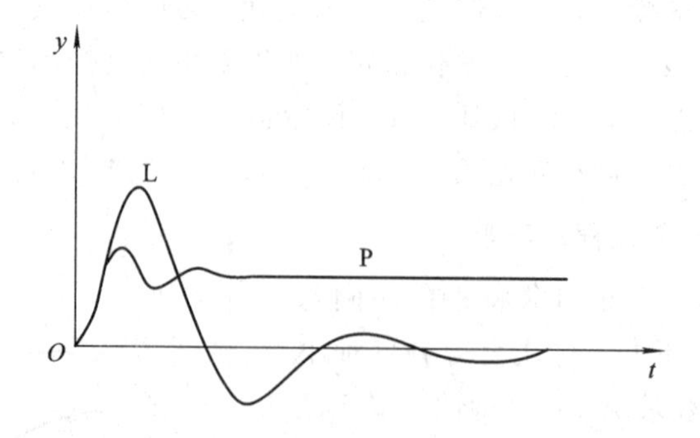

图 2.8-6 P 调节系统和 I 调节系统调节过程的比较

2. 比例积分控制器的动作规律

比例积分控制器，由于引入了积分，系统具有消除余差的能力。它的调节规律为

$$u=k_c e+k_c S_0\int_0^t e\mathrm{d}t \tag{2.8-8}$$

或

$$u=\frac{1}{\delta}\left(e+\frac{1}{T_{\mathrm{i}}}\int_{0}^{t}e\mathrm{d}t\right) \tag{2.8-9}$$

式中，s_0为积分速度；δ为比例度，可视情况取正值或负值；T_i为积分时间。δ和T_i是比例积分控制器的两个重要参数。图 2.8－7 是比例积分控制器的阶跃响应，它是由比例动作和积分动作两部分组成的。在施加阶跃输入的瞬间，控制器立即输出一个幅值为$\Delta e/\delta$的阶跃，然后以固定速度$\Delta e/\Delta T_i$变化。当$t=T_i$时，控制器的总输出为$2\Delta e/\delta$。这样，就可以根据图 2.8－8 确定δ和T_i的数值。还可以注意到，当$t=T_i$时，输出的积分部分正好等于比例部分。由此可见，T_i可以衡量积分部分在总输出中所占的比例：T_i越小，积分部分所占的比例越大。

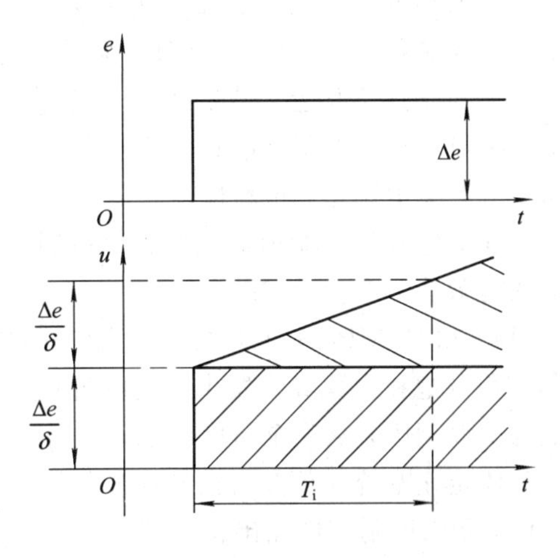

图 2.8－7　PI 控制器的阶跃响应

3. 比例积分调节对于调节过程的影响

当工艺要求静态无余差、控制对象容量滞后小、负荷变化幅度较大，但变化过程又较慢的场合，可采用比例积分作用控制规律的控制器。一般来说，积分时间越小，积分作用越强，系统的稳定性也相应下降，消除余差能力增强。

比例度的大小对过渡过程的影响前面已分析过，这里着重分析积分时间对过渡过程的影响。这里必须区别两种情况：

1）控制器其他参数不变，仅仅T_i变化时

在同样比例度下，积分时间对过渡过程的影响如图 2.8－8(a)所示。当缩短积分时间，加强积分控制作用时，一方面克服余差的能力提高，最大偏差减小；调节周期缩短，这是有力的一面。但另一方面会使过渡过程振荡加剧，稳定性降低。积分时间越短，振荡倾向越强烈，甚至会成为不稳定的发散振荡，这是不利的一方面。

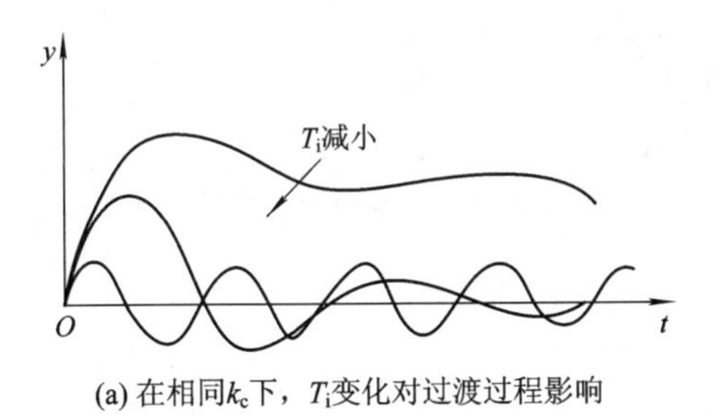

(a) 在相同k_c下，T_i变化对过渡过程影响

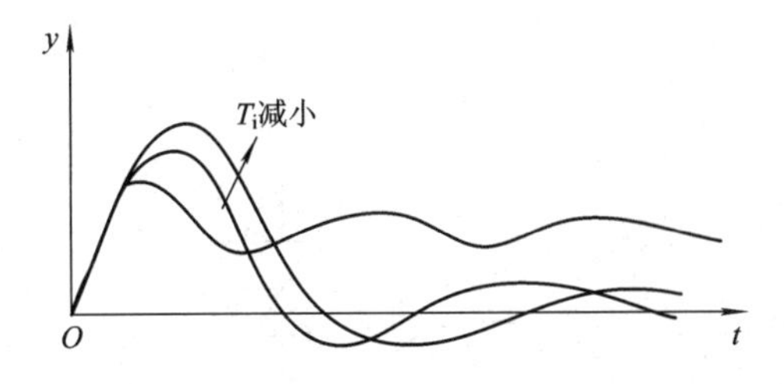

(b) 在相同衰减下，T_i变化对过渡过程影响

图 2.8－8　T_i 变化对过渡过程的影响曲线

2）以系统稳定性保持不变为前提，当T_i变化后必须相应调整比例度

在相同的衰减比的情况下，积分时间对过渡过程的影响如图 2.8－8(b)所示。当缩短积分时间，加强积分控制作用时，克服余差的能力提高，但最大偏差增加；调节周期增长。这主要是因为控制器加入积分后，调节系统的稳定性变差，为保持原系统的稳定性，必须

将比例度增大，这样便出现了以上结论。

4. 积分饱和及其防止

具有积分作用的控制器，只要被调量与设定值之间有偏差，其输出就会不停地变化。如果由于某种原因(如阀门关闭、泵故障等)，被调量偏差一时无法消除，然而控制器还是要试图校正这个偏差，结果经过一段时间后，控制器输出将达到某个限制值并停留在该值上，这种情况称为积分饱和。进入积分饱和的控制器，要等被调量偏差反向以后，才慢慢从饱和状态退出来，重新恢复控制作用。

积分饱和的限制值一般要比使控制阀全开～全关的信号范围大得多。如气动控制阀的输入有效信号范围为 0.02～0.1 MPa，而气动控制器的积分饱和上限约等于气源压力(0.14～0.16 MPa)，下限接近于大气压(即表压 0 MPa)。

积分饱和现象经常发生在间歇过程的控制中，如图 2.8-9 的恒压放空系统，压力设定值为 0.5 MPa，从安全角度考虑，控制阀选气关式，控制器选反作用。

假定该系统在停车时没有切断气源，控制器正常工作时，压力测量值总是大大低于设定值，所以控制器的输出将达到气源压力(如 0.14 MPa)，这就是图 2.8-10 中 t_0～t_1 段的情况。在 t_1 段，由于工艺开车容器内开始升压，压力值随之升高，但在达到设定值前，偏差总是负值。如果积分作用强于比例作用，控制器的输出不会下降。当 $t=t_2$ 时，压力达到设定值，以后偏差反向，积分作用和比例作用均使控制器输出减小，但在输出气压未降到 0.1 MPa 之前，阀门仍是关闭的。即在 t_2～t_3 这段时间内，控制阀仍然不起作用。直到 $t>t_3$ 以后，阀门才逐渐开启。这一时间上的推迟，使工艺生产在每次开车时，压力的第一个偏差峰值会特别大。这有时会危及安全。为避免这种情况，应采取防止由于积分作用而使信号超越“信号有效范围”，这就是所谓的“防积分饱和”。

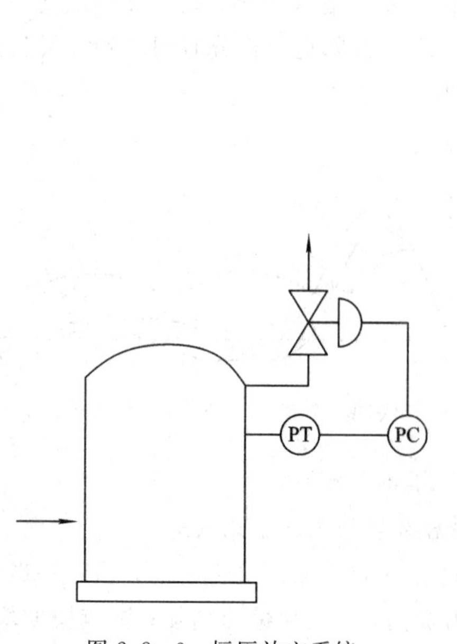

图 2.8-9 恒压放空系统

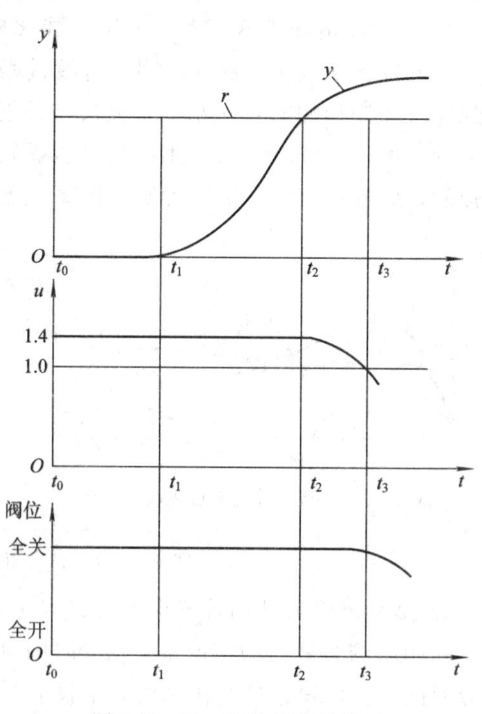

图 2.8-10 积分饱和的影响

下面通过比例积分控制器传递函数，说明防积分饱和的基本原理。

比例积分控制器传递函数为

$$u(s) = k_c\left(1 + \frac{1}{T_i s}\right)e(s) = \frac{T_i s + 1}{T_i s}k_c e(s) \tag{2.8-10}$$

可改写为

$$k_c e(s) = u(s)\frac{T_i s}{T_i s + 1} = u(s) - \frac{1}{T_i s + 1}u(s) \tag{2.8-11}$$

或

$$u(s) = k_c e(s) + \frac{1}{T_i s + 1}u_B(s) \tag{2.8-12}$$

当 $u_B(s)=u(s)$时，式(2.8-12)是比例积分控制算式，控制器具有比例积分作用；当 $u_B(s)=0$ 时，控制器输出 u 与偏差 e 成比例关系，这时由于积分控制作用不存在，就不会出现积分饱和现象。这种防止积分饱和的方法称为积分外反馈，即积分信号来自外部的信号，自行进行比例与比例积分调节规律切换。

下面以气动比例积分控制器为例，说明用限幅器的方法防积分饱和的基本原理。图 2.8-11 是气动单元组合仪表的比例积分控制器，输入、输出信号之间的运算关系为

$$u(s) = k_c e(s) + u_c(s) \tag{2.8-13}$$

式中，$e(s)=r(s)-y(s)$。

R_1、C_1组成一个节流盲室，其输入、输出关系为

$$u_c(s) = \frac{1}{T_i s + 1}u(s) \tag{2.8-14}$$

将式(2.8-14)代入式(2.8-13)得

$$u(s) = k_c\frac{T_i s + 1}{T_i s}e(s) \tag{2.8-15}$$

这就是气动比例积分控制器的算式，式中，k_c为比例增益，T_i为积分时间。

式(2.8-15)可用图 2.8-12 的方块图表示，由图可见，方框图中存在正反馈。积分控制作用正是由这正反馈造成的。如果对正反馈进行限幅(见图中虚线方框)，限幅上、下限分别为 $u_{H,L}$、$u_{L,L}$，则在限幅上限，比例积分控制器算式为

$$u(s) = k_c e(s) + \frac{1}{T_i s + 1}u_{H,L}(s) \tag{2.8-16}$$

在限幅下限，比例积分控制器算式为

$$u(s) = k_c e(s) + \frac{1}{T_i s + 1}u_{L,L}(s) \tag{2.8-17}$$

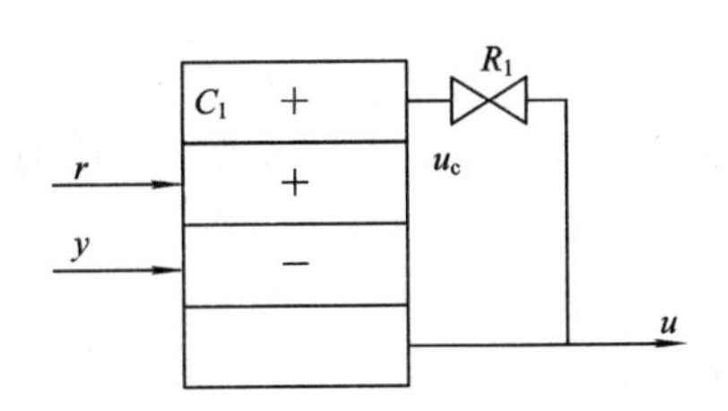

图 2.8-11　气动比例积分控制器

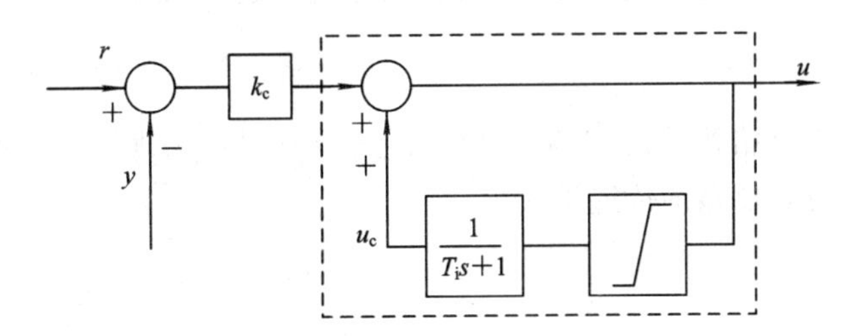

图 2.8-12　比例积分控制器方框图

利用限幅器切断了正反馈，输出 u 不会一直增长，从而避免出现积分饱和现象。这里只介绍了用限幅器的方法防单回路积分饱和，以后在串级控制与选择性控制章节中，我们还要用介绍外反馈法来防积分饱和。

2.8.4 比例微分调节

1. 比例微分调节的特点

前面介绍的比例积分控制规律，由于同时具有比例和积分控制规律的优点，针对不同的对象，比例度和积分时间两个参数均可调整，因此适用范围较宽，工业上多数系统都采用。但当对象滞后特别大时，可能控制时间较长，最大偏差较大；当对象负荷变化特别剧烈时，由于积分作用的迟缓性质，使控制作用不够及时，系统稳定性较差。在上述情况下，可以再增加微分作用，以提高系统控制质量。

具有微分控制规律的控制器，其输出与被调量或其偏差对于时间的导数成正比，即

$$u = T_D \frac{de}{dt} = S_1 \frac{de}{dt} \tag{2.8-18}$$

式中，T_D为微分时间；S_1为微分速度；de/dt 为偏差对时间的导数，即偏差信号的变化速度。

然而，纯微分作用的控制器是不能工作的。这是因为实际的控制器都有一定的失灵区，如果被控对象的流入、流出量只相差很少，以致被调量只以控制器不能觉察的速度缓慢变化时，控制器并不会动作。但是经过相当长的时间以后，被调偏差却可以积累到相当大的数字而得不到校正。这种情况当然是不允许的。

因此，微分调节只能起辅助的调节作用，它可以与其他调节动作结合成比例微分或比例微分积分调节动作。

2. 比例微分控制器

比例微分控制器的动作规律是

$$u = k_c e + k_c S_1 \frac{de}{dt} \tag{2.8-19}$$

或

$$u = \frac{1}{\delta}\left(e + T_D \frac{de}{dt}\right) \tag{2.8-20}$$

式中，δ 为比例度，可视情况取正值或负值；T_D为微分时间。

按照上式，比例微分控制器的传递函数应为

$$G_c(s) = \frac{1}{\delta}(1 + T_D s) \tag{2.8-21}$$

但严格按照式(2.8-21)动作的控制器在物理上是不能实现的，工业上实际采用的比例微分控制器的传递函数是

$$G_c(s) = \frac{1}{\delta} \frac{T_D s + 1}{\dfrac{T_D}{k_D} s + 1} \tag{2.8-22}$$

式中，k_D称为微分增益。工业控制器的微分增益一般在 5～10 范围内。

3. 比例微分调节对过渡过程的影响

在稳态下，$\mathrm{d}e/\mathrm{d}t=0$，比例微分控制器的微分部分输出为零，因此比例微分调节也是有差的调节，与比例调节相同。由于微分调节动作总是力图抑制被调量的振荡，它有提高控制系统稳定性的作用。适度引入微分动作可以允许稍许减少比例度，同时保持衰减比不变，这样也减小了余差和调整周期，如图 2.8 - 13 所示。

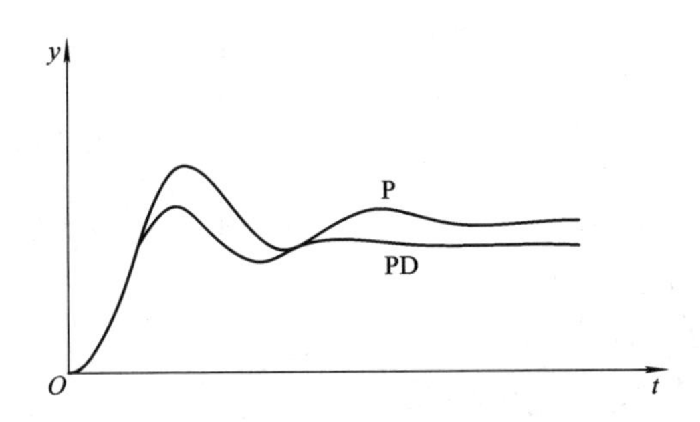

图 2.8 - 13　P 调节系统和 PD 调节系统调节过程的比较

由于微分作用，使系统具有超前控制功能，减小了动态偏差。因此，它适用控制对象时间常数较大的场合(如温度调节系统)。只要微分时间设置得当，系统的动态品质、稳定性都会有所提高，过渡过程时间也会相应缩短。对于时间常数小，测量信号有噪声或周期性干扰的系统，不能采用微分作用(如流量调节系统)。

微分调节动作也有一些不利之处。因为微分动作太强容易导致控制阀开度向两端饱和，因此引入微分动作要适度，当 T_{D}超出某一上限值后，系统反而变得不稳定了。

2.8.5　比例积分微分调节

PID 控制器的动作规律是

$$u=k_{\mathrm{c}}e+k_{\mathrm{c}}s_0\int_0^t e\mathrm{d}t+k_{\mathrm{c}}s_1\frac{\mathrm{d}e}{\mathrm{d}t} \tag{2.8-23}$$

或

$$u=\frac{1}{\delta}\left(e+\frac{1}{T_{\mathrm{i}}}\int_0^t e\mathrm{d}t+T_{\mathrm{D}}\frac{\mathrm{d}e}{\mathrm{d}t}\right) \tag{2.8-24}$$

PID 控制器的传递函数为

$$G_{\mathrm{c}}(s)=\frac{1}{\delta}\left(1+\frac{1}{T_{\mathrm{i}}s}+T_{\mathrm{D}}s\right) \tag{2.8-25}$$

不难看出，由式(2.8 - 25)表示的控制器动作规律在物理上是不能实现的。工业上实际采用的 PID 控制器如 DDZ 型控制器，其传递函数为

$$G_{\mathrm{c}}(s)=k_{\mathrm{c}}^{*}\frac{1+\dfrac{1}{T_{\mathrm{i}}^{*}s}+T_{\mathrm{D}}^{*}s}{1+\dfrac{1}{k_{\mathrm{i}}T_{\mathrm{i}}s}+\dfrac{T_{\mathrm{D}}}{k_{\mathrm{D}}}s} \tag{2.8-26}$$

其中

$$k_{\mathrm{c}}^{*}=Fk_{\mathrm{c}},\ T_{\mathrm{i}}^{*}=FT_{\mathrm{i}},\ T_{\mathrm{D}}^{*}=\frac{T_{\mathrm{D}}}{F}$$

式中，带 * 的量为控制器参数的实际值，不带 * 者为参数的刻度值。F 称为相互干扰系数；k_i为积分增益。

为了对各种动作规律进行比较，图 2.8－14 表示同一对象在相同阶跃扰动下，采用不同调节动作时具有同样衰减比的响应过程。

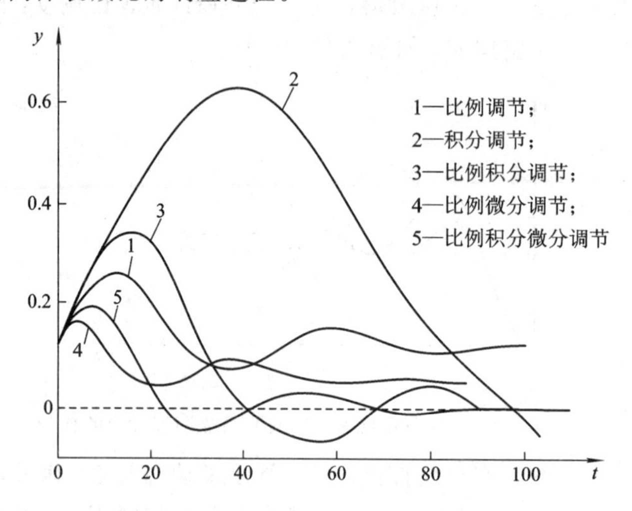

图 2.8－14　各种调节动作对应的响应过程

2.8.6　控制规律的选择

工业用控制器常见的有开关控制器、比例控制器、比例积分控制器、比例积分微分控制器。过程工业中，常见的被控参数有温度、压力、液位和流量。而这些参数的控制要求也是各种各样的。通常，选择控制器动作规律时，应根据对象特性、负荷变化、主要扰动和系统控制要求等具体情况，同时还应考虑系统的经济性以及系统投入方便等。

(1) 广义对象控制通道的时间常数较大，或容积迟延较大时，应引入微分动作，如工艺允许有余差，可选用比例微分作用；如工艺不允许有余差，可选用比例积分微分作用，如温度、成分、pH 值等。

(2) 当广义对象控制通道的时间常数较小、负荷变化也不大时，为消除流量测量噪声，可选用比例积分作用，如管道压力和流量的控制。

(3) 当广义对象控制通道的时间常数较小、负荷变化较小，工艺要求也不高时，可选择比例控制，如储罐压力和液位的控制。

(4) 广义对象控制通道的时间常数较大，或容积迟延很大，负荷变化亦很大时，简单控制系统已不能满足要求，应设计复杂控制系统。

2.9　控制器参数整定和控制系统投运

一个控制系统安装完毕或停车检修之后，如何投运仍是一项十分重要的工作，尤其是一些工艺条件要求苛刻的控制系统，投运时要逐级满足工艺条件后，方可逐次逐级地投运。

2.9.1　控制系统的投运

所谓控制系统的投运，就是通过适当的方法使控制器从手动工作状态平稳地转换到自动工作状态，也称无扰动切换。

无扰动切换法是在手动将过程参数调到符合要求的指标后，在投自动之前，要将控制器的测量与给定相重合后，再将控制器的手动开关切换到自动控制位置。

2.9.2　控制系统的工程整定方法

1. 稳定边界法(临界比例度法)

选纯比例控制，给定值 R 作阶跃扰动，从较大的比例带开始，逐渐减小，直到被控变量出现临界振荡为止，记下临界周期 T_u和临界比例带 δ_u。然后，按表 2.9－1 经验公式计算 δ、T_i和 T_d。

表 2.9－1　临界比例度法整定 PID 参数

控制规律	δ/(%)	T_i/min	T_d/min
P	2δ%	—	—
PI	2.2δ%	$0.85T_u$	—
PID	1.68δ%	$0.50T_u$	$0.13T_u$

2. 动态特性法(响应曲线法)

在系统处于开环情况下，首先作被控对象的阶跃曲线，如图 2.9－1 所示，从该曲线上求得对象的纯滞后时间 τ、时间常数 T 和放大系数 k。然后再按表 2.9－2 经验公式计算 δ、T_i和 T_d。

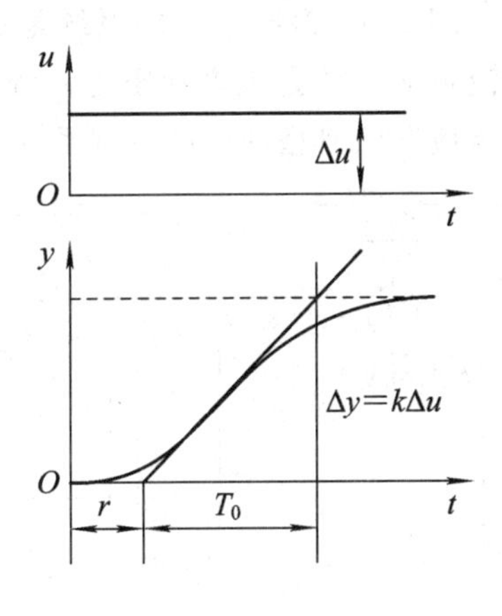

图 2.9－1　阶跃干扰作用对象响应曲线

表 2.9－2　响应曲线法整定控制器参数经验公式(4：1衰减)

控制规律	$\tau/T\leqslant0.2$			$0.2\leqslant\tau/T\leqslant1.5$		
	$\delta\%$	T_i/min	T_d/min	$\delta/(\%)$	T_i/min	T_d/min
P	$k\tau/T\times100\%$	—	—	$2.6K\dfrac{\frac{\tau}{T}-0.08}{\frac{\tau}{T}+0.7}\times100\%$	—	—
PI	$1.1k\tau/T\times100\%$	3.3τ	—	$2.6K\dfrac{\frac{\tau}{T}-0.08}{\frac{\tau}{T}+0.6}\times100\%$	$0.8T$	—
PID	$0.85k\tau/T\times100\%$	2τ	0.5τ	$2.6K\dfrac{\frac{\tau}{T}-0.15}{\frac{\tau}{T}+0.88}\times100\%$	$0.81T+0.9\tau$	$0.25T$

3. 经验法

在实际工程中，常常采用经验法进行参数整定。

若将控制系统按液位、流量、温度、压力等参数来分类，属于同一类别的系统，其对象特性往往比较相近，所以无论是控制器形式还是所整定的参数均可相互参考。经验法即是按受控变量的性质提出控制器参数的合适范围。

1) 流量调节系统

它是典型的快过程，且往往具有噪声。对这种过程，亦用 PI 调节规律，且比例度要大，积分时间小。

2) 液位调节系统

对只需要实现液位控制的地方，亦用纯比例进行调节，比例度也要大。

3) 压力调节系统

压力控制对象时间常数有的很大，也有的很小。如图 2.9－2(a)所示的系统直接控制离开塔顶的气体量，过程非常迅速。它的性质接近流量系统，所以可以仿照典型流量调节系统来选择控制器型式和参数。图 2.9－2(b)所示的系统是通过控制换热器的冷剂量来影响压力，热交换的动态滞后和流量滞后都会包含到压力系统中。因而，这是一个由多容对象组成的慢过程，它的参数整定应参照典型的温度控制系统。

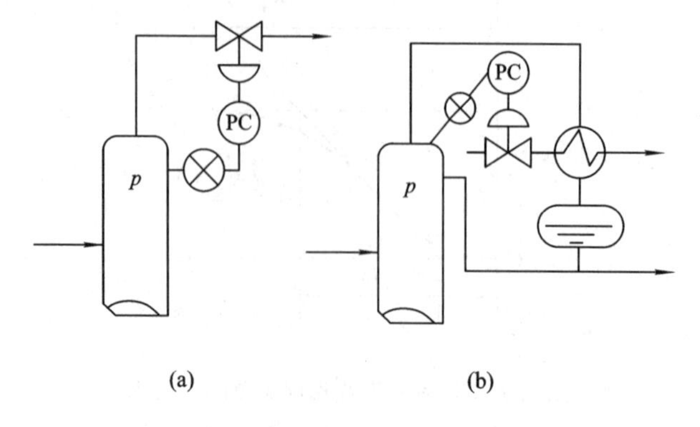

图 2.9－2　两个具有不同动态滞后的压力系统

4）温度调节系统

对于间接加热的温度控制系统，因为它具有测量变送滞后和热传递滞后，所以加热过程显得很缓慢。比例度设置范围约为 20%～60%，具体还取决于温度变送范围和控制阀的尺寸。一般积分时间较大，微分时间约是积分时间的 1/4。

经验整定值见表 2.9-3。

表 2.9-3　经验法整定参数

系统	参　数		
	δ/(%)	T_i/min	T_d/min
温 度	20～60	3～10	0.5～3
流 量	40～100	0.1～1	
压 力	30～70	0.4～3	
液 面	20～80		

应该说，这种经验法是很有用的，工业上大多数系统只要用这种经验法即能满足要求。它起码提供了合适的初值，假若还要更精确调整的话，可调整：

(1) 增大比例系数 k_p，一般将加快系统的响应，余差变小，但使系统的稳定性变差。

(2) 减小积分时间 T_i，将使系统的稳定性变差，使余差(静差)消除加快。

(3) 增大微分时间 T_d，将使系统的响应加快，但 T_d 不能太大，否则会对扰动有敏感的响应，使系统稳定性变差。

思考题与习题

2.1　一个简单控制系统由哪几部分组成？各有什么作用？

2.2　举例说明一个简单控制系统，常见的过程动态特性的类型有哪几种？可用什么传递函数来近似描述它们的动态特性？

2.3　为什么在推导过程动态特性时要进行线性化处理？以简单液位控制系统为例说明如何进行线性化处理。

2.4　何谓控制通道？何谓干扰通道？它们的特性对控制系统质量有什么影响？

2.5　如何选择被控制变量和控制变量？

2.6　如题图 2.6 所示为一换热器，利用蒸汽将物料加热到所需温度后排出。

(1) 影响物料出口温度的主要因素有哪些？

(2) 如果要设计温度控制系统，被控变量与控制变量应选那些参数？

(3) 如果被加热物料在温度过低时会凝结，应如何选择控制阀的开关形式，及控制器的正反作用？

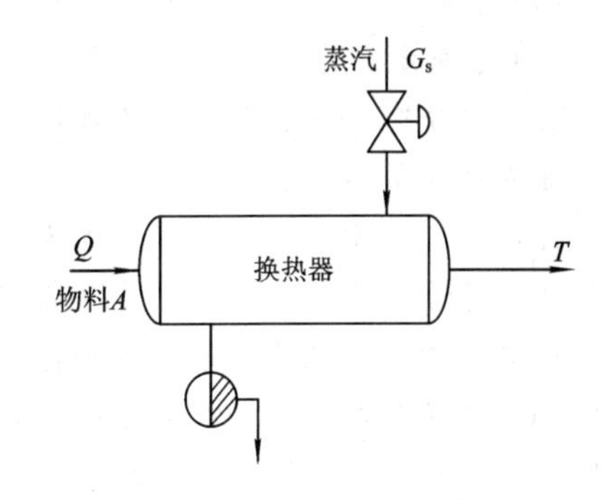

题图 2.6

(4) 如果被加热物料在温度过高时会发生分解、自聚，应如何选择控制阀的开关形式，及控制器的正反作用？

2.7 增大过程的增益对控制系统的控制品质指标有什么影响？过程的时间常数是否越小越好？为什么？

2.8 某温度控制系统已经正常运行，由于原温度变送器（量程 200℃～300℃）损坏，改用量程为 0～500℃的同分度号的温度变送器，控制系统会出现什么现象？如何解决？

2.9 某控制系统采用线性流量特性的控制阀，投运后一直不能正常运行，出现控制阀开度小时系统输出振荡，开度大时系统输出呆滞，分析原因，并提出改进措施。

2.10 已知系统方块图如题图 2.10(a)所示，当 F_1 为单位阶跃干扰时，被调参数的过渡过程如题图 2.10(b)所示，试绘图表示出下列过渡过程曲线，并简略地就最大偏差 A，余差 C、振荡周期 T_s 及稳定性 n 等指标与题图 2.10(b)相比有何变化（只要求说明增大、减小、不变等字样，不要求说明理由）。

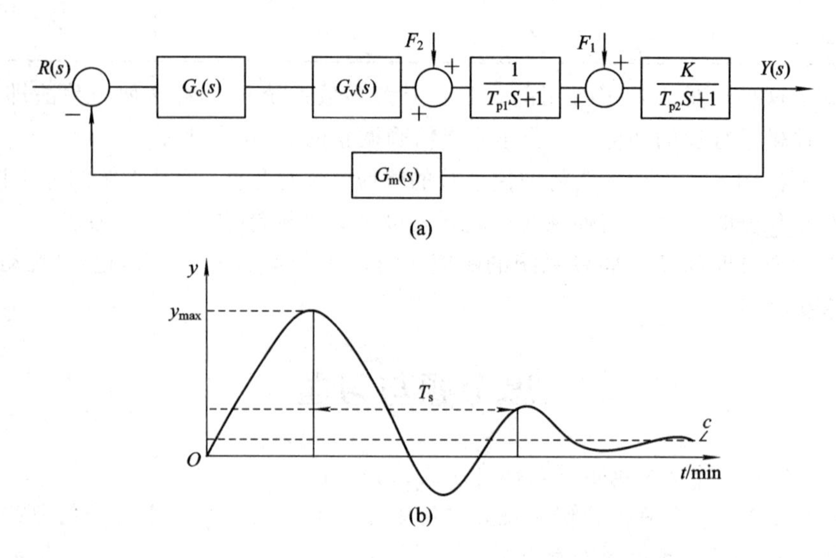

题图 2.10

(1) 求 y 对 F_1 干扰通道引入纯滞后时的响应曲线；

(2) 求 y 对 F_2 干扰通道的响应曲线；

(3) 求调节通道引入纯滞后时的响应曲线；

(4) 求调节器比例度不变的情况下，增加积分作用后，y 对 F_1 的响应曲线；

(5) 求系统稳定性不变的情况下，增加积分作用后，y 对 F_1 的响应曲线。

2.11 今有一液面调节系统如题图 2.11(a)、(b)所示，调节阀安装在出口管线上，要求液面保持在某给定高度而不随输入流量的变动而变动，试选择调节阀的流量特性。

2.12 流量调节系统测量元件为孔板，变送器后未加开方器，如果采用调节阀进行静态补偿，问调节阀应采取什么样的流量特性？

2.13 如题图 2.6 所示的换热器，其正常操作温度为 200℃，温度控制器的测量范围是150℃～250℃，当控制器输出变化 1%时，蒸汽量将改变 3%，而蒸汽量增加 1%，槽内温度将上升 0.2℃。又在正常操作情况下，若液体流量增加 1%，槽内温度将下降 1℃。假定所采用的是纯比例控制器，比例度为 100%，求当设定值由 200℃提高到 220℃，待系统稳定后，槽内温度应是多少？

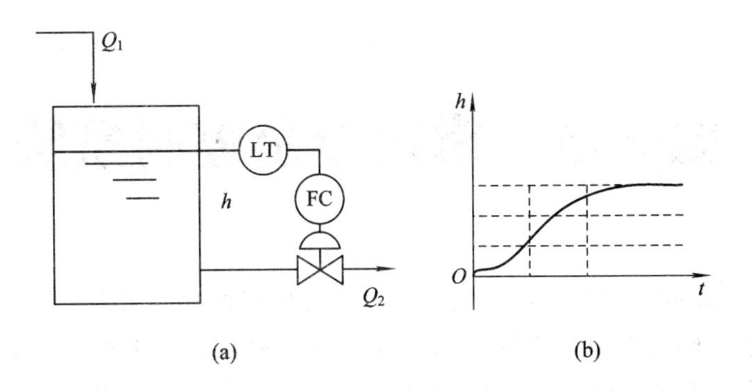

题图 2.11

2.14　有一流量调节系统，其对象是一段管道，流量用孔板和电动差压变送器进行测量和变送，并经开方器输出为 4～20 mA。流量测量范围为 0～25 T/h，调节器是比例作用，调节器输为 4～20 mA 信号作用于带阀门定位器的调节阀，阀的流量范围是 0～20 T/h。在初始条件下，流量为 10 T/h，调节器输出为 12 mA。现因生产需要加大流量，将给定值提高 2.5 T/h，试问实际流量将变化多少？余差有多大(假定调节器的比例度为 40%)？

2.15　控制器的比例度 δ 的变化对控制系统的控制精度有何影响？对控制系统的动态质量有何影响？

2.16　增大积分时间对控制系统的控制品质有什么影响？增大微分时间对控制系统的控制品质有什么影响？

2.17　什么是积分饱和现象？举例说明如何防止积分饱和？

2.18　某液位控制系统，在控制阀开度增加 10%后，液位的响应数据如下：

T/s	0	10	20	30	40	50	60	70	80	90	100
H/mm	0	0.8	2.8	4.5	5.4	5.9	6.1	6.2	6.3	6.3	6.3

如果用具有时滞的一阶惯性环节近似，确定参数 K、T、τ。

2.19　某换热器出口温度控制系统的控制阀开度脉冲响应实验数据如下：

t/min	1	3	4	5	8	10	15	16.5	20
T/℃	0.46	1.7	3.7	8	19	26.4	36	37.5	33.5
t/min	25	30	40	50	60	70	80		
T/℃	27.2	21	10.4	5.1	2.8	1.1	0.5		

矩形脉冲的幅值为 2 T/h，脉冲宽度为 10 min，试转换为阶跃响应，并确定其传递函数。

第3章 常用复杂控制系统

一般情况下，单回路控制系统都能满足大部分生产控制要求，但当被控对象的容量滞后比较大，负荷变化比较剧烈、频繁，或者工艺对产品质量要求很高，此时单回路控制系统就很难满足控制要求，这就需要设计复杂的控制系统对生产流程加以控制。

复杂控制系统种类繁多，根据系统的结构和所负担的任务来说，常见的复杂控制系统分为两大类：① 提高响应曲线性能指标的控制系统，如串级、前馈、纯滞后补偿等。② 按某些特定要求而开发的系统，如比值、均匀、分程、选择、推断等。

3.1 串级控制系统

3.1.1 串级控制系统的基本概念

为了认识串级调节系统，先详细地介绍一下氧化炉温度调节系统(见图 3.1-1)。

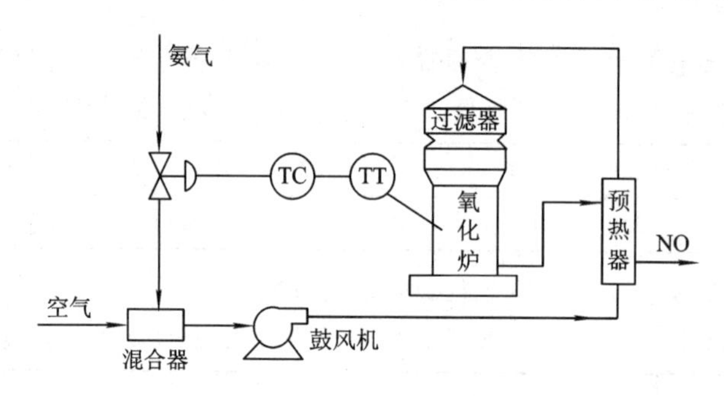

图 3.1-1 氧化炉温度调节系统

在硝酸生产中，氧化炉是关键设备之一，氨气和空气在铂触媒的作用下，在氧化炉内进行氧化反应：

$$4NH_3+5O_2 \rightarrow 4NO+6H_2O+Q$$

反应结果得到 NO 气体。工艺要求：氧化率达到 97%以上，为此要将氧化炉温度控制在 840±5°C。

方案 1 温度单回路调节系统(见图 3.1-1)。最大偏差为±10℃(手动时最大偏差±20℃～30℃)，偏差较大的原因是，温度单回路调节系统虽包括了全部扰动，但调节通道滞后大，对于氨气总管压力和流量的频繁变化不能及时克服。

方案 2 氨气流量调节系统。氨气流量变化 1%，氧化炉温度变化 64℃，氨气流量调节系统能迅速克服氨气流量的干扰，以免影响反应温度，但偏差仍达±8℃。这是因为氧化炉还存在其他干扰，如空气量，触媒老化等问题。

方案 3 温度为主参数，流量为副参数的串级调节系统。该系统由温度调节器(工程上常称控制器为调节器)来决定氨气的需要量，而氨气的需要量是由流量调节系统来决定的，即流量调节器的给定值由温度调节器的需要来决定：① 变还是不变；② 变化多少；③ 朝哪个方向变。因此出现了反应温度信号自动地校正流量调节器给定值的方案，即串级调节系统(见图 3.1-2)。

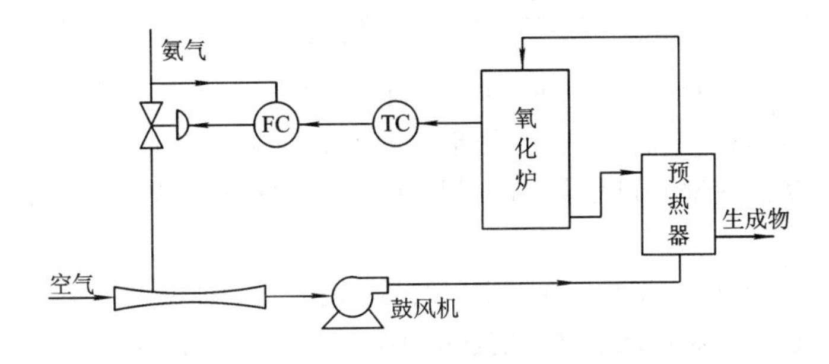

图 3.1-2　串级调节系统原理图

串级调节系统的结构特点：两个调节器、两个变送器、一个调节阀，主调节器的输出作为副调节器的给定值，副调节器输出到调节阀。

1. 方块图及常用名词

串级调节系统的方框图如图 3.1-3 所示。

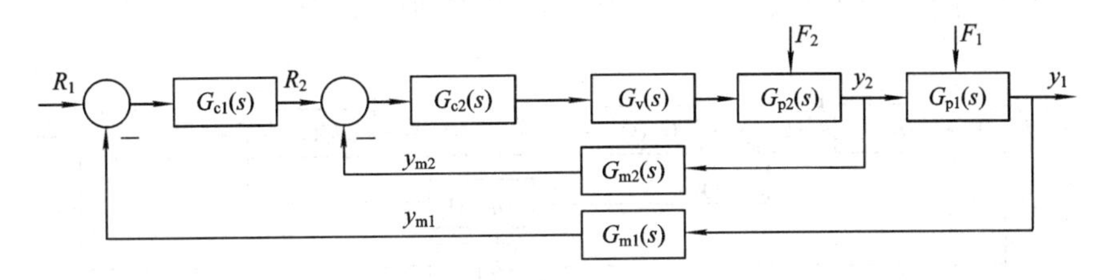

图 3.1-3　串级调节系统的方框图

串级调节系统中常用的几个名词：

(1) 主参数(主被控变量 y_1)：生产工艺过程中主要控制的工艺指标，在串级调节系统中起主导作用的被调参数即为主参数，如氧化炉反应温度。

(2) 副参数(副被控变量 y_2)：影响主参数的主要变量和中间变量(如上述系统的氨气流量)。

(3) 主被控对象($G_{p1}(s)$)：为生产中所要控制的，由主参数表征其主要特性的工艺生产设备(如氧化炉)。一般指副参数检测点到主参数检测点的全部工艺设备。

(4) 副被控对象($G_{p2}(s)$)：调节阀到副参数测量点之间的工艺设备。

(5) 主调节器($G_{c1}(s)$)：在系统中起主导作用，为恒定主参数设置的控制器。主调节器，按主参数与给定值的偏差而动作，其输出作为副参数的给定值。

(6) 副调节器($G_{c2}(s)$)：给定值由主调节器的输出所决定，输出直接控制阀门。

(7) 主回路：把副回路等效起来的整个回路。

(8) 副回路：断开主环时，由副调节器、调节阀、副对象、副测量元件组成的内环。

2. 串级调节系统的工作过程(以氨氧化炉反应温度与流量串级调节系统为例)

(1) 干扰作用于副回路(设氨气流量干扰 F_2 增加)时，如图 3.1-4 所示。

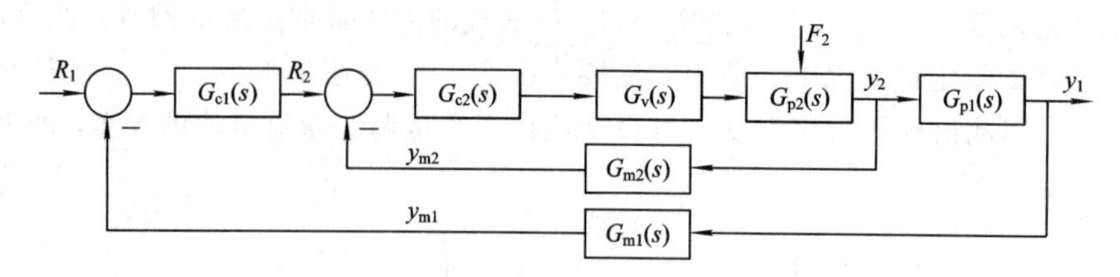

图 3.1-4 干扰作用于副回路串级调节系统方框图

开始：假设副回路给定值不变，氨气流量干扰 F_2 使氨气流量 y_2 增加，流量调节器(反作用)输出减小，从而使调节阀开度(气开阀)减小，通过副回路的调节，最终使氨气流量 y_2 恢复到给定值。

继而：由于氨气流量 y_2 增加，进入主回路后，使氧化炉的温度 y_1 升高，温度调节器(反作用)输出减小，也就是流量调节器给定值减小，由于流量调节器为反作用，因此输出到调节阀膜头信号减小，从而引起调节阀开度减小，使氨气流量 y_2 减小。通过主回路的调节，最终使氧化炉的温度 y_1 恢复到给定值。

通过上述的调节可看出：当干扰进入副回路，由于主、副回路的共同作用(作用方向相同，都是使氨气流量调节阀开度减小)，使副调节器的给定值与测量值两方面变化加在一起，提高了克服干扰的能力。

(2) 干扰作用于主回路(设空气流量干扰 F_1 增加)时，如图 3.1-5 所示。

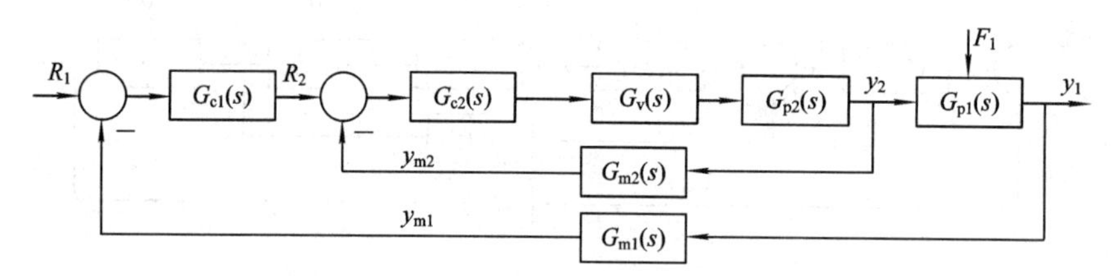

图 3.1-5 干扰作用于主回路串级调节系统方框图

当空气流量受干扰作用增加时，造成氧化炉温度 y_1 升高，温度调节器(反作用)输出减小，也就是流量调节器(反作用)的给定值减小，这样流量调节器输出到氨气流量调节阀的信号减小，从而使进入氧化炉的氨气量减少，使氧化炉的温度 y_1 恢复到设定值。

此调整过程是：温度(主)调节器根据偏差进行调节输出，改变氨气流量(副)调节器给定值，副调节器随动改变其自身的输出值，使调节阀关小、阀门开度，减小进入氧化炉的氨气量，从而使氧化炉温度恢复到给定值。氨流量调节不是干扰直接产生的，而是调节氧化炉温度的需要。这种调节方式虽然从工作频率来说要比单回路高得多，调节时间大大缩短，但最大偏差往往比较大。所以说，串级调节系统最适合的设计，应是将主要干扰包含在副回路内。

总之，引入副回路有两个目的：

(1) 取主要干扰为副参数，起镇定输入参数的作用(如氨氧化炉反应温度调节)。

(2) 取中间变量为副参数，起预报主参数变化的作用(如加热炉温一温串级)。

3.1.2 串级控制系统分析

习惯上，把 $G_{c2}(s)$，$G_v(s)$，$G_{p2}(s)$，$G_{m2}(s)$构成的回路称为副回路；把主调节器$G_{c1}(s)$、

副回路等效传递函数 $G'_{p2}(s)$、主被控对象 $G_{p1}(s)$、主检测变送器 $G_{m1}(s)$ 构成的回路称为主回路。

1. 改善副对象特性，提高系统的工作频率

因为

$$G'_{p2}(s)=\frac{\dfrac{k_{c2}k_vk_{p2}}{1+k_{c2}k_vk_{p2}}}{\dfrac{T_{p2}}{1+k_{c2}k_vk_{p2}}s+1}=\frac{k'_{p2}}{T'_{p2}s+1} \tag{3.1-1}$$

其中

$$T'_{p2}=\frac{T_{p2}}{1+k_{c2}k_vk_{p2}},\quad k'_{p2}=\frac{k_{c2}k_vk_{p2}}{1+k_{c2}k_vk_{p2}}$$

又因为 $1+k_{c2}k_vk_{p2}\gg 1$，所以 $T'_{p2}\ll T_{p2}$；同时，k'_{p2} 略小于 k_{p2}。副回路等效放大系数 k'_{p2} 一般整定为 1，整个副回路最佳整定为 1∶1 随动系统。

下面推导说明串级控制是如何提高系统的工作频率的（即 $\omega_{c串}>\omega_{c单}$）。

(1) 串级控制系统方框图如图 3.1-6 所示，闭环传递函数为

$$\frac{Y(s)}{R(s)}=\frac{G_{c1}(s)G'_{p2}(s)G_{p1}(s)}{1+G_{c1}(s)G'_{p2}(s)G_{p1}(s)G_{m1}(s)} \tag{3.1-2}$$

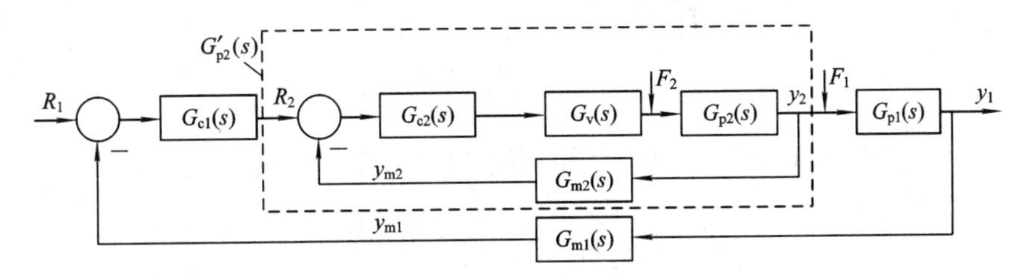

图 3.1-6　串级控制系统方框图

对应的闭环特征方程为

$$1+G_{c1}(s)G'_{p2}(s)G_{p1}(s)G_{m1}(s)=0 \tag{3.1-3}$$

设 $G_{c1}(s)=k_{c1}$，$G_{c2}(s)=k_{c2}$，$G_v(s)=k_v$，$G_{m1}(s)=k_{m1}$，$G_{m2}(s)=k_{m2}$，$G_{p1}(s)=\dfrac{k_{p1}}{T_{p1}s+1}$，$G_{p2}(s)=\dfrac{k'_{p2}}{T'_{p2}s+1}$，并代入式(3.1-4)，得

$$1+k_{c1}\frac{k'_{p2}}{T'_{p2}s+1}\frac{k_{p1}}{T_{p1}s+1}k_{m1}=0 \tag{3.1-4}$$

即

$$(T'_{p2}s+1)(T_{p1}s+1)+k_{c1}k'_{p2}k_{p1}k_{m1}=0 \tag{3.1-5}$$

或

$$T'_{p2}T_{p1}s^2+(T'_{p2}+T_{p1})s+1+k_{c1}k'_{p2}k_{p1}k_{m1}=0 \tag{3.1-6}$$

标准二阶振荡系统为

$$s^2+2\zeta\omega_0 s+\omega_0^2=0 \tag{3.1-7}$$

将式(3.1-6)化为标准型：

$$s^2+\frac{T'_{p2}+T_{p1}}{T'_{p2}T_{p1}}s+\frac{1+k_{c1}k'_{p2}k_{p1}k_{m1}}{T'_{p2}T_{p1}}=0 \tag{3.1-8}$$

比较式(3.1-7)与式(3.1-8)，有

$$2\zeta\omega_{0串} = \frac{T'_{p2} + T_{p1}}{T'_{p2} T_{p1}} \tag{3.1-9}$$

(2) 单回路调节系统方框图如图 3.1-7 所示。

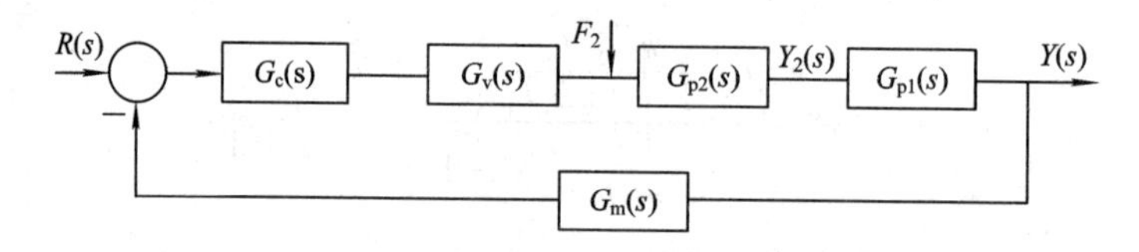

图 3.1-7　单回路调节系统方框图

单回路闭环系统传递函数为

$$\frac{Y(s)}{R(s)} = \frac{G_c(s)G_v(s)G_{p2}(s)G_{p1}(s)}{1+G_c(s)G_v(s)G_{p2}(s)G_{p1}(s)G_m(s)} \tag{3.1-10}$$

对应的单回路闭环特征方程为

$$1+G_{c1}(s)G_v(s)G_{p2}(s)G_{p1}(s)k_{m1}(s) = 0 \tag{3.1-11}$$

代入各设定项，得

$$s^2 + \frac{T_{p1}+T_{p2}}{T_{p1}T_{p2}}s + \frac{1+k_{c1}k_v k_{p2} k_{p1} k_{m1}}{T_{p1}T_{p2}} = 0 \tag{3.1-12}$$

$$2\zeta\omega_{0单} = \frac{T_{p1}+T_{p2}}{T_{p1}T_{p2}} \tag{3.1-13}$$

比较式(3.1-9)与式(3.1-13)得(在相同的衰减比 ζ 条件下)，有

$$\frac{2\zeta\omega_{0串}}{2\zeta\omega_{0单}} = \frac{\dfrac{T_{p1}+T'_{p2}}{T_{p1}T'_{p2}}}{\dfrac{T_{p1}+T_{p2}}{T_{p1}T_{p2}}} = \frac{1+\dfrac{T_{p1}}{T'_{p2}}}{1+\dfrac{T_{p1}}{T_{p2}}} > 1 \tag{3.1-14}$$

由上式可得

$$\omega_{0串} > \omega_{0单}$$

因为 $\omega_c = \omega_0\sqrt{1-\zeta^2}$，所以 $\omega_{c串} > \omega_c$。也就是说，串级系统的工作频率要高于单回路系统。

2. 具有较强的抗干扰能力

根据串级调节系统的方框图(见图 3.1-6)，干扰作用于副回路的闭环传递函数为

$$\frac{Y_2(s)}{F_2(s)} = \frac{G_{p2}(s)}{1+G_{c2}(s)G_v(s)G_{p2}(s)G_{m2}(s)} \tag{3.1-15}$$

而单回路控制系统中副环扰动的传递函数为

$$\frac{Y_2(s)}{F_2(s)} = G_{p2}(s) \tag{3.1-16}$$

因此，串级控制系统中进入副环扰动的等效扰动是单回路控制系统中进入副环扰动的 $1/[1+G_{c2}(s)G_v(s)G_{p2}(s)G_{m2}(s)]$ 倍。静态时，其值为 $1/(1+k_{c2}k_v k_{p2} k_{m2})$ 倍。

同样，串级控制系统在副环进入的扰动作用下，控制系统的余差为单回路控制系统余差的 $k_{c2}/(1+k_{c2}k_v k_{p2} k_{m2})$ 倍。

因此，串级控制系统能迅速克服进入副回路扰动的影响，并使系统余差大大减小。

3. 系统的鲁棒性

由于实际过程往往具有非线性和时变性，工艺操作条件变化引起对象特性变化(主要是放大系数 k_p变化)，从而使系统稳定性变差。增强系统的鲁棒性是指当对象特性变化时，系统稳定性基本保持不变，即系统的调节品质对对象特性变化不敏感。串级调节系统由于副回路的存在具有鲁棒性，这是因为副对象及调节阀等的特性变化对整个调节系统影响不大，如图 3.1-8 所示的系统。

$$\frac{Y_2(s)}{R_2(s)}=\frac{G'_{p2}(s)}{1+G'_{p2}(s)G_{m2}(s)} \tag{3.1-17}$$

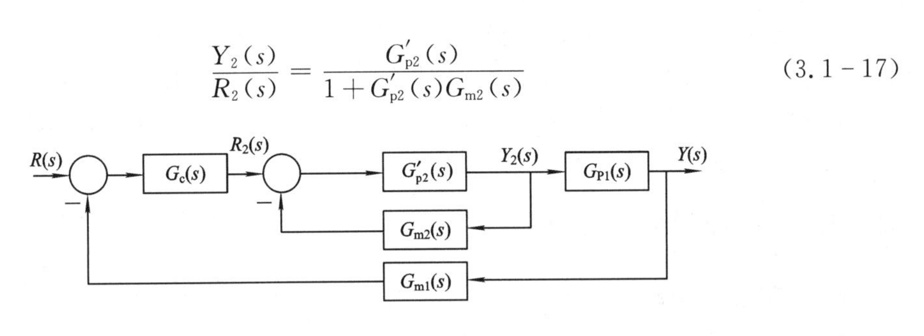

图 3.1-8　串级调节系统方框图

设 $G'_{p2}(s)=k$，$G_{m2}(s)=k_{m2}$，且 $kk_{m2}\gg1$，则

$$\frac{Y_2(s)}{R_2(s)}=\frac{k}{1+kk_{m2}} \tag{3.1-18}$$

设当副回路的放大系数 k 从 5 变化到 4 时($k_{m2}=1$)，串级与单回路鲁棒性分析如下：

$$\text{串级时闭环传递函数相对变化量}=\frac{5/6-4/5}{5/6}\times100\%=4\%$$

$$\text{单回路时闭环传递函数相对变化量}=\frac{5-4}{4}\times100\%=20\%$$

通过上面分析可知，对于同样的对象特性变化，串级受到的影响(4%)要远远小于单回路的影响(20%)。因此如果对象有非线性特性存在，那么可以把它放于副回路之中，当操作条件或负荷发生变化时，对主回路的稳定性影响较小。

另外，当设式(3.1-17)中 $kk_{m2}\gg1$ 时，有

$$\frac{Y_2(s)}{R_2(s)}=\frac{k}{1+kk_{m2}}\approx\frac{1}{k_{m2}}$$

从上式可看出，串级控制系统反馈回路的变送器线性、精度一定要好，尤其是副回路为流量回路，并采用差压法测流量(用孔板作为测量元件)时，一定要加开方器，如不加开方器，系统由于测量环节的 k_{m2} 非线性变化，会使整个控制系统的稳定性变差。

下面再具体分析一下非线性变送时对系统的影响。

设测量流量采用孔板作为一次元件，差压变送后没有作开方处理，这时差压变送信号 I 正比于流量 Q 的平方，即

$$I=\alpha Q^2 \tag{3.1-19}$$

式中，α 为比例系数。

流量测量变送环节的静态增益 k_{m2} 为

$$k_{m2}=\frac{\partial I}{\partial Q}=2\alpha Q \tag{3.1-20}$$

即 k_{m2} 与 Q 成正比，将式(3.1-20)代入式(3.1-18)中的 k_{m2}，则

$$\frac{Y_2(s)}{R_2(s)}=\frac{1}{2\alpha Q} \tag{3.1-21}$$

由式(3.1-21)可见，当负荷(流量)增加时，变送器 k_{m2} 增大，即主回路增益减小，而调节器的增益一般在运行中都是不改变的，使系统过于稳定，调节时间加长；当负荷(流量)减小时，则相反系统稳定性降低。

通过对以上分析的归纳，串级调节系统的特点为：

① 迅速克服进入副回路的干扰。

② 由于副回路对象特性的改善，对进入主回路的干扰也有较强的克服作用。

③ 串级调节系统的副回路对非线性环节的补偿，具有鲁棒性，能适应负荷和操作条件的变化，具有一定的自适应能力。

3.1.3　串级控制系统设计

1. 副变量的选择

从对象中能引出中间变量是设计串级系统的前提条件。当对象能有多个中间变量可引出时，这就有一个副变量如何选择的问题。副变量的选择原则是要充分发挥串级系统的优点。为此，我们总是希望：

(1) 将主要干扰包括在副回路内。

(2) 把更多干扰包括在副回路内。

(3) 副对象的滞后不能太大，以保持副回路的快速响应性能。

(4) 将副对象中具有显著非线性或时变特性的一部分归于副对象中。

(5) 需要流量实现精确的跟踪时，可选流量为副变量。

(6) 主、副对象的时间常数应相差 3 倍以上，以防主、副回路产生共振。

应该指出，以上几条都是从某个局部角度来考虑的，如(2)与(3)就相互矛盾，在具体选择时需要兼顾各种因素进行权衡。

2. 主、副调节器的调节规律选择

凡是设计串级控制系统的场合，对象特性总有较大的滞后，主调节器采用 PID 三作用控制规律是必要的。

而副回路是随动回路，允许存在余差。从这个角度来讲，副调节器不需要积分作用，一般只采用 P 作用。如当温度作副变量时，副调节器不宜加积分。这样可以将副回路的开环静态增益调整得较大，以提高克服干扰的能力；如果要加入微分作用，一定要采用“微分先行”，因为副回路是个随动系统，设定值是经常变化的，调节器的微分作用，会引起调节阀的大幅跳动，并引起很大的超调。但是如果副回路是流量(或液体压力)系统时，它们的开环静态增益、时间常数都较小，并且系统存在高噪声。因此在实际生产上，流量(或液体压力)副调节器常采用 PI 作用，以减少系统的波动。

3. 防积分饱和

当主、副调节器具有积分作用时，都可能产生积分饱和。副调节器的防积分饱和与单回路时相同。而主调节器的防积分饱和，可采用图 3.1-9 的形式。

在一般情况下，主调节器的积分反馈应采用该调节器的输出信号，即副调节器设定值 r_2，但在图3.1-9中，却用副变量测量值 y_{2m} 作为积分反馈信号。若副回路不存在偏差，则主调节器实现的即是一般的比例积分控制。但如果副回路因受到某种约束(如阀位已到极端位置)，积分正反馈回路就会被开路，使得 y_{m1} 成为一个不受控制的独立变量，主调节器因此失去积分作用，如同比例调节器那样动作。下面进一步用算式来说明。

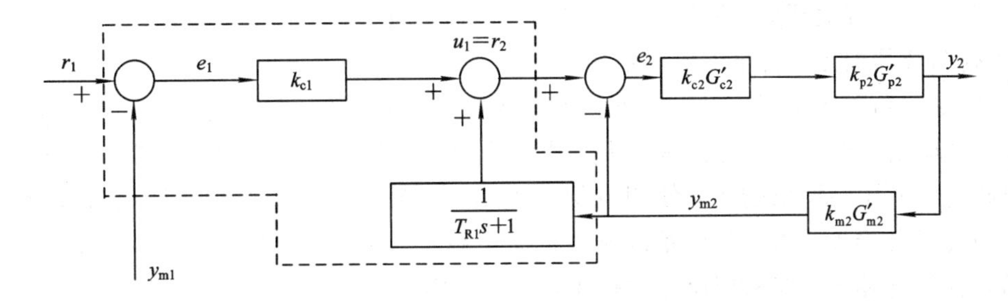

图3.1-9　主控制器的防积分饱和

由图3.1-9可见：

$$u_1 = r_2 = k_{c1}e_1 + \frac{1}{T_{R1}s+1}y_{m2} \tag{3.1-22}$$

在稳态时，上式可写成

$$e_2 = r_2 - y_{m2} = k_{c1}e_1 \tag{3.1-23}$$

由上式可见，副回路偏差将正比于主回路偏差。当副回路偏差回到零时，主回路偏差也会回到零。

4. 主副调节器正、反作用选择

调节器的正、反作用选择原则是：要使系统成为一个负反馈系统。一般有两种选择方法：逻辑推理方法和方块图法。

因为仪表制造行业与控制理论对偏差的定义正好相反，为了避免混淆，这里不用偏差而用测量值与调节器输出关系来定义调节器的正反作用。具体定义为：若测量信号增加(隐含的假定是：设定值不变)，调节器的比例作用的输出也增加的称正作用，否则为反作用。

1) *逻辑推理方法*

对于单回路，要确定调节器的正反作用的步骤为：① 根据生产安全要求，确定调节阀气开、气关形式；② 确定当被调参数变化时，调节器输出实现负反馈的作用方向；③ 确定调节器的正、反作用(当被测参数变化与调节器输出变化同向时为正作用，否则为反作用)。

对于串级系统，因为主、副回路都可以看成是一个单回路，所以要确定串级系统主、副调节器的正、反作用的步骤为：① 根据生产安全要求，确定调节阀气开、气关形式；② 确定副调节器的正、反作用；③ 确定主调节器的正、反作用。

下面以图3.1-2的氧化炉反应温度串级控制系统为例来讨论。

(1) 副回路调节器的选择。

① 为保证调节阀出故障时，生产处于安全状态，调节阀选择气开阀。

② 设干扰使氨气流量增加，即调节器测量值大于给定值，为保证系统的副反馈作用，

调节器输出必须减小，才能使调节阀开度减小。最终使流经调节阀的氨气流量减小，恢复到给定值。

③ 根据以上分析可知，为满足调节系统的负反馈作用，调节器的测量值增大，而输出值减小，与测量值成反比，因此调节器定为反作用。

（2）主回路调节器的选择。

① 调节阀的开关形式，保持副回路选择的形式：气开阀。

② 副调节器的正、反作用保持不变。

③ 设主回路氧化炉温度升高，即主调节器测量值大于给定值，先假设主调节器为正作用，调节器输出必然增大，也就是副调节器的给定值也增大。由于副调节器已选定为反作用，因此副调节器的输出增大，使调节阀开度增大。最终使流经调节阀的氨气流量增大，从而使氧化炉的温度更高，整个系统成为正反馈系统，主参数不能恢复到给定值。这说明主调节器作用选错了，应采用反方向作用，即反作用。

2）方框图法

方框图法是利用控制系统方框图中各环节的符号来确定控制器正、反作用的方法。因而首先须定义环节的"＋"、"－"符号。

环节正、负符号的定义是：凡是输入增大导致输出也增大为"＋"，反之为"－"。如调节阀环节，对气开阀而言，因为输入信号增大输出流量也增大，所以定义为"＋"；气关阀定义为"－"。

对上述定义需说明两点：

（1）这里讲的输入、输出关系是指环节的静态关系。

（2）假若将调节器看成仅以测量为输入的环节，这个定义与调节器的正反作用是一致的。即输入(指测量信号)增大输出也增大，为"＋"(为正作用)。但考虑到在方框图中控制器算式与比较环节是分开表达的。比较环节的测量通道占了一个"－"号，所以算式方框中的符号也要变号——正作用取"－"号，反作用取"＋" 号，如图 3.1－10 所示。

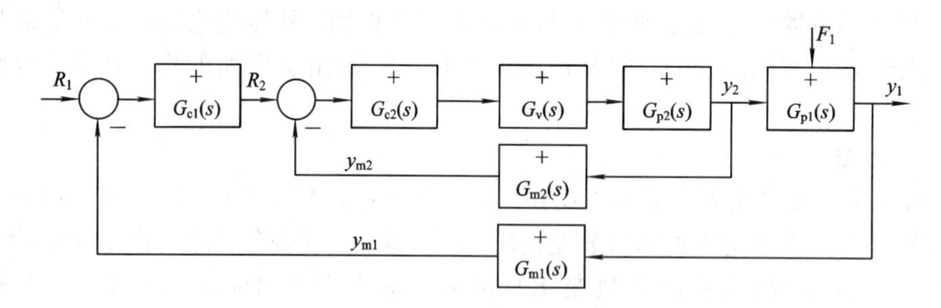

图 3.1－10　串级调节系统调节器作用形式确定的方框图

仍以图 3.1－2 的系统为例，按照被控对象、调节阀和测量变送元件性能，可得图 3.1－10 有关方框的符号。

先讨论副回路。为使副回路成为负反馈，显然 G_{c2} 方框应取"＋" 号，这表示副调节器取反作用。

讨论主回路时，假定副回路整个等效为一个具有"＋" 号的环节。显然为保证主回路的负反馈性能，G_{c1} 方框也应取"＋" 号，这表示主调节器取反作用。

3.1.4　串级系统投运及参数整定

1. 系统投运

和简单控制系统的投运要求一样，串级控制系统的投运过程也必须保证无扰动切换。这里以电动单元组合仪表组成的系统为例，并采用先副回路后主回路的投运方式。具体步骤为：

(1) 将主、副调节器切换开关都置于手动位置，副调节器处于外给定(主调节器始终为内给定)。

(2) 用副调节器的手动拨盘操纵调节阀，使生产处于要求的工况(即主变量接近设定值，且工况较平稳)。这时可调整主调节器的手动拨盘，使副调节器的偏差表头指“零”，接着可将副调节器切换到自动位置。由于在手动设置状态下，电动调节器的自动输出电流可以自动跟踪手动电流，所以这个切换过程是无扰动的。

(3) 假定在主调节器切换到“自动”之前，主变量偏差已接近“零”，则可稍稍修正主调节器设定值，使偏差为“零”，并将主调节器切换到“自动”，然后逐渐改变设定值使它恢复到规定值；假定在主调节器切换到“自动”之前，主变量存在较大偏差，一般的做法是用手操作主调节器输出拨盘，使这一偏差减小后再进行上述操作。

2. 参数整定

串级调节系统参数整定亦用先副后主方式。因为副回路整定的要求较低，一般可参照单回路的方法来设置。有时为更好发挥副回路的快速作用，控制作用可调得强一些(相应的衰减比可略小于 4∶1)。整定主调节器的方法与单回路控制时相同。

3.2　均匀控制系统

3.2.1　均匀控制系统的由来和目的

均匀控制系统是就一种控制方案所起的作用而言的，因为就方案的结构看，有时像一个简单液位(或压力)定值控制系统，有时又像一个液位与流量(或压力与流量)的串级控制系统。所以要识别一些方案是否起均匀控制作用，或者在怎样的情况下应该设计均匀控制方案，从本质上去认识它们是非常重要的。

石油化工生产过程是一个连续生产过程，随着生产的进一步强化，使得前后生产过程的关系更加紧密了，往往出现前一设备的出料直接作为后一设备的进料，而后者的出料又连续输送给其他设备作进料。现以连续精馏的多塔分离过程为例进行讲解，如图 3.2-1 所示。

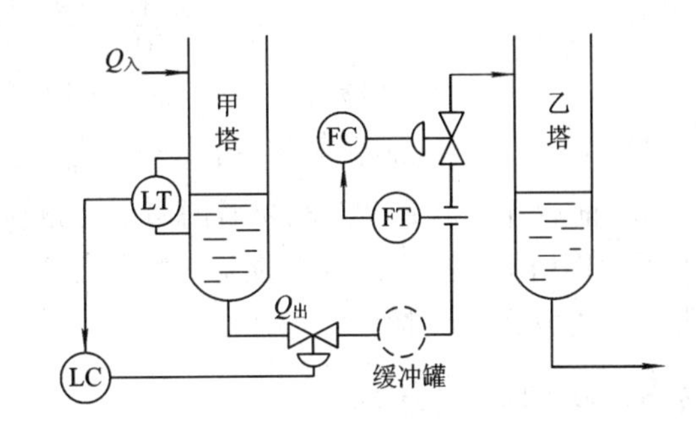

图 3.2-1　前后精馏塔的供求关系

显然作为单个精馏塔，都希望自身操作平衡。对甲塔来说，塔釜液位往往是一个重要参数，因为它与塔釜的传热和汽化有较大关系(釜内有溢流用的隔板者除外)，影响分离效果，为此装有液位控制系统。当液位由于某种干扰而变化时，液位控制器就通过改变出料量来维持液位稳定。而甲塔出料的波动对乙塔来说是一个进料扰动，使乙塔的平衡操作受到破坏，这种影响一直会继续下去，以至整个多塔系统的操作不稳定。对乙塔来说，它从自身的平衡操作要求出发，希望进料稳定，会提出设置进料流量控制系统。显然，这是与甲塔的液位控制系统的工作是相互矛盾的，以致两个系统都无法正常工作。为解决这一矛盾，以往靠增加缓冲罐的办法来解决。通过缓冲物料累积量的变化，以达到两塔操作平稳。但这要增加设备投资和扩大装置占地面积，并且有些化工中间产品经缓冲罐后有可能产生其他化学反应，因此也不是一种理想的办法。现在从控制方案上去寻找出路，就要着眼于物料平衡控制，让供求矛盾限制在一定条件下进行渐变，以满足前后两塔的不同要求。

对这个例子来说，就是要将前塔塔釜看成一个缓冲罐，利用控制系统充分发挥它的缓冲作用。也就是说，在进料量(前塔)变化时，让塔釜液位在最大允许的限度内平缓变化，从而使输出流量平缓变化。因为

$$A\frac{\mathrm{d}H}{\mathrm{d}t}=Q_{入}-Q_{出} \tag{3.2-1}$$

要起缓冲作用，就要借助于 $\mathrm{d}H/\mathrm{d}t$ 的变化，以发挥储罐的缓冲作用。

由此可见，后塔的进料平缓变化是以前塔液位的波动为代价的。这种能充分发挥储罐缓冲作用的控制系统，称为均匀控制系统。因此，均匀控制不是指控制系统的结构，而是指控制目的而言，是为了使前后设备(或容器)在物料供求上达到相互协调，统筹兼顾。

3.2.2　均匀控制的特点

(1) 表征前后供求矛盾的两个变量都应该是变化的，且变化缓慢。图 3.2-2 所示是反映液位与流量的几种不同变化情况。3.2-2(a)是单纯的液位定值控制；3.2-2(b)是单纯的流量定值控制；3.2-2(c)是实现均匀控制以后，液位与流量都渐变的波动情况，并且波动比较缓慢。那种试图把液位和流量都调整成直线的想法是不可能实现的。

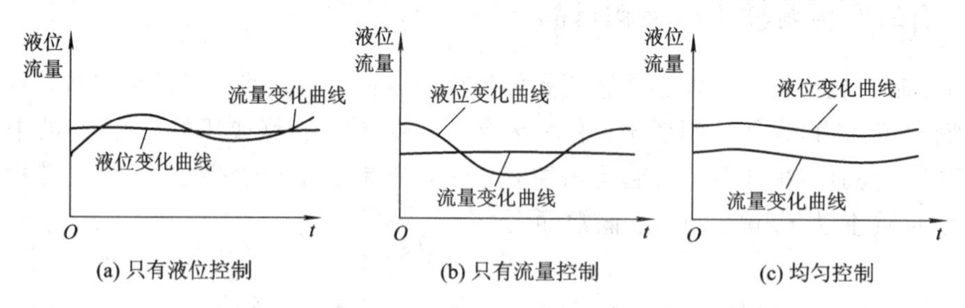

图 3.2-2　前一设备的液位与后一设备的进料量关系

(2) 前后互相联系又互相矛盾的两个变量应保持在所允许的范围内。均匀控制要求在最大干扰作用下，液位在储罐的上下限内波动，而流量应在一定范围内平稳渐变，避免对后工序产生较大的干扰。

3.2.3　均匀控制方案

1. 简单均匀控制

图 3.2-3 所示为精馏塔塔底液位与出料流量的均匀控制系统，但从外观上看，它像一

个单回路液位定值控制系统。所不同的主要在于控制器的控制规律选择及参数整定问题上。在所有均匀控制系统中都不需要、也不应该加正微分作用，恰恰相反，有时需要加反微分作用，一般采用纯比例控制，有时可用比例积分控制作用，而且在参数整定上，一般比例度要大于100%，且积分时间也要放得相当大，这样才能满足均匀控制的要求。

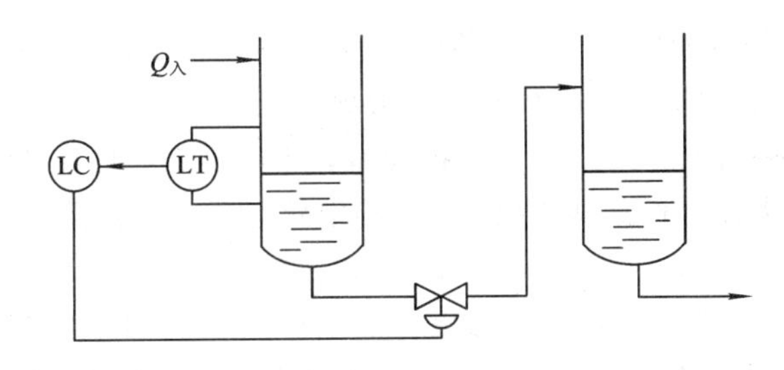

图 3.2-3　简单均匀控制系统

图3.2-3的系统结构简单，但它对于克服阀前后压力变化的影响及液位储罐自平衡作用的影响效果较差。简单均匀控制系统适用于进料量为主干扰，流量波动大，自平衡能力弱的对象(自衡能力弱指当流量变化很激烈时，而液位变化很小)。

2. 串级均匀控制

图3.2-4所示是蒸馏塔塔底液位与采出流量的串级均匀控制，从外观看，与典型的串级控制系统完全一样，但它的目的是实现均匀控制，增加一个副环流量控制系统的目的是为了消除阀前后压力干扰及自平衡作用对流量的影响。因此副环与串级控制中的副环一样，副控制器参数整定的要求与前面所讨论的串级控制对副环的要求相同。而主控制器(即液位控制器)则与简单均匀控制作相同处理。

需要指出，在有些容器里，液位是通过进料阀来控制的，用液位调节器对进料的流量作调节同样可以设计均匀控制系统。

还需要指出，当物料为气体时，前后设备间物料的均匀控制不是液位和流量之间的均匀，是指前设备的气体压力与后设备的进气流量之间的协调。例如，脱乙烷塔塔顶分离器内压力是用来稳定精馏塔压力的，而从分离器出来的气体是加氢反应器的进料，两者都要求平稳，因此设计了如图3.2-5所示的压力与出口气体流量串级均匀控制系统。

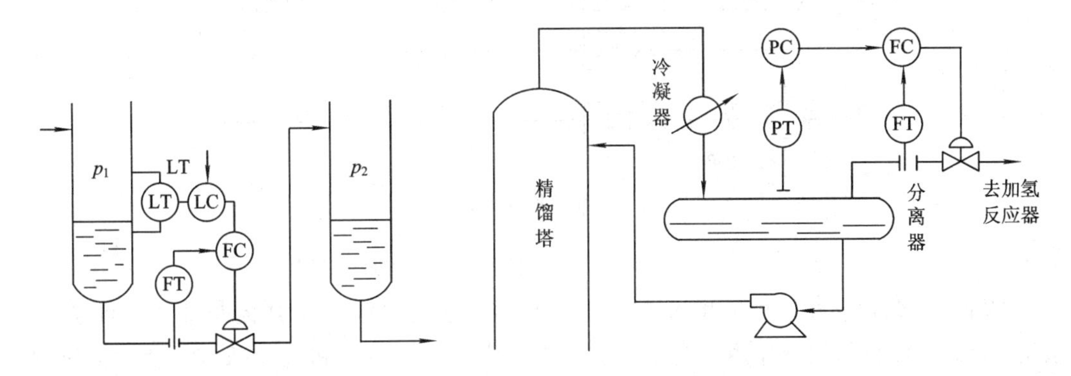

图 3.2-4　串级均匀控制系统　　图 3.2-5　分离器压力与出口气体流量串级均匀控制系统

这种气相物料的压力与流量的均匀控制和液相物料的液位与流量均匀控制是极为相似的，但需要注意的是，压力对象比液位对象的自平衡作用要强得多，故一般采用简单均匀控制方案不易满足要求，而往往采用如图 3.2-5 所示的串级均匀控制方案。

串级均匀控制系统所用的仪表较多，适用于控制阀前后压力干扰和自衡作用较显著，而且对流量的平稳要求又高的场合。

3. 双冲量均匀控制

双冲量均匀控制是以液位和流量两信号之差(或和)为被控变量来达到均匀控制目的的系统。图 3.2-6 就是双冲量均匀控制的一个实例。它以塔底液位与采出流量两个信号之差(若流量为进料时，则取两信号之和)为被控变量，通过控制，使两者都能按均匀控制的要求变化。其控制过程大体上可这样来描述：在稳定状态下，加法器的输出为

$$p_O = p_L - p_Q + p_S \tag{3.2-2}$$

式中，p_O、p_L、p_Q、p_S分别表示加法器输出、液位测量信号、流量测量信号和偏置信号。这时，p_{sp}作为调节器的给定值，一般将它设置为中间值。假设某一时刻，液位因干扰作用而升高，则加法器输出 p_O 增加，调节器感受到这个偏差信号之后进行控制，发出开大阀门的命令，引起流量增加，液位从某瞬间开始下降。当两个测量信号之差逐渐接近某一数值时，加法器的输出重新恢复到控制器的设定值，系统又趋于稳定，控制阀停留在新的开度上，液位的平衡数值比原来有所升高，流量的平衡数值也比原来有所增加，从而达到了均匀控制的目的。

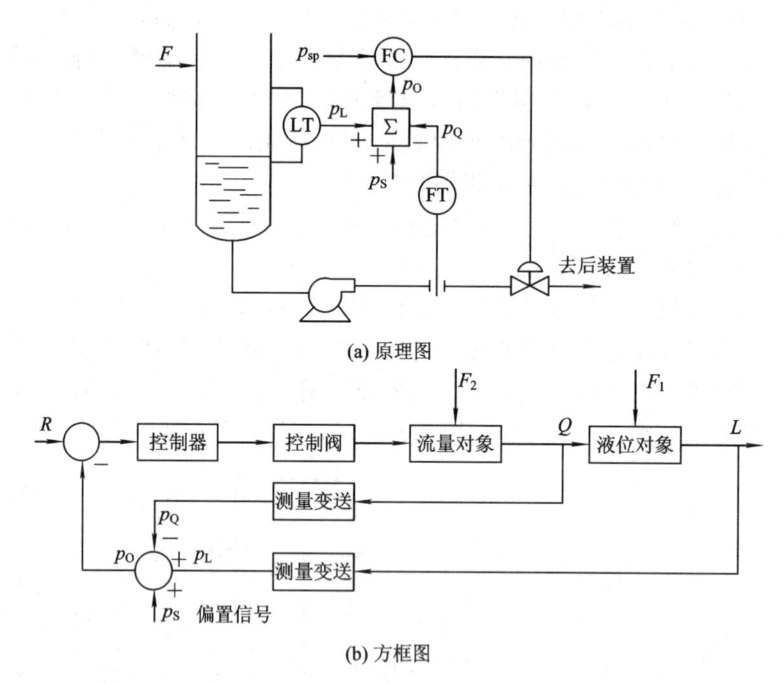

图 3.2-6 双冲量均匀控制系统原理图及方框图

双冲量均匀控制在结构上相当于两个信号之差(或之和)，其为被控变量的单回路控制系统，控制器以比例积分作用为宜。由于加法器综合考虑液位和流量两信号变化的情况，这样就可以将方框图画成图 3.2-7 的形式，可清楚地看出，它具有串级的优点。其主调节器可看成是 $k_c=1$ 的纯比例调节器。副环是流量回路，对于直接进入流量回路的干扰 F_2(如控制阀前后的压力干扰等)通过副环的快速作用，可以得到很快克服。因此控制器参数

整定可按串级副控制器原则进行。很显然，由于主调节器(即液位调节器)的放大倍数不能调整，所以要求液位和流量变送范围的选择要合适。

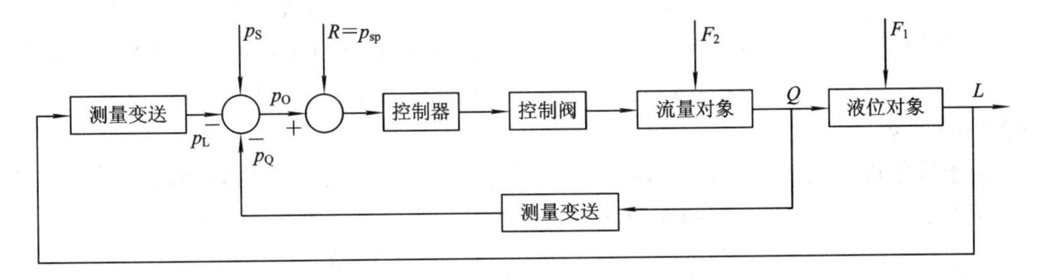

图 3.2-7　双冲量均匀控制系统方框图的另一形式

3.2.4　均匀控制系统的理论分析

1. 调节器采用纯比例实现

图 3.2-8 所示为一简单均匀控制系统。其液位对象具有物料平衡关系式：

$$A\frac{\mathrm{d}L}{\mathrm{d}t}=Q_i-Q_o \tag{3.2-3}$$

对上式作拉氏变换，可得

$$AsL(s)=Q_i(s)-Q_o(s) \tag{3.2-4}$$

$$L(s)=\frac{Q_i(s)-Q_o(s)}{As} \tag{3.2-5}$$

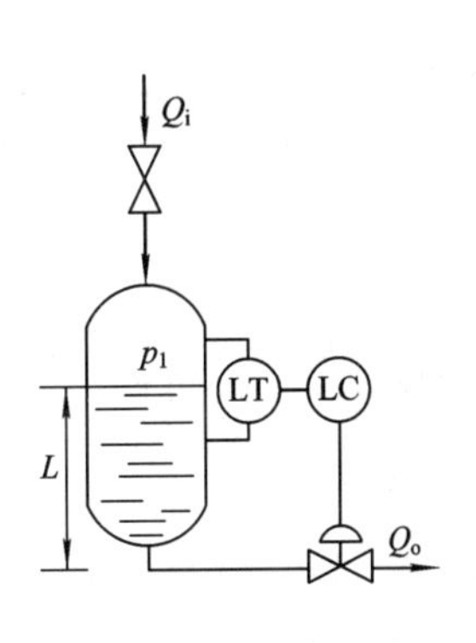

图 3.2-8　简单均匀控制系统

式中，A 为储罐的横截面积。

由图 3.2-8 可知，流出量 Q_o 不仅与控制阀阀杆位移有关系，还与调节阀前后压力 p_1，p_2 以及液位的自衡作用有关系，即

$$Q_o=f(X_v,\ p_1,\ p_2,\ L) \tag{3.2-6}$$

式中，X_v 为阀杆位移；L 为液位高度；p_1、p_2 分别是阀前、后的压力。

用传递函数形式可表示如下：

$$Q_o(s)=\frac{\partial Q_o}{\partial X_v}X_v(s)+\frac{\partial Q_o}{\partial p_1}p_1(s)+\frac{\partial Q_o}{\partial p_2}p_2(s)+\frac{\partial Q_o}{\partial L}L(s) \tag{3.2-7}$$

按上述分析，对该简单均匀控制系统可以画出如图 3.2-9 的方框图。

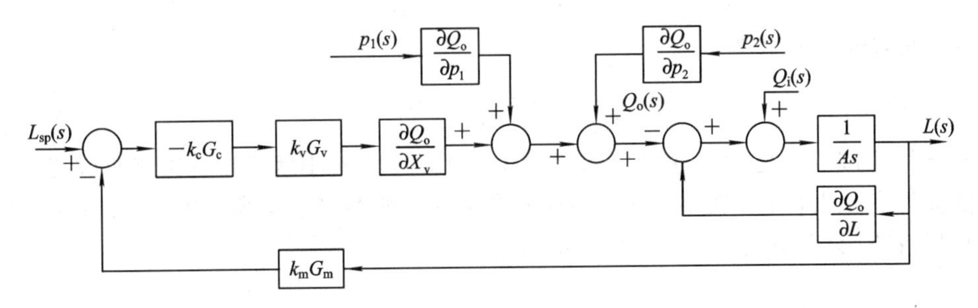

图 3.2-9　简单均匀控制系统的方框图

将图 3.2-9 简化后，得到如图 3.2-10 所示的方框图。图中

$$\beta(s)=\frac{\partial Q_o}{\partial L}+k_m G_m(s) k_c G_c(s) k_v G_v(s) \frac{\partial Q_0}{\partial X_v} \tag{3.2-8}$$

它表示了液位是通过“自衡作用”和“控制作用”两方面来影响流量的。当$\partial Q_o/\partial L$ 相比于 $k_m G_m(s) k_c G_c(s) k_v G_v(s)(\partial Q_o/\partial X)$足够大时，它才显得重要。若出口泵为正位移形式，则$(\partial Q_o/\partial L)$可略。

由于简单均匀控制要求输出流量变化缓慢平稳，所以控制过程操作周期比较长。在这样的条件下，液位变送器、控制阀的动态特性都可以不考虑，即 $G_m(s)=G_v(s)=1$，这样

$$\beta(s)=\frac{\partial Q_o(s)}{\partial L}+k_m k_c G_c(s) k_v \frac{\partial Q_o}{X_v} \tag{3.2-9}$$

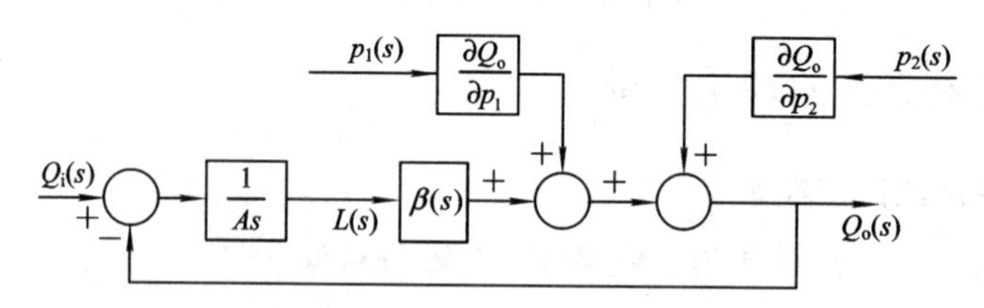

图 3.2-10　简单均匀控制系统的简化方框图

由图 3.2-10 可得

$$\frac{L(s)}{Q_i(s)}=\frac{\dfrac{1}{As}}{\dfrac{1+\beta(s)}{As}} \tag{3.2-10}$$

$$\frac{Q_o(s)}{Q_i(s)}=\frac{\dfrac{\beta(s)}{As}}{1+\dfrac{\beta(s)}{As}} \tag{3.2-11}$$

$$\frac{Q_o(s)}{p_1(s)}=\frac{\dfrac{\partial Q_o}{\partial p_1}}{1+\dfrac{\beta(s)}{As}} \tag{3.2-12}$$

$$\frac{Q_o(s)}{p_2(s)}=\frac{\dfrac{\partial Q_o}{\partial p_2}}{1+\dfrac{\beta(s)}{As}} \tag{3.2-13}$$

显然它们的特征方程式为

$$1+\frac{\beta(s)}{As}=0 \tag{3.2-14}$$

对于均匀调节系统，k_c一般都取得很小($\delta>100\%$)。k_c小就意味着调节参数变化小，被调参数允许变化大，工作频率 ω 低，因此对象的时间常数 T 大，所以 $G_v(s)$、$G_m(s)$的动态特性可以忽略(只考虑它们的静态放大倍数 k_v、k_m)。

$$\frac{H(s)}{Q_i(s)}=\frac{\dfrac{1}{T_p s+1}}{1+\left(k_c k_v k_m \dfrac{k_p}{T_p s+1}\right)}=\frac{\dfrac{k_p}{1+k_p k_v k_m k_c}}{\dfrac{T_p}{(1+k_p k_v k_m k_c)s+1}} \tag{3.2-15}$$

$$\frac{Q_o(s)}{Q_i(s)}=\frac{\dfrac{k_v k_c k_m k_p}{T_p s+1}}{1+\dfrac{k_v k_c k_m k_p}{T_p s+1}}=\frac{\dfrac{k_p k_m k_v k_c}{1+k_p k_m k_v k_c}}{\dfrac{T_p}{(1+k_p k_m k_v k_c)s+1}} \tag{3.2-16}$$

在一般情况下的简单均匀控制，建议采用纯比例控制，纯比例控制仪表投资可减少，可直接用变送器代替100%调节器。从求得的传递函数式(3.2-15)、式(3.2-16)可以看出，液位 H 与流量 Q_o 具有很好的同步性(见图3.2-11)。采用纯比例调节的均匀控制系统的主要特点：

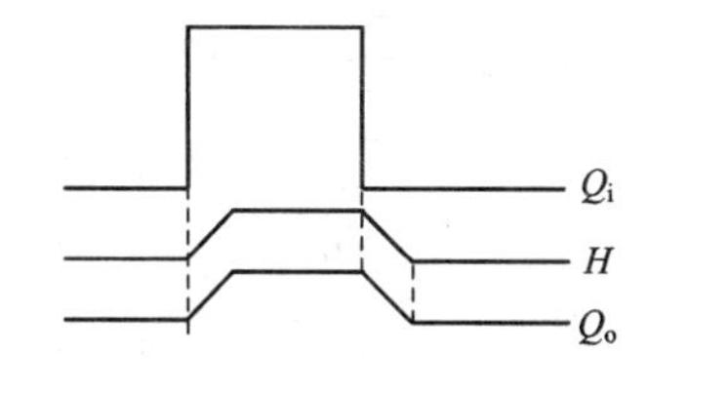

图3.2-11　液位与流量的同步性

(1) 由于液位与流量的同步性，输出流量的变化总比输入流量变化幅度小。

(2) $Q_o(s)/Q_i(s)$ 的静态增益始终比1小，并且输入频率越高，输出变化越小(缓冲得好)，具有低频通过、高频滤掉的特点。

(3) 由于输出变化小(在流速恒定下)，通过流出管道的最大流量减小，因此下一部分的管道与阀门的尺寸都可以缩小。对操作工人而言，由于输出参数变化缓慢，可减小操作压力。

(4) 调节器参数 k_c 很容易整定。

因为余差 $\Delta H=\dfrac{k_p}{1+k_c k_v k_m k_p}$，所以 k_c 越大，余差 ΔH 越小；流出量 Q_o 变化越大。同时，时间常数 T_p 越小，Q_o 变化也越大。

(5) k_c 变化不会引起振荡(因为只有一个极点)，如图3.2-12所示。比例度一般取100%，这意味着液位变送器达到上限值时，调节阀全开；液位变送器达到下限值时，调节阀全关。

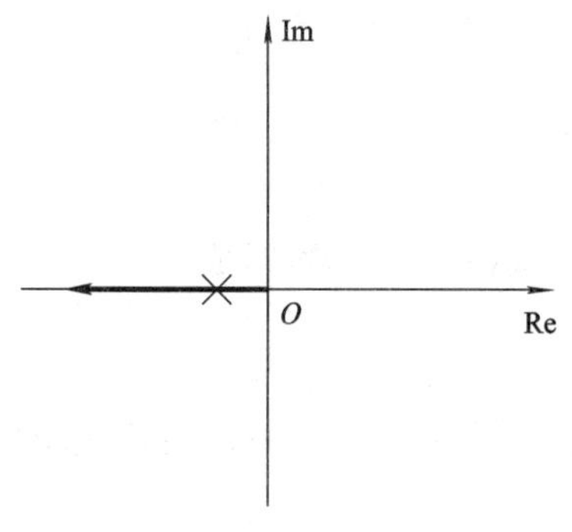

图3.2-12　纯比例调整根轨迹图

2. 调节器采用比例积分实现

简单均匀系统控制器与串级均匀的主控制器一般采用纯比例作用方式，有时也可采用比例积分的控制规律。积分的引入主要对液位参数有利，因为加入积分，比例度将适当增加，这有利于液位存在高频噪声的场合。然而积分的引入也有不利的方面，首先对流量参数产生不利影响，分析如下：

(1) 因为均匀控制不同步，所以输出流量会超出输入流量。图3.2-13的①与②面积要相等，要恢复液位无差，输出流量值必须超限，因此均匀控制系统采用积分控制作用后，流量与液位不能同步。

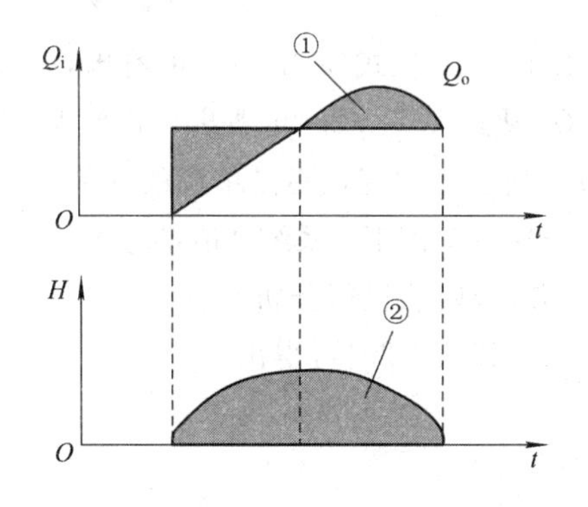

图3.2-13　比例积分控制流量与液位变化

(2) 参数整定困难。采用PI调节规律的简单均匀控制系统如图 3.2-14 所示，下面来分析 k_c、T_i的参数整定。

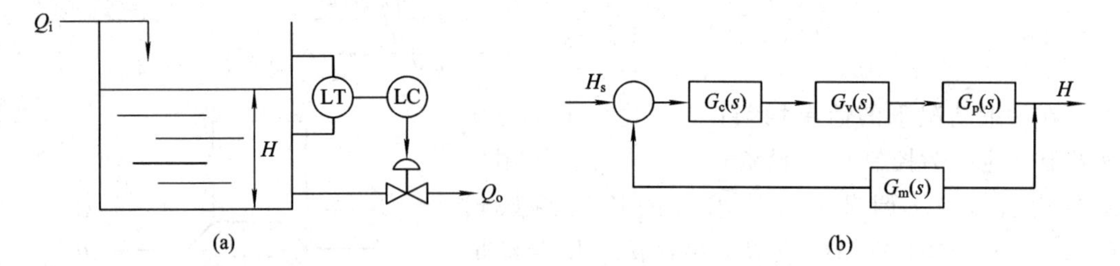

图 3.2-14　比例积分调节系统结构及方框图

设图 3.2-14 中各个环节的传递函数为

$$G_c(s) = k_c \frac{T_i s + 1}{T_i s},\ G_v(s) = k_v,\ G_m(s) = k_m = 1,\ G_v(s) = \frac{k_p}{T_p s + 1}$$

闭环特征方程为

$$1 + k_c\left(\frac{T_i s + 1}{T_i s}\right)\left(\frac{k_p}{T_p s + 1}\right)k_v = 0$$

即

$$T_p T_i s^2 + (k_p k_v k_c + 1) T_i s + k_p k_v k_c = 0 \tag{3.2-17}$$

这里令

$$k_A = k_p k_v k_c$$

式(3.2-17)可写成

$$s^2 + \left(\frac{k_A + 1}{T_i}\right)s + \left(\frac{k_A}{T_p T_i}\right) = 0 \tag{3.2-18}$$

将式(3.2-18)与标准二阶系统闭环特征方程

$$s^2 + 2\zeta\omega_0 s + \omega_0^2 = 0$$

相比较，可得

$$\omega_0 = \sqrt{\frac{k_A}{T_p T_i}} \tag{3.2-19}$$

$$\zeta = \frac{1}{2}\sqrt{\frac{T_p T_i}{k_A}}\ \frac{k_A + 1}{T_p} = \frac{1}{2}\sqrt{\frac{T_i (k_A + 1)^2}{k_A T_p}} \tag{3.2-20}$$

结论：① 从式(3.2-19)可看出，k_c越大，ω_0自然振荡频率越高，T_i越大，ω_0越低；

② 从式(3.2-20)可看出，T_i越大，ζ越大，越稳定(即周期长，恢复时间长，变化平稳)；k_c对于ζ的变化不是单调的，在某一k_c值下，系统的ζ值最小，振荡最强烈。在大于或小于这一数值下，系统ζ值都会增大，稳定性增加。从上式不易看出ζ如何随k_A而变化，下面用求极值法进行分析。

从式(3.2-20)可得出

$$\zeta^2 = C\frac{(k_A + 1)^2}{k_A} \tag{3.2-21}$$

其中

$$C = \frac{1}{2}\sqrt{\frac{T_i}{T_p}}$$

设 $f'(k_A)=\left(k_A+2+\dfrac{1}{k_A}\right)'=0$，则

$$f'(k_A)=1-\frac{1}{k_A^2}=0$$

解此方程 $k_A=\pm1$，取 $k_A=1$，

当 $k_A>1$ 时，则 $f'(k_A)>0$；

当 $k_A<1$ 时，则 $f'(k_A)<0$。

所以式(3.2-21)有极小值(见图 3.2-15)。

因此在 k_c、T_i 参数整定时，应加以注意，若整定得当，液位和流量品质都会很好；若整定不当，两者指标都差。

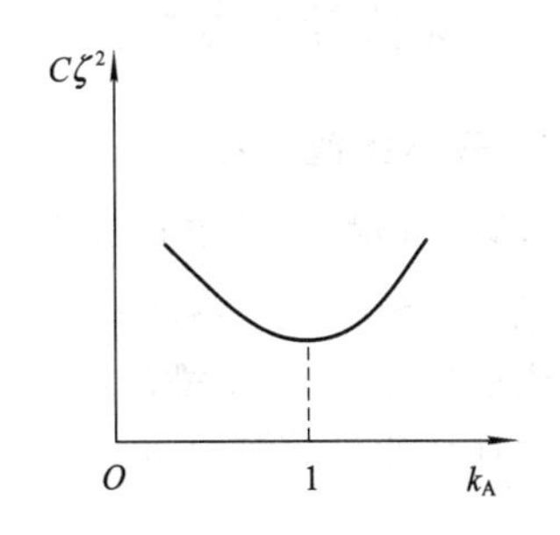

图 3.2-15　均匀控制系统稳定性与放大系数关系图

3.3　比值控制系统

3.3.1　比值控制问题的由来

在化工、炼油的生产中，经常需要两种或两种以上的物料按照一定的比例混合或进行化学反应，一旦比例失调，轻则造成产品质量不合格，重则会造成生产事故或发生危险。比值控制的目的，就是为了实现几种物料符合一定比例关系，以使生产能安全正常进行。

为进一步了解比值控制问题的实质，下面以重油为原料的合成氨生产中，汽化炉氧油比调节系统(见图 3.3-1)来进行分析。

在重油气化的造气生产过程中，进入气化炉的氧气和重油流量应保持一定的比例，若氧油比过高，会因炉温过高而使喷嘴和耐火砖烧坏，严重时，甚至会引起炉子爆炸；如果氧量过低，则因生成的炭黑增多，会发生堵塞现象。

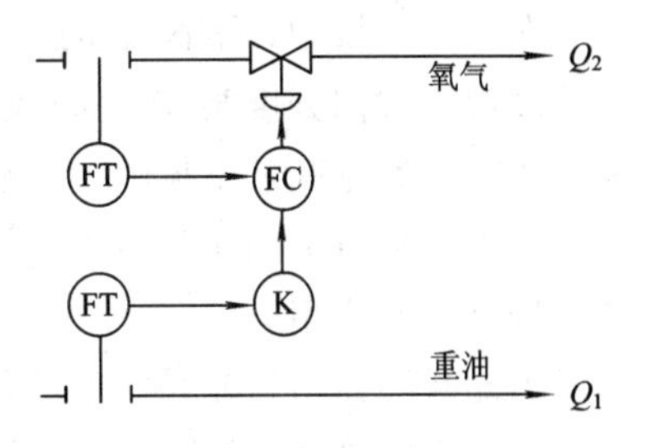

图 3.3-1　比值控制系统图

实现两个或两个以上参数符合一定的比例关系的控制系统，称为比值控制系统。由于过程工业中大部分物料是以气态、液态或混合的流体状态在密闭管道、容器中进行能量传递与物质交换，以保持两种或几种物料的流量比例关系的，因此比值控制系统一般是指流量比值控制系统。

在需要保持比值关系的两种物料中，必须有一种物料处于主导地位，这种物料称为主流量(主动物料)，记为 Q_1(如图 3.3-1 中重油为 Q_1)，而另一种跟随主流量变化的物料称为副流量(从动物料)，记为 Q_2(如图 3.3-1 中氧气为 Q_2)。一般情况下，总是把生产中主要物料定为主物料。但在有些场合为保证生产安全，以不可控物料为主物料，用改变可控物料即从动物料的方法来实现它们之间的比值关系。

比值调节系统就是实现工艺要求的副流量 Q_2 与主流量 Q_1 成一定比值关系：

$$R=\frac{Q_2}{Q_1} \tag{3.3-1}$$

式中，R 为工艺要求的流量比值。

3.3.2 比值控制方案

1. 开环比值控制

开环比值控制系统是最简单的比值控制方案，例如工业用30%的NaOH和H_2O混合以得到6%～8%的NaOH，为保证混合后的浓度，可设计如图3.3-2所示的控制系统。

当流量Q_1随高位槽液面变化时，通过测量变送使比值器的输出按比例变化，调节阀的流量特性选线性，则Q_2也就跟随Q_1按比例变化。

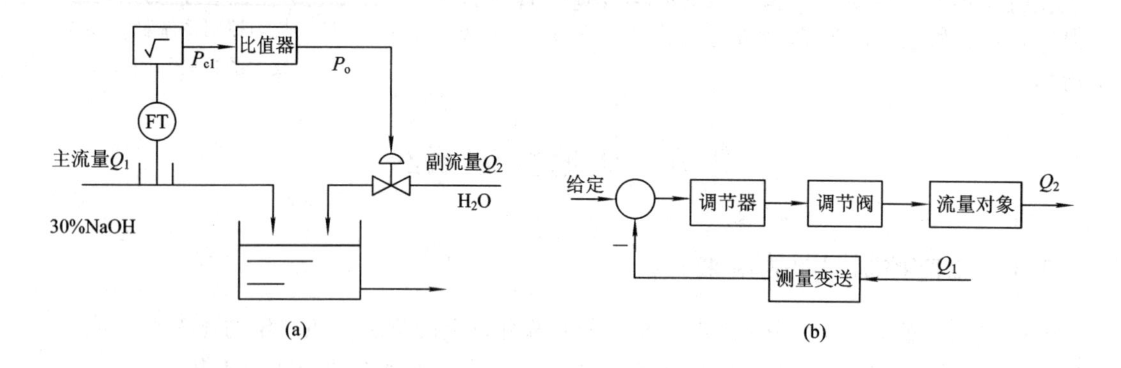

图3.3-2 开环比值控制系统原理图及方框图

在这个系统中，随着Q_1的变化，Q_2将跟着变化，以满足$Q_2=RQ_1$的要求。其实质乃是使控制阀的阀门开度与Q_1之间成一定的比例关系。因此，当Q_2因管线两端压力波动而发生变化时，系统不起控制作用，此时难以保证Q_2与Q_1的比值关系。

由于这种方案的副流量本身无抗干扰能力，只有在副流量较平稳，且流量比值要求不高的场合才能应用。

因此开环比值控制系统的适用范围是：

(1) 控制阀前后差压不变；

(2) 控制阀为线性流量特性，检测变送器为线性特性，尤其是当采用差压法测流量时，一定要装开方器。

2. 单闭环比值控制系统

单闭环比值控制系统是为了克服开环比值方案的不足，在开环比值系统的基础上，增加一个副流量的闭环控制系统，如图3.3-3所示。

当主流量变化时，其流量信号经测量变送送到比值器，比值器按预先设置好的比值系数使输出呈比例变化，并作为副流量控制器的设定值。此时，副流量调节是一个随动系统，经调节作用自动跟随主流量变化，使其在新的工况下保持两流量比值R不变。当副流量由于自身的干扰而变化时，因为它是一个定值系统，经控制后可以克服自身的干扰，且一般流量控制器都采用PI作用，消除流量噪声影响，使工艺要求的流量比保持不变。系统只包含一个闭合回路，故称为单闭环比值控制。

由于单闭环比值控制系统的主流量不受控，副流量随主流量成比例变化，同时副流量又能克服本身的干扰。

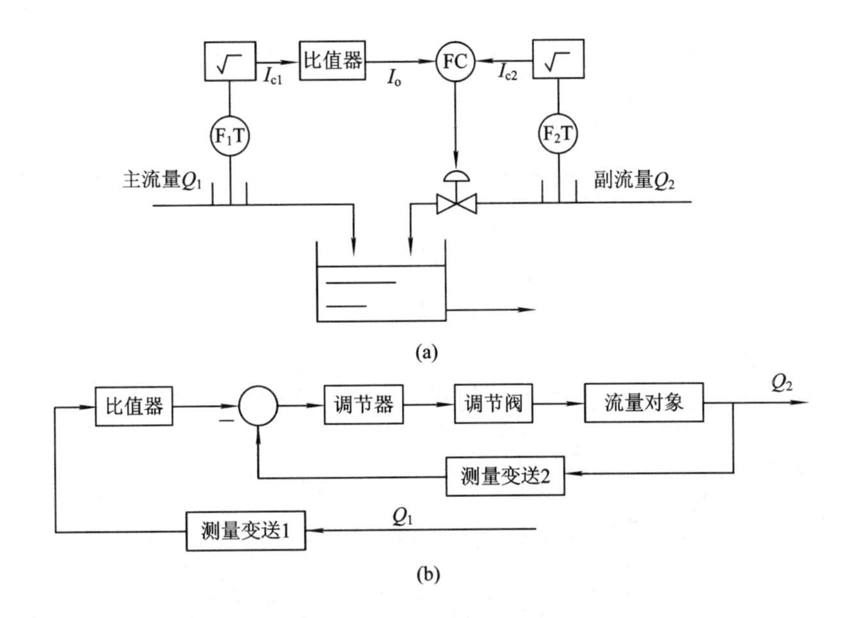

图 3.3-3　单闭环控制系统原理图及方框图

因此单闭环比值控制系统特点是：① Q_2随 Q_1变化而变化，Q_2回路为随动回路；② Q_2组成的副回路能克服本身干扰；③ 此控制系统整体来看是开环的，因 Q_2变化并不影响 Q_1。

单闭环比值控制系统控制器选型：主流量控制器（或用比值器）不能有积分作用，否则会引起积分饱和。副流量控制器应选比例积分。

单闭环比值控制系统优点：由于有了副环，故对副流量要求降低，比值较为精确。

单闭环比值控制系统缺点：因主流量不受控，所以总物料流量不固定，因此不适于直接用于化学反应器的场合，分析如下：

设在稳定工况下，$Q_1+RQ_1=Q_{总}$；在动态工况下，设 Q_1增大为 $Q_1+\Delta Q_1$，则

$$(Q_1+\Delta Q_1)+R(Q_1+\Delta Q_1)=Q'_{总}$$
$$(Q_1+RQ_1)+(\Delta Q_1+R\Delta Q_1)=Q'_{总}$$
$$Q_{总}+(\Delta Q_1+R\Delta Q_1)=Q'_{总}$$

即

$$Q_{总}<Q'_{总}$$

因此，单闭环比值控制系统由于主流量是不受控的，这对于负荷变化幅度大、物料又直接去化学反应器的场合是不适合的。因为负荷的波动有可能造成反应不完全，或反应放出的热量不能及时被带走等，从而给化学反应带来一定的影响，甚至造成事故。

3. 双闭环比值控制系统

为了既能使两流量的比值恒定，又能使进入系统的总负荷平稳，因此出现了双闭环比值控制系统。

例如，在以石脑油为原料的合成氨生产中，进入一段转化炉的石脑油要求与水蒸气呈一定比例，不仅如此，还要求各自的流量比较稳定，所以设计了双闭环比值控制系统，如图 3.3-4 所示。

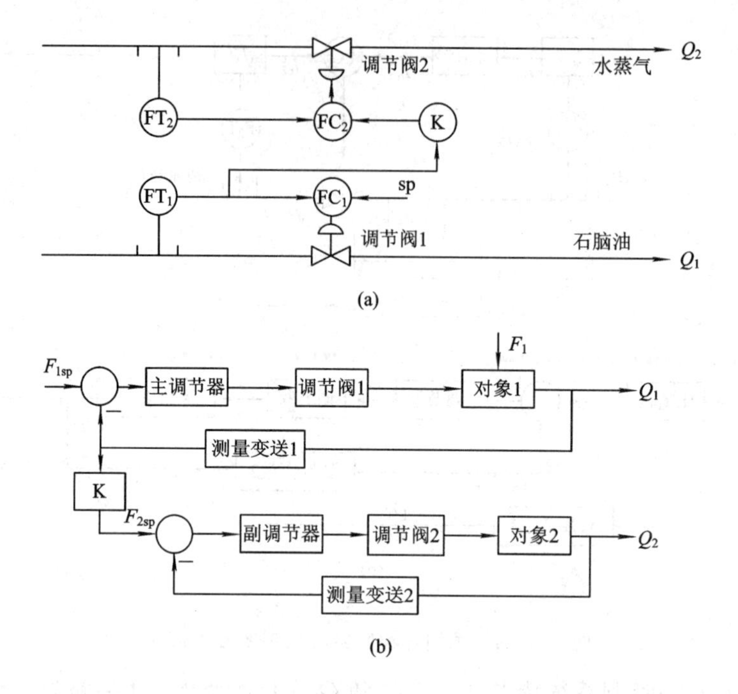

图 3.3-4　双闭环比值控制系统原理图及方框图

双闭环比值控制系统的特点是：① 要求主、副流量均比较稳定；② 主环的扰动对副环有影响，但进入副环的扰动不能影响主环；③ 对于进入主流量对象的扰动可以通过自身克服。

稳定工况下：$Q_1R=Q_2$。

动态情况下：设主流量 Q_1 变化，由于系统存在闭合回路，可使 Q_1 恢复到给定值，同时通过比值系统使副流量 Q_2 作相应的变化，保持两者的比值 R 不变。

4. 变比值控制系统

当系统中存在着除流量干扰以外的其他干扰时，原来设定的比值计算参数就不能保证产品的最终质量，需要进行重新设置。但是，这种干扰往往是随机的，且干扰幅度又各不相同，无法用人工经常去修正比值计算参数。因此出现了按照某一工艺指标自动修正流量比值的变比值控制系统。其原理图及方框图如图 3.3-5 所示。

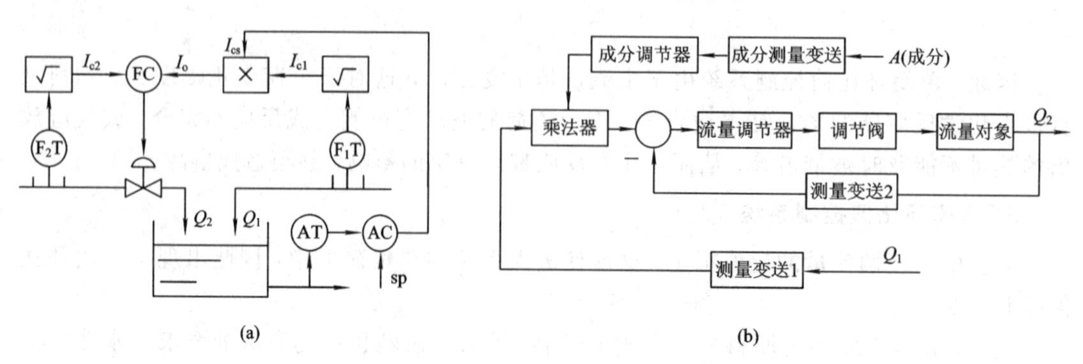

图 3.3-5　变比值控制系统原理图及方框图

当系统中出现除流量干扰外的其他干扰引起主参数 A 变化时，通过主反馈回路使主控制器 AC 输出变化，修改两流量的比值，以保持主参数稳定。对于进入系统的主流量 Q_1 干扰，由于比值控制回路的快速随动跟踪，使流量按 $Q_2=RQ_1$ 关系变化，以保持主参数 A 稳定，它起了静态前馈作用。由于副流量本身的干扰，同样可以通过自身的控制回路克服，它相当于串级控制系统的副回路。因此这种变比值控制系统实质上是一种静态前馈加串级控制系统。

3.3.3　比值控制系统的实施

1. 应用比值器的方案

应用比值器可实现单闭环比值控制，如图 3.3－6 所示。

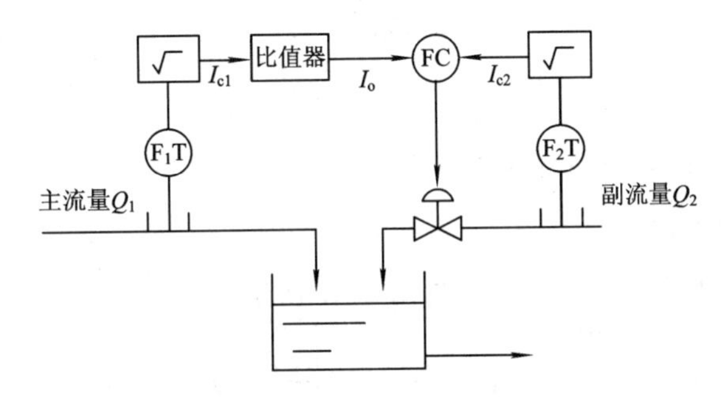

图 3.3－6　应用比值器实现单闭环比值控制

若方案由电动单元组合仪表(Ⅲ型)实施，比值运算单元采用比值器，其信号关系是

$$I_o=(I_{c1}-4)K+4 \tag{3.3-2}$$

当系统按要求的流量比值稳定操作时，调节器的测量值等于设定值，即

$$I_{c2}=I_o=(I_{c1}-4)K+4 \tag{3.3-3}$$

故

$$K=\frac{I_{c2}-4}{I_{c1}-4} \tag{3.3-4}$$

式中，I_{c2} 为副流量调节器的测量值；I_0 为副流量控制器的设定值(即比值器的输出值)；I_{c1} 为主流量的测量值(即比值器的输入值)；K 为比值器的比值系数(可内部设定)。

K 与 R 有一一对应关系，分两种情况讨论：

(1) 流量与测量信号之间存在线性关系(或采用差压法测流量并经过开方器运算时)：

$$I_c=\frac{Q-Q_{min}}{Q_{max}-Q_{min}}(I_{cmax}-I_{cmin})+I_{cmin} \tag{3.3-5}$$

当 $Q_{min}=0$ 时，式(3.3－5)可写成

$$I_c=\frac{Q}{Q_{max}}(I_{cmax}-I_{min})+I_{cmin} \tag{3.3-6}$$

式中，Q 为流量变送器的当前测量值；Q_{max} 为流量变送器的测量上限值；Q_{min} 为流量变送器的测量起始值；I_{cmax} 为流量变送器输出信号上限值；I_{cmin} 为流量变送器输出信号下限值。

故

$$K=\frac{[(Q_2/Q_{2\,max})16+4]-4}{[(Q_1/Q_{1\,max})16+4]-4}=\frac{Q_2}{Q_1}\frac{Q_{1max}}{Q_{2max}}=R\frac{Q_{1max}}{Q_{2max}} \tag{3.3-7}$$

从式(3.3-7)可看出：① K 只与 R、测量仪表的量程有关，与负荷大小无关(即系统运行中仪表量程不变，比值系数 K 不用重新设置)。② K 值的取值范围为(0.25～4)，当超出范围时，可调整 Q_{1max}/Q_{2max} 来满足要求。一般 K 值在1附近为好(后面将进一步说明)。

(2) 差压法测量流量(未经开方运算)时，测量信号 I_c 与测量 Q 之间的关系为非线性关系。

由式(3.3-5)可知

$$I_c = \left(\frac{Q}{Q_{max}}\right)^2 (I_{cmax} - I_{cmin}) + I_{cmin} \tag{3.3-8}$$

这是因为差压法测量流量(但未经开方运算)时，$Q^2 = K\Delta p$(Δp 为检测的差压信号)，此时的

$$K = \frac{I_{c2} - 4}{I_{c1} - 4} = \frac{\dfrac{Q_2^2}{Q_{2max}^2}}{\dfrac{Q_1^2}{Q_{1max}^2}} = R^2 \left(\frac{Q_{1max}}{Q_{2max}}\right)^2 \tag{3.3-9}$$

从式(3.3-9)看出，K 同样与负荷无关。

2. 应用乘法器的方案

应用乘法器实现单闭环比值控制如图3.3-7所示。

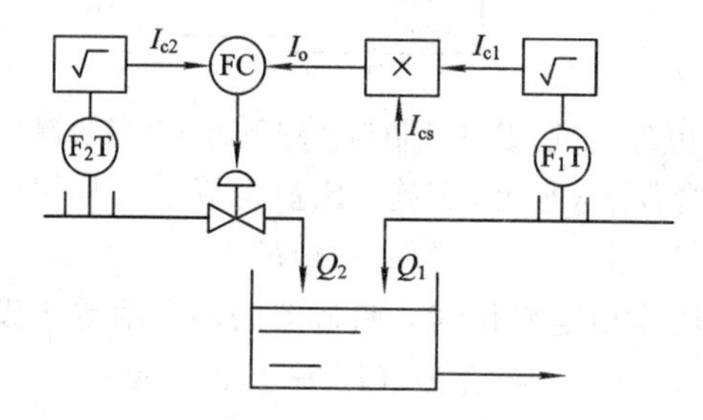

图3.3-7　应用乘法器实现单闭环比值控制

按工艺要求的流量比 R 来确定设置乘法器的 I_{cs} 信号，电Ⅲ型乘法器(4～20 mA)的运算信号为

$$I_o = \frac{(I_{c1} - 4)(I_{cs} - 4)}{16} + 4 \tag{3.3-10}$$

式中，I_{c1}、I_{cs} 均为乘法器的输入信号，而 I_o 是乘法器输出信号。因为系统稳定时，$I_{c2} = I_o$，代入式(3.3-10)，可得

$$I_{cs} = \frac{I_{c2} - 4}{I_{c1} - 4} \times 16 + 4 \tag{3.3-11}$$

(1) 当流量为线性变送时，

$$I_{cs} = \frac{Q_2}{Q_1}\frac{Q_{1max}}{Q_{2max}} \times 16 + 4 \tag{3.3-12}$$

(2) 当流量为非线性变送时，

$$I_{cs} = \left(\frac{Q_2}{Q_1}\frac{Q_{1max}}{Q_{2max}}\right)^2 \times 16 + 4 \tag{3.3-13}$$

总之，用乘法器实现比值控制，就是要按工艺要求的流量比值 R 来设置 I_{cs}。

3. 应用除法器的方案

应用除法器实现比值控制如图 3.3－8 所示。

除法器的运算式为

$$I_o = \frac{I_{c2}-4}{I_{c1}-4} \times 16+4 \quad (\text{线性变送}) \tag{3.3－14}$$

因为稳态时，调节器的测量值等于给定值，所以 $I_{sp}=I_o$。

即

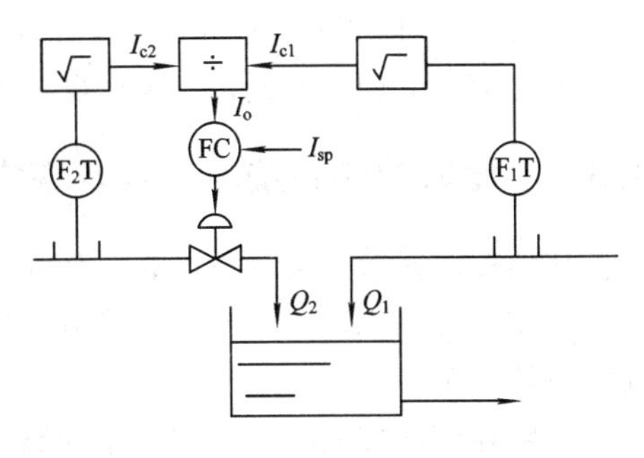

图 3.3－8　应用除法器实现比值控制

$$I_{sp} = \frac{Q_2}{Q_1}\frac{Q_{1max}}{Q_{2max}} \times 16+4 \tag{3.3－15}$$

用除法器来实现比值控制的系统类似于单回路系统，调节器的测量值和给定值都是流量比值，而不是流量本身。该系统的优点直观，用显示仪表可直接读出比值，使用方便(调比值系数 K，只要改变设定值就可以了，操作方便，工人喜欢用)。

但由于除法器包含在控制回路内，它本身的非线性使广义对象的放大倍数在不同负荷下变化较大，负荷小时系统不易稳定。因此提倡应用乘法器实现单闭环比值控制。

由于在图 3.3－9 所示的控制回路中，除法器输入为 Q_2，输出为 I_o，所以

$$k_p = \frac{dI_o}{dQ_2} = \frac{1}{Q}\frac{Q_{1max}}{Q_{2max}} = \frac{R}{Q_2}\frac{Q_{1max}}{Q_{2max}} \tag{3.3－16}$$

从式(3.3－16)可看出，这类方案的对象放大倍数会随负荷变化。比较乘法器控制系统如图 3.3－10 所示。

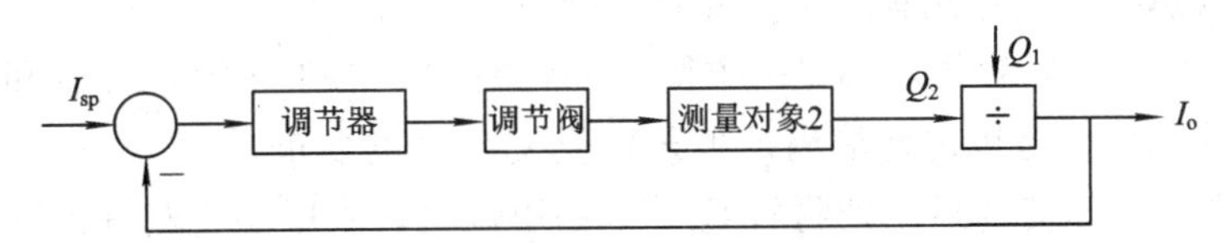

图 3.3－9　应用除法器实现单闭环比值控制系统方框图

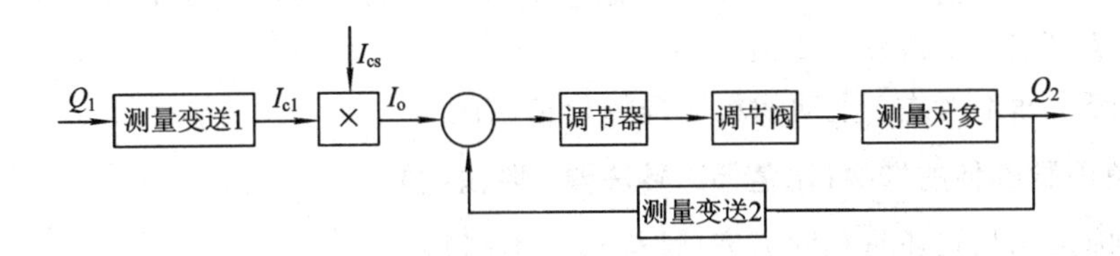

图 3.3－10　应用乘法器实现单闭环比值控制系统方框图

从图 3.3－10 可看出，尽管乘法器也是非线性元件，但在外回路，不影响回路特性。

总之，当采用比值器控制方案时，比值函数部件的选择方式为：

① 如果是定比值系统，选择比值器、乘法器和除法器都可以。

② 如果是变比值系统，只能选择乘法器和除法器。

③ 一般将比值器与乘法器组成的比值控制系统称为相乘方案；而将比值器与除法器组成的比值控制系统称为相除方案。

④ 组成比值控制系统，采用比值器调整方式最简单(只改变 K 值)；采用乘法器要设

置 I_{cs}，用信号来改变比值 K，可以进行远距离调整；采用除法器改变调节器的设定值，就可改变比值 K，调整方便，显示直观，但要注意非线性的影响。

3.3.4 比值控制系统的投运及整定

比值控制系统投运前的准备工作及投运步骤与单回路控制系统相同。

在比值控制系统中，变比值控制系统因结构上是串级控制系统，因此主控制器按串级控制系统整定。

双闭环比值控制系统的主流量回路可按单回路定值控制系统整定。因为副流量回路为一个随动系统，要快速跟踪主流量变化，衰减比应为 $n=10:1$(振荡与不振荡边界)。

整定步骤为：

(1) 进行 K 的计算：

① 乘法器：计算乘法器的一个相应输入值 I_{cs}。

② 除法器：计算调节器的设定值。

③ 比值器：计算比值器系数 K。

投运后还得进行适当调整。

(2) 调节器采用 PI 作用(因流量副回路存有噪声)。

(3) 调节器参数整定：加大比例度，减小积分时间；使衰减比达到 10∶1。

3.3.5 比值调节系统实施的若干问题

1. 主动物料和从动物料的选择

主动物料和从动物料的选择，大致可分三种情况：

(1) 取工艺生产中物料供应不足一方为主动物料 Q_1，由于从动物料 Q_2 供应充足，这样可以在物料变化的整个范围内都能满足工艺比值关系 R 的要求。

(2) 从安全考虑如何选择主动物料 Q_1，例如甲烷化炉中甲烷与蒸汽进料的比值控制系统，若以甲烷流量作为主动物料，而作为从动物料的蒸汽流量一旦因某种的制约失控而减量时，常规设计的比值控制系统将不能控制主动物料减量，最终使水碳比下降，导致触媒上析碳而失去活性，造成安全事故。

(3) 从经济角度考虑，主动物料应选择价格高的。

2. 比值函数部件的选择(比值器、乘法器、除法器)

(1) 明确是用相乘还是相除方案(结构形式不同)。

(2) 明确 K 是人工设定还是有另一调节器远程设定(即定比值还是变比值)。

3. 比值系数 K 的选取依据

要保证主流量在全范围内变化，副流量也在全范围内变化。

因为根据工艺要求设定的仪表比值系数为

$$K = R\frac{Q_{1\max}}{Q_{2\max}} \tag{3.3-17}$$

(1) 当 $K>1$(K 的范围 0.25～4)时，有式(3.3-17) $Q_{2\max}<RQ_{1\max}$，即由 $Q_{1\min}\sim RQ_{1\max}$，存在 Q_1^*，使得 $Q_1^*=Q_{2\max}$(见图 3.3-11)。

从图中可看出，当主流量变化到 Q_1^* 时，副流量已达到 Q_{2max}，这样在 $Q_1^* \sim Q_{1max}$ 之间不存在比值关系。

(2) 当 $K<1$ 时，有 $Q_{2max}>RQ_{1max}$。当 $K<1$ 时，主、副流量关系示意图如图 3.3-12 所示，即由 $Q_{1min} \sim RQ_{1max}$，存在 Q_2^*，使得 $Q_2^* = Q_{1max}$。Q_1 在全范围内变化，Q_2 只变化到 Q_2^*，不能在全范围内变化。这样显然是 Q_2 阀选得过大了。

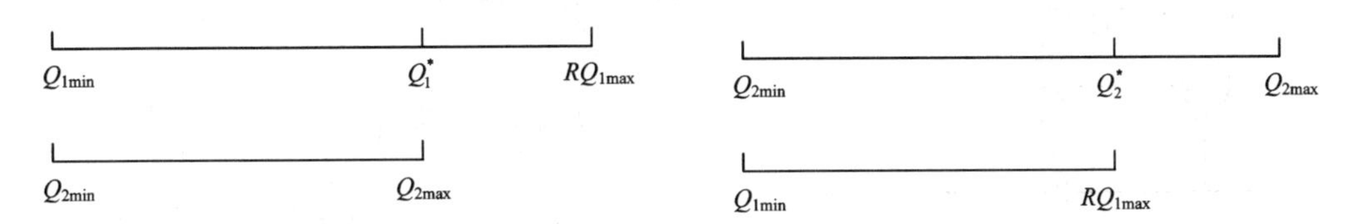

图 3.3-11　当 $K>1$ 时，主、副流量关系示意图　　图 3.3-12　当 $K<1$ 时，主、副流量关系示意图

(3) 如果要实现主、副流量全范围满足工艺要求的比值不变，一般使 $K=1$，即尽量使 Q_2/Q_1 接近 Q_{1max}/Q_{2max}。

因此在 K 值的调整中应注意：

① K 不能太大，否则无法完成比值作用。

② K 也不能太小，这样副流量变送器量程不能充分使用，影响控制精度。

③ 除法器 K 值取 0.5～0.8 为好，这是因为从式(3.3-15)可知：

当 $K=1$ 时，$I_{sp}=\dfrac{Q_2}{Q_1}\dfrac{Q_{1max}}{Q_{2max}}\times 16+4=1\times 16+4=20$ mA (最大值)；

当 $K=0.5$ 时，$I_{sp}=\dfrac{Q_2}{Q_1}\times\dfrac{Q_{1max}}{Q_{2max}}\times 16+4=0.5\times 16+4=12$ mA (中间值)。

因此，除法器 K 值推荐取 0.5～0.8，这样调节器给定值处于整个量程的中间偏上，这样既能保证精度又有一定的调整余地。

4. 开方器的使用

若用差压法测流量，且又未经开方器时，流量变送环节的非线性对静态比值是无影响的，但非线性变送环节对系统特性是会有影响的。在控制精度要求不高，且负荷变化不大的情况下，可不用开方器。但在控制精度要求高，且负荷变化大的情况下，要用开方器。

5. 比值控制中的动态跟踪问题

动态跟踪在研究两流量的动态特性受到外界干扰时，能够接近同步变化，做到尾随跟踪。如图 3.3-13 所示的控制系统，其传递函数为

$$\frac{Q_2(s)}{Q_1(s)}=\frac{G_{m1}(s)G_z(s)KG_{p2}(s)}{1+G_{p2}(s)G_{m2}(s)} \tag{3.3-18}$$

比值控制要求，副流量随主流量同步变化无相位差。这可通过加入一个补偿环节 $G_z(s)$ 来实现。

设线性变送 $K=R\dfrac{Q_{1max}}{Q_{2max}}$，$G_{m1}(s)=k_{m1}$，$G_{m2}(s)=k_{m2}$，$G_p(s)=\dfrac{k_p}{T_p s+1}$，则

$$R=\frac{k_{m1}(s)G_z(s)G_{p2}(s)RQ_{1max}}{[1+k_{m2}G_{p2}(s)]Q_{2max}} \tag{3.3-19}$$

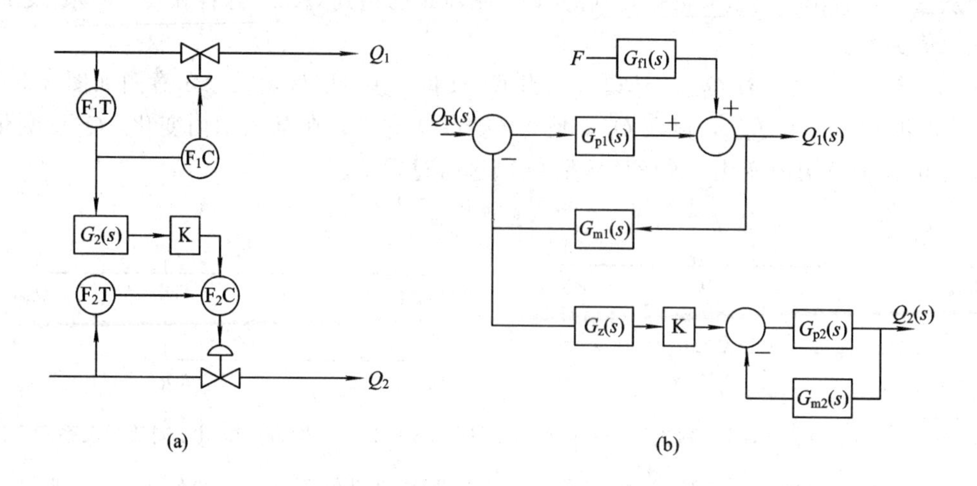

图 3.3-13 比值控制中的动态跟踪系统原理图与方框图

化简得到补偿式

$$G_z(s)=\frac{[1+G_{p2}(s)k_{m2}]Q_{2\max}}{G_{p2}(s)k_{m1}Q_{1\max}} \tag{3.3-20}$$

在已知式(3.3-20)右边各环节的传递函数后，经换算可求得补偿环节 $G_z(s)$ 的传递函数，应具有超前特性。

6. 主、副流量的逻辑提、降问题

在比值调节系统中，有时生产负荷经常提量或降量，并且希望两流量之比始终保持大于(或小于)或等于所要求的比值，否则会影响生产。例如在锅炉燃烧系统中，要求燃料与空气成一定比例加入，同时要求蒸汽负荷变化时(即蒸汽压力变化)改变燃料量与空气量的比值使蒸汽负荷不变。即组成压力燃料带有逻辑提、降量的变比值控制系统(见图 3.3-14)。

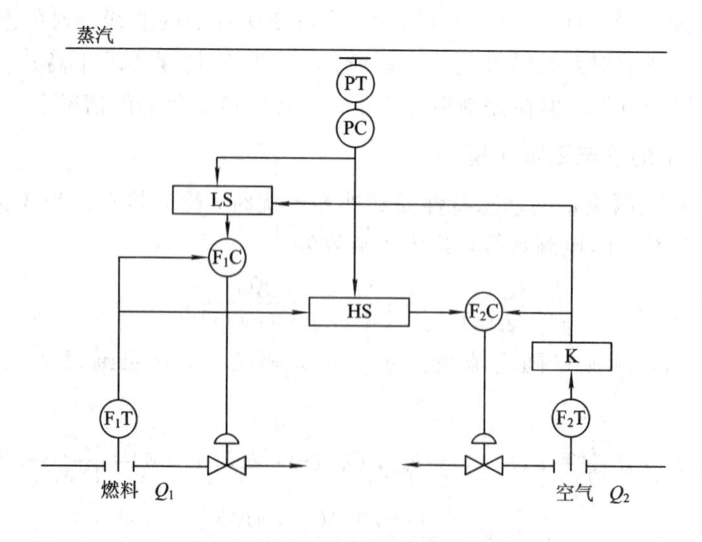

图 3.3-14 燃料量与空气变比值逻辑提、降量控制系统结构图

要求实现的逻辑提、降量关系为：

(1) 当生产需要提量时，由于生产负荷增大(即蒸汽流量增大)，锅炉汽包蒸汽压力降低，需要加大燃烧能力时，要先加空气后加燃料，以防冒黑烟，动作过程如下：

设蒸汽压力 p 受负荷增大影响降低时，压力调节器(反作用)输出增大，此时的压力调节器输出只通过高选器(不通过与低选器连通的燃料调节器)，从而使空气流量调节器(正作用)给定值增大，空气调节器输出值减小，作用于空气流量调节阀(气关)，使其开大，空气流量先增大；

空气流量增大后，压力调节器输出才通过低选器，使燃料调节器(反作用)给定值增大，燃料调节器输出增大，从而使燃料流量调节阀(气开)开度增大，燃料量随后增加。

(2) 当生产需要降量(负荷减小)，锅炉蒸汽压力超高时，要先减燃料后减空气，以防冒黑烟，动作过程如下：

设蒸汽压力 p 受负荷减小作用增大时，压力调节器(反作用)输出减小，通过低选器，使燃料调节器(反作用)给定值减小(此时压力调节器输出，不通高选器连通的空气流量调节器)，使燃料调节器输出减小，从而燃料阀(气开)开度减小，燃料流量先减小。

燃料流量减小后，压力调节器输出才通过高选器，使空气调节器给定值减小，空气调节器(正作用)输出增大，燃料调节阀(气关)开度减小，空气量随后减小。

上述控制系统满足了提量时先提空气量后提燃料量，减量时先减燃料量后减空气量的逻辑关系，保证了充分燃烧。

3.4　前馈控制系统

3.4.1　前馈控制系统的基本原理

前馈控制的基本概念是测取进入过程的干扰(包括外界干扰和设定值变化)，并按其信号产生合适的控制作用去改变操纵变量，使受控变量维持在设定值上。图 3.4 - 1 物料出口温度 θ 需要维持恒定，选用反馈控制系统。若考虑干扰仅是物料流量 Q，则可采用图 3.4 - 2 前馈控制系统，选择加热蒸汽量 G_s 为操纵变量。

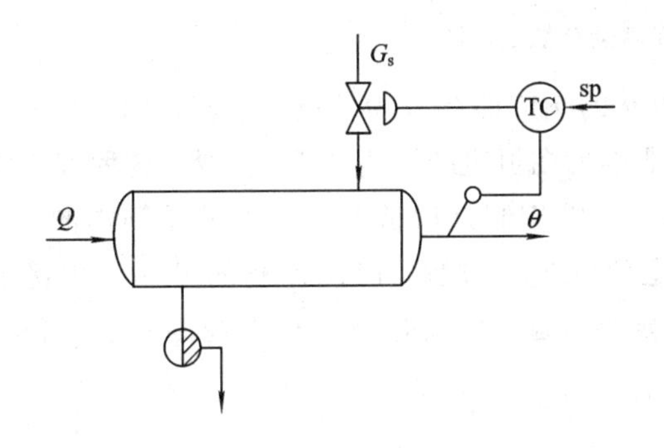

图 3.4 - 1　反馈控制

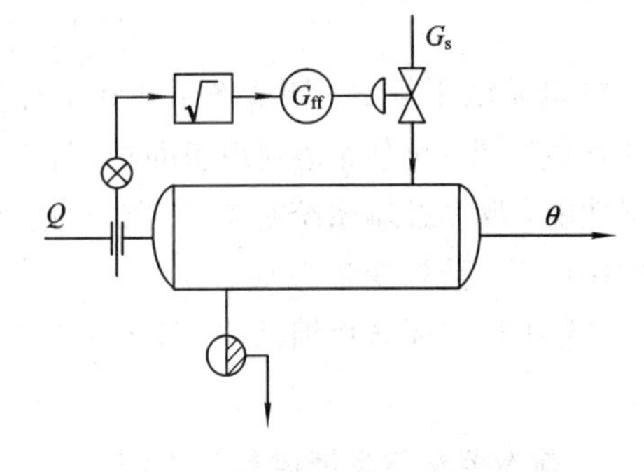

图 3.4 - 2　前馈控制

前馈控制的方框图，如图 3.4 - 3 所示。

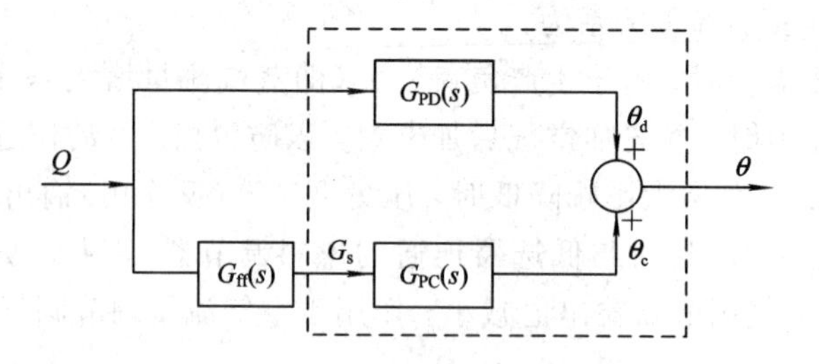

图 3.4－3　前馈控制方框图

系统的传递函数可表示为

$$\frac{\theta(s)}{Q(s)}=G_{PD}(s)+G_{ff}(s)G_{PC}(s) \tag{3.4－1}$$

式中，$G_{PD}(s)$、$G_{PC}(s)$分别表示对象干扰通道和控制通道的传递函数；$G_{ff}(s)$为前馈控制器的传递函数。

系统对扰动 Q 实现全补偿的条件是(亦称不变性原理)：

$$Q(s)\neq 0 \text{ 时}，\theta(s)=0 \tag{3.4－2}$$

将式(3.4－2)代入式(3.4－1)，可得

$$G_{ff}(s)=-\frac{G_{PD}(s)}{G_{PC}(s)} \tag{3.4－3}$$

满足式(3.4－3)的前馈补偿装置使受控变量 θ 不受扰动量 Q 变化的影响。图 3.4－4 表示了这种全补偿过程。

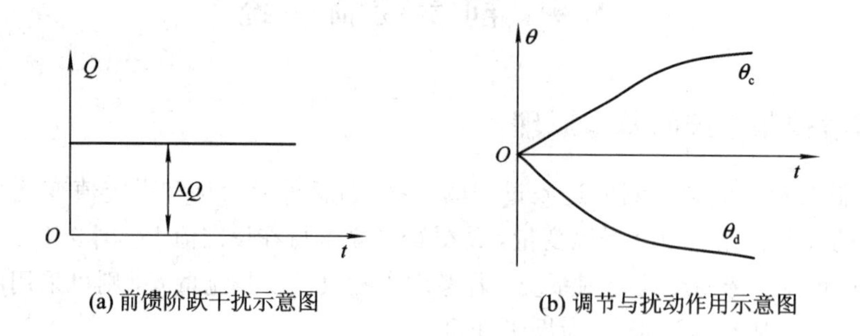

(a) 前馈阶跃干扰示意图　　(b) 调节与扰动作用示意图

图 3.4－4　前馈控制全补偿示意图

在 Q 阶跃干扰下，调节作用 θ_c 和干扰作用 θ_d 的响应曲线方向相反，幅值相同，所以它们的合成结果，可使 θ 达到理想的控制，连续地维持在恒定的设定值上。显然，这种理想的控制性能，反馈控制系统是达不到的。这是因为反馈控制是按被控变量的偏差动作的。在干扰作用下，受控变量总要经历一个偏离设定值的过渡过程。前馈控制的另一突出优点是，本身不形成闭合反馈回路，不存在闭环稳定性问题，因而也就不存在控制精度与稳定性矛盾。

1. 前馈控制与反馈控制的比较

由反馈控制系统(见图 3.4－5)方框图与前馈控制系统(见图 3.4－3)方框图可知：

(1) 前馈是“开环”，反馈是“闭环”控制系统。表面上，两种控制系统都形成了环路，但反馈控制系统中，在环路上的任一点，沿信号线方向前行，可以回到出发点形成闭合回路，

成为“闭环”控制系统。而在前馈控制系统中，在环路上的任一点，沿信号线方向前行，不能回到出发点，不能形成闭合环路，因此称其为“开环”控制系统。

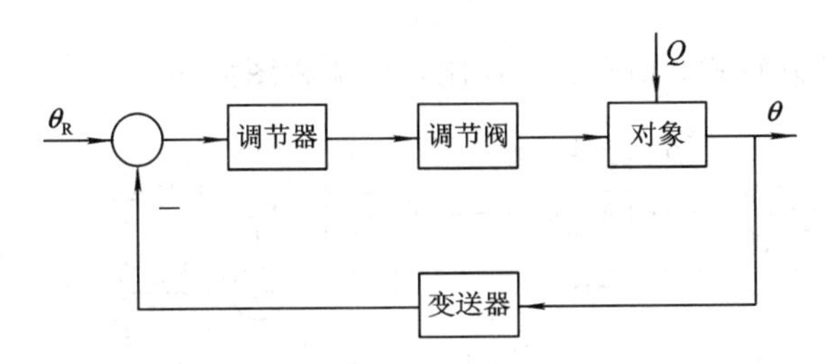

图 3.4-5　反馈控制方块图

(2) 前馈系统中测量干扰量，反馈系统中测量被控变量。在单纯的前馈控制系统中，不测量被控变量，而单纯的反馈控制系统中不测量干扰量。

(3) 前馈需要专用调节器，反馈一般只用通用调节器。由于前馈控制的精确性和及时性取决于干扰通道和调节通道的特性，且要求较高，因此，通常每一种前馈控制都采用特殊的专用调节器，而反馈控制基本上不管干扰通道的特性，且允许被控变量有波动，因此，可采用通用调节器。

(4) 前馈只能克服所测量的干扰，反馈则可克服所有干扰。前馈控制系统中，若干扰量不能测量，前馈控制系统就不可能加以克服。而反馈控制系统中，任何干扰，只要它影响到被控变量，都能在一定程度上加以克服。

(5) 前馈理论上可以无差，反馈必定有差。如果系统中的干扰数量很少，前馈控制可以逐个测量，并加以克服，理论上可以做到被控变量无差。而反馈控制系统，无论干扰的多与少、大与小，只有当干扰影响到被控变量，产生“差”之后，才能知道有了干扰，然后加以克服，因此必定有差。

3.4.2　前馈控制系统的几种结构形式

1. 静态前馈

由式(3.4-3)所示的前馈控制器，它已考虑了两个通道的动态情况，是一种动态前馈补偿器。它追求的目标是受控变量的完全不变性。而在实际生产过程中，有时并没有如此高的要求。只要在稳态下，实现对扰动的补偿就可以了。令式(3.4-3)中的 s 为 0，即可得静态前馈控制算式：

$$G_{ff}(0) = -\frac{G_{PD}(0)}{G_{PC}(0)} \tag{3.4-4}$$

利用物料(或能量)平衡算式，可方便地获取较完善的静态前馈算式。例如，图 3.4-2 所示的热交换过程，假若忽略热损失，其热平衡关系可表述为

$$QC_p(\theta_o - \theta_i) = G_s H_s \tag{3.4-5}$$

式中，C_p 为物料比热；H_s 为蒸汽汽化潜热；Q 为物料量流量；G_s 为载热体(蒸汽)流量；θ_i 为换热器入口温度；θ_o 为换热器出口温度。

由式(3.4-5)可解得

$$G_s = Q\frac{C_p}{H_s}(\theta_o - \theta_i) \tag{3.4-6}$$

用物料出口温度的设定值 θ_{1o}代替上式中的 θ_o，可得

$$G_s = Q\frac{C_p}{H_s}(\theta_{1o} - \theta_i) \tag{3.4-7}$$

上式即为静态前馈控制算式。相应的带控制点的流程图如图 3.4－6 所示。

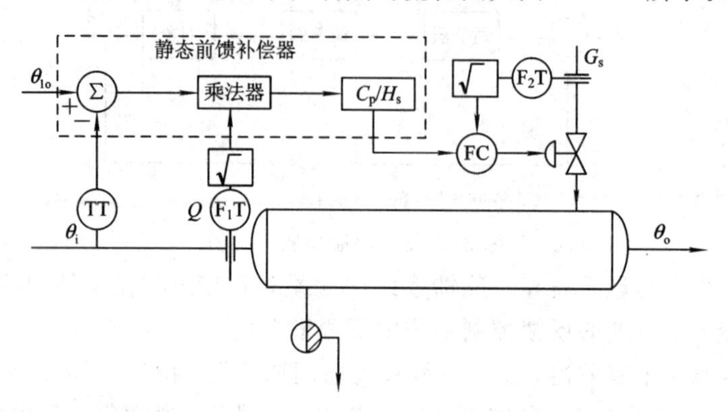

图 3.4－6　换热器的静态前馈控制

图中虚线框表示静态前馈控制装置。它是多输入的，能对物料的进口温度、流量和出口温度设定值做出静态前馈补偿。由于在式(3.4－7)中，Q 与$(\theta_{1o}-\theta_i)$是相乘关系，所以这是一个非线性算式。由此构成的静态前馈控制器也是一种静态非线性控制器。

应该注意到，假若式(3.4－5)是对热平衡的确切描述的话，那么由此而构筑的非线性前馈控制器能实现静态的全补偿。对变量间存在相乘(或相除)关系的过程，非线性是很严重的，假若通过对它们采用线性化处理来设计线性的前馈控制器，则当工作点转移时，往往会带来很大的误差。

在工业工艺参数中，液位和压力反映的是流量的积累量，因此液位和压力的前馈计算一般是线性的。但是温度和成分等参数代表流体的性质，其前馈计算常以非线性形式出现。从采用前馈控制的必要性来看，一般是温度和成分甚于液位和压力。一方面是由于稳定前者的重要性往往甚于后者，另一方面温度和成分对象一般有多重滞后，仅采用反馈调节，质量还会不符合要求。增加前馈补偿是改进控制的一条可行途径。对温度和成分控制应考虑采用非线性运算和动态补偿。图 3.4－6 中的静态前馈补偿器输出是作为蒸汽流量回路的设定值。设置蒸汽流量回路是必要的，它可以使蒸汽流量按前馈补偿算式(3.4－7)的要求进行精确跟踪。

2. 前馈-反馈控制系统

在理论上，前馈控制可以实现受控变量的不变性，但在工程实践中，由于下列原因，前馈控制系统依然会存在偏差。

(1) 实际的工业对象会存在多个扰动，若均设置前馈通道，势必增加控制系统投资费用和维护工作量，因而一般仅选择几个主要干扰作前馈通道。这样设计的前馈控制器对其他干扰是丝毫没有校正作用的。

(2) 受前馈控制模型精度限制。用仪表来实现前馈控制算式时，往往作了近似处理。尤其当综合得到的前馈控制算式中包含有纯超前环节 $e^{\tau s}$ 或纯微分环节$(T_D s+1)$时，它们在物理上是不能实现的，构筑的前馈控制器只能是近似的：如将纯超前环节处理为静态环

节，将纯微分环节处理为超前滞后环节。

前馈控制系统中，不存在受控变量的反馈，也即对于补偿的效果没有检验的手段。因此，如果控制的结果无法消除受控变量的偏差，系统也无法获得这一信息而作进一步的校正。为了解决前馈控制的这一局限性，在工程中往往将前馈与反馈结合起来应用，构成前馈-反馈控制系统。这样既发挥了前馈校正作用及时的优点，又保持了反馈控制能克服多种扰动及对受控变量最终检验的长处，是一种适合过程控制、较有发展前途的控制方法。换热器的前馈-反馈控制系统及其方框图分别如图 3.4－7 和图 3.4－8 所示。

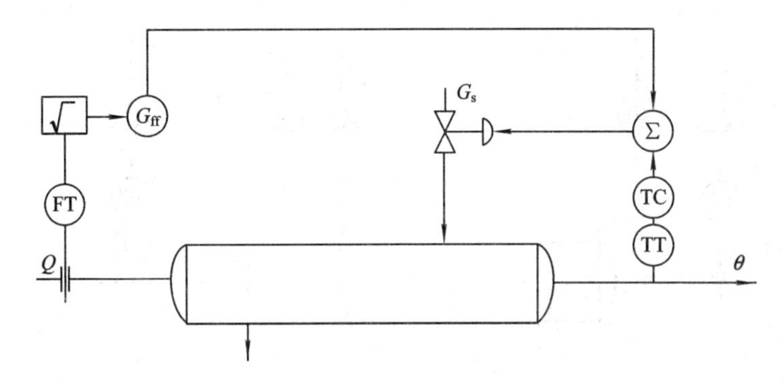

图 3.4－7　换热器的前馈-反馈控制系统

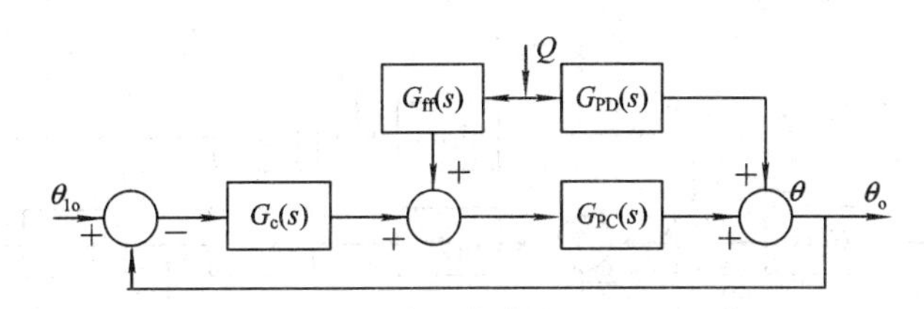

图 3.4－8　前馈-反馈控制系统方框图

图 3.4－7 所示前馈-反馈控制系统的传递函数为

$$\frac{\theta_o(s)}{Q(s)}=\frac{G_{PD}(s)}{1+G_c(s)G_{PC}(s)}+\frac{G_{ff}(s)G_{PC}(s)}{1+G_c(s)G_{PC}(s)} \tag{3.4-8}$$

应用不变性原理条件：$Q(s)\neq0$ 时，$\theta_o(s)=0$，代入式(3.4－8)，可导出前馈控制器的传递函数为

$$G_{ff}(s)=-\frac{G_{PD}(s)}{G_{PC}(s)} \tag{3.4-9}$$

比较式(3.4－9)和式(3.4－3)可知，前馈-反馈控制与纯前馈控制实现“全补偿”的算式是相同的。

通过上面分析可看出，前馈-反馈系统具有下列优点：

从前馈控制角度看，由于增添了反馈控制，降低了对前馈控制模型的精度要求，并能对未选作前馈信号的干扰产生校正作用。

从反馈控制角度看，由于前馈控制的存在，对干扰做了及时的粗调，大大减小了控制的负担。

3. 前馈-串级控制系统

分析图 3.4－6 换热器的前馈-反馈控制系统可知，前馈控制器的输出与反馈控制器的输出叠加后直接送至控制阀，这实际上是将所要求的物料量 F 与加热蒸汽量 G_s 的对应关系，转化为物料流量与控制阀膜头、压力间的关系。这样为了保证前馈补偿的精度，对控制阀提出了严格的要求，希望它灵敏、线性及滞环区尽可能小。此外，还要求控制阀前后的压差恒定，否则，同样的前馈输出将对应不同的蒸汽流量，就无法实现精确的校正。为了解决上述两个问题，工程上将在原有的反馈控制回路中再增设一个蒸汽流量副回路，把前馈控制器的输出与温度控制器的输出叠加后，作为蒸汽流量控制器的给定值，如图 3.4－9 和图 3.4－10 所示。

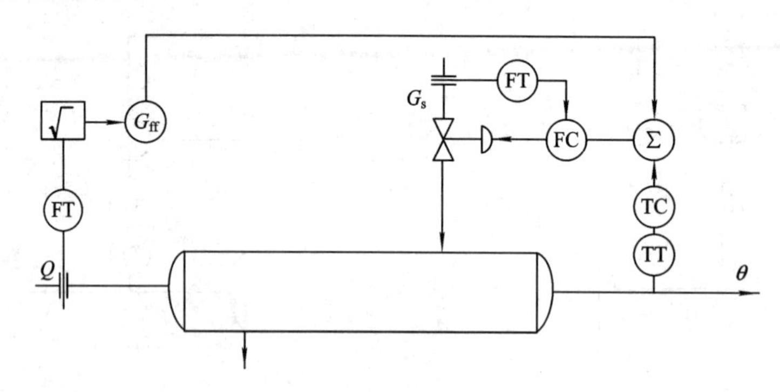

图 3.4－9　前馈-串级控制系统

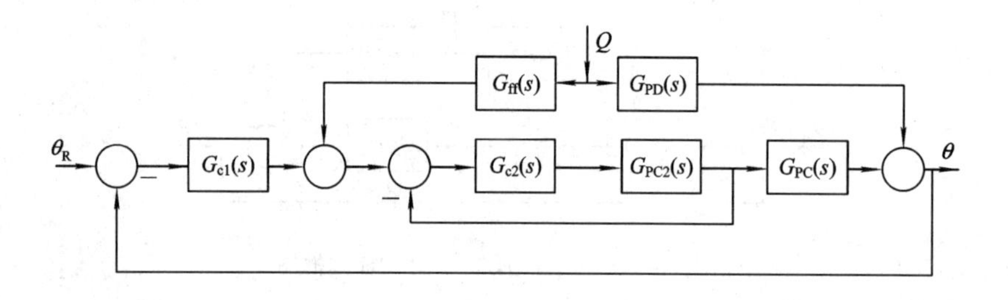

图 3.4－10　前馈-串级控制系统方框图

前馈-串级系统的闭环传递函数为

$$\frac{Q(s)}{\theta(s)}=\frac{G_{ff}(s)\dfrac{G_{c2}(s)G_{PC2}(s)}{1+G_{c2}(s)G_{PC2}(s)}\cdot G_{PC}(s)}{1+G_{c1}(s)G_{PC1}(s)\dfrac{G_{c2}(s)G_{PC2}(s)}{1+G_{c2}(s)G_{PC2}(s)}}+\frac{G_{PD}(s)}{1+G_{c1}(s)G_{PC1}(s)\dfrac{G_{c2}(s)G_{PC2}(s)}{1+G_{c2}(s)G_{PC2}(s)}} \tag{3.4-10}$$

因为串级系统最佳设计 $\dfrac{\omega_{主}}{\omega_{副}}=\dfrac{1}{10}$，则

$$\frac{G_{c2}(s)G_{PC2}(s)}{1+G_{c2}(s)G_{PC2}(s)}\approx 1$$

如图 3.4－11 所示，根据不变性原理，当 $Q(s)\neq 0$，$\theta(s)=0$，则

$$G_{ff}(s)=-\frac{G_{PD}(s)}{G_{PC}(s)} \tag{3.4-12}$$

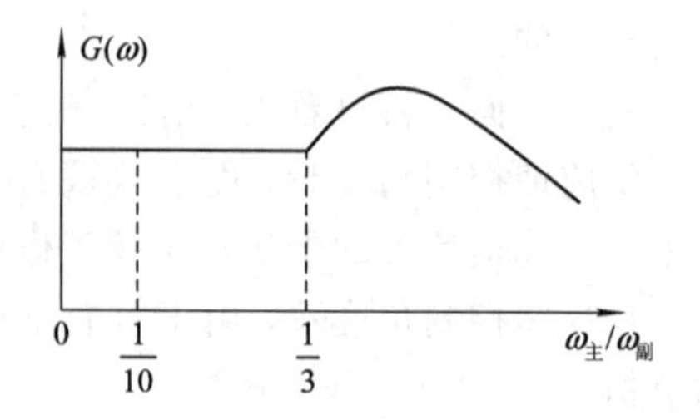

图 3.4－11　曲线图

3.4.3 前馈控制规律的实施

1. 系统设计

对可测不可控的干扰，变化幅度大，且对被调参数影响大，工艺要求实现参数间的某种特殊关系，即按某一种数学模型来进行调节。

2. 前馈补偿装置的控制算法

通过对前馈控制系统的几种典型结构形式的分析可知，前馈控制器的控制规律取决于对象干扰通道与控制通道的特性。由于工业对象的特性极为复杂，这就导致了前馈控制规律的形式繁多，但从工业应用的观点看，尤其是应用常规仪表组成的控制系统，总是力求控制仪表的模式具有一定的通用性，以利于设计、运行和维护。实践证明，相当数量的工业对象都具有非周期性与过阻尼的特性，因此经常可用一个一阶或二阶容量滞后，必要时再串联一个纯滞后环节来近似它。

设

$$G_{PC}(s)=\frac{1}{1+T_p s}e^{-L_2 s},\ G_{PD}(s)=\frac{1}{1+T_f s}e^{-L_1 s}$$

则

$$G_{ff}(s)=-k_d\frac{T_p s+1}{T_f s+1}e^{-L_1+L_2} \tag{3.4-13}$$

(1) 超前滞后环节(见图 3.4-12)：

$$\frac{T_p s+1}{T_f s+1}=1+K-\frac{K}{T_f s+1} \tag{3.4-14}$$

$$K=\frac{T_p}{T_f}-1 \tag{3.4-15}$$

(2) 纯滞后补偿：

$$e^{-L_1+L_2}=e^{-\tau_f s},\quad 其中\ \tau_f=L_1-L_2 \tag{3.4-16}$$

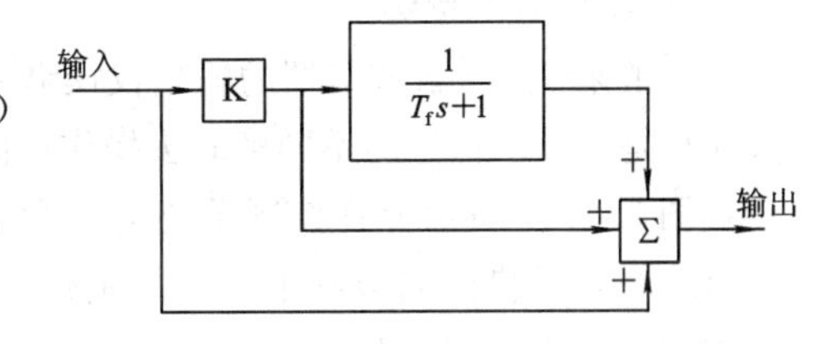

图 3.4-12 超前滞后环节的等效图

当 τ_f 较小时，有

$$e^{-\tau_f s}=\frac{e^{-\frac{\tau_f}{2}s}}{e^{\frac{\tau_f}{2}s}}=\frac{1-\frac{\tau_f}{2}s+\frac{\left(-\frac{\tau_f}{2}s\right)^2}{2!}+\cdots}{1+\frac{\tau_f}{2}+\frac{\left(\frac{\tau_f}{2}s\right)^2}{2!}+\cdots}=\frac{1-\frac{\tau_f}{2}s}{1+\frac{\tau_f}{2}s} \tag{3.4-17}$$

上式所示为带有纯滞后的“超前-滞后”前馈控制规律，其纯滞后环节按近似展开。

此种“超前-滞后”前馈补偿模型，已成为目前广泛应用的一种动态前馈补偿模式，在定型的 DDZ—Ⅲ型仪表、组装仪表及微型控制机中都有相应的硬件模块，在 DCS 中，也有相应的控制算法。在没有定型仪表的情况下，也可用一些常规仪表来组合而成，例如用比值器、加法器和一阶惯性环节。这种通用型前馈控制模型，在单位阶跃作用下的输出特性为

$$m(t)=1+\left(\frac{1}{\alpha}-1\right)e^{-\frac{t}{\alpha T_1}} \tag{3.4-18}$$

式中，$\alpha=\frac{T_f}{T_p}=\frac{T_2}{T_1}$，$\alpha<1$，$T_f<T_p$超前补偿；$\alpha>1$，$T_f>T_p$滞后补偿。

相应于$\alpha<1$与$\alpha>1$的时间特性曲线如图 3.4－13 及图 3.4－14。

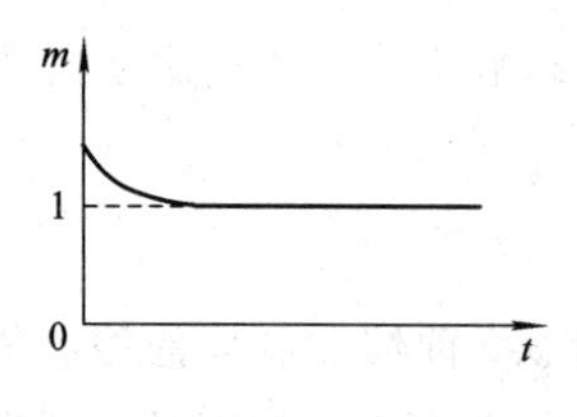

图 3.4－13 超前补偿($\alpha<1$)

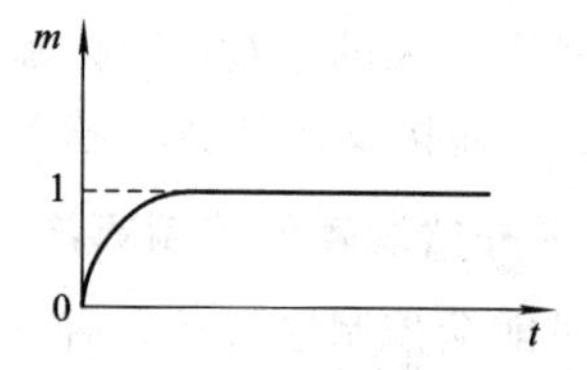

图 3.4－14 滞后补偿($\alpha>1$)

由图可见，当$\alpha>1$时，即$T_f>T_p$，前馈补偿带有超前特性，适用于对象控制通道滞后(这里的滞后是指容量滞后，即时间常数)大于干扰通道滞后。而若$\alpha<1$时，即$T_f<T_p$，前馈补偿带有滞后性质，适用于控制通道的滞后小于干扰通道的滞后。

3.5 分程控制系统

3.5.1 分程控制系统的基本概念

1. 分程调节系统

一般来说，一台调节器的输出仅操纵一个调节阀，若一位调节器去控制两个以上的调节阀并且是按输出信号的不同区间去操作不同的阀门，这种控制方式习惯上称为分程控制。

图 3.5－1 表示分程控制系统的示意图。图中表示一台调节器去操纵两个调节阀，实施(动作过程)是借助调节阀上的阀门定位器对信号进行转换。例如图中的 A、B 两阀，要求 A 阀在调节器输出信号压力在 0.02～0.06 MPa 之间变化时，A 阀全行程动作，则附在 A 阀上的阀门定位器，对输入信号在 0.02～0.06 MPa 时，相应输出为 0.02～0.1 MPa，而 B 阀上的阀门定位器，应调整成在输入信号为 0.06～0.1 MPa 时，相应输出为 0.02～0.1 MPa。按照这些条件，当调节器(包括电/气转换器)输出信号小于 0.06 MPa 时，A 阀动作，B 阀不动；当输出信号大于 0.06 MPa 时，B 阀动作，A 阀已动至极限，由此实现分程控制过程。

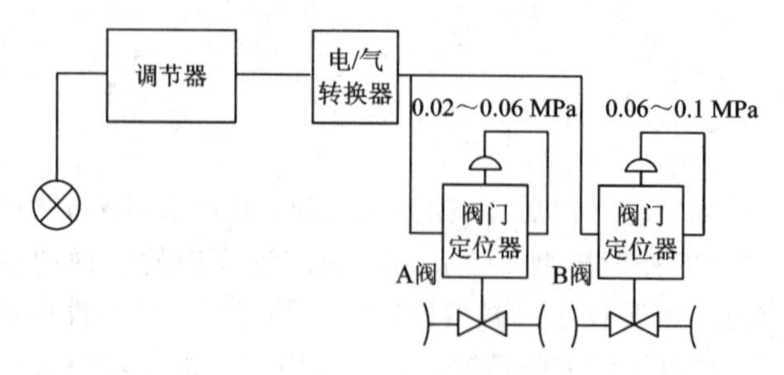

图 3.5－1 分程控制系统示意图

分程控制系统中，阀的开、闭形式，可分同向和异向两种，如图 3.5－2 和图 3.5－3 所示。

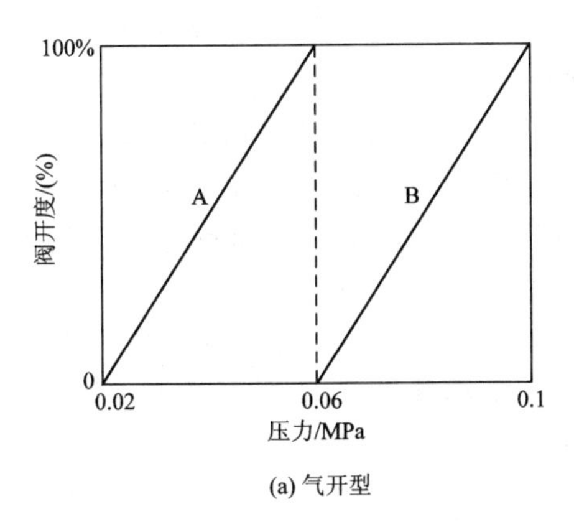

(a) 气开型

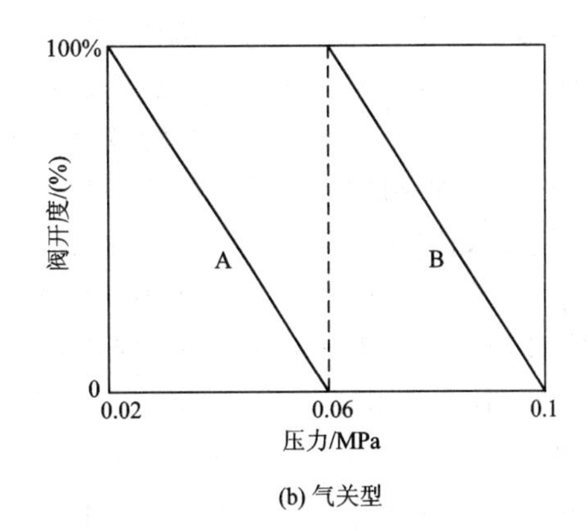

(b) 气关型

图 3.5－2　调节阀分程动作(同向)

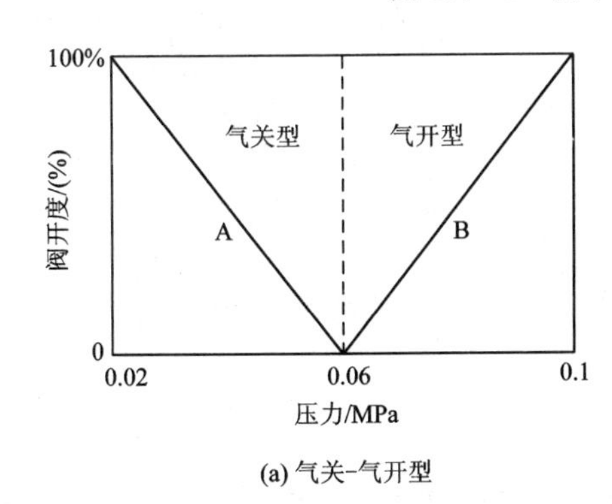

(a) 气关-气开型

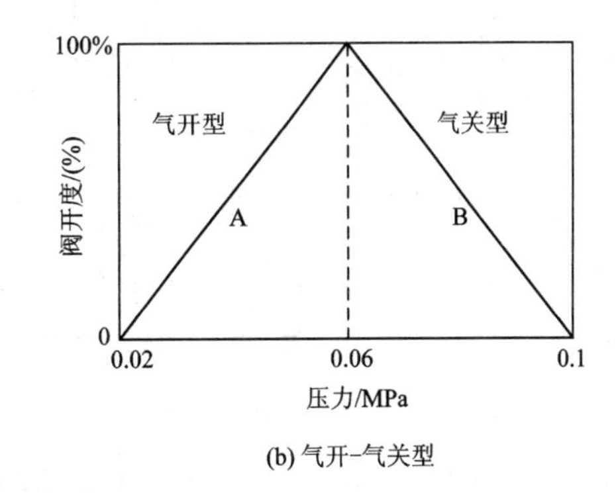

(b) 气开-气关型

图 3.5－3　调节阀分程动作(异向)

一般调节阀分程动作采用同向规律，是为了满足工艺上扩大可调比的要求；采用反向规律，是为了满足工艺的特殊要求。

2. 分程控制系统的应用

1) 扩大调节阀的可调范围

调节阀有一个重要指标，即阀的可调范围 R。它是一项静态指标，表明调节阀执行规定特性(线性特性或等百分比特性)运行的有效范围。可调范围可用下式表示：

$$R=\frac{C_{\max}}{C_{\min}} \tag{3.5-1}$$

式中，$C_{\max}$为阀的最大流通能力，流量单位；$C_{\min}$为阀的最小流通能力，流量单位。

国产柱塞型阀固有可调范围 $R=30$，所以 $C_{\min}=0.3C_{\max}$。须指出阀的最小流通能力不等于阀关闭时的泄漏量。一般柱塞型阀的泄漏量 C_s仅为最大流通能力的 0.1%～0.01%。对于过程控制的绝大部分场合，采用 $R=30$ 的控制阀已足够满足生产要求了。但有极少数场合，可调范围要求特别大，如果不能提供足够的可调范围，其结果将是在高负荷下供应不足，或在低负荷下低于可调范围时产生极限环。

例如，蒸汽压力调节系统，设锅炉产生的是压力为 10 MPa 的高压蒸汽，而生产上需要的是 4 MPa 平稳的中压蒸汽。为此，需要通过节流减压的方法将 10 MPa 的高压蒸汽节流减压成 4 MPa 的中压蒸汽。在选择调节阀口径时，如果选用一个调节阀，为了适应大负荷下蒸汽供应量的需要，调节阀的口径要选择得很大，而正常情况下蒸汽量却不需要那么大，这就需要将阀关得小一些。也就是说，正常情况下，调节阀只是在小开度工作，因为大阀在小开度下工作时，除了阀的特性会发生畸变外，还容易产生噪声和振荡，这样会使控制效果变差、控制质量降低。为了解决这一矛盾，可选用两只同向动作的调节阀构成分程控制系统，如图 3.5-4 所示的分程控制系统采用了 A、B 两只同向动作的调节阀(根据工艺要求均选为气开式)，其中 A 阀得在调节器输出信号 4～12 mA(气压信号为 0.02～0.06 MPa)时由全闭到全开，B 阀得在调节器输出信号 12～20 mA(气压信号为 0.06～0.1 MPa)时由全闭到全开，这样，在正常情况下，即小负荷时，B 阀处于全关，只通过 A 阀开度的变化来进行控制；当大负荷时，A 阀已全开仍满足不了蒸汽量的需求，这时 B 阀也开始打开，以补足 A 阀全开时蒸汽供应量的不足。

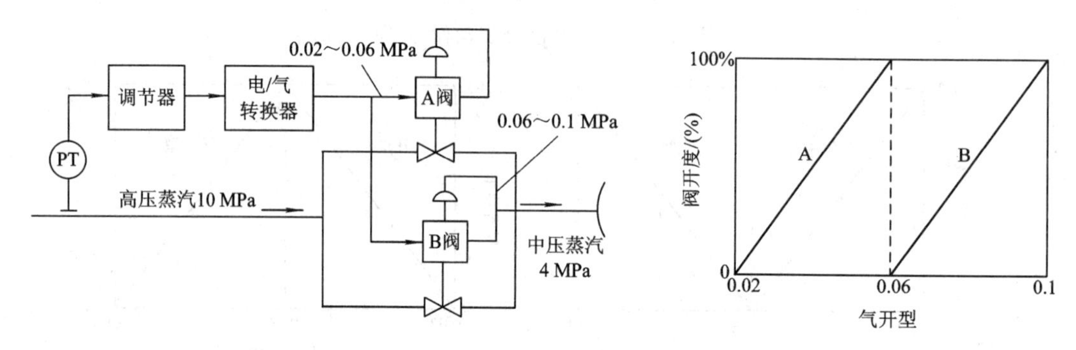

图 3.5-4　蒸汽减压分程控制系统原理图

假定系统中所采用的 A、B 两个调节阀的最大流通能力 C_{max} 均为 100，可调范围 $R=30$。由于调节阀的可调范围为

$$R=\frac{C_{max}}{C_{min}}$$

可求得

$$C_{min}=\frac{C_{max}}{30}=\frac{100}{30}\approx 3.33 \tag{3.5-2}$$

当采用两支阀构成分程控制系统时，最小流通能力不变，而最大流通能力为两阀最大流通能力之和，即 $C'_{max}=2C_{max}=200$，因此 A、B 两阀组合后的可调范围应是

$$R'=\frac{C'_{max}}{C_{min}}=\frac{200}{3.33}\approx 60$$

这就是说，采用两个流通能力相同的调节阀构成分程控制系统后，其调节阀的可调范围比单个调节阀增大一倍。

2) 满足工艺操作的特殊要求

在某些间歇式生产的化学反应过程中，当反应物投入设备后，为了使其达到反应温度，往往在反应开始前需要给它提供一定的热量。一旦达到反应温度后，就会随着化学反应的进行不断释放出热量，这些热量如不及时移走，反应就会越来越激烈，以致会有爆炸的危险。因此对于这种间歇式化学反应器既要考虑反应前的预热问题，又要考虑反应过程中及时移走反应热的问题。为此设计了如图 3.5-5 所示的分程控制系统。

图中温度调节器选择反作用，冷水调节阀选择气关式(A 阀)，热水调节阀选择气开式

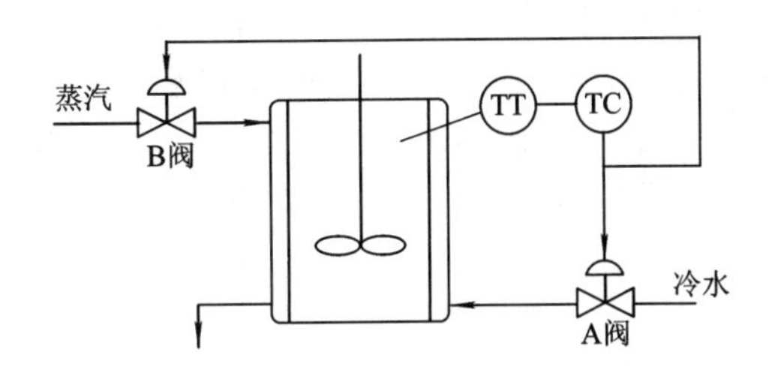

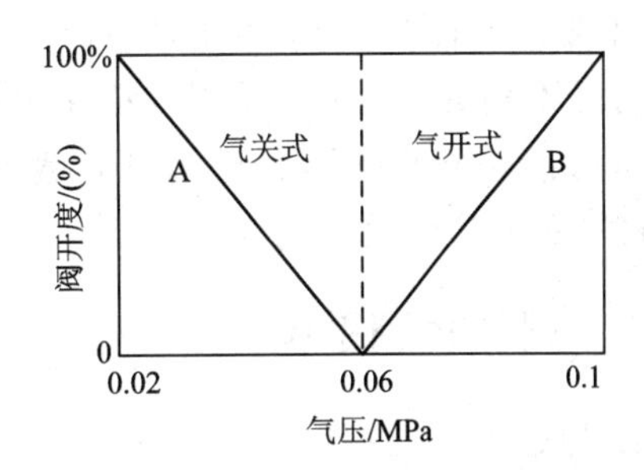

图 3.5－5　间歇式化学反应器分程控制系统

(B 阀)。该系统工作过程如下：在进行化学反应前的升温阶段，由于温度测量值小于给定值，因此调节器输出增大，B 阀开大，A 阀关闭，即蒸汽阀开、冷水阀关，以便使反应器温度升高。当温度达到反应温度时，化学反应发生，于是就有热量放出，反应物的温度逐渐提高。当温升使测量值大于给定值时，调节器输出将减小(由于调节器是反作用)，随着调节器的输出的减小，B 阀将逐渐关小乃至完全关闭，而 A 阀则逐渐打开。这时反应器夹套中流过的将不再是热水而是冷水。这样一来，反应所产生的热量就被冷水所带走，从而达到维持反应温度的目的。

3.5.2　分程控制系统的方案实施

1. 分程区间的决定

分程控制系统设计主要是多个阀之间的分程区间问题，设计原则：

(1) 先确定阀的开关作用形式(以安全生产为主)；

(2) 再决定调节器的正、反作用；

(3) 最后决定各个阀的分程区间。

2. 分程阀总流量特性的改善

当调节阀采用分程控制，如果它们的流通能力不同，组合后的总流通特性，在信号交接处流量的变化并不是光滑的。例如，选用 $C_{max}=4$ 和 $C_{min}=100$ 这两个调节阀构成分程控制，两阀特性及它们的组合总流量特性，如图 3.5－6 所示。

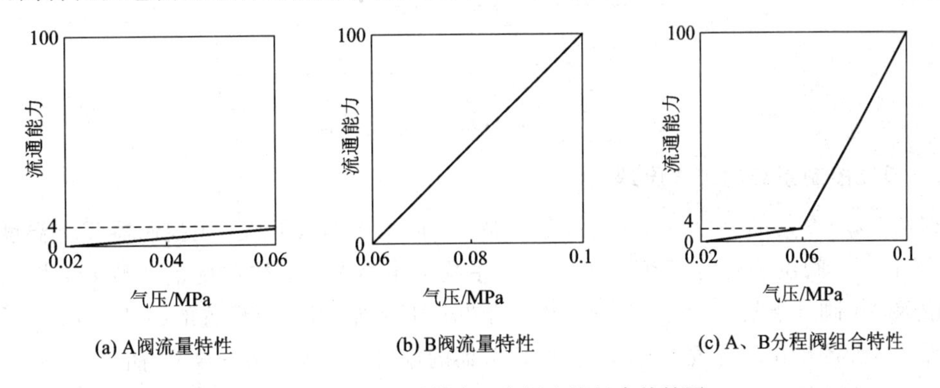

图 3.5－6　分程系统大、小阀连接组合特性图

由图 3.5－6 可以看出，原来线性特性很好的两只控制阀，当组合在一起构成分程控制时，其总流量特性已不再呈现线性关系，而变成非线性关系了。特别是在分程点，总流量

特性出现了一个转折点。由于转折点的存在，导致了总流量特性的不平滑，这对系统的平稳运行是不利的。为了使总流量特性达到平滑过渡，解决在 0.06 处出现的大转折，可采用如下方法：① 选用等百分比阀可自然解决；② 线性阀则可通过添加非线性补偿调节的方法，将等百分比特性校正为线性。

3.5.3　阀位控制系统

1. 概述

一个控制系统在受到外界干扰时，被控变量将偏离原先的给定值而发生变化，为了克服干扰的影响，将被控变量拉回到给定值，需要对控制变量进行调整。对一个系统来说，可供选择作为控制变量的可能是多个，选择控制变量既要考虑它的经济性和合理性，又要考虑它的快速性和有效性。但是，在有些情况下，所选择的控制变量很难做到两者兼顾。阀位控制系统就是在综合考虑控制变量的快速性、有效性、经济性和合理性基础上发展起来的一种控制系统。

阀位控制系统的结构原理如图 3.5-7 所示。在阀位控制系统中选用了两个控制变量，即蒸汽量 G_s和物料量 Q，其中控制变量 G_s从经济性和工艺的合理性考虑比较合适，但是对克服干扰的影响不够及时有效。控制变量 Q 却正好相反，快速性、有效性较好，但经济性、工艺的合理性较差。这两个控制变量分别由两个控制器来控制。其中控制流量变量 Q 的主控制器为 TC，控制蒸汽变量 G_s的阀位控制器为 VPC。主控制器的给定值即产品的质量指标，阀门控制器的给定值是控制变量管线上控制阀的阀位，阀位控制系统也因此而得名。

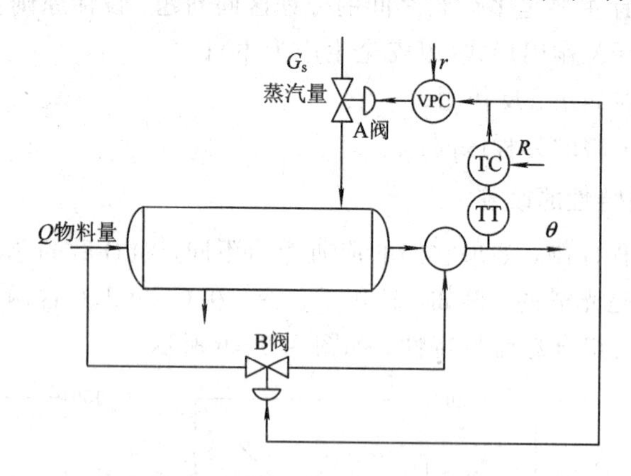

图 3.5-7　阀位控制系统的结构原理图

2. 阀位控制系统的工作原理

如图 3.5-8 的阀位控制系统，假定 A 阀、B 阀均选为气开阀，主控制器 TC(温度调节器)为正作用，阀位控制器 VPC 为反作用。系统稳定情况下，被控变量 θ 等于主控制器的设定值 R，A 阀处于某一开度，控制 B 阀处于阀位调节器 VPC 所设置的小开度 r。当系统受到外界干扰使原油出口温度上升时，温度调节器的输出将增大，这一增大的信号送往两处：

其一去 B 阀；其二去 VPC。送往 B 阀的信号将使 B 阀的开度增大，这会使原油出口温度下降；送往 VPC 的信号是作为其测量值，在 r 不变的情况下，测量值增大，VPC 的输出将减小，A 阀的开度将减小，燃料量则随之减小，出口温度也将因此而下降。这样 A、B 两阀动作的结果都将会使温度上升的趋势下降。随着出口温度上升趋势的下降，温度调节器的输出逐渐减小，于是 B 阀的开度逐渐减小，A 阀的开度逐渐加大。这一过程一直进行到温度调节器及阀位调节器的偏差都等于 0 时为止。温度调节器偏差等于 0，意味着出口温度等于给定值，即阀位调节器偏差等于零，意味着调节阀 B 的阀压与阀位调节器 VPC 的设定值 r 相等，而 B 阀的开度与阀压是有着一一对应的关系的，也就是说，B 阀最终会回到设定值 r 所对应的开度。

由上面的分析可以看到：本系统利用控制变量 Q 的有效性和快速性，在干扰一旦出现影响到被控变量偏离给定值时，先行通过对控制变量 Q 的调整来克服干扰的影响。随着时间的增长，对控制变量 Q 的调整逐渐减弱，而控制出口温度的任务逐渐转让给控制变量 G_s 来担当。最终 B 阀停止在一个很小的开度(由设定值 r 来决定)上，而维持控制的合理性和经济性。

3.6　选择性控制系统

3.6.1　概述

选择性控制系统又叫取代控制，也称超驰控制。

通常自动控制系统只能在生产工艺处于正常情况下进行工作，一旦生产出现事故状态，控制器就要改为手动，待事故排除后，控制系统再重新投入工作。在大型生产工艺过程中，除了要求控制系统在正常生产情况下能够克服外界的干扰，平稳操作外，还必须考虑事故状态下的安全生产。即当生产操作达到安全极限时，应有保护性措施。

生产保护性措施有两类：一类是硬保护措施；一类是软保护措施。

所谓硬保护措施，就是当生产操作达到安全极限时，有声、光报警产生。此时由操作工将控制器切换到手动，进行手动操作、处理；或是通过专门设置的联锁保护线路实现自动停车，达到保护生产的目的。对于连续生产过程来说，即使短暂的设备停车，也会造成巨大的经济损失。因此这种硬保护措施已逐渐不为人们所欢迎，相应地出现了软保护措施。

所谓软保护措施，就是通过一个特定设计的选择性控制系统，在生产短期内处于不正常情况时，生产设备不须停车，由选择性控制系统自动改变操作方式，使参数脱离极限值。并且当参数恢复正常时原控制系统自动恢复，避免停车而且无需人的参与就可恢复正常生产。

3.6.2　超驰控制设计应用

图 3.6-1(a)、(b)是可用来说明液氨蒸发器是如何从一个能够满足正常生产的控制方案，演变成为考虑极限条件下自动保护的超驰控制的实例。

液氨蒸发器是一个换热设备，它利用液氨的汽化需要大量的热量，以此来冷却流经管内的被冷物料。在生产中，往往要求物料的出口温度稳定，即构成一个以被冷物料的出口温度为被控变量，以液氨流量为操纵变量的控制方案。如图 3.6-1(a)所示，这一控制方案用的是改变传热面积来调节传热量的方法。因液位高度会影响热交换器的浸润传热面积，因此液位高度反应传热面积的变化。由此可见，液氨蒸发器实质上是一个单输入(液氨流

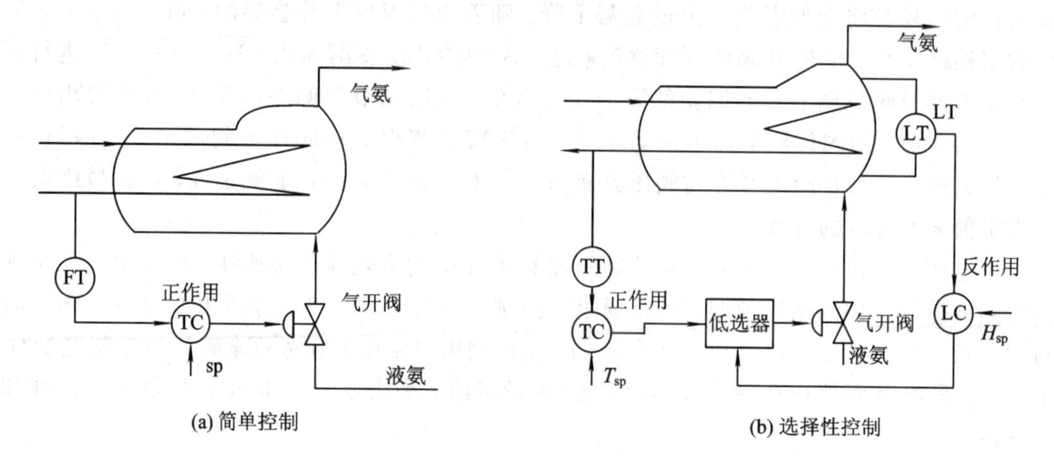

图 3.6－1　液氨蒸发器的控制方案

量)两输出(温度和液位)系统。通过合适的工艺设计，正常情况下温度得到控制以后，液位也应该在一定允许区间。

超限现象是由于出现了非正常工况导致的。不妨假设有杂质油漏入被冷物料管线，使传热系数猛降，为了取走同样的热量，就要大大增加传热面积。但当液位淹没了换热器的所有列管时，传热面积的增加已达极限，如果继续增加氨蒸发器内的液氨量，并不会提高传热量。但是液位的继续升高，却可能带来生产事故。这是因为汽化的氨是要回收重复使用的，汽氨将进入压缩机入口，若汽氨带液，液滴会损坏压缩机叶片，因而液氨蒸发器上部必须留有足够的气化空间，所以就要限制液位不要超过某一限高。为此就必须在原有温度控制的基础上加一个防液位超限的控制系统。

两个控制系统的工作规律如下：正常情况下，由温度控制器操纵阀门进行温度控制；当出现非正常工况时，液氨液位达到高限时，被冷却物料的温度即使仍偏高，此时温度的偏离给定值暂时成为次要因素，而保护氨压缩机上升为主要矛盾，于是液位控制器取代温度控制器工作。等到引起生产不正常的因素消失，液位恢复到正常区域，此时又应恢复温度控制的闭环运行。

实现上述功能的防超限控制方案如图 3.6－1(b)所示，它具有两台控制器，通过选择器对两个输出信号进行选择来实现对控制阀的不同控制。正常情况下，应该选温度控制器输出信号，当液位达到极限时，则应选择液位控制器输出信号。这种控制方式习惯上称为“超驰控制”。

总之，选择性控制系统工作过程是：

(1) 在正常情况下，温度调节系统进行调节工作。

(2) 当液面达到高限时，液位调节器输出抢夺控制了调节阀。

(3) 当液面恢复正常值时，TC 温度调节恢复正常工作。

选择性控制系统的特点是：

(1) 有实现工艺要求的逻辑关系或极值条件。

(2) 系统中有具体实现逻辑功能的选择器。

(3) 保护性系统必须是短时的、“救急”的控制系统。

选择性调节系统的设计：

(1) 被调节参数的选择。

(2) 调节器的选型及参数整定。

(3) 选择器的选择步骤，先确定阀的开、关形式；再确定调节器的正反作用；最后看超驰系统参数的极限输出，是高选择器选为高选，是低选择器选为低选。正常回路参数变化与选择器选择无关。

3.6.3　防积分饱和的方法

由于在选择性控制系统中，总有一台控制器处于开环状态，因此易产生积分饱和。防积分饱和有以下三种方法：

(1) 限幅法：用高低值限幅器，将控制器积分反馈信号限定在某个区域。

(2) 外反馈法：在控制器开环状态下，不再使用它自身的信号作积分反馈信号，而是采用合适的外部信号作为积分反馈信号，从而切断了积分正反馈，防止进一步的偏差积分作用。

(3) 积分切除法：它是从控制器本身的线路结构上想办法，使控制器积分线路在开环情况下，会暂时自动切除，使之仅具有比例作用，所以这类控制器称为 PI－P 控制器。

因为积分切除法，主要是涉及仪表内部线路设计，所以在这里不作进一步的讨论。关于限幅法与外反馈法，因为它们的防积分饱和原理不一致，功能亦有差别，在应用中应注意它们各自的适用场合。对于选择性控制系统的防积分饱和，应选择外反馈法。其积分外反馈信号取自选择器的输出信号，如图 3.6－2 所示。当控制器 1 处于工作状态时，选择器输出信号等于它自身的输出信号，而对控制器 2 来说，这信号就成为外部积分反馈信号了。反之，亦相同。

值得注意的是，在这里防积分饱和要解决的问题，并非仅仅在于使开环工作的控制器输出信号不超出有效区间，而是要求当该控制器的偏差为 0 时，其输出信号与当时工作的控制器输出信号相同，以便及时替换。图 3.6－2 的外反馈法能满足这种要求。

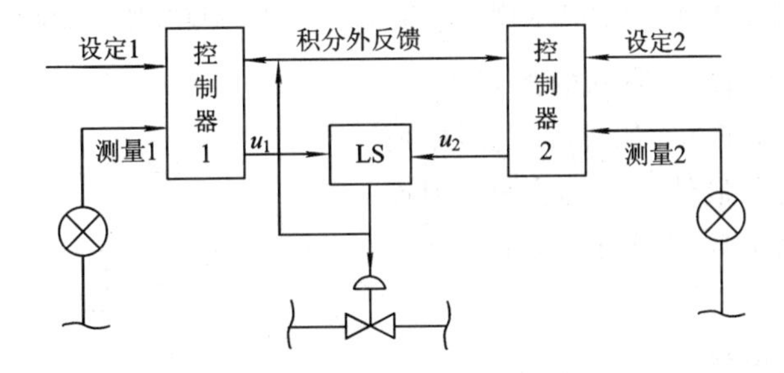

图 3.6－2　选择性调节系统防积分饱和示意图

因为对一般 PI 控制器，存在下式：

$$u=k_c e+\frac{1}{T_1 s+1}u$$

所以控制器 1 工作时，控制器 2 的输出算式为

$$u_2 = k_{c2} e_2 + \frac{1}{T_2 s + 1}u_1 \tag{3.6-1}$$

式中，e_2为偏差，K_{c2}为控制器 2 的比例增益，T_2为积分反馈时间常数。若e_2为 0，且系统处于较平稳阶段时，上式为

$$u_2 = u_1 \tag{3.6-2}$$

从而实现了跟踪，一旦偏差e_2反向，控制器 2 的输出信号立即会被选上，显然，若在这里选用限幅法防积分饱和，则无法起到信号跟踪功能。

3.6.4　其他选择控制系统

选择性控制系统除用于软保护外，还有很多用途，特举以下数例。

1. 用于被控变量测量值的选择

固定床反应器中的热点温度控制，热点温度(即最高点温度)的位置可能会随催化剂的老化、变质和流动等原因而有所移动。反应器各处温度都应参加比较，择其高者用于温度控制。其控制方案如图 3.6-3 所示。

类似的一种情况是使用复份检测仪表时的控制问题。成分分析仪一般比其他仪表的可靠性差。在图 3.6-4 所示的系统中，采用两台分析仪，用高值选择器来决定仪表信号的选取，所以万一哪一台分析仪出现刻度偏高故障，仍然可以维持正常的控制作用。图中方案当然可能会造成刻度偏高故障，但这里假定它不至于造成过大危害。

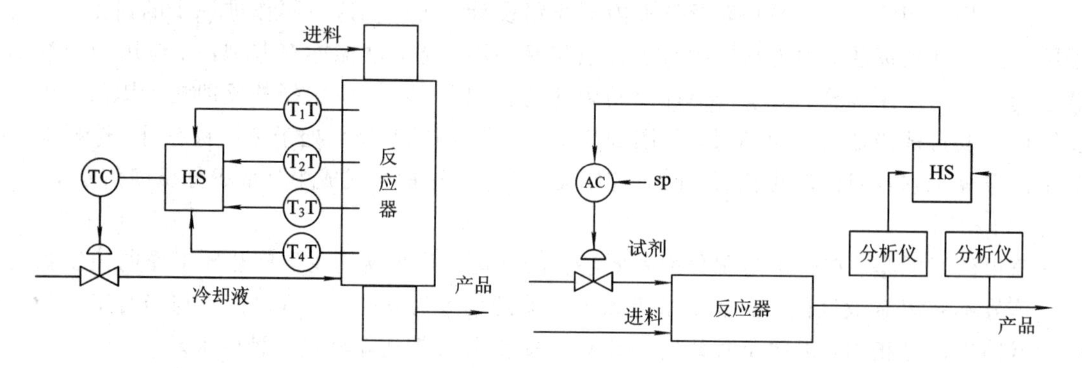

图 3.6-3　高选器用于控制反应器热点温度　　图 3.6-4　用选择器对复份仪表检测信号进行选择

假若不允许刻度偏高、偏低的故障出现，则应配置三个分析仪，将它们的输出送至中值选择器，将其中最高和最低信号均舍弃。因而在分析仪器产生任何方向故障时，设备都能受到保护。

2. 用于“变结构控制”

有时在系统达到某一约束后，需要将调节器的输出从一个阀切换到另一个阀上去。图 3.6-5 的冷凝器控制系统即属于这种情况。图中系统是精馏塔控制的一部分。来自精馏塔顶的物料蒸汽在进入冷凝器后，被冷凝为液体。冷凝液流入冷凝液储罐，并用泵输送回塔。

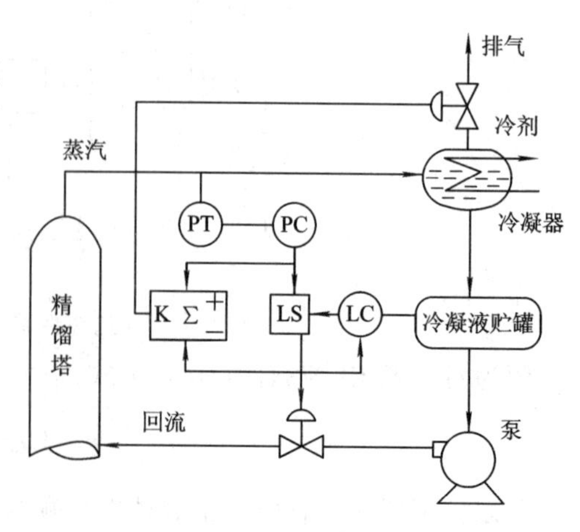

图 3.6-5　精馏过程中冷凝器控制系统

正常运行条件下，全部蒸汽都是可凝的。塔顶蒸汽的压力可以通过改变回流量来进行控制。这里改变回流量的目的是调整冷凝器中冷凝液液位。

如回流量减少，则液位升高，减小冷凝器中暴露于蒸汽中的传热表面积，使冷凝量减小、蒸汽压力上升。在此期间，回流罐液位升高，液位控制器产生高输出信号，但是这个信号不会被低值选择器选中，此时，送给减法器的两个信号相等，减法器输出至排气阀的信号为零，相应地，排气阀应处于全关状态。

如有不凝气体在冷凝器中积累起来，压力就会升高。压力控制器将加大回流量，但可能冷凝器中的液体抽完，压力仍然降不下来。这时为了避免抽空冷凝储罐和气蚀回泵，液位控制器必须接替压力控制器控制回流量。对于已经空了的冷凝器，只能依靠排出不凝气体来降低压力。

在图 3.6－5 系统中，当选择液位控制器控制回流量时，压力控制就被平稳地切换到排气阀上。在切换点，输送至减法器的两个输入信号开始有所不同，产生一个打开排气阀的信号。压力控制器的输出以排气阀代替了控制回流阀。压力控制器参数应当在它控制回流量时进行整定。当它控制排气阀时，可以通过调整减法器通道系数 K 的方法重新加以调整。

液位控制器需要采用外部反馈以防积分饱和，但压力控制器没有这个必要，因为不论通过哪一个阀门进行控制，它的回路总是闭合的。

3.7　按计算指标进行控制的系统

在工业生产过程中，对于某些特殊生产工艺，采用能直接测量的变量作为操纵指标不能满足工艺要求，而可以作为操作指标的一些变量，由于种种原因又不能直接测量出来。这时可以通过测量与此控制指标有关的某些变量，按一定的物料或能量换算关系，由计算指标来获得控制指标，从而进行控制。这一类由测量变量经计算得到的控制指标作为被控变量的控制系统即称为按计算指标控制系统。

常见的按计算指标控制系统从结构来分，可分为两类：一类是由辅助输出变量推算出的控制指标，直接作为被控变量的测量值；另一类是以某辅助输出变量为被控变量，而它的设定值则由控制指标算式推算来得出。这两种情况本质上是一致的。按计算指标进行控制的系统主要应用在精馏塔的内回流控制系统和气液混相进料情况下的热焓控制系统等。

1. 内回流及其对精馏操作的影响

内回流是精馏塔平稳操作的一个重要因素，内回流通常是指精馏塔的精馏段内上一层塔盘向下一层塔盘流下的液体流量。它与精馏操作一般所说的回流量(即外回流量)是既有关系，又有区别的两个概念。

从精馏操作的原理看：当塔的进料流量、温度和成分都比较平稳时，内回流稳定是保证塔操作良好的一个重要因素。内回流的变化会影响塔盘上气液平衡工况，导致塔顶、塔底产品可能不合格。所以要使工况稳定，需保持内回流量的恒定。

如果进料流量不能保证恒定，从精馏操作可知，要保证产品合格，应使内回流量随塔的进料量按一定比例变化，同时，再沸器的汽化量也要做相应的增减。因此根据精馏塔的工艺情况，希望塔的内回流稳定或按规律(如与进料量成比例)变化。

2. 内回流和外回流的关系

内回流与外回流之间的关系如图 3.7-1 所示。外回流是塔顶蒸汽经冷凝器冷凝后，从塔外再送回精馏塔的回流液量 L_0，因为外回流往往处于过冷状态，所以外回流液的温度 T_0(回流量不能直接测得)通常要比回流层塔盘的温度 T_1 低，这样在这一层塔盘上，除了正常精馏过程的汽化和冷凝外，尚需把外回流液加热到 T_1，而这一部分热能只能由这一层塔盘的一部分上升蒸汽冷凝所释放的汽化潜热来提供。因此从这一层塔盘向下流的内回流量应等于外回流流量与这部分冷凝液量之和，即

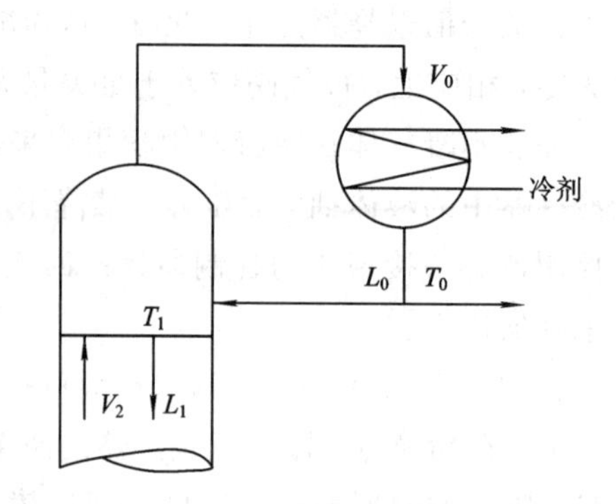

图 3.7-1 内回流与外回流之间的关系

$$L_1 = L_0 + \Delta L \tag{3.7-1}$$

式中，L_1 为内回流量；L_0 为外回流量；ΔL 为冷凝液量。

由式(3.7-1)可看出内回流与外回流的关系：

(1) 若 $T_0 = T_1$，则 $\Delta L = 0$，$L_1 = L_0$；

(2) 若 $T_0 \neq T_1$，则 $\Delta L \neq 0$，$L_1 \neq L_0$。

一般塔顶蒸汽采用风冷式冷凝器冷却，所以 $T_0 < T_1$，这样 L_1 不能用 L_0 代替，而需要采用内回流控制。

3. 实现内回流控制的方法

因为内回流量难以测量和控制，必须通过测量与其有关的一些其他变量，经过计算得到内回流量作为被控变量，方可实现内回流的控制。

1) 内回流运算的数学模型

内回流运算的数学模型可以通过列写回流层的物料和能量平衡关系得到。物料平衡关系式为

$$L_1 = L_0 + \Delta L$$

热平衡关系式为

$$\Delta L \lambda = L_0 c_p (T_1 - T_0) \tag{3.7-2}$$

式中 λ 为冷凝液的汽化潜热；c_p 为外回流液的比热容；T_1 为回流层塔板温度；T_0 为外流层塔板温度。

将式(3.7-2)代入式(3.7-1)可得

$$L_1 = L_0 \left[1 + \frac{c_p}{\lambda}(T_1 - T_0)\right] = L_0 (1 + K \Delta T) \tag{3.7-3}$$

式中

$$K = \frac{c_p}{\lambda},\ \Delta T = T_1 - T_0$$

式(3.7－3)即内回流量的计算式。因为 c_p 和 λ 值可查有关物性数据表得到，外回流量 L_0 及温差 ΔT 可以直接测得，这样通过式(3.7－3)即可间接算得内回流量 L_1。

2) 实现内回流控制的示意图

内回流控制系统的原理图如图 3.7－2 所示。由图可知，内回流计算装置可以由开方器、乘法器和加法器组成，通过它们可完成式(3.7－3)的运算。由于内回流控制在石油、化工等生产过程中应用较为广泛，因此人们已设计出内回流计算的专用仪表，以便于使用。

图 3.7－2 所示的控制方案，是通过改变外回流量 L_0 来保证内回流量 L_1 的，从理论上讲，也可以通过改变外回流液的温度 T_0 来实现。此外，如果精馏工艺中需要内回流量按其他变量如进料量作一定比例变化时，只要把上述方案中的流量调节器的给定值由其他变量来决定就可以了。

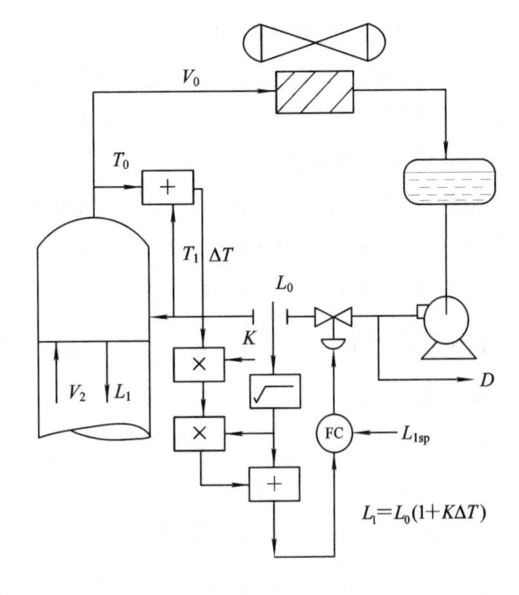

图 3.7－2　内回流控制系统的原理图

3) 仪表的信号匹配问题

在“按计算指标控制系统”中，总需要有一个运算装置来实现关于“计算指标”的推算。当用几只模拟仪表或可编程调节器来实现这种运算时，必须注意采用合适的设计步骤。一般不宜按照工艺算式来构筑运算装置的框图，而应该先将工艺算式转化为信号算式，再由信号算式去构筑运算装置。

根据工艺关系式设计运算装置步骤：

(1) 选定信号变送器型号及变送范围，并求得信号变送算式(设选用电Ⅲ型组合单元仪表)：

$$I_{L_1} = \frac{L_1}{L_{1量程}}(20-4)+4\ (\text{mA}) \tag{3.7－4}$$

$$I_{L_0} = \frac{L_0}{L_{0量程}}(20-4)+4\ (\text{mA}) \tag{3.7－5}$$

$$I_{\Delta T} = \frac{\Delta T}{\Delta T_{量程}}(20-4)+4\ (\text{mA}) \tag{3.7－6}$$

(2) 将变送器输出信号式(3.7－4)～(3.7－6)代入内回流运算的数学模型(也称物理算式)(3.7－3)求得内回流运算的信号，整理得

$$I_{L_1} = \frac{L_{0量程}}{L_{1量程}}(I_{L_0}-4)\left(1+K\,\frac{I_{\Delta T}-4}{16}\Delta T_{量程}\right)+4 \tag{3.7－7}$$

(3) 利用运算单元构筑能实现信号运算算式(3.7－7)的信号运算装置。

构造装置构筑步骤一般可参照信号运算算式中的算术运算顺序，但有时必须修改这种顺序，这时因为必须遵守如下注意事项：由于运算装置中每个运算单元的输入和输出都是

有某种因次(如 MPa、mA、V)的信号，因而在构筑运算单元时每考虑一步必须保持其输入、输出，亦是具有相同因次的信号。对于式(3.7-7)可以做如下构筑：

$$I_{L1}=\frac{L_{0量程}}{L_{1量程}}\left[(I_{L0}-4)+\boxed{\frac{(I_{L0}-4)(I_{\Delta T}-4)}{16}}\times K\times\Delta T_{量程}\right]+4$$

即先用乘法器做方框里面的运算，然后再用加法器实现方框外面乘上通道系数之后再相加的运算。其运算装置如图 3.7-3 所示(图中 $k=K\Delta T_{量程}$)。

(4) 验算有无溢出。得到运算装置以后，还需要检查在参数的整个变化区间内，运算器所有信号是否会出现满溢(即超过上、下限的现象)。若有，一般是通过重新选择变送器量程等方法来解决。

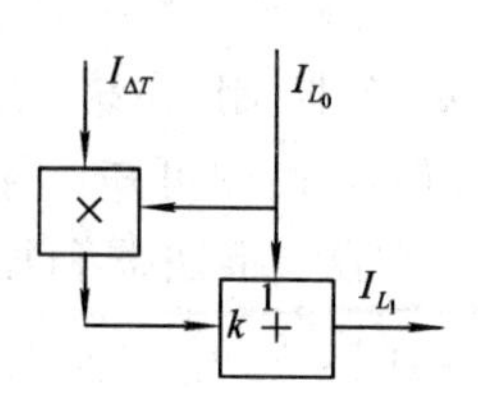

图 3.7-3　内回流信号运算装置

【例 3.7-1】 已知 $\Delta T_{量程}=50℃$，$L_{0量程}=L_{1量程}=0\sim50\ m^3/h$，$K=\frac{c_p}{\lambda}=0.008℃^{-1}$，代入构造算式得

$$\begin{aligned}I_{L_1}&=\frac{L_{0量程}}{L_{1量程}}(I_{L_0}-4)\left(1+K\frac{I_{\Delta T}-4}{16}\Delta T_{量程}\right)+4\\&=\frac{50}{50}(I_{L_0}-4)\left(1+0.008\times50\times\frac{I_{\Delta T}-4}{16}\right)+4\\&=(I_{L_0}-4)[1+0.025(I_{\Delta T}-4)]+4\end{aligned}$$

验算：

当 $I_{L_0}=20\ mA$，$I_{\Delta t}=20\ mA$，$I_{L_1}=(I_{L_0}-4)(1+0.4)+4=22.8\ mA>20\ mA$，上限溢出。

当 $I_{L_0}=4\ mA$，$I_{\Delta t}=4\ mA$，$I_{L_1}=(I_{L_0}-4)(1+0.4)+4=4\ mA$，下限合适。

防溢出方法：

① 改变两量程比，重选量程 $L_0=0\sim50\ m^3/h$，

$$L_1=50\times1.4=70,\ L_1=0\sim70\ m^3/h$$

$$\frac{L_{0量程}}{L_{1量程}}=\frac{1}{1.4}$$

则

$$I_{L1}=\frac{1}{1.4}(I_{L0}-4)(1+0.4)+4$$

当 $I_{L_0}=20\ mA$，$I_{\Delta t}=20\ mA$ 时，$I_{L_1}=20\ mA$ 满足上限要求。

② 插入比例器件，设系数为 1/1.4 也可。

思考题与习题

3.1　与单回路控制系统相比，串级控制系统有什么特点？

3.2　如题图 3.2 所示的反应釜内进行的是放热化学反应，而釜内温度过高会发生事故，因此采用夹套通冷水来进行冷却，以带走反应过程中所产生的热量。由于工艺对该反应过程温度控制精度要求很高，单回路控制满足不了要求，需用串级控制。

(1) 当冷却水压力波动是主要干扰时，应怎样组成串级控制系统？画出系统结构图。

(2) 当冷却水入口温度波动是主要干扰时，应怎样组成串级控制系统？画出系统结构图。

(3) 对上述两种不同控制方案选择控制阀开、关型式及主、副控制器的正反作用。

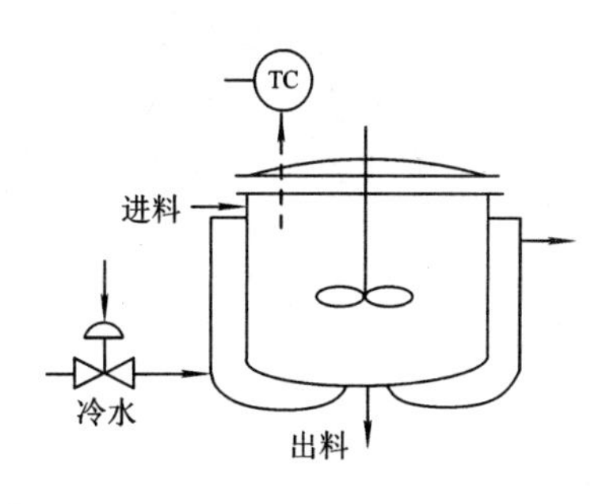

题图 3.2

3.3　如题图3.3所示装置，工艺要求储槽1的液面恒定在某一值上，且不允许抽干，由于存在变化较激烈的干扰 Q_{f2}（不允许选择储槽1的流出量为调节参数）。经理论推导和实测得

$$\frac{H_2(s)}{Q_0(s)}=\frac{H_2(s)}{Q_{f2}(s)}=\frac{5}{2s+1},\ \frac{H_1(s)}{H_2(s)}=\frac{1}{5s+1}$$

$$G_v(s)=0.2,\ G_{m1}(s)=G_{m2}(s)=1$$

(1) 请设计一套串级控制系统，要求能在串级与主控之间切换使用，试确定控制阀、控制器的作用型式，并说明切换时应注意什么问题。

(2) 在主、副控制器均为比例作用下，求出串级与主控时的闭环传递函数 $H_1(s)/Q_{f2}(s)$（串级时取副控制器放大倍数为10）。

(3) 按稳定性 $\zeta=0.5$，分别求出串级与主控时主控制器的放大倍数 K_{c1}。

(4) 当 Q_{f2} 为单位阶跃干扰时，比较串级与主控的质量（余差、工作频率）。

(5) 求出串级与主控时，液面 $H_1(s)$ 对阶跃干扰 $Q_{f2}(s)$ 的响应函数。

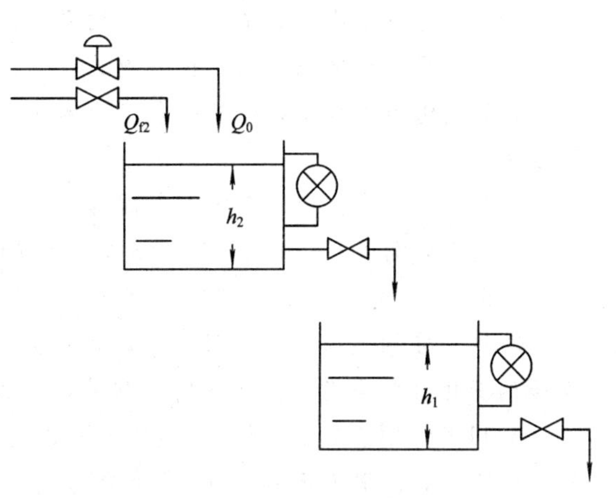

题图 3.3

3.4　简单均匀控制系统与液位定值控制系统有什么相同与不同点？

3.5　什么是比值控制系统？它有哪几种类型？画出它们的结构原理图。

3.6　用DDZ—Ⅲ型仪表实现单闭环比值控制，若流量变送器（采用差压法测流量）量程为 $G_{1\max}=5000$ kg/h，$G_{2\max}=24\ 000$ kg/h，工艺要求 $G_1/G_2=1/4$，试绘制该控制系统原理图，并求出：

(1) 比值系数 K。

(2) 比值函数部件采用乘法器，求出相应的偏置电压 U_2。

(3) 当 $G_1=3000$ kg/h 时，求出系统稳定后，G_1、G_2 的变送器输出值。

注：DDZ—Ⅲ乘法器输入与输出关系为 $U_0=\dfrac{(U_1-1)(U_2-1)}{4}+1$。

3.7　如题图3.7所示比值控制系统，乘法器采用DDZ—Ⅲ电动仪表来实现，其乘法器运算，已知 $G_{1\max}=3600$ kg/h，$G_{2\max}=2000$ kg/h；已知当系统稳定时测得 $P_1=16$ mA，$P_2=12$ mA，试计算该比值控制系统的：

(1) 工艺操作比值 R；

(2) 仪表比值系数 K；

(3) 乘法器设定信号 I_k。

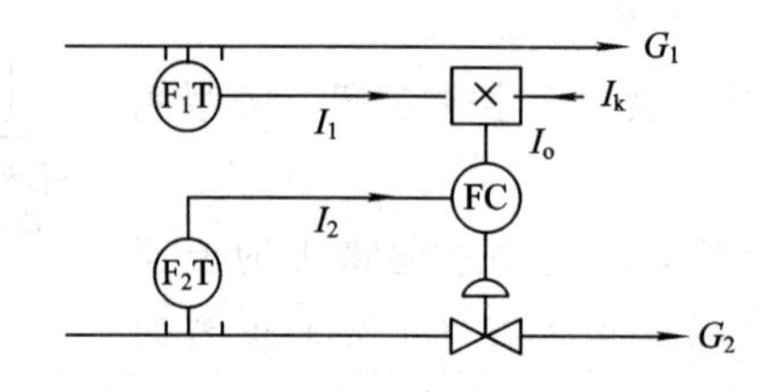

题图 3.7

3.8　某化学反应过程要求参与反应的 A 、B 两物料保持 $F_A : F_B = 4 : 2.5$ 的比例，两物料的最大流量 $F_{A\max} = 625\ \mathrm{m^3/h}$，$F_{B\max} = 290\ \mathrm{m^3/h}$。通过观察发现，A、B 两物料流量因管线压力波动而经常变化。根据上述情况，要求：

(1) 设计一个比较合适的比值控制系统。

(2) 计算该比值系统的比值系数 K。

(3) 该比值系统中，比值系数应设置于何处？设置值应该是多少(假定采用 DDZ—Ⅲ型仪表)？

(4) 选择该比值控制系统控制阀的开关形式及控制器的正、反作用。

稳定时，测得 $U_1 = 4$ V，$U_2 = 3$ V，计算该比值控制系统的比值系数 R、K、U_0。

3.9　前馈控制与反馈控制各有什么特点？

3.10　在前馈系统整定过程中，增大前馈模型分母的时间常数，前馈补偿情况会发生怎样的变化？如果增大分子的时间常数，补偿情况又会怎样变化？

3.11　如题图 3.11 所示为换热器出口温度的单回路控制系统，正常工况物料 A 的流量为 Q，但波动较大，所以控制系统的调节时间过长，为了能够及时克服物料 A 的流量(负荷)的波动，请设计合适的控制方案，已知物料 A 的流量可测量。

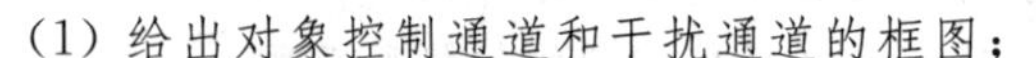

(1) 给出对象控制通道和干扰通道的框图；

(2) 在工艺流程画出新的控制方案图；

(3) 给出干扰通道的静态增益测试(获取)方法，并写出表达式；

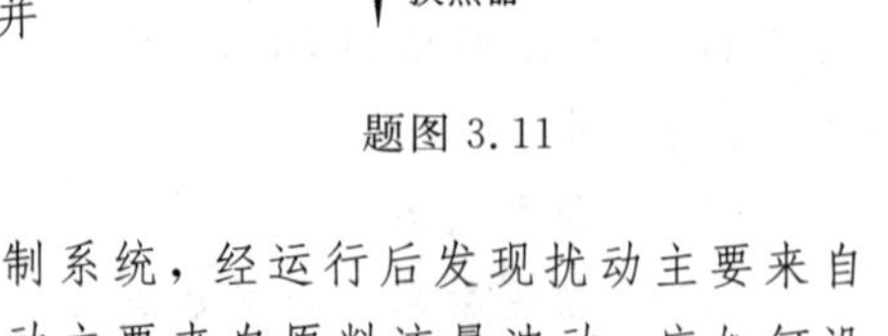

题图 3.11

(4) 求出控制器的控制规律的表达式。

3.12　如题图 3.12 所示为某加热炉出口温度控制系统，经运行后发现扰动主要来自燃料流量波动，试设计控制系统克服之。如果发现扰动主要来自原料流量波动，应如何设计控制系统克服之？画出带控制点的工艺流程图和控制系统框图。

3.13　如题图 3.13 所示为双冲量调节系统，若各环节传递函数为

$$G_{PD}(s) = \frac{3}{5s+1},\ G_v(s)G_{PC}(s) = \frac{2}{8s+1},\ G_{mFT}(s) = \frac{1}{0.3s+1},\ G_{mLT}(s) = \frac{1}{0.5s+1}$$

试求：(1) 前馈补偿环节 $G_{ff}(s)$ 的传递函数，并画出控制系统的方框图；

(2) 若要整定液位调节器参数，试求取与它相应的广义对象的传递函数。

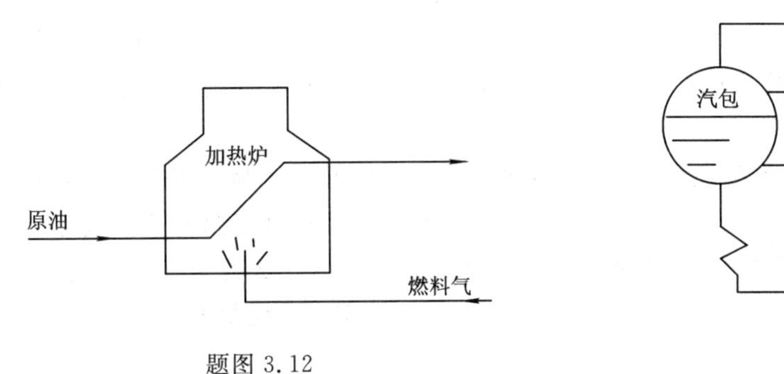

题图 3.12

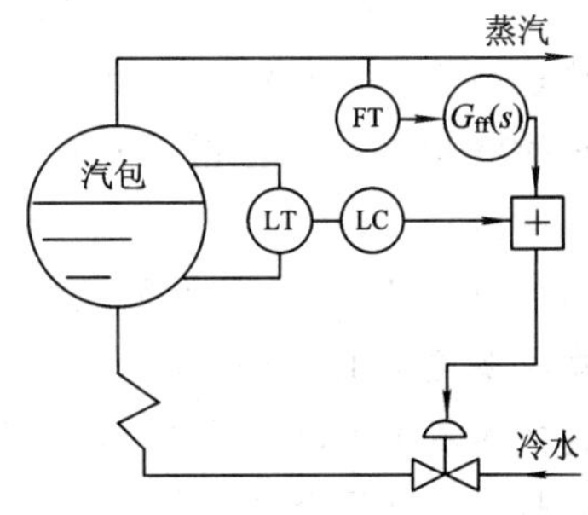

题图 3.13

3.14　在分程控制系统中，什么情况下需用同向动作控制阀，什么情况下需用反向动作控制阀？

3.15　如题图 3.15 所示的聚合釜温度控制系统，U_1 为冷水阀，U_2 为热水阀。工艺要求：

当 $T_{测} \leqslant T_{给}$ 时，开大蒸汽阀，关小冷水阀；

当 $T_{测} \geqslant T_{给}$ 时，关小蒸汽阀，开大冷水阀。

请设计一套分程控制系统。具体要求是：

(1) 画出带控制点的工艺流程图和方框图；

(2) 控制阀类型的选择及控制器的正反作用；

(3) 画出控制阀 U_1 和 U_2 的开度与控制器输出之间的关系图。

3.16　如题图 3.16 所示的压缩机分程控制系统中，正常工况时，通过调节 U_1 的开度控制吸入罐的压力，为防止离心式压缩机的喘振，阀 U_1 有最小开度 U_{1min}，当 U_1 达到最小开度时，如果吸入罐的压力仍不能恢复，则打开旁路控制阀 U_2。试确定压力调节器的正反作用方式，画出调节器输出与阀开度的关系曲线。

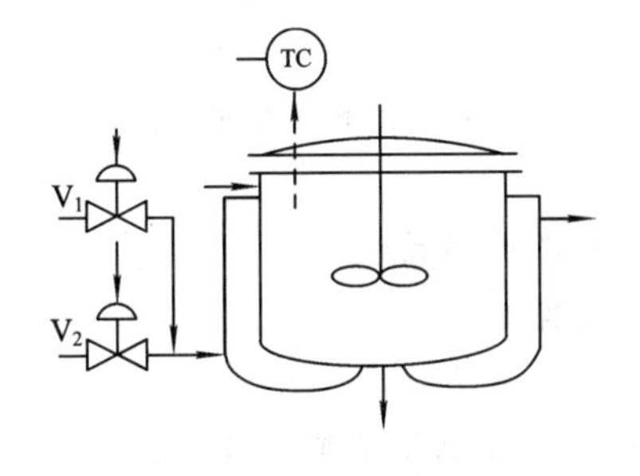

题图 3.15

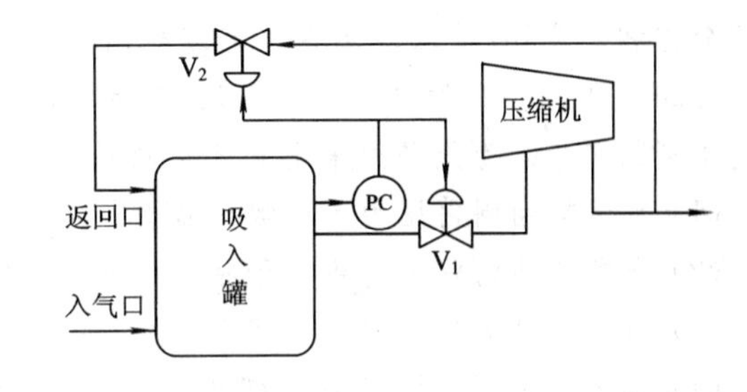

题图 3.16

3.17　题图 3.17 所示为某管式加热炉原油出口温度分程控制系统，两分程阀分别设置在瓦斯气和燃料油管线上。工艺要求优先使用瓦斯气供热，只有当瓦斯气量不足以提供所需热量时，才打开燃料油控制阀作为补充。根据上述要求确定：

(1) A、B 两阀的开关形式及每阀的工作信号段(假定分程点为 0.06 MPa)。

(2) 确定控制器的正反作用。

(3) 画出该系统的方框图，并简述该系统的工作原理。

3.18　某生产工艺有一个脱水工序，用 95% 浓度的酒精按卡拉胶与酒精比 1∶6 的比例加入卡拉胶中，以脱除卡拉胶中所含的一部分水分，工艺流程如题图 3.18 所示。酒精来源有两个：一为酒精回收工序所得；二为新鲜酒精。工艺要求尽量使用回收酒精，只有在回收酒精量不足时，才允许添加新鲜酒精给予补充。根据上述情况，应采用何种控制方式？画出系统的结构图与方框图。选择系统中控制阀的开关形式、控制阀的工作信号及控制器的正反作用。

3.19　题图 3.19 所示为甲烷化学反应器(DC-301)入口温度分程控制系统。它利用反应生成物经换热器 EA-302 对进反应器的物料进行预热，如入口温度仍达不到要求，则进一步通过换热器 EA-301 预热。两分程阀分别设置在换热器 EA-302 的旁路和蒸汽管线上。确定各控制阀的开闭形式、工作信号段(设分程点为 0.06 MPa)及控制器的正反作用。

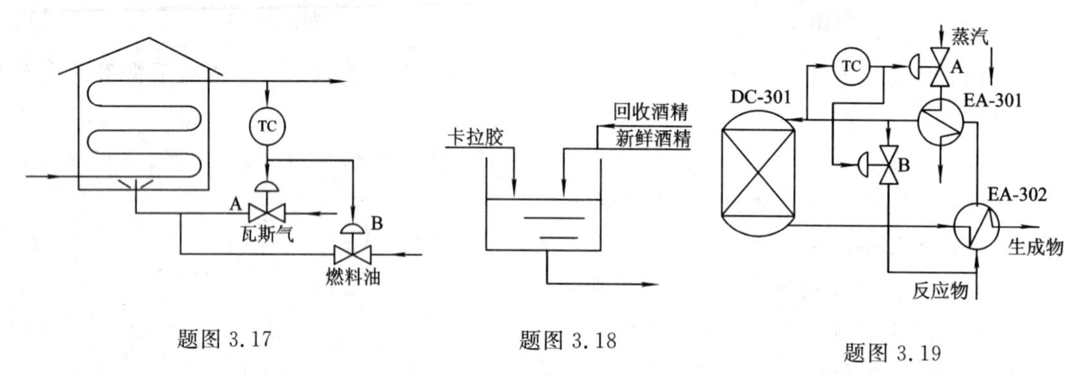

题图 3.17　　题图 3.18　　题图 3.19

3.20　在选择性控制系统中，选择器的类型是如何确定的？

3.21　超驰控制系统与硬件组成的保护系统有什么区别？什么场合要采用超驰控制系统？

3.22　超驰控制系统实施时应注意什么问题？

3.23　如题图 3.23 所示的压缩机选择性控制系统中，为防止吸入罐压力过低被吸瘪和防止压缩机喘振，试确定该控制系统中控制阀 V 的气开、气闭作用方式、控制器 PC、FC 的正反作用和选择器 PY 的类型，如果 PC、FC 控制器的调节规律都选用 PI 作用，请画出防积分饱和示意图(要求表示在工艺流程图上)。

3.24　今有一个加热炉如题图 3.24 所示，原料油的出口温度为单回路调节，无法满足工艺生产的要求，为此必须采用复杂控制系统。

(1) 当燃料油阀前压力为主要干扰时，应采用何种复杂控制系统？

(2) 当燃料油的热值为主要干扰时，应采用何种复杂控制系统？

(3) 当原料油流量为主要干扰时，应采用何种复杂控制系统？

(4) 工艺要求严格控制加热炉出口温度 T，且又要避免加热炉的回火事故，应采用何种复杂控制系统(要求：以上控制方案都示意在图上)？

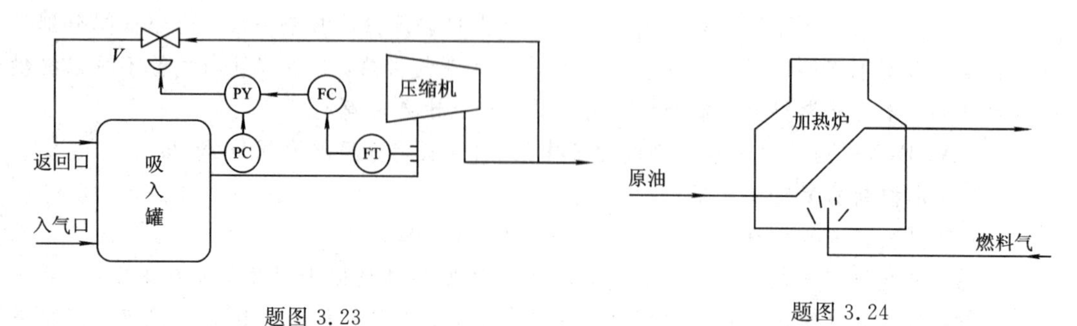

题图 3.23　　题图 3.24

3.25　如题图 3.25 所示为一种乙烯精馏塔，塔底的选择性调节方案。2℃丙烯气体用作为塔底在沸器的加热剂，释热后的丙烯呈液态，回收重复使用。改变再沸器传热量是用改变其传热面积来实现的，为此需要在排液管上安装调节阀，以控制再沸器丙烯侧的凝液液面。为保证安全生产，防止气态丙烯由液管中排出，设置了软保护系统，试确定控制器 FC、TC 及选择器，控制阀的作用型式；并说明实施时应注意的问题。

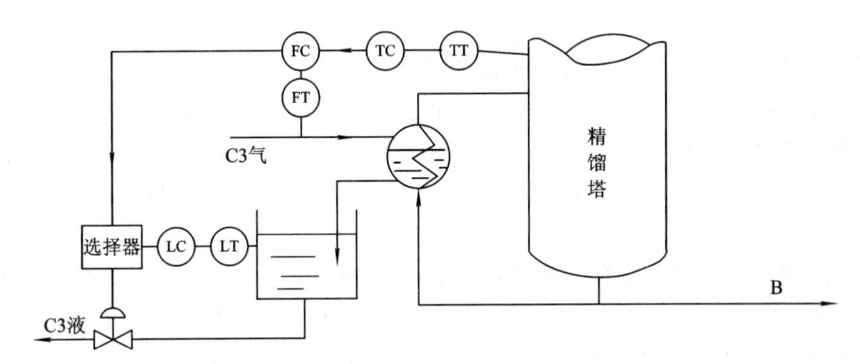

题图 3.25

3.26　如题图 3.26 所示为气动摄氏温度变送器 A，输入温度为 0℃～80℃，对应输出为 0.02～0.1 MPa，现附加一个转换器 B，将它变成一个绝对温度转换器，量程为 200 K～380 K(输出相应转换为 0.02～0.1 MPa)，求转换算式及其合适的最大运行区间(以绝对温度表示)。

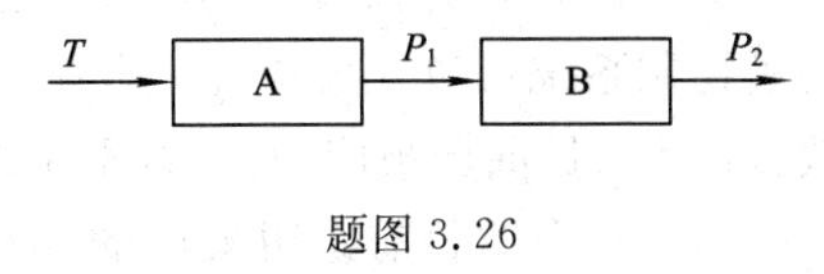

题图 3.26

3.27　已知流量的求和公式为 $L_{总}=L_1+L_2$，试利用气动加法器设计流量求和装置。

(1) 画出运算装置简图；

(2) 写出信号运算式；

(3) L_1 的流量变化范围为 0～20 m^3/h，L_2 的流量变化范围为 0～30 m^3/h，L_1、L_2、$L_{总}$ 的变送变化范围为 0～50 m^3/h(线性变送)，试求取：$L_1=15$m^3/h，$L_2=25$m^3/h 时的 $P_{L总}$ 值($P_{L总}$ 总流量的信号值)。

(4) 若 L_1、L_2 的变化范围均为 0～50 m^3/h，如何合理调整各变送器量程，以防止信号溢出。若不调整量程，应采取什么措施来防止溢出。

3.28　某厂为了保证进入 A、B 两塔的物料相等，设计了如题图 3.28 所示的控制系统。仪表之间信号关系为直流 1～5 V，两只流量计刻度范围为 0～8.5×10^5 kg/h，调节器对应的刻度范围为 −2×10^5～2×10^5 kg/h，加减器的运算关系为

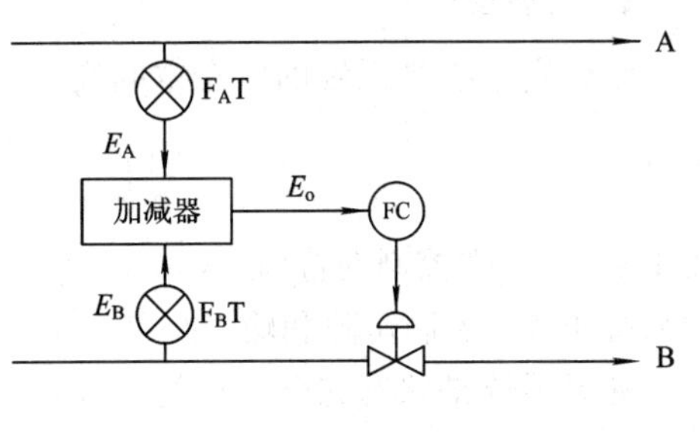

题图 3.28

$$E_0=N_1(E_A-1)-N_2(E_B-1)+K$$

为使系统投运，加减器上的系数 N_1、N_2 和 K 应如何设置？

第4章　先进控制系统

前面介绍的简单控制系统和常用的复杂控制系统是以经典控制理论为指导的，它们的基本要素是以PID控制器为核心的基本控制回路(有时在PID基本回路中也可增加一些其他环节或做一些结构性变化以适应生产工艺的需要)。由于PID控制器有较好的鲁棒性能，对过程模型要求不高，故对一些不太复杂的过程，它应用最广泛，目前约占生产装置控制总量的90%。

20世纪后半叶，以状态空间为标志的现代控制理论取得了长足进步，过程工业也向大型化、集约化方向发展，对控制提出了更高的要求。同时，控制工具常规仪表也逐渐被以微处理器为核心的DCS和微型机所取代，它们具有强大的计算能力，因此以提高控制系统品质、生产安全和获得最大经济效益为目标的各种先进控制系统应运而生，这些先进控制系统共同的特点是需要较为精确的过程数学模型，在此基础上开发出各种先进控制策略。先进控制系统可以大大提高工业生产过程操作和控制的稳定性，明显提高产品质量，经济效益巨大，目前已被国内外(特别是国外)大型石油、化工、电力、冶金等企业大量采用。

本章将介绍目前应用最广的几种先进的控制系统：状态反馈控制系统、内模控制系统、预测控制系统和多变量解耦控制系统，重点讲清它们的工作原理和工程实施中的主要问题。

4.1　状态反馈控制

4.1.1　状态反馈和极点配置原理

1. 状态反馈

线性定常控制系统的状态空间表达式为

$$\left.\begin{aligned}\dot{\boldsymbol{x}} &= \boldsymbol{A}\boldsymbol{x} + \boldsymbol{B}\boldsymbol{u} \\ \boldsymbol{y} &= \boldsymbol{C}\boldsymbol{x}\end{aligned}\right\} \tag{4.1-1}$$

其中，$\boldsymbol{u}$是r维控制向量(输入)，$\boldsymbol{y}$为m维输出向量，$\boldsymbol{x}$为n维状态向量，$\boldsymbol{A}$、$\boldsymbol{B}$、$\boldsymbol{C}$是相应的系统矩阵、控制矩阵和输出矩阵。

如果系统是状态完全可控的，即它的可控性矩阵$\boldsymbol{P}_c=[\boldsymbol{B} \vdots \boldsymbol{A}\boldsymbol{B} \vdots \cdots \vdots \boldsymbol{A}^{n-1}\boldsymbol{B}]$，是满秩的。也就是

$$\mathrm{rank}[\boldsymbol{B} \vdots \boldsymbol{A}\boldsymbol{B} \vdots \cdots \vdots \boldsymbol{A}^{n-1}\boldsymbol{B}] = n$$

则存在一个控制

$$\boldsymbol{u} = -\boldsymbol{K}\boldsymbol{x} + \boldsymbol{v} \tag{4.1-2}$$

其中，$-\boldsymbol{K}$是一个常数矩阵，叫反馈矩阵。$\boldsymbol{v}$为参考输入(对定值控制而言，这个$\boldsymbol{v}$可以为$\boldsymbol{0}$)。状态反馈后的闭环系统为

$$\left.\begin{array}{l}\dot{\boldsymbol{x}} = (\boldsymbol{A} - \boldsymbol{BK})\boldsymbol{x} + \boldsymbol{Bv} \\ \boldsymbol{y} = \boldsymbol{Cx}\end{array}\right\} \tag{4.1-3}$$

的极点，即闭环特征方程

$$|\lambda \boldsymbol{I} - (\boldsymbol{A} - \boldsymbol{BK})| = 0 \tag{4.1-4}$$

的根 λ_1、λ_2、…、λ_n 在 S 平面上可以任意配置。

对单输入-单输出系统：

$$\left.\begin{array}{l}\dot{\boldsymbol{x}} = \boldsymbol{Ax} + \boldsymbol{bu} \\ \boldsymbol{y} = \boldsymbol{cx}\end{array}\right\} \tag{4.1-5}$$

可控性矩阵为

$$\boldsymbol{P}_c = [\boldsymbol{b} \vdots \boldsymbol{Ab} \vdots \cdots \vdots \boldsymbol{A}^{n-1}\boldsymbol{b}]$$

是 $n \times n$ 矩阵，反馈矩阵 $\boldsymbol{K}$ 为一行向量：

$$\boldsymbol{K} = [k_1 \quad k_2 \quad \cdots \quad k_n] \tag{4.1-6}$$

2. 极点配置

闭环极点的分布决定了闭环过渡过程的主要品质，因此闭环极点位置的指定应由闭环系统的品质指标如稳定裕度、超调量和回复时间表示，而它们又与系统参数有关，因此我们可以在复数 s 平面上画出一个由等衰减比线（等 ζ 线）、等回复时间线（等 σ 线）、等工作频率线（等 ω 线）所界定的一个区域（见图 4.1-1 中网格区域），它们是闭环极点可配置的合适区域。

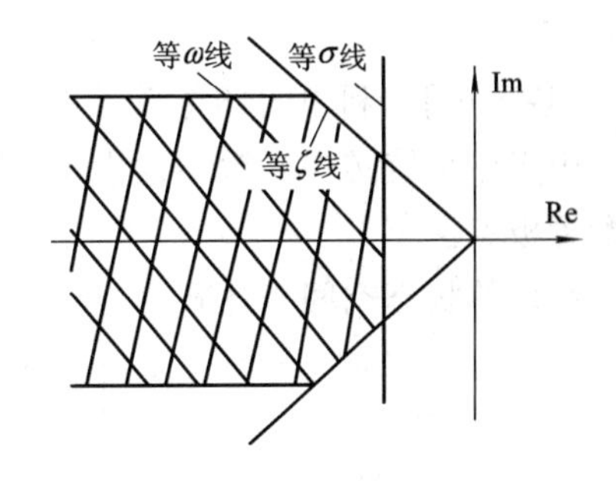

图 4.1-1　闭环极点位置的合适区域

3. 状态反馈阵 K 的计算

矩阵 $\boldsymbol{K}$ 可以事先计算出来，对单输入-单输出系统通常有几种方法，我们通过下面一个例子说明。

【例 4.1-1】 一个三容水槽对象（见图 4.1-2），H_1、H_2、H_3 为三个水槽液位，将 H_1 作为被控变量 $\boldsymbol{y}$，输入流量 $\boldsymbol{q}$ 作为控制变量 $\boldsymbol{u}$，原系统的传递函数为

$$W(s) = \frac{\boldsymbol{y}(s)}{\boldsymbol{u}(s)} = \frac{10}{s(s+1)(s+2)} = \frac{10}{s^3 + 3s^2 + 2s}$$

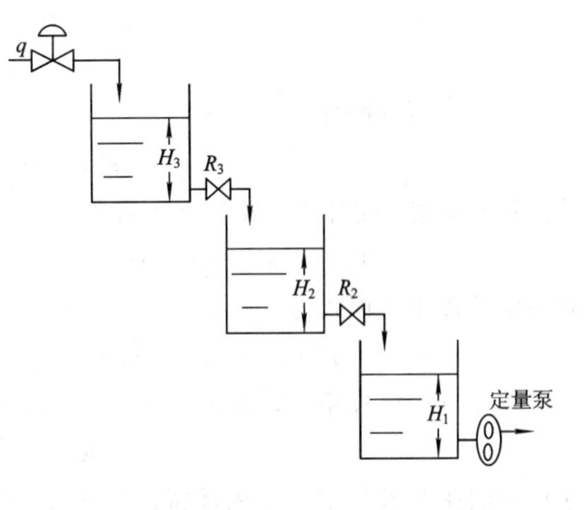

图 4.1-2　液位系统图

它们由环节 $\frac{1}{s}$、$\frac{1}{s+1}$、$\frac{1}{s+2}$ 及 10 串联而成，选状态变量 x_1、x_2、x_3，它们与各水位成比例，可得到状态图（见图 4.1-3）。显然原系统是不稳定的，现要求通过状态反馈 $\boldsymbol{u} = -\boldsymbol{Kx} + \boldsymbol{v}$（$\boldsymbol{v}$ 为参考输入），将闭环极点配置在 -2、$-1 \pm \mathrm{j}$ 上。

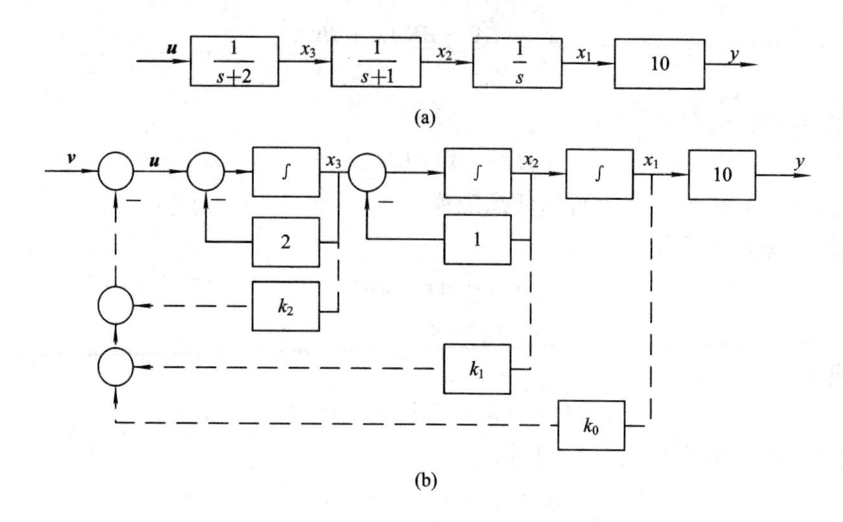

图 4.1-3　液位系统方框图及状态图

[解法一]　利用闭环特征方程式(4.1-4)求矩阵 $\boldsymbol{K}$。

由于原系统传递函数不发生零、极点相消，系统是可控可观的，故可通过状态反馈任意配置极点。

系统的状态空间表达式为

$$\begin{bmatrix}\dot{x}_1\\ \dot{x}_2\\ \dot{x}_3\end{bmatrix}=\begin{bmatrix}0 & 1 & 0\\ 0 & -1 & 1\\ 0 & 0 & -2\end{bmatrix}\begin{bmatrix}x_1\\ x_2\\ x_3\end{bmatrix}+\begin{bmatrix}0\\ 0\\ 1\end{bmatrix}\boldsymbol{u}$$

$$\boldsymbol{y}=[10\quad 0\quad 0]\begin{bmatrix}x_1\\ x_2\\ x_3\end{bmatrix}$$

引入状态反馈阵：

$$\boldsymbol{K}=[k_0\quad k_1\quad k_2]$$

进行状态反馈，闭环系统特征多项式为

$$f(\lambda)=|\lambda\boldsymbol{I}-(\boldsymbol{A}-\boldsymbol{bK})|=\lambda^3+(3+k_2)\lambda^2+(2+k_1+k_2)\lambda+k_0$$

而期望的特征多项式为

$$f^*(\lambda)=(\lambda+2)(\lambda+1-\mathrm{j})(\lambda+1+\mathrm{j})=\lambda^3+4\lambda^2+6\lambda+4$$

$f(\lambda)$与 $f^*(\lambda)$比较系数，得 $k_0=4$，$k_1=3$，$k_2=1$，即

$$\boldsymbol{K}=[4\quad 3\quad 1]$$

这种方法在求 $\boldsymbol{K}$ 时要计算闭环特征多项式 $f(\lambda)$，当 n 很大时是不方便的，为此可以利用下面公式直接计算 $\boldsymbol{K}$。

[解法二]　用 Ackermann 公式计算 $\boldsymbol{K}$。

$$\boldsymbol{K}=[0\quad 0\quad \cdots\quad 1]\boldsymbol{P}_c^{-1}\boldsymbol{q}(\boldsymbol{A}) \tag{4.1-7}$$

这里 $\boldsymbol{P}_c$是原系统的可控性矩阵，$\boldsymbol{P}_c=[\boldsymbol{b}\quad \boldsymbol{Ab}\quad \cdots\quad \boldsymbol{A}^{n-1}\boldsymbol{b}]$，而 $\boldsymbol{q}(\boldsymbol{A})$是根据 $\boldsymbol{A}$ 及期望闭环特征多项式 $f^*(\lambda)=\lambda^n+\beta_{n-1}\lambda^{n-1}+\cdots+\beta_1\lambda+\beta_0$ 构造的矩阵：

$$\boldsymbol{q}(\boldsymbol{A})=\boldsymbol{A}^n+\beta_{n-1}\boldsymbol{A}^{n-1}+\cdots+\beta_1\boldsymbol{A}+\beta_0\boldsymbol{I} \tag{4.1-8}$$

其中

$$A=\begin{bmatrix}0 & 1 & 0\\0 & -1 & 1\\0 & 0 & -2\end{bmatrix}$$

和

$$q(A)=A^3+4A^2+6A+4I=\begin{bmatrix}4 & 3 & 1\\0 & 1 & 1\\0 & 0 & -2\end{bmatrix}$$

得

$$K=\begin{bmatrix}0 & 0 & 1\end{bmatrix}\begin{bmatrix}0 & 0 & 1\\0 & 1 & -3\\1 & -2 & 4\end{bmatrix}^{-1}\begin{bmatrix}4 & 3 & 1\\0 & 1 & 1\\0 & 0 & -2\end{bmatrix}=\begin{bmatrix}4 & 3 & 1\end{bmatrix}$$

MATLAB提供了acker函数用于计算$\boldsymbol{K}$，程序如下：

```
a = [0  1  0; 0  -1  1; 0  0  -2]
b = [0;  0;  1]
p = [-2,  -1+j,  -1-j]
K = acker(a, b, p)
```

即可直接得到$\boldsymbol{K}=[4,\ 3,\ 1]$。

[解法三]　利用可控标准型求矩阵$\boldsymbol{K}$。

我们知道系统的传递函数为

$$W(s)=\frac{b_{n-1}s^{n-1}+b_{n-2}s^{n-2}+\cdots+b_1s+b_0}{s^n+a_{n-1}s^{n-1}+\cdots+a_1s+a_0} \tag{4.1-9}$$

如不发生零极点相消，则其可用可控标准型的状态空间$(\bar{\boldsymbol{A}},\ \bar{\boldsymbol{b}},\ \bar{\boldsymbol{c}})$表示：

$$\bar{A}=\begin{bmatrix}0 & 1 & 0 & \cdots & 0\\0 & 0 & 1 & \cdots & 0\\\vdots & \vdots & \vdots & & \vdots\\0 & 0 & 0 & \cdots & 1\\-a_0 & -a_1 & -a_2 & \cdots & -a_{n-1}\end{bmatrix},\quad \bar{b}=\begin{bmatrix}0\\0\\\vdots\\0\\1\end{bmatrix}$$

$$\bar{c}=\begin{bmatrix}b_0 & b_1 & \cdots & b_{n-1}\end{bmatrix} \tag{4.1-10}$$

加入反馈阵$\bar{\boldsymbol{K}}=[\bar{k}_0\quad \bar{k}_1\quad \cdots\quad \bar{k}_{n-1}]$，闭环系统的系统矩阵为

$$\bar{A}-\bar{b}\bar{K}=\begin{bmatrix}0 & 1 & 0 & \cdots & 0\\0 & 0 & 1 & \cdots & 0\\\vdots & \vdots & \vdots & & \vdots\\0 & 0 & 0 & \cdots & 1\\-(a_0+\bar{k}_0) & -(a_1+\bar{k}_1) & -(a_2+\bar{k}_2) & \cdots & -(a_{n-1}+\bar{k}_{n-1})\end{bmatrix} \tag{4.1-11}$$

其闭环特征多项式为

$$|\lambda I-(\bar{A}-\bar{b}\bar{K})|=\lambda^n+(a_{n-1}+\bar{k}_{n-1})\lambda^{n-1}+\cdots+(a_1+\bar{k}_1)\lambda+(a_0+\bar{k}_0)$$

令其与期望的闭环特征多项式

$$f^*(\lambda) = (\lambda - \lambda_1)(\lambda - \lambda_2)\cdots(\lambda - \lambda_n) = \lambda^n + \beta_{n-1}\lambda^{n-1} + \cdots + \beta_1\lambda + \beta_0$$

比较得

$$\bar{k}_0 = \beta_0 - a_0,\ \bar{k}_1 = \beta_1 - a_1,\ \cdots,\ \bar{k}_{n-1} = \beta_{n-1} - a_{n-1}$$

计算矩阵 $\bar{\boldsymbol{K}}$ 显得很方便。但 $\bar{\boldsymbol{K}}$ 是在可控标准型($\bar{\boldsymbol{A}}$, $\bar{\boldsymbol{b}}$, $\bar{\boldsymbol{c}}$)中的状态反馈阵，返回至原系统($\boldsymbol{A}$, $\boldsymbol{b}$, $\boldsymbol{c}$)的变换阵

$$\boldsymbol{T} = [\boldsymbol{A}^{n-1}\boldsymbol{b}\quad \boldsymbol{A}^{n-2}\boldsymbol{b}\quad \cdots\quad \boldsymbol{b}]\begin{bmatrix} 1 & 0 & 0 & \cdots & 0 \\ a_{n-1} & 1 & 0 & \cdots & 0 \\ a_{n-2} & a_{n-1} & 1 & \cdots & 0 \\ \vdots & \vdots & \ddots & \ddots & 0 \\ a_1 & a_2 & \cdots & a_{n-1} & 1 \end{bmatrix} \tag{4.1-12}$$

而

$$\boldsymbol{K} = \bar{\boldsymbol{K}}\boldsymbol{T}^{-1} \tag{4.1-13}$$

回到本题可控标准型为

$$\dot{\bar{\boldsymbol{x}}} = \begin{bmatrix} 0 & 1 & 0 \\ 0 & 0 & 1 \\ 0 & -2 & -3 \end{bmatrix}\bar{\boldsymbol{x}} + \begin{bmatrix} 0 \\ 0 \\ 1 \end{bmatrix}\boldsymbol{u}$$

$$\boldsymbol{y} = [10\quad 0\quad 0]\bar{\boldsymbol{x}}$$

得

$$\bar{k}_0 = 4 - 0 = 4,\ \bar{k}_1 = 6 - 2 = 4,\ \bar{k}_2 = 4 - 3 = 1$$

即 $\bar{\boldsymbol{K}}=[4\quad 4\quad 1]$，但在可控标准型中状态变量 $\bar{x}_1$，$\bar{x}_2$，$\bar{x}_3$ 是不可检测的，必须转为原系统($\boldsymbol{A}$, $\boldsymbol{b}$, $\boldsymbol{c}$)状态，如图 4.1-3 所示，由($\boldsymbol{A}$, $\boldsymbol{b}$, $\boldsymbol{c}$)转化到($\bar{\boldsymbol{A}}$, $\bar{\boldsymbol{b}}$, $\bar{\boldsymbol{c}}$)的变换矩阵为

$$\boldsymbol{T} = [\boldsymbol{A}^2\boldsymbol{b}\quad \boldsymbol{A}\boldsymbol{b}\quad \boldsymbol{b}]\begin{bmatrix} 1 & 0 & 0 \\ a_2 & 1 & 0 \\ a_1 & a_2 & 1 \end{bmatrix} = \begin{bmatrix} 1 & 0 & 0 \\ -3 & 1 & 0 \\ 4 & -2 & 1 \end{bmatrix}\begin{bmatrix} 1 & 0 & 0 \\ 3 & 1 & 0 \\ 2 & 3 & 1 \end{bmatrix} = \begin{bmatrix} 1 & 0 & 0 \\ 0 & 1 & 0 \\ 0 & 1 & 1 \end{bmatrix}$$

从($\bar{\boldsymbol{A}}$, $\bar{\boldsymbol{b}}$, $\bar{\boldsymbol{c}}$)转回到($\boldsymbol{A}$, $\boldsymbol{b}$, $\boldsymbol{c}$)的变换矩阵为

$$\boldsymbol{T}^{-1} = \begin{bmatrix} 1 & 0 & 0 \\ 0 & 1 & 0 \\ 0 & -1 & 1 \end{bmatrix}$$

故 $\boldsymbol{K}=\bar{\boldsymbol{K}}\boldsymbol{T}^{-1}=[4\quad 3\quad 1]$和前面计算结果相同。

对多输入-多输出系统极点配置问题，确定的矩阵 $\boldsymbol{K}$ 不是唯一的，这是因为对多输入-多输出系统可以导出多种能控标准型，增加了设计自由度。至于确定哪一个解比较好是一件麻烦事，可参阅有关著作。

4.1.2 状态反馈控制系统设计和应用中的问题

1. 状态变量的选择

状态空间表示式不是唯一的，它依赖于状态变量的选择，虽然从数学角度看，状态变量选择有较大的任意性，甚至有的选择会带来计算上的很大方便，如例 4.1-1 中系统的可控标准型实现，在计算上显得十分简捷，但这些状态变量却是不可测量的。这样必须选择

那些能够检测的变量作为新的状态变量，新、旧状态变量间可寻求某种变换关系，就像该例所讲的那样。

有时可检测变量数可能小于独立变量的维数 n，这时就要利用估计器进行状态反馈，对确定性系统，它们是龙伯格(Luenberge)渐近观测器；对带有噪声的随机系统，它们是卡尔曼(Kalman)滤波器，按分离原理，状态反馈控制器和估计器可以彼此独立设计，在此不再复述。

2. 闭环系统的期望特性

在控制理论中，闭环系统的期望特性一般有两种做法：一是将闭环系统的动态响应指标转化为应满足要求的闭环极点(特别是主导极点)位置，这就是极点配置的问题。另一种是不规定极点的具体位置，而采用对过程响应一些积分指标，如误差平方积分(ISE)指标 $\int_0^\infty \boldsymbol{e}^2(t)\mathrm{d}t$，二次型积分指标 $\int_0^\infty [\boldsymbol{e}^2(t)+\lambda\boldsymbol{u}^2(t)]\mathrm{d}t$ 等，求这些指标的极值，这就是各种最优控制问题，它们往往也是状态反馈控制器问题。

3. 闭环系统跟踪与抗干扰问题

有扰动变量的单输入-单输出系统的状态空间表达式为

$$\left.\begin{aligned}\dot{\boldsymbol{x}}&=\boldsymbol{Ax}+\boldsymbol{bu}+\boldsymbol{fd}\\\boldsymbol{y}&=\boldsymbol{cx}\end{aligned}\right\}\tag{4.1-14}$$

其中，$\boldsymbol{d}$ 是扰动变量，$\boldsymbol{f}$ 是扰动向量，如果施行了状态反馈，则

$$\boldsymbol{u}=-\boldsymbol{Kx}+\boldsymbol{v}$$

$\boldsymbol{v}$ 是参考输入，则闭环系统的状态方程为

$$\dot{\boldsymbol{x}}=(\boldsymbol{A}-\boldsymbol{bK})\boldsymbol{x}+\boldsymbol{bv}+\boldsymbol{fd}$$

对两边进行拉氏变换，可得

$$\boldsymbol{x}(s)=[s\boldsymbol{I}-(\boldsymbol{A}-\boldsymbol{bK})]^{-1}[\boldsymbol{bv}(s)+\boldsymbol{fd}(s)]$$

故

$$\boldsymbol{y}(s)=\boldsymbol{cx}(s)=\boldsymbol{c}[s\boldsymbol{I}-(\boldsymbol{A}-\boldsymbol{bK})]^{-1}[\boldsymbol{bv}(s)+\boldsymbol{fd}(s)]\tag{4.1-15}$$

由于闭环极点都配置在左半 S 平面，稳态值可用终值定理求得。

(1) 稳态跟踪性能。当 v 为单位阶跃输入，即 $v(s)=1/s$，而 $d=0$ 时，则

$$\boldsymbol{y}(\infty)=\lim_{s\to0}s\boldsymbol{y}(s)=\lim_{s\to0}\left\{s\cdot\boldsymbol{c}[s\boldsymbol{I}-(\boldsymbol{A}-\boldsymbol{bK})]^{-1}\boldsymbol{b}\cdot\frac{1}{s}\right\}=-\boldsymbol{c}(\boldsymbol{A}-\boldsymbol{bK})^{-1}\boldsymbol{b}$$

稳态误差

$$\boldsymbol{e}(\infty)=\boldsymbol{v}(\infty)-\boldsymbol{y}(\infty)=1+\boldsymbol{c}(\boldsymbol{A}-\boldsymbol{bK})^{-1}\boldsymbol{b}\neq\boldsymbol{0}$$

(2) 稳态抗干扰性能。$v=0$，而 d 为单位阶跃干扰，$d(s)=1/s$，则

$$\begin{aligned}\boldsymbol{e}(\infty)&=-\boldsymbol{y}(\infty)=-\lim_{s\to0}s\boldsymbol{y}(s)\\&=\lim_{s\to0}\left\{s\cdot\boldsymbol{c}[s\boldsymbol{I}-(\boldsymbol{A}-\boldsymbol{bK})]^{-1}\boldsymbol{f}\,\frac{1}{s}\right\}=\boldsymbol{c}(\boldsymbol{A}-\boldsymbol{bK})^{-1}\boldsymbol{f}\neq\boldsymbol{0}\end{aligned}$$

因而一般的状态反馈其闭环系统的稳态性能往往达不到要求，如果要求系统对输入和扰动都无差的话，那么在控制作用中除了状态反馈信息外，还应包含输出误差的积分，我们可以把误差的积分当作一个新的状态变量，令

$$\boldsymbol{q}=\int_0^t\boldsymbol{e}(t)\mathrm{d}t\tag{4.1-16}$$

则有

$$\dot{q}=e=v-y=v-cx$$

将它与原系统

$$\dot{x}=Ax+bu+fd$$

组成一个 $n+1$ 维的增广系统：

$$\begin{bmatrix}\dot{x}\\ \dot{q}\end{bmatrix}=\begin{bmatrix}A & 0\\ -c & 0\end{bmatrix}\begin{bmatrix}x\\ q\end{bmatrix}+\begin{bmatrix}b\\ 0\end{bmatrix}u+\begin{bmatrix}f & 0\\ 0 & 1\end{bmatrix}\begin{bmatrix}d\\ v\end{bmatrix} \tag{4.1-17}$$

$$y=\begin{bmatrix}c & 0\end{bmatrix}\begin{bmatrix}x\\ q\end{bmatrix}$$

该增广系统的可控性矩阵为

$$P_c'=\left[\begin{matrix}b\\ 0\end{matrix}\begin{pmatrix}A & 0\\ -c & 0\end{pmatrix}\begin{pmatrix}b\\ 0\end{pmatrix}\cdots\begin{pmatrix}A & 0\\ -c & 0\end{pmatrix}^n\begin{pmatrix}b\\ 0\end{pmatrix}\right]=\begin{bmatrix}b & Ab & A^2b & \cdots & A^nb\\ 0 & -cb & -cAb & \cdots & -cA^{n-1}b\end{bmatrix}$$

$$=\begin{bmatrix}b & AP_c\\ 0 & -cP_c\end{bmatrix}=\begin{bmatrix}A & b\\ -c & 0\end{bmatrix}\begin{bmatrix}0 & P_c\\ 1 & 0\end{bmatrix} \tag{4.1-18}$$

其中，P_c是原系统的可控性矩阵。如果原系统可控，即 $\mathrm{rank}P_c=n$，则只要矩阵$\begin{bmatrix}A & b\\ -c & 0\end{bmatrix}$的秩为 $n+1$，则 $\mathrm{rank}P_c'=n+1$，增广系统就可实现状态反馈：

$$u=-K\begin{bmatrix}x\\ q\end{bmatrix}=-k_1x-k_2q=-k_1x-k_2\int_0^t e(t)\mathrm{d}t \tag{4.1-19}$$

由于 q 配置为有限值，这就要求$\lim\limits_{t\to\infty}e(t)=0$，即无余差。该状态反馈控制系统的结构图如图 4.1－4 所示。

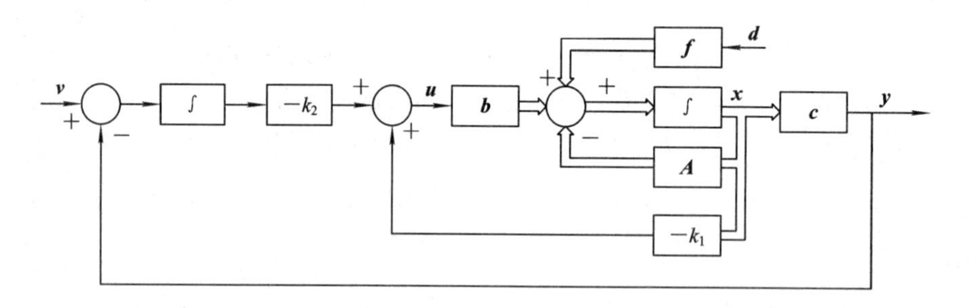

图 4.1－4　改进后的状态反馈控制系统

对于图 4.1－4 所示的系统，一方面可以借助于极点配置决定它的动态性能；另一方面对阶跃性的输入与扰动达到稳态无差。从图中可看出这种校正装置，除包含状态变量反馈外，还包含了参考阶跃输入的内模，即一个积分器。

以上结构对于多输入-多输出系统也适用。

4. 状态反馈在过程工业中的应用实例

某工厂采用乳液法生产聚氯乙烯树脂，干燥塔的工艺流程如图 4.1－5 所示。乳状的聚合液从干燥塔上部以喷雾形式流入，热空气从塔顶进入与从高位槽来的雾状乳料液接触使其干燥。该生产过程扰动因素较多，纯滞后时间长，使用常规控制方法难以达到较高的控制指标，为此在塔的上部和下部各有一个温度检测装置。自控人员将上部温度 T_1 和下部温度 T_2 作为状态变量，将进料量作为控制变量设计了一套状态反馈控制系统。

经实际测试，对象和控制系统如图 4.1－6 所示，在状态反馈控制系统设计中，闭环极点为－0.84＋j0.63 及－0.84－j0.63。期望特征方程式为

$$f^*(\lambda)=(\lambda+0.84-j0.63)(\lambda+0.84+j0.63)=\lambda^2+1.68\lambda+1.1$$

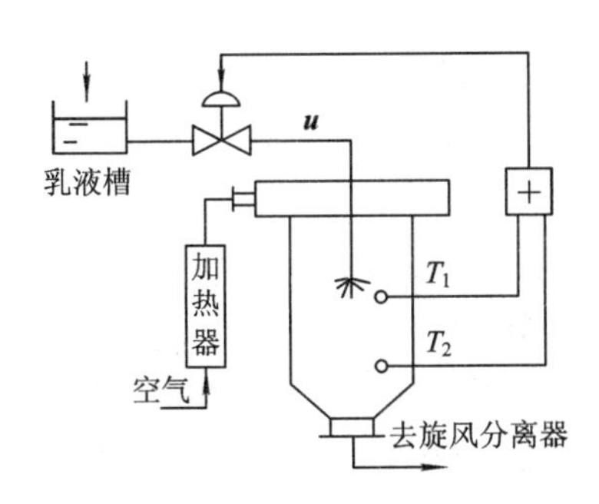

图 4.1－5　干燥塔工艺流程图

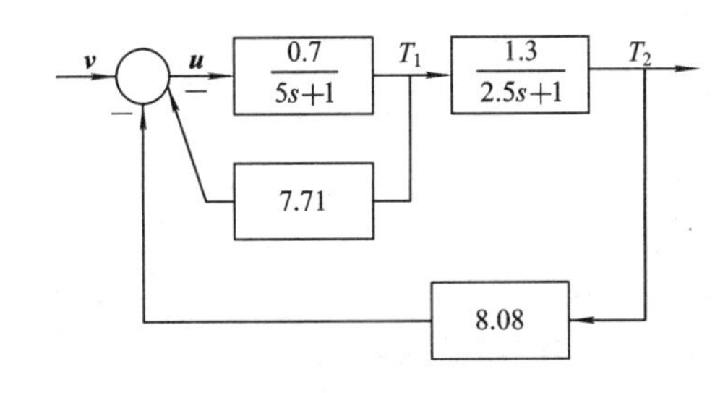

图 4.1－6　对象和控制系统方框图

选定了状态变量 T_1、T_2 以后，系统的状态方程为

$$\begin{bmatrix}\dot{T}_1\\ \dot{T}_2\end{bmatrix}=\begin{bmatrix}-0.2 & 0\\ 0.52 & -0.4\end{bmatrix}\begin{bmatrix}T_1\\ T_2\end{bmatrix}+\begin{bmatrix}0.14\\ 0\end{bmatrix}\boldsymbol{u}$$

计算得状态反馈阵为

$$\boldsymbol{K}=[7.71\quad 8.08]$$

该状态反馈控制实施方便，效果显著，干燥塔的出口温度很稳定，产品的湿含量实现了卡边生产，不仅提高了产品质量，同时又降低了能耗。

本例在工艺上采用高位槽进料，因此进料量稳定，在进料量和热风量有阶跃性扰动情况下，为保证 T_2 温度稳态无差，也可实现带偏差积分的状态反馈。这是因为

$$\text{rank}\begin{bmatrix}\boldsymbol{A} & \boldsymbol{b}\\ -\boldsymbol{c} & \boldsymbol{0}\end{bmatrix}=\text{rank}\begin{bmatrix}-0.2 & 0 & 0.14\\ 0.52 & 0 & 0\\ 0 & 1 & 0\end{bmatrix}=3$$

是满秩的。采用的控制律 $\boldsymbol{u}=-\left(k_0T_1+k_1T_2+k_2\int_0^t T_2\,\mathrm{d}t\right)$ 实施起来也不复杂。

4.2　内模控制

内模控制(Internal Model Control)是由 Caricia 和 Morari(1982 年)提出的一种基于对象数学模型的一种新型控制策略，由于它设计简单、跟踪和控制性能好、鲁棒性强，能消除不可测干扰的影响，已广泛应用于工业上。同时它结构清晰，易于进行系统分析，也是一种作为剖析一类较为复杂的系统(像预测控制等)机理的有力工具。

4.2.1　内模控制的基本原理

内模控制要借助计算机实现，本节采用脉冲传递函数模型。

1. 内模控制的结构

图 4.2-1 是最常见的反馈系统，其中 $y(z)$、$y_{sp}(z)$和 $d(z)$分别是系统的输出、设定值和不可测干扰，$u(z)$是对象的控制输入。$G(z)$和 $C(z)$分别是对象控制通道和控制器的脉冲传递函数。

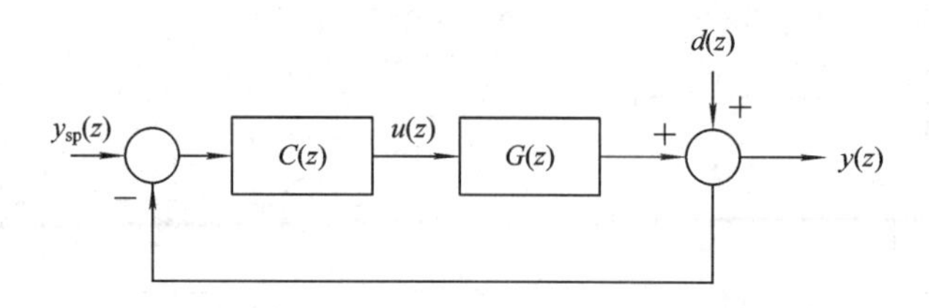

图 4.2-1　简单控制系统

简单控制系统的反馈信号是对象的输出 $y(z)$，这就使得不可测扰动 $d(z)$影响会和控制作用 $u(z)$的影响混杂在一起，因而 $y(z)$不能完全反映 $d(z)$，也就得不到及时的补偿。

图 4.2-2 所示的内模控制系统引入了数学模型 $\widetilde{G}(z)$，反馈量也由 $y(z)$变为扰动的估计量 $\widetilde{d}(z)$。如果模型正确，即 $\widetilde{G}(z)=G(z)$，则 $\widetilde{d}(z)=d(z)$，因此反馈信息 $\widetilde{d}(z)$中只含有不可测扰动 $d(z)$的信息，$G_{IMC}(z)$为内模控制器。

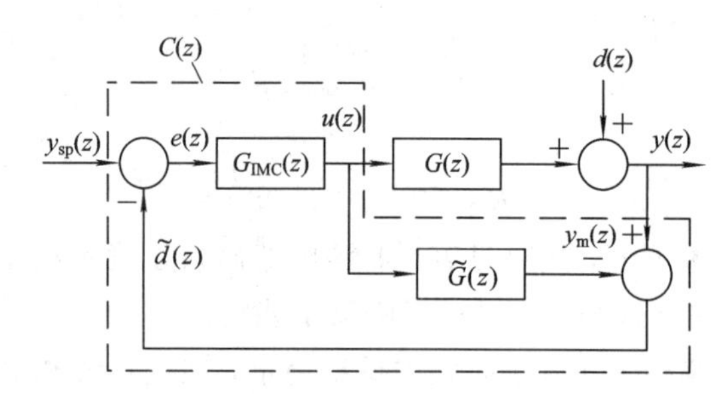

图 4.2-2　内模控制系统

将内模控制系统结构稍作变化，图 4.2-2 中虚线方框包含的部分即是简单反馈中的控制器 $C(z)$的等价结构，因而

$$C(z)=\frac{G_{IMC}(z)}{1-G_{IMC}(z)\widetilde{G}(z)} \tag{4.2-1}$$

式(4.2-1)分母中负号对应是 $C(z)$内部的 $u(z)$的反馈是正反馈。由简单控制系统知

$$\frac{y(z)}{y_{sp}(z)}=\frac{C(z)G(z)}{1+C(z)G(z)} \tag{4.2-2}$$

$$\frac{y(z)}{d(z)}=\frac{1}{1+C(z)G(z)} \tag{4.2-3}$$

将式(4.2-1)代入，整理后闭环系统的脉冲传递函数为

$$\frac{y(z)}{y_{sp}(z)}=\frac{G_{IMC}(z)G(z)}{1+G_{IMC}(z)[G(z)-\widetilde{G}(z)]} \tag{4.2-4}$$

$$\frac{y(z)}{d(z)}=\frac{1-G_{IMC}(z)\widetilde{G}(z)}{1+G_{IMC}(z)[G(z)-\widetilde{G}(z)]} \tag{4.2-5}$$

因此，内模控制系统的闭环响应为

$$y(z)=\frac{G_{\mathrm{IMC}}(z)G(z)}{1+G_{\mathrm{IMC}}(z)[G(z)-\widetilde{G}(z)]}y_{\mathrm{sp}}(z)+\frac{1-G_{\mathrm{IMC}}(z)\widetilde{G}(z)}{1+G_{\mathrm{IMC}}(z)[G(z)-\widetilde{G}(z)]}d(z) \tag{4.2-6}$$

而反馈信号为

$$\widetilde{d}(z)=[G(z)-\widetilde{G}(z)]u(z)+d(z) \tag{4.2-7}$$

式(4.2-7)清楚地告诉我们，如果没有外界扰动，即 $d(z)=0$，且内部模型准确，$\widetilde{G}(z)=G(z)$，则 $\widetilde{d}(z)=0$。这时，内模控制系统是一个开环结构的系统；如果内部模型不准确，而 $d(z)\neq 0$，那么它是扰动反馈的系统；如果没有扰动 $d(z)=0$，那么 $\widetilde{d}(z)$ 反映的是对象模型的误差信息，因此在 IMC 结构中，$\widetilde{d}(z)$ 反映的是对象不确定性和扰动的共同影响。明确这一点，对 $\widetilde{G}(z)$ 的建模也是很有好处的。

2. 内模控制的主要性质

1）对偶稳定性

由式(4.2-4)和式(4.2-5)知，内模控制系统的闭环特征方程为

$$1+G_{\mathrm{IMC}}(z)[G(z)-\widetilde{G}(z)]=0 \tag{4.2-8}$$

即

$$\frac{1}{G_{\mathrm{IMC}}(z)G(z)}+1-\frac{\widetilde{G}(z)}{G(z)}=0$$

当模型准确时，$\widetilde{G}(z)=G(z)$，闭环特征方程简化成

$$\frac{1}{G_{\mathrm{IMC}}(z)\cdot G(z)}=0 \tag{4.2-9}$$

因此内模控制系统稳定的充要条件是 $G_{\mathrm{IMC}}(z)$ 和 $G(z)$ 的所有极点都在单位圆内，即要求 $G_{\mathrm{IMC}}(z)$ 和 $G(z)$ 都是稳定的。IMC 的这个性质称为对偶稳定性。

从该性质知，若对象是开环稳定的(即 $G(z)$ 的特征根均在单位圆内)，那么只要设计的内模控制器 $G_{\mathrm{IMC}}(z)$ 是稳定的，则整个 IMC 闭环控制系统必然是稳定的。和简单控制系统相比较，如果 $G(z)$ 是稳定的，$C(z)$ 也是稳定的，它们构成的简单控制系统却未必是稳定的，还需要通过各种稳定性分析方法和判据来判定。因而 IMC 的稳定性分析和设计显得简单、清晰。

对于开环不稳定对象，在使用 IMC 前可以先用简单反馈控制使之镇定，再结合 IMC 进行控制。

2）理想控制器特性

如果对象 $G(z)$ 是稳定的，且模型匹配 $\widetilde{G}(z)=G(z)$，再若设计的控制器满足

$$G_{\mathrm{IMC}}(z)=\widetilde{G}^{-1}(z) \tag{4.2-10}$$

若模型逆 $\widetilde{G}^{-1}(z)$ 能实现，则由式(4.2-6)知

$$y(z)=\begin{cases} y_{\mathrm{sp}}(z), & \text{对设定值 } y_{\mathrm{sp}} \text{ 扰动} \\ 0, & \text{对外界 } d \text{ 的扰动} \end{cases}$$

这样的控制器称为理想控制器。但是严格的理想控制器往往是不存在的，例如对象含有纯滞后，则模型逆出现纯超前环节；对象含有惯性环节，则模型逆中有纯微分环节。此外，如对象有反向特性，即包含有不稳定的零点，则模型逆就有不稳定的极点，因而内模控制器 $G_{\mathrm{IMC}}(z)$ 就会不稳定。因此理想控制器是难以实现的。后面会讲到实际的内模控制

器 $G_{IMC}(z)$ 的设计方法。

3）无稳态误差

如果内模控制系统是稳定的，则即使对象的模型失配，$\widetilde{G}(z)\neq G(z)$。由式(4.2-6)，得误差为

$$e(z)=y_{sp}(z)-y(z)=\frac{[1-G_{IMC}(z)\widetilde{G}(z)]}{1+G_{IMC}(z)[G(z)-\widetilde{G}(z)]}[y_{sp}(z)-d(z)] \tag{4.2-11}$$

终值定理 $e(\infty)=\lim\limits_{z\to 1}(z-1)e(z)$ 表明，对设定值的阶跃变化 $y_{sp}(z)=R/(1-z^{-1})$，稳态误差

$$e(\infty)=\lim_{z\to 1}(z-1)e(z)=\lim_{z\to 1}(z-1)\frac{1-G_{IMC}(z)\widetilde{G}(z)}{1+G_{IMC}(z)[G(z)-\widetilde{G}(z)]}\cdot\frac{R}{1-z^{-1}}$$
$$=\frac{[1-G_{IMC}(1)\widetilde{G}(1)]}{1+G_{IMC}(1)[G(1)-\widetilde{G}(1)]}R$$

对扰动 d 的阶跃变化，$d(z)=D/(1-z^{-1})$。

稳态误差：

$$e(\infty)=\lim_{z\to 1}(z-1)e(z)=-\frac{1-G_{IMC}(1)\widetilde{G}(1)}{1+G_{IMC}(1)[G(1)-\widetilde{G}(1)]}D$$

因此只要使内模控制器的增益等于模型稳态增益的倒数，即

$$G_{IMC}(1)=\widetilde{G}^{-1}(1) \tag{4.2-12}$$

就有

$$e(\infty)=0$$

这表明即使在模型失配的情况下，只要满足式(4.2-12)，内模控制仍能对阶跃设定值输入信号进行跟踪，且有消除阶跃干扰的能力。这近似说明 IMC 系统本身具有对偏差积分的作用，在 IMC 设计中无需再单独引入积分环节。

3. 内模控制器的设计

前已说过理想控制器要求 $G_{IMC}(z)=\widetilde{G}^{-1}(z)$，但是由于下述几个原因，理想控制器是难以实现的：

(1) 若对象模型 $\widetilde{G}(z)$ 含有纯滞后特性，则 $G_{IMC}(z)$ 具有超前预测项，这在物理上是不能实现的，因为它不符合因果律。

(2) 若对象模型 $\widetilde{G}(z)$ 含有不稳定的零点(即在单位圆外的零点)，则 $G_{IMC}(z)$ 就有不稳定的极点，导致控制器不稳定。

(3) 若对象模型 $G(z)$ 是严格有理的，分母的多项式次数高于分子的多项次数为 N，则 $G_{IMC}(z)$ 中将出现 N 阶微分器，这样的控制器对高频噪声极为敏感，无法采用。

(4) 最后如果模型有误差时，$\widetilde{G}(z)\neq G(z)$，理想控制器 $\widetilde{G}^{-1}(z)$ 对模型误差极为敏感，系统的鲁棒性差，甚至会导致系统不稳定。

针对上面的问题，内模控制器的设计是分两步进行的，第一步，先设计一个稳定的控制器，以解决上述的(1)～(3)问题；第二步，采用在反馈和输入回路插入反馈滤波器 $G_f(z)$ 和输入滤波器 $G_r(z)$，并通过调整 $G_f(z)$ 和 $G_r(z)$ 的结构和参数来稳定系统，并使系统获得

期望的动态品质，使问题(4)得到解决。

1) 稳定控制器的设计

先不考虑模型误差、约束条件等，设计一个稳定的控制器。若模型 $\widetilde{G}(z)$ 为非最小相位系统，先将模型 $\widetilde{G}(z)$ 分解为两部分：

$$\widetilde{G}(z)=\widetilde{G}_{+}(z)\cdot\widetilde{G}_{-}(z) \tag{4.2-13}$$

其中，$\widetilde{G}_{+}(z)$ 是包含时滞和位于 z 平面单位圆外零点的部分；$\widetilde{G}_{-}(z)$ 是模型中最小相位部分。

为保证 $G_{\mathrm{IMC}}(z)$ 可实现，取

$$G_{\mathrm{IMC}}(z)=\widetilde{G}_{-}^{-1}(z)\cdot f(z) \tag{4.2-14}$$

$f(z)$ 是保证 $G_{\mathrm{IMC}}(z)$ 可实现的因子。为实现零稳态偏差，根据条件式(4.2－12)知，$f(z)$ 必须满足

$$f(1)=\widetilde{G}_{+}^{-1}(1) \tag{4.2-15}$$

或

$$\widetilde{G}_{+}(1)f(1)=1$$

可实现因子 $f(z)$ 一般可取为

$$f(z)=\frac{1}{\widetilde{G}_{+}(1)}\frac{1-\beta}{1-\beta z^{-1}}\quad(\beta<1) \tag{4.2-16}$$

其中，$\widetilde{G}_{+}(1)$ 是模型非最小相位部分的稳态增益。

当 $\widetilde{G}_{+}(1)=1$ 的情况[①]，式(4.2－16)化简为

$$f(z)=\frac{1-\beta}{1-\beta z^{-1}}(\beta<1) \tag{4.2-17}$$

是一阶滤波形式，当然，$f(z)$ 也可取其他高阶滤波形式。

将式(4.2－13)及式(4.2－14)代入式(4.2－6)中得

$$y(z)=\frac{f(z)\widetilde{G}_{-}^{-1}(z)G(z)}{1+f(z)\widetilde{G}_{-}^{-1}(z)[G(z)-\widetilde{G}(z)]}y_{\mathrm{sp}}(z)+\frac{1-f(z)\widetilde{G}_{+}(z)}{1+f(z)\widetilde{G}_{-}^{-1}(z)[G(z)-\widetilde{G}(z)]}d(z) \tag{4.2-18}$$

上式还可进一步变换成

$$y(z)=\frac{1}{1+\dfrac{\widetilde{G}_{-}(z)[1-f(z)\widetilde{G}_{+}(z)]}{f(z)G(z)}}y_{\mathrm{sp}}(z)+\frac{1-f(z)\widetilde{G}_{+}(z)}{1+f(z)\widetilde{G}_{-}^{-1}(z)[G(z)-\widetilde{G}(z)]}d(z) \tag{4.2-19}$$

从式(4.2－19)知，由于 $f(1)\widetilde{G}_{+}(1)=1$，所以对阶跃形式的给定值输入 y_{sp} 或扰动 d，总有

$$y(\infty)=y_{\mathrm{sp}}(\infty)$$

---

① $\widetilde{G}(z)=\widetilde{G}_{+}(z)\widetilde{G}_{-}(z)$ 的分解非唯一，因而 $\widetilde{G}_{+}(z)$ 的稳态增益可取为 1，例如取

$$\widetilde{G}_{+}(z)=z^{-d}\prod_{i=1}^{p}\left(\frac{z-v_i}{z-\bar{v}_i}\right)\left(\frac{1-\bar{v}_i}{1-v_i}\right)$$

其中，v_i 是 $\widetilde{G}(z)$ 所有不稳定的 p 个零点，$\bar{v}_i$ 是 v_i 关于单位圆的反演点，$\bar{v}_i=1/v_i$（在单位圆内），d 是纯滞后时间对采样周期的倍数。

实现静态无差。

2) 反馈通道和前置通道滤波器的设计

在模型匹配时，$\widetilde{G}(z)=G(z)$，由(4.2-18)，有

$$y(z) = f(z)\widetilde{G}_{+}(z)y_{sp}(z) + [1 - f(z)\widetilde{G}_{+}(z)]d(z) \tag{4.2-20}$$

上式表明，输出响应可通过调整 $f(z)$的参数(如 β 值)来改变。

但是由上一步设计出来的稳定控制器，在对象模型失配或有干扰存在的情况下，有时闭环系统并不能获得期望的动态特性，甚至会出现闭环系统不稳定的情况。

【例 4.2-1】 设对象和模型的脉冲传递函数分别为

$$G(z) = (z^{-2} + z^{-1})g(z),\ \widetilde{G}(z) = 2z^{-1}g(z)$$

其中，$g(z)$是最小相位部分的脉冲传递函数。

若取稳定控制器 $G_{IMC}(z)=g^{-1}(z)$，闭环系统的特征方程为

$$g(z)(1 + z^{-2} - z^{-1}) = 0$$

有两个根 $z_{1,2}=1/2\pm j\sqrt{3}/2$ 落在单位圆上，因而闭环内模控制系统不稳定。

解决模型失配引起闭环系统不稳定的方法是在反馈通道中加入一个反馈滤波器$G_f(z)$，参见图 4.2-3。

$G_f(z)$的第一个作用是使不稳定的闭环系统得到镇定，增强系统的鲁棒性。

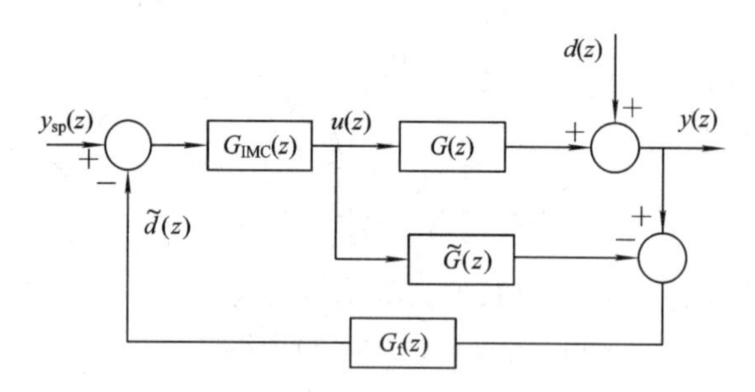

图 4.2-3 带反馈滤波器的内模控制系统

插入反馈滤波器后，闭环的控制 u、输出 y 和偏差 e 的方程式应改为(为简单起见省略了传递函数中算子 z)

$$u(z) = \frac{G_{IMC}}{1 + G_{IMC}G_f(G - \widetilde{G})}[y_{sp}(z) - G_f d(z)] \tag{4.2-21}$$

$$y(z) = \frac{G_{IMC}G}{1 + G_{IMC}G_f(G - \widetilde{G})}y_{sp}(z) + \frac{1 - G_{IMC}G_f\widetilde{G}}{1 + G_{IMC}G_f(G - \widetilde{G})}d(z) \tag{4.2-22}$$

和

$$e(z) = y_{sp}(z) - y(z)$$

即

$$e(z) = \frac{1 - G_{IMC}G(1 - G_f) - G_{IMC}G_f\widetilde{G}}{1 + G_{IMC}G_f(G - \widetilde{G})}y_{sp}(z) - \frac{1 - G_{IMC}G_f\widetilde{G}}{1 + G_{IMC}G_f(G - \widetilde{G})}d(z) \tag{4.2-23}$$

如取 $G_f(z)$为简单的一阶滤波形式：

$$G_f(z) = \frac{1 - \alpha_f}{1 - \alpha_f z^{-1}} \qquad (0 < \alpha_f < 1) \tag{4.2-24}$$

α_f是可以按实际情况调整的参数。

回过头来再看上面的例子，由式(4.2-22)，加入 $G_f(z)$后，闭环系统的特征方程式为

$$\frac{1}{G_{IMC}(z)} + G_f(z)[G(z) - \widetilde{G}(z)] = 0 \tag{4.2-25}$$

代入原关系式，即得

$$g(z)[1-z^{-1}+(1-\alpha_f)z^{-2}]=0$$

原来使系统产生持续振荡的根变为

$$z_{1,2}=\frac{1}{2}(1\pm\sqrt{4\alpha_f-3})$$

因 $0<\alpha_f<1$，它们均在单位圆内，系统得到了稳定，而且通过 α_f的选择可以把特征根配置在合适的位置，因此 $G_f(z)$的合适利用，可增加内模控制系统的鲁棒性。

$G_f(z)$的第二个作用是可以抑制进入系统的干扰，例如，当模型匹配时，$\widetilde{G}(z)=G(z)$，由干扰引起的输出变化为

$$y(z) = [1 - G_{IMC}(z)G_f(z)\widetilde{G}(z)]d(z) \tag{4.2-26}$$

对于某些类型干扰，可适当选取反馈滤波器，对干扰进行补偿和抑制，例如当

$$\widetilde{G}(z)=G(z)=z^{-1}g(z)$$

$$G_{IMC}(z)=\frac{1}{g(z)}$$

时，由式(4.2-26)有

$$y(z)=[1-z^{-1}G_f(z)]d(z)$$

如果取 $G_f(z)=\frac{1-\alpha_f}{1-\alpha_f z^{-1}}(0<\alpha_f<1)$，那么对单位阶跃干扰 $d(z)=\frac{1}{1-z^{-1}}$，输出的 z 变换为

$$y(z) = \left(1 - z^{-1}\frac{1-\alpha_f}{1-\alpha_f z^{-1}}\right)\frac{1}{1-z^{-1}} = \frac{1}{1-\alpha_f z^{-1}} = 1 + \alpha_f z^{-1} + \alpha_f^2 z^{-2} + \cdots$$

即输出序列 $y(k)$按 1，α_f，α_f^2，…呈指数衰减至零。而且如果没有反馈，$G_f(z)=0$，则 $y(k)$是常数 1。如果 $G_f(z)=1$，则 $y(k)$是 δ 函数，对系统冲击很大。

另外，内模控制系统，如有突加设定值的冲击，为了柔化控制动作，通常将设定值 $y_{sp}(k)$经过一个输入滤波器 $G_r(z)$后，再送至控制器 $G_{IMC}(z)$。经柔化后的输入参考轨迹 $y_r(k)$满足方程：

$$\left.\begin{aligned} y_r(k+i) &= \alpha_r^i y_r(k) + (1-\alpha_r^i)y_{sp}(k) \\ &(i=1,2,\cdots,p;\ 0<\alpha_r<1) \\ y_r(k) &= y(k) \end{aligned}\right\} \tag{4.2-27}$$

式中，$y_{sp}(k)$为输入设定值，$y_r(k)$为参考轨迹，输入滤波器的输出。$\alpha_r=\exp(-T/\tau)$，T 为采样周期，τ 为参考轨迹时间常数，柔性因子 α_r越大(即 τ 越大)，表明到达 y_{sp}时间就越长，柔性越大。

加入输入滤波器后，参考输入信号方程为

$$y_r(k+i) = \frac{1-\alpha_r^i}{1-\alpha_r^i z^{-i}}y_{sp}(k) = G_r(z)y_{sp}(k) \tag{4.2-28}$$

取 $i=1$，即把 $y_{sp}(k)$作为输入，$y_r(k+1)$作为输出，则输入滤波器的形式为

$$G_r(z) = \frac{1-\alpha_r}{1-\alpha_r z^{-1}} \quad (0 < \alpha_f < 1) \tag{4.2-29}$$

它也是一阶的。

从式(4.2-24)和式(4.2-29)知，当反馈滤波器 $G_f(z)$ 和输入滤波器 $G_r(z)$ 的可调因子选取同一值时，在结构上它们可以合二为一，这等同在前向通道的控制器 $G_{IMC}(z)$ 前插入一个前置滤波器 $G_\beta(z)$，如图 4.2-4 所示。

$$G_\beta(z) = \frac{1-\beta}{1-\beta z^{-1}} \tag{4.2-30}$$

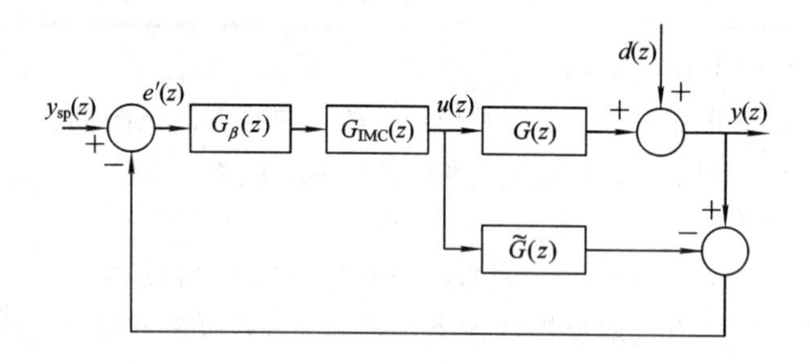

图 4.2-4　加前置滤波器的内模控制系统

如果设计出的内模控制器中包含可实现因子 $f(z)$，并取 $f(z)$ 为式(3.2-17)中的一阶滤波器形式，则可将 $f(z)$ 从 $G_{IMC}(z)$ 中分离出来，而与前置滤波 $G_\beta(z)$ 合并，此时前置滤波 $G_\beta(z)$ 兼有控制器可实现因子、反馈滤波和输入滤波三重作用。适当选取前置滤波参数 β 可增强系统的稳定性和鲁棒性。通常增大 β 值($0<\beta<1$)，系统克服模型失配和参数波动能力强，但输出响应变慢，因此，β 值应在鲁棒性和快速性之间折中选择，进行闭环整定。

单输入-单输出系统的内模控制理论和设计方法，原则上也能应用于多输入-多输出系统，只是相应的脉冲传递函数应当代之以脉冲传递矩阵，可参阅有关书籍和论文。

4. 内模控制应用实例

【例 4.2-2】　如图 4.2-5 是一个蒸汽加热器实验装置，加热介质为蒸汽，冷流体为水，控制目标是通过调节加热蒸汽流量来保证热交换器出口热水温度平稳。图中温度控制器采用微机实现。

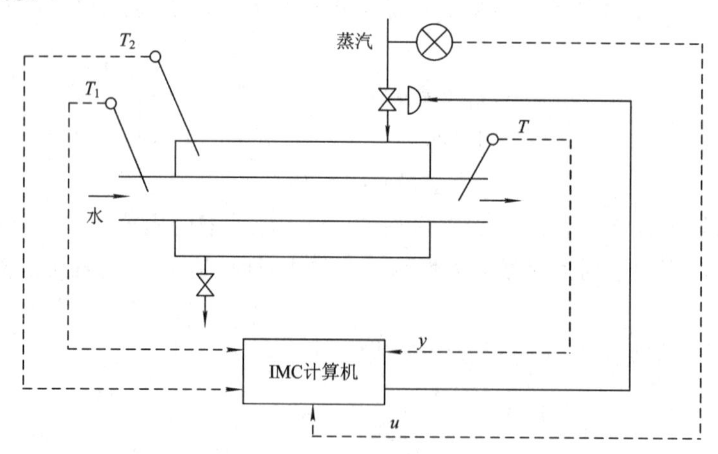

图 4.2-5　蒸汽加热器实验装置

热交换器是典型的分布参数系统，表现出化工过程常见的时滞和非线性特性。随着水流量变化，对象增益和时滞等参数会发生变化，利用内模控制实现对出水温度控制，以达到系统性能和鲁棒性的要求。

热交换出水温度 y 与蒸汽量 u 的关系，由开环阶跃响应获得对象模型为

$$\frac{y_m(s)}{u(s)} = \widetilde{G}(s) = \frac{3.5e^{-3s}}{10s+1} \tag{4.2-31}$$

包含零阶保持器 $G_{h0}(s)=(1-e^{-T_s s})/s$ 后，对象模型的脉冲传递函数为

$$\frac{y_m(z)}{u(z)} = z[G_{h0}(s)\widetilde{G}(s)] = z\left[\frac{1-e^{-T_s s}}{s}\cdot\frac{3.5e^{-3s}}{10s+1}\right] = z^{-(N+1)}\frac{3.5(1-\alpha)}{1-\alpha z^{-1}} \tag{4.2-32}$$

其中，常数 $\alpha=e^{-\frac{T_s}{T}}(T=10)$，$N=3/T_s$ 为纯滞后时间对采样时间的倍数。取采样时间 $T_s=0.3$ s，故 $\alpha=0.970$，$N=10$。

为了使内模控制器可实现，取前置滤波器 $G_\beta(z)=\dfrac{1-\alpha_f}{1-\alpha_f z^{-1}}$ 为一阶滤波器形式，且令整定参数 β 为 α_f，故

$$G_{IMC}(z) = \frac{u(z)}{e'(z)} = \widetilde{G}_-^{-1}(z)f(z) = \frac{1-\alpha z^{-1}}{3.5(1-\alpha)}\cdot\frac{1-\alpha_f}{1-\alpha_f z^{-1}} \tag{4.2-33}$$

式中，$\alpha_f=e^{-\frac{T_s}{T_f}}$（$T_f$ 为滤波器常数），$0<\alpha_f<1$ 是一个可调整参数。

根据内模控制系统的信号关系（见图 4.2-2）及式（4.2-32）、式（4.2-33），控制算法包括下面三个方程：

$$y_m(k) = \alpha y_m(k-1) + 3.5(1-\alpha)u(k-N-1)$$

$$e'(k) = y_{sp}(k) - [y(k) - y_m(k)]$$

$$u(k) = \frac{1-\alpha_f}{3.5(1-\alpha)}[e'(k) - \alpha e'(k-1)] + \alpha_f u(k-1)]$$

根据内模控制原理，在模型匹配时，滤波器时间常数 T_f，即 α_f 值决定了闭环响应。图 4.2-6 给出了滤波器时间 T_f 变化对设定值的影响。随着 T_f 增大（因而 α_f 也增大），响应的超调量减小，振荡减弱而响应变慢。由此可见，响应速度与稳定性之间权衡关系是很清晰的，由于 IMC 只是一个整定参数 T_f，且 T_f 与满意的过程响应之间关系明确，这也是 IMC 优于常规 PID 之处。

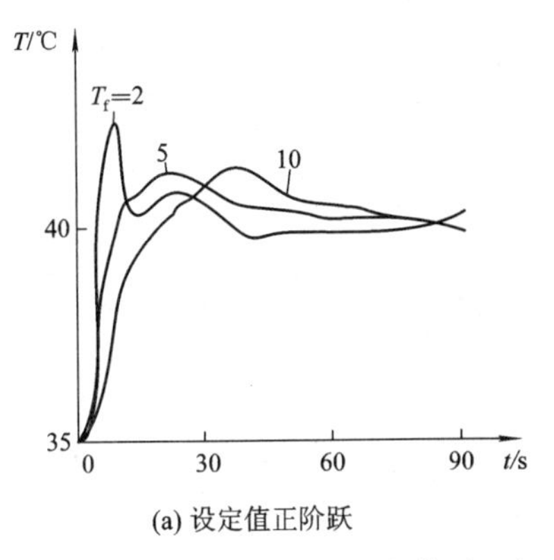

(a) 设定值正阶跃

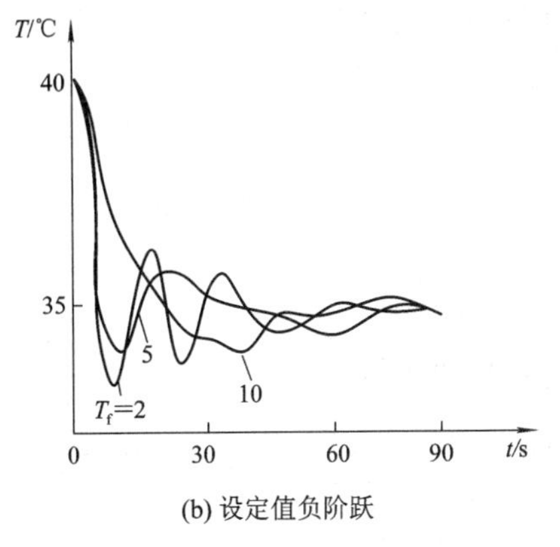

(b) 设定值负阶跃

图 4.2-6　滤波器时间常数 T_f 变化时，出口温度对设定值阶跃变化的响应（采样周期 $T_s=0.3$ s）

当模型失配时，通过 T_f的整定，内模控制系统也有较好克服模型偏离的能力。

4.2.2 内模控制在 PID 控制参数整定中的应用

PID 控制是一种应用面广、工程人员熟悉的控制算法。由于它模仿了有效的人工控制方式，故能满足一般工业过程平稳操作和安全运行的要求，在过程工业中，PID 控制约占生产装置控制回路的 80%～90%。

PID 控制回路的控制质量与控制器参数 k_c、τ_i、τ_d的设置有很大的关系。长期以来，工程人员以 4∶1 衰减为准则创造了一些诸如临界比例度法、反应曲线法等经验方法，但缺少理论的指导。近二十年来，一些创新的 PID 控制思想已得到应用。Rivera 及 Morari 等人将基于对象模型的内模控制思想引入 PID 参数整定中来，建立了对象过程参数、滤波器参数与 PID 参数 k_c、τ_i、τ_d之间明确的关系。由于整定参数只有一个，而且该参数与系统的控制质量及鲁棒性密切相关，因而得到了应用。这种方法称为基于内模控制的 PID 方法(IMC - PID)。

为了建立内模控制与大家熟悉的连续 PID 控制器的联系，下面简略介绍连续系统的内模控制的主要成果。

1. 连续系统的内模控制

图 4.2 - 7 是简单反馈控制回路和它等效的内模控制系统。

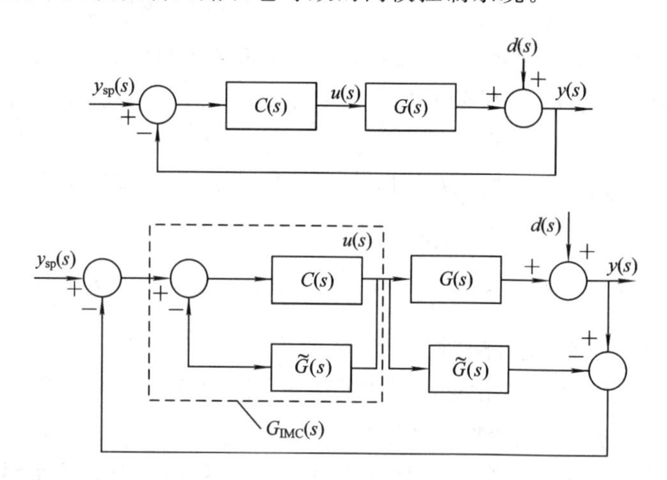

图 4.2 - 7 简单连续反馈控制系统和它等效的内模控制系统

由图得 $G_{IMC}(s)$与 $C(s)$之间的关系：

$$G_{IMC}(s) = \frac{C(s)}{1 + C(s)\widetilde{G}(s)} \tag{4.2-34}$$

及

$$C(s) = \frac{G_{IMC}(s)}{1 - G_{IMC}(s)\widetilde{G}(s)} \tag{4.2.-35}$$

系统的闭环响应为

$$y(s) = \frac{G_{IMC}(s)G(s)}{1 + G_{IMC}(s)[G(s) - \widetilde{G}(s)]}y_{sp}(s) + \frac{1 - G_{IMC}(s)\widetilde{G}(s)}{1 + G_{IMC}(s)[G(s) - \widetilde{G}(s)]}d(s)$$

(4.2 - 36)

（1）内模控制有如下性质：

① 对偶稳定性。如对象模型匹配，$\tilde{G}(s)=G(s)$，则 IMC 系统闭环稳定的充要条件是对象 $G(s)$ 和控制器 $G_{IMC}(s)$ 都稳定。

② 理想控制器特性。当对象 $G(s)$ 稳定时，且模型匹配，$\tilde{G}(s)=G(s)$，若设计控制器

$$G_{IMC}(s)=\tilde{G}^{-1}(s)$$

则

$$y(s)=\begin{cases} y_{sp}(s), & \text{设定值扰动 } y_{sp}(s)\neq 0 \\ 0, & \text{外界扰动 } d(s)\neq 0 \end{cases}$$

③ 零稳态误差。如闭环系统稳定，即使模型失配，$G(s)\neq\tilde{G}(s)$，只要控制器满足：

$$G_{IMC}(0)=G^{-1}(0)$$

则此系统的误差 $e(s)=y_{sp}(s)-y(s)$ 对于阶跃设定值输入和常值干扰都是稳态无差的，$e(\infty)=0$。

（2）内模控制器 $G_{IMC}(s)$ 设计步骤。

① 先将对象模型分解：

$$\tilde{G}(s)=\tilde{G}_+(s)\cdot\tilde{G}_-(s) \tag{4.2-37}$$

其中

$$\tilde{G}^+(s)=e^{-\tau s}\prod_i(-\beta_i s+1)\quad(\beta_i>0) \tag{4.2-38}$$

为 $\tilde{G}(s)$ 的非最小相位部分，包含所有右半平面的零点和纯时滞。$\tilde{G}_-(s)$ 为 $\tilde{G}(s)$ 的最小相部分。

② 取内模控制器为

$$G_{IMC}(s)=\tilde{G}_-^{-1}(s)\cdot f(s) \tag{4.2-39}$$

其中，$f(s)$ 为滤波器，是为了保证 $G_{IMC}(s)$ 变为有理的可实现因子：

$$f(s)=\frac{1}{(1+\varepsilon s)^r}(\varepsilon>0) \tag{4.2-40}$$

加入了滤波器的内模控制系统具有较强的鲁棒性，即使对象模型不匹配，通过 ε 的调整，可以使系统在快速性和鲁棒性之间达到折中。

2. IMC－PI(D)的参数整定

由式(4.2－35)及式(4.2－39)得等效控制器的传递函数为

$$C(s)=\frac{\tilde{G}_-^{-1}(s)/(\varepsilon s+1)^r}{1-\dfrac{\tilde{G}_+(s)}{(\varepsilon s+1)^r}}=\frac{\tilde{G}_-^{-1}(s)}{(\varepsilon s+1)^r-\tilde{G}_+(s)} \tag{4.2-41}$$

其中，$\tilde{G}_+(s)$ 是对象模型的非最小相位部分，无余差要求，$\tilde{G}_+^{-1}(0)=1$。

PID 控制器传递函数为

$$C(s)=k_c\left[\frac{\tau_i\tau_d s^2+\tau_i s+1}{\tau_i s}\right]\left[\frac{1}{\tau_f s+1}\right] \tag{4.2-42}$$

其中，k_c、τ_i、τ_d 分别为控制器增益、积分时间和微分时间，$1/(\tau_f s+1)$ 是实际工业 PID 控制器实现时引入的（τ_f 是一个很小的量，通常在 $0.05\tau_d\sim0.1\tau_d$ 之间），$\tau_f=0$ 时为理想 PID 控制器。

对比式(4.2－41)和式(4.2－42)就可能得到控制器 k_c、τ_i、τ_d、τ_f 整定参数和对象模型

参数，以及滤波器可调参数 ε 之间的关系。

1）无滞后对象的 IMC－PI(D)反馈控制的设计

【例 4.2－3】 一阶对象的 IMC－PID 反馈控制器的设计。

$$\widetilde{G}(s)=\frac{k}{\tau s+1} \tag{4.2-43}$$

其中，k 为对象开环增益，τ 为时间常数。

$$\widetilde{G}_{-}(s)=\frac{k}{\tau s+1},\ \widetilde{G}_{+}(s)=1$$

（1）寻找 IMC 控制器的传递函数 $G_{\mathrm{IMC}}(s)$，其中包含一个滤波器 $f(s)$，使 $G_{\mathrm{IMC}}(s)$物理上可实现。

$$G_{\mathrm{IMC}}(s)=\widetilde{G}_{-}^{-1}(s)f(s)=\frac{\tau s+1}{k}\cdot\frac{1}{\varepsilon s+1} \tag{4.2-44}$$

（2）利用式(4.2－41)求等效的 IMC－PID 控制器。

$$C(s)=\frac{G_{\mathrm{IMC}}(s)}{1-G_{\mathrm{IMC}}(s)\widetilde{G}(s)}=\frac{\widetilde{G}_{-}^{-1}(s)}{(\varepsilon s+1)-\widetilde{G}_{+}(s)}$$

$$=\frac{\tau s+1}{k\varepsilon s}=\frac{\tau}{k\varepsilon}\cdot\frac{\tau s+1}{\tau s}\quad(r=1)$$

（3）对照式(4.2－42)得

$$k_{\mathrm{c}}=\frac{\tau}{k\varepsilon},\ \tau_{\mathrm{i}}=\tau,\ \tau_{\mathrm{d}}=0,\ \tau_{\mathrm{f}}=0 \tag{4.2-45}$$

【例 4.2－4】 二阶对象的 IMC－PID 反馈控制器的设计。

$$\widetilde{G}(s)=\widetilde{G}^{-}(s)=\frac{k}{(\tau_1 s+1)(\tau_2 s+1)},\ \widetilde{G}_{+}(s)=1 \tag{4.2-46}$$

（1）求 $\widetilde{G}_{\mathrm{IMC}}(s)=\widetilde{G}^{-}(s)f(s)$。取 $f(s)=1/(\varepsilon s+1)$，则

$$\widetilde{G}_{\mathrm{IMC}}(s)=\frac{(\tau_1 s+1)(\tau_2 s+1)}{k}\cdot\frac{1}{\varepsilon s+1} \tag{4.2-47}$$

取 $f(s)=1/(\varepsilon s+1)$，使 $\widetilde{G}_{\mathrm{IMC}}(s)$及 $C(s)$分子多于分母最多一次，对应于理想 PID 控制器。

（2）利用式(4.2－41)，等效的 IMC－PID 控制器：

$$C(s)=\frac{\widetilde{G}_{-}^{-1}(s)}{(\varepsilon s+1)-\widetilde{G}_{+}(s)}=\frac{\dfrac{(\tau_1 s+1)(\tau_2 s+1)}{k}}{(\varepsilon s+1)-1}=\frac{\tau_1+\tau_2}{k\varepsilon}\cdot\frac{\tau_1\tau_2 s^2+(\tau_1+\tau_2)s+1}{(\tau_1+\tau_2)s} \tag{4.2-48}$$

（3）对照式(4.2－42)得

$$k_{\mathrm{c}}=\frac{\tau_1+\tau_2}{k\varepsilon},\ \tau_{\mathrm{i}}=\tau_1+\tau_2,\ \tau_{\mathrm{d}}=\frac{\tau_1\tau_2}{\tau_1+\tau_2},\ \tau_{\mathrm{f}}=0 \tag{4.2-49}$$

2）带有纯滞后对象的 IMC－PID 反馈控制器的设计

有纯滞后对象是非最小相位对象，为了得到 IMC－PID 形式控制器，需将纯滞后项用一阶 Pade 或零阶近似。

【例 4.2－5】 对一阶加纯滞后对象的 IMC－PID 控制器的设计。

$$G(s)=\frac{k\mathrm{e}^{-\theta s}}{\tau s+1}$$

（1）对纯滞后项用一阶 Pade 近似：

$$e^{-\theta s} \approx \frac{-0.5\theta s + 1}{0.5\theta s + 1} \tag{4.2-50}$$

所以取

$$\widetilde{G}(s) \approx \frac{k(-0.5\theta s + 1)}{(\tau s + 1)(0.5\theta s + 1)} \tag{4.2-51}$$

分解成

$$\widetilde{G}_-(s) = \frac{k}{(\tau s + 1)(0.5\theta s + 1)}，\widetilde{G}_+(s) = -0.5\theta s + 1$$

（2）求 $G_{IMC}(s)$。

$$G_{IMC}(s) = \widetilde{G}_-^{-1}(s) f(s) = \frac{(\tau s + 1)(0.5\theta s + 1)}{k} \cdot \frac{1}{\varepsilon s + 1} \tag{4.2-52}$$

（3）对应地，有

$$C(s) = \frac{\widetilde{G}_-^{-1}(s)}{(\varepsilon s + 1) - \widetilde{G}_+(s)} = \frac{1}{k} \cdot \frac{(\tau s + 1)(0.5\theta s + 1)}{(\varepsilon + 0.5\theta)s} = \frac{1}{k} \frac{0.5\tau\theta s^2 + (\tau + 0.5\theta)s + 1}{(\varepsilon + 0.5\theta)s} \tag{4.2-53}$$

（4）对照式(4.2-42)，得

$$k_c = \frac{\tau + 0.5\theta}{k(\varepsilon + 0.5\theta)}，\tau_i = \tau + 0.5\theta，\tau_d = \frac{\tau\theta}{2\tau + \theta}，\tau_f = 0$$

由于使用 Pade 近似，增加了模型的不确定性，故滤波常数 ε 不能取得太小，推荐 $\varepsilon > 0.8\theta$。

【例 4.2-6】 对一阶加纯滞后对象的 IMC-PI 控制器的设计。

$$G(s) = \frac{k e^{-\theta s}}{\tau s + 1}$$

（1）对 $e^{-\theta s}$ 用零阶 Pade 近似：

$$e^{-\theta s} \approx 1$$

取

$$\widetilde{G}(s) = \frac{k}{\tau s + 1}，f(s) = \frac{1}{\varepsilon s + 1} \tag{4.2-54}$$

（2）其结果和例 4.2-2 一样，即

$$k_c = \frac{\tau}{k\varepsilon}，\tau_i = \tau，\tau_d = \tau_f = 0 \tag{4.2-55}$$

由于没有考虑纯滞后，模型误差较大，Morari 等人(1989 年)建议加大 ε，$\varepsilon > 1.7\theta$。

若在忽略纯滞后的同时，增大对象的时间常数，即取

$$\widetilde{G}(s) = \frac{k}{(\tau + 0.5\theta)s + 1} \tag{4.2-56}$$

则得

$$k_c = \frac{\tau + 0.5\theta}{k\varepsilon}，\tau_i = \tau + 0.5\theta，\tau_d = \tau_f = 0 \tag{4.2-57}$$

这种控制器称为改进型 IMC-PC 控制器，由于纯滞后被近似，存在模型误差，Morari 等人(1989 年)建议 $\varepsilon > 1.7\theta$，改进型的 PI 控制器比 PI 控制器的鲁棒性更强。

以对象

$$\widetilde{G}(s)=\frac{1\cdot e^{-5s}}{10s+1} \tag{4.2-58}$$

为例，在时间滞后作分解后，得内模控制器：

$$G_{IMC}(s)=\frac{10s+1}{\varepsilon s+1} \tag{4.2-59}$$

按 $\widetilde{G}(s)$求得各种 IBM－PI(D)控制器的参数，如表 4.2－1 所示。

表 4.2－1　IBM－PI(D)控制器参数

控制器类型	k_c	τ_i	τ_0	τ_f	ε 应用范围(>)
PID＋滤波器	$\frac{12.5}{5+\varepsilon}$	12.5	2	$\frac{5\varepsilon}{10+2\varepsilon}$	1.25
PID	$\frac{12.5}{2.5+\varepsilon}$	12.5	2	—	4
PI	$\frac{10}{\varepsilon}$	10	—	—	8.5
改进型 PI	$\frac{12.5}{\varepsilon}$	12.5	—	—	8.5

PID＋滤波器的控制器是实际 PID 控制器(4.2－42)，对 $G(s)=\frac{k}{\tau s+1}e^{-\theta s}$，通过计算 $\tau_f=\frac{\theta\varepsilon}{2(\theta+\varepsilon)}$得到。其得参数都由前述算式得到。

图 4.2－8 是 ε＝5 和 ε＝10 时，式(4.2－59)的内模控制器 $G_{IMC}(s)$与各种基于 IMC 的PI(D)控制器的控制效果图。

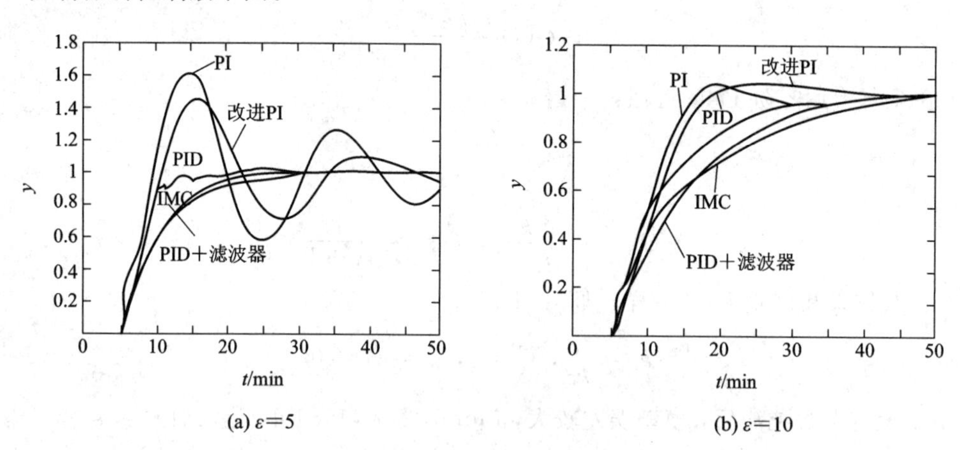

图 4.2－8　各类控制器对阶跃设定值扰动的响应曲线

从图中可看出，当 ε＝5 时，IMC 和 PID 加滤波器控制性能几乎一样，但明显优于其他控制器。

ε＝10 时，各类控制器响应的稳定性显著提高，性能差别也减小，说明系统的鲁棒性能有改善，但响应速度有所减缓。

3) 具有不稳定零点对象的 IMC－PID 反馈控制器的设计

对具有不稳定零点的对象，在设计控制器时，应先将对象模型分解(这种分解不是唯一的)，得到的控制器也有所差别。

【**例 4.2-7**】 对具有不稳定零点的二阶系统：

$$\widetilde{G}(s)=\frac{k(-\beta s+1)}{(\tau_1 s+1)(\tau_2 s+1)}\quad(\beta,\ \tau_1,\ \tau_2>0)\tag{4.2-60}$$

设计步骤：

(1) 将对象模型分解为

$$\widetilde{G}_+(s)=(-\beta s+1)\text{(对应于阶跃响应的 IAE 指标最优)}$$

$$\widetilde{G}_-(s)=\frac{k}{(\tau_1 s+1)(\tau_2 s+1)}\tag{4.2-61}$$

(2) 使用一阶滤波器 $f(s)=\frac{1}{\varepsilon s+1}$，得

$$G_{\text{IMC}}(s)=G_-^{-1}(s)f(s)=\frac{(\tau_1 s+1)(\tau_2 s+1)}{k(\varepsilon s+1)}\tag{4.2-62}$$

(3) 利用式(4.2-41)转换关系，得

$$C(s)=\frac{\dfrac{(\tau_1 s+1)(\tau_2 s+1)}{k}}{(\varepsilon s+1)-(-\beta s+1)}=\frac{1}{k(\beta+\varepsilon)}\frac{(\tau_1 s+1)(\tau_2 s+1)}{s}$$

$$=k_c\left(1+\frac{1}{\tau_i s}+\tau_d s\right)\text{—— 理想 PID 控制器}\tag{4.2-63}$$

其中

$$k_c=\frac{\tau_1+\tau_2}{k(\beta+\varepsilon)},\ \tau_i=\tau_1+\tau_2,\ \tau_d=\frac{\tau_1\tau_2}{\tau_1+\tau_2},\ \tau_f=0\tag{4.2-64}$$

另一种分解法：

(1) $\widetilde{G}_+(s)=\frac{-\beta s+1}{\beta s+1}$(对应于阶跃响应的 ISE 指标最优)

$$\widetilde{G}_-(s)=\frac{k(\beta s+1)}{(\tau_1 s+1)(\tau_2 s+1)}\tag{4.2-65}$$

(2) 使用一阶滤波器 $f(s)=\frac{1}{\varepsilon s+1}$，得

$$G_{\text{IMC}}(s)=\widetilde{G}_-^{-1}(s)f(s)=\frac{(\tau_1 s+1)(\tau_2 s+1)}{k(\beta s+1)}\cdot\frac{1}{\varepsilon s+1}\tag{4.2-66}$$

(3) 通过式(4.2-41)转换，得

$$C(s)=\frac{\dfrac{(\tau_1 s+1)(\tau_2 s+1)}{k(\beta s+1)}}{(\varepsilon s+1)-\dfrac{(-\beta s+1)}{\beta s+1}}=\frac{1}{k(2\beta+\varepsilon)}\cdot\frac{(\tau_1 s+1)(\tau_2 s+1)}{s\left(\dfrac{\beta\varepsilon}{2\beta+\varepsilon}s+1\right)}$$

$$=k_c\left(1+\frac{1}{\tau_i s}+\tau_d s\right)\cdot\frac{1}{\tau_f s+1}\text{—— 实际 PID 控制器}\tag{4.2-67}$$

其中

$$k_c=\frac{\tau_1+\tau_2}{k(2\beta+\varepsilon)},\ \tau_i=\tau_1+\tau_2,\ \tau_d=\frac{\tau_1\tau_2}{\tau_1+\tau_2},\ \tau_f=\frac{\beta\varepsilon}{2\beta+\varepsilon}\tag{4.2-68}$$

两种分解法的 PID 整定参数中增益 k_c不完全相同，且后者多了一个滤波器 $1/(\tau_f s+1)$。IMC-PID 还可以用于不稳定对象，这时滤波器应选得复杂一些，读者想进一步了解可参阅其他书籍和论文。

和 PID 控制器传统的整定方法相比较，IMC-PI(D)方法具有明显的优点：一是只

有一个整定参数 ε，而且按内模控制原理，ε 与系统响应的性能，如稳定性、快速性、鲁棒性之间关系明确，整定方法易于被工程人员掌握；二是理论依据充分，在满足一些条件下，它们是 IAE 或 ISE 意义最优的。图 4.2-9 和图 4.2-10 分别是关于带时滞的一阶对象$\tilde{G}(s)=e^{-\theta s}/(\tau s+1)$，改良型 IMC-PI 整定方法及 IMC-PID 整定方法与传统的 Zieger-Nichols 方法、Cohen-Coon 方法的比较结果，可明显看出在不同的时滞 θ 值下 IMC-PI(D)整定效果都要明显优于 Z-N 方法和 C-C 方法。

$\tilde{G}(s)=e^{-\theta s}/(\tau s+1)$，(——)为IMC-PI(改良型$\varepsilon=1.7\theta$)，(– – –)Z-N方法，(·······)C-C方法。

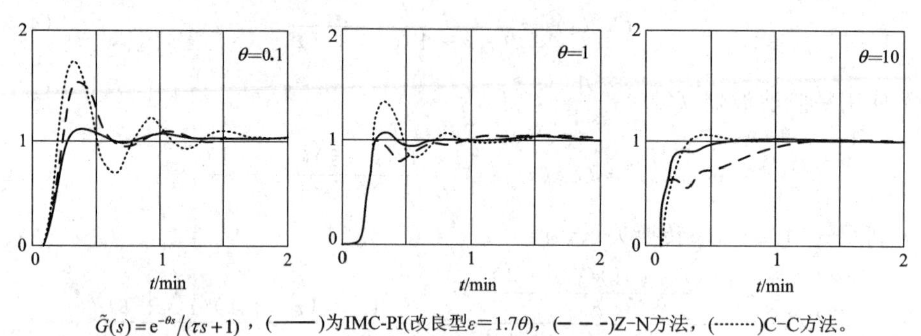

图 4.2-9　IMC-PI 方法与传统整定方法效果比较

$\tilde{G}(s)=e^{-\theta s}/(\tau s+1)$，(——)为IMC-PI(改良型$\varepsilon=1.7\theta$)，(– – –)Z-N方法，(·······)C-C方法。

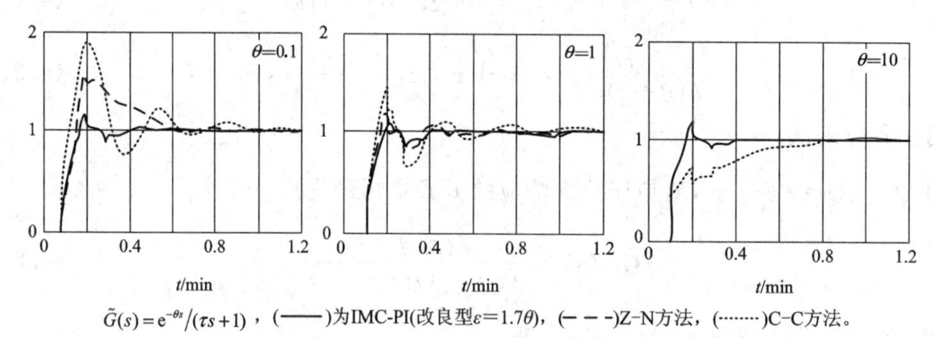

图 4.2-10　IMC-PID 方法与传统整定方法效果比较(毛刺是设定值阶跃冲击的结果)

4.3　简化模型预测控制

前面说过，内模控制是一种极具理论价值的基于模型的控制策略，但其工程实现因涉及模型求逆和滤波器合理设计等，设计过程还是比较复杂的，尤其是多输入-多输出过程，实施难度更大。为此，Arulalan 和 Deshpande 等人提出了一种简化模型预测控制(SMPC)，为内模控制的工程实现提供了更为简便的途径。

SMPC 的基本思想是要求系统的闭环响应至少能达到其开环响应的性能，由此导出一个控制算法，并引入一个整定参数 α 改善系统响应的性能，在快速性和鲁棒性之间折中选择一个合适的 α 值，由于只有一个整定参数，SMPC 方法也很容易推广到多输入-多输出系统。

4.3.1　单输入-单输出 SMPC

1. SMPC 方法

图 4.3-1 是典型的采样数字控制系统，假定对象是开环稳定的，其开环脉冲传递函

数为

$$\frac{y(z)}{u(z)} = G(z) \tag{4.3-1}$$

闭环系统的脉冲传递函数为

$$\frac{y(z)}{u(z)} = \frac{C(z)G(z)}{1+C(z)G(z)} \tag{4.3-2}$$

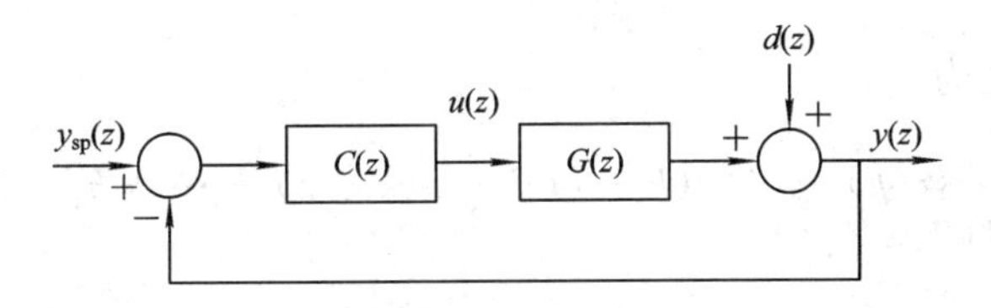

图 4.3-1　采样数字控制系统

SMPC 方法是基于如下假设设计的，即总可以设计一个控制算法，使系统对闭环的设定值的单位阶跃响应至少能和对象的开环归一化阶跃响应相同，归一化阶跃响应是稳态增益为 1 的对象对单位阶跃输入的响应。

如对象的稳态增益为 k_p，则其开环归一化阶跃响应为

$$y(z) = \frac{1}{k_p} G(z) \cdot \frac{1}{1-z^{-1}} \tag{4.3-3}$$

而闭环系统的单位阶跃响应为

$$y(z) = \frac{C(z)G(z)}{1+C(z)G(z)} \cdot \frac{1}{1-z^{-1}} \tag{4.3-4}$$

令上述两个响应相同，就有

$$\frac{1}{k_p} G(z) = \frac{C(z)G(z)}{1+C(z)G(z)} \tag{4.3-5}$$

因此

$$C(z) = \frac{1}{k_p - G(z)} \tag{4.3-6}$$

由于

$$C(z) = \frac{u(z)}{e(z)} \tag{4.3-7}$$

将式(4.3-6)代入上式，整理后得

$$u(z) = \frac{1}{k_p}[e(z) + G(z)u(z)] \tag{4.3-8}$$

式(4.3-8)中对应的脉冲函数可以用其开环脉冲响应系数 $\bar{h}_i$ 来表示，即 $G(z) = \sum_{i=1}^{\infty} \bar{h}_i z^{-i}$。对稳定的对象 $i \to \infty$ 时，$\bar{h}_i \to 0$，由此只需要取有限项 N 表示就足够了，即 $G(z) = \sum_{i=1}^{N} \bar{h}_i z^{-i}$。

令 $\widetilde{G}(z)$ 为对象模型的脉冲传递函数：

$$\widetilde{G}(z) = h_1 z^{-1} + h_2 z^{-2} + \cdots + h_N z^{-N} \tag{4.3-9}$$

其中，h_i 为对象模型的脉冲响应系数（为简单起见，略去了它们上方的～号），在式

(4.3 - 6)中，用模型代替真实的对象：

$$C(z)=\frac{1}{\tilde{k}_{\mathrm{p}}-\widetilde{G}(z)} \tag{4.3-10}$$

结合式(4.3 - 7)，有

$$u(z)=\frac{1}{\tilde{k}_{\mathrm{p}}}[e(z)+\widetilde{G}(z)u(z)] \tag{4.3-11}$$

写成时域表示的形式为

$$u(k)=\frac{1}{\tilde{k}_{\mathrm{p}}}\{e(k)+[h_1u(k-1)+h_2u(k-2)+\cdots+h_Nu(k-N)]\} \tag{4.3-12}$$

按式(4.3 - 12)的控制规律，在没有模型误差的情况下($\widetilde{G}(z)=G(z)$，$\widetilde{K}_{\mathrm{p}}=K_{\mathrm{p}}$，$h_i=\bar{h}_i$)，则闭环系统的设定值的单位阶跃响应与开环系统的阶跃响应完全一样，这显然不能满足对闭环系统的性能要求，为此在算法中引入一个整定参数 α 来改变闭环响应，这样式(4.3 - 11)变为

$$u(z)=\alpha e(z)+\frac{1}{\tilde{l}_{\mathrm{p}}}\widetilde{G}(z)u(z) \tag{4.3-13}$$

相应时域形式为

$$u(k)=\alpha e(k)+\frac{1}{\tilde{k}_{\mathrm{p}}}[h_1u(k-1)+h_2(k-2)+\cdots+h_Nu(k-N)] \tag{4.3-14}$$

式(4.3 - 13)和式(4.3 - 14)是单输入-单输出系统 SMPC 系统控制规律的最终形式。

2. SMPC 的主要性质

按上节所述，简单控制回路的 SMPC 控制器 $C(z)$有等效的内模控制结构，如图 4.3. - 2 所示。

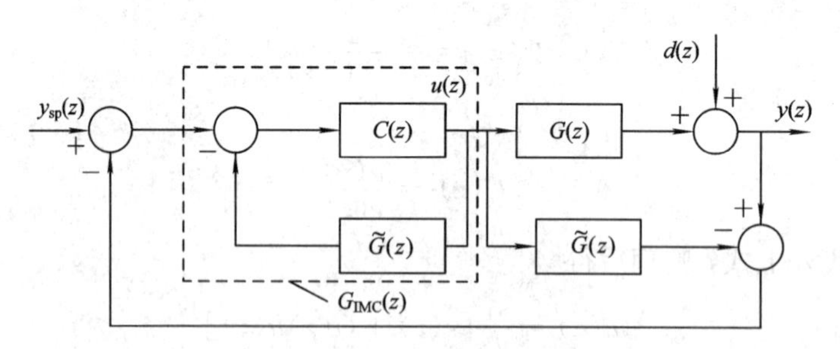

图 4.3 - 2　SMPC 的等效内模控制结构

虚线方框内是等效的内模控制器 $G_{\mathrm{IMC}}(z)$，因而

$$G_{\mathrm{IMC}}(z)=\frac{C(z)}{1+C(z)\widetilde{G}(z)} \tag{4.3-15}$$

由式(4.3 - 13)可知，SMPC 控制器的脉冲传递函数为

$$C(z)=\frac{\alpha\tilde{k}_{\mathrm{p}}}{\tilde{k}_{\mathrm{p}}-\widetilde{G}(z)} \tag{4.3-16}$$

故等效的内模控制器为

$$G_{\mathrm{IMC}}(z)=\frac{\alpha\tilde{k}_{\mathrm{p}}}{\tilde{k}_{\mathrm{p}}+(\alpha\tilde{k}_{\mathrm{p}}-1)\tilde{G}(z)} \tag{4.3-17}$$

(注意到它与上一节内模控制器的组成是不同的。)

利用上节的结果，我们来讨论 SMPC 系统的主要性质：

1) SMPC 的稳定性

内模控制器的对偶稳定性告诉我们，在模型匹配的条件下，$\tilde{G}(z)=G(z)$，整个系统稳定的充要条件是 $G_{\mathrm{IMC}}(z)$ 与 $G(z)$ 都是稳定的，因为 $G(z)$ 是开环稳定的，那么只要 $G_{\mathrm{IMC}}(z)$ 稳定，则闭环系统也稳定。

另一方面，由式(4.3-15)知，$G_{\mathrm{IMC}}(z)$ 的特征方程式为

$$1+C(z)\tilde{G}(z)=0 \tag{4.3-18}$$

将式(4.3-16)代入，整理得

$$1+\left(\alpha-\frac{1}{\tilde{k}_{\mathrm{p}}}\right)\tilde{G}(z)=0 \tag{4.3-19}$$

因为 $\tilde{G}(z)=G(z)$。式(4.3-19)也是相当参数为 $\left(\alpha-\frac{1}{\tilde{k}_p}\right)$ 的 z 的根轨迹方程。而稳定的 α 值范围可由 Jury 稳定判据求得，此范围内 $\tilde{G}(z)$ 的根轨迹应在 z 平面的单位圆内。

下面举两个例子说明，对于 SMPC 系统，如何选择整定整数 α 来保证闭环系统稳定。

【例 4.3-1】 已知被控对象的脉冲传递函数为

$$\tilde{G}(z)=\frac{z-0.25}{(z+0.5)(z-0.5)}$$

采用 SMPC 控制器，求 SMPC 系统稳定的 α 值范围。

解　被控对象是一个稳定的最小相位系统，它的稳态增益为

$$\tilde{k}_{\mathrm{p}}=\tilde{G}(1)=\frac{1-0.25}{(1+0.5)(1-0.5)}=1$$

根据式(4.3-16)，SMPC 控制器的脉冲传递函数为

$$C(z)=\frac{\alpha}{1-\dfrac{z-0.25}{(z+0.5)(z-0.5)}}=\frac{\alpha(z+0.5)(z-0.5)}{z(z-1)}$$

控制器有一个单位圆上的极点 $z=1$，故 $C(z)$ 是开环不稳定的。

但 SMPC 系统的闭环特征方程(也是等效的内模控制器 $G_{\mathrm{IMC}}(z)$ 的特征方程)为

$$\tilde{k}_{\mathrm{p}}+(\alpha\tilde{k}_{\mathrm{p}}-1)\tilde{G}(z)=0$$

有

$$1+(\alpha-1)\frac{z-0.25}{(z+0.5)(z-0.5)}=0$$

即

$$z^2+(\alpha-1)z-0.25\alpha=0$$

应用 Jury 判据，系统稳定的 α 范围为 $0<\alpha<1.6$。

这个结果也可从 $(\alpha-1)\tilde{G}(z)=(\alpha-1)\dfrac{z-0.25}{(z+0.5)(z-0.5)}$ 的 z 根轨迹看出，当 α 调整到这个范围内，整个闭环系统的极点在单位圆内，是稳定的，如图 4.3-3 所示。

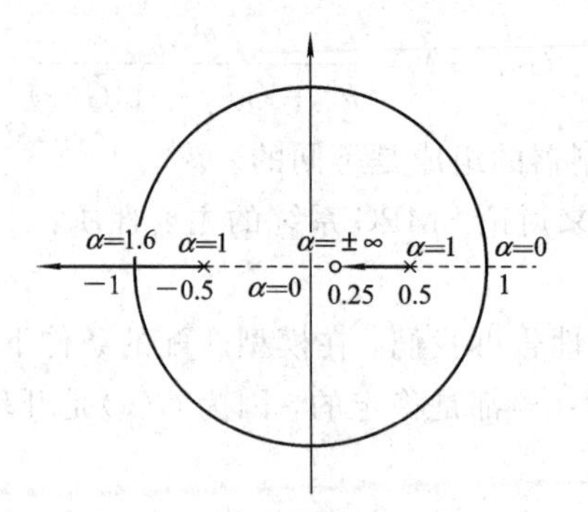

图 4.3-3 $(\alpha-1)\widetilde{G}(z)=(\alpha-1)\dfrac{z-0.25}{(z+0.5)(z-0.5)}$的根轨迹

($0<\alpha\leqslant1$ 这一段是 $\widetilde{G}(z)$的零度根轨迹，如图中虚线所示)

【例 4.3-2】 设被控对象为

$$\widetilde{G}(z)=\frac{z-2}{(z+0.5)(z-0.5)}$$

这是一个开环稳定的非最小相位对象(零点 $z=2$ 在单位圆外)，其稳态增益为

$$\tilde{k}_{\mathrm{p}}=\widetilde{G}(1)=-\frac{4}{3}$$

将 $\tilde{k}_{\mathrm{p}}$、$\widetilde{G}(z)$代入式(4.3-16)，控制器 $C(z)$的特征方程式为

$$z^2+0.75z-1.75=0$$

它的两个根 $z_1=1$ 及 $z_2=-1.75$ 均不在单位圆内，可知 SMPC 控制器 $C(z)$开环不稳定(也可用 Jury 判据判定)。

将 $\widetilde{G}(z)$代入式(4.3-19)，$G_{\mathrm{IMC}}(z)$的特征方程式(也是 SMPC 系统闭环特征方程式)为

$$1+\left(\alpha+\frac{3}{4}\right)\frac{z-2}{(z+0.5)(z-0.5)}=0$$

即

$$z^2+(\alpha+0.75)z+[(\alpha+0.75)(-2)-0.25]=0$$

由 Jury 判据可求得 $G_{\mathrm{IMC}}(z)$的稳定范围：

$$-1.375<\alpha<-0.5$$

由对偶稳定性知，这也是整个 SMPC 系统闭环稳定条件。

从闭环特征方程看，当 $\alpha+3/4>0$，即 $\alpha>-0.75$ 时，闭环极点落在 $\widetilde{G}(z)$的根轨迹上，而 $\alpha+3/4<0$，即 $\alpha<-0.75$ 时，闭环极点落在 $\widetilde{G}(z)$的零度根轨迹上，如图 4.3-4 中虚线所示。因此对非最小相位系统，应该用全根轨迹讨论。

本例还说明 SMPC 算法可用在非最小相位过程。

2) 零稳态偏差特性

从式(4.3-13)或式(4.3-14)可以看出，控制 u 中含有偏差的积累项，由此可推断该算法能消除稳态偏差，下面加以验证。

首先考虑随动系统，系统的闭环脉冲传递函数为

$$\frac{y(z)}{y_{\mathrm{sp}}(z)}=\frac{C(z)G(z)}{1+C(z)G(z)}$$

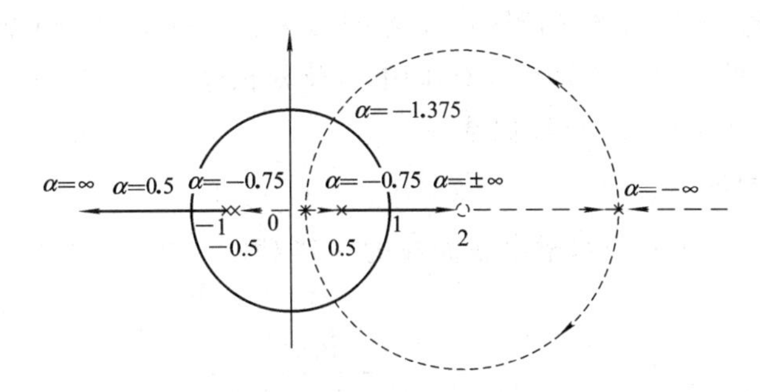

图 4.3 - 4　$\left(\alpha+\frac{3}{4}\right)\widetilde{G}(z)=\left(\alpha+\frac{3}{4}\right)\frac{z-2}{(z+0.5)(z-0.5)}$的全根轨迹

将式(4.3 - 10)代入上式，得

$$\frac{y(z)}{y_{sp}(z)}=\frac{\alpha\tilde{k}_p G(z)}{\tilde{k}_p-\widetilde{G}(z)+\alpha\tilde{k}_p G(z)}$$

因此，输出 y 对设定值单位阶跃响应的稳态值为

$$\begin{aligned}
y(\infty) &= \lim_{k\to\infty}y(k) = \lim_{z\to 1}\left[(1-z^{-1})\frac{y(z)}{y_{sp}(z)}\cdot\frac{1}{1-z^{-1}}\right] \\
&= \lim_{z\to 1}\frac{\alpha\tilde{k}_p G(z)}{\tilde{k}_p-\widetilde{G}(z)+\alpha\tilde{k}_p G(z)} \\
&= \frac{\alpha\tilde{k}_p G(1)}{\tilde{k}_p-\tilde{k}_p+\alpha\tilde{k}_p G(1)} = 1
\end{aligned} \tag{4.3-20}$$

再考虑定值系统，由图 4.3 - 1 知

$$\frac{y(z)}{d(z)}=\frac{1}{1+C(z)G(z)}$$

将式(4.3 - 10)代入上式，得

$$\frac{y(z)}{d(z)}=\frac{\tilde{k}_p-\widetilde{G}(z)}{\tilde{k}_p-\widetilde{G}(z)+\alpha\tilde{k}_p G(z)}$$

对单位阶跃扰动，$d(z)=\frac{1}{1-z^{-1}}$，闭环输出的稳态值为

$$\begin{aligned}
y(\infty) &= \lim_{k\to\infty}y(k) = \lim_{z\to 1}\left[(1-z^{-1})\frac{y(z)}{d(z)}\frac{1}{1-z^{-1}}\right] \\
&= \lim_{z\to 1}\frac{\tilde{k}_p-\widetilde{G}(z)}{\tilde{k}_p-\widetilde{G}(z)+\alpha\tilde{k}_p G(z)} = \frac{\tilde{k}_p-\widetilde{G}(1)}{\tilde{k}_p-\widetilde{G}(1)+\alpha\tilde{k}_p G(1)} \\
&= 0
\end{aligned} \tag{4.3-21}$$

上述分析表明，SMPC 系统对于设定值或干扰的阶跃变化，不论是否存在对象模型误差，总是稳态无差的。

3) 鲁棒性

SMPC 系统闭环特征方程为

$$\tilde{k}_p-\widetilde{G}(z)+\alpha\tilde{k}_p G(z)=0$$

它可以改写为

$$\tilde{k}_p+(\alpha\tilde{k}_p-1)\widetilde{G}(z)+\alpha\tilde{k}_p[G(z)-\widetilde{G}(z)]=0$$

上式中最后一项体现了模型失配的影响，方括号内 $G(z)-\widetilde{G}(z)$ 是模型误差，$\alpha\widetilde{K}_{\mathrm{p}}$ 是它的权因子。可调参数 α 的值对系统鲁棒性有作用，α 绝对值越小，对模型误差的抑制能力就越强，鲁棒性越好，反之 α 越大，鲁棒性越差。

3. SMPC 应用实例

【例 4.3-3】 一个由三个水槽串联而成的三容对象，如图 4.3-5 所示，经测试得到传递函数为

$$G(s)=\frac{39}{(56s+1)(63s+1)(86s+1)}$$

采样周期取为 15 s，通过双线性变换得

$$s=\frac{2}{T_{\mathrm{s}}}\frac{z-1}{z+1}$$

其中，T_{s} 为采样周期，可以变换 $G(s)$ 为脉冲传递函数：

$$G(z)=\frac{39(1+3z^{-1}+3z^{-2}+z^{-3})}{992.18-2371.9z^{-1}+1888.57z^{-2}-500.86z^{-3}}$$

用长除法将上式展成式(4.3-9)的形式，可以得到脉冲响应系数$\{h_1, h_2, \cdots, h_{40}\}$(取 $N=40$)。

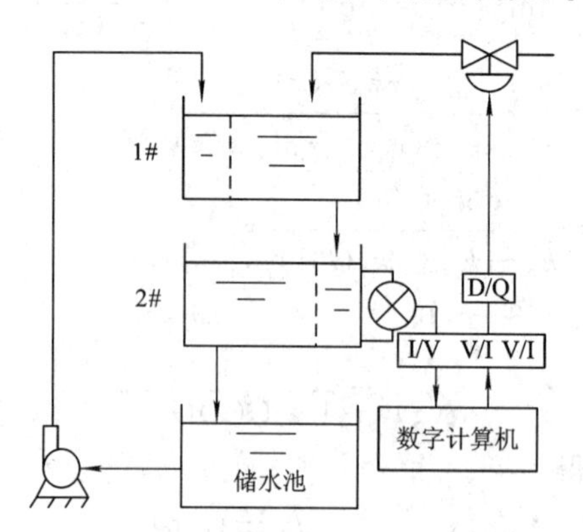

图 4.3-5　三容水槽实验装置流程简图

用计算机实现式(4.3-14)的 SMPC 控制律，输出 y 对单位给定值阶跃变化时的闭环响应如图 4.3-6 所示，y 对单位阶跃负荷干扰响应如图 4.3-7 所示。

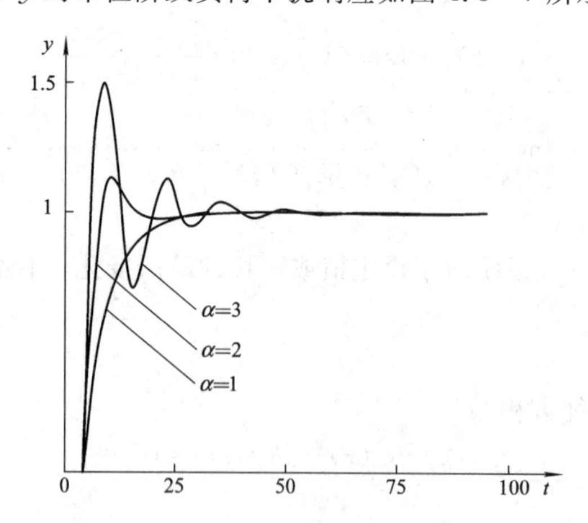

图 4.3-6　输出单位给定值阶跃变化时的闭环响应(无模型误差)

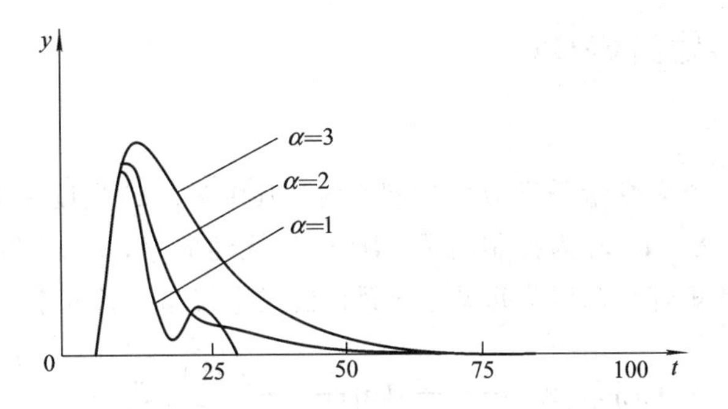

图 4.3-7　单位阶跃负荷干扰下的闭环响应(无模型误差)

由图 4.3-7 可知，整定参数 α 增大，系统响应加快，但振荡加剧、稳定性变差。

图 4.3-8 和图 4.3-9 表明，当模型失真时，SMPC 仍然能很好地工作，只要适当整定 α，SMPC 系统就有较强的鲁棒性。一般而言，α 越小，鲁棒性越强。

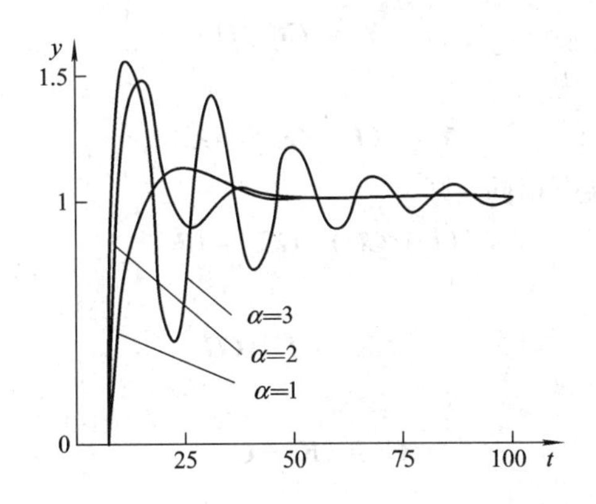

图 4.3-8　模型误差为+25%时的闭环响应

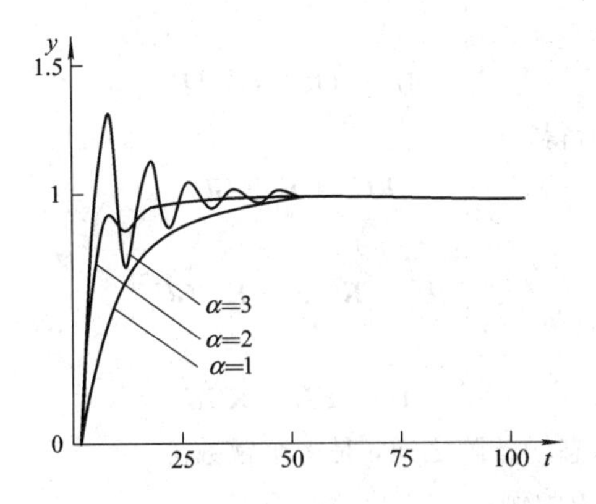

图 4.3-9　模型误差为-25%时的闭环响应

Vaidya 和 Deshpande 还将 SMPC 与 PID、PI 的控制效果作了比较，仿真对象是一阶加纯滞后环节 $G(s)=ke^{-\theta s}/(1+\tau s)$，评判的标准是 ISE 指标。仿真结果表明，无论是 k、τ、θ 参数是否存在模型误差，对小滞后对象，SMPC 要优于 PI 控制而稍逊于 PID 控制，但对大滞后对象，SMPC 要远好于 PI 和 PID 控制。

4.3.2　多输入-多输出 SMPC

1. SMPC 算法

图 4.3-10 是一个多变量采样数字控制系统，其中 $\boldsymbol{Y}_{sp}(z)$ 为设定值向量，$\boldsymbol{E}(z)$ 为误差向量，$\boldsymbol{Y}(z)$ 为输出向量，$\boldsymbol{U}(z)$ 为控制向量，$\boldsymbol{D}(z)$ 为扰动向量，$\boldsymbol{C}(z)$ 和 $\boldsymbol{G}(z)$ 分别是控制器和对象的脉冲的传递矩阵。为简单起见，下面在公式中省略 z 算子。

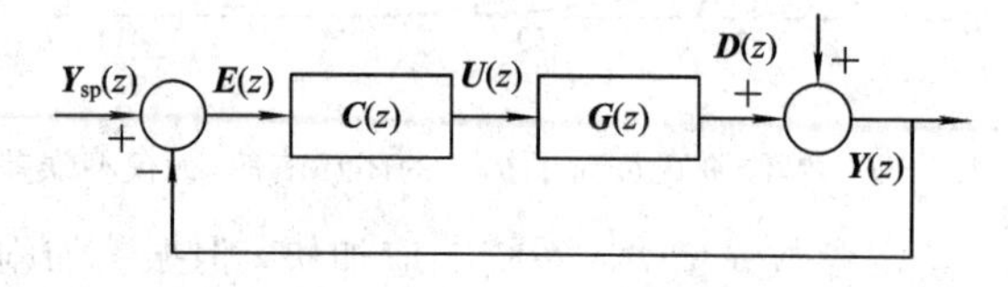

图 4.3-10　多变量采样数字控制系统

多变量对象的归一化响应为

$$\boldsymbol{Y} = \boldsymbol{G}\boldsymbol{K}^{-1}\boldsymbol{U} \tag{4.3-22}$$

系统对设定值的闭环响应为

$$\boldsymbol{Y} = (\boldsymbol{I} + \boldsymbol{G}\boldsymbol{C})^{-1}\boldsymbol{G}\boldsymbol{C}\boldsymbol{Y}_{sp} \tag{4.3-23}$$

SMPC 算法要求这两个响应相同，则

$$(\boldsymbol{I} + \boldsymbol{G}\boldsymbol{C})^{-1}\boldsymbol{G}\boldsymbol{C} = \boldsymbol{G}\boldsymbol{K}^{-1} \tag{4.3-24}$$

由此

$$\boldsymbol{C}\boldsymbol{K} = \boldsymbol{I} + \boldsymbol{C}\boldsymbol{G} \tag{4.3-25}$$

即有

$$\boldsymbol{C} = (\boldsymbol{K} - \boldsymbol{G})^{-1} \tag{4.3-26}$$

又

$$\boldsymbol{U} = \boldsymbol{C}\boldsymbol{E} \tag{4.3-27}$$

则

$$\boldsymbol{U} = (\boldsymbol{K} - \boldsymbol{G})^{-1}\boldsymbol{E} \tag{4.3-28}$$

两边左乘($\boldsymbol{K}-\boldsymbol{G}$)，整理后得

$$\boldsymbol{K}\boldsymbol{U} = \boldsymbol{E} + \boldsymbol{G}\boldsymbol{U} \tag{4.3-29}$$

即

$$\boldsymbol{U} = \boldsymbol{K}^{-1}\boldsymbol{E} + \boldsymbol{K}^{-1}\boldsymbol{G}\boldsymbol{U} \tag{4.3-30}$$

记 $\bar{\boldsymbol{K}}=\boldsymbol{K}^{-1}$，则有

$$\boldsymbol{U} = \bar{\boldsymbol{K}}\boldsymbol{E} + \bar{\boldsymbol{K}}\boldsymbol{G}\boldsymbol{U} \tag{4.3-31}$$

其中，$\bar{\boldsymbol{K}}$ 是多变量对象稳态增益阵之逆，是一个常数阵。

以两输入-两输出对象为例：

$$\boldsymbol{U} = \begin{bmatrix} u_1 \\ u_2 \end{bmatrix}, \boldsymbol{Y} = \begin{bmatrix} y_1 \\ y_2 \end{bmatrix}, \boldsymbol{Y}_{sp} = \begin{bmatrix} y_{sp1} \\ y_{sp2} \end{bmatrix}, \boldsymbol{E} = \begin{bmatrix} e_1 \\ e_2 \end{bmatrix} = \begin{bmatrix} y_{sp1} - y_1 \\ y_{sp2} - y_2 \end{bmatrix}$$

$$\bar{\boldsymbol{K}} = \begin{bmatrix} \bar{k}_{11} & \bar{k}_{12} \\ \bar{k}_{21} & \bar{k}_{22} \end{bmatrix}, \boldsymbol{G} = \begin{bmatrix} G_{11} & G_{12} \\ G_{21} & G_{22} \end{bmatrix}, \boldsymbol{G}\boldsymbol{U} = \begin{bmatrix} G_{11}u_1 + G_{12}u_2 \\ G_{21}u_1 + G_{22}u_2 \end{bmatrix}$$

则式(4.3-31)具体写出为

$$\begin{bmatrix} u_1(z) \\ u_2(z) \end{bmatrix} = \begin{bmatrix} \bar{k}_{11}e_1(z) + \bar{k}_{12}e_2(z) \\ \bar{k}_{21}e_1(z) + \bar{k}_{22}e_2(z) \end{bmatrix} + \begin{bmatrix} \bar{k}_{11}[G_{11}(z)u_1(z) + G_{12}(z)u_2(z)] + \bar{k}_{12}[G_{21}(z)u_1(z) + G_{22}(z)u_2(z)] \\ \bar{k}_{21}[G_{11}(z)u_1(z) + G_{12}(z)u_2(z)] + \bar{k}_{22}[G_{21}(z)u_1(z) + G_{22}(z)u_2(z)] \end{bmatrix} \tag{4.3-32}$$

转化为时域形式为

$$\begin{bmatrix} u_1^n \\ u_2^n \end{bmatrix} = \begin{bmatrix} \bar{k}_{11}e_1^n + \bar{k}_{12}e_2^n + \bar{k}_{11}\sum_{l=1}^{N}(h_{11}^l u_1^{n-l} + h_{12}^l u_2^{n-l}) + \bar{k}_{12}\sum_{l=1}^{N}(h_{21}^l u_1^{n-l} + h_{22}^l u_2^{n-l}) \\ \bar{k}_{21}e_1^n + \bar{k}_{22}e_2^n + \bar{k}_{21}\sum_{l=1}^{N}(h_{11}^l u_1^{n-l} + h_{12}^l u_2^{n-l}) + \bar{k}_{22}\sum_{l=1}^{N}(h_{21}^l u_1^{n-l} + h_{22}^l u_2^{n-l}) \end{bmatrix} \tag{4.3-33}$$

其中，h_{ij}^l是对象第 l 个采样时刻，u_j为输入 y_i为输出通道的脉冲响应系数，该通道的对象脉冲传递函数是

$$G_{ij}(z) = h_{ij}^1 z^{-1} + h_{ij}^2 z^{-2} + \cdots + h_{ij}^N z^{-N} \tag{4.3-34}$$

如果实施式(4.3-32)即式(4.3-33)那样的控制律，那么闭环系统响应只是具有开环归一化响应的效果。这显然是不够的，为此，多变量 SMPC 控制引入一个参数矩阵：

$$\boldsymbol{\alpha} = \begin{bmatrix} \alpha_{11} & \alpha_{12} \\ \alpha_{21} & \alpha_{22} \end{bmatrix}$$

控制算式(4.3-31)变成

$$\boldsymbol{U} = \boldsymbol{\alpha E} + \bar{\boldsymbol{K}}\boldsymbol{GU} \tag{4.3-35}$$

即

$$\begin{bmatrix} u_1(z) \\ u_2(z) \end{bmatrix} = \begin{bmatrix} \alpha_{11}e_1(z) + \alpha_{12}e_2(z) \\ \alpha_{21}e_1(z) + \alpha_{22}e_2(z) \end{bmatrix} + \begin{bmatrix} \bar{k}_{11}c_1(z) + \bar{k}_{12}c_2(z) \\ \bar{k}_{21}c_1(z) + \bar{k}_{22}c_2(z) \end{bmatrix} \tag{4.3-36}$$

其中，

$$c_i(z) = G_{i1}(z)u_1(z) + G_{i2}(z)u_2(z) \quad (i = 1,\ 2)$$

其时域形式的算式为

$$\begin{bmatrix} u_1^n \\ u_2^n \end{bmatrix} = \begin{bmatrix} \alpha_{11}e_1^n + \alpha_{12}e_2^n \\ \alpha_{21}e_1^n + \alpha_{22}e_2^n \end{bmatrix} + \begin{bmatrix} \bar{k}_{11}c_1^n + \bar{k}_{12}c_2^n \\ \bar{k}_{21}c_1^n + \bar{k}_{22}c_2^n \end{bmatrix} \tag{4.3-37}$$

其中，

$$c_i^n = \sum_{L=1}^{N}(h_{i1}^l u_1^{n-l} + h_{i2}^l u_2^{n-l}) \quad (i = 1,\ 2)$$

矩阵 $\boldsymbol{\alpha}$ 整定参数 α_{11}，α_{12}，α_{21}和 α_{22}的值对闭环系统响应类似于单输入-单输出情况，它们由合适的性能指标所对应的最优化指标，如 IAE 指标：

$$I = \int_0^{\infty} |e_1(t)|\,\mathrm{d}t + \int_0^{\infty} |e_2(t)|\,\mathrm{d}t \tag{4.3-38}$$

为最小或其他指标确定。

2. 应用实例

多变量 SMPC 由于结构相对简单，已在多种化工过程中实施。下面用一个二元精馏塔

的 SMPC 控制来说明它的实施方法和效果。

【例 4.3-4】 甲醇和水的混合物通过一个二元精馏塔分离，其带控制点工艺流程图如图 4.3-11 所示。精馏塔的输出变量是塔顶和塔底产品中甲醇组分的重量分率 x_D 和 x_B。控制变量是回流量 R 和进入再沸器的蒸汽流量 S（它们由简单回路加以控制）。混合液进入精馏塔的流量 F 是主要扰动源。

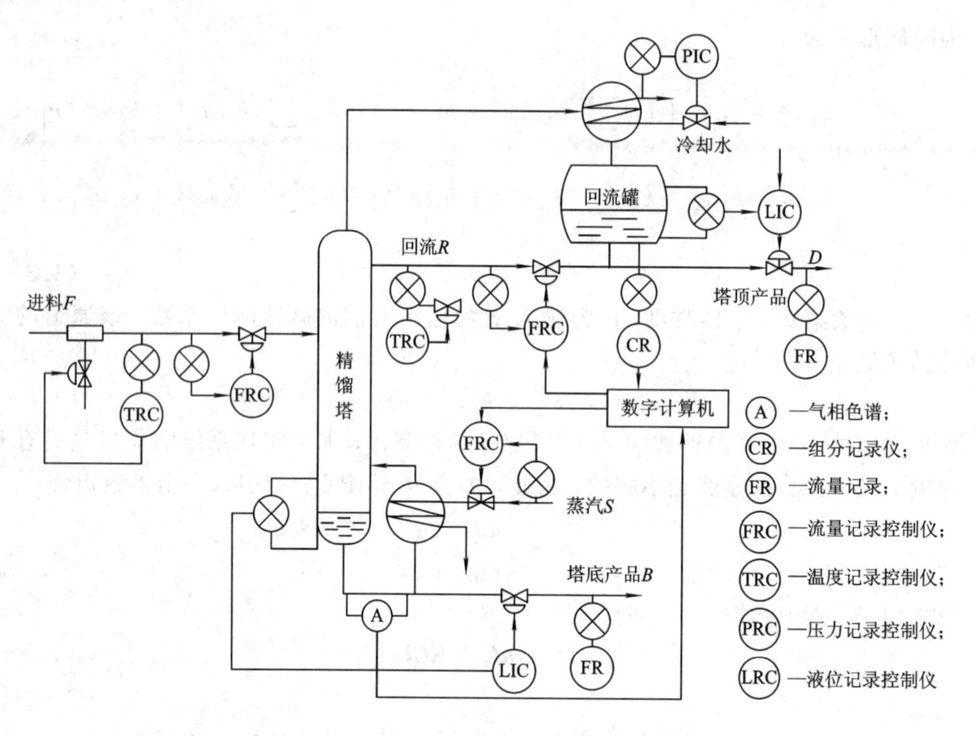

图 4.3-11 精馏塔带控制点工艺流程图

经测试，稳态操作条件如表 4.3-1 所示。

表 4.3-1 稳态操作条件

流动介质	流量/(L_b/min^{-1})	甲醇组分的重量分率/(%)
馏出量	1.18	96
回流	1.95	96
塔底产品	1.27	0.5
进料	2.45	46.5
加热蒸汽	1.71	

对象的传递函数为

$$\begin{bmatrix} x_D(s) \\ x_B(s) \end{bmatrix} = \begin{bmatrix} \dfrac{12.8e^{-s}}{16.7s+1} & \dfrac{-18.9e^{-3s}}{21s+1} \\ \dfrac{6.6e^{-7s}}{10.9s+1} & \dfrac{-19.4e^{-3s}}{14.4s+1} \end{bmatrix} \begin{bmatrix} R(s) \\ S(s) \end{bmatrix} + \begin{bmatrix} \dfrac{3.8e^{-8.1s}}{14.9s+1} \\ \dfrac{4.9e^{-3.4s}}{13.2s+1} \end{bmatrix} F(s) \quad (4.3-39)$$

根据式(4.3-39)，对象的稳态增益阵 $\boldsymbol{K}$ 及逆 $\bar{\boldsymbol{K}}$ 为

$$\boldsymbol{K} = \begin{bmatrix} 12.8 & -18.9 \\ 6.6 & -19.4 \end{bmatrix}, \quad \bar{\boldsymbol{K}} = \boldsymbol{K}^{-1} \begin{bmatrix} 0.156\ 98 & -0.152\ 94 \\ 0.053\ 41 & -0.103\ 58 \end{bmatrix}$$

通过一台 DEC 10/90 计算机实现 SMPC(见图 4.3-11)，控制值作为回流量和蒸汽控制回路的给定值，整定参数 α_{11}、α_{12}、α_{21}，α_{22} 由目标函数(4.3-38)为最小的离线优化程序确定，如表 4.3-2 所示。

表 4.3-2　整定参数

改变量类型	改变量的大小	整定参数				min IAE
		α_{11}	α_{12}	α_{21}	α_{22}	
给定值(馏出液组分)	1%	0.5004	−0.2907	0.0509	−0.230	7.406
给定值(塔底产品组分)	1%	0.5418	−0.2463	0.1717	−0.2298	8.109
负荷干扰(进料量)	0.34L_b/min	1.0580	−0.0822	0.1564	−0.264	7.17

多变量 SMPC 的计算机程序如图 4.3-12 所示。

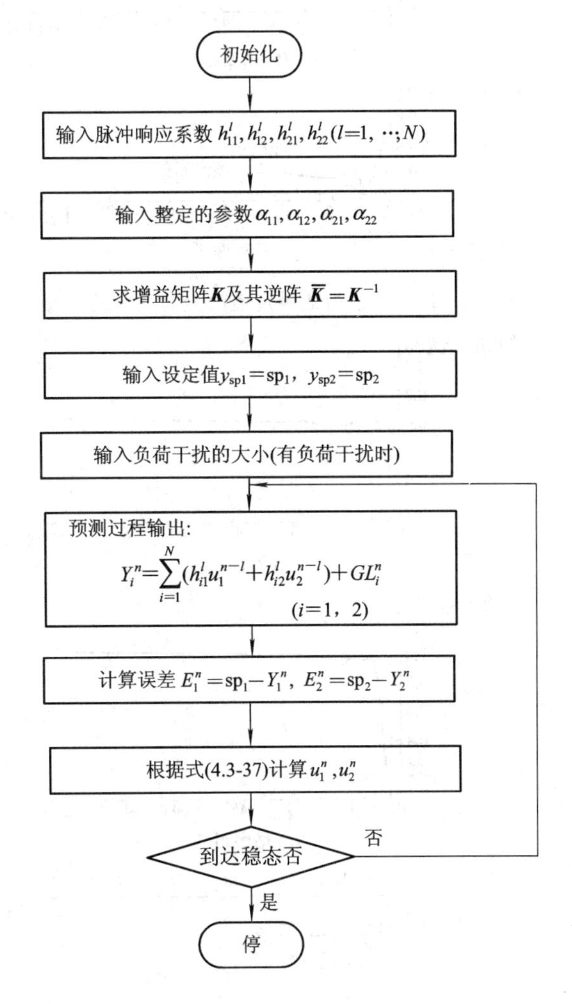

注：GL_i^n是干扰对 Y_i^n的影响，计算类似控制通道(略)

图 4.3-12　多变量 SMPC 的计算程序

从图 4.3-13～图 4.3-15 可看出，多变量 SMPC 系统有良好的闭环响应：① 无稳态偏差；② 两组分控制相互补偿作用明显；③ 控制量波动较平稳，系统较稳定。

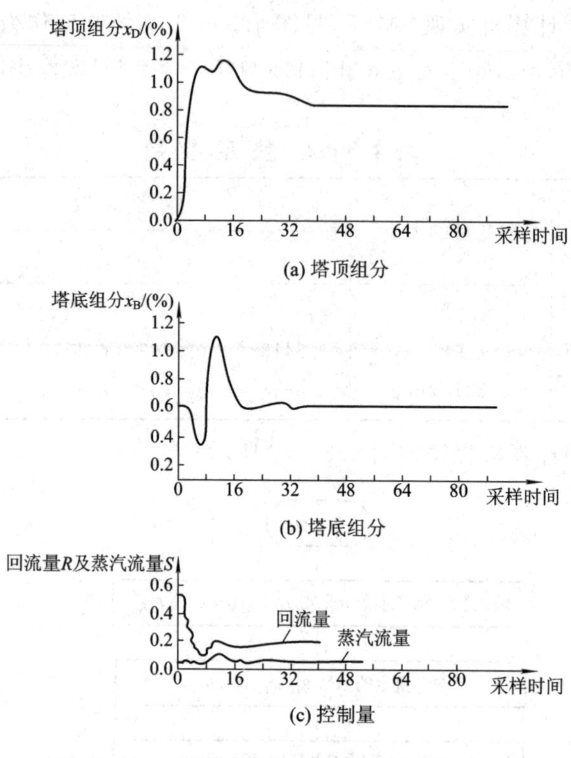

(a) 塔顶组分

(b) 塔底组分

(c) 控制量

图 4.3－13　塔顶组成设定值改变对系统的响应

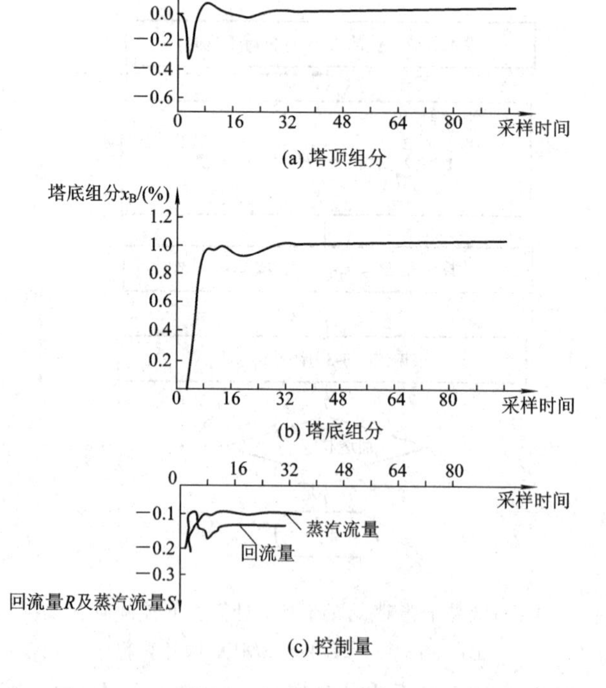

(a) 塔顶组分

(b) 塔底组分

(c) 控制量

图 4.3－14　塔底组成设定值改变对系统的响应

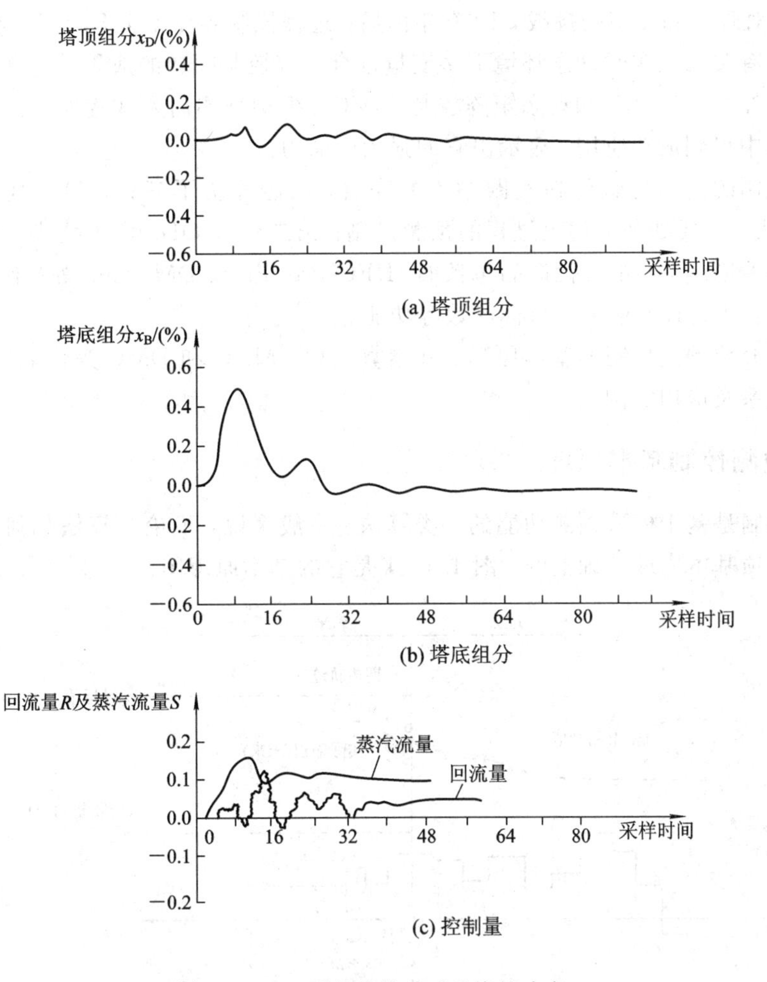

(a) 塔顶组分

(b) 塔底组分

(c) 控制量

图 4.3-15　进料量扰动时系统的响应

SMPC 与其他预测控制不同，它的最优化整定参数是离线计算，动态数学模型和仿真可以弥补负荷扰动信息缺乏所造成的困难。

有人曾将多变量 SMPC 与解耦的及不解耦的 PID 控制作比较，SMPC 系统的性能更胜一筹。如果要进一步增强 SMPC 的鲁棒性，按内模控制原理还可在反馈通道设置一阶滤波阵。

4.4　预测控制

预测控制(Predictive Control)是近 20 多年来发展起来的基于模型的一类优化控制系统。由于它采用多步预测、在线滚动优化和反馈校正等控制策略，因而控制效果好、鲁棒性强，适用于不易建立数学模型且比较复杂的工业过程，因而它一出现就备受过程控制工程技术人员重视，并在炼油、化工、冶金、电力、机械等工业部门成功地得以应用，经济和社会效益巨大。

20 世纪 50 年代以后，现代控制理论在航空、航天领域的应用卓有成效，但在工业生产过程中的应用却遭受挫折，究其原因，一是工业过程机理复杂，难以得到准确的数学模型。二是工业过程的被控变量和控制变量普遍存在约束，这就使得现代控制理论失去了应用条件。面对理论和应用的挑战，1980 年前后，过程控制界专家 J. Richalet 和 C. R. Cutler 各自发表了有关解决实时动态环境下多变量耦合系统控制问题的成果，这就是著名的模型预测启发式控制(MPHC)和动态矩阵控制(DMC). 模型预测启发式控制一经问世，便在复杂工业过程中得到成功应用，显示出它的强大生命力。

预测控制的商品化软件在实践中不断完善，已经经历了三代。第一代以 IDCOM 和 DMC 为代表，主要处理无约束过程的预测控制；第二代以 QDMC 为代表，处理有约束的多变量过程控制问题；第三代产品包括如 HIECOM、PFC、DMCplus 等算法，增加了不可行解的办法，并具有容错和多目标函数等功能。

下面将介绍预测控制的基本原理、基本算法(以 MAC 和 DMC 为代表)，预测控制和内模控制关系及应用实例。

4.4.1 预测控制基本原理

预测控制是基于模型预测功能的一类算法。一般来说，不论其算法如何不同，都是建立在下述三项基本原理基础上的。图 4.4-1 是它的基本原理图。

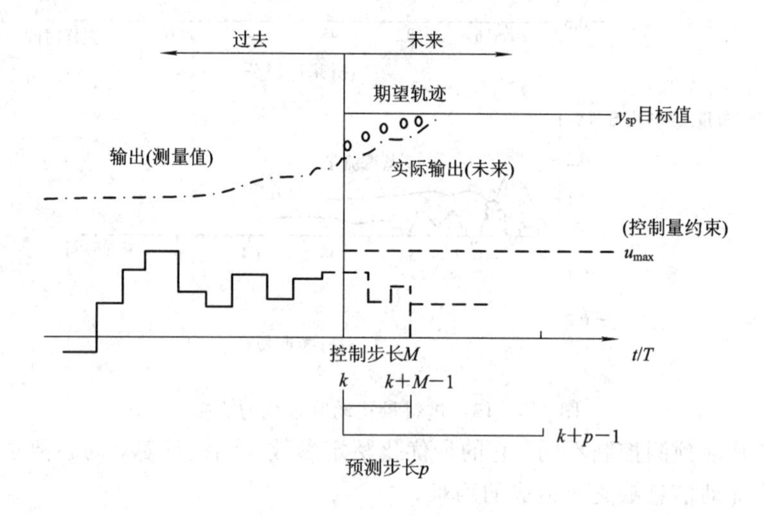

图 4.4-1 预测控制的原理

1. 预测模型

预测控制是一种基于模型的控制算法，这一模型称为预测模型，它的功能是根据对象的历史信息(k 时刻以前的输入，见图中纵坐标轴左方)和现时及未来时刻的输入(k 时刻及其以后的输入，见图中纵坐标轴右下方带虚线的曲线)，预测对象未来时刻输出(k 时刻以后的输出，见图中纵坐标轴右上方带点画线的曲线)，模型的形式可以不同，传统的传递函数、状态方程等参数化模型和稳定对象的阶跃响应、脉冲响应等这类非参数模型都可以作为预测模型使用。

预测模型具有展示对象未来动态行为的功能，我们可以任意地给出未来的控制策略，观察不同策略下输出变化，从而为比较这些控制策略的优劣提供了基础。

2. 滚动优化

预测控制是一种优化控制，它通过某一性能指标的最优来确定未来的控制作用。这一性能指标涉及对象未来的行为，通常是使对象输出跟踪某一期望输出(图中带圆点的曲线)，使其与期望轨迹的方差最小，但也可以取更广泛的形式，例如，要求控制的能量最小的同时，保持输出在某一给定的范围内等。性能中涉及对象未来的行为，是根据预测模型由未来的控制策略决定的。

然而，预测控制中的优化与传统的离散最优控制有很大差别。这主要表现在预测控制中的优化是有限时段的滚动优化。在每一采样时刻，优化性能指标只涉及从该时刻起未来的有限时间，而到下一个采样时刻，这一优化时段又同时向前推移。因此，预测控制不使用一个对全局相同的指标，而是每一时刻有一个相对于该时刻的优化指标。不同时刻优化的相对指标形式相同，但其绝对形式，即所含的时间区域是不同的。因而预测控制优化不是一次离线进行，而且在各采样点反复在线进行，这就是滚动优化的含义，也是预测控制优化区别于传统最优控制的根本点。

3. 反馈校正

预测控制是一种闭环控制，在通过优化确定了控制作用以后，为了防止模型失配或环境干扰等在预测控制中意想不到的因素，预测控制采用了两种办法：一是把优化得到的控制作用只实施于本时刻的控制。二是利用对象的当前时刻的输出值反馈回来，修正模型的预测值，再进行下一步优化。因此预测控制的优化不仅基于模型，而且利用了反馈信息，因而构成了闭环优化。

从以上预测控制的一般原理介绍，我们不难理解，它为何在复杂的工业对象应用中取得成功。一是其模型的形式多样，在许多场合下只需测定对象的阶跃响应或是脉冲响应，而不必再辨识模型的结构，为实现建模带来了极大的方便；二是在控制策略上，灵活地应用最优控制的结果，采用了实时滚动优化和反馈校正的方法，很大程度上克服了模型误差和环境干扰的不确定因素所造成的困难。而且这种实施一步，观察一下，再实施一步再观察一步的控制方法，也比较适合人们对复杂对象控制的认知规律。因此预测控制方法比较符合复杂工业过程的实际。

4.4.2　预测控制的基本算法

1. 动态矩阵控制(DMC)

动态矩阵控制(Dynamic Matrix Control)由 Cutler 等人于 1979 年开发的一种基于对象阶跃响应模型的预测控制算法，它可以用于最小相位对象，也可用于有时滞的、开环渐近稳定的非最小相位对象、

DMC 算法由预测模型、参考轨迹和滚动优化三部分构成，算法的结构原理图如图 4.4-2 所示。

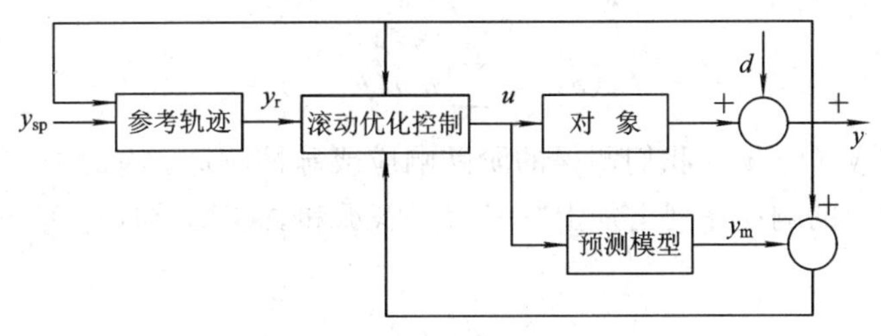

图 4.4-2　DMC 算法结构图

1）预测模型

工业中常能获得的对象模型是非参数模型，如阶跃响应模型、脉冲响应模型。图4.4-3是一个开环稳定对象控制通道的单位阶跃响应，其响应序列为

$$\{a_i\}(i=1,2,\cdots)，且\lim_{i\to\infty} a_i = a_s(常数)$$

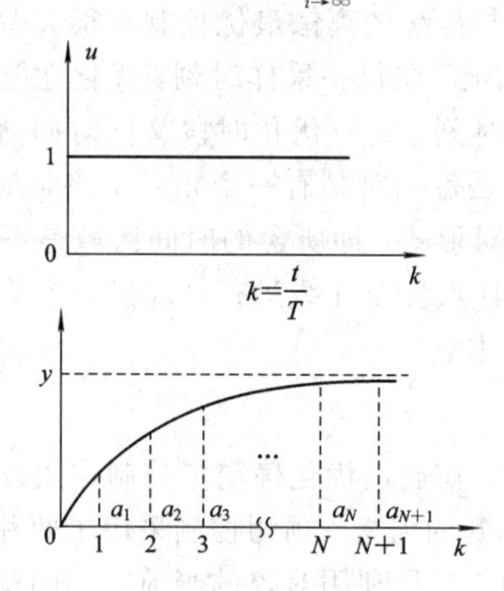

图 4.4-3 开环稳定对象的单位阶跃响应

对于任意的控制输入序列 $u(k)$，根据线性叠加原理，对象输出序列 $y(k)$ 为

$$y(k) = a_1\Delta u(k-1) + a_2\Delta u(k-2) + \cdots + a_N\Delta u(k-N) + \cdots = \sum_{i=1}^{\infty} a_i\Delta u(k-i) \tag{4.4-1}$$

式中，$\Delta u(k-i)=u(k-i)-u(k-i-1)$ 为 $k-i$ 时刻控制量的增量。

若在 $k=0$ 时刻在对象输入端施加强度为1的单位脉冲，则根据叠加原理不难得出，单位脉冲响应序列 $\{h_i\}$ 与单位阶跃响应之间的关系为

$$h_1=a_1, h_2=a_2-a_1, \cdots, h_i=a_i-a_{i-1}$$

即

$$a_i = \sum_{j=1}^{i} h_j \tag{4.4-2}$$

因此如将式(4.4-1)控制增量值写成控制量的差，就可应用脉冲响应序列表示输出：

$$\begin{aligned} y(k) &= h_1u(k-1) + h_2u(k-2) + \cdots + h_Nu(k-N) + \cdots \\ &= \sum_{i=1}^{\infty} h_iu(k-i) \end{aligned} \tag{4.4-3}$$

对象开环稳定，要求 $a_{N+1}=a_{N+2}=\cdots=a_s$，也就是 $h_{N+1}=h_{N+2}=\cdots=0$，故 $y(k)$ 可近似为

$$y(k) = \sum_{i=1}^{N} h_iu(k-i) \tag{4.4-4}$$

(1) 开环预测 $y_m(k+i)$。我们测得的阶跃响应或脉冲响应，有时候和真实的响应会有误差，因此就在测得的响应序列上加上"～"号，以示和真实的响应序列相区别，对应的输出 $y_m(k)$ 为

$$y_m(k) = \sum_{i=1}^{N} \tilde{a}_i\Delta u(k-i) \tag{4.4-5}$$

或
$$y_m(k) = \sum_{i=1}^{N} \tilde{h}_i u(k-i) \tag{4.4-6}$$

如果用 $k-1$ 时刻去替代 k，根据式(4.4-6)可得
$$y_m(k-1) = \sum_{i=1}^{N} \tilde{h}_i u(k-i-1) \tag{4.4-7}$$

式(4.4-6)减去式(4.4-7)，得到
$$y_m(k) - y_m(k-1) = \sum_{i=1}^{N} \tilde{h}_i \Delta u(k-i) \tag{4.4-8}$$

这个递推关系后面推导会用到。

由式(4.4-5)知，设当前时刻为 k，控制步长为 M，如果当前和未来的控制增量序列为 $\Delta u(k)$，$\Delta u(k+1)$，…，$\Delta u(k+M-1)$，在 $k+M-1$ 时刻以后控制量不再变化，即 $\Delta u(k+M)=\Delta u(k+M+1)=\cdots=0$，则
$$\left.\begin{aligned}
& y_m(k+1) = \tilde{a}_1 \Delta u(k) + \tilde{a}_2 \Delta u(k-1) + \cdots \\
& y_m(k+2) = \tilde{a}_1 \Delta u(k+1) + \tilde{a}_1 \Delta u(k) + \tilde{a}_1 \Delta u(k-1) + \cdots \\
& \cdots\cdots \\
& y_m(k+M) = \tilde{a}_1 \Delta u(k+M-1) + \cdots + \tilde{a}_M \Delta u(k) + a_{M+1} \Delta u(k-1) + \cdots \\
& \cdots\cdots \\
& y_m(k+P) = \tilde{a}_{P-M+1} \Delta u(k+M-1) + \tilde{a}_{P-M+2} \Delta u(k+M-2) + \cdots + a_P \Delta u(k) \\
& \qquad\qquad + \tilde{a}_{P+1} \Delta u(k-1) + \cdots
\end{aligned}\right\} \tag{4.4-9}$$

记 $k+1 \sim k+P$ 的开环预测值为 P 维向量 $\boldsymbol{y}_m$，即
$$y_m = [y_m(k+1),\ y_m(k+2),\ \cdots,\ y_m(k+P)]^T$$
$k \sim k+M-1$ 时刻的控制增量值为 M 维向量 $\Delta \boldsymbol{u}$，即
$$\Delta \boldsymbol{u} = [\Delta u(k),\ \Delta u(k+1),\ \cdots,\ \Delta u(k+M-1)]^T$$
k 时刻以前的控制作用 $\Delta u(k-1)$，$\Delta u(k-2)$，… 对 $\boldsymbol{y}_m$ 的贡献(斜虚线以右部分)记为 $\boldsymbol{y}_0$(p 维向量)，称为预测初值向量。
$$\boldsymbol{y}_0 = [y_0(k+1),\ y_0(k+2),\ \cdots,\ y_0(k+P)]$$
其中
$$y_0(k+i) = \sum_{j=i+1}^{N} \tilde{a}_j \Delta u(k+i-j) \qquad (i=1,\ 2,\ \cdots,\ P) \tag{4.4-10}$$
则式(4.4-9)可写成向量形式：
$$\boldsymbol{y}_m = A\Delta \boldsymbol{u} + \boldsymbol{y}_0 \tag{4.4-11}$$
其中
$$\mathbf{A} = \begin{bmatrix} \tilde{a}_1 & 0 & \cdots & 0 \\ \tilde{a}_2 & \tilde{a}_1 & \cdots & 0 \\ \vdots & \vdots & & \vdots \\ \tilde{a}_M & \tilde{a}_{M-1} & \cdots & \tilde{a}_1 \\ \vdots & \vdots & & \vdots \\ \tilde{a}_P & \tilde{a}_{P-1} & \cdots & \tilde{a}_{P-M+1} \end{bmatrix} \tag{4.4-12}$$

矩阵 $\boldsymbol{A}$ 的元素由单位阶跃响应序列构成，故称 $\boldsymbol{A}$ 为动态矩阵。

(2) 闭环预测 $y_c(k+i)$。式(4.4-9)或式(4.4-11)的预测未计及对象控制通道的模型误差(即$\{\tilde{a}_i\}$与$\{a_i\}$的不一致)，也未考虑不可测干扰 $d(k)$ 的影响。为了提高预测精度，在 y_m 的基础上加上能检测到的 k 时刻的预测偏差 $y(k)-y_m(k)$，进行反馈校正。

$$y_c(k+i)=y_m(k+i)+[y(k)-y_m(k)], \qquad i=1,2,\cdots,P \tag{4.4-13}$$

下面进一步计算各步的闭环预测值 $y_c(k+i)$，推导中利用了递推关系式(4.4-8)和式(4.4-2)：

$$\begin{aligned}
y_c(k+1)&=y_m(k+1)+y(k)-y_m(k)=\sum_{i=1}^{N}\tilde{h}_i\Delta u(k+1-i)+y(k)\\
&=\tilde{a}_1\Delta u(k)+s(k+1)+y(k)\\
y_c(k+2)&=y_m(k+2)+y(k)-y_m(k)\\
&=[y_m(k+2)-y_m(k+1)]+[y_m(k+1)-y_m(k)]+y(k)\\
&=\sum_{i=1}^{N}\tilde{h}_i\Delta u(k+2-i)+\sum_{i=1}^{N}\tilde{h}_i\Delta u(k+1-i)+y(k)\\
&=\tilde{a}_2\Delta u(k)+\tilde{a}_1\Delta u(k+1)+s(k+2)+s(k+1)+y(k)\\
&\cdots\cdots
\end{aligned}$$

$$y_c(k+M)=\tilde{a}_M\Delta u(k)+\tilde{a}_{M-1}\Delta u(k+1)+\cdots+\tilde{a}_1\Delta u(k+M-1)+\sum_{i=1}^{M}s(k+i)+y(k)$$

因控制步长为 M，在 M 步以后控制作用不再变化，即

$$\Delta u(k+M)=\Delta u(k+M-1)=\cdots=\Delta u(k+P-1)=0 \tag{4.4-14}$$

所以往后时刻的预测值，依上面递推关系有

$$y_c(k+M+1)=\tilde{a}_{M+1}\Delta u(k)+\tilde{a}_M\Delta u(k+1)+\cdots+\tilde{a}_2\Delta u(k+M-1)+\sum_{i=1}^{M+1}s(k+i)+y(k)$$

$$\cdots\cdots$$

$$y_c(k+P)=\tilde{a}_P\Delta u(k)+\tilde{a}_{P-1}\Delta u(k+1)+\cdots+\tilde{a}_{P-M+1}\Delta u(k+M-1)+\sum_{i=1}^{P}s(k+i)+y(k)$$

其中

$$s(k+i)=\sum_{j=i+1}^{N}\tilde{h}_j\Delta u(k+i-j),\ i=1,2,\cdots,P \tag{4.4-15}$$

记：

$$p(k+i)=\sum_{j=1}^{i}s(k+j),\ i=1,2,\cdots,P \tag{4.4-16}$$

式(4.4-14)可以写成向量形式：

$$\boldsymbol{y}_c=\boldsymbol{A}\Delta\boldsymbol{u}+\boldsymbol{y}+\boldsymbol{p} \tag{4.4-17}$$

式中，$\boldsymbol{A}$ 为动态矩阵，而其他向量为

$$\begin{aligned}
\boldsymbol{y}_c&=[y_c(k+1),\ y_c(k+2),\ \cdots,\ y_c(k+P)]^T\\
\Delta\boldsymbol{u}&=[\Delta u(k),\ \Delta u(k+1),\ \cdots,\ \Delta u(k+M-1)]^T\\
\boldsymbol{y}&=[y(k),\ y(k),\ \cdots,\ y(k)]^T\\
\boldsymbol{p}&=[p(k+1),\ p(k+2),\ \cdots p(k+P)]
\end{aligned}$$

2）参考轨迹

当设定值发生跃变时，若要求设定值迅速跟踪变化，往往需要施加大的控制变量，这会导致系统振荡加剧，这时工程上往往要在控制器前添加前置滤波器以平抑控制器的剧烈动作。预测控制算法中也增加这个环节，设定一条系统输出的参考轨迹，引导输出由当前值逐步地过渡到目标设定值，"柔化"控制作用的实施。

假定目标设定值为 $y_{sp}(k)$，它可以是常量，也可以是时间的某个序列。通常采用的参考轨迹是一阶指数形式。

$$y_r(k+i) = \alpha^i y(k) + (1-\alpha^i) y_{sp}, \quad i = 1, 2, \cdots, P \tag{4.4-18}$$

记 $k+1 \sim k+P$ 时刻的参数轨迹值为 P 维向量 $\boldsymbol{y}_r$：

$$\boldsymbol{y}_r = [y_r(k+1), y_r(k+2), \cdots, y_r(k+P)]^T$$

则式(4.4-18)可写成向量式：

$$\boldsymbol{y}_r = \boldsymbol{\alpha}_1 y(k) + \boldsymbol{\alpha}_2 y_{sp}(k) \tag{4.4-19}$$

其中向量

$$\boldsymbol{\alpha}_1 = [\alpha^1, \alpha^2, \cdots, \alpha^P]^T$$

$$\boldsymbol{\alpha}_2 = [1-\alpha, 1-\alpha^2, \cdots, 1-\alpha^P]^T \tag{4.4-20}$$

3）滚动优化控制

定义偏差向量 $\boldsymbol{e} = \boldsymbol{y}_r - \boldsymbol{y}_c$，按照式(4.4-19)及式(4.4-17)，有

$$\boldsymbol{e} = \boldsymbol{y}_r - \boldsymbol{y}_c = \boldsymbol{\alpha}_2[y_{sp}(k) - y(k)] - \boldsymbol{A}\Delta\boldsymbol{u} - \boldsymbol{p} \tag{4.4-21}$$

优化指标为离散二次型指标：

$$J = \boldsymbol{e}^T \boldsymbol{Q} \boldsymbol{e} + \Delta\boldsymbol{u}^T \boldsymbol{R} \Delta\boldsymbol{u} \tag{4.4-22}$$

一般取权矩阵 $\boldsymbol{Q}$ 和 $\boldsymbol{R}$ 为正定对角矩阵，$\boldsymbol{Q} = \mathrm{diag}(q_1^2, q_2^2, \ldots, q_P^2)$，$\boldsymbol{R} = \mathrm{diag}(r_1^2, r_2^2, \cdots, r_M^2)$，这样式(4.4-22)即为

$$J = \sum_{i=1}^{P} q_i^2 e^2(k+i) + \sum_{i=1}^{M} r_i^2 \Delta u^2(k+i-1) \tag{4.4-23}$$

当 Δu 无界时，使 J 最小的 $\Delta\boldsymbol{u}$ 应满足 $\dfrac{\partial J}{\partial \Delta\boldsymbol{u}} = 0$，可得

$$\Delta\boldsymbol{u} = (\boldsymbol{A}^T\boldsymbol{Q}\boldsymbol{A} + \boldsymbol{R})^{-1}\boldsymbol{A}^T\boldsymbol{Q}\{\boldsymbol{\alpha}_2[y_{sp}(k) - y(k)] - \boldsymbol{p}\} \tag{4.4-24}$$

预测控制优化指标 J 中包含 P 步预测和 M 步控制，它的最优解式(4.4-24)可一次计算出 M 个控制增量序列 $\Delta u(k)$，$\Delta u(k+1)$，$\cdots$，$\Delta u(k+M-1)$，但预测控制一般只执行当前时刻 k 的控制增量 $\Delta u(k)$，即 Δu 中的第一个分量，因此

$$\begin{aligned}\Delta\boldsymbol{u}(k) &= (1 \quad 0 \quad \cdots \quad 0)(\boldsymbol{A}^T\boldsymbol{Q}\boldsymbol{A} + \boldsymbol{R})^{-1}\boldsymbol{A}^T\boldsymbol{Q}\{\boldsymbol{\alpha}_2[y_{sp}(k) - y(k)] - \boldsymbol{p}\} \\ &= \boldsymbol{d}^T\{\boldsymbol{\alpha}_2[y_{sp}(k) - y(k)] - \boldsymbol{p}\}\end{aligned} \tag{4.4-25}$$

其中

$$\boldsymbol{d}^T = (1 \quad 0 \quad \cdots \quad 0)(\boldsymbol{A}^T\boldsymbol{Q}\boldsymbol{A} + \boldsymbol{R})^{-1}\boldsymbol{A}^T\boldsymbol{Q} = (d_1, d_2, \cdots, d_P)$$

是一个行向量，它可以事先离线计算出来。

实施了 $\Delta\boldsymbol{u}(k)$ 控制以后。到下一个时刻 $k+1$，应以新时刻为基准，重新进行优化计算，得到新的控制增量序列，由此一直进行下去，这样的优化计算方式称为滚动优化，式(4.4-24)称为多步预测控制算式。在 $P=M=1$ 情形下，我们称之为单步预测控制，此时权矩阵退化为标量，如果取 $Q=1$，$R=r^2$，由式(4.4-23)得

$$\Delta u(k) = \frac{\tilde{a}_1}{\tilde{a}_1^2 + r^2}\{(1-\alpha)[y_{sp}(k) - y(k)] - p(k+1)\} \tag{4.4-26}$$

其中

$$p(k+1) = s(k+1) = \sum_{i=2}^{N} \tilde{h}_i \Delta u(k+1-i) \tag{4.4-27}$$

是历史控制增量的贡献。

4）多输入-多输出(MIMO)系统的 DMC 算法

对于 m 个输入 l 个输出的对象，它的闭环预测模型类似于式(4.4-17)：

$$\boldsymbol{y}_c = \boldsymbol{A}\Delta\boldsymbol{u} + \boldsymbol{y} + \boldsymbol{p} \tag{4.4-28}$$

其中

$$\boldsymbol{y}_c = [y_{c1}(k+1), y_{c2}(k+1), \cdots, y_{cl}(k+1); y_{c1}(k+2), y_{c2}(k+2), \cdots, y_{cl}(k+2); \cdots, y_{c1}(k+P), y_{c2}(k+P), \cdots, y_{cl}(k+P)]$$

为 $l \times P$ 维的向量。

$$\Delta\boldsymbol{u} = [\Delta u_1(k), \Delta u_2(k), \cdots, \Delta u_m(k); \Delta u_1(k+1), \Delta u_2(k+1), \cdots, \Delta u_m(k+1); \cdots, \Delta u_1(k+M-1), \Delta u_2(k+M-1), \cdots, \Delta u_m(k+M-1)]$$

为 $m \times M$ 维的向量。

$$\boldsymbol{A} = \begin{bmatrix} A_1 & 0 & 0 & \cdots & 0 \\ A_2 & A_1 & 0 & \cdots & 0 \\ \vdots & \vdots & \vdots & & \vdots \\ A_M & A_{M-1} & A_{M-2} & \cdots & A_1 \\ \vdots & \vdots & \vdots & & \vdots \\ A_P & A_{P-1} & A_{P-2} & \cdots & A_{P-M+1} \end{bmatrix}_{lP \times mM} \tag{4.4-29}$$

为动态矩阵，它的每一个子矩阵

$$\boldsymbol{A}_i = \begin{bmatrix} \tilde{a}_{11}^i & \tilde{a}_{12}^i & \cdots & \tilde{a}_{1m}^i \\ \tilde{a}_{21}^i & \tilde{a}_{22}^i & \cdots & \tilde{a}_{2m}^i \\ \vdots & \vdots & & \vdots \\ \tilde{a}_{l1}^i & \tilde{a}_{l2}^i & \cdots & \tilde{a}_{lm}^i \end{bmatrix}_{l \times m}$$

的元素 $\tilde{a}_{st}^i$ 表示是第 t 个输入，第 s 个输出通道单位阶跃响应的第 i 个系数。

$$\boldsymbol{y} = [y_1(k), \cdots, y_1(k); y_2(k), \cdots, y_2(k); y_l(k), \cdots, y_l(k)]$$

是时刻 k 的输出 $y_1(k)$，$y_2(k)$，…，$y_l(k)$ 组成的 $l \times P$ 维向量。

$$\boldsymbol{p} = \left[\sum_{j=1}^{m} p_{1j}(k+1), \cdots, \sum_{j=1}^{m} p_{lj}(k+1); \sum_{j=1}^{m} p_{1j}(k+2), \cdots, \sum_{j=1}^{m} p_{lj}(k+2); \cdots, \sum_{j=1}^{m} p_{1j}(k+P), \cdots, \sum_{j=1}^{m} p_{lj}(k+P)\right]$$

是一个 $l \times P$ 向量，式中

$$p_{st}(k+i) = \sum_{j=1}^{i} s_{st}(k+j), \quad s_{st}(k+j) = \sum_{d=j+1}^{N} \tilde{h}_{st}^d \Delta u(k+j-d)$$

为第 s 个输入、第 t 个输出通道控制增量的历史贡献。

MIMO 系统的参考轨迹定义为 $l \times P$ 维向量：

$$\boldsymbol{y}_r = [y_{r1}(k+1), y_{r2}(k+1), \cdots, y_{rl}(k+1); y_{r1}(k+2), y_{r2}(k+2), \cdots, y_{rl}(k+2); \cdots, y_{r1}(k+P), y_{r2}(k+P), \cdots, y_{rl}(k+P)]$$

而 $y_{ri}(k+j)=(1-\alpha_i^j)y_{spi}(k+j)+\alpha_i^j y_i(k)$，$i=1, 2\cdots, l$；$j=1, 2\cdots, P$ 是输出 $y_i(k+j)$ 的参考轨线。α_i 是它的柔化因子。

各参考轨迹可有不同的柔化因子 $\alpha_1, \alpha_2, \cdots, \alpha_l$，则参考轨迹向量方程为

$$\boldsymbol{y}_r = \boldsymbol{\Lambda}_1\boldsymbol{y} + \boldsymbol{\Lambda}_2\boldsymbol{y}_{sp} \tag{4.4-30}$$

其中

$$\boldsymbol{\Lambda}_1 = \text{diag}\{\alpha_1, \alpha_2, \cdots\alpha_l; \alpha_1^2, \alpha_2^2, \cdots\alpha_l^2; \cdots; \alpha_1^P, \alpha_2^P, \cdots\alpha_l^P\}$$

$$\boldsymbol{\Lambda}_2 = \boldsymbol{I} - \boldsymbol{\Lambda}_1 \tag{4.4-31}$$

定义输出预测误差为

$$\boldsymbol{e} = \boldsymbol{y}_r - \boldsymbol{y}_c \tag{4.4-32}$$

MIMO 系统优化指标仍为离散二次指标：

$$J = \boldsymbol{e}^T\boldsymbol{Q}\boldsymbol{e} + \Delta\boldsymbol{u}^T\boldsymbol{R}\Delta\boldsymbol{u} \tag{4.4-33}$$

权矩阵一般取块对角阵

$$\boldsymbol{Q} = \text{diag}(q_{11}^2, \cdots q_{1P}^2; q_{21}^2, \cdots q_{2P}^2; q_{l1}^2, \cdots q_{lP}^2)$$

$$\boldsymbol{R} = \text{diag}(r_{11}^2\cdots, r_{1M}^2; r_{21}^2\cdots, r_{2M}^2; \cdots r_{m1}^2\cdots, r_{mM}^2)$$

使 J 最优，可由 $\partial J/\partial\Delta\boldsymbol{u}=0$，解出得

$$\Delta\boldsymbol{u} = (\boldsymbol{A}^T\boldsymbol{Q}\boldsymbol{A} + \boldsymbol{R})^{-1}\boldsymbol{A}^T\boldsymbol{Q}[\boldsymbol{\Lambda}_2(\boldsymbol{y}_{sp} - \boldsymbol{y}) - \boldsymbol{p}] \tag{4.4-34}$$

取 $\Delta\boldsymbol{u}$ 前 m 个值 $\Delta u_1(k)$，$\Delta u_2(k)$，…，$\Delta u_m(k)$ 即为各输入通道当前控制增量值。

2. 模型算法控制(MAC)

模型算法控制(Model Algorithmic Control)是由 Richalet 等人提出来的，与 DMC 算法一样，它也包括预测模型，参考轨迹和滚动优化三部分。

1) 预测模型

MAC 采用脉冲响应序列作为预测模型，图 4.4-4 是渐近稳定对象的单位脉冲响应，响应序列为 $\{h_i\}(i=1, 2, \cdots)$。对渐近稳定对象，有 $\lim\limits_{i\to\infty}h_i=0$。因此就可取有限脉冲序列 $\{h_i\}(i=1, 2, \cdots, N)$ 表示对象的响应。

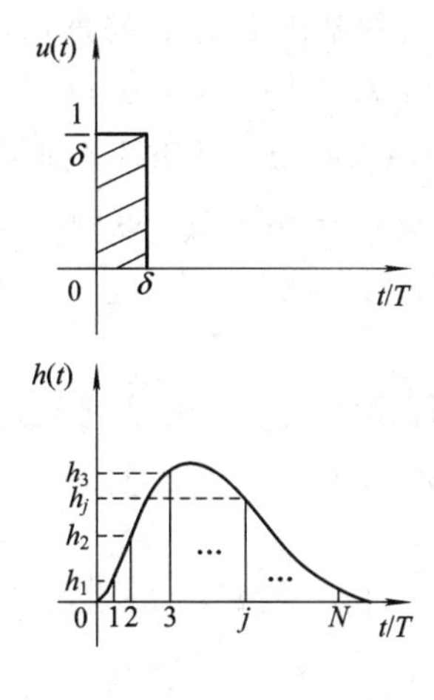

图 4.4-4　渐近稳定对象的单位脉冲响应

根据叠加原理，在任意控制序列 $u(k)$ 作用下，对象控制通道的非最小化参数模型为

$$y_m(k) = \sum_{i=1}^{N} \tilde{h}_i u(k-i) \tag{4.4-35}$$

在单位脉冲响应序列上加"～"表示模型，以示与实际对象相区别。

利用这个模型可以预测对象从 k 时刻开始的 P 步输出为

$$y_m(k+i) = \sum_{j=1}^{N} \tilde{h}_j u(k+i-j) \qquad (i=1, 2, \cdots, p) \tag{4.4-36}$$

根据式(4.4-36)可写出 P 个关系式：

$$\left.\begin{aligned} y_m(k+1) &= \tilde{h}_1 u(k) + \tilde{h}_2 u(k-1) + \cdots + \tilde{h}_N u(k-N+1) \\ y_m(k+2) &= \tilde{h}_1 u(k+1) + h_2 u(k) + \cdots + \tilde{h}_N u(k-N+2) \\ &\cdots\cdots \\ y_m(k+P) &= \tilde{h}_1 u(k+P-1) + \cdots + \tilde{h}_P u(k) + \cdots + \tilde{h}_N u(k-N+P) \end{aligned}\right\} \tag{4.4-37}$$

式中，$u(k)$，$u(k+1)$，…，$u(k+P-1)$是待确定的未来控制量，而 $u(k-N+P)$，…，$u(k-1)$是已知的历史输入，把它们分开，并记

$$\boldsymbol{u} = [u(k), u(k+1), \cdots, u(k+p-1)]^T$$

$$\boldsymbol{u}_1 = [u(k-N+1), u(k-N+2), \cdots, u(k-1)]^T$$

P 个预测值 $y_m(k+1)$，$y_m(k+2)$，…，$y_m(k+P)$也写成向量形式：

$$\boldsymbol{y}_m = [y_m(k+1), y_m(k+2), \cdots, y_m(k+P)]^T$$

式(4.4-37)中 P 个关系，按未来和历史贡献分为两部分(虚线分割)，写成向量形式表示成

$$\boldsymbol{y}_m = \boldsymbol{H}\boldsymbol{u} + \boldsymbol{H}_1 \boldsymbol{u}_1 \tag{4.4-38}$$

其中，$\boldsymbol{H}$ 和 $\boldsymbol{H}_1$ 是矩阵。

$$\boldsymbol{H} = \begin{bmatrix} \tilde{h}_1 & & & 0 \\ \tilde{h}_2 & \tilde{h}_1 & & \\ \vdots & \vdots & \ddots & \\ \tilde{h}_P & \tilde{h}_{P-1} & \cdots & \tilde{h}_1 \end{bmatrix}_{P\times P} \quad \boldsymbol{H}_1 = \begin{bmatrix} \tilde{h}_N & \tilde{h}_{N-1} & \cdots & \tilde{h}_3 & \tilde{h}_2 \\ 0 & \tilde{h}_N & \cdots & \tilde{h}_4 & \tilde{h}_3 \\ \vdots & \vdots & & \vdots & \vdots \\ 0 & 0 & \cdots & \tilde{h}_N & \tilde{h}_{P+1} \end{bmatrix}_{P\times(N-1)} \tag{4.4-39}$$

$\boldsymbol{y}_m$称为开环预测值，如在 $y_m(k+i)$的基础上用 $y(k)-y_m(k)$进行校正：

$$y_c(k+i) = y_m(k+i) + [y(k) - y_m(k)] (i=1, 2, \cdots, P) \tag{4.4-40}$$

则 $\boldsymbol{y}_c = [y_c(k+1), y_c(k+2), \cdots, y_c(k+P)]^T$可写成向量形式：

$$\boldsymbol{y}_c = \boldsymbol{H}\boldsymbol{u} + \boldsymbol{H}_1 \boldsymbol{u}_1 + \boldsymbol{g}_0 [y(k) - y_m(k)] \tag{4.4-41}$$

其中，$\boldsymbol{g}_0 = [1 \quad 1 \quad \cdots \quad 1]^T$是 P 维列向量。

2) *参考轨迹*

与 DMC 一样，从 $y(k)$到目标设定值 y_{sp}，用参考轨迹过渡：

$$y_r(k+i) = \alpha^i y(k) + (1-\alpha^i) y_{sp}, \ i=1, 2, \cdots, P \tag{4.4-42}$$

记期望输出为

$$\boldsymbol{y}_r = [y_r(k+1), y_r(k+2), \cdots, y_r(k+P)]^T$$

和 $\boldsymbol{\alpha}_1 = [\alpha, \alpha^2, \cdots, \alpha^P]^T$，$\boldsymbol{\alpha}_2 = [1-\alpha, 1-\alpha^2, \cdots, 1-\alpha^P]^T$

则可记参考轨迹方程为

$$\boldsymbol{y}_r = \boldsymbol{\alpha}_1 y(k) + \boldsymbol{\alpha}_2 y_{sp}(k) \tag{4.4-43}$$

偏差为

$$\boldsymbol{e} = \boldsymbol{y}_{\mathrm{r}} - \boldsymbol{y}_{\mathrm{c}} = \boldsymbol{\alpha}_2[y_{\mathrm{sp}}(k) - y(k)] - \boldsymbol{H}\boldsymbol{u} - \boldsymbol{H}_1\boldsymbol{u}_1 + \boldsymbol{g}_0\boldsymbol{y}_{\mathrm{m}}(k) \tag{4.4-44}$$

3）滚动优化

与 DMC 一样，取优化指标为离散二次型指标：

$$J = \boldsymbol{e}^{\mathrm{T}}\boldsymbol{Q}\boldsymbol{e} + \boldsymbol{u}^{\mathrm{T}}\boldsymbol{R}\boldsymbol{u} \tag{4.4-45}$$

取 $\boldsymbol{Q}=\mathrm{diag}(q_1^2,\ q_2^2,\ \cdots,\ q_P^2)$，$\boldsymbol{R}=\mathrm{diag}(r_1^2,\ r_2^2,\ \cdots,\ r_M^2)$，则

$$J = \sum_{i=1}^{P} q_i^{\ 2} e^2(k+i) + \sum_{i=1}^{M} r_i^{\ 2} u^2(k+i-1) \tag{4.4-46}$$

使 J 最小的 $\boldsymbol{u}$ 应当满足 $\partial J/\partial \boldsymbol{u}=0$，可得

$$\boldsymbol{u} = (\boldsymbol{H}^{\mathrm{T}}\boldsymbol{Q}\boldsymbol{H} + \boldsymbol{R})^{-1}\boldsymbol{H}^{\mathrm{T}}\boldsymbol{Q}\{\boldsymbol{\alpha}_2[y_{\mathrm{sp}}(k) - y(k)] - \boldsymbol{H}_1\boldsymbol{u}_1 + \boldsymbol{g}_0\boldsymbol{y}_{\mathrm{m}}(k)\} \tag{4.4-47}$$

MAC 的控制器输出也是滚动的，只执行当前时刻 k 的控制量，即

$$\begin{aligned} \boldsymbol{u}(k) &= (1\quad 0\quad \cdots\quad 0)(\boldsymbol{H}^{\mathrm{T}}\boldsymbol{Q}\boldsymbol{H} + \boldsymbol{R})^{-1}\boldsymbol{H}^{\mathrm{T}}\boldsymbol{Q}\{\boldsymbol{\alpha}_2[y_{\mathrm{sp}}(k) - y(k)] - \boldsymbol{H}_1\boldsymbol{u}_1 + \boldsymbol{g}_0\boldsymbol{y}_{\mathrm{m}}(k)\} \\ &= \boldsymbol{d}^{\mathrm{T}}\{\boldsymbol{\alpha}_2[y_{\mathrm{sp}}(k) - y(k)] - \boldsymbol{H}_1\boldsymbol{u}_1 + \boldsymbol{g}_0\boldsymbol{y}_{\mathrm{m}}(k)\} \end{aligned} \tag{4.4-48}$$

式(4.4-48)是 MAC 的多步预测控制算式。

$P=1$，$M=1$ 情况，取 $Q=1$，$R=r^2$，而 $\alpha_2=1-\alpha$，则式(4.4-48)变成

$$u(k) = \frac{\tilde{h}_1}{\tilde{h}_1^{\ 2} + r^2}\{(1-\alpha)[y_{\mathrm{sp}}(k) - y(k)] - \sum_{j=2}^{N}\tilde{h}_j u(k+1-j) + y_{\mathrm{m}}(k)\} \tag{4.4-49}$$

这就是 MAC 的一步预测算式。

4.4.3　预测控制系统的性能分析

预测控制由于采用非参数的脉冲响应模型，而且在优化计算中加入了许多可选择的参数，因此要完全用解析的方法求出各种参数对系统性能影响的定量关系是十分困难的。目前大多数的研究方法是对某些特定参数的作用进行一定解析性定性分析，并用仿真的方法加以验证。

下面以一步预测算法为例，对预测控制性能与优化参数的关系做一些讨论。

1. 预测控制的内模结构

先讨论一种最简单情况：$P=M=1$，且 $r=0$，则 DMC 和 MAC 优化指标是一样的。

$$J = e^2(k+1) = \min \tag{4.4-50}$$

得 $e(k+1)=0$，故

$$y_{\mathrm{c}}(k+1) = y_{\mathrm{r}}(k+1) \tag{4.4-51}$$

即

$$y_{\mathrm{m}}(k+1) + y(k) - y_{\mathrm{m}}(k) = \alpha y(k) + (1-\alpha)y_{\mathrm{sp}}(k)$$

整理后有

$$(1-\alpha)\{y_{\mathrm{sp}}(k) - [y(k) - y_{\mathrm{m}}(k)]\} = y_{\mathrm{m}}(k+1) - \alpha y_{\mathrm{m}}(k)$$

对上式进行 z 变换，得到

$$(1-\alpha)\{y_{\mathrm{sp}}(z) - [y(z) - y_{\mathrm{m}}(z)]\} = (z-\alpha)y_{\mathrm{m}}(z) \tag{4.4-52}$$

注意到

$$y(z) = G(z)u(z) \tag{4.4-53}$$

和

$$y_{m}(z)=\widetilde{G}(z)u(z) \tag{4.4-54}$$

其中

$$G(z)=z^{-1}H(z)=z^{-1}[h_1+h_2z^{-1}+\cdots+h_Nz^{-(N-1)}] \tag{4.4-55}$$

$$\widetilde{G}(z)=z^{-1}\widetilde{H}(z)=z^{-1}[\tilde{h}_1+\tilde{h}_2z^{-1}+\cdots+\tilde{h}_Nz^{-(N-1)}] \tag{4.4-56}$$

将式(4.4-54)代入式(4.4-52)，整理得

$$\begin{aligned}u(z)&=\frac{1-\alpha}{(z-\alpha)\widetilde{G}(z)}\{y_{sp}(z)-[y(z)-y_{m}(z)]\}\\&=\frac{1-\alpha}{1-\alpha z^{-1}}\cdot\frac{1}{\widetilde{H}(z)}\{y_{sp}(z)-[y(z)-y_{m}(z)]\}\end{aligned} \tag{4.4-57}$$

由式(4.4-53)、式(4.4-54)及式(4.4-57)，可将一步预测法的内模控制结构画成图4.4-5所示的形式。

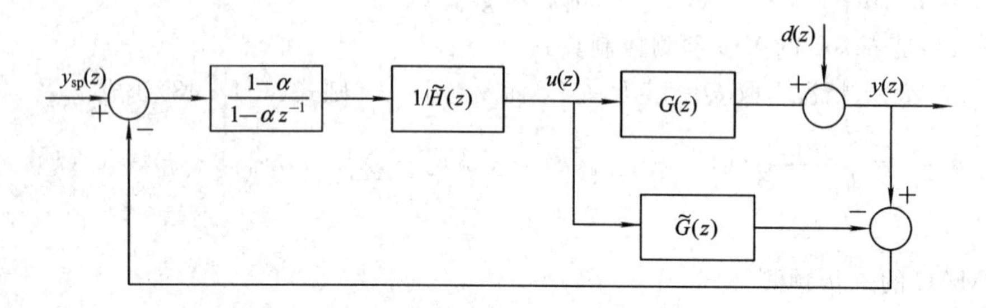

图 4.4-5　一步预测法的内模控制结构

这正好是带前置滤波的内模控制系统，其中 $G_{IMC}(z)=\widetilde{H}^{-1}(z)$。

对于更广义的 DMC 及 MAC 等预测算法，也可以类似地画出它的内模控制结构，其内模控制器的形式要从它们控制律导出，要复杂一些。

2. 预测控制的稳定性、鲁棒性与稳态误差

1) $r=0$ 时一步预测性能

(1) 稳定性。由带滤波器的内模控制式(4.2-18)知

$$\frac{y(z)}{y_{sp}(z)}=\frac{\frac{1-\alpha}{1-\alpha z^{-1}}\cdot\frac{1}{\widetilde{H}(z)}\cdot G(z)}{1+\frac{1-\alpha}{1-\alpha z^{-1}}\cdot\frac{1}{\widetilde{H}(z)}[G(z)-\widetilde{G}(z)]}=\frac{(1-\alpha)G(z)}{(1-\alpha)G(z)+(z-1)\widetilde{G}(z)} \tag{4.4-58}$$

及

$$\frac{u(z)}{y_{sp}(z)}=\frac{1-\alpha}{(1-\alpha)G(z)+(z-1)\widetilde{G}(z)} \tag{4.4-59}$$

于是预测控制系统的特征方程为

$$(1-\alpha)G(z)+(z-1)\widetilde{G}(z)=0 \tag{4.4-60}$$

如果模型准确，$G(z)=\widetilde{G}(z)$，则特征方程变为

$$(z-\alpha)G(z)=0 \tag{4.4-61}$$

稳定条件要求参数 α 满足 $0 \leqslant \alpha < 1$，且 $G(z)$ 是一个稳定的对象。

如果 $G(z)$ 是非最小相位对象或在模型不匹配场合，就要研究特征方程(4.4-60)的根在 z 平面分布问题，这是一件困难的事。将式(4.4-60)写成一个 z 的 N 次多项式形式：

$$(1-\alpha)\sum_{i=1}^{N} h_i z^{N-i} + (z-1)\sum_{i=1}^{N} \tilde{h}_i z^{N-i} = 0 \tag{4.4-62}$$

我们给出一个判断(4.4-62)的根是否稳定的一个判据：

z 的 N 次多项式：

$$\varphi(z) = b_0 z^N + b_1 z^{N-1} + \cdots + b_{N-1} z + b_N \tag{4.4-63}$$

的所有根在 z 平面单位圆内的充分条件是

$$b_0 > \sum_{i=1}^{N} |b_i| \tag{4.4-64}$$

也就是说，多项式的首项系数要足够大，这个定理对研究预测控制系统的稳定性十分有用。

对满足式(4.4-61)的系统，有

$$\frac{y(z)}{y_{sp}(z)} = \frac{1-\alpha}{z-\alpha} \tag{4.4-65}$$

其特性相当于一阶惯性环节，参数 α 增大，输出变得平缓，但响应变慢；反之，$\alpha=0$ 是无稳态误差的最小拍控制，一步到达设定值。

(2) 鲁棒性。模型失配时，$\tilde{G}(z) \neq G(z)$，分析特征方程(4.4-60)的根的分布是不容易的，但如果只是增益失配，即

$$G(z) = g\tilde{G}(z) \tag{4.4-66}$$

则闭环特征方程为

$$[z-1+(1-\alpha)g]\tilde{G}(z) = 0 \tag{4.4-67}$$

只要 g 满足

$$0 < g < \frac{2}{1-\alpha}$$

便可保证稳定，因此如果仅仅是增益失配，增大 α 值，系统就会变得稳定。

(3) 稳态无差性。由于 $f(z) = \dfrac{1-\alpha}{1-\alpha z^{-1}}$，$\tilde{G}_+(z) = z^{-1}$，故式(4.2-15)的条件满足，即

$$f(1)\tilde{G}_+(1) = 1 \tag{4.4-68}$$

所以对阶跃形式的给定值 y_{sp} 或扰动 d，总有

$$y(\infty) = y_{sp}(\infty) \tag{4.4-69}$$

实现稳态无差。

2) $r \neq 0$ 时一步预测控制的性能

对 DMC 系统，优化指标为

$$J = e^2(k+1) + r^2 \Delta u^2(k) = \min \tag{4.4-70}$$

由 $\dfrac{\partial J}{\partial \Delta u(k)} = 0$，可得

$$-(1-\alpha)\tilde{h}_1[y_{sp}(k) - y(k)] + \tilde{h}_1[y_m(k+1) - y_m(k)] + r^2 \Delta u(k) = 0$$

对上式进行 z 变换可得

$$\frac{y(z)}{y_{sp}(z)}=\frac{(1-\alpha)\tilde{h}_1G(z)}{r^2(1-z^{-1})+(1-\alpha)\tilde{h}_1G(z)+(z-1)\tilde{h}_1\tilde{G}(z)} \tag{4.4-71}$$

$$\frac{y(z)}{y_{sp}(z)}=\frac{(1-\alpha)\tilde{h}_1}{r^2(1-z^{-1})+(1-\alpha)\tilde{h}_1G(z)+(z-1)\tilde{h}_1\tilde{G}(z)} \tag{4.4-72}$$

闭环特征方程为

$$\frac{r^2}{\tilde{h}_1}(1-z^{-1})+(1-\alpha)G(z)-(z-1)\tilde{G}(z)=0 \tag{4.4-73}$$

写成多项式形式为

$$\frac{r^2}{\tilde{h}_1}(z^N-z^{N-1})+(1-\alpha)\sum_{i=1}^{N}h_iz^{N-i}+(z-1)\sum_{i=1}^{N}\tilde{h}_iz^{N-i}=0 \tag{4.4-74}$$

与式(4.4-62)相比较，增加的$\frac{r^2}{\tilde{h}_1}(z^N-z^{N-1})$这一项，使特征多项式首项系数增加，次项系数减小，故增大 r 值可提高预测控制系统稳定性。

从式(4.4-71)可见，如果控制系统稳定，则由终值定理可求出 y 的稳态值，对阶跃的给定值输入，$y_{sp}(z)=\frac{y_{sp}(\infty)}{1-z^{-1}}$，有

$$y(\infty)=\lim_{z\to1}(z-1)y(z)=y_{sp}(\infty) \tag{4.4-75}$$

它同样是稳态无差的。

对 MAC 系统，优化指标为

$$J=e^2(k+1)+r^2u^2(k)=\min \tag{4.4-76}$$

由$\frac{\partial J}{\partial u(k)}=0$，可得

$$-(1-\alpha)\tilde{h}_1[y_{sp}(k)-y(k)]+\tilde{h}_1[y_m(k+1)-y_m(k)]+r^2u(k)=0$$

对上式作 z 变换，可得

$$\frac{y(z)}{y_{sp}(z)}=\frac{(1-\alpha)\tilde{h}_1G(z)}{r^2+(1-\alpha)\tilde{h}_1G(z)+(z-1)\tilde{h}_1\tilde{G}(z)} \tag{4.4-77}$$

$$\frac{u(z)}{y_{sp}(z)}=\frac{(1-\alpha)\tilde{h}_1}{r^2+(1-\alpha)\tilde{h}_1G(z)+(z-1)\tilde{h}_1\tilde{G}(z)} \tag{4.4-78}$$

闭环特征方程为

$$\frac{r^2}{\tilde{h}_1}z^N+(1-\alpha)\sum_{i=1}^{N}h_iz^{N-i}+(z-1)\sum_{i=1}^{N}\tilde{h}_iz^{N-i}=0 \tag{4.4-79}$$

与 $r=0$ 情形相比较，增加$\frac{r^2}{\tilde{h}_1}z^N$ 这一项，使闭环特征多项式的首项系数加大，有助于系统稳定性的增加。

由式(4.4-77)，稳定的系统对阶跃的给定输入的稳态值

$$y(\infty)=\lim_{z\to1}(z-1)y(z)=\frac{(1-\alpha)\tilde{h}_1G(1)}{r^2+(1-\alpha)\tilde{h}_1G(1)}y_{sp}(\infty)$$

$$
=\frac{(1-\alpha)\tilde{h}_1 a_N}{r^2+(1-\alpha)\tilde{h}_1 a_N} y_{sp}(\infty) \neq y_{sp}(\infty) \tag{4.4-80}
$$

故当 $r\neq 0$ 时，MAC 算法对阶跃设定值的响应稳态有差。

4.4.4　预测控制的工业应用

对于常规 PID 控制难以取得良好效果的复杂工业过程，可以考虑应用预测控制，一般应通过工业控制机或 DCS 系统来实现，并应有相应的商用软件支持。

1. 控制回路结构选择

按预测控制系统原理，预测控制回路有两种方式选择。

1）单回路控制(见图 4.4-6(a))

预测控制器的输出直接去控制执行器，采用直接数字控制(DDC)方式，它需要实现辨识对象的模型，一般在执行器前加入阶跃信号，测试对象的输出，得到对象的阶跃响应模型，也就是说，模型应是包括执行器的对象自身的。

这种结构对不可测的干扰没有预测功能，只能通过反馈来实现误差校正，因此，从抗干扰出发，要求对干扰做出快速反应，通常要求采样时间小一些，但是由于预测算法采用非参数模型，算法也远较 PID 复杂很多。从控制实时性考虑也不允许把采样周期取得过小。同时，预测控制在校正时，并不能分辨误差是由模型失配引起的，还是由于干扰引起的，因此采用的策略很难兼顾对模型失配的鲁棒性和对抗干扰的快速性要求。还有，对不稳定的对象单回路结构是不能实行预测控制的。为了解决上述问题，可以采用下面结构。

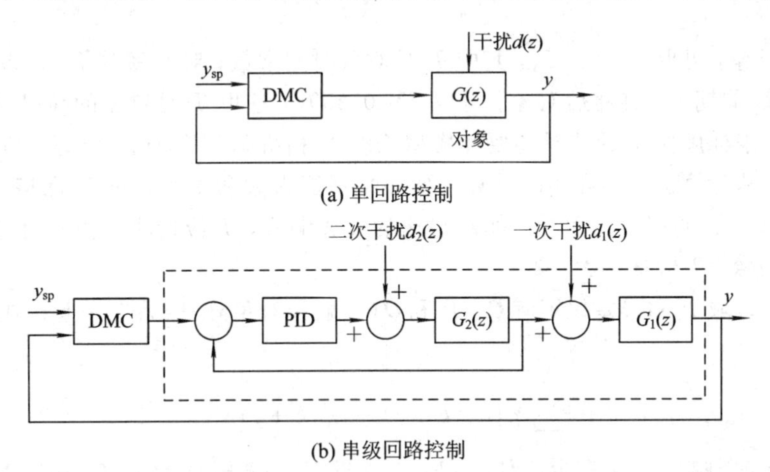

图 4.4-6　DMC 两种回路结构

2）串级回路控制(见图 4.4-6(b))

上面说到的问题在预测控制基础算法的单层结构中很难协调，解决方法之一是引入分层结构，即在不同层次上采用不同的采样周期分别满足优化计算及抗干扰的需要，并把抗干扰性和鲁棒性两个难以在一起协调的性能要求分别在不同层次中加以解决，如遇到不稳定对象的预测控制，也可先由基础 PID 控制予以稳定。

下面以 DMC-PID 串级控制结构为例，说明分层控制的设计思想。

(1) 首先按串级控制的思想将对象分割为主、副对象，选择好可测的副被控变量，将进入系统的主要干扰包含在副回路内，副对象 $G_2(z)$ 的时间常数和纯滞后要明显小于主对象，对副回路采样频率可以选得高一些。控制器可采用高增益的 P 或 PI 控制，尽量不用或慎用微分作用，这样有利于加大副回路工作频率，使副回路快速响应，并可减小进入副回路的干扰对被控变量的影响。

（2）主回路采用 DMC 控制器，这时控制器的输出不是直接送往执行器而是作为副回路的给定值，对副回路实现 SPC 控制。主回路的被控对象应是图 4.4－6 中虚框部分的广义对象，该广义对象是由副回路和主对象 $G_1(z)$ 组成。由于副对象 $G_2(z)$ 本身时间常数较小，同时副回路控制响应很快，故广义对象的动态主要是由 $G_1(z)$ 决定，它通常有较大的时间常数和纯滞后，同时主要干扰又包含在副回路中，因此用预测功能的 DMC 作为主控制器就非常适合，它的主要作用是使整个系统对设定值有良好的跟踪性能和对模型失配有较强的鲁棒性。

应当指出，由于这种结构 DMC 的被控对象是整个广义对象，因此作阶跃响应模型测试时，副回路应投入自动，把阶跃信号加在副回路的设定值上，而不是直接加在执行器上。

2. 参数选择

预测控制可调参数比内模控制多得多，它们和系统特性的严格定量关系无法获得，不少学者在这方面做过不少工作，对参数选取也提出过一些指导原则，但在实际工作中最好还是通过仿真调试，以获得良好效果。

（1）采样周期 T 和模型长度 N。预测控制与其他采样控制一样，采样周期 T 的选择理论上要满足 Shannon 采样定理得出的条件，具体的选取应根据对象特性来进行。一些文献建议：

对单容对象，可取 $T\leqslant 0.1T_a$，其中 T_a 是对象时间常数；对振荡对象，可取 $T\leqslant 0.1T_e$，其中 T_e 是振荡周期；对纯滞后对象，可取 $T\leqslant 0.25T_t$，这里 T_t 是对象的纯滞后时间。对预测控制来说，采样周期 T 的选择还要和模型长度 N 相协调，因为通常要求 NT 以后，响应已进入稳态。从计算机内存和实时计算需要，N 不能太大和太小，使 N 保持在 20～50 为好，采样周期 T 也要因对象而异，如对快速的过渡响应，T 应选小一点；而对响应慢、过渡时间长的对象，T 应选得大一些。

（2）优化时域 P 和误差权矩阵 $\boldsymbol{Q}$。P 和 $\boldsymbol{Q}$（一般为对角阵）联系在一起构成优化指标第一项：

$$\sum_{i=1}^{P} q_i^2[y_r(k+i)-y_c(k+i)]^2$$

P 表示 k 时刻起，未来多少步使 $y_c(k+i)$ 逼近于 $y_r(k+i)$（$i=1, 2, \cdots, P$），因此为了使滚动有意义，P 应把对象主要的动态响应覆盖住，一般常选为对象上升时间对应的拍数。对有纯滞后或反向特性的非最小相位对象，P 的选择必须超过这些“不正常”时段，并延伸至正向响应的重要时段。

q_i 的选择反映优化指标中对误差的重视程度，一般取

$$q_i=\begin{cases}0, & \text{对应于响应的时滞或反向部分}\\ 1, & \text{其他部分}\end{cases}$$

P 的值对对象响应的稳定性和快速性有影响，P 较大，系统稳定性好、快速性差，P 减小则反之。

(3) 控制时域 M 和控制权矩阵 $\boldsymbol{R}$。M 和 $\boldsymbol{R}$(一般为对角阵)联系在一起构成优化指标中另一项：

$$\sum_{i=1}^{M} r_i^2 \Delta u^2(k+i-1)$$

M 表示从 k 时刻起所确定的未来控制量的数目，由于优化是针对未来 P 个时刻的输出误差进行的，由因果关系知，$M \leqslant P$。

由于 M 是优化控制变量的个数，在 P 已确定的情况下，M 太小就难以保证输出在各采样点紧随期望值。如 $M=1$，就意味着用一个控制量 $\Delta u(k)$ 就要求输出在 $k+1$，$k+2$，…，$k+P$ 时刻都跟踪期望值，其结果必然是动态响应难以满足，但 M 越小，稳定性越好，系统的鲁棒性也较好。M 增大，使系统的稳定性和鲁棒性变差，但对期望输出的跟踪能力相应提高，因而增大 M 的作用与增大 P 的作用正好相反，一般地 M 可取 4～8。

控制权矩阵 $\boldsymbol{R}=\mathrm{diag}(r_1^2, r_2^2, \cdots, r_M^2)$，一般取 r_i 为同一值 r，于是 $\boldsymbol{Q}=r^2\boldsymbol{I}$。当 q_i 取定为 0 或 1 时，r 就是一个可调参数，r 值是对控制量的一个限制，适当增加 r 值，控制作用不会太剧烈，对系统的稳定有利。但 r 对系统稳定性的影响一般来说比较复杂，它并不是单调的，不能指望通过一味增大 r 来提高系统的稳定性和鲁棒性(这可以通过选择 P 和 M 来解决)，r 的引入主要是防止控制量变化过大，因此在整定 r 时，可以先令 $r=0$，观察系统，系统若是稳定，而控制量变化过于剧烈，就可略微加大 r，使控制量变化平缓一些。

(4) 柔化因子 α。柔化因子 α 能改变参考轨迹的形状，当选定其他参数后，加大 α 会使参考轨迹曲线变化更缓慢，系统的稳定性和鲁棒性增加，但对扰动的敏感程度下降，抗干扰性能变差。相反，减小 α 则会改善系统动态响应，但稳定性和鲁棒性会变差，α 一般可在线调整。

综上所述，以 DMC 为例，预测控制参数整定的方法和步骤是：

① 根据对象类型和动态特性确定采样周期 T，获取光滑的对象阶跃响应曲线，必要时(如对非最小相位对象)，可不一定要求模型与实际对象完全匹配，最好构造一个光滑的单调上升响应模型，模型长度一般取 20～50。

② 取优化时域 P，使之覆盖动态响应的主要动态部分，初选 P 后，取

$$q_i=\begin{cases}0, & \text{对应阶跃响应系数 } \alpha_i=0\text{(时滞)}，\alpha_i<0\text{(反向)部分} \\ 1, & \text{其他 } \alpha_i>0 \text{ 的正常部分}\end{cases}$$

③ 初选 $r=0$，并取定控制时域 M：

$$M=\begin{cases}1\sim 2, & \text{对于 } S \text{ 型动态阶跃响应的对象} \\ 4\sim 8, & \text{对于振荡的复杂动态的对象}\end{cases}$$

④ 计算出控制系数 d_i，用仿真方法检验控制系统的动态响应，如不满意，再重选 P 计算，直至满意为止，观察控制量变化情况，如过于剧烈可略为增大 r 值。

⑤ 通过仿真或在线整定 α 参数，使系统兼顾鲁棒性和抗干扰要求。

3. 预测控制在工业上的应用举例

某炼厂的热裂炉的流程如图 4.4-7 所示，原料油和稀释蒸汽在管道内充分混合后送入炉子的燃烧室加热，燃烧

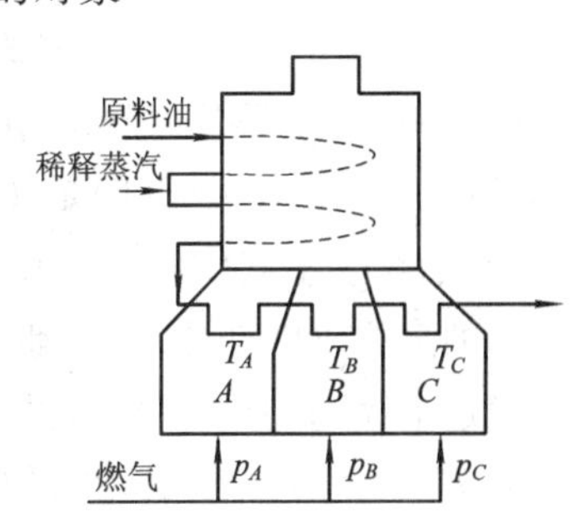

图 4.4-7　热裂炉的工艺流程

室有三个区 A、B、C。原料油在各区的温度 T_A、T_B、T_C分别通过控制各燃烧室内燃气喷管压力 p_A、p_B、p_C来保证，通过三套压力-流量串级控制器来最终操纵燃气的流量。被控变量 T_A、T_B、T_C和控制变量 p_A、p_B、p_C分别受有约束(见表4.4－1，温度的约束界限用对设定值的偏差表示)。

表 4.4－1　热裂炉工艺参数的约束界限

工艺参数	高　限	低　限
T_A/°F	1.0	－10.0
T_B/°F	10.0	－10.0
T_C/°F	4.0	－10.0
p_A/psi	8.0	－14.0
p_B/psi	8.0	－14.0
p_C/psi	－19.0	－24.0

注：°F为英式温度单位，1°F＝5/9℃；psi 为英式压力单位，1 psi＝6.89 kPa。

原料油和稀释蒸汽流量是最大的扰动，它们是可测扰动，并作为前馈量出现在算法中。

QDMC 是 Shell－Oil 开发的改良型 DMC 控制软件，可以用于工艺变量受约束的过程系统，具有模型辨识和预测控制双重功能，已在工业中大量应用。

本例中三个区的原料油温度对燃气压力的单位阶跃响应，已分别在图 4.4－8 中显示，采样时间为 0.5 分钟，从图中可以看出，对象的温度大约需要 15 分钟可以稳定下来，取模型长度 N＝30。

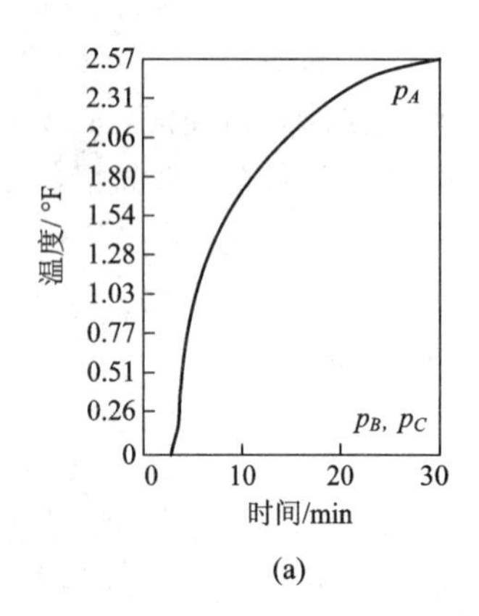

(a)

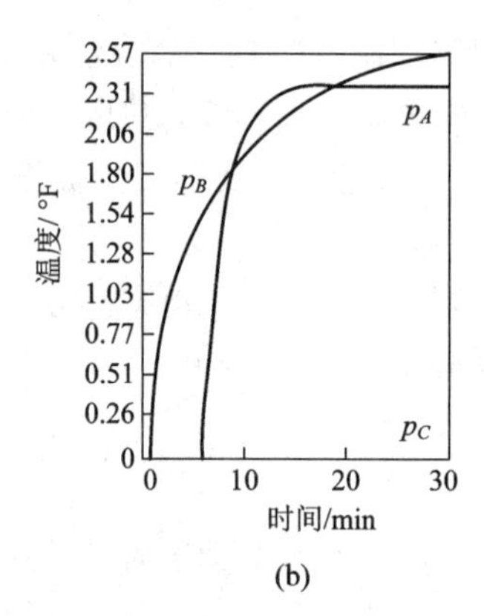

(b)

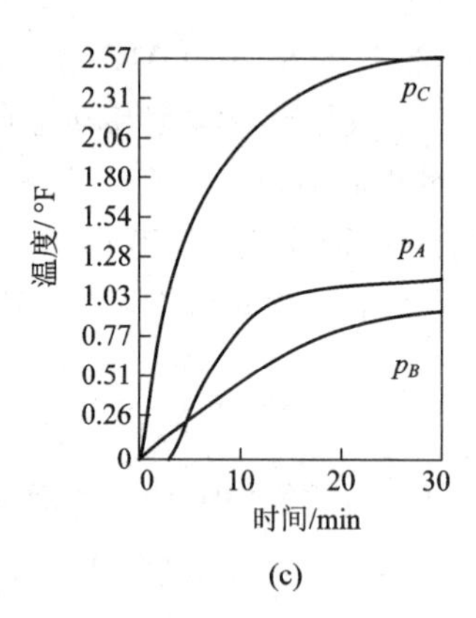

(c)

图 4.4－8　各区原料油温度对燃气压力的单位阶跃响应(采样周期 0.5 分钟)

图 4.4－8(a)是 T_A对 p_A、p_B、p_C单位阶跃响应，可以看出，p_B和 p_C压力的阶跃变化对 T_A没有作用。图 4.4－8(b)是 T_B对 p_A、p_B、p_C的单位阶跃响应，p_A和 p_B对 T_B有影响，而 p_C的变化对 T_B不起作用。图 4.4－8(c)是 T_C对 p_A、p_B、p_C的单位阶跃响应，表明三个燃气压力的单位阶跃变化对 T_C都有影响，但影响的程度不同。

通过上面的测试，我们获得了过程 9 个通道的单位阶跃响应模型，如果选定预测的优化时域 P＝N＝30，控制时域 M＝3，就可写一个 90×9 的动态矩阵 **A**，它由 9 个 30×3 子矩阵组合而成。

权因子的选择：取误差权因子 $q_i^2\equiv1$，而控制权因子的选择方式：在 A 区取 $r_i^2\equiv15$，在 B 区取 $r_i^2\equiv25$，在 C 区取 $r_i^2\equiv30$。允许有经验的操作人员必要时在线调整此值。

为了测试 QDMC 输入变量对约束的处理能力，工程人员把 T_B的给定值调高 3 ℉，而把 T_C的给定值同时降低 3 ℉，可以看到所有的被控温度变量对设定值都有良好的跟踪能力(见图 4.4-9)，而且控制有良好解耦性能。而相应的控制变量都在它们的约束界限内(见图 4.4-10)。我们特别注意到 B 区的压力 p_B在过渡过程中一度一直维持在界限上不变，直至把它的界限调高后，它才继续上升。对于一般的带积分作用的控制器，在控制量达到界限时就会产生积分饱和现象，并引起系统不稳定，但 QDMC 在存在约束时仍然保持稳定。图 4.4-11 是设定值 T_A 阶跃增加 3 ℉时被控变量的阶跃响应，图中显示了 QDMC 算法提供了一个将被控变量平滑地返回正常操作区域的能力。

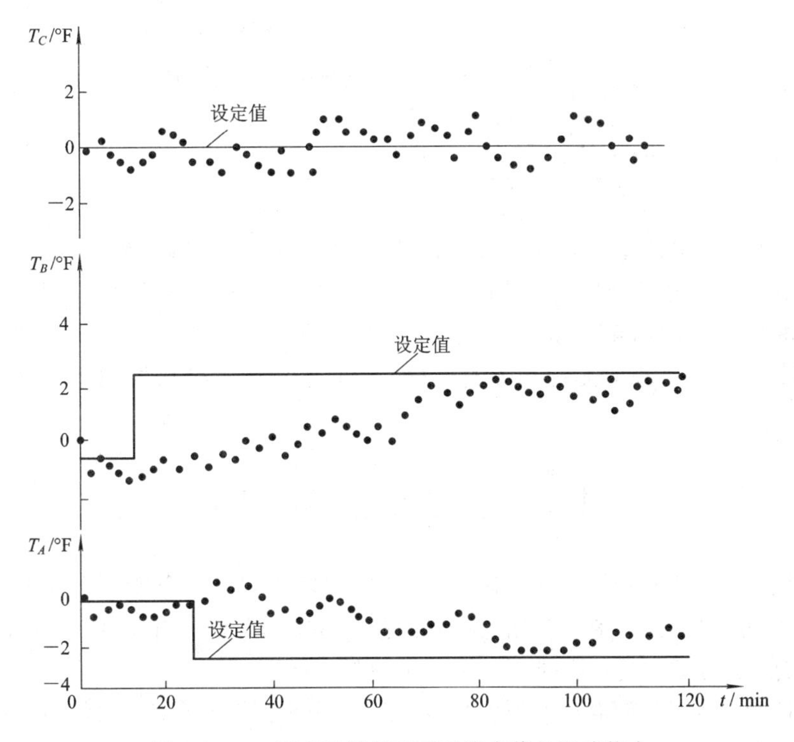

图 4.4-9　QDMC 被控变量对设定值的跟踪能力

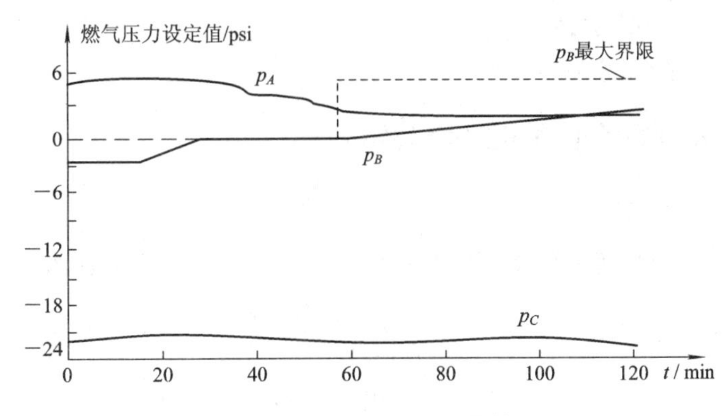

图 4.4-10　控制量的变化情况

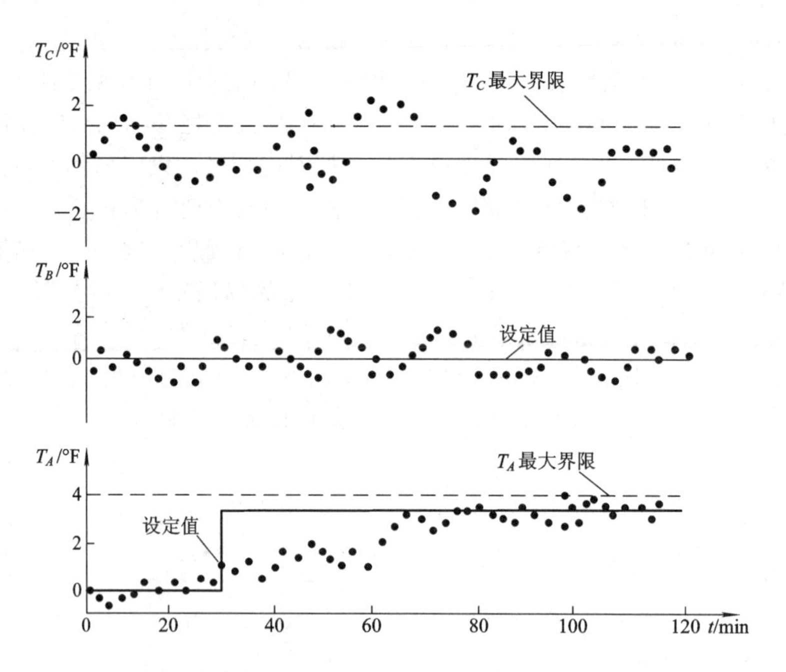

图 4.4－11　T_A设定值变化时，QDMC 维持被控变量在约束界限的能力

总之，QDMC 十分适合在线优化的工作环境，由于市场和原材料状况是经常变化的，过程的最优的操作点和约束限也是变化的，当约束的设置值从一个值变到另一个值时，QDMC 能够提供一个平稳的无扰动过渡过程，它的鲁棒性能确保控制器在整个操作区域的稳定。

4.5　多变量解耦控制

在过程控制系统设计中，常常会遇到多输出-多输入对象，合理确定输出（被控变量）和输入（控制变量）的搭配关系，是制定良好的控制方案的关键，Bristol（1966 年）提出的相对增益阵概念，为方案的选择提供了一个定量的判定标准。

设计好控制系统后，常常会发现控制器回路之间还会存在关联，如何通过设计补偿装置来消除或减少回路之间的关联，使系统平稳运行，这就要采用多变量解耦控制（Multivariable Decoupling Control）技术。

本节主要介绍这两部分内容。

4.5.1　控制回路间的关联和相对增益矩阵

1. 控制回路间的关联

设有两个被控变量和两个控制变量的对象（见图 4.5－1），它的输入和输出关系为

$$\left.\begin{aligned} y_1(s) &= G_{11}(s)u_1(s) + G_{12}(s)u_2(s) \\ y_2(s) &= G_{21}(s)u_1(s) + G_{22}(s)u_2(s) \end{aligned}\right\} \tag{4.5－1}$$

这里 $G_{ij}(s)$（$i=1, 2$；$j=1, 2$）是联系输出 y_i 与输入 u_j 之间的传递函数，式（4.5－1）表明了 u_1 或 u_2 的变化都会影响 y_1 和 y_2 这两个被控变量。

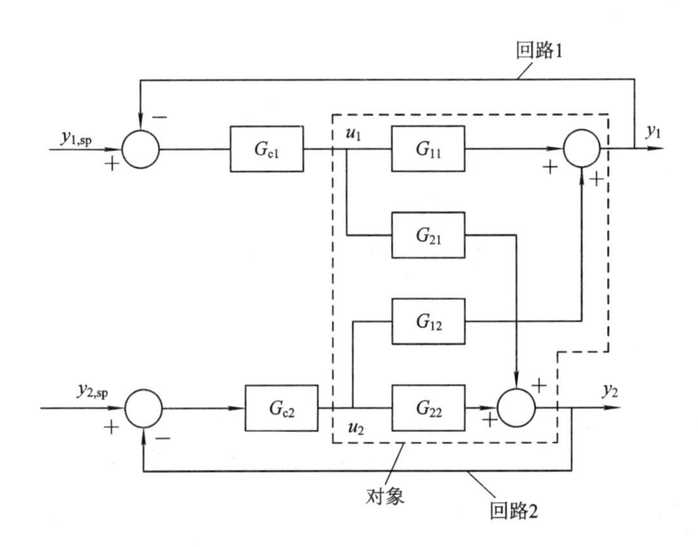

图 4.5-1　两个控制回路间的关联

将 y_1 与 u_1，y_2 与 u_2 配对成两个控制回路(见图 4.5-1)，通过简单转换关系，把两个回路中的测量装置和执行器的传递函数值设为 1，两个回路中控制器的传递函数分别为 $G_{c1}(s)$和 $G_{c2}(s)$。

我们来观察两种情况：

(1) 一个回路是闭环(如回路 2)，另一个回路打开(如回路 1)。这时改变闭合回路的给定值 $y_{2,sp}$，控制器 $G_{c2}(s)$就要改变 u_2，并通过 $G_{22}(s)$来影响 y_2 使它跟随 $y_{2,sp}$变化，同时 u_2 的变化又通过 $G_{12}(s)$去干扰 y_1，但因为回路 1 打开，这个干扰不可能通过回路 1 反过来再影响 y_2，$y_{2,sp}$对 y_1、y_2 的影响为

$$\begin{aligned} y_1(s) &= \frac{G_{12}(s)G_{c2}(s)}{1+G_{22}(s)G_{c2}(s)}y_{2,sp}(s) \\ y_2(s) &= \frac{G_{22}(s)G_{c2}(s)}{1+G_{22}(s)G_{c2}(s)}y_{2,sp}(s) \end{aligned} \tag{4.5-2}$$

(2) 两个回路均闭合情况。这时 $y_{2,sp}$的改变除了直接影响 y_2 外，它对 y_1 的干扰作用又可通过回路 1 作用于控制器 $G_{c1}(s)$去改变 u_1，而这又会通过 $G_{21}(s)$传回来反过来又影响回路 2 的输出，并且通过回路 2 反馈通道返回至 $y_{2,sp}$输入端形成第三个闭合回路，这便是两控制回路间关联的实质。由于处于闭环状态的两个控制器的输出 u_1，u_2 不断的相互影响，就会严重影响控制系统的品质。在大多数场合下，控制系统关联都是不好的，应予避免或削弱。

在两个回路都闭合的情况下，控制系统的输入 $y_{1,sp}$、$y_{2,sp}$和输出 y_1、y_2 间的关系为

$$\left.\begin{aligned} (1+G_{11}G_{c1})y_1+(G_{12}G_{c2})y_2 &= (G_{11}G_{c1})y_{1,sp}+(G_{12}G_{c2})y_{2,sp} \\ (G_{21}G_{c1})y_1+(1+G_{22}G_{c2})y_2 &= (G_{21}G_{c1})y_{1,sp}+(G_{22}G_{c2})y_{2,sp} \end{aligned}\right\} \tag{4.5-3}$$

从式(4.5-3)中可解出下列关系：

$$\left.\begin{aligned} y_1(s) &= P_{11}(s)y_{1,sp}+P_{12}(s)y_{2,sp} \\ y_2(s) &= P_{21}(s)y_{1,sp}+P_{22}(s)y_{2,sp} \end{aligned}\right\} \tag{4.5-4}$$

其中

$$P_{11}(s) = \frac{G_{11}G_{c1} + G_{c1}G_{c2}(G_{11}G_{22} - G_{12}G_{21})}{Q(s)}$$

$$P_{12}(s) = \frac{G_{12}G_{c2}}{Q(s)}$$

$$P_{21}(s) = \frac{G_{21}G_{c1}}{Q(s)}$$

$$P_{22}(s) = \frac{G_{22}G_{c2} + G_{c1}G_{c2}(G_{11}G_{22} - G_{12}G_{21})}{Q(s)}$$

而

$$Q(s) = (1 + G_{11}G_{c1})(1 + G_{22}G_{c2}) - G_{12}G_{21}G_{c1}G_{c2} \tag{4.5-5}$$

$Q(s)$是关联系统的公共特征多项式，故只有当特征方程：

$$Q(s) \equiv (1 + G_{11}G_{c1})(1 + G_{22}G_{c2}) - G_{12}G_{21}G_{c1}G_{c2} = 0 \tag{4.5-6}$$

的所有根都具有负实部时，关联回路才是稳定的。

当 $G_{12}(s)$和 $G_{21}(s)$有一个为 0 时，此时，第三个闭合回路不存在，闭环特征方程就成为

$$Q(s) = (1 + G_{11}G_{c1})(1 + G_{22}G_{c2}) = 0 \tag{4.5-7}$$

这时只要两个单独回路都稳定，关联系统也必稳定。

如果 $G_{12}(s)=G_{21}(s)=0$，那么两个回路完全彼此独立。

由式(4.5－6)可知，假定两个反馈控制器 G_{c1} 和 G_{c2} 是各自独立整定的(即被整定的回路处于闭环，另一个回路则处于开环)，也不能保证两个回路都投入闭环时整个控制系统的稳定性。

【例 4.5－1】 设有两个被控变量，其输入-输出的关系为

$$y_1(s) = \frac{1}{0.1s + 1}u_1(s) + \frac{1}{0.5s + 1}u_2(s)$$

$$y_2(s) = \frac{2.5}{0.1s + 1}u_1(s) + \frac{2}{0.4s + 1}u_2(s)$$

若通过 u_1 与 y_1，u_2 与 y_2 配对组成两个回路，试讨论关联对控制器参数整定的影响，假定两个回路控制器均为比例型的，即 $G_{c1}(s)=k_{c1}$，$G_{c2}(s)=k_{c2}$。

解 (1) 单独整定每一回路：对回路 1，闭环特征方程为

$$1 + G_{11}(s)G_{c1}(s) = 0$$

即

$$1 + \frac{k_{c1}}{0.1s + 1} = 0$$

闭环极点：

$$s = -10(1 + k_{c1})$$

因此只要 $k_{c1} > 0$，回路 1 是稳定的。

对回路 2，同理可求出闭环极点：

$$s = -2.5(1 + 2k_{c2})$$

因此只要 $k_{c2} > 0$，回路 2 也是稳定的。

(2) 当两个回路都投入闭环运行时，闭环系统特征方程为

$$\left(1+\frac{k_{c1}}{0.1s+1}\right)\left(1+\frac{2k_{c2}}{0.4s+1}\right)-\left(\frac{2.5}{0.1s+1}\right)\left(\frac{1}{0.5s+1}\right)k_{c1}k_{c2}=0$$

即

$$0.02s^3+(0.2k_{c1}+0.1k_{c2}+0.29)s^2+(0.9k_{c1}+1.2k_{c2}+1)s+(k_{c1}+2k_{c2}-0.5k_{c1}k_{c2}+1)=0$$

系统稳定的充要条件应由劳斯阵列首列元素不变号(即大于 0)得出，k_{c1}、k_{c2}应满足的条件，这里要说明，两个单独回路整定条件 $k_{c1}>0$，$k_{c2}>0$，已经不能保证关联系统的稳定，因为根据劳斯判据稳定的必要条件是特征多项式系数皆要大于 0，但最后一项

$$k_{c1}+2k_{c2}-0.5k_{c1}k_{c2}+1>0$$

在条件 $k_{c1}>0$，$k_{c2}>0$ 下并不一定能得到保证(如取 $k_{c1}=8$，$k_{c2}=5$，则 $k_{c1}+2k_{c2}-0.5k_{c1}k_{c2}+1=8+2\times5-0.5\times8\times5+1=-1<0$)。

因此由两个单回路独立整定得到的控制器参数不能保证关联系统的稳定，也就是说，关联使整个系统稳定性降低了。

2. 相对增益

对于图 4.5-1，为了观察回路 1 和回路 2 之间的关联情况，我们研究两种状态：

(1) 回路 1 和回路 2 均打开，让控制量 u_1 作阶跃变化 Δu_1，而控制量 u_2 保持不变，u_2 为常数。输出 y_1 在经历过渡过程后达到新的稳态，设 Δy_1 为 y_1 稳态值变化量，定义 $\left(\dfrac{\Delta y_1}{\Delta u_1}\right)_{u_2}$ 为 y_1 对 u_1 通道的第一增益，下标脚注表示它是在回路 2 为开环状态，即 u_2 为常量时，测出来的开环增益。

(2) 回路 1 打开，回路 2 闭合，仍让 u_1 作阶跃变化，这时 Δu_1 不仅影响到 y_1，也使 y_2 产生了变化。通过控制器 G_{c2}的调整使 y_2 稳定下来，回到了原来值，即 y_2 保持不变，y_2 为常量状态，但 u_2 却发生了变化，进而又影响 y_1，使 y_1 的稳态值产生了变化 $\Delta y_1'$，这个 $\Delta y_1'$ 是 u_1 和 u_2 共同作用的结果。一般来说，$\Delta y_1'$ 与 Δy_1 并不相等，定义 $\left(\dfrac{\Delta y_1'}{\Delta u_1}\right)_{y_2}$ 为 y_1 对 u_1 通道的第二增益，下标脚注表示它是在回路 2 为闭环状态，即 y_2 为常量时，测出来的开环增益。

定义 y_1 对 u_1 通道的相对增益 λ_{11}为上述两个增益之比，即

$$\lambda_{11}=\frac{\left(\dfrac{\Delta y_1}{\Delta u_1}\right)_{u_2}}{\left(\dfrac{\Delta y_1'}{\Delta u_1}\right)_{y_2}}=\frac{\left(\dfrac{\partial y_1}{\partial u_1}\right)_{u_2}}{\left(\dfrac{\partial y_1}{\partial u_1}\right)_{y_2}} \tag{4.5-8}$$

λ_{11}值提供了衡量两个回路间关联程度的一个尺度，具体说：

① 如果 $\lambda_{11}=0$，则 $\left(\dfrac{\Delta y_1}{\Delta u_1}\right)_{u_2}=0$，这说明 y_1 对 u_1 无响应，表明不能用 u_1 来控制 y_1，变量搭配是错误的。

② 如果 $\lambda_{11}=1$，则 $\left(\dfrac{\Delta y_1}{\Delta u_1}\right)_{u_2}=\left(\dfrac{\Delta y_1'}{\Delta u_1}\right)_{y_2}$，这说明不论回路 2 处于开环状态还是闭环状态，$y_1$ 对 u_1 的增益都是一样的，这表示回路 1 和回路 2 不存在关联。

③ 如果 $0<\lambda_{11}<1$，则两回路存在关联，由于$\left(\dfrac{\Delta y_1}{\Delta u_1}\right)_{y_2}>\left(\dfrac{\Delta y'_1}{\Delta u_1}\right)_{u_2}$说明回路 2 的存在使

y_1-u_1 通道的开环增益增大，也就是加强了控制作用(称为正关联)，λ_{11}越小，加强作用越大，表示正关联越强。

④ 如果 $\lambda_{11}>1$，两回路仍然是关联的，由于 $\left(\dfrac{\Delta y_1'}{\Delta u_1}\right)_{y_2}<\left(\dfrac{\Delta y_1}{\Delta u_1}\right)_{u_2}$ 说明回路 2 的存在使 u_1 对 y_1 的控制作用削弱(称为负关联)，λ_{11}值越大，削弱得越厉害，负关联越强。

⑤ 如果 $\lambda_{11}<0$，则两回路关联严重，而且 $\left(\dfrac{\Delta y_1'}{\Delta u_1}\right)_{y_2}$ 与 $\left(\dfrac{\Delta y_1}{\Delta u_1}\right)_{u_2}$ 符号相反，这表示回路 2 打开还是闭合使 u_1 对 y_1 的控制作用产生相反方向的变化，这种关联的影响非常危险。

除了 λ_{11}外，对双输入-双输出对象，还可定义其余三个增益：

$$\lambda_{12}=\frac{\left(\dfrac{\Delta y_1}{\Delta u_2}\right)_{u_1}}{\left(\dfrac{\Delta y_1'}{\Delta u_2}\right)_{y_2}},\quad y_1 \text{ 与 } u_2 \text{ 间相对增益}$$

$$\lambda_{21}=\frac{\left(\dfrac{\Delta y_2}{\Delta u_1}\right)_{u_2}}{\left(\dfrac{\Delta y_2'}{\Delta u_1}\right)_{y_1}},\quad y_2 \text{ 与 } u_1 \text{ 间相对增益}$$

$$\lambda_{22}=\frac{\left(\dfrac{\Delta y_2}{\Delta u_2}\right)_{u_1}}{\left(\dfrac{\Delta y_2'}{\Delta u_2}\right)_{y_1}},\quad y_2 \text{ 与 } u_2 \text{ 间相对增益}$$

类似 λ_{11}的分析，这些增益同样也可度量相应情况下的关联程度，例如 λ_{12}表示 y_1 与 u_2 搭配和 y_2 与 u_1 搭配时两回路的关联度量。

3. 相对增益矩阵

对于双输入-双输出对象，有两个不同的回路组成方案，如图 4.5－2 所示。

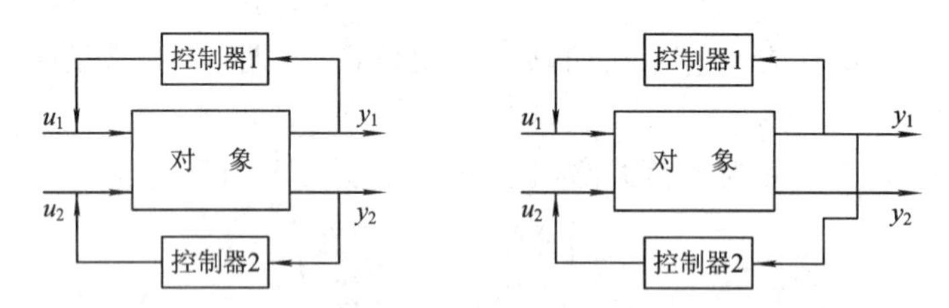

图 4.5－2 双输入-双输出对象两种不同的回路方案

我们可以用一个矩阵 $\boldsymbol{\Lambda}$ 表示输入 u_1，u_2 与输出 y_1，y_2 的搭配关系，矩阵的元素就是 λ_{11}，λ_{12}，λ_{21}，λ_{22}四个相对增益：

$$\begin{array}{cc} & \begin{array}{cc} u_1 & u_2 \end{array} \\ \boldsymbol{\Lambda}= & \begin{bmatrix}\lambda_{11} & \lambda_{12}\\ \lambda_{21} & \lambda_{22}\end{bmatrix}\begin{array}{c} y_1 \\ y_2 \end{array}\end{array}$$

该矩阵称为相对增益矩阵。

(1) 相对增益阵元素的确定方法。相对增益阵元素，也就是相应通道的相对增益 λ_{ij} 可以按定义式(4.5－8)计算，或用实验的方法测取，也可以从输入-输出静态关系：

$$\left.\begin{aligned} y_1 &= k_{11}u_1 + k_{12}u_2 \\ y_2 &= k_{21}u_1 + k_{22}u_2 \end{aligned}\right\} \tag{4.5-9}$$

求出第一增益$\left(\dfrac{\partial y_1}{\partial u_1}\right)_{u_2}=k_{11}$，再从式(4.5－9)中消去 u_2 得

$$y_1 = k_{11}u_1 + k_{12}\frac{y_2 - k_{21}u_1}{k_{22}}$$

由此第二增益$\left(\dfrac{\partial y_1}{\partial u_1}\right)_{y_2}=k_{11}-\dfrac{k_{12}k_{21}}{k_{22}}$，故

$$\lambda_{11} = \frac{\left(\dfrac{\partial y_1}{\partial u_1}\right)_{u_2}}{\left(\dfrac{\partial y_1}{\partial u_1}\right)_{y_2}} = \frac{k_{11}}{k_{11} - \dfrac{k_{12}k_{21}}{k_{22}}} = \frac{k_{11}k_{22}}{k_{11}k_{22} - k_{12}k_{21}} \tag{4.5-10}$$

同理可从式(4.5－9)中求出

$$\left.\begin{aligned} \lambda_{12} &= \frac{-k_{12}k_{21}}{k_{11}k_{22} - k_{12}k_{21}} \\ \lambda_{21} &= \frac{-k_{12}k_{21}}{k_{11}k_{22} - k_{12}k_{21}} \\ \lambda_{22} &= \frac{k_{11}k_{22}}{k_{11}k_{22} - k_{12}k_{21}} \end{aligned}\right\} \tag{4.5-11}$$

上面关于 $\boldsymbol{\Lambda}$ 阵计算也可以通过矩阵运算来进行，式(4.5－9)用矩阵表示为

$$\boldsymbol{y} = \boldsymbol{K}\boldsymbol{u} \tag{4.5-12}$$

其中

$$\boldsymbol{y} = \begin{bmatrix} y_1 \\ y_2 \end{bmatrix},\ \boldsymbol{u} = \begin{bmatrix} u_1 \\ u_2 \end{bmatrix},\ \boldsymbol{K} = \begin{bmatrix} k_{11} & k_{12} \\ k_{21} & k_{22} \end{bmatrix}$$

从式(4.5－12)中解出

$$\boldsymbol{u} = \boldsymbol{H}\boldsymbol{y} \tag{4.5-13}$$

其中

$$\boldsymbol{H} = \boldsymbol{K}^{-1} = \frac{1}{k_{11}k_{22} - k_{12}k_{22}}\begin{bmatrix} k_{22} & -k_{12} \\ -k_{21} & k_{11} \end{bmatrix}$$

则

$$\boldsymbol{\Lambda} = \boldsymbol{K} * \boldsymbol{H}^{\mathrm{T}} = \boldsymbol{K} * (\boldsymbol{K}^{-1})^{\mathrm{T}} \tag{4.5-14}$$

这里 * 是两个矩阵对应的相同行相同列元素相乘的计算，即

$$\begin{aligned} \boldsymbol{\Lambda} = \boldsymbol{K} * (\boldsymbol{K}^{-1})^{\mathrm{T}} &= \begin{bmatrix} k_{22} & -k_{12} \\ -k_{21} & k_{11} \end{bmatrix}^{\mathrm{T}} \frac{1}{\det\boldsymbol{K}} \\ &= \frac{1}{k_{11}k_{22} - k_{12}k_{22}}\begin{bmatrix} k_{11}k_{22} & -k_{12}k_{21} \\ -k_{12}k_{21} & k_{11}k_{22} \end{bmatrix} \end{aligned}$$

$\boldsymbol{\Lambda}$ 阵的元素：

$$\lambda_{ij} = \frac{1}{\det\boldsymbol{K}}(k_{ij}K_{ij}) \tag{4.5-15}$$

其中，K_{ij} 是 $\boldsymbol{K}$ 中元素 k_{ij} 的代数余子式。

（2）相对增益阵 $\boldsymbol{\Lambda}$ 性质。类似地，n 个输入、n 个输出系统的相对增益阵为

$$\boldsymbol{\Lambda}=\begin{bmatrix}\lambda_{11} & \lambda_{12} & \cdots & \lambda_{1n}\\ \vdots & \vdots & & \vdots\\ \lambda_{n1} & \lambda_{n2} & \cdots & \lambda_{nn}\end{bmatrix}$$

其中，$\boldsymbol{\Lambda}$ 的元素可由增益矩阵 $\boldsymbol{K}$ 计算出来，如式(4.5-15)。

从式(4.5-10)和(4.5-11)可知，双输入-双输出对象的 $\boldsymbol{\Lambda}$ 阵有这样的性质：同一行元素之和与同一列元素之和都等于1，这个性质可以推广到 n 个输入、n 个输出系统，这是因为行列式有性质：

$$\sum_{i=1}^{n}\lambda_{ij}=\sum_{i=1}^{n}\frac{1}{\det\boldsymbol{K}}(k_{ij}K_{ij})=\frac{1}{\det\boldsymbol{K}}\sum_{i=1}^{n}(k_{ij}K_{ij})=\frac{1}{\det\boldsymbol{K}}\det\boldsymbol{K}=1 \qquad (4.5-16)$$

同样

$$\sum_{j=1}^{n}\lambda_{ij}=\frac{1}{\det\boldsymbol{K}}\sum_{j=1}^{n}(k_{ij}K_{ij})=\frac{1}{\det\boldsymbol{K}}\det\boldsymbol{K}=1 \qquad (4.5-17)$$

$\boldsymbol{\Lambda}$ 阵的这个性质可以大大减少计算元素 λ_{ij} 的工作量，对双输入和双输出对象，只需要求出一个如 λ_{11}，其他三个元素也就知道了。对三输入和三输出对象也只需要计算四个元素就够了。

4. 回路的选择

对于双输入和双输出对象，有两种不同的回路选择方法，如图 4.5-2 所示。选择的原则是：应选回路间关联最小的方案，按照 λ_{11} 值的大小，可分为下列不同情况。

（1）$\lambda_{11}=1$，则相对增益阵是

$$\begin{array}{cc} & \begin{array}{cc} u_1 & u_2\end{array}\\ \boldsymbol{\Lambda}= & \begin{bmatrix}1 & 0\\ 0 & 1\end{bmatrix}\begin{array}{c} y_1\\ y_2\end{array}\end{array}$$

这时，y_1 与 u_1 搭配和 y_2 与 u_2 搭配的回路间没有关联。

（2）$\lambda_{11}=0$，相对增益阵是

$$\boldsymbol{\Lambda}=\begin{bmatrix}0 & 1\\ 1 & 0\end{bmatrix}$$

这时，由 y_1 与 u_2 搭配、y_2 与 u_1 搭配所构成的回路间没有关联。

（3）$\lambda_{11}=0.5$，相对增益阵是

$$\boldsymbol{\Lambda}=\begin{bmatrix}0.5 & 0.5\\ 0.5 & 0.5\end{bmatrix}$$

这时，图 4.5-2 中两种回路的关联作用是一样的，是正关联中最严重的情况。

（4）$0<\lambda_{11}<0.5$，如 $\lambda_{11}=0.2$，相对增益阵是

$$\boldsymbol{\Lambda}=\begin{bmatrix}0.2 & 0.8\\ 0.8 & 0.2\end{bmatrix}$$

这时 y_1 与 u_2 搭配，y_2 与 u_1 搭配的方案比 y_1 与 u_1 搭配和 y_2 与 u_2 搭配的方案好得多，因为前者回路间关联小得多。

对 $0.5<\lambda_{11}<1$ 的情况，变量搭配情况就应反过来。

(5) $\lambda_{11}>1$，如 $\lambda_{11}=1.5$，相对增益阵是

$$\boldsymbol{\Lambda}=\begin{bmatrix}1.5 & -0.5\\ -0.5 & 1.5\end{bmatrix}$$

这时，如选择 y_1 与 u_2 搭配，y_2 与 u_1 配对，由于相应的相对增益 λ_{12} 和 λ_{21} 是负数，关联将使被控变量在与控制作用预期的相反方向变化，从而失去控制作用，因而决不能用相对增益为负数的输入与输出来配对构成回路。

选择 y_1 与 u_1，y_2 与 u_2 配对是可以的，但由于 $\lambda_{11}>1$，两回路之间存在负关联，控制作用被削弱，λ_{11} 越大，负关联越厉害，关联使控制作用削弱得很厉害，从而需要较大的控制器增益，这会使得在单独回路控制时(即另一回路开路)系统稳定性变差。

根据以上讨论可知，选择控制方案的规则是：通过被控变量 y_i 与控制变量 u_j 的配对，所选择的控制回路应使相对增益 λ_{ij} 为正数，并尽可能接近于 1。

相对增益阵是方阵，这意味着控制变量与被控变量数目相同。但有时可供选择的控制变量数大于被控变量数时，就要观察不同的相对增益阵并进行比较，从中选出最小关联回路。例如，对象的被控变量为 y_1 和 y_2，控制变量有 u_1，u_2 和 u_3 可控选择。这样就可组成了三个不同的 2×2 增益矩阵(子矩阵)。

$$\begin{aligned}
&\qquad\qquad\quad u_1 \qquad\qquad\quad u_2\\
\boldsymbol{\Lambda}_{12}&=\begin{bmatrix}\lambda_{11}(\boldsymbol{\Lambda}_{12}) & \lambda_{12}(\boldsymbol{\Lambda}_{12})\\ \lambda_{21}(\boldsymbol{\Lambda}_{12}) & \lambda_{22}(\boldsymbol{\Lambda}_{12})\end{bmatrix}\begin{matrix}y_1\\ y_2\end{matrix}\\
&\qquad\qquad\quad u_1 \qquad\qquad\quad u_3\\
\boldsymbol{\Lambda}_{13}&=\begin{bmatrix}\lambda_{11}(\boldsymbol{\Lambda}_{13}) & \lambda_{13}(\boldsymbol{\Lambda}_{13})\\ \lambda_{21}(\boldsymbol{\Lambda}_{13}) & \lambda_{23}(\boldsymbol{\Lambda}_{13})\end{bmatrix}\begin{matrix}y_1\\ y_2\end{matrix}\\
&\qquad\qquad\quad u_2 \qquad\qquad\quad u_3\\
\boldsymbol{\Lambda}_{23}&=\begin{bmatrix}\lambda_{12}(\boldsymbol{\Lambda}_{23}) & \lambda_{13}(\boldsymbol{\Lambda}_{23})\\ \lambda_{22}(\boldsymbol{\Lambda}_{23}) & \lambda_{23}(\boldsymbol{\Lambda}_{23})\end{bmatrix}\begin{matrix}y_1\\ y_2\end{matrix}
\end{aligned}\tag{4.5-18}$$

需要对全部相对增益矩阵 $\boldsymbol{\Lambda}_{12}$、$\boldsymbol{\Lambda}_{13}$ 及 $\boldsymbol{\Lambda}_{23}$ 考察以后方能选出最小关联的两个回路，应该指出，通常 $\lambda_{11}(\boldsymbol{\Lambda}_{12})\neq\lambda_{11}(\boldsymbol{\Lambda}_{13})$，因为它们是在不同的子矩阵中的。

5. 用相对增益阵选择控制方案实例

【例 4.5-2】 混合过程的控制回路选择。

含化合物 A 成分(摩尔分数)$x_1=80\%$，$x_2=20\%$的两种物料在混合器中混合，流量分别为 F_1(mol/hr)和 F_2(mol/hr)，欲构成对产品成分 X 和流量 F 的两个控制回路。设 $F\equiv y_1$ 及 $X\equiv y_2$ 为两个被控变量，而 $F_1\equiv u_1$，$F_2\equiv u_2$ 是两个可能的控制变量，按输入量和输出量的不同配对，可以组成图 4.5-3 所示的两种方案，问应选哪一个好？操作时的稳态值是：$F=200$mol/hr，$X=60\%$(分子百分数)。

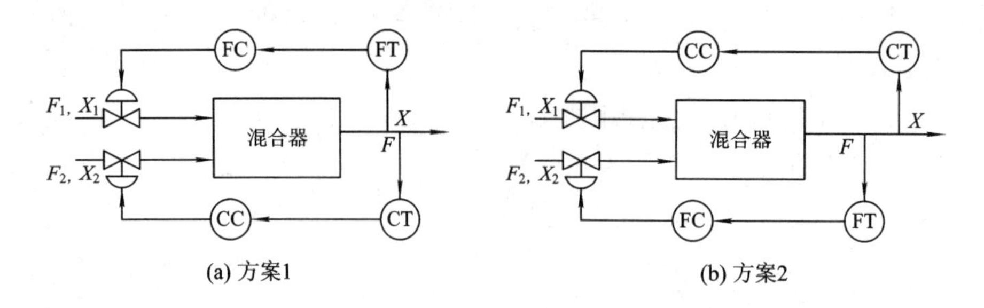

图 4.5-3 混合过程中的两种回路选择方案

解 根据稳态质量平衡关系

$$\left.\begin{aligned} F &= F_1 + F_2 \\ FX &= F_1X_1 + F_2X_2 \end{aligned}\right\} \tag{4.5-19}$$

求出稳态流量为

$$F_1 = 133.3,\ F_2 = 66.7$$

因为式(4.5-18)表示的输入-输出关系不是式(4.5-9)那样的线性关系，求相对增益 λ_{11} 不能套用式(4.5-10)，而应该按定义式(4.5-8)求取。

(1) 先求第一增益，设 F_1 变化一个单位(即 $F_1=134.3$)，而保持 $F_2=66.6$(恒定)，解式(4.5-19)得新的稳态值 $F=201$，$X=0.6010$。

故

$$\left(\frac{\Delta F}{\Delta F_1}\right)_{F_2} = \frac{1}{1} = 1,\ \left(\frac{\Delta X}{\Delta F_1}\right)_{F_2} = \frac{0.001}{1} = 0.001$$

(2) 求第二增益，F_1 变化一个单位(即 $F_1=134.3$)，而保持 $X=60\%$ 不变，解式(4.5-19)得 $F=201.5$，$F_2=67.2$。故 $\left(\frac{\Delta F}{\Delta F_1}\right)_X=\frac{1.5}{1}=1.5$。因而 F 对 F_1 的相对增益为

$$\lambda_{11} = \frac{\left(\frac{\Delta F}{\Delta F_1}\right)_{F_2}}{\left(\frac{\Delta F}{\Delta F_1}\right)_X} = \frac{1}{1.5} = 0.67$$

相对增益阵为

$$\begin{array}{cc} & \begin{array}{cc} F_1 & F_2 \end{array} \\ \boldsymbol{\Lambda} = & \begin{bmatrix} 0.67 & 0.33 \\ 0.33 & 0.67 \end{bmatrix} \begin{array}{c} F \\ X \end{array} \end{array}$$

从而我们得到结论是 F 与 F_1 搭配，X 与 F_2 搭配(见图 4.5-3(a))为最小关联方案，但同时从 $\lambda_{11}=0.67$ 看，这个方案尽管比图 4.5-3(b)的方案好一些，但相互干扰还是较严重的。

下面举一个输入变量多于输出变量对象的方案选择例子：

精馏塔是一个重要的物料组分分离设备，也是化工厂中耗能最大(均占 50%～60%)的设备，它的稳定操作需要五个被控变量：塔顶产品组分 y、塔底产品组分 x、塔的压力 P、冷凝罐的液位 L_a、塔釜的液位 L_b；控制变量也有六个可选，它们分别是塔顶馏出物的流量 D、塔釜液流量 B、回流量 L、分离度 S(用回流比 L/D 来表征)，上升蒸汽流量 V(用输入

的蒸汽加热量 Q_i 来表征)及冷凝器移走的热流 Q_c，如图 4.5-4 所示，因此它是一个典型的多输入-多输出对象，它的控制方案种类繁多。

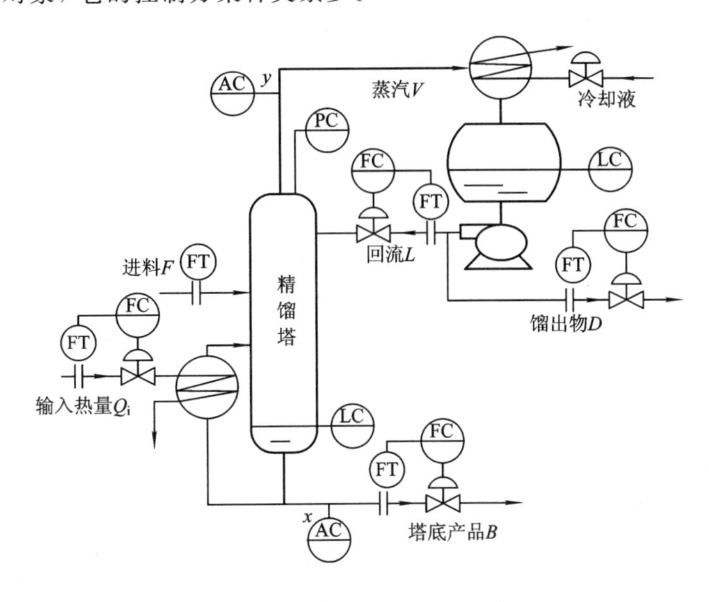

图 4.5-4　精馏塔的被控变量与控制变量

在精馏塔的控制回路中，塔顶和塔底的两个成分回路更显重要，因为它们对产品的质量和塔的能耗有重大影响，在两端成分都要控制情况下，要使它们的相互关联越小越好，就要借助相对增益阵这个工具来分析。

精馏塔两个成分回路的响应是比较慢的，其他的压力和两个液位回路的响应至少都比它们快一个数量级，在成分回路关联分析中，应当认为 P、L_a、L_b 保持恒定，另外，注意到移走热流 Q_c 对成分 y 或 x 不产生任何影响，它不能被选为成分回路的控制量。为了保证塔的物料平衡，B 和 D 中的一个应当被选为两个液位回路之一的控制变量，因此成分回路可选变量为 D(或 B)S、L、V。

在 2×2 相对增益阵的计算中，实际只需知道一个相对增益就够了，例如，指定 D 和 S 为控制变量，y 和 x 对它们的相对增益阵为

$$\boldsymbol{\Lambda}_{DS}=\begin{matrix} & \begin{matrix} D & \quad\quad S \end{matrix} \\ \begin{matrix} y \\ x \end{matrix} & \begin{bmatrix} \lambda_{yD}(\boldsymbol{\Lambda}_{DS}) & \lambda_{ys}(\boldsymbol{\Lambda}_{DS}) \\ \lambda_{xD}(\boldsymbol{\Lambda}_{DS}) & \lambda_{xs}(\boldsymbol{\Lambda}_{DS}) \end{bmatrix} \end{matrix}=\begin{bmatrix} \lambda_{yD}(\boldsymbol{\Lambda}_{DS}) & 1-\lambda_{yD}(\boldsymbol{\Lambda}_{DS}) \\ 1-\lambda_{yD}(\boldsymbol{\Lambda}_{DS}) & \lambda_{yD}(\boldsymbol{\Lambda}_{DS}) \end{bmatrix}$$

$\boldsymbol{\Lambda}_{DS}$ 由一个相对增益 $\lambda_{yD}(\boldsymbol{\Lambda}_{DS})$ 就能确定，按定义它由

$$\lambda_{yD}(\boldsymbol{\Lambda}_{DS})=\frac{\left(\dfrac{\partial y}{\partial D}\right)_{S,L_a,L_b,P}}{\left(\dfrac{\partial y}{\partial D}\right)_{x,L_a,L_b,P}}$$

确定。稳态时，进料量 F 是稳定的，由塔的总物料平衡关系

$$B+D=F=\text{常量}$$

知，$\mathrm{d}D=-\mathrm{d}B$，因此如用 B 替代 D，$\boldsymbol{\Lambda}_{BS}$ 的计算就不必进行。因为

$$\lambda_{yB}(\boldsymbol{\Lambda}_{BS}) = \frac{\left(\frac{\partial y}{\partial B}\right)_S}{\left(\frac{\partial y}{\partial B}\right)_x} = \frac{-\left(\frac{\partial y}{\partial D}\right)_S}{-\left(\frac{\partial y}{\partial D}\right)_x} = \frac{\left(\frac{\partial y}{\partial D}\right)_S}{\left(\frac{\partial y}{\partial D}\right)_x} = \lambda_{yD}(\boldsymbol{\Lambda}_{DS})$$

(上式推证中删去了 P、L_a、L_b不变的标识符)因此，需要计算 $C_4^2=6$ 个相对增益，可得到下列 6 个 2×2 的相对增益阵：

$$\boldsymbol{\Lambda}_{DS} = \begin{matrix} & D & S \\ y & & \\ x & & \end{matrix} \qquad \boldsymbol{\Lambda}_{DL} = \begin{matrix} & D & L \\ y & & \\ x & & \end{matrix} \qquad \boldsymbol{\Lambda}_{DV} = \begin{matrix} & D & V \\ y & & \\ x & & \end{matrix}$$

$$\boldsymbol{\Lambda}_{SV} = \begin{matrix} & S & V \\ y & & \\ x & & \end{matrix} \qquad \boldsymbol{\Lambda}_{SL} = \begin{matrix} & S & L \\ y & & \\ x & & \end{matrix} \qquad \boldsymbol{\Lambda}_{LV} = \begin{matrix} & L & V \\ y & & \\ x & & \end{matrix}$$

要计算的 6 个增益，可以通过精馏塔的静态模型得到[①]：

$$\left.\begin{aligned}
&\lambda_{yD}(\boldsymbol{\Lambda}_{DS}) = \frac{1}{1+\frac{(y-z)x(1-x)}{(z-x)y(1-y)}} \equiv \lambda \\
&\lambda_{yD}(\boldsymbol{\Lambda}_{DL}) = \lambda + (1-\lambda)\varepsilon,\ \text{其中}\ \varepsilon = \frac{nEy(1-y)}{2\left(\frac{zL}{D}+1\right)(y-x)} \\
&\lambda_{yD}(\boldsymbol{\Lambda}_{DV}) = \lambda + (1-\lambda)\varepsilon\left(1+\frac{D}{L}\right) \\
&\lambda_{yS}(\boldsymbol{\Lambda}_{SV}) = 1-\lambda+\frac{\lambda}{\varepsilon\left(1+\frac{D}{L}\right)} \\
&\lambda_{yS}(\boldsymbol{\Lambda}_{SL}) = 1-\lambda+\frac{\lambda}{\varepsilon} \equiv \sigma \\
&\lambda_{yL}(\boldsymbol{\Lambda}_{LV}) = 1-\sigma+\sigma\left(1+\frac{L}{D}\right)(1-\varepsilon)
\end{aligned}\right\} \tag{4.5-20}$$

其中，x、y、z 分别为轻组分在馏出液、塔底产品和进料中摩尔分率，D、L 分别为馏出液和回流液的流量，n 和 E 为精馏塔的塔板数和塔板效率，乘积 nE 为理论塔板数，由这些数据就可计算出 6 个相对增益。

在式(4.2-20)的 6 个相对增益计算中不难看出，实际上只要求出 λ 和 ε 这两个参数，其中 λ 只与塔的分离指标有关，而 ε 与塔板数 n、塔板效率 E 及回流比 $\frac{L}{D}$ 有关，它们都是塔的设计参数。

【例 4.5-3】 一个精馏塔，它有 100 块理论塔板，要将含有 30%轻组分含量的原料液分离成塔顶纯度为 99%、塔底产品纯度为 95%的两种产品，回流比为 12。试设计关联为最小的合理的成分回路控制方案。

解 已知数据 $y=0.99$，$x=0.05$，$z=0.3$，$nE=100$，$L/D=12$，代入式(4.5-20)得

① F. G. Shinsky. 蒸馏控制：104—106.

到 6 个相应的相对增益值，进而求得相对增益阵为

$$\boldsymbol{\Lambda}_{DS}=\begin{matrix} & D & S \\ y & 0.07 & 0.93 \\ x & 0.93 & 0.07\end{matrix} \qquad \boldsymbol{\Lambda}_{DL}=\begin{matrix} & D & L \\ y & 0.176 & 0.824 \\ x & 0.824 & 0.176\end{matrix}$$

$$\boldsymbol{\Lambda}_{DV}=\begin{matrix} & D & V \\ y & 0.186 & 0.814 \\ x & 0.814 & 0.186\end{matrix} \qquad \boldsymbol{\Lambda}_{SV}=\begin{matrix} & S & V \\ y & 1.496 & -0.496 \\ x & -0.496 & 1.496\end{matrix}$$

$$\boldsymbol{\Lambda}_{SL}=\begin{matrix} & S & L \\ y & 1.543 & -0.543 \\ x & -0.543 & 1.543\end{matrix} \qquad \boldsymbol{\Lambda}_{LV}=\begin{matrix} & L & V \\ y & 17.221 & -16.221 \\ x & -16.221 & 17.221\end{matrix}$$

下面根据求出的 6 个相对增益阵对该精馏塔控制方案作一些评价：

(1) $\boldsymbol{\Lambda}_{LV}$、$\boldsymbol{\Lambda}_{SV}$、$\boldsymbol{\Lambda}_{SL}$ 表明两成分回路是负关联的，它们只能按相对增益为正的一组配对，三个方案中以方案 $\boldsymbol{\Lambda}_{SV}$($y-S$，$x-V$)为最佳，回路间关联最小，而常用的推荐方案 $\boldsymbol{\Lambda}_{LV}$($y-L$，$x-V$)最差，关联严重。

(2) $\boldsymbol{\Lambda}_{DS}$、$\boldsymbol{\Lambda}_{DL}$、$\boldsymbol{\Lambda}_{DV}$ 表明两成分回路是正关联的，如果都用 $y-D$ 配对，则两成分回路关联严重，如同时用回流量 L($\boldsymbol{\Lambda}_{DL}$ 方案)或回流比 L/D($\boldsymbol{\Lambda}_{DS}$ 方案)控制 x，塔底组分回路纯滞后和容量滞后都很大，使回路动态性能很差；如果用 B 代替 D 组成 $\boldsymbol{\Lambda}_{BS}$、$\boldsymbol{\Lambda}_{BL}$、$\boldsymbol{\Lambda}_{BV}$，且用 $x-B$ 配对，因相对增益 $\lambda_{xB}(\boldsymbol{\Lambda}_{B*})=\lambda_{xD}(\boldsymbol{\Lambda}_{D*})$看来似乎是比较合理的配对方案，但仔细分析下来，$\boldsymbol{\Lambda}_{BV}$ 方案肯定不能用，因为这样就没有适当变量去控制塔釜的液位。其余两个 $\boldsymbol{\Lambda}_{BS}$ 和 $\boldsymbol{\Lambda}_{BL}$ 也会产生一个复杂的动力学问题，如下所述。

(3) 以 $\boldsymbol{\Lambda}_{LV}$($y-L$，$x-V$)和 $\boldsymbol{\Lambda}_{DV}$($y-D$，$x-V$)为例，利用相关增益可预测到负关联和正关联对成分回路的影响是不同的。$\boldsymbol{\Lambda}_{LV}$ 和 $\boldsymbol{\Lambda}_{DV}$ 是常见的两种精馏塔控制方案，前者是双组分的能量平衡控制方案(见图 4.5-5)；后者是双组分的物料控制方案(见图 4.5-6)。

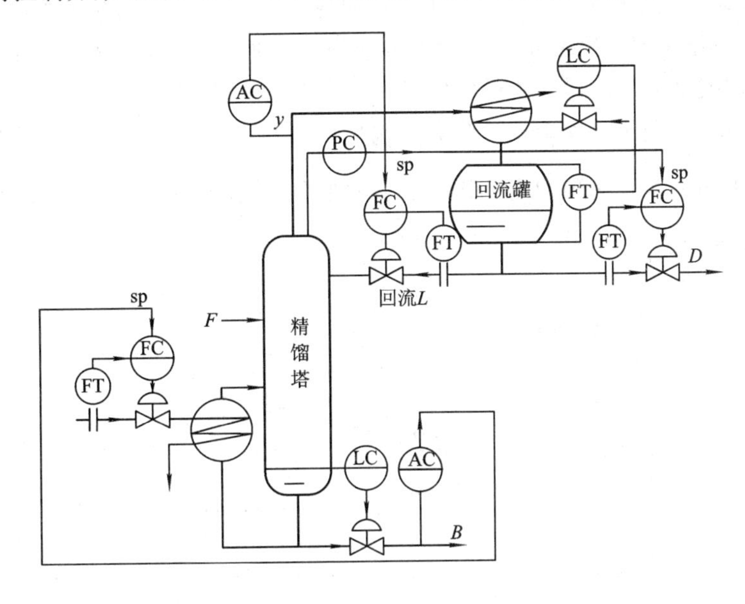

图 4.5-5　双组分的能量平衡控制方案

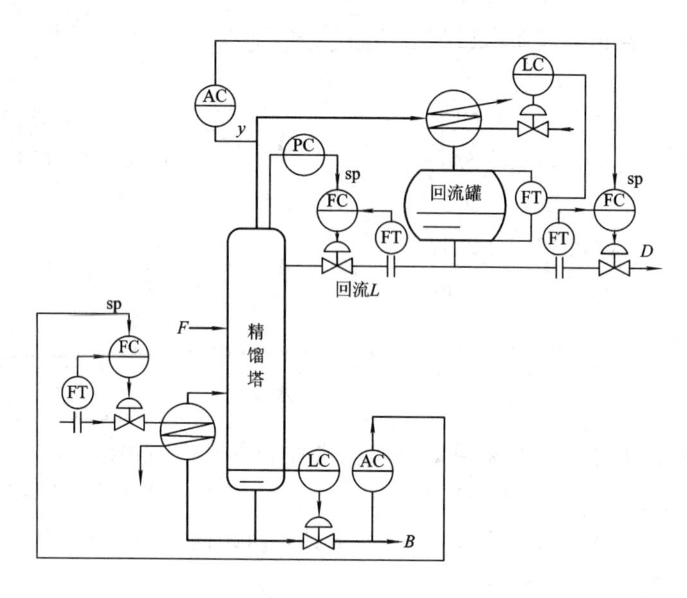

图 4.5-6　双组分的物料控制方案

注意到，相对增益

$$\lambda_{xV}(\boldsymbol{\Lambda}_{LV})=\frac{\left(\dfrac{\partial X}{\partial V}\right)_{L,P,L_a,L_b}}{\left(\dfrac{\partial X}{\partial V}\right)_{y,P,L_a,L_b}}\ \text{及}\ \lambda_{xV}(\boldsymbol{\Lambda}_{DV})=\frac{\left(\dfrac{\partial X}{\partial V}\right)_{D,P,L_a,L_b}}{\left(\dfrac{\partial X}{\partial V}\right)_{y,P,L_a,L_b}}$$

的定义，对 $\boldsymbol{\Lambda}_{LV}$ 方案，塔釜组分 x 对 V 的开环响应应包括两个阶段：在第一阶段，上升蒸汽 V 的突然增加，使塔釜轻组分含量 x 呈单调下降，压力 P 上升，塔压控制器动作减少 D，利用增加回流量 L 移走增加的热负荷，使 P 恒定，并保持 L 不变，液位控制只影响塔的下游，对 x 没有影响，如果一直保持 L 不变，则 x 的响应曲线如图 4.5-7 的曲线 1 所示。但是经过一段滞后以后，V 的增加使塔顶组分的杂质增加，y 下降，使塔顶组分控制器动作，通过增大 L 来使 y 恒定，这就是第二阶段，使得塔釜液轻组分含量 x 上升。因此，x 的真实响应如图 4.5-7 曲线 2 所示，经历一次单调下降和一次单调上升，最后稳定在给定值附近，由于塔顶组分回路的影响 x 的稳态值只有回流量为常数时的 $\frac{1}{17.2}$（因为 $\lambda_{xV}(\boldsymbol{\Lambda}_{LV})=17.2$）。

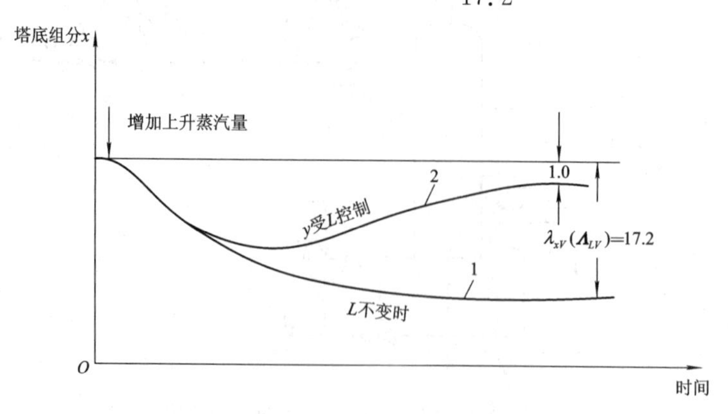

图 4.5-7　$\boldsymbol{\Lambda}_{LV}$ 方案中 x 对 V 的开环响应

对 $\boldsymbol{\Lambda}_{DV}$ 方案，x 对 V 的响应则应包括三个阶段：第一阶段，塔的上升蒸汽 V 的突然增加，使 x 单调下降，塔顶组分回路尚处开环状态，塔的压力 P 增加，塔压控制器用增加的回流 L 使 P 恒定，当增加的回流到达塔釜使响应进入第二阶段，这时塔釜液轻组分含量 x 上升。由于回流 L 的增加使塔的分离效果更好，y 上升将使塔顶组分控制器投入自动，增大了馏出液采出量 D，为了保持塔压，压力控制器将对回流量减少同一个量。它最终影响到塔釜，响应进入第三阶段，x 下降并最终稳定在一个值上，它应当是第二阶段末改变量的 5.4 倍(因为 $\lambda_{xV}(\boldsymbol{\Lambda}_{DV})=0.186$)，因此 x 对 V 的开环响应经历了下降、上升，再下降直至稳态(见图 4.5-8 曲线 2)过程，这双重反转实际上使塔底组分回路延长了一个等效时滞，并产生了 180°相移，因而它和塔顶回路是关联的，结果会引起振荡。仿真表明，其振荡周期约为等效时滞的 4 倍。塔釜组成回路的振荡响应是受制于塔顶回路的行为。如果塔顶回路开环，则塔底回路可以很好地工作。

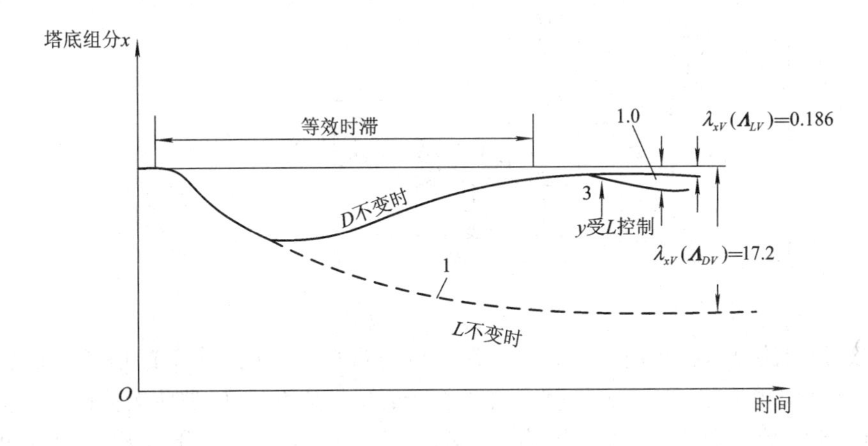

图 4.5-8　$\boldsymbol{\Lambda}_{DV}$ 方案中 x 对 V 的开环响应

相同的推理方法可以应用于 $\boldsymbol{\Lambda}_{BS}$ 方案($x-B$，$y-S$)，其唯一的差别是塔底组分控制器不去直接操纵 $\mathbf{V}$，而是通过塔釜液位控制器来操纵上升蒸汽 $\mathbf{V}$ 的。在这种情形下，因为 $\lambda_{XB}(\boldsymbol{\Lambda}_{BV})=0.814$，因而二次反转不那么激烈，尽管如此，塔底回路振荡周期仍会很长。

对 $\boldsymbol{\Lambda}_{BL}$ 的方案也会产生类似的关联振荡问题，而对各个负关联的方案，由于关联不产生两次反转，没有可能提供 180°相移条件，就不会产生低频振荡问题。

(4) 由相对增益公式(4.5-20)知，$\boldsymbol{\Lambda}_{LV}$ 与 $\boldsymbol{\Lambda}_{SV}$ 都是负关联的，且 $\lambda_{yS}(\boldsymbol{\Lambda}_{SV})<\lambda_{yL}(\boldsymbol{\Lambda}_{LV})$，回流比 L/D 对它们之间的差异有很大影响。当回流比小时，它们之间差异较小，故常规 $\boldsymbol{\Lambda}_{LV}$ 方案在低回流比的精馏塔控制中能取得成功，但对于像本例中 L/D 较大，$\lambda_{yL}(\boldsymbol{\Lambda}_{LV})$ 就会很大，两成分回路关联就会很强，这时常规的控制方案动态性能就会很差，应该用 $\boldsymbol{\Lambda}_{SV}$ 为好。

综上所述，用相对增益结合动态响应的定性分析应能选择出最好的控制方案，本例由 Ryskamp 提出来的 $\boldsymbol{\Lambda}_{SV}$ 方案(见图 4.5-9)：塔顶组分控制器用 L/D 来控制分离度，由冷凝罐的物料平衡方程 $V=L+D$，得

$$\frac{D}{L}=\frac{\dfrac{D}{V}}{1-\dfrac{D}{V}}$$

因此$\frac{D}{V}$值与$\frac{L}{D}$一样可以代表分离度S。

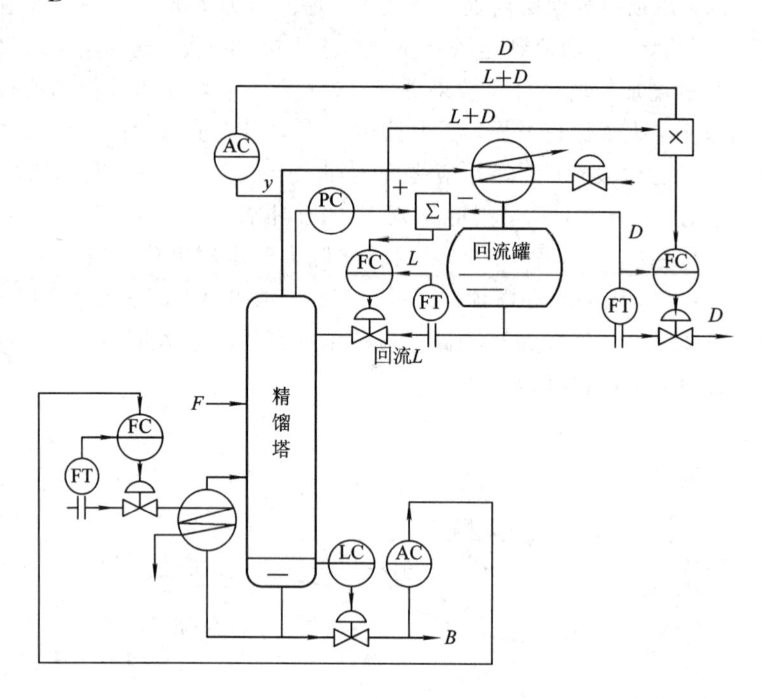

图 4.5-9 $\boldsymbol{\Lambda}_{SV}$方案

塔底组分回路以串级控制形式通过控制上升蒸汽量来实现。余下的塔釜液位就通过塔底产品流量B实现控制。这个方案优异之处在于：一是从D到L是前馈回路设置方式，使压力控制回路滞后大大减小。二是因为$\lambda_{yS}(\boldsymbol{\Lambda}_{SV})>1.0$，使塔釜组分$X$没有出现第二个反转，塔底组分回路不会有长周期的振荡，而且$\lambda_{yS}(\boldsymbol{\Lambda}_{SV})$与1较接近，开环增益降低得不多。

4.5.2 关联系统的控制器的整定

上节已经讲过，关联对控制回路的稳定性有影响，因而有时我们要研究系统的动态关联情况，通过调整关联系统控制器参数，维持系统的稳定。

1. 动态关联的度量

仍以2×2系统为例，现在将对象各通道的传递函数分解为稳态增益和动态矢量两部分：

$$G_{ij}(s)=k_{ij}\boldsymbol{g}_{ij}(s),\qquad i=1,2 \tag{4.5-21}$$

其中，k_{ij}是输出i对输入j通道的稳态增益，$\boldsymbol{g}_{ij}(s)$为该通道的动态矢量，它是一个复数矢量。同样控制器传递函数也分解为两部分：

$$G_{ci}(s)=k_{ci}\boldsymbol{g}_{ci}(s),\qquad i=1,2 \tag{4.5-22}$$

其中，k_{ci}是第i个控制器的增益，$g_{ci}(s)$为它的动态部分。

回到关联系统方框图4.5-1，我们可以将回路增益的概念推广至动态。

如果控制器2处于手动状态，则

$$\left(\frac{\mathrm{d}y_1}{\mathrm{d}u_1}\right)_{u_2}=k_{11}\boldsymbol{g}_{11}(s) \tag{4.5-23}$$

当控制器 2 处于自动状态时，则 u_1 对 y_2 的影响就可通过第三个反馈回路加到 y_1 上去，故得(省略 $\boldsymbol{g}$ 中 s)：

$$\left(\frac{\mathrm{d}y_1}{\mathrm{d}u_1}\right)_{y_2} = k_{11}\boldsymbol{g}_{11} - \frac{k_{21}\boldsymbol{g}_{21}k_{12}\boldsymbol{g}_{12}}{k_{22}\boldsymbol{g}_{22} + \dfrac{1}{k_{c2}\boldsymbol{g}_{c2}}} \tag{4.5-24}$$

式(4.5－23)对式(4.5－24)之比是衡量动态关联的程度，它不仅取决于对象的增益和动态环节，还和控制器整定情况有关。

2. 弱关联系统的整定

回到例 4.5－1，混合槽出口的成分变量 y_1 对控制变量 u_1、u_2 响应速度非常快，且 g_{11} 和 g_{12} 非常接近，而出口流量 y_2 对 u_1、u_2 的响应速度很快，高过成分一个数量级，流量控制器的积分时间相对较短，因而对振荡频率很低的成分回路 $k_{c2}g_{c2}$ 的动态增益很大，这样

$$\left(\frac{\mathrm{d}y_1}{\mathrm{d}u_1}\right)_{y_2} = k_{11}g_{11} - \frac{k_{21}g_{21}k_{12}g_{12}}{k_{22}g_{22} + \dfrac{1}{k_{c2}g_{c2}}} = \left(k_{11} - \frac{k_{21}k_{12}}{k_{22}}\right)\boldsymbol{g}_{11} = \frac{k_{11}\boldsymbol{g}_{11}}{\lambda_{11}} = \frac{1}{\lambda_{11}}\left(\frac{\mathrm{d}y_1}{\mathrm{d}u_1}\right)_{u_2} \tag{4.5-25}$$

由此，如果成分控制器是在流量控制器处于手动情况下整定的，那么应把它的比例带增大 $1/\lambda_{11}$ 倍，才能使它在流量控制器处于自动状态时，保持同样的稳定性。反过来，慢速的成分回路不会对快速流量回路产生显著影响，故

$$\left(\frac{\mathrm{d}y_2}{\mathrm{d}u_2}\right)_{y_1} \doteq \left(\frac{\mathrm{d}y_2}{\mathrm{d}u_2}\right)_{u_1} \tag{4.5-26}$$

因而流量控制器的整定参数不用调整。

当 $\lambda_{11}>1.0$ 时，为稳妥起见，建议对控制器不作调整，否则万一快回路由于受到约束或其他原因，使其控制器成为开环状态，则慢回路增益将增大，从而引起波动。这种由于两个回路动态响应相差较大，动态关联相对较弱的情况，控制器整定相对简单。

3. 强关联系统的整定

再研究一种极端情况，对象各通道的动态环节都相同，且 $k_{11}=k_{22}$。如图 4.5－10 所示为一条母管并联支路的流量控制回路，在这个系统中，如果这两个阀门和管道都一样大，则 $k_{11}=k_{22}>0$，而 $k_{11}=k_{22}<0$，属负关联系统 $\left(\lambda_{11}=\dfrac{1}{1-\left(\dfrac{k_{21}}{k_{11}}\right)^2}>1\right)$。

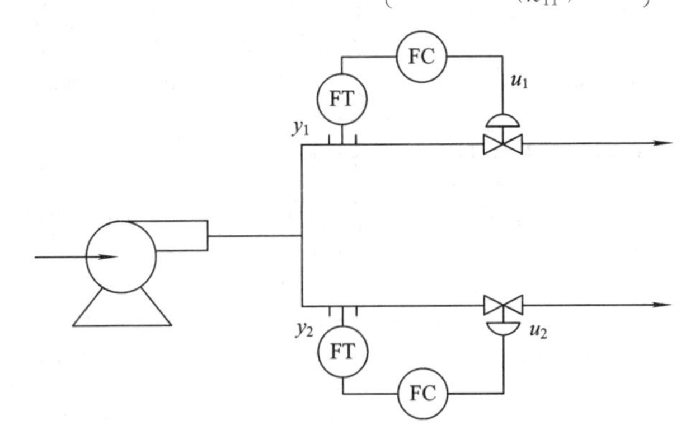

图 4.5－10　负关联的流量控制系统

而图 4.5-11 的系统用两个串联的阀门同时控制一条管路的压力和流量的系统也接近这种情况，不过它是正关联($0<\lambda_{11}<1$)的例子。

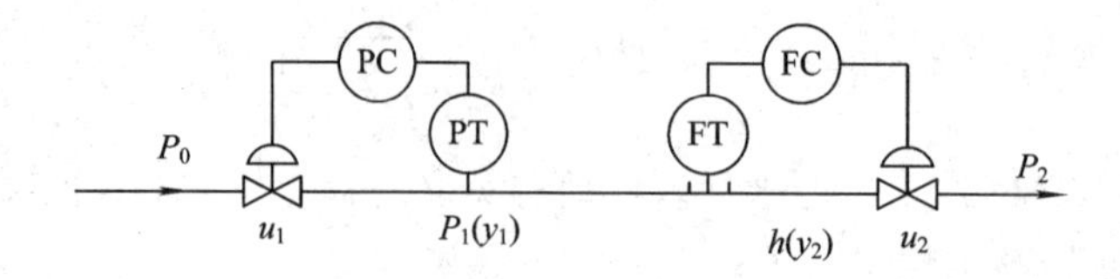

图 4.5-11　正关联的压力、流量控制系统

在这种情形下，当另一个控制器处于手动状态时，两个控制器整定参数是一样的，那么两控制器的动态增益也应相等。当两个控制器都处于自动状态时，我们考察处于相同状态的其中一个回路，例如，回路 1 作等幅振荡(零衰减)时的控制器整定参数的选取，应用等幅振荡的条件：

$$k_{c1}\boldsymbol{g}_{c1}\left(\frac{\mathrm{d}y_1}{\mathrm{d}u_1}\right)_{y_2}=-1 \tag{4.5-27}$$

即

$$k_{c1}\boldsymbol{g}_{c1}\left(k_{11}\boldsymbol{g}_{11}-\frac{k_{21}\boldsymbol{g}_{21}k_{12}\boldsymbol{g}_{12}}{k_{22}\boldsymbol{g}_{22}+\dfrac{1}{k_{c2}\boldsymbol{g}_{c2}}}\right)=-1$$

令 $k_{c2}\boldsymbol{g}_{c2}=k_{c1}\boldsymbol{g}_{c1}$，则有

$$k_{c1}\boldsymbol{g}_{c1}\left(k_{11}\boldsymbol{g}_{11}-\frac{k_{21}\boldsymbol{g}_{11}k_{12}\boldsymbol{g}_{11}}{k_{22}\boldsymbol{g}_{11}+\dfrac{1}{k_{c1}\boldsymbol{g}_{c1}}}\right)=-1$$

上式可整理成一个二次方程式：

$$\frac{(k_{c1}\boldsymbol{g}_{c1}k_{11}\boldsymbol{g}_{11})^2}{\lambda_{11}}+2(k_{c1}\boldsymbol{g}_{c1}k_{11}\boldsymbol{g}_{11})+1=0 \tag{4.5-28}$$

于是

$$k_{c1}\boldsymbol{g}_{c1}k_{11}\boldsymbol{g}_{11}=\lambda_{11}\left(-1\pm\sqrt{1-\frac{1}{\lambda_{11}}}\right) \tag{4.5-29}$$

它是单回路的动态开环增益，它与 λ_{11} 的关系见表 4.5-1。

表 4.5-1　关联回路作等幅振荡下单回路开环增益与相对增益的关系

λ_{11}	$k_{c1}\boldsymbol{g}_{c1}k_{11}\boldsymbol{g}_{11}$	λ_{11}	$k_{c1}\boldsymbol{g}_{c1}k_{11}\boldsymbol{g}_{11}$
$-\infty$	**−5.00**，$+\infty$	2.0	**−0.586**，−3.41
−1.0	**−0.414，+0.241**	5.0	**−0.528**，−9.47
−0.5	**−0.366，+1.37**	10.0	**−0.513**，−19.5
0	0	20.0	**−0.506**，−39.5
0.5	**0.707∠−135°**，∠−225°	50.0	**−0.503**，−99.5
1.0	**−1.00**	∞	**−0.500**，$-\infty$

注：有意义的根用黑体表示。

(1) $0<\lambda_{11}<1$ 情况。这时 $k_{c1}\boldsymbol{g}_{c1}k_{11}\boldsymbol{g}_{11}$ 为复数，如 $\lambda_{11}=0.5$，则 $k_{c1}\boldsymbol{g}_{c1}k_{11}\boldsymbol{g}_{11}=0.707\angle-135°$。这表明回路的关联要求单独回路开环增益提供的幅值不是 1 而是 0.707，提供的相位不是 $-180°$，而是 $-135°$。这也就是说，控制器必须重新整定，同时也说明关联使回路的工作周期加长了。

考虑到工作周期增大(即工作频率减小)使对象动态矢量提供了一个比 1 大的幅值，因此控制器的增益减小到比 0.707 还要小一点，校正系数 c 与相对增益 λ 的关系为

$$c=0.22+0.78\lambda$$

由单回路得到的 PID 整定值：比例带 δ，积分时间 T_i，微分时间 T_D 都要除以 c 值，才能使两个回路都闭合后具有最佳的性能。

最后还应指出，即使对象的稳态增益和动态矢量并不一定满足先前假定的条件，正关联仍然会使关联系统的稳定性下降，并使回路的工作周期加大(见图 4.5-12)，如前面讲过的精馏塔两个成分回路的例子那样，这应是正关联系统的第三个反馈回路是负反馈回路的本质使然。

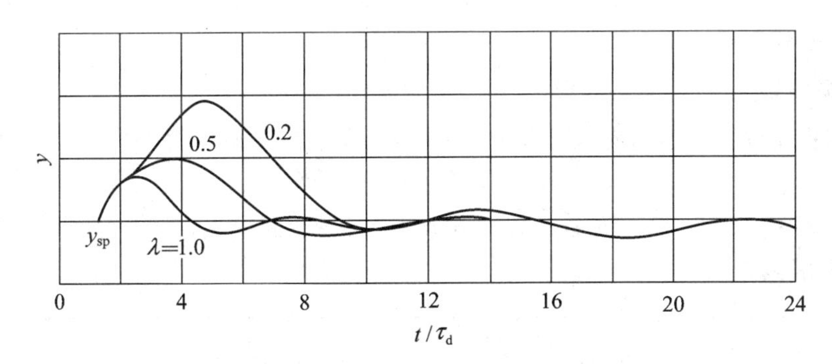

图 4.5-12　正关联不但使回路增益增大，而且也使回路的振荡周期加大

(2) $\lambda_{11}>1$ 的情况。如果 $\lambda_{11}>1$，由表 4.5-1 知，单回路开环增益 $k_{c1}\boldsymbol{g}_{c1}k_{11}\boldsymbol{g}_{11}$ 为负实数，它提供的相位是 $-180°$，这样的关联就不会改变两个负反馈回路的工作周期，这也对应于负关联系统的第三个反馈回路是正反馈回路，它的存在不影响两个负反馈回路的相位滞后，因而负反馈回路的工作周期不受关联的影响。图 4.5-13 是 $\lambda_{11}>1$ 系统的一个仿真结果，这里回路 1 的设定值不变，回路 2 的设定值有一个阶跃变化，则 y_2 的表现是对设定值的阶跃响应，而 y_1 的表现是对扰动的阶跃响应。仿真表明，$\lambda=2$ 和 $\lambda=10$ 尽管反映回路关联程度不同，它们与 $\lambda=1$(即回路无关联)的工作周期大体是一致的，仿真也说明，尽管工作周期不变，但设定值响应还是受到关联的约束和限制，$\lambda=2$ 时两个回路的 IAE 指标要比 $\lambda=10$ 的好得多。

$k_{c1}\boldsymbol{g}_{c1}k_{11}\boldsymbol{g}_{11}$ 的幅值都小于 1，表明当两个回路都闭合时比例带总是要加大一些，以恢复系统的稳定性。比例带放大倍数约是一倍左右，从 $\lambda=2$ 到 $\lambda=\infty$ 变化不大。由于负关联不影响回路周期，所以不需要根据相对增益来校正控制器的积分和微分时间，这一点和 $\lambda_{11}<1$ 的系统不同。

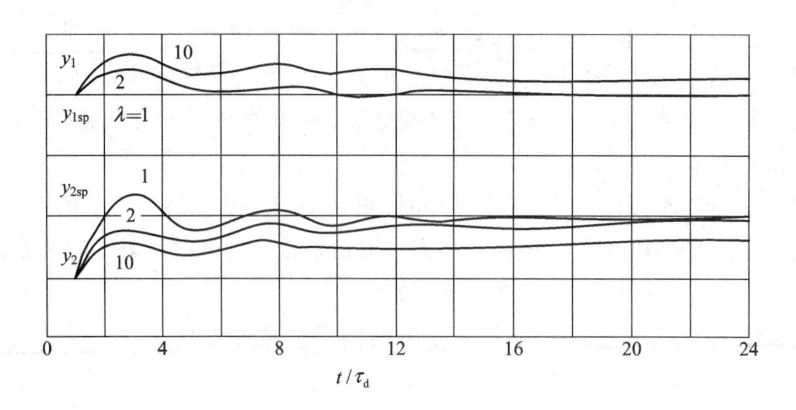

图 4.5－13 $\lambda_{11}>1$ 的系统输出对设定值阶跃输入的响应

4.5.3 多变量解耦控制系统

在某些情况下，采用最好的回路配对和控制器参数重新整定都不能消除关联的影响，可考虑采用解耦控制方案。

1. 前馈解耦

前馈解耦是在控制器与对象之间加入一种校正装置，使之解除回路之间关联的一种方法。

图 4.5－14 是一个 2×2 对象的解耦方案，其中 D_{12} 和 D_{21} 是两个解耦器，这种解耦方法称为 P 型解耦方案。

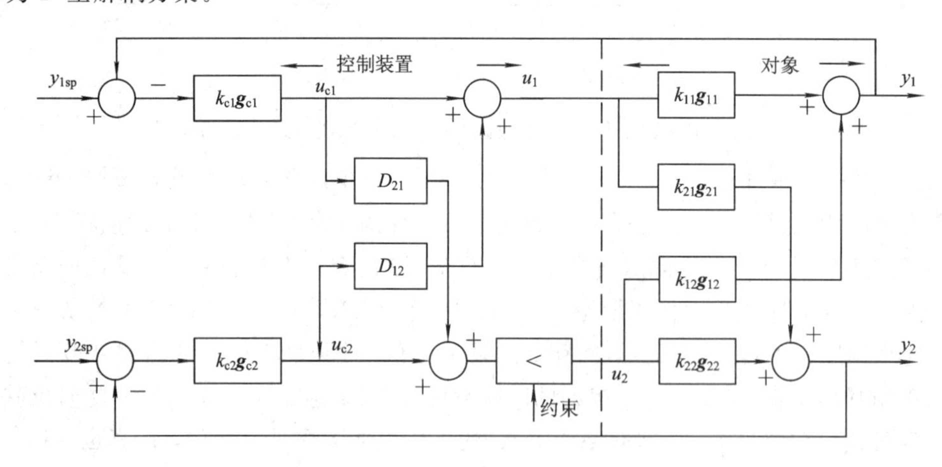

图 4.5－14 P 型解耦方案

控制器输出 u_{c1}、u_{c2} 与对象输出 y_1、y_2 之间关系为

$$\begin{bmatrix} y_1 \\ y_2 \end{bmatrix}=\begin{bmatrix} k_{11}\boldsymbol{g}_{11} & k_{12}\boldsymbol{g}_{12} \\ k_{21}\boldsymbol{g}_{21} & k_{22}\boldsymbol{g}_{22} \end{bmatrix}\begin{bmatrix} 1 & D_{12} \\ D_{21} & 1 \end{bmatrix}\begin{bmatrix} u_{c1} \\ u_{c2} \end{bmatrix} \tag{4.5-30}$$

如果两个控制器回路相互独立，没有关联，则要求

$$\begin{bmatrix} k_{11}\boldsymbol{g}_{11} & k_{12}\boldsymbol{g}_{12} \\ k_{21}\boldsymbol{g}_{21} & k_{22}\boldsymbol{g}_{22} \end{bmatrix}\begin{bmatrix} 1 & D_{12} \\ D_{21} & 1 \end{bmatrix}$$

为对角阵，这就是说解耦器 D_{12} 和 D_{21} 要满足：

$$\left.\begin{aligned}(k_{11}\boldsymbol{g}_{11})D_{12}+k_{12}\boldsymbol{g}_{12}&=0\\k_{21}\boldsymbol{g}_{21}+(k_{22}\boldsymbol{g}_{22})D_{21}&=0\end{aligned}\right\}\tag{4.5-31}$$

即

$$\left.\begin{aligned}D_{12}(s)&=-\frac{k_{12}\boldsymbol{g}_{12}(s)}{k_{11}\boldsymbol{g}_{11}(s)}\\D_{21}(s)&=-\frac{k_{21}\boldsymbol{g}_{21}(s)}{k_{22}\boldsymbol{g}_{22}(s)}\end{aligned}\right\}\tag{4.5-32}$$

这就是 P 型解耦器应满足的条件。

从 P 型解耦方案中可以看出，对于来自控制器输出 u_{c1} 及 u_{c2} 的任何扰动，解耦器 $D_{21}(s)$ 和 $D_{12}(s)$ 充当一个前馈补偿器的作用，这种波动只能影响本回路，而对另一回路没有丝毫影响。这就解除了回路间的关联，但 $D_{21}(s)$ 和 $D_{12}(s)$ 对出现在对象输入侧的扰动(它们加在 u_1、u_2 上)是没有前馈补偿作用的。

P 型解耦还存在两个问题：初始化和约束运行。所谓初始化问题，就是要找到两控制器的初始值 u_{c1} 和 u_{c2}，以使系统无扰动地投入自动运行，但 u_{c1} 的计算不仅与已知的 u_1 有关，也与待求的 u_{c2} 有关，这就需要通过解耦合方程同时解出 u_{c1} 和 u_{c2}，十分不方便。

如果说初始化问题可以用设置一个专用的程序加以解决，那么约束运行问题就不易或不能够解决了，倘若控制变量中有一个(如图 4.5 - 14 中的 u_2)受到约束，则两个控制器只能通过操纵尚未约束的 u_1 来同时控制两个被控变量 y_1 和 y_2，这显然是难以做到的。最终结果也会导致 u_1 走向极端，受到约束。

为了克服 P 型解耦的缺陷，我们重新安排解耦器。如图 4.5 - 15 所示，解耦器 D_{12}、D_{21} 的输出是反向输送的。我们称之为 V 型解耦方案。

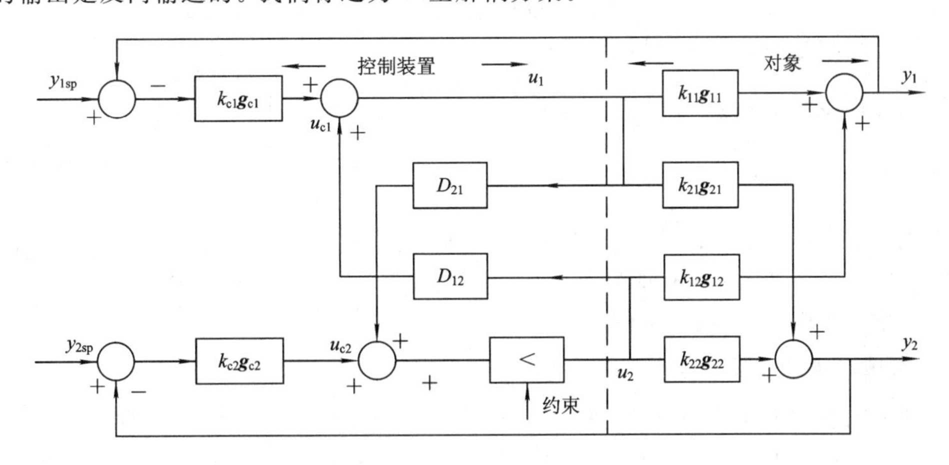

图 4.5 - 15　V 型解耦方案

推导解耦器 D_{12}，D_{21} 应满足的解耦条件：

由信号关系：

$$\left.\begin{aligned}u_1&=u_{c1}+D_{12}u_2\\u_2&=u_{c2}+D_{21}u_1\end{aligned}\right\}\tag{4.5-33}$$

写成向量关系为

$$\begin{bmatrix} u_{c1} \\ u_{c2} \end{bmatrix} = \begin{bmatrix} 1 & -D_{12} \\ -D_{21} & 1 \end{bmatrix} \begin{bmatrix} u_1 \\ u_2 \end{bmatrix}$$

即

$$\begin{bmatrix} u_1 \\ u_2 \end{bmatrix} = \begin{bmatrix} 1 & -D_{12} \\ -D_{21} & 1 \end{bmatrix}^{-1} \begin{bmatrix} u_{c1} \\ u_{c2} \end{bmatrix} = \frac{1}{1-D_{12}D_{21}} \begin{bmatrix} 1 & D_{12} \\ D_{21} & 1 \end{bmatrix} \begin{bmatrix} u_{c1} \\ u_{c2} \end{bmatrix} \tag{4.5-34}$$

和前面一样推导可得

$$D_{12} = -\frac{k_{21}\boldsymbol{g}_{12}(s)}{k_{11}\boldsymbol{g}_{11}(s)} \tag{4.5-35}$$

$$D_{21} = -\frac{k_{21}\boldsymbol{g}_{21}(s)}{k_{22}\boldsymbol{g}_{22}(s)} \tag{4.5-36}$$

和 P 型解耦器结果完全一样。

V 型解耦可以完全克服 P 型解耦的弊病，首先从结构方框图看，D_{12}、D_{21} 其实也是一个前馈补偿器，它不仅可以完全补偿来自另一回路控制器输出值的扰动，而且对出现在对象输入侧的干扰也能实现前馈补偿。另外，由耦合信号关系式(4.5-33)可以由已知的 u_1、u_2 计算出 u_{c1} 和 u_{c2} 的初值，从而简化了初始化。对 u_2 受约束的情况，此时 y_2-u_{c2} 回路完全开路，y_2 只受约束输入变量的控制，而且这个控制量的扰动进入到 y_1-u_1 回路，而为前馈补偿器 D_{12} 完全消除。

虽然图 4.5-14 与图 4.5-15 的结构有很大的不同，但解耦器本身还是一样的。注意到与 P 型解耦不同，V 型解耦形成的第三个回路是不需要经过控制器的，它是由两个解耦器形成的，因此该回路性质与控制器无关(见图 4.5-16)。这个回路的开环(稳态)增益 $K=\frac{k_{12}k_{21}}{k_{11}k_{22}}$，它与相对增益的关系为$K=1-\frac{1}{\lambda_{11}}$。

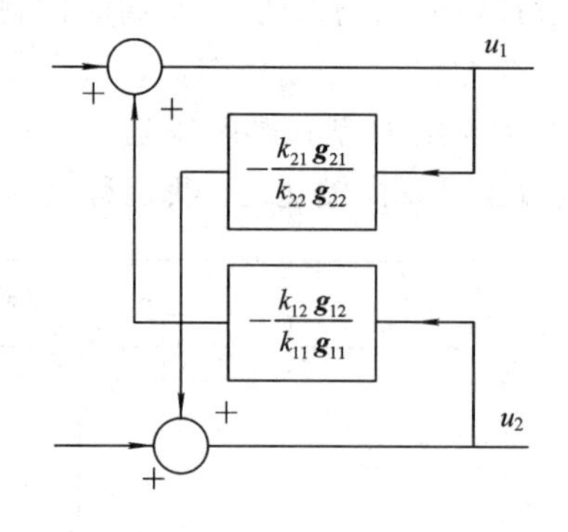

图 4.5-16　由两个解耦器组成的反馈回路

因此，当 $0<\lambda_{11}<1$ 时，$K<0$，此时关联的(稳态)回路是负反馈的，而且如果 $\lambda_{11}>0.5$，则开环稳态增益小于 1，回路将是稳定的。

2. 解耦系统的鲁棒稳定性

一般的工业对象通常是非线性的，甚至有时是时变的，因此用线性定常模型进行解耦器设计就会解耦不彻底，下面将研究当解耦器存在误差时，对被解耦系统性能，尤其是对定性的影响。

回到 V 型解耦系统的方框图，图 4.5-15 中对象的输入和输出关系为

$$\begin{bmatrix} y_1 \\ y_2 \end{bmatrix} = \begin{bmatrix} k_{11} & k_{12} \\ k_{21} & k_{22} \end{bmatrix} \begin{bmatrix} u_1 \\ u_2 \end{bmatrix} \tag{4.5-37}$$

在上式以及下面的推导中省略了动态矢量(必要时，可以把动态矢量加在响应的静态增益出现的地方)。

设 d_{12} 和 d_{21} 表示解耦器 D_{12}、D_{21} 的增益，它们可能是式(4.5-32)中确定的理想值，也

可能不是。解耦装置输入和输出关系为(见式(4.5-34))

$$\begin{bmatrix} u_1 \\ u_2 \end{bmatrix} = \frac{1}{1-d_{12}d_{21}} \begin{bmatrix} 1 & d_{12} \\ d_{21} & 1 \end{bmatrix} \begin{bmatrix} u_{c1} \\ u_{c2} \end{bmatrix} \tag{4.5-38}$$

故

$$\begin{bmatrix} y_1 \\ y_2 \end{bmatrix} = \frac{1}{1-d_{12}d_{21}} \begin{bmatrix} k_{11} & k_{12} \\ k_{21} & k_{22} \end{bmatrix} \begin{bmatrix} 1 & d_{12} \\ d_{21} & 1 \end{bmatrix} \begin{bmatrix} u_{c1} \\ u_{c2} \end{bmatrix} = \frac{1}{1-d_{12}d_{21}} \begin{bmatrix} k_{11}+d_{21}k_{12} & k_{12}+d_{12}k_{11} \\ k_{21}+d_{21}k_{22} & k_{22}+d_{12}k_{21} \end{bmatrix} \begin{bmatrix} u_{c1} \\ u_{c2} \end{bmatrix} \tag{4.5-39}$$

上式是加入了 V 型解耦以后广义对象的输入和输出关系，计算 y_1 对 u_{c1} 的相对增益，记为 λ_{11d}：

$$\lambda_{11d} = \frac{1}{1-\dfrac{(k_{21}+d_{21}k_{22})(k_{12}+d_{12}k_{11})}{(k_{22}+d_{12}k_{21})(k_{11}+d_{21}k_{12})}} \tag{4.5-40}$$

无论是 $d_{21}=-k_{21}/k_{22}$，还是 $d_{12}=-k_{12}/k_{11}$，都会使 $\lambda_{11d}=1.0$，这时两个回路都被有效地解耦了。

当然也存在另外一些极限情况，例如当 $d_{12}=-k_{22}/k_{21}$，或是 $d_{21}=-k_{11}/k_{12}$，则 $\lambda_{11d}=0$。另一种情况可能是：若 $d_{12}=1/d_{21}$，则 $\lambda_{11d}\to\infty$，分别表示正关联或负关联严重。

为了估算过程所允许的解耦器误差，假设两个解耦器的解耦函数都偏离了它们理想值，有同一个因子 δ，即

$$\left.\begin{aligned} d_{12} &= (1+\delta)\left(-\frac{k_{12}}{k_{11}}\right) \\ d_{21} &= (1+\delta)\left(-\frac{k_{21}}{k_{22}}\right) \end{aligned}\right\} \tag{4.5-41}$$

我们就可以把 λ_{11d} 表示为 λ_{11} 和 δ 的函数，即

$$\lambda_{11d} = \frac{[1-(\lambda_{11}-1)\delta]^2}{1-(\lambda_{11}-1)\delta(\delta+2)} \tag{4.5-42}$$

上式分子和分母为零是 $\lambda_{11d}=0$ 及 $\lambda_{11d}=\infty$ 两种极限情况，即

当 $\delta=\dfrac{1}{\lambda_{11}-1}$ 时，$\lambda_{11d}=0$；当 $\delta=\sqrt{\dfrac{\lambda_{11}}{\lambda_{11}-1}}-1$ 时，$\lambda_{11d}=\infty$。

图 4.5-17 针对若干 λ_{11} 值，画出了解耦后的相对增益 λ_{11d} 与解耦器误差 δ 间的关系曲线。

从图 4.5-17 可以发现：

(1) 在相同的解耦器误差 $\delta(\%)$ 下，在 $0<\lambda_{11}<1$ 范围内，λ_{11d} 与 1 都比较接近，表明系统的解耦鲁棒性好，且正的解耦器误差比同值的负误差更鲁棒一些。

(2) 当 $\lambda_{11}>1$ 时，负的解耦误差(解耦不充分)比同值的正误差(解耦过度)的系统解耦性能要好一些，而且对正误差还存在一个稳定上限 $\delta_\infty(\%)$，当 $\delta(\%)$ 增大到 $\delta_\infty(\%)$ 时，$\lambda_{11d}\to\infty$；超过 $\delta_\infty(\%)$ 时，解耦系统就会不稳定。

$\delta_\infty(\%)$ 与 λ_{11} 有关，表 4.5-2 列出了它们的关系，对 $\lambda_{11}>1$ 情况，λ_{11} 越大，$\delta_\infty(\%)$ 就越小，这表示解耦系统鲁棒稳定性因 λ_{11} 增大而变差；对于 $0<\lambda_{11}<1$ 情况，则不存在 $\delta_\infty(\%)$，即不管解耦器误差有多大，解耦系统稳定性是有保证的。

(3) 对 $\lambda_{11}<0$ 情况，恰好与 $\lambda_{11}>1$ 相反，正的解耦误差要比同值负误差更鲁棒，负误

差也存在一个 δ_∞(%)，负误差超过此值，系统也会不稳定。δ_∞(%)随 λ_{11} 绝对值增大而减小，见表 4.5-2。

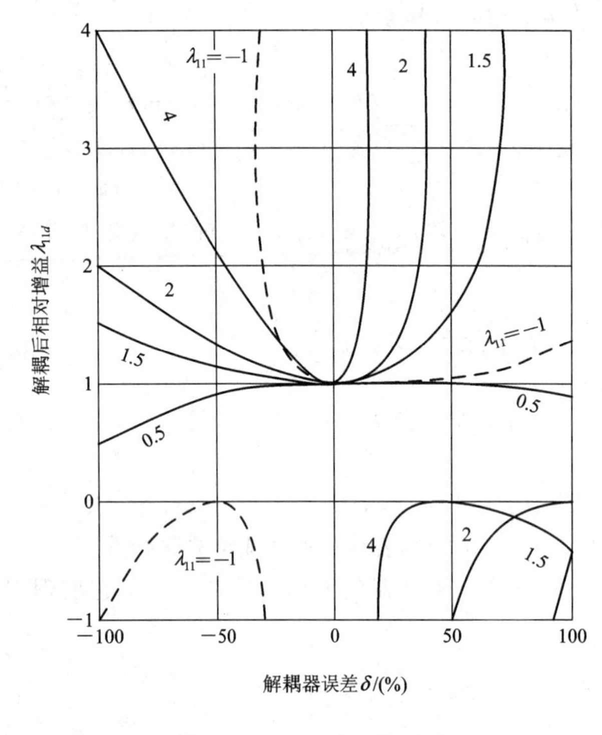

图 4.5-17　λ_{11d} 与 δ 的关系

表 4.5-2　使 λ_{11d} 趋于无穷大的解耦器误差

相对增益 λ_{11}	误差 δ_∞/(%)
−5	−8.7
−2	−18.7
−1	−29.3
1.5	73
2	41.4
4	15.5
8	6.9
16	3.3

由于对象增益很少是常数，所以设计解耦器时，容许误差是一个必须慎重考虑的问题，如果出现大的误差，对于 $\lambda_{11}>1$ 或 $\lambda_{11}<0$ 的情况，就会导致系统失稳。

3. 部分解耦

从解耦控制理论可知，对 2×2 系统，两个线性解耦器只要装设其中一个，就可消除两回路间关联，这从图 4.5-13 或从式(4.5-40)就可知道。例如只安装 $D_{21}(s)$，按照式(4.5-36)它实际上就是 u_1 对 y_2 的前馈补偿器，因此发生在回路 1 的扰动就不可能去影响 y_2。回路 2 是被解耦的回路，但 u_2 仍可影响回路 1，因此只是部分解耦。

部分解耦虽不能完全解除回路间的完全关联，但却具有以下优点：

(1) 破坏了第三个反馈回路，避免了由两个解耦器构成的反馈回路可能出现的不稳定问题。

(2) 避免了解耦器误差所可能引起的系统不稳定。

(3) 阻止了扰动进入被解耦回路。

(4) 比完全解耦器更易于设计和调整。

在部分解耦方案设计中，需要考虑装设哪一个解耦器，这要从以下几个因素考虑：首先要比较两个被控变量之间的重要性，这就是优先级问题。如果 y_1 比 y_2 重要，那么就要装设 $D_{12}(s)$去解除回路 2 对回路 1 的影响。其次要比较控制变量，如果约束加在 u_2 上，而 u_1 没有约束，在这种情况下，约束就可能会引起 y_2 失控和对 y_1 产生干扰，装设 $D_{12}(s)$可以阻止约束条件去影响回路 1。第三，还要考虑两个回路的响应速度，如果 y_2 对 u_1、u_2 的

响应都要比 y_1 快，如例 4.5－1 所示的混合过程，则 y_2 不会受到回路 1 控制器的干扰，y_2 就不需要对 u_1 解耦，但是 y_1 的响应慢，y_1 对 u_2 的解耦是需要的。

部分解耦的解耦器既然起一个前馈补偿的作用，那么解耦器可以是非线性，如图 4.5－18 所示的混合过程的解耦器是由乘法器而不是加法器组成的。这是由于从混合机理来说，成分是两股流体比值的函数，它只取决于两流量的比值，而与流量本身无关。因此对成分的控制可以用乘法器来实现前馈补偿(乘法方案)。如果控制的是液位而不是成分，那么它就与总流量有关，前馈补偿器就要用加法运算(加法方案)。顺便指出，这里解耦器用乘法器而不用比值器是基于这样的考虑。如果两种物料的成分发生了变化或成分控制器设定值改变了，则需要成分控制器来校正两个流量的比值。如果对流量控制要求的精度比阀门特性所提供的更高，可以用图 4.5－19 所示的双闭环控制方案代替。

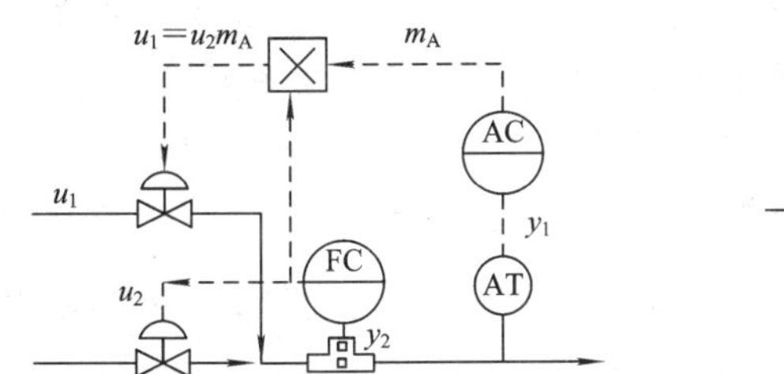

图 4.5－18　用乘法器实现对成分回路的解耦

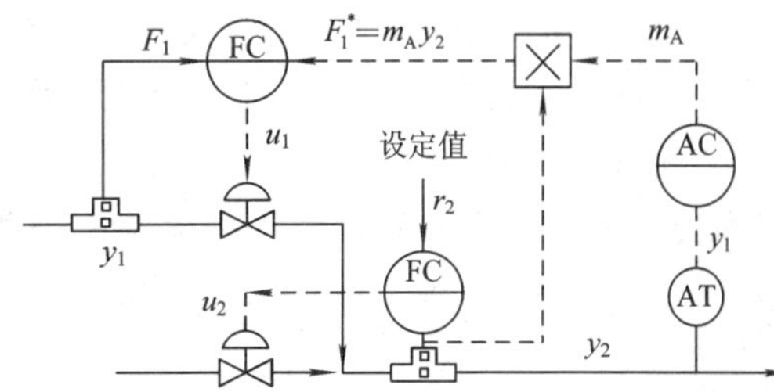

图 4.5－19　利用 y_2 而不用 u_2 进行解耦能达到较高的精度

思考题与习题

4.1　状态反馈极点配置与根轨迹极点配置有什么本质的不同？

4.2　如题图 4.2 所示的三容水槽。

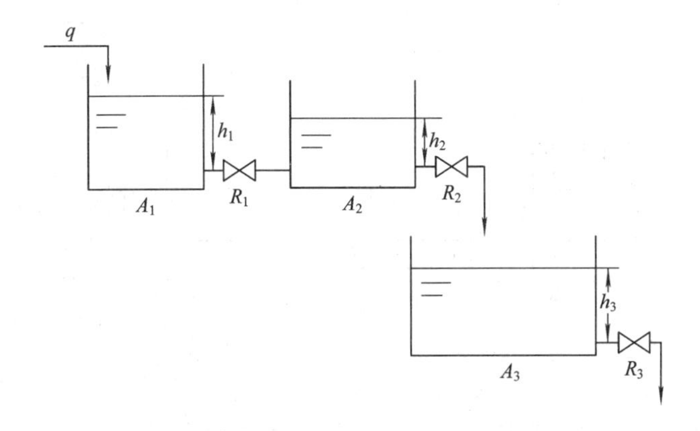

题图 4.2　三容水槽

已知它们的横截面积分别为 $A_1=A_2=10\ dm^2$，$A_3=20\ dm^2$；稳态时，$h_{10}=6$ dm，$h_{20}=4$ dm，$h_{30}=2$ dm，$q_0=20\ dm^3/s$。

(1) 列写出以液位 h_1、h_2、h_3 为状态变量的三容水槽的状态空间表示，并检验该系统状态是否完全可控。

(2) 设计状态反馈控制器，使闭环系统的极点分别配置在－4、－0.5＋j、－0.5－j；

(3) 以 h_2 为输出量，如果流量 q 突然增加至 $q=25\ \mathrm{dm^3/s}$，试估计闭环系统过渡过程的质量指标(如超调量 $\sigma_p\%$、调整时间 t_s 及余差 e_{ss})。

4.3 线性系统的状态空间表示式为

$$\begin{bmatrix}\dot{x}_1\\ \dot{x}_2\\ \dot{x}_3\end{bmatrix}=\begin{bmatrix}-1 & 0 & 1\\ 1 & -1 & -2\\ 0 & 0 & 1\end{bmatrix}\begin{bmatrix}x_1\\ x_2\\ x_3\end{bmatrix}+\begin{bmatrix}1\\ 0\\ 0\end{bmatrix}u$$

$$\boldsymbol{y}=\begin{bmatrix}1 & 0 & -2\end{bmatrix}\begin{bmatrix}x_1\\ x_2\\ x_3\end{bmatrix}$$

试应用状态反馈方法，将闭环极点配置在−1，−1+j，−1−j(提示：本题可控性矩阵秩为2，即 $\mathrm{rank}[\boldsymbol{b}\ \ \boldsymbol{Ab}\ \ \boldsymbol{A}^2\boldsymbol{b}]=2$，故只有两个极点可任意配置，但原系统有一个不可控极点−1，而状态反馈不改变其不可控极点，故本题仍可应用状态反馈法配置闭环极点)。

4.4 为了改善状态反馈的稳态性能，3.1.2节导出了对阶跃式输入和扰动达到无余差的条件与控制律，注意到控制器中含有一个积分器，它与阶跃输入相对应(为阶跃输入信号的内模，$\frac{1}{s}$)。今若要求对斜坡输入稳态无差，试导出其条件与控制律，并检验控制器中是否包含了斜坡输入的内模。

4.5 为什么IMC控制器含有积分作用？试从时域和频域分析解释之。

4.6 热水锅炉对象的脉冲传递函数为

$$G(z)=\frac{(0.106+0.114z^{-1})z^{-2}}{1+0.344z^{-1}-0.885z^{-2}}$$

试设计一个实际的内模控制器 $G_{\mathrm{IMC}}(z)$。

4.7 造纸过程如题图4.7所示。

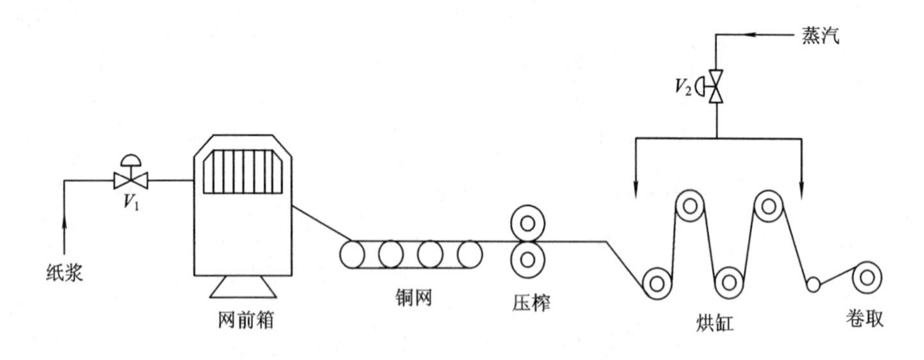

题图 4.7 纸机工艺流程

纸浆经控制阀 V_1 进入网前箱，纸浆从网前箱底部均匀喷射到铜网上，铜网将大部分水滤掉，再经压榨去水，最后经高温烘缸将纸烘干，卷取成纸卷。本过程的主要干扰是纸浆浓度有较大波动，导致纸浆定量环的增益 k 波动颇大。其形式常为阶跃式，其他干扰因素是渐变的或可测的，纸机定量环的数学模型为

$$\widetilde{G}(z)=z^{-l_1-1}\frac{k(1-\alpha)}{1-\alpha z^{-1}}$$

式中：k 为定量环增益；T 为采样时间；$l_1=\dfrac{\theta}{T}$（θ 为纯滞后时间）；$\alpha=\mathrm{e}^{-\frac{T}{\tau}}$（$\tau$ 为系统时间常数）。

正常工作时，$k=2.6$，$T=10$ s，$l_1=13$，$\tau=93$ s。

(1) 求实际内模控制器 $G_{\mathrm{IMC}}(z)$；

(2) 利用 MATLAB 仿真工具，求当 k 变化 25%时，对不同的滤波常数 α_{f} 的响应曲线。

4.8　设对象和模型的脉冲传递函数分别为

$$G(z)=z^{-2}g(z)$$

及

$$\widetilde{G}(z)=g(z)$$

其中，$g(z)$ 是它们的最小相位部分，若取稳定的内模控制器：

$$G_{\mathrm{IME}}(z)=g^{-1}(z)$$

由于模型失配，证明闭环内模控制系统不稳定，通过引入滤波器

$$G_{\mathrm{f}}(z)=\frac{1-\alpha_{\mathrm{f}}}{1-\alpha_{\mathrm{f}}z^{-1}}(0<\alpha_{\mathrm{f}}<1)$$

可以使内模控制系统稳定。

4.9　求下列被控对象的 IMC－PID 控制器的整定参数：

(1) $G(s)=\dfrac{k}{\tau^2s^2+2\zeta\tau s+1}(k,\ \tau>0,\ 0\leqslant\zeta\leqslant 1)$；

(2) $G(s)=\dfrac{k}{s(\tau s+1)}(k,\ \tau>0)$；

(3) $G(s)=\dfrac{k(-\beta s+1)}{s(\tau s+1)}(k,\ \tau,\ \beta>0)$。

4.10　离散对象模型的脉冲传递函数为

$$\widetilde{G}(z)=\frac{z}{(z+0.5)(z-0.5)}$$

利用 SMPC 控制器，求：

(1) 在对象模型匹配，即 $G(z)=\widetilde{G}(z)$ 时，SMPC 系统稳定的 α 值的范围；

(2) 在对象增益失配，如 $G(z)=\dfrac{1.5z}{(z+0.5)(z-0.5)}$ 时，SMPC 系统稳定的 α 值的范围；

(3) 若对象零点失配，如 $G(z)=\dfrac{z-0.25}{(z+0.5)(z-0.5)}$ 时，SMPC 系统稳定的 α 值的范围；

(4) 若对象极点失配，如 $G(z)=\dfrac{z}{(z+0.5)(z-0)}=\dfrac{1}{z+0.5}$ 时，SMPC 系统稳定的 α 值的范围。

由(2)～(4)，你对 SMPC 的鲁棒稳定性有何评价。

4.11　一阶加纯滞后对象模型：

$$\widetilde{G}(s)=\frac{k\mathrm{e}^{-\theta s}}{\tau s+1}$$

设 $k=1$，$\tau=10$ min，$\theta=3$ min，T(采样周期)$=1$ min。

用 MATLAB 仿真工具观察：

(1) SMPC 控制器在 α 为常值(如 $\alpha=2.0$)时，对阶跃输入信号的开环响应；

(2) 在模型匹配时，对不同的 α 值，SMPC 系统的闭环过渡过程；

(3) 如果 k、τ、θ 均有 $+15\%$ 的误差时，对不同的 α 值，闭环过渡过程又是如何？(注意观察 SMPC 系统的稳定性、稳态无差性和鲁棒性。)

4.12　试将预测控制与最优控制作一比较，预测控制在过程控制中取得成功的原因是什么？

4.13　单输入-单输出系统的传递函数为

$$G(s)=\frac{g(s)}{u(s)}=\frac{e^{-20s}}{100s^2+12s+1}$$

采样周期 $T=10$，$P=N=10$。

(1) 写出对象输入-输出差分方程模型；

(2) 用 MAC 控制，取 $q_i=1(i=1, 2, \cdots, 10)$，$\beta_i=0$ 分别就 $M=10$、2 及 1 作过渡曲线(输出给定值变化 50%)仿真；

(3) 用 DMC 控制，取 $q_i=1(i=1, 2, \cdots, 10)$，$M=10$ 分别就 $\beta_i=0$、2 及 $5(i=1, 2, \cdots, 10)$作过渡曲线(输出给定值变化 50%)仿真。

4.14　单输入-单输出系统的传递函数

$$G(s)=\frac{g(s)}{u(s)}=\frac{e^{-3s}}{10s+1}$$

采样周期为 1 分钟，取 $P=N=10$，$M=3$。

(1) 该对象用 DMC 和 MAC 控制律编制仿真算法；

(2) 无模型失配时，采用不同参数进行仿真试验；

(3) 有模型误差，如 $\tilde{G}_1(s)=\dfrac{1.5e^{-3s}}{10s+1}$ 及 $\tilde{G}_2(s)=\dfrac{e^{-5s}}{10s+1}$，进行仿真实验。

4.15　WoodBetty 精馏塔的数学模型为

$$\begin{bmatrix} X_D(s) \\ X_B(s) \end{bmatrix}=\begin{bmatrix} \dfrac{12.8e^{-s}}{16.7s+1} & \dfrac{-18.9e^{-3s}}{21s+1} \\ \dfrac{6.6e^{-7s}}{10.9s+1} & \dfrac{-19.4e^{-3s}}{14.4s+1} \end{bmatrix}\begin{bmatrix} R(s) \\ S(s) \end{bmatrix}+\begin{bmatrix} \dfrac{3.8e^{-8.1s}}{14.9s+1} \\ \dfrac{4.9e^{-3.4s}}{13.2s+1} \end{bmatrix}F(s)$$

其中，X_D、X_B分别是精馏塔塔顶和塔底产品中甲醇组分的重量分率，R 和 S 分别是塔的回流量和入再沸器的蒸汽流量，混合液进入塔的进料流量 F 是主要干扰源。

取采样时间为 1，预测时域 $P=6$，控制时域 $M=2$，二次性能指标 $\boldsymbol{Q}=\boldsymbol{I}$(单位阵)，$\boldsymbol{R}=\boldsymbol{I}$(单位阵)，试用 DMC 控制律做仿真试验，打印组分 X_D，X_B的过渡曲线和控制量 R，S 的曲线。

4.16　相对增益阵 $\boldsymbol{\Lambda}$ 有什么实用价值，它的每一个元素 λ_{ij} 代表什么意义？

4.17　在所有回路均为开环时，某一过程的开环增益阵为

$$\boldsymbol{K}=\begin{bmatrix} 0.58 & -0.36 & -0.36 \\ 0.73 & -0.61 & 0 \\ 1 & 1 & 1 \end{bmatrix}$$

试推导出相对增益矩阵，并选出最好的控制回路。分析此过程是否需要解耦。

4.18 用回流量 R 和塔内蒸汽流量 V 作为控制变量，对精馏塔的馏出物及塔底产品的成分进行控制。选择被控变量与控制变量进行配对，使获得的回路具有最小稳态关联。实验所确定的精馏塔输入-输出关系如下：

$$X_D(s)=\frac{0.60e^{-1.1s}}{(5s+1)(2s+1)}R(s)-\frac{0.50e^{-1.0s}}{(6s+1)(3s+1)}V(s)$$

$$X_B(s)=\frac{0.30e^{-1.3s}}{(5s+1)(s+1)}R(s)-\frac{0.50e^{-1.0s}}{(5s+1)(s+1)}V(s)$$

如果最佳配对的控制回路依然具有明显的关联作用，设计两个产生非关联控制回路的解耦器。画出最终所得的方框图。

4.19 为什么 V 型解耦方案要优于 P 型解耦方案？

4.20 一冷热水混合槽实验装置如题图 4.20 所示，一股温度为常温 T_c、流量为 F_c 的冷水经调节阀 1 流入混合槽，另一股温度为 T_h、流量为 F_h 的热水经调节阀 2 也流入混合槽，两股流体在混合槽内通过搅拌器混合均匀，从混合槽流出的流体温度为 T，流量为 F，槽中液位为 h，温度为 T，混合槽的横截面积为 A，在正常液位 h_0 时，阀 3 的液位为 R。

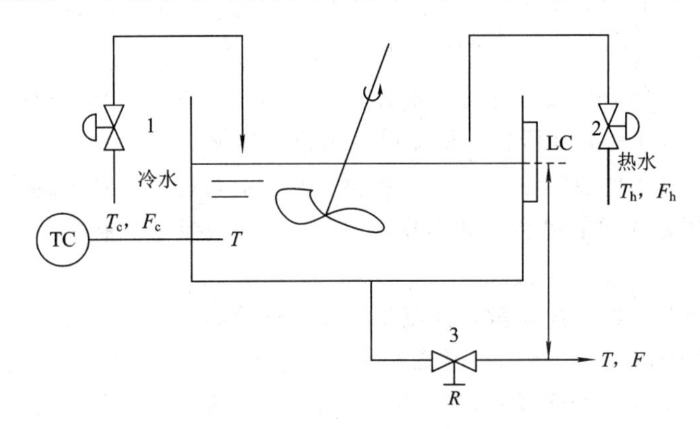

题图 4.20

(1) 建立以混合槽液位 h 和温度 T 为状态变量，冷水及热水流量 F_c、F_h 为控制变量的状态空间表达式。

(2) 求出混合槽对象的相对增益阵 $\boldsymbol{\Lambda}$，并讨论：

① 当被控温度 T 接近 T_h 时，被控变量与控制变量间应如何合理配对？

② 当 T 接近于 T_c 时，被控变量与控制变量间应如何合理配对？

(3) 当混合槽温度 T 趋近于 $\dfrac{T_h+T_c}{2}$ 时，相对增益矩阵又如何？

(4) 已知 $A=2.5\ \mathrm{dm}^2$，$T_c=16$℃，$T_h=16$℃，$F_c=1\ \mathrm{dm}^3/\mathrm{min}$。试问欲使温度 T 稳定在 40℃，液位稳定在 $h_0=2.2$ dm。如何设计 V 型解耦装置实现解耦控制？

(提示：线性化后的液阻 $R=2h_0/F(h_0)$)

第 5 章　过程控制系统的应用

工业生产过程控制系统结构的研究、控制算法的确定及控制系统的实现等都是控制理论与工业生产工艺、工程测试技术和计算机的有机结合，是它们在工业过程控制系统的成功应用。

本章对工业生产过程中常用的控制方案进行剖析，根据工艺生产流程设计出满足工艺控制要求的控制方案，并且在控制方案确定后，使控制系统能正常运行，并发挥其功能。

5.1　离心泵控制系统

在生产过程中，因工艺的需要，常需要将流体由低处送至高处，由低压设备送到高压设备，为了达到这些目的，必须对流体做功，以提高流体的能量，完成输送任务。用于输送流体和提高流体压头的机械设备通称为流体输送设备。其中输送液体和提高其压力的机械称为泵，而输送气体并提高其压力的机械称为风机和压缩机。

由于流体输送设备的控制主要是保证物料平衡的流量控制，因此流量控制系统中的一些特殊性和需要注意的问题都会在此出现。为此，需要把流量控制中的有关问题再作简要的叙述。

首先流量控制对象的被控变量与控制变量是同一物料的流量，只是处于管路的不同位置，因此控制通道的特性，由于时间常数很小，基本上是一个放大倍数接近 1 的放大环节。于是广义对象特性中测量变送及控制阀的惯性滞后不能忽略，使得对象、测量变送和控制阀的时间常数数量级相同且数值不大，组成的控制系统可控性较差，且频率较高，所以控制器的比例度必须放得大些。为了消除噪声，需引入积分作用。通常，积分时间为 0.1 分钟到数分钟。同时，基于流量控制系统的这个特点，控制阀一般不装阀门定位器，以免因阀门定位器引入所组成的串级副环，其振荡频率与主环频率相近而造成强烈振荡。

其次，流量信号的测量常用节流装置，由于流体通过节流装置时，喘动加大，使被控变量的信号常有脉动情况出现，并伴有高频噪声。为此，在测量时应考虑对信号进行滤波，在控制系统中，控制器不能加入微分作用，避免将高频噪声放大而影响系统的稳定工作，常采用比例积分调节。在工程上，有时还在变送器与控制器之间接入反微分器，以提高系统的控制质量。

此外，还需要注意的是：流量系统的广义对象的静态特性呈现非线性特性，尤其是采用节流装置而不加开方器进行流量的测量变送。此时，常通过控制阀流量特性的正确选择，对非线性特性进行补偿。

至于对流量信号的测量精度要求，一般除直接作为经济核算用的指标外，无需过高，只要稳定、偏差小就行。有时为防止上游压力造成的干扰，需采用适当的稳压措施。

5.1.1　离心泵的工作原理及主要部件

离心泵是一种最常用的液体输送设备，离心泵是依靠离心泵翼轮旋转所产生的离心力，来提高液体的压力(俗称压头)的。转速越高，离心力越大，流体出口压力越高。

离心泵类型很多，按输送不同类型的液体分类，有清水泵、热油泵、耐腐蚀泵等。

为达到不同的流量、压头范围，按泵的构造分类，有单吸和双吸的、单级和双级的；若按泵轴的位置分类，则还可以分为立式和卧式等。

1. 离心泵的基本结构

离心泵的基本结构如图5.1-1所示。

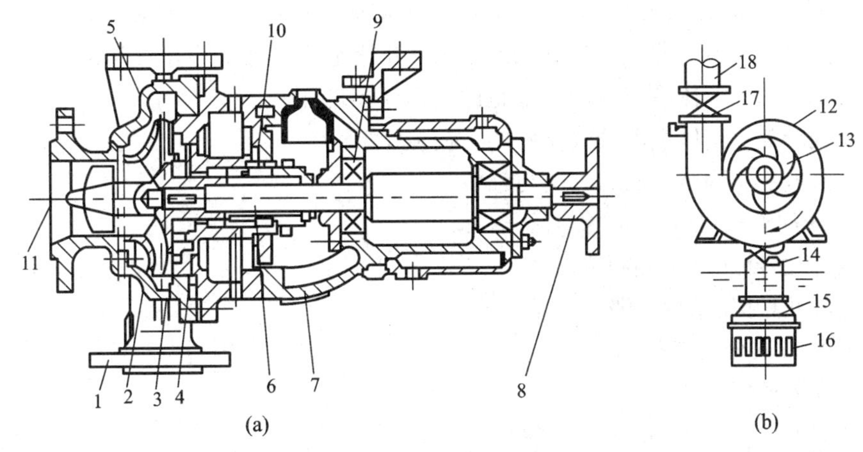

1—泵体；2—叶轮；3—密封轴；4—轴套；5—泵盖；6—泵轴；7—托架；8—连泵器；9—轴承；
10—轴封装置；11—吸入口；12—蜗形泵壳；13—叶片；14—吸入管；15—底阀；16—滤网；17—调节阀；18—排出管

图5.1-1　离心泵结构示意图

离心泵的基本构造是由六部分组成的，分别是叶轮、泵体、泵轴、轴承、密封环、填料函。

(1) 叶轮是离心泵的核心部分，它转速高、出力大，叶轮上的叶片又起到了主要作用，叶轮在装配前要通过静平衡试验，叶轮上的内、外表面要光滑，以减少水流的摩擦损耗。

(2) 泵体也称泵壳，它是水泵的主体，起到支撑、固定的作用，并与安装轴承的托架相连接。

(3) 泵轴的作用是借连轴器和电动机相连接，将电动机的转矩传给叶轮，所以它是传递机械的主要部件。

(4) 轴承是套在泵轴上支撑泵轴的构件，有滚动轴承和滑动轴承两种。滚动轴承使用牛油作为润滑剂，加油量要适当，一般体积为2/3～3/4，油太多会发热，油太少会有响声并发热。滑动滚轴使用透明油作润滑剂，加油到油位线。油太多，要沿泵轴渗出并且漂溅，油太少，轴承又会过热烧坏造成事故。在水泵运行过程中，轴承的温度最高为85度，一般运行在60度左右，如果温度高了就要查找原因(是否有杂质，油质是否发黑，是否进水)，并及时处理。

(5) 密封环又称减漏环。叶轮进口与泵壳间的间隙过大，会造成泵内高压区的水经此间隙流向低压区时影响泵的出水量，效率降低。间隙过小，会造成叶轮与泵壳摩擦，产生磨损。为了增加回流阻力、减少内漏，延缓泵壳与叶轮的使用寿命，在泵壳内缘和叶轮外缘结合处装有密封环，密封的间隙保持在 0.25～1.10 mm 之间为宜。

（6）填料函主要由填料、水封环、填料筒、填料压盖、水封管组成。填料函的作用主要是封闭泵壳与泵轴之间的间隙，不让泵内的水流到外面，也不让外面的空气进入泵内，始终保持水泵内真空。当泵轴与填料摩擦产生热量时，就要靠水封管注水到水封圈内使填料冷却，保持水泵的正常运行。所以在水泵的运行以及巡回检查过程中，对填料函的检查是特别要注意的，在运行 600 个小时左右就要对填料进行更换。

2. 离心泵的过流部件

离心泵的过流部件有吸入室、叶轮、压出室三部分。叶轮是泵的核心，也是过流部件的核心。泵通过叶轮对液体做功，使其能量增加。叶轮按液体流出的方向分为三类：

（1）离心式叶轮：液体沿着与轴线垂直的方向流出叶轮。

（2）混流式叶轮：液体沿着轴线倾斜的方向流出叶轮。

（3）直流式叶轮：液体流动的方向与轴线平行。

叶轮按吸入的方式可分为两类：

（1）单吸叶轮(叶轮从一侧吸入液体)。

（2）双吸叶轮(叶轮从两侧吸入液体)。

叶轮按盖板形式分为三类：

（1）封闭式叶轮。

（2）敞开式叶轮。

（3）半开式叶轮。

其中封闭式叶轮应用很广泛，前述的单吸叶轮、双吸叶轮均属于这种形式。

3. 离心泵的工作原理

工作前，泵体和进水管必须灌满水形成真空状态，当叶轮快速转动时，叶片促使水快速旋转，旋转着的离心泵的工作原理是：离心泵之所以能把水送出去是由于离心力的作用。水泵里的水在离心力的作用下从叶轮中飞出，泵内的水被抛出后，叶轮的中心部分形成真空区域。水源的水在大气压力或水压的作用下通过管网压到了进水管内。这样循环不已，就可以实现连续抽水。在此值得一提的是：离心泵一定要在向泵壳内充满水以后，方可启动，否则将造成泵体发热、震动、出水量减少，导致水泵损坏(简称“气蚀”)，造成设备事故。

由于离心泵的吸入高度有限，控制阀如果安装在进口端，会出现气缚和气蚀现象。

气缚现象是指，若离心泵在启动前，未灌满液体，壳内存在真空，使密度减小，产生的离心力就小，此时在吸入口所形成的真空度不足以将液体吸入泵内。所以尽管启动了离心泵，但不能输送液体。

气蚀现象是指，当泵的安装位置不合适时，液体的静压能在吸入管内流动克服位差、动能、阻力后，在吸入口处压强降至该温度下液体的饱和蒸汽压 P_V时，液体会汽化，并逸出所溶解的气体。这些气泡进入泵体的高压区后，遽然凝结，产生局部真空，使周围的液体高速涌向气泡中心，造成冲击和震动。大量气泡破坏了液体的连续性，阻塞流道，增大了阻力，使流程、扬程、效率明显下降，严重时，使泵不能正常工作，造成泵损坏。

4. 离心泵的主要性能参数

离心泵铭牌上标注的参数有：

(1) 流量 Q_v(送液能力)：单位时间内泵能输送的液体量(L/s，m^3/h)。

(2) 扬程 H_e(泵的压头)：单位重量液体流径泵后所获得的升举高度(m 液柱)。(注意：泵的扬程不能仅仅理解为升举高度。)

(3) 有效功率 p_e：液体从叶轮获得的能量。

$$p_e = H_e q_v \rho g \quad (W)$$

(4) 轴功率 P_a：泵轴所需的功率。

$$P_a = \frac{P_e}{\eta} \quad (W)$$

(5) 效率 η：泵轴提供的功率与液体实际能量之比，即

$$\eta = \frac{P_e}{P_a}$$

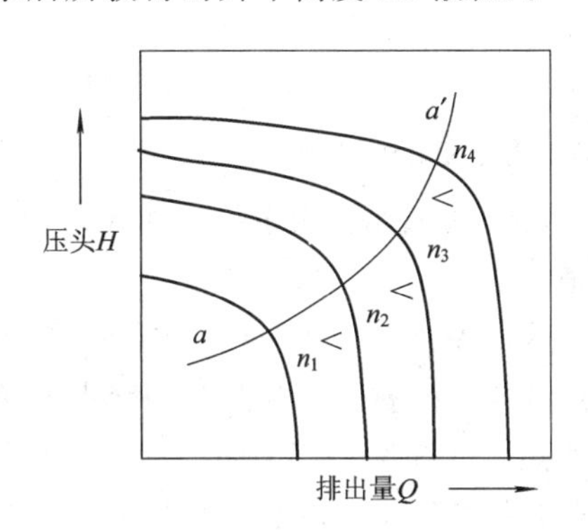

图 5.1-2　离心泵不同转速下的特性曲线
(aa'是最高效率的工作点轨迹)

5.1.2　离心泵的工作特性

1. 离心泵的特性

离心泵的压头 H、排量 Q 和转速 n 之间的函数关系称为泵的特性，如图 5.1-2 所示。离心泵的特性可用下列经验公式来表示：

$$H = K_1 n^2 - K_2 Q^2 \tag{5.1-1}$$

2. 离心泵的管路特性

离心泵的工作点除与离心泵工作特性有关，还与管路系统的阻力有关。管路特性是管路系统中流体的流量与管路系统阻力的相互关系，如图 5.1-3 和图 5.1-4 所示。

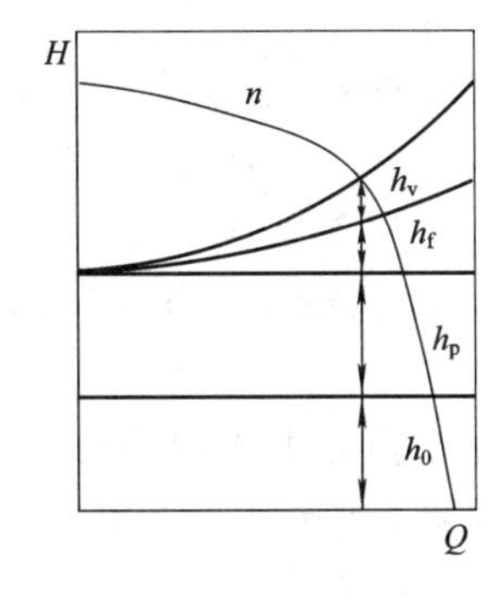

图 5.1-3　管路特性与离心泵特性
(H～Q 泵特性曲线；H_e～Q_e 管路特性)

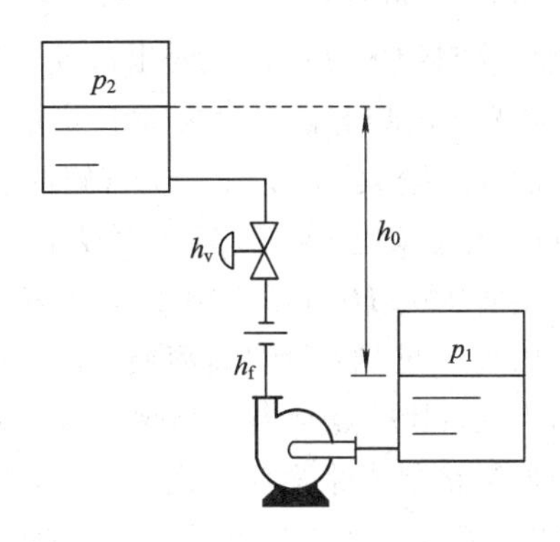

图 5.1-4　管路系统阻力分布

图中，h_0 是液体提升高度所需的压头，即升扬高度，当设备安装位置确定时，该项恒定；h_p是用于克服管路两端静压差所需的压头，即$(p_2-p_1)/\gamma$，其中 p_1，p_2 是设备的静压，γ 是液体的重度。当设备压力稳定时，该项变化也不大；h_f是用于克服管路摩擦损耗的压头，该项与流量平方值近似成比例；h_v是控制阀两端的压降。当控制阀开度一定时，与流量平方值成比例，即该项与流量和阀门开度有关。因此，管路压头 H_e与流量之间的关系可表示为

$$H_e = h_0 + h_p + h_f + h_v \tag{5.1-2}$$

3. 离心泵的工作点

离心泵的工作点为泵特性曲线与管路特性曲线的交点。若交点 M 在高效率区，则工作点为适宜的。

将泵的特性 $H\sim Q$ 曲线与管路的特性 $H_e\sim Q_e$ 曲线绘在同一坐标中，两曲线的交点 M 称为离心泵的工作点，如图 5.1-5 所示。

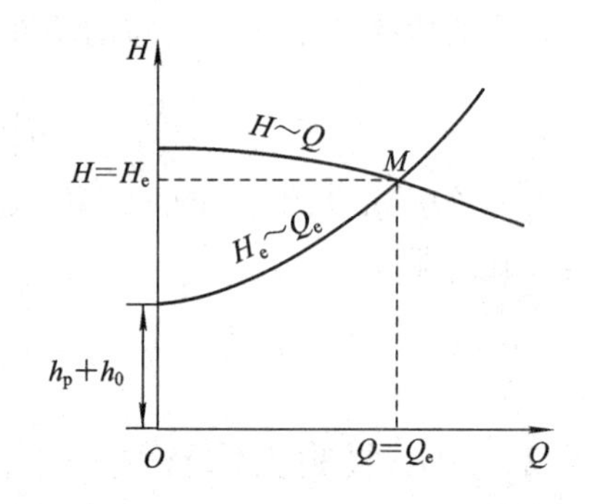

图 5.1-5　离心泵的工作点示意图

(1) 泵的工作点由泵的特性和管路的特性共同决定，可通过联立泵的特性方程和管路的特性方程求解得到。

(2) 安装在管路中的泵，其输液量即为管路的流量；在该流量下，泵提供的扬程也就是管路所需要的外加压头。因此，泵的工作点对应的泵压头和流量既是泵提供的，也是管路需要的。工作点对应的各性能参数(Q，H，η，n)反映了一台泵的实际工作状态。

5.1.3　离心泵的控制方案

由于生产任务的变化，管路需要的流量有时是需要改变的，这实际上是要改变泵的工作点。由于泵的工作点由管路特性和泵的系统特性共同决定，因此改变泵的特性和管路特性均能改变工作点，从而达到改变流量的目的。

1. 改变控制阀的开度

改变控制阀的开度即改变出口阀开度，与管路局部阻力有关，而后者与管路的特性有关，所以改变出口阀的开度实质上就是改变管路的特性。

阀门开度增大，阻力下降，管路曲线变平坦，工作点由 M 变为 $M2$，泵所提供的压头 H_e 下降，流量 Q 上升。阀门开度减小，阻力上升，管路曲线变陡峭，工作点由 M 变为 M_1，泵所提供的压头 H_e 上升，流量 Q 下降(见图 5.1-6)。

采用阀门调节流量快速简便，且流量可连续变化，适合工业过程连续生产的要求，因此应用广泛。其缺点是当关小阀门时，管路阻力增加，消耗了部分额外的能量，实际上是人为增加管路阻力来适应泵的特性，且在调节幅度较大时，往往使离心泵不在高效区下工作，机械效率差，不是很经济。其控制方案如图 5.1-7 所示。

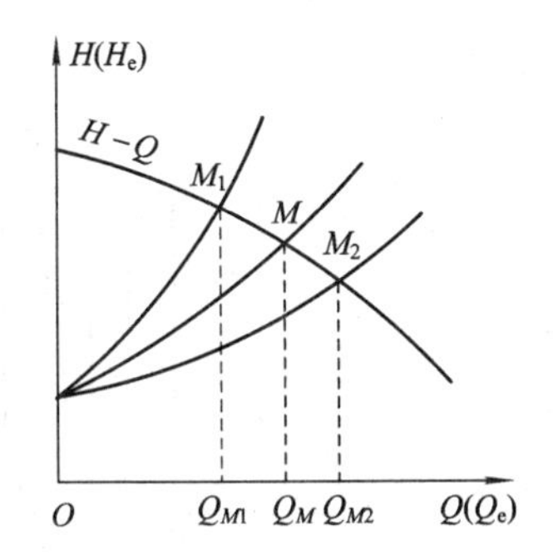

图 5.1-6 改变阀门开度时工作点变化

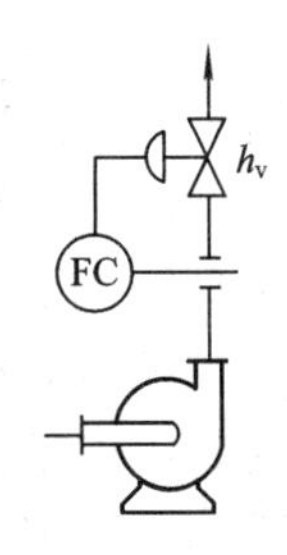

图 5.1-7 直接节流控制系统图

2. 调节泵的转速

改变泵的转速，使离心泵流量特性曲线形状变化，可调节流量。这种控制方案需要改变泵的转速，采用的调速方法如下：

(1) 当电动机为原动机时，采用电动调速装置调节。

(2) 当汽轮机为原动机时，调节导向叶片角度或蒸汽流量。

(3) 采用变频调速器，或利用原动机与泵联结轴的变速器调节。

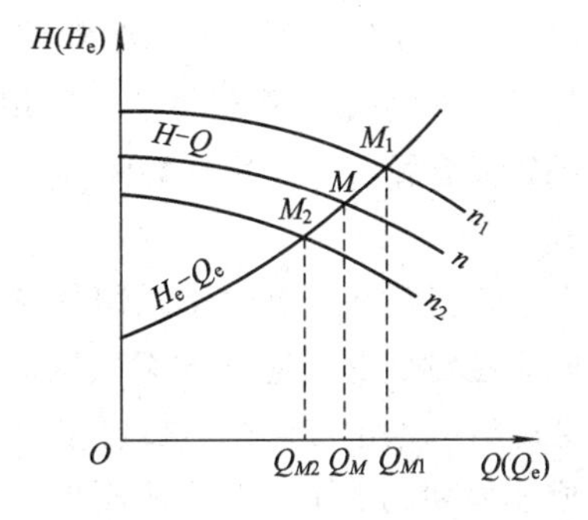

图 5.1-8 改变泵转速时工作点变化

采用这种控制方案时，在液体输送管线上不需要安装控制阀，因此，不存在 h_f 项的阻力损耗，机械效率较高，如图 5.1-8 所示。

该控制方案在大功率离心泵装置中逐渐被采用。但这种方案具体实现方法较复杂，所需设备费用亦较高。

转速 n 下降，工作点由 M 变为 M_2，泵所提供的压头 H_e 下降，流量 Q 下降；

转速 n 上升，工作点由 M 变为 M_1，泵所提供的压头 H_e 上升，流量 Q 上升。

如图 5.1-8 所示，$n_2<n<n_1$，转速增加，流量和压头均能也增加。这种调节流量的方法合理、经济，但曾被认为操作不方便，并且不能实现连续调节。但随着现代工业技术的发展，无级变速设备在工业中的应用克服了上述缺点，使该种调节方法能够使泵在高效区工作，这对大型泵的节能尤为重要。

3. 旁路控制

旁路控制方案如图 5.1-9(a)、(b)所示，该控制方案结构简单，控制阀口径相对较小，但由泵供给的能量消耗于控制阀旁路的那部分液体，因此总机械效率较低。

当流体黏度高或液体流量测量较困难，而管路阻力较恒定时，该控制方案可采用压力作为被控变量，稳定出口压力，间接控制流量。

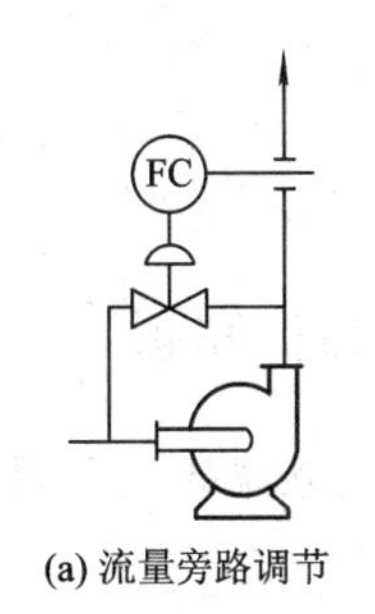

(a) 流量旁路调节

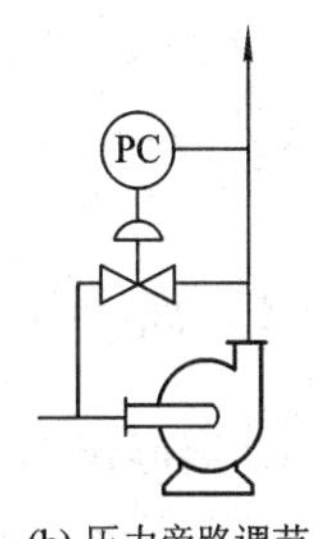

(b) 压力旁路调节

图 5.1-9 旁路控制

5.1.4　容积式泵的控制方案

容积式泵有两类，一类是往复泵，包括活塞式、柱塞式等；另一类是直接位移式旋转泵，包括椭圆齿轮式、螺杆式等。由于这些类型的泵均有一个共同的结构特点，即泵的运动部件与机壳之间的空隙很小，液体不能在缝隙中流动，所以泵的排量大小与管路系统基本无关。如往复泵只取决于单位时间内往复次数及冲程的大小，而旋转泵仅取决于转速，它们的特性曲线大体如图 5.1－10 所示。

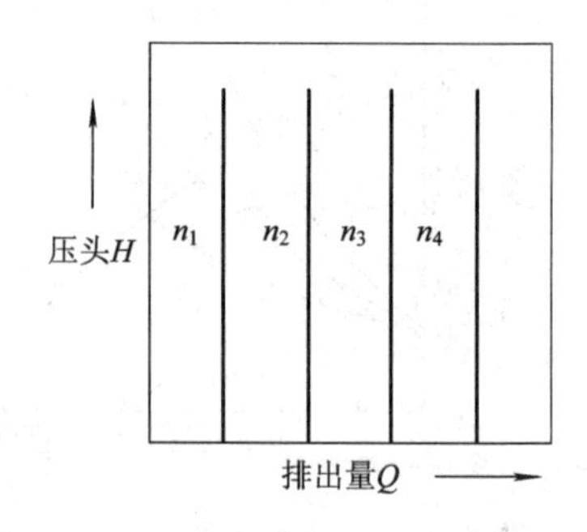

图 5.1－10　容积式泵的特性曲线

基于这类泵的排量与管路阻力基本无关，故决不能采用出口处直接节流的方法来控制排量，一旦关死出口阀，将造成泵损、机毁的危险。

容积式泵常用的控制方式有：

(1) 改变原动机的转速。此法同离心泵的调速法。

(2) 改变往复泵的冲程。多数情况下，冲程机构的调节较复杂，且有一定的难度，只有一些计量泵等特殊往复泵才考虑采用。

(3) 调节回流量。其方案构成与离心泵的相同，此类泵最简单易行，而且是常用的控制方式。

在生产过程中，有时常采用如图 5.1－11 所示的控制方法。利用旁路阀控制压力，用节流阀来控制流量。这种方案因同时控制压力和流量两个参数，两个控制系统之间相互关联。要达到系统正常运行，必须在两个系统参数的整定上加以考虑。通常把压力控制系统整定成非周期的调节过程，从而把两个系统之间的工作周期拉开，达到削弱关联的目的。

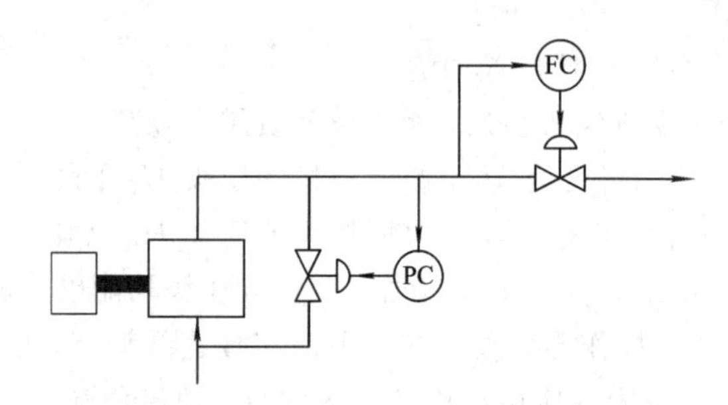

图 5.1－11　往复泵出口压力和流量控制

5.2　离心压缩机防喘振控制

5.2.1　离心压缩机的喘振

1. 离心压缩机喘振现象及原因

离心式压缩机在运行过程中，可能会出现这样一种现象，即当负荷低于某一定值时，气体的正常输送遭到破坏，气体的排出量时多时少，忽进忽出，发生强烈振荡，并发出如同哮喘病人“喘气”的噪声。此时可看到气体出口压力表、流量表的指示大幅波动。随之，机身也会剧烈振动，并带动出口管道、厂房振动，压缩机会发出周期性间断的吼响声。如不及时采取措施，压缩机将遭到严重破坏。例如压缩机部件、密封环、轴承、叶轮、管线等设备和部件的损坏，这种现象就是离心式压缩机的喘振或称飞动。

下面以图 5.2-1 所示的离心压缩机的特性曲线来说明喘振现象的原因。离心压缩机的特性曲线显示压缩机压缩比与进口容积流量间的关系。当转速 n 一定时，曲线上点 B 有最大压缩比，对应流量设为 Q_P，该点称为喘振点。如果工作点为 B 点，当压缩机入口流量下降时，则压缩机吸入流量 $Q<Q_P$，工作点从 B 点突跳到 C 点，压缩机出口压力从 p_B 突然下降到 p_C，而出口管网压力仍为 p_B，因此气体倒流。由于压缩机在继续运转，当压缩机出口压力达到管路系统压力后，又开始向管路系统输送气体，于是压缩机的工作点由 C 突变到 D。此时的流量 $Q_D>Q_B$，超过了工艺要求的负荷量，系统压力被迫升高，工作点又将沿 DAB 曲线下降到 C。又使压缩机重复上述过程，出现工作点从 $B \to C \to D \to A \to B$ 的反复循环，由于这种循环过程极迅速，因此也称为“飞动”。由于飞动时，机体的振动发出类似哮喘病人的喘气吼声。因此，将这种由于飞动而造成离心压缩机流量呈现脉动的现象，称为离心压缩机的喘振现象；而当管网流量较大、喘振时会发生周期间断的吼响声，并使止逆阀发出撞击声，它将使压缩机及所连接的管网系统和设备发生强烈振动，甚至使压缩机遭到破坏。

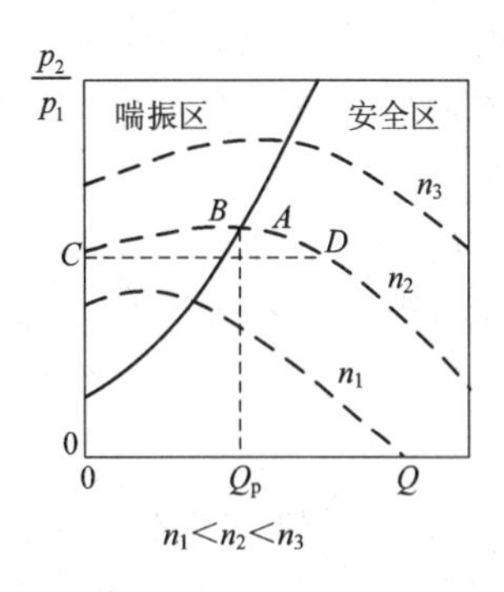

图 5.2-1　离心压缩机的特性曲线

2. 喘振线方程

喘振是离心压缩机的固有特性。每一台离心压缩机都有其一定的喘振区域，负荷减小是压缩机喘振的主要原因；此外被输送气体的吸入状态，如温度、压力等的变化，也是使压缩机喘振的因素。一般来讲，吸入气体的温度或压力越低，压缩机越容易进入喘振区。压缩机的喘振点与被压缩介质的特性、转速等有关，将不同转速下的喘振点连接，组成该压缩机的喘振线。实际应用时，需要考虑安全余量。

喘振线方程可近似用抛物线方程描述为

$$\frac{p_1}{p_2}=a+b\frac{Q_1^{\,2}}{\theta} \qquad (5.2-1)$$

式中，下标 1 表示入口参数；p、Q、θ 分别表示压力、流量和温度；a、b 是压缩机系数，由压缩机厂商提供。喘振线可用图 5.2-2 表示。当一台离心压缩机用于压缩不同介质气体时，压缩机系数会有所不同。管网容量大时，喘振频率低，喘振的振幅大；反之，管网容量小时，喘振频率高，喘振的振幅小。

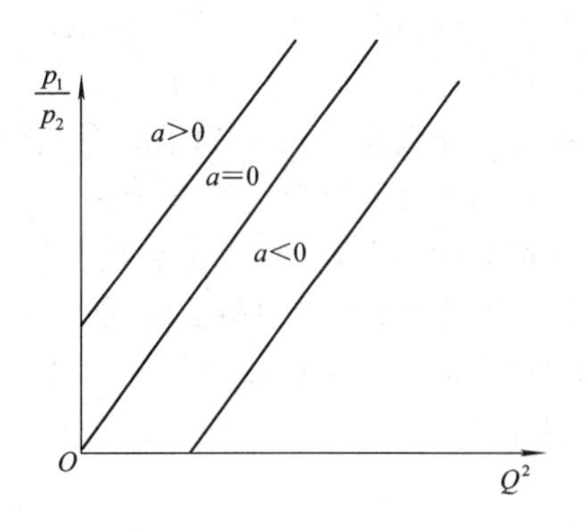

图 5.2-2　离心压缩机的喘振线

3. 喘振、振动和阻塞

喘振是离心压缩机在入口流量小于喘振极限流量

时，离心压缩机出现的流量脉动现象。

振动是高速旋转设备固有特性，旋转设备高速运转到某一转速时，使转轴强烈振动的现象。它是因旋转设备具有自由振动频率，转速到该自由振动频率的倍数时出现谐振，造成转轴振动。振动发生在自由振动频率的倍数时，转速继续升高或降低时，这种振动会消失。

压缩机流量过大，气体流速接近或达到音速时，会出现压缩机叶轮对气体所做功全部用于克服振动损失，气体压力不再升高的现象，这种现象称为阻塞现象。

离心压缩机的工作区、喘振区及阻塞区如图 5.2-3 所示，图中也给出了压缩机的最大和最小转速。

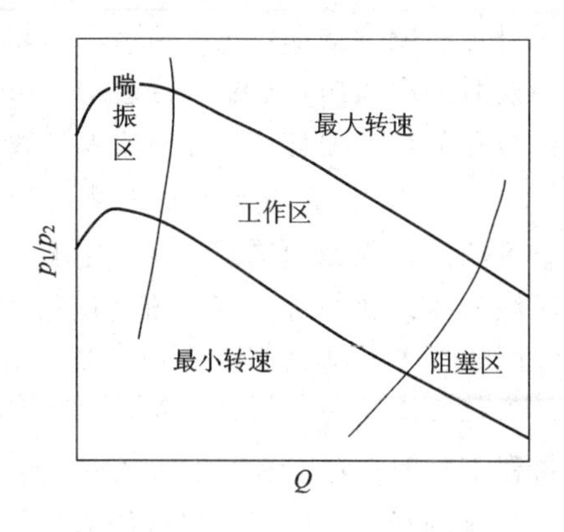

图 5.2-3　离心压缩机的工作区、喘振区与阻塞区

5.2.2　离心压缩机防喘振控制系统的设计

要防止离心压缩机发生喘振，只需要工作转速下的吸入流量大于喘振点的流量 Q_P 就可以了。因此，当所需的流量小于喘振点的流量时，如生产负荷下降时，需要将出口的流量旁路返回到入口，或将部分出口气体放空，以增加入口流量，满足大于喘振点流量的控制要求。

防止离心压缩机发生喘振的控制方案有两种：固定极限流量（最小流量）法和可变极限流量法。

1. 固定极限流量防喘振控制

该控制方案的控制策略是假设在最大转速下，离心压缩机的喘振点流量为 Q_P（已经考虑安全余量），如果能够使压缩机入口流量总是大于该临界流量 Q_P，则能保证离心压缩机不发生喘振。控制方案是当入口流量小于该临界流量 Q_P 时，打开旁路控制阀，使出口的部分气体返回到入口，直到使入口流量大于 Q_P 为止。如图 5.2-4 所示为固定极限流量防喘振控制系统的结构示意图。

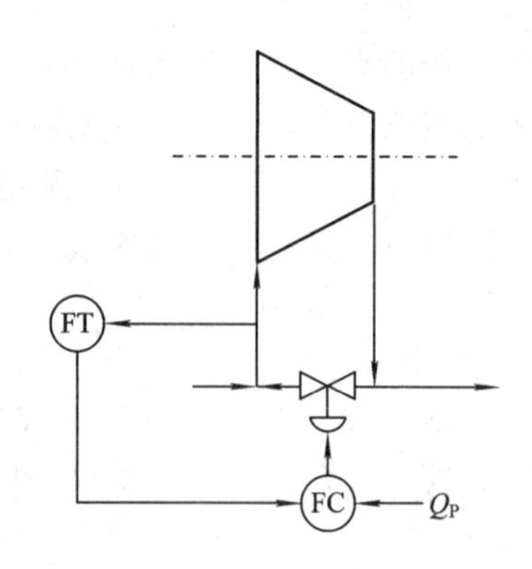

图 5.2-4　固定流量极限防喘振控制

固定极限流量防喘振控制具有结构简单、系统可靠性高、投资少等优点，但缺点是当转速较低时，流量的安全余量较大（即能量浪费也较大）。固定极限流量防喘振控制与流体输送控制中旁路控制方案的区别见表 5.2-1。

表 5.2-1　防喘振控制与旁路控制的区别

项　　目	旁路流量控制	固定极限流量防喘振控制
检测点位置	来自管网或送管网的流量	压缩机的入口流量
控制方法	控制出口流量，流量过大时，开旁路阀	控制入口流量，流量过小时，开旁路阀
正常时阀的开度	正常时，控制阀有一定开度	正常时，控制阀关闭
积分饱和	正常时，偏差不会长期存在，无积分饱和	偏差长期存在，存在积分饱和问题

2. 可变极限流量防喘振控制

该控制方案根据不同的转速，采用不同的喘振点流量（考虑安全余量）作为控制依据。由于极限流量（喘振点流量）是变化的，因此称为可变极限流量的防喘振控制。可变极限流量防喘振控制系统是根据模型计算设定值的控制系统。离心压缩机的防喘振保护曲线如图5.2-2所示，也可用模型描述为：如果 $p_1/p_2<a+b(Q_1{}^2/\theta)$，则说明流量大于喘振点处的流量，工况安全；如果 $p_1/p_2>a+b(Q_1{}^2/\theta)$，则说明流量小于喘振点处的流量，工况处于危险状态。采用差压法测量入口流量，则有

$$Q_1=K_1\sqrt{\frac{p_d}{\gamma_1}}=K_1\sqrt{\frac{p_dZR\theta}{p_1M}} \tag{5.2-2}$$

式中，K_1、Z、R、M 分别为流量常数、压缩系数、气体常数和相对分子质量，p_d是入口流量对应的差压。因此，可以得到喘振模型：

$$p_d\geqslant\frac{n}{bK_1^2}(p_2-ap_1) \tag{5.2-3}$$

式中，$n=M/(ZR)$，当被压缩介质确定后，该项是常数；当节流装置确定后，K_1 确定；a 和 b 是与压缩机有关的系数，当压缩机确定后，它们也确定。

式(5.2-3)表明，当入口节流装置测量得到的差压大于上述计算值时，压缩机处于安全运行状态，旁路阀关闭。反之，当差压小于该计算值时，应打开旁路控制阀，增加入口流量。上述计算值被用于作为防喘振控制器的设定值，因此，该控制系统称为根据模型计算设定值的控制系统，如图5.2-5所示，为可变极限流量防喘振控制系统的结构原理图。

图中，PY_1 是加法器，完成(p_1-ap_2)的运算，PY_2 是乘法器，完成(p_1-ap_2)与 $n/(bK_1^2)$的相乘运算，其输出作为防喘振控制器FC的设定值。P_1T 和 P_2T 是绝对压力变送器，用于测量离心压缩机的入口和出口压力，P_dT 是入口流量测量用的差压变送器，其输出作为防喘振控制器FC的测量值。

可变极限控制系统是随动控制系统。测量值是入口节流装置测得的差压值 p_d，设定值是根据喘振模型计算得到的，即$[n/(bK_1^2)](p_2-ap_1)$，当测量值大于设定值时，表示入口流量大于极限流量，因此，旁路阀关闭；当测量值小于设定值时，则打开旁路阀，保证压缩机入口流量大于极限流量，从而防止压缩机喘振。

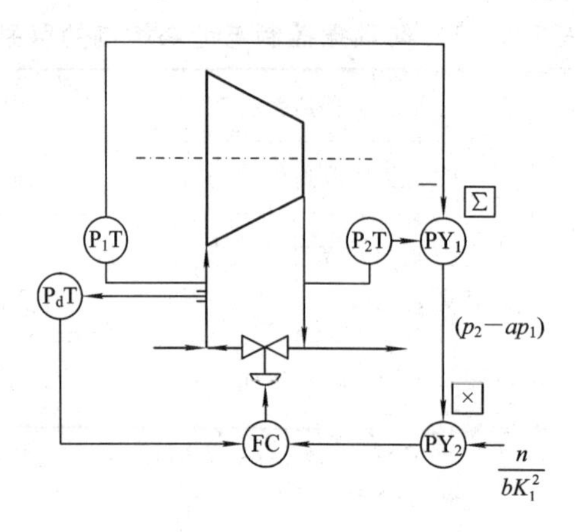

图 5.2-5 可变极限流量防喘振控制系统的结构原理图

实施该控制方案时注意事项如下：

(1) 可变极限流量防喘振控制系统是随动控制系统，为了使离心压缩机发生喘振时及时打开旁路阀，控制阀流量特性宜采用线性特性或快开特性，控制阀比例度宜较小。当采用积分控制作用时，由于控制器的偏差长期存在，应考虑防积分饱和问题。

(2) 采用常规仪表实施离心压缩机的防喘振控制系统时，应考虑所用仪表的量程，进行相应的转换和仪表系数设置；采用计算机或 DCS 实施时，可以直接根据计算式计算设定值，并能自动转换为标准信号。

(3) 为了使防喘振控制系统及时动作，在采用气动仪表指示时，应缩短连接到控制阀的信号传输管线，必要时，可设置继动器或放大器，对信号进行放大。

(4) 防喘振控制阀两端有较高压差，不平衡力大，并在开启时造成噪声、汽蚀等，为此，防喘振控制阀应选用具有消除不平衡力的影响、噪声及快开慢关特性的控制阀。

(5) 可以有多种实施方案，例如，可将 $p_d/(p_2-ap_1)$作为测量值，将 n/bK_1^2 作为设定值；或将 p_d/p_1 作为测量值，将$[n/(bK_1^2)][(p_2/p_1)-a]$作为设定值等；应根据工艺过程的特点确定实施方案。通常，应将计算环节设置在控制回路外，以避免引入非线性特性。

(6) 根据压缩机的特性，有时可简化计算，例如，有些压缩机的 $a=0$ 或 $a=1$，这时，模型可简化为

当 $a=0$ 时：

$$p_d \geqslant \frac{n}{bK_1^2}p_2 \tag{5.2-4}$$

当 $a=1$ 时：

$$p_d \geqslant \frac{n}{bK_1^2}(p_2-p_1) \tag{5.2-5}$$

5.2.3 测量出口流量的可变极限流量防喘振控制

有些应用场合，例如，压缩机入口压力较低，压缩比较大时，在压缩机入口安装节流装置造成的压降，可能使压缩机为达到所需出口压力而需增加压缩机的级数，使投资成本提高。这时，为防止喘振的发生，可将测量流量的节流装置安装在出口管线处，组成可变极限流量防喘振的变型控制系统(见图 5.2-6)。该控制系统是基于同一压缩机出口的质量

流量等于入口的质量流量的。

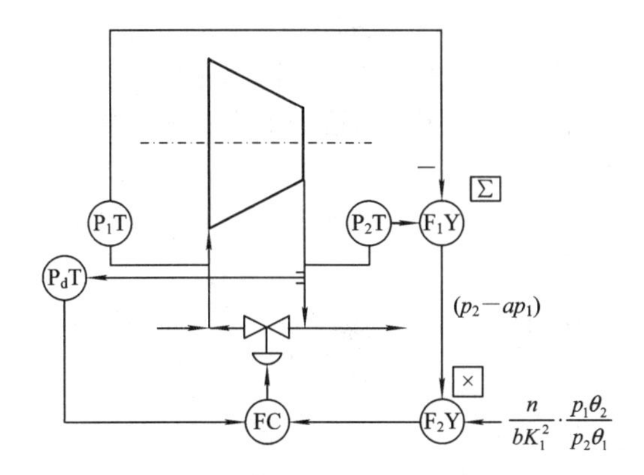

图 5.2－6　可变极限流量防喘振的变型控制系统

5.2.4　离心压缩机串/并联时的防喘振控制

离心压缩机可以串联运行或并联运行，但这将增加运行操作的复杂性，并使能量消耗增大，因此，并不推荐使用，仅当工艺压力或流量不能满足要求时才不得不采用。这时，串/并联运行的防喘振控制系统要比单台压缩机的防喘振控制系统复杂，即操作系统需要协调。

1. 压缩机串联运行时的变极限流量的防喘振控制

当一台离心压缩机的出口压力不能满足生产要求时，需要两台或两台以上的离心压缩机串联运行。串联运行与多级压缩相似。图 5.2－7 所示为离心压缩机串联运行时采用的一种可变极限流量防喘振控制的方案。

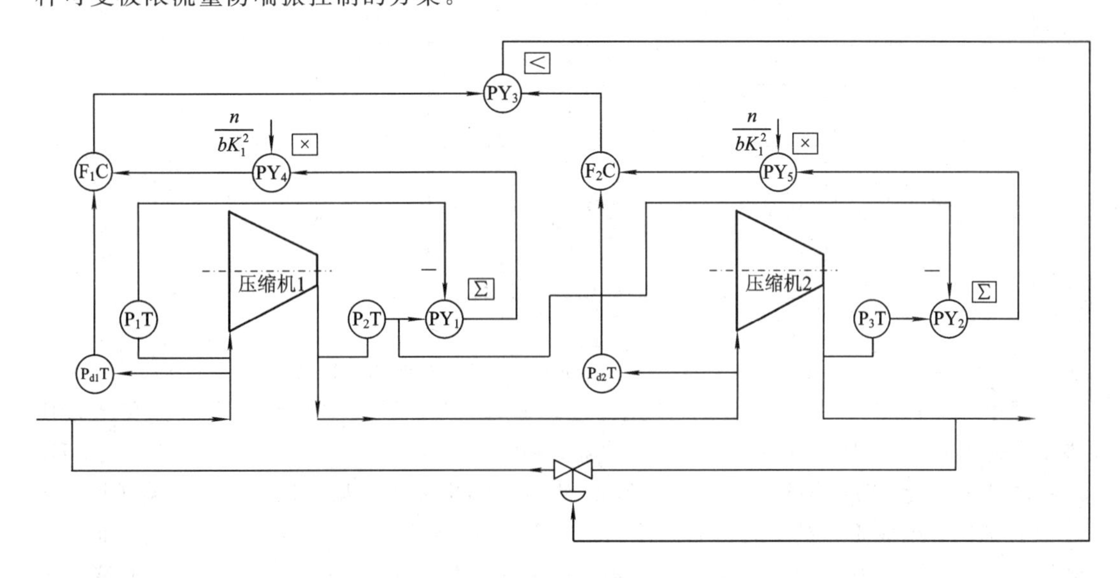

图 5.2－7　压缩机串联运行时的变极限流量的防喘振控制

图 5.2－7 中，PY_1、PY_2 是加法器，PY_3 是低选器，PY_4、PY_5 是乘法器。P_1T、P_2T 和 P_3T 是压力变送器，$P_{d1}T$、$P_{d2}T$ 测量流量的差压变送器，F_1C、F_2C 是防喘振控制器。与

单台压缩机的防喘振控制相同，对压缩机 1 和压缩机 2 都采用可变极限防喘振控制，将计算机的设定值送防喘振控制器，为了减少旁路阀，增加了一台低选器，只要其中任一台压缩机出现喘振，都通过低选器，使旁路阀打开。防喘振控制器选用正作用，旁路控制阀选用气关型(图中未画出的控制器积分外反馈信号引自低选器输出，与选择性控制系统防积分饱和时的连接相同)。使用时注意：离心压缩机的串联运行只是用于低压力的压缩机，对高压力压缩机，考虑机体的强度，不宜采用串联运行；为保证系统的稳定运行，后级压缩机的稳定工况宜大于前级。

2. 离心压缩机并联运行时的防喘振控制

当一台压缩机的打气量不能满足工艺要求时，需要两台或两台以上离心压缩机并联运行。如果并联运行的压缩机特性不一致，就会影响负荷的分配，并影响防喘振控制系统的正常运行。压缩机并联运行的防喘振控制方案有两种：一种方案是每台压缩机设置各自的防喘振控制系统，这时，任一台压缩机都能够单独运行，并可前后启动运行，但仪表设备、工艺管线的投资较大，不常采用。另一种方案是采用低选器和选择开关，只用一个防喘振的旁路控制阀，如图 5.2－8 所示。

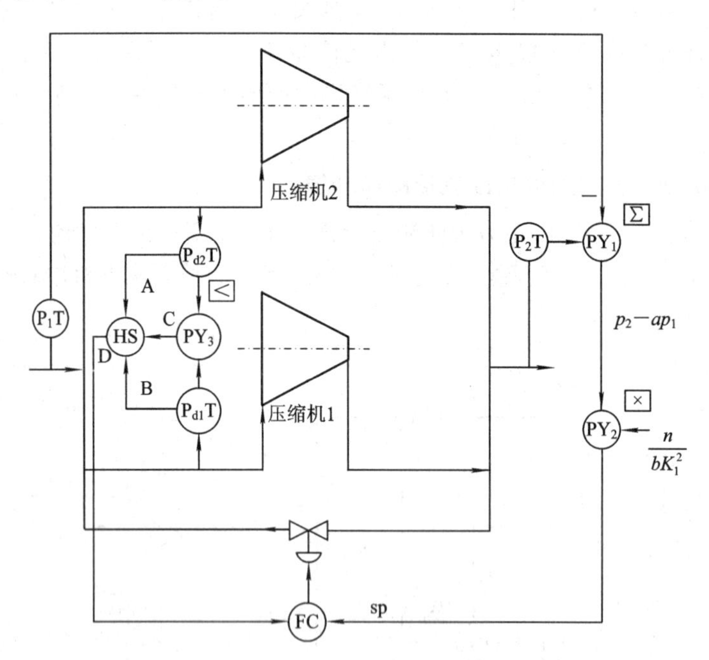

图 5.2－8　并联离心压缩机可变极限流量选择性防喘振控制

图中，P_1T、P_2T 是入口和出口的压力变送器，$P_{d1}T$、$P_{d2}T$ 是压缩机入口流量测量用差压变送器，PY_1、PY_2、PY_3 分别是加法器、乘法器和低选器，FC 是防喘振控制器，HS 是手动开关。当开关切换到 A 与 D 接通时，组成压缩机 2 的防喘振控制；当开关切换到 B 与 D 接通时，组成压缩机 1 的防喘振控制；当开关切换到 C 与 D 接通时，防喘振控制器的测量信号 D 是两个压缩机入口流量的低值，作为低选器的输出，用于两个压缩机并联运行时的防喘振控制器的测量值。防喘振控制器的设定值，采用加法器和乘法器的计算值来实现。实施时应注意：两个压缩机的特性应一致；不能实现两台压缩机前后启动运行；为使单台压缩机独立启动，须设置各自的手动旁路阀。

5.3　锅炉设备的控制

锅炉是工业生产过程中必不可少的重要动力设备。它通过煤、油、天然气的燃烧释放出的化学能，经传热过程把能量传递给水，使水变成水蒸气。这种高压蒸气既可以作为蒸馏、化学反应、干燥和蒸发过程的能源，又可以作为风机、压缩机、大型泵类的驱动和旋转的动力源。随着石油、化学工业生产规模的不断扩大，生产过程的不断强化，生产设备的不断更新，作为企业动力和热源的锅炉，亦向着高效率、大容量方向发展。为确保安全、稳定生产，对锅炉设备的自动控制就显得十分重要。

5.3.1　工艺流程简介

给水经给水泵、给水控制阀、省煤器进入锅炉的汽包，燃料和热空气按一定的比例送入燃烧室内燃烧，生成的热量传递给蒸汽发生系统，产生饱和蒸汽 D_s。然后经过换热器，形成一定气温的过热蒸汽 D，汇集至蒸汽母管。压力为 p_m 的过热蒸汽，经负载设备控制供给负荷设备用。与此同时，燃烧过程中产生的烟气，除将饱和蒸汽变成过热蒸汽外，还经省煤器预热锅炉给水和空气预热器预热空气，最后经引风机送往烟囱，排到大气。图5.3-1给出了一个20T/h工业燃煤锅炉工艺流程图。

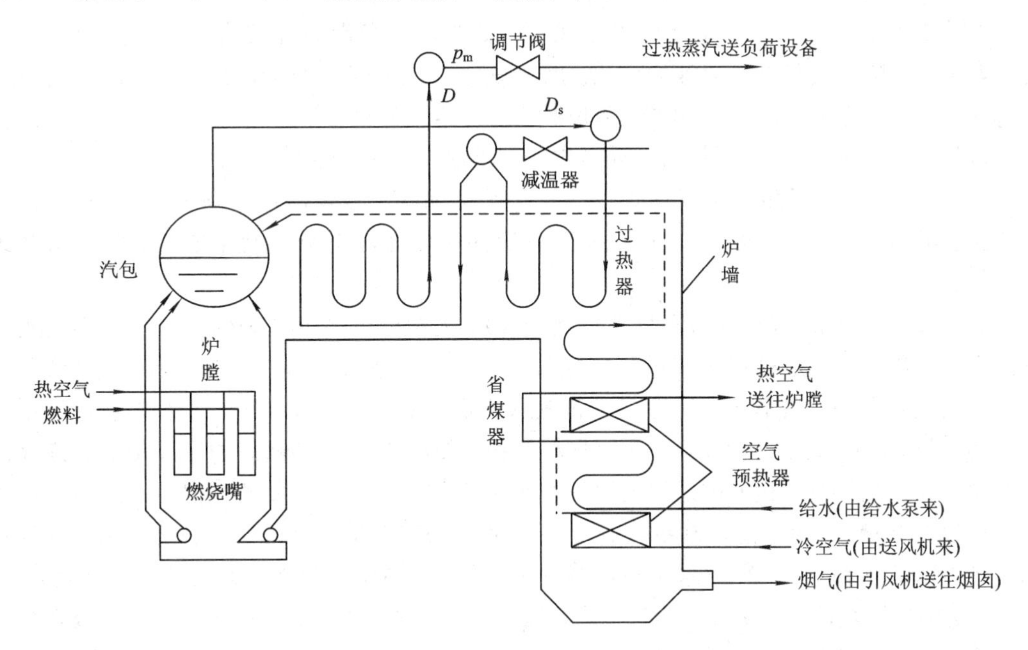

图5.3-1　20 T/h工业燃煤锅炉工艺流程图

锅炉是企业重要的动力设备，其要求是供给合格的蒸汽，使锅炉发热量适应负荷的需要。为此，生产过程中的各个主要工艺参数必须严格控制。锅炉设备的主要控制要求如下：

(1) 供给蒸汽量适应负荷变化需求或保持给定负荷。

(2) 锅炉供给用汽设备的蒸汽压力应保持在一定范围内。

(3) 过热蒸汽温度应保持在一定范围内。

(4) 汽包水位保持在一定范围内。

(5) 保持锅炉燃烧的经济性和安全运行。

(6) 炉膛负压保持在一定范围内。

锅炉设备是一个复杂的控制对象，如图 5.3-2 所示，主要输入变量是锅炉给水量、燃料量、减温水量、送风量和引风量等；主要输出变量是汽包水位、蒸汽压力、过热蒸汽温度、炉膛负压、过剩空气(氧气含量等)。

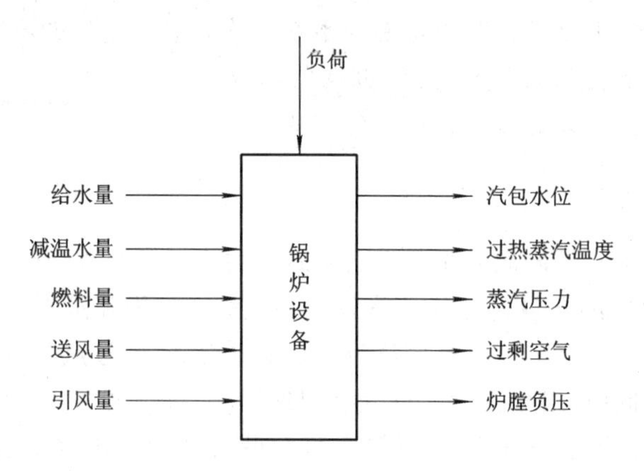

图 5.3-2 锅炉控制对象

上述输入变量与输出变量之间相互关联。如果蒸汽负荷发生变化，必将引起汽包水位、蒸汽压力和过热蒸汽温度等的变化。燃料量的变化不仅影响蒸汽压力，同时还会影响汽包水位、过热蒸汽温度、过剩空气和炉膛负压。给水量的变化不仅影响汽包水位，而且对蒸汽压力、过热蒸汽温度等亦有影响。减温水量的变化会导致过热蒸汽温度、蒸汽压力、汽包水位等的变化；等等。所以锅炉设备是一个多输入、多输出且相互关联的控制对象。目前工程处理上作了一些假设之后，将锅炉设备划分为若干个控制系统，主要控制系统如下。

(1) 锅炉汽包水位控制(给水自动控制系统)。锅炉液位高度是确保生产和提供优质蒸汽的重要参数。特别是对现代工业生产来说，由于蒸汽量显著提高，汽包容积相对减小，水位速度变化很快，稍不注意即造成汽包满水或烧干锅，无论满水还是缺水都会造成极其严重的后果。因此，主要从汽包内部的物料平衡，使给水量适应锅炉的蒸发量，维持汽包中水位在工艺允许范围内。这是保证锅炉、汽轮机安全运行的必要条件之一，是锅炉正常运行的重要指标。因而，此控制系统的受控变量是汽包水位，操纵变量是给水量，主要考虑汽包内部的物料平衡，使给水量适应蒸发量，维持汽包中水位在工艺要求的范围之内。

(2) 锅炉燃烧的自动控制。蒸汽压力、烟气成分、炉膛负压为三个被控变量，分别利用燃料流量、送风流量和引风流量作为三个操纵变量。这三个被控变量和操纵变量互相关联，组成合适的燃烧系统控制方案，以满足燃料燃烧所产生的热量，适应蒸汽负荷的需要，使燃料与空气间保持一定比值，以保证最经济的燃烧(常以煤烟中的氧含量为受控变量)，提高锅炉的燃烧效率，满足燃烧的完全和经济性，保持炉膛负压在一定的范围内，使锅炉安全运行。

(3) 过热蒸汽温度的自动控制。该控制系统是以过热蒸汽温度为被控变量，以减温器的喷水量为操纵变量的温度控制系统，维持过热器出口温度在一定范围内，并保证管壁温度不超过允许的工作温度。

5.3.2　锅炉汽包水位的控制

保持汽包水位在一定范围内是锅炉稳定、安全运行的主要指标。水位过低会造成汽包内水量太少，当负荷有较大变动时，汽包内的水量变化速度很快，如果来不及控制，就会使汽包内的水全部汽化，导致水冷壁的损坏，严重时会发生锅炉爆炸。水位过高则会影响汽包内的汽、水分离，产生蒸汽带液现象，一方面会使过热器管壁结垢，传热效率下降，同时由于蒸汽温度的下降，液化的蒸汽驱动透平机时会使透平机叶片遭到毁坏，影响运行的安全性和经济性。

1. 汽包水位的动态特性

影响汽包水位的因素有汽包(包括循环水管)中储水量和水位下气泡容积。而水位下气泡容积与锅炉的蒸汽负荷、蒸汽压力、炉膛热负荷等有关。锅炉汽包水位主要受到锅炉蒸发量(蒸汽流量 D)和给水流量 W 的影响。

1）干扰通道的动态特性——蒸汽负荷对水位的影响

在蒸汽流量 D(即负荷增大或减小)的阶跃干扰下，汽包水位的阶跃响应曲线如图5.3-3所示。锅炉汽包水位 H 对干扰输入蒸汽流量 D 的传递函数可以描述为

$$\frac{H(s)}{D(s)}=\frac{H_1(s)}{D(s)}+\frac{H_2(s)}{D(s)}=-\frac{k_f}{s}+\frac{k_2}{T_2s+1} \tag{5.3-1}$$

其中，k_f 为响应速度，即蒸汽流量作单位流量变化时，汽包水位的变化速度；k_2 和 T_2 分别为响应曲线 H_2 的增益和时间常数。

根据物料守恒关系，当蒸汽用量突然增加而燃料量不变的情况时，汽包内的水位应该是降低的。但是由于蒸汽用量突然增加，瞬时必导致汽包内压力下降，因此水的沸点降低，汽包内水的沸腾突然加剧，水的气泡迅速增加，将整个水位提高，即蒸汽用量突然增加对汽包水位不是理论上的降低，而是升高，这就是所谓的假水位现象。

当蒸汽流量突然增加时，由于假水位现象，开始水位先上升后下降，如图5.3-3中曲线 H 所示。当蒸汽流量阶跃变化时，根据物料平衡关系，蒸汽量大于给水量，水位应下降，如图中的曲线 H_1 所示。曲线 H_2 是只考虑水面下气泡容积变化时的水位变化。而实际水位变化曲线 H 是 H_1 与 H_2 的叠加，即 $H=H_1+H_2$。蒸汽用量减少时同样可用上述方法进行分析。

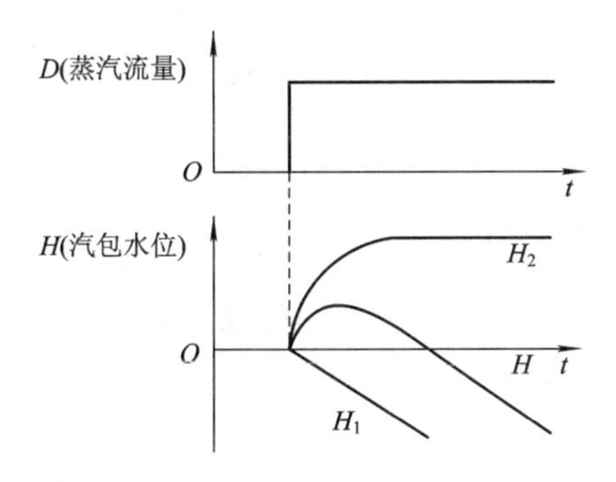

图5.3-3　蒸汽流量阶跃干扰下锅炉汽包水位的响应曲线

假水位变化幅度与锅炉规模有关。例如，一般 100～300 T/h 的高压锅炉当负荷变化 10%时，假水位可达 30～40 mm，因此在实际运行中选择控制方案时应将其考虑在内。

2）控制通道的动态特性——给水量对汽包水位的影响

给水流量 W 作阶跃变化时，锅炉水位 H 的响应曲线如图 5.3-4 所示，可以用下列传递函数描述：

$$\frac{H(s)}{W(s)}=\frac{k_0}{s}e^{-\tau s} \tag{5.3-2}$$

其中，k_0 为响应速度，即给水流量作单位流量变化时水位的变化速度；τ 为时滞。

当给水量增加时，由于给水温度必然低于汽包内饱和水温度，因而需要从饱和水中吸收部分热量，由此导致汽包内的水温降低，使汽包内水位下的气泡减少，从而导致水位下降，只有当水位下气泡容积变化达到平衡后，给水量才与水位成比例增加，表现在响应曲线 H 的初始段，水位的增加比较缓慢，可用时滞特性近似描述。因此实际的水位响应曲线 H 为图 5.3-4 所示。当突然加大给水量时，汽包水位一开始并不立即增加而需要一段起惯性段，τ 为滞后时间，其中 H_0 如不考虑给水增加，而导致汽包中气泡减少的实际水位变化曲线。

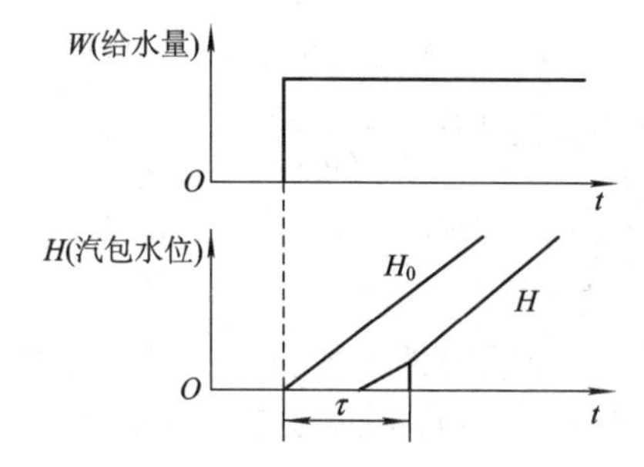

图 5.3-4　给水量阶跃作用下锅炉汽包水位的响应曲线

2. 锅炉汽包水位的控制

在锅炉汽包水位的控制系统中，被控变量为汽包水位，操纵变量是给水流量。主要的干扰变量有以下四个来源：

（1）给水方面的干扰，例如给水压力、减温器控制阀开度变化等。

（2）蒸汽用量的干扰，包括管路阻力变化和负荷设备控制阀开度变化等。

（3）燃料量的干扰，包括燃料热值、燃料压力、含水量等。

（4）汽包压力变化，通过汽包内部汽水系统在压力升高时的“自凝结”和压力降低时的“自蒸发”影响水位。

1）单冲量水位控制系统

汽包水位控制系统的操纵变量总选用给水流量。基于这一原理，可构成如图 5.3-5 所示的单冲量水位控制系统。单冲量水位控制系统是最简单和基本的控制系统。单冲量指只有一个变量，即汽包水位。这是一个典型的单回路控制系统。其特点主要有：

（1）结构简单，投资少。

（2）适用于汽包容量较大、虚假水位不严重、负荷较平稳的场合。

（3）为安全运行，可设置水位报警和连锁控制系统。

根据锅炉水位动态特性分析，该控制过程具有虚假水位的反向特性。当水蒸气负荷突然大幅度增加时，由于假水位现象，从而造成控制器输出误动作。控制器不能开大给水阀增加给水量，维持锅炉的物料平衡，而是关小控制阀的开度，减小给水量。等到假水位消失后，水位严重下降，影响控制系统的控制品质，严重时，甚至会使汽包水位降到危险程度，以致发生事故。因此对于停留时间短、负荷变动较大的情况，这样的系统不适用，水位不能得到保证。然而对于小型锅炉，由于汽包停留时间较长，在蒸汽负荷变化时假水位的现象并不显著，配上一些连锁报警装置，也可以保证安全操作，故采用这种单冲量控制系统，尚能满足生产的要求。

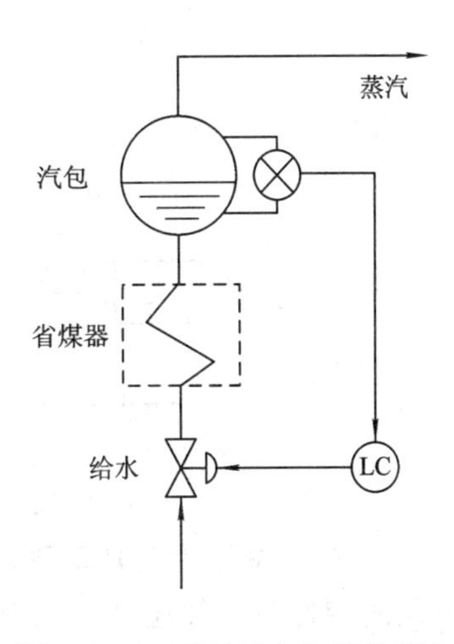

图 5.3－5　单冲量水位控制系统

2）双冲量水位控制系统

在汽包水位的控制中，最主要的干扰是负荷的变化。如果引入蒸汽流量来起校正作用，就可以纠正虚假水位引起的误动作，而且使控制阀及时动作，从而减少水位的波动，改善控制品质。考虑到蒸汽负荷的扰动可测但不可控，因此可将蒸汽流量信号引入系统中作为前馈信号，与汽包水位组成前馈-反馈控制系统，通常称为双冲量水位控制系统。双冲量水位控制系统如图 5.3－6 所示。图中加法器的输出为

$$P = C_1 P_C \pm C_2 P_F + C_0 \qquad (5.3-3)$$

式中，LC 为液位控制器，P_C为液位控制器的输出；P_F为蒸汽流量变送器（一般经开方器）的输出；C_0 为初始偏置值；C_1、C_2 为加法器的系数。

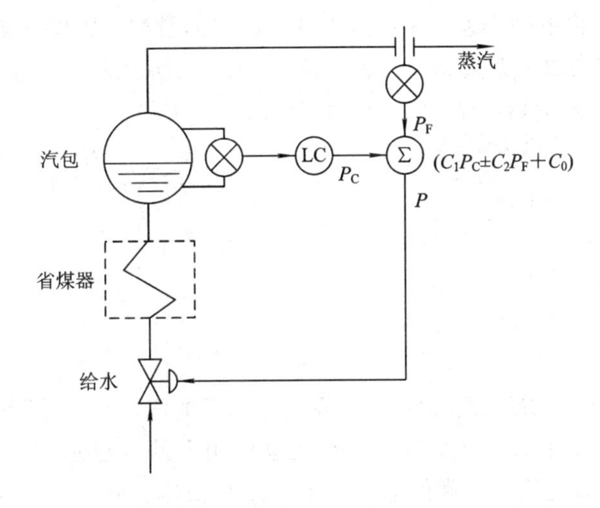

图 5.3－6　双冲量水位控制系统

图 5.3－7 给出了典型的双冲量水位控制系统的方框图。这是一个前馈（蒸汽流量）加单回路反馈控制的复合控制系统。这里的前馈系统仅为静态前馈，若需要考虑控制通道和扰动通道在动态特性上的差异，须加入动态补偿环节。下面分析这些系数的设置。

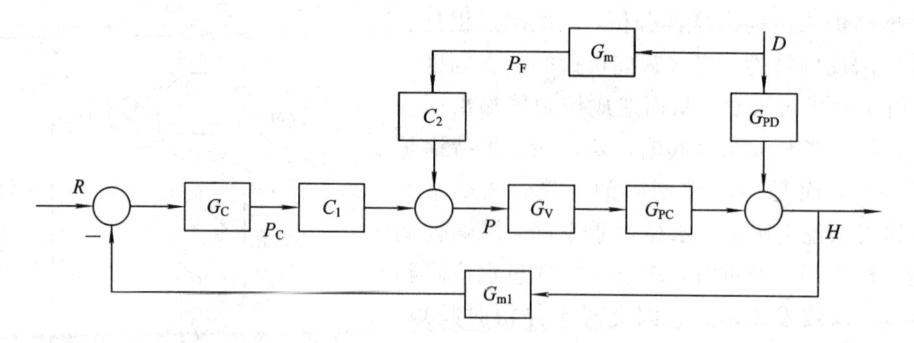

图 5.3-7　双冲量水位控制系统方框图

(1) 系数 C_2 符号的选取原则。系数 C_2 取正号还是负号(即进行加法还是减法)，要根据调节阀的特性是气开还是气关而定。而调节阀的选取一般要从生产安全角度进行选取。如果高压蒸汽是供给蒸汽透平机等，为保护这些设备以选择气开阀为宜。如果蒸汽作为加热及工艺生产中的热源，应考虑采用气关阀，以防止烧干锅，保护锅炉设备安全。若调节阀为气开型，则取正号；若为气关型，则取负号。

此处考虑锅炉蒸汽作加热用，则 C_2 项取负号，这样当蒸汽流量加大时，测量到的干扰 P_F 增加，计算所得加法器的输出 P 则减小，调节阀开度加大。

(2) C_2 数值大小的确定。根据前馈控制工作原理，静态前馈时(即只有负荷干扰的条件下，汽包水位整体不变)，应满足下列不变性条件。

$$G_{PD}(s)+C_2G_m(s)G_V(s)G_{PC}(s)=0 \tag{5.3-4}$$

检测变送环节的传递函数 $G_m(s)$ 以增益 k_{m2} 表示，则 k_{m2} 可按式(5.3-5)计算。

$$k_{m2}=\frac{\Delta P_F}{\Delta D}=\frac{z_{max}-z_{min}}{Q_{Smax}} \tag{5.3-5}$$

式中，ΔP_F 表示蒸汽流量变送器的输出变化量；ΔD 为蒸汽流量变化量；$z_{max}-z_{min}$ 为蒸汽流量变送器输出最大变化范围；Q_{Smax} 为蒸汽流量变送器的量程，从零开始。设调节阀的工作特性是线性的，则它的放大系数 $k_v=\Delta Q_W/\Delta P$。式中，ΔQ_W 为给水流量变化量；ΔP 为阀门输入信号变化量。若令 $G_{ff}(s)=k_{m2}C_2$，则由式(5.3-4)可得

$$G_{ff}(s)=-\frac{G_{PD}(s)}{G_V(s)G_{PC}(s)}=-\frac{\left(-\dfrac{k_f}{s}+\dfrac{k_2}{T_2s+1}\right)}{k_v\left(\dfrac{k_0}{s}e^{-\tau s}\right)} \tag{5.3-6}$$

若采用静态补偿，则

$$\lim_{s\to 0}G_{ff}(s)=\frac{k_f}{k_vk_0}=k_{m2}C_2 \tag{5.3-7}$$

由式(5.3-1)可知，$k_f=\Delta H/\Delta Q_S$ 为在蒸汽流量作用下的汽包水位的阶跃响应曲线的速度；由式(5.3-2)可知，$k_0=\Delta H/\Delta Q_W$ 为在给水流量作用下的汽包水位的阶跃响应曲线的速度。根据达到稳态时满足物料平衡的原理，有 $\Delta Q_W=\alpha\Delta Q_S$。由于排污等水损失，因此给水流量的增量 ΔQ_W 应大于蒸汽流量用量 ΔQ_S，即 $\alpha>1$。因而可得系数

$$C_2=\frac{\alpha}{k_vk_{m2}} \tag{5.3-8}$$

(3) 系数 C_1 的确定。由于 C_1 是与调节器放大倍数的乘积，相当于简单调节系统中调

节器放大倍数的作用。一般取 $C_1 \leqslant 1$。

(4) C_0 的确定。C_0 是一个恒定值，设置 C_0 的目的是在正常负荷下，使调节器和加法器的输出都能有一个比较适中的数值。在正常负荷下，C_0 值与 $C_2 P_F$ 项恰好抵消。

(5) 双冲量水位控制系统的另一种接法。为了减少仪表的投资，在采用常规仪表实施双冲量水位控制时，也可采用如图 5.3-8 所示的接法。由于控制器输入端具有加法功能，因此，将前馈信号在反馈控制器前加入。

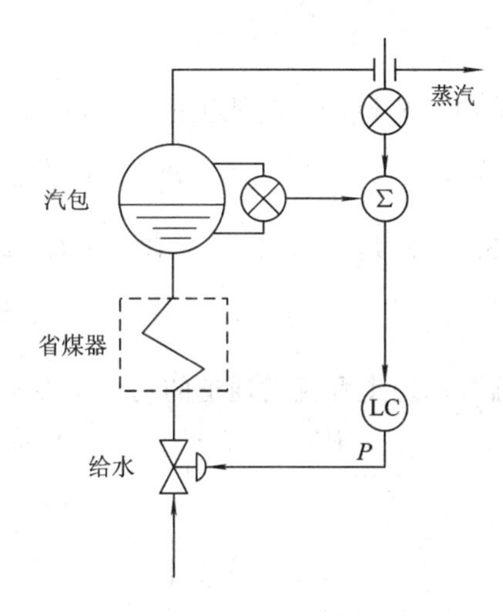

图 5.3-8　双冲量水位控制系统的另一种接法

该控制方案的优点是水位上升与蒸汽流量增加时，控制阀动作方向相反，信号是相减的，因此，可节省仪表。其缺点是由于水位控制器的测量信号是水位信号与蒸汽流量信号之差，因此，采用静态前馈时，不能保证水位无余差。

双冲量水位控制系统考虑了蒸汽流量扰动对汽包水位的影响，但对给水流量扰动的影响未加考虑，因此，适用于给水流量波动较小的场合。

3) 三冲量水位控制系统

双冲量水位控制系统主要的弱点：一是控制阀的工作特性要做到静态补偿比较困难；二是对于给水系统的干扰不能克服。为此，引入给水流量信号，构成三冲量水位控制系统。

(1) 三冲量控制方案一。

引入给水流量信号，构成的三冲量控制方案之一如图 5.3-9 所示。可以看出，这是前馈与串级控制组成的复合控制系统。与双冲量水位控制系统比较，设置了串级副环，将给水流量、给水压力等扰动引入到串级控制系统的副环。因此，扰动能够迅速被副环克服，弥补了双冲量水位控制系统的缺点。从系统的安全角度来考虑，若供热中心锅炉设备的工程设计采用了三冲量水位控制方案，能够有效地维持汽包水位在工艺允许范围内，也能有效地克服系统中存在的“假水位”现象。

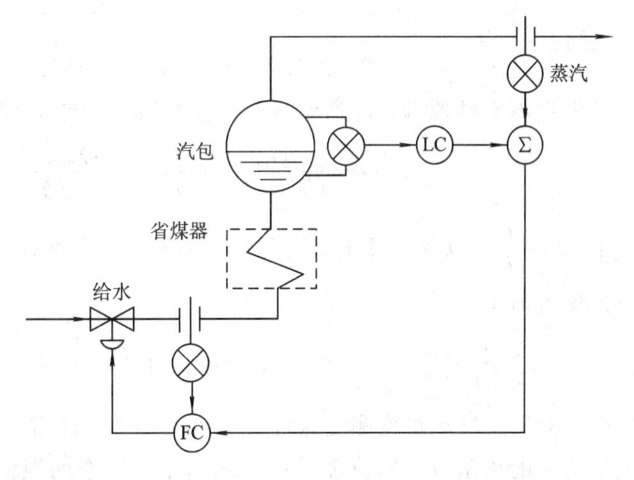

图 5.3-9　三冲量控制系统方案一

图 5.3-10 给出了三冲量控制系统的方框图，则前馈补偿模型为

$$G_{ff}(s) = -\frac{G_{PD}(s)G_{m2}(s)}{G_{P1}(s)} \tag{5.3-9}$$

其中，蒸汽流量和给水流量的检测变送环节因动态响应快，其传递函数 $G_{m3}(s)$、$G_{m2}(s)$ 可

分别以静态增益 k_{m3}、k_{m2} 表示，则 k_{m3} 和 k_{m2} 可分别按式(5.3-10)、式(5.3-11)计算。

$$k_{m3}=\frac{z_{max}-z_{min}}{Q_{Smax}} \tag{5.3-10}$$

$$k_{m2}=\frac{z_{max}-z_{min}}{Q_{Wmax}} \tag{5.3-11}$$

假设采用气开阀，C_2 就取正值。令 $G_{ff}(s)=C_2k_{m3}$，当考虑静态前馈时，有

$$C_2k_{m3}=\frac{k_f}{k_0}k_{m2}=\frac{\Delta Q_W}{\Delta Q_S}k_{m2}=\alpha k_{m2} \tag{5.3-12}$$

将式(5.3-10)、式(5.3-11)代入式(5.3-12)得

$$C_2=\frac{\alpha k_{m2}}{k_{m3}}=\alpha\frac{Q_{Smax}}{Q_{Wmax}} \tag{5.3-13}$$

若控制通道和扰动通道的动态特性不一致，可采用动态前馈控制规律。此时，将系统方框图 5.3-10 中的 C_2 表示为 $G'_{ff}(s)$。假如副回路跟踪很好，可近似为 1∶1 的环节。

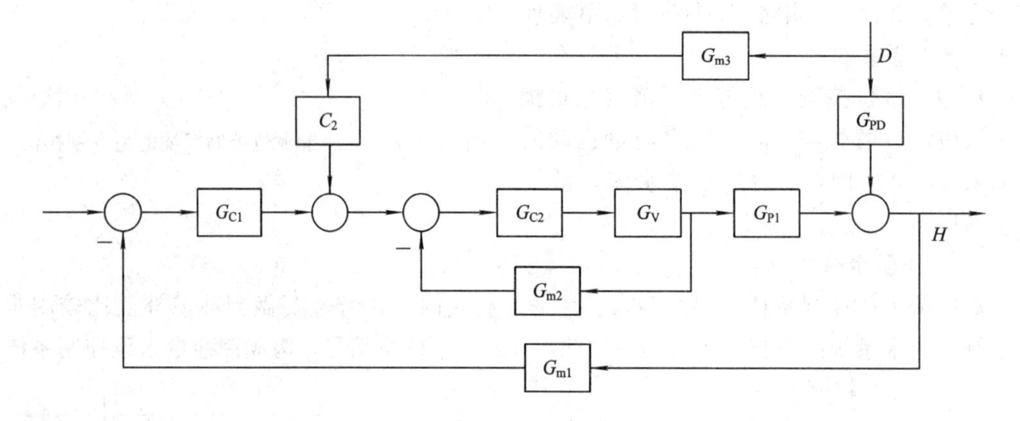

图 5.3-10 三冲量控制系统方案一方框图

根据不变性原理，得到动态前馈控制器的控制规律为

$$G'_{ff}(s)=-\frac{G_{PD}(s)}{G_{P1}(s)G_{m3}(s)}=\frac{Q_{Smax}}{z_{max}-z_{min}}\cdot\left[\frac{k_f}{k_0}-\frac{k_d s}{T_2 s+1}\right]e^{\tau s} \tag{5.3-14}$$

式中，$k_d=\frac{k_2}{k_0}$。实际应用时，通常有 $k_0=k_f$，$e^{\tau s}$ 为物理无法实现，实际动态前馈控制器的控制规律近似为

$$G'_{ff}(s)\approx K\left(1-\frac{k_d s}{T_2 s+1}\right) \tag{5.3-15}$$

式中，K 是蒸汽流量检测变送环节增益的倒数，通常为 1。因此，实际实施时，可采用蒸汽流量信号的负微分与蒸汽流量信号之和作为动态前馈信号。

(2) 三冲量控制方案二。

为了减少成本，可采用一个控制器的控制方案，如图 5.3-11 所示。该方案中，将蒸汽流量信号、给水流量信号和汽包水位信号一起送加法器，加法器输出作为给水控制器的测量信号。主控制器是比例度为 100％的控制器，副控制器是给水控制器。加法器的比例系数可以设置。由于汽包水位控制器的测量值是蒸汽流量信号、给水流量信号和汽包水位信号的代数和，当给水流量与蒸汽流量达到物料平衡(包括排污损失)，及控制器具有积分作

用时，水位可达到无余差。但通常情况下，实施该控制方案时，水位存在余差。

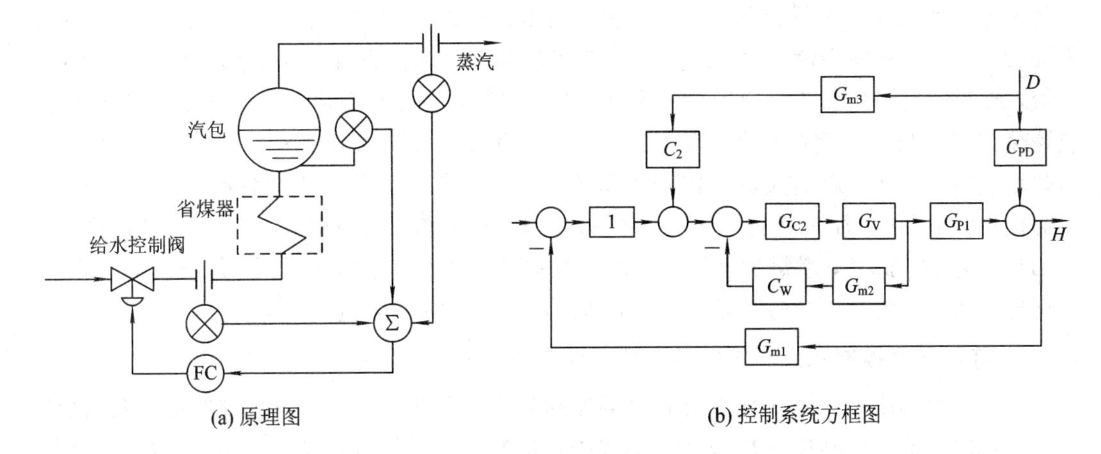

图 5.3-11　三冲量控制系统方案二

(3) 三冲量控制方案三。

为使水位无余差，将水位控制器移到加法器前，组成如图 5.3-12 所示的控制系统。图中，水位控制器输出信号、蒸汽流量信号、给水流量信号送加法器，加法器输出送给水控制阀。因此，该控制方案中，主控制器是水位控制器，副控制器是比例度为 100%的比例控制器。由于水位控制器测量值是汽包水位信号，因此，当水位控制器具有积分控制作用时，可实现汽包水位无余差。

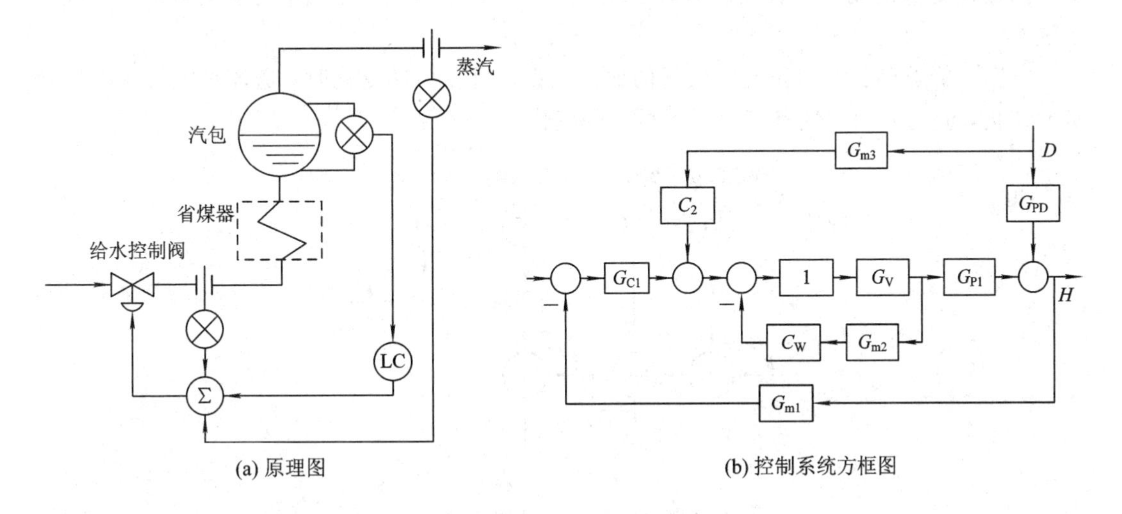

图 5.3-12　三冲量控制系统方案三

5.3.3　锅炉燃烧控制系统

1. 燃烧过程的控制任务

燃烧过程的自动控制系统与燃料种类、燃烧设备及锅炉形式有着密切的关系。这里讨论燃油锅炉的燃烧过程控制系统。

燃烧过程控制任务很多，最基本的任务是使锅炉出口蒸汽压力稳定。当负荷变化时，通过调节燃料量使之稳定。其次，要保证燃料燃烧良好，燃烧过程经济运行。既不能因为空气不足而使烟囱冒黑烟，也不能因为空气过多而增加热量损失。所以在增加燃料时，应先加大空气量；在减少燃料时，也应先减少燃料量。总之，燃料量与空气量应保持一定的比值，或者烟道中的氧含量应保持一定的数值。再次，为防止燃烧过程中火焰或烟气外喷，应该使排烟量与空气量相配合，以保持炉膛负压不变。如果负压太小，甚至为正，则炉膛内热烟气向外冒出，影响人员和锅炉设备安全；如果负压大，会使大量冷空气进入炉内，从而使热量损失增加，降低了燃烧效率。一般炉膛负压应该维持在 −20 Pa（约 −2 mmH_2O）左右。此外，燃烧嘴背压太高时，可能因燃烧流速过高而脱火；炉嘴背压太低时，又可能回火。因此，从安全角度考虑，应该设置一定的防备措施。

2. 蒸汽压力控制和燃料与空气比值控制系统

蒸汽压力对象的主要干扰是燃料量的波动与蒸汽负荷的变化。当燃料流量和蒸汽负荷变动较小时，可采用利用蒸汽压力来调节燃料量的单回路控制系统；当燃料流量波动较大时，可采用利用蒸汽压力对燃料流量的串级控制系统。燃料流量是随蒸汽负荷而变化的，所以为主流量，与空气流量组成单闭环比值控制系统，可使燃料与空气保持一定的比例，获得良好的燃烧。为了保证经济燃烧，也可以使用烟道气中氧含量来校正燃料流量与空气流量的比值，组成变比值控制系统。

1）基本控制方案一

图 5.3-13 给出了锅炉燃烧过程控制的基本方案，包括蒸汽压力为主被控变量、燃料量为副被控变量组成的串级控制系统，以及燃料量为主动量、送风量为从动量的比值控制系统。

方案一能够确保燃料量与空气量的比值关系，当燃料量变化时，送风量能够跟踪燃料量的变化，但送入的空气量滞后于燃料量的变化。

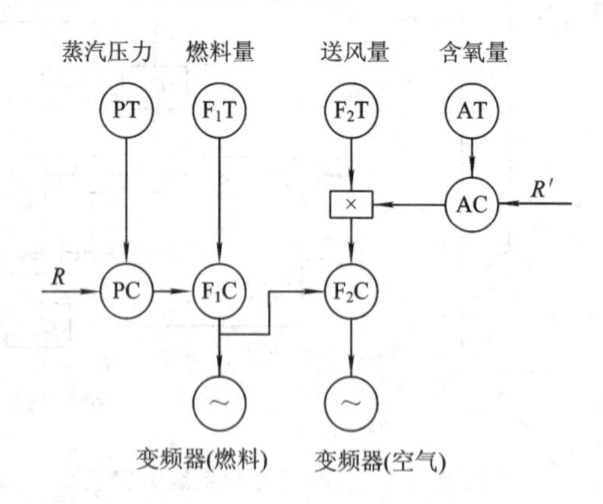

图 5.3-13　燃烧过程控制方案一

2）基本控制方案二

图 5.3-14 给出了第二种控制方案。该控制系统为包括蒸汽压力为主被控变量、燃料量为副被控变量的串级控制系统，以及蒸汽压力为主被控变量、送风量为副被控变量的串级控制系统。此方案中，燃料量与送风量的比值关系是通过燃料控制器和送风调节器的正确动作间接保证的，该方案能够保证蒸汽压力恒定。

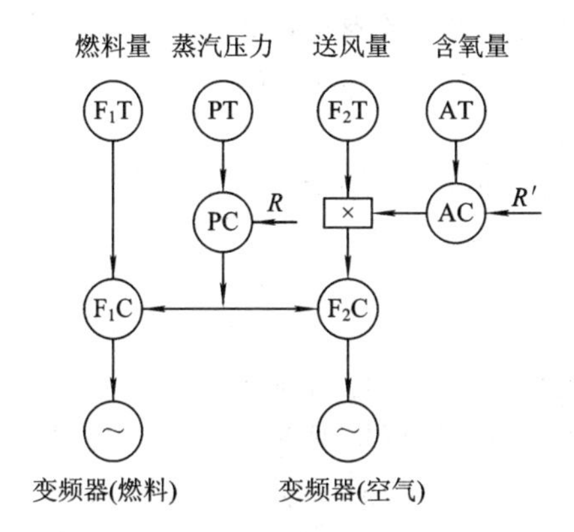

图 5.3－14　燃烧过程控制方案二

3. 燃烧过程中，烟气氧含量闭环控制

无论是方案一还是方案二，其共同的特点是在比值控制方案的基础上，加入了烟道气中氧含量的一个控制回路。这是一个以烟道中氧含量为控制目标的燃烧流量与空气流量的变比值控制系统，也称烟气氧含量的闭环控制系统。这一控制系统可以保证锅炉最经济燃烧。

在整个生产过程中保证最经济的燃烧，必须使得燃料和空气流量保证最优比值。上述方案中保证了燃料和空气的比值关系，但并不能保证燃料的完全燃烧。因为，其一，在不同的负荷下，两流量的最优比值不同；其二，燃料的成分(如含水量、灰分等)有可能会变化；其三，流量测量的不准确。这些因素都会不同程度地造成燃料的不完全燃烧或空气的过量，造成锅炉的热效应下降，这就是燃烧流量和空气流量定比值的缺点。为了改善这一情况 ，最简单的方法是有一个指标来闭环修整两流量的比值。目前，最常用的指标是烟气中的含氧量。

1) 锅炉的热效率

锅炉的热效率(经济燃烧)主要反映在烟气成分(特别是含氧量)和烟气温度这两个方面。烟气中各种成分，如 O_2、CO_2、CO 和未燃烧烃的含量，基本可以反映燃料燃烧的情况。最简单的方法是用烟气中含氧量 A_O来表示。

根据燃烧反应方程式，可以计算出燃料完全燃烧时所需的氧量，从而得知所需空气量，称为理论空气量 Q_T。而实际上，完全燃烧所需要的空气量 Q_P，要超过理论计算的量，超过理论空气量的这部分称为过剩空气量。由于烟气的热损失占锅炉的大部分，当过剩空气量增多时，一方面使炉膛温度降低，另一方面使烟气损失增加。因此，过剩空气量对不同的燃料都有一个最优值，以满足最经济燃烧的要求，如图 5.3－15 所示。对于液体燃料，最优过剩空气量约为 8%～15%。

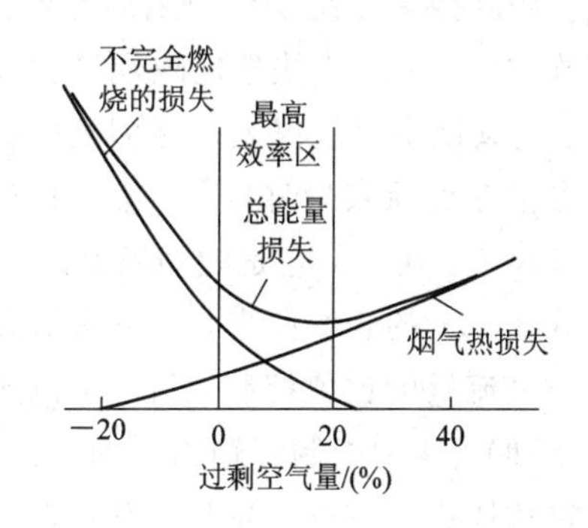

图 5.3－15　过剩空气量与能量损失的关系

过剩空气量常用过剩空气系数 α 来表示，定义为实际空气量 Q_P 和理论空气量 Q_T 之比

$$\alpha=\frac{Q_P}{Q_T} \tag{5.3-16}$$

因此，α 是衡量经济燃烧的一种指标。过剩空气系数 α 很难直接测量，但与烟气中氧含量 A_O 有关，可近似表示为

$$\alpha=\frac{21}{21-A_O} \tag{5.3-17}$$

图 5.3-16 显示了过剩空气系数 α 与烟气含氧量 A_O、锅炉效率的关系。当 α 在 1～1.6 范围内，α 与 A_O 接近直线关系，这样可根据图 5.3-16 或式(5.3-17)得到当 α 在 1.08～1.15(最佳过剩空气量约为 8%～15%)时，烟气含氧量 A_O 的最优值为 1.6%～3%。从图 5.3-16 也可以看到，过剩空气量约为 8%～15%时，锅炉有最高效率。

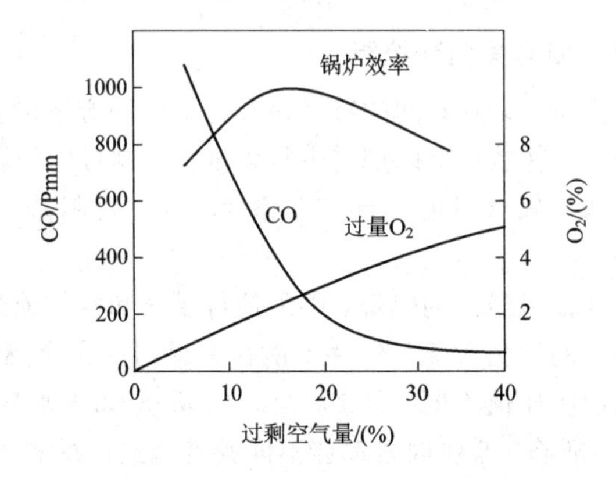

图 5.3-16 过剩空气量与氧含量、CO 及锅炉效率的关系

2) 烟气含氧量的闭环控制系统

图 5.3-17 所示为锅炉燃烧过程的烟气含氧量的闭环控制方案。在这个方案中，烟气含氧量 A_O 作为被控变量。当烟气中含氧量变化时，表明燃烧过程中的过剩空气量发生变化，通过含氧量控制器来控制空气量与燃料量的比值 K，力求使 A_O 控制在最优设定值，从而使对应的过剩空气系数 α 稳定在最优值，保证锅炉燃烧最经济，热效率最高。可见，烟气含氧量闭环控制系统是将原来的定比值改变为变比值，比值由含氧量控制器输出。

实施时应注意，为快速反映烟气含氧量，应合理选择烟气含氧量的检测变送系统。目前，常选用氧化锆氧量仪表检测烟气中的含氧量。

该方案在负荷减少时，先减燃料量，后减送风量；而负荷增加时，在增加燃料量之前，先加大送风量。可见，它是能够满足逻辑提降量要求的比值控制系统。

图 5.3-17 的工作原理是：正常情况下是蒸汽压力对燃料流量的串级控制系统和燃料流量对空气流量的比值控制系统。蒸汽压力控制器 PC 是反作用的。当蒸汽压力下降时(如因负荷增加)，压力控制器输出增加，从而提高了燃料流量控制器的设定值。但如果空气量不足会造成燃烧不完全。为此，设有低限选择器 FY_1，它只允许两个信号中较小的通过，这样保证燃料量只在空气量足够的情况下才能加大。压力控制器的输出信号将先通过高限选择器 FY_2 来加大空气流量，保证在增加燃料流量之前先把控制量加大，使燃烧完全。当蒸汽压力上升时，压力控制器输出减小，降低了燃料量控制器的设定值，在减燃料量的同

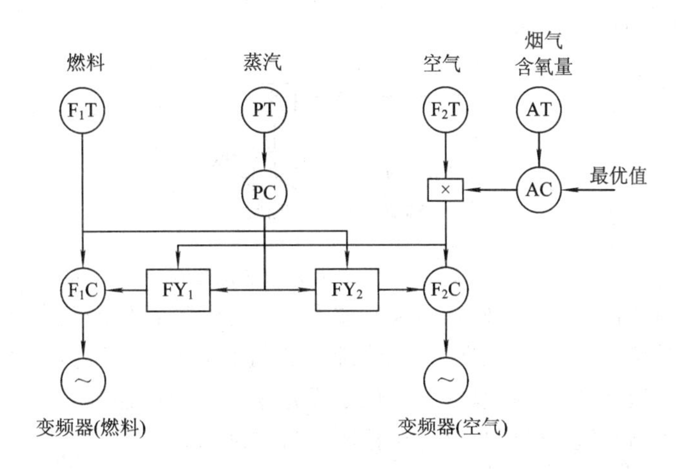

图 5.3-17　烟气中氧含量的闭环控制方案

时，通过比值控制系统，自动减少空气流量。其中比值由含氧量控制器输出。该系统不仅能够保证在稳定工况下空气和燃料在最佳比值，而且在动态过程中能够尽量维持空气、燃料配比在最佳值附近。因此，其具有良好的经济和社会效益。

4. 炉膛负压及安全控制系统

1）炉膛负压控制系统

为了防止炉膛内火焰或烟气外喷，炉膛中要保持一定的微负压。炉膛负压控制系统中，被控变量是炉膛压力(控制在负压)，操纵变量是引风量。当锅炉负荷变化不大时，可采用单回路控制系统。当锅炉负荷变化较大时，应引入扰动量的前馈信号，组成前馈-反馈控制系统。例如，当锅炉负荷变化较大时，蒸汽压力的变动也较大，这时，可引入蒸汽压力的前馈信号，组成如图 5.3-18(a)所示的前馈-反馈控制系统。若扰动来自送风机时，送风量随之变化，引风量只有在炉膛负压产生偏差时，才由引风调节器去调节，这样引风量的变化落后于送风量，必然造成炉膛负压的较大波动。为此，可引入送风量的前馈信号，构成如图 5.3-18(b)所示的前馈-反馈控制系统。这样可使引风调节器随送风量协调动作，使炉膛负压保持恒定。

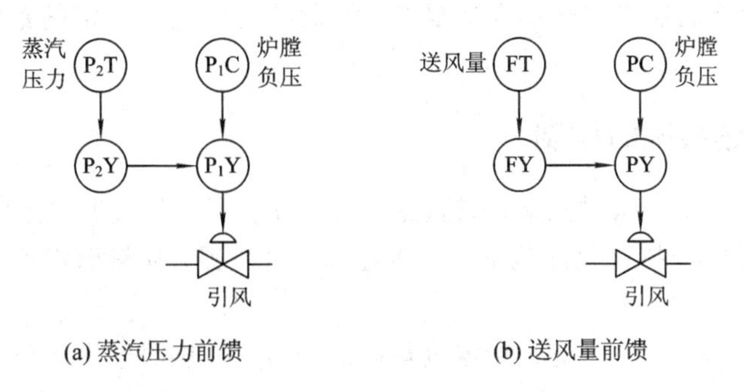

图 5.3-18　炉膛负压前馈-反馈控制系统

2）防止回火的连锁控制系统

当燃料压力过低、炉膛内压力大于燃料压力时，会发生回火事故。为此设置如图 5.3-19 所示的连锁控制系统。采用压力开关 PSA，当压力低于下限设定值时，切断燃料控制阀的上游阀门，防止回火。

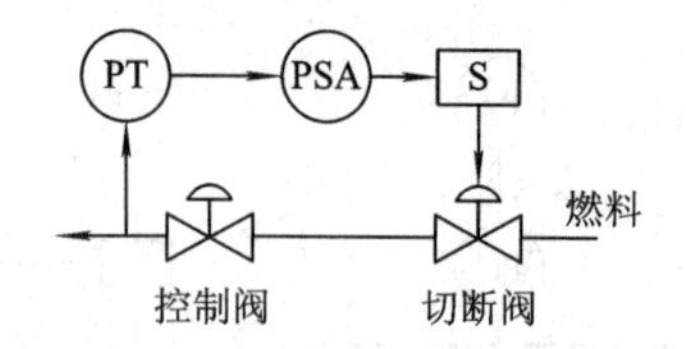

图 5.3-19　防止回火的连锁控制

也可采用选择性控制系统，防止回火事故发生。将喷嘴背压的信号送背压控制器，与蒸汽压力和燃料量串级控制系统进行选择控制。正常时，由蒸汽压力和燃料量组成的串级控制系统控制燃料控制阀，一旦喷嘴背压低于设定值，则背压控制器输出增大，经高选器后取代原有串级控制系统，根据喷嘴背压控制燃料控制阀。

3）防止脱火的选择控制系统

当燃料压力过高时，由于燃料流速过快，易发生脱火事故。为此，设置燃料压力和蒸汽压力的选择性控制系统，如图 5.3-20 所示。正常时，燃料控制阀根据蒸汽负荷的大小进行调节。一旦燃料压力过高，燃料压力控制器 P1C 的输出减小，被低选器选中，由燃料压力控制器 P1C 取代蒸汽压力控制器，防止脱火事故发生。

图 5.3-21 给出了防止回火和脱火的系统组合，并设置了回火报警系统。防止脱火采用低选器，防止回火采用高选器。Q_{min}表示防止回火的最小流量对应的仪表信号。

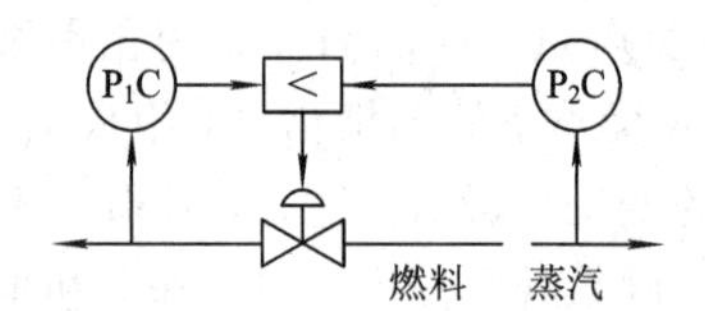

图 5.3-20　防止脱火的选择控制

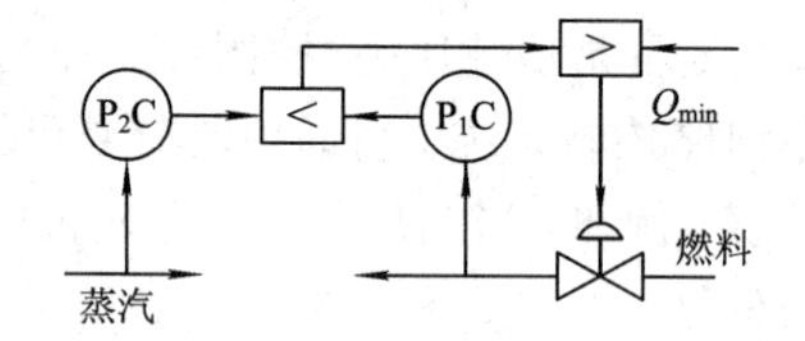

图 5.3-21　防脱火和回火的选择控制

4）燃料量限速控制系统

当蒸汽负荷突然增加时，燃料量也会相应增加。当燃料量增加过快时，会损坏设备。为此，在蒸汽压力控制器输出处设置限幅器，限定最大增速在一定的范围内，保护设备免受损坏。

5.3.4　蒸汽过热系统的控制

蒸汽过热系统包括一级过热器、减温器、二级过热器。蒸汽过热系统自动控制的任务是使过热器出口温度维持在允许范围内，并且保护过热器，使管壁温度不超过允许的工作温度。

过热蒸汽温度是锅炉汽水通道中温度最高的地方。过热器正常运行时的温度一般接近材料所允许的最高温度。如果过热蒸汽温度过高，则过热器容易损坏，也会使汽轮机内部引起过度热膨胀，严重影响运行安全。若过热蒸汽温度过低，则设备的效率降低，同时使通过汽轮机最后几级的蒸汽湿度增加，引起叶片磨损。因此对过热器出口蒸汽温度应加以控制，使它不超出规定范围。

影响过热器出口温度的因素有很多，例如蒸汽流量、燃烧工况、引入过热器的蒸汽热焓(减温水量)、流经过热器的烟气温度和流速等。在各种扰动下，过热器出口温度的各个动态特性都有较大的时滞和惯性，因此选择合适的操纵变量和合理的控制方案对于控制系统满足工艺要求是十分必要的。

目前广泛选用减温水流量作为操纵变量，过热器出口温度作为被控变量，组成单回路控制系统。但是控制通道的时滞和时间常数都较大，此单回路控制系统往往不能满足要求。因此，引入减温器出口温度为副被控变量，组成串级控制系统，如图 5.3 - 22 所示。此控制方案对于提前克服扰动因素是有利的，这样可以减少过热器出口温度的动态偏差，以满足工艺要求。另一种控制方案是组成如图 5.3 - 23 所示的双冲量控制系统，即前馈-反馈控制系统。它将减温器出口温度的微分信号作为前馈信号，与过热器出口温度相加后作为过热器温度控制器的测量。当减温器出口温度有变化时才引入前馈信号，稳定工况下，该微分信号为零，此时为单回路控制系统。

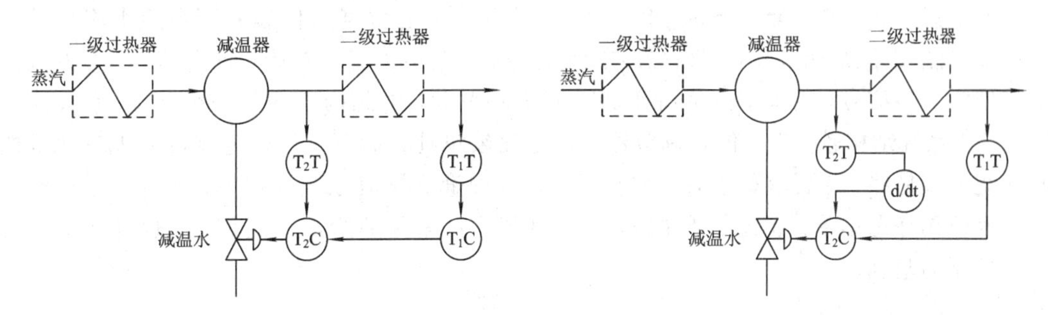

图 5.3 - 22　过热蒸汽串级控制系统　　　　图 5.3 - 23　过热蒸汽双冲量控制系统

5.3.5　采用可编程控制器的锅炉控制实例

以某学校供热中心锅炉房工业对象，讨论其控制系统方案。现场有两台 15 吨的蒸汽燃煤锅炉，锅炉控制系统采用 PLC 与计算机组合成的计算机监督控制系统，并利用 4 台西门子变频器驱动引风(75 kW)、鼓风(30 kW)、供水(30 kW)、炉排(3 kW)进行调节。计算机作为上位机，使用两台 PLC 作为直接数字控制(DDC)级。上位机采用 RS232 标准与 PLC 进行通信，完成数据监控与人机接口的功能。上位机通过采集 PLC 的相应寄存器中的数据，可以监控整个锅炉的运行状况，并可设置 PLC 各个参数，可以随时查看温度、压力、流量、氧含量等曲线，还具有数据自动存储、报警提示、查询、报表、打印等功能。PLC 使用日本三菱 FX2N 系列，PLC 的扩展模块采用 FX2N - 4AD、FX2N - 4DA、FX2N - 4AD - PT 和 FX2N - 4AD - TC，完成底层的 I/O 操作和系统基础安全管理等功能。另外，通过其提供的丰富的指令集和内置的 PID 调节函数，以及脉宽调制信号或脉冲信号的输出，来完成基本的控制任务。

控制系统结构如图 5.3 - 24 所示。

下面对几个主要控制系统作简单介绍。

1. 锅炉汽包水位控制系统

采用串级三冲量给水控制系统，其基本结构如图 5.3 - 25 所示。该系统由主、副两个 PI 调节器和三个冲量构成，与单级三冲量控制系统相比，该系统多采用了一个 PI 调节器，

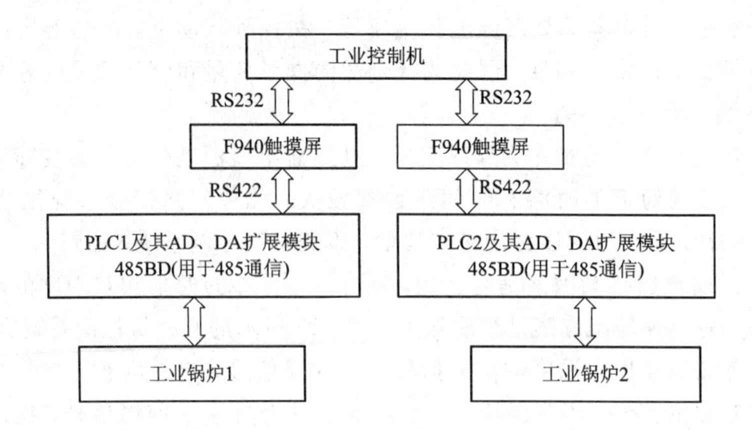

图 5.3-24 控制系统结构

两个调节器串联工作，分工明确。PI_1 为水位调节器，它根据水位偏差产生给水流量设定值；PI_2 为给水流量调节器，它根据给水流量偏差控制给水流量并接收前馈信号。蒸汽流量信号作为前馈信号，用来维持负荷变动时的物质平衡，由此构成的是一个前馈-串级控制系统。该系统结构较复杂，但各调节器的任务比较单纯，系统参数整定相对单级三冲量控制系统要容易些，不要求稳态时给水流量、蒸汽流量测量信号严格相等，即可保证稳态时汽包水位无静态偏差，其控制质量较高，是现场广泛采用的给水控制系统，也是组织给水全程控制的基础。

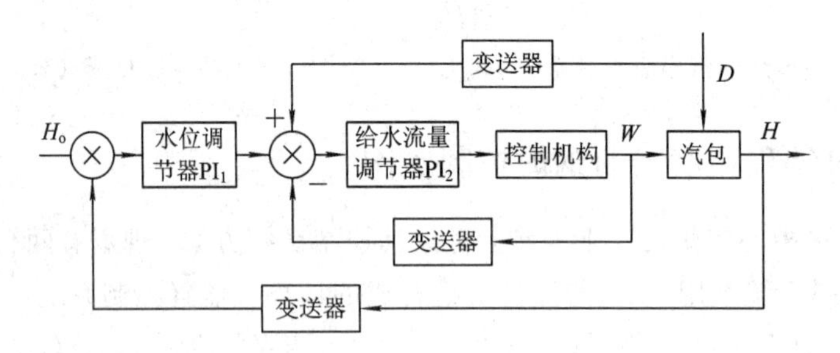

图 5.3-25 串级三冲量给水控制系统

2. 燃烧控制系统

锅炉的燃烧过程是一个能量转换和传递的过程，其控制目的是使燃料燃烧所产生的热量适应蒸汽负荷的需要(常以蒸汽压力为被控变量)；使燃料与空气量之间保持一定的比值，以保证最佳经济效益的燃烧(常以烟气成分为被控变量)，提高锅炉的燃烧效率；使引风量与送风量相适应，以保持炉膛负压在一定的范围内。锅炉燃烧控制系统分为汽包压力及燃料比值、排烟氧含量、炉膛负压 3 个控制系统。

1) 汽包压力及燃料比值控制系统

汽包压力控制系统主要是在燃料量的波动与蒸汽负荷的变化干扰下，保持蒸汽压力不变化。燃料流量是随蒸汽负荷而变化的，所以为主流量，与空气流量组成的单闭环比值控制系统，可使燃料与空气保持一定的比例，获得良好的燃烧。为了保持在任何时刻都有足够的空气以实现完全燃烧，当热负荷增大时，应先增加送风量，后增加燃料量；若热负荷减少时，应先减少燃料量，再减少送风量。为了满足上述两点要求，在这两个单回路的基础上，建立了交叉限制协调控制系统，如图 5.3-26 所示。

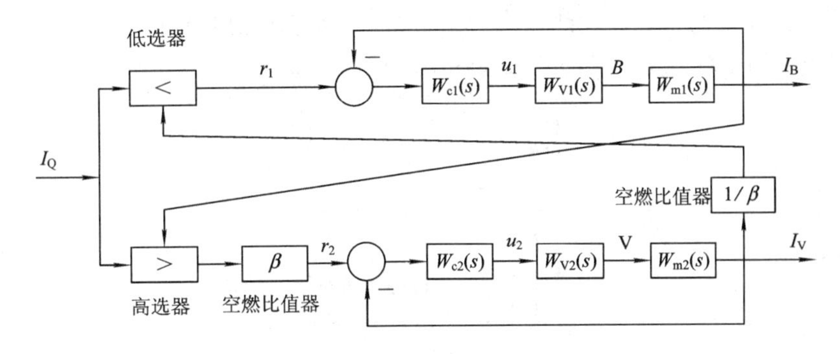

图 5.3-26　带交叉限制的协调控制系统

进一步分析可知，燃料量控制子系统的任务在于，使进入锅炉的燃料量随时与外界负荷要求相适应，维持主压力为设定值。为了使系统有迅速消除燃料侧自发扰动的能力，燃料量控制子系统大都采用以蒸汽压力为主参数、燃料量为副参数的串级控制方案。

2）排烟氧含量控制系统

保证燃料在炉膛中的充分燃烧是送风控制系统的基本任务。在大型机组的送风系统中，一、二次风通常各采用两台风机分别供给，锅炉的总风量主要由二次风来控制，所以这里的送风控制系统是针对二次风控制而言的。送风控制系统的最终目的是达到最高的锅炉热效率，保证经济性。为保持最佳过剩空气系数 α，必须同时改变风量和燃料量。α 是由烟气含氧量来反映的。因此常将送风控制系统设计为带有氧量校正的空燃比控制系统，经过燃料量与送风量回路的交叉限制，组成串级比值的送风系统。其结构上是一个有前馈的串级控制系统，如图 5.3-27 所示。

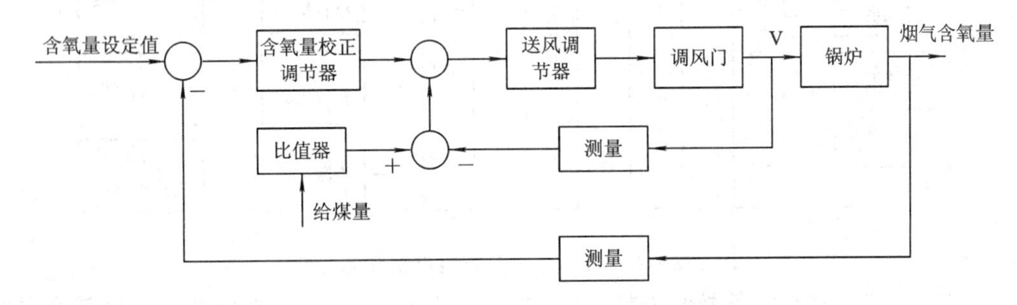

图 5.3-27　带氧量串级校正的送风控制系统

它首先在内环快速保证最佳空燃比，至于给煤量测量不准，则可由烟气中氧量作串级校正。当烟气中含氧量高于设定值时，氧量校正调节器发出校正信号，修正送风量调节器设定，使送风调节器减少送风量，最终保证烟气中含氧量等于设定值。

3）炉膛负压控制系统

炉膛负压控制系统的任务在于调节烟道引风机导叶开度，以改变引风量；保持炉膛负压为设定值，以稳定燃烧，减少污染，保证安全。本系统采用利用引风量作为操纵变量的单回路控制系统。

3. 过热蒸汽温度控制系统

蒸汽温度控制系统任务是维持过热器出口温度在允许范围内，并保证管壁温度不超过允许的工作温度。被控变量一般是过热器出口温度，操纵变量是减温器的喷水量。

过热蒸汽温度控制系统以过热蒸汽为主参数，选择二段过热器前的蒸汽温度为辅助信号，组成串级控制系统，并用拨动开关实现串级控制，如图 5.3-28 所示。

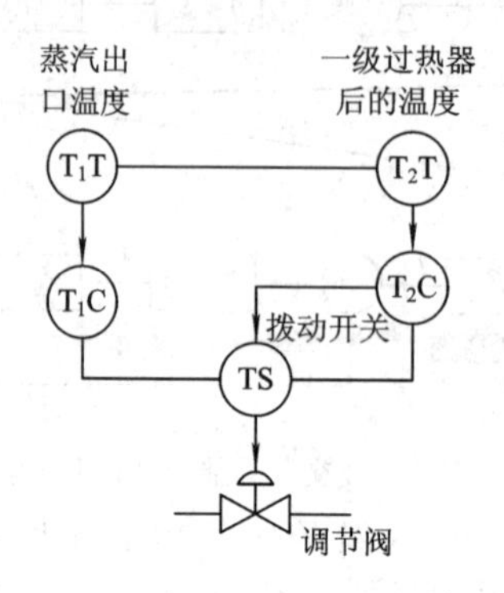

图 5.3-28 过热蒸汽温度串级控制系统

4. 锅炉计算机控制系统的实现

工业锅炉计算机控制系统框图如图 5.3-29 所示。

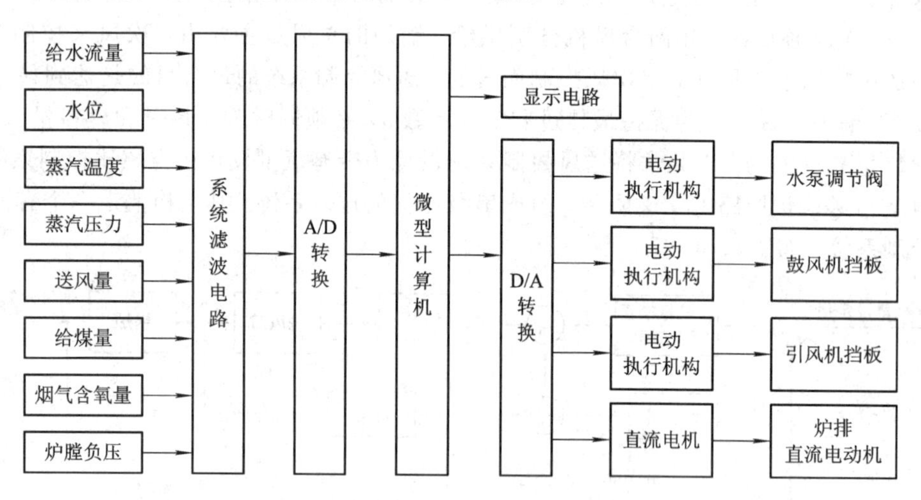

图 5.3-29 工业锅炉计算机控制系统框图

一次仪表测得的模拟信号经采样电路、滤波电路进入 A/D 转换电路，A/D 转换电路将转换完的数字信号送入计算机，计算机对数据进行处理之后，便于控制和显示。D/A 转换将计算机输出的数字量转换成模拟量，并放大到 0～10 mA，分别控制水泵调节阀、鼓风机挡板、引风机挡板和炉排直流电动机。

思考题与习题

5.1 离心泵的流量控制有哪些形式？

5.2 离心泵和往复泵的流量控制方案有什么异同？

5.3 什么是离心压缩机的喘振现象？产生喘振的原因是什么？

5.4 离心压缩机防喘振控制方案有哪几种类型？画出防喘振控制系统图。

5.5　离心压缩机的防喘振控制与离心泵控制流量的旁路控制有什么异同？

5.6　防喘振控制系统实施应注意什么问题？

5.7　以固定极限流量防喘振控制系统为例，说明应如何确定控制器的正反作用。

5.8　试述如题图 5.8 所示离心式压缩机两种控制方案的特点，它们在控制目的上有什么不同？如果调节器采用 PI 作用，应采取什么措施(示意在图上)？

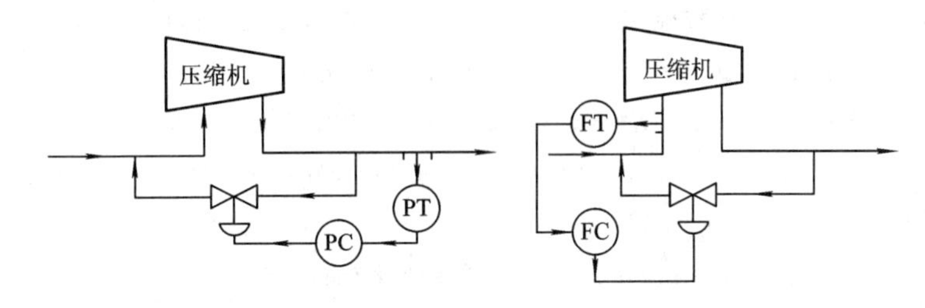

题图 5.8

5.9　说明锅炉设备控制中的被控变量、操纵变量和扰动变量。

5.10　为什么锅炉控制比一般的传热设备控制要复杂和困难。

5.11　锅炉汽包水位控制有哪些控制方案，各有什么特点？

5.12　为什么一些锅炉控制要进行单冲量控制和三冲量控制之间的切换？

5.13　画出锅炉设备控制中逻辑提量和减量比值控制系统的原理图，说明其工作原理。

5.14　在三冲量控制系统中，为什么前馈信号不需要添加偏置信号来进行补偿？

5.15　某工厂设计一台高压锅炉(如题图 5.15)，作为全厂透平机和其他工艺设备的能源，该锅炉同时使用瓦斯气和燃料油为燃料，瓦斯气有多少，用多少，流量不稳定，最多只能提供所需能量的 1/3 左右，对于这样一台锅炉，你认为应设计哪些调节系统(不包括报警、联锁系统)；并表明所有控制器、控制阀的作用型式。

(注：要求调节系统的方案设计，应画在下面工艺流程图上。)

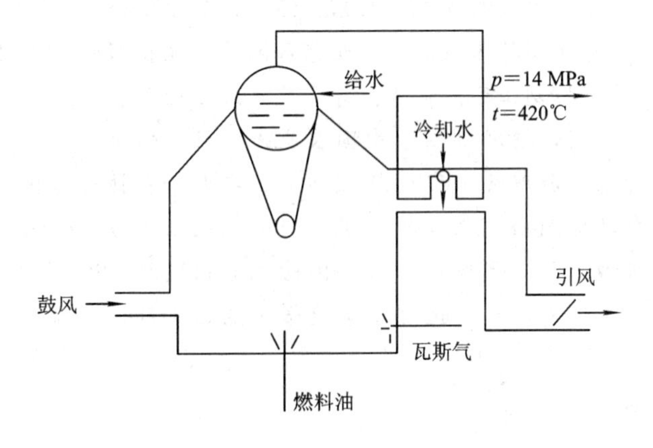

题图 5.15

参考文献

[1] 王骥程. 化工过程控制工程. 北京：化学工业出版社，1981.
[2] 涂植英. 过程控制系统. 北京：机械工业出版社，1983.
[3] 蒋慰孙，俞金寿. 过程控制工程. 北京：中国石化工业出版社，1988.
[4] 庄兴家. 过程控制工程. 武汉：华中理工大学出版社，1993.
[5] 金以慧. 过程控制. 北京：清华大学出版社，1993.
[6] Shinskey FG. Process Control System. Second Edition. McGraw-Hill Book Company，1979.
[7] Stephanopoulos G. Chemical Process Control (An Intrduction to Theory and Practice). PRETICE-HALL. INC. Engltewood Cliffs，1984.
[8] 周庆海，等. 串级及比值调节. 北京：化学工业出版社，1982.
[9] 吕勇哉，等. 前馈调节. 北京：化学工业出版社，1980.
[10] 厉玉鸣，翁维琴. 非线性控制系统. 北京：化学工业出版社，1985.
[11] 王常力，廖道文. 集散型控制系统设计与应用. 北京：清华大学出版社，1993.
[12] 邵惠鹤，潘日芳. 化工生产过程计算机控制. 北京：化学工业出版社，1988.
[13] 徐炳华，等. 流体输送设备的自动控制. 北京：化学工业出版社，1981.
[14] 汪云英，等. 泵和压缩机. 北京：石油工业出版社，1985.
[15] 俞金寿. 传热设备的自动控制. 北京：化学工业出版社，1981.
[16] 孙优贤，等. 锅炉设备的自动调节. 北京：化学工业出版社，1982.
[17] 龚建平. 精馏塔的自动调节. 北京：化学工业出版社，1984.
[18] Pradeep B. Deshpande. Distillation Synamics and Control. New York：Publishers Creafive Services Inc.，1985.
[19] 何衍庆，等. 工业生产过程控制. 北京：化学工业出版社，2004.
[20] 王树青，等. 先进控制技术及应用. 北京：化学工业出版社，2001.
[21] 孙洪程，等. 过程控制工程. 北京：高等教育工业出版社，2006.
[22] 王书茂，等 工程测试技术 北京：中国农业出版社，2004.
[23] 郁有文，等 传感器原理及工程应用 西安：西安电子科技大学出版社，2014.
[24] 刘玉长，等 自动检测和过程控制 北京：冶金工业出版社，2016.
[25] 潘宏霞，等 机械工程测试技术 北京：国防工业出版社，2009.
[26] 历玉鸣，等 化工仪表及自动化 北京：化学工业出版社，2006.